After Effects CS6
基础培训教程

（第2版）

时代印象 编著

人 民 邮 电 出 版 社
北 京

图书在版编目（CIP）数据

After Effects CS6基础培训教程 / 时代印象编著
. -- 2版. -- 北京 : 人民邮电出版社, 2017.6(2021.12重印)
ISBN 978-7-115-45402-7

Ⅰ. ①A… Ⅱ. ①时… Ⅲ. ①图象处理软件－技术培训－教材 Ⅳ. ①TP391.41

中国版本图书馆CIP数据核字(2017)第076151号

内 容 提 要

这是一本全面介绍After Effects CS6基本功能及实际运用的书。书中内容包含After Effects的基本操作、图层、动画、绘画与形状、文字与文字动画、三维空间、色彩修正、抠像技术、特效滤镜等方面的技术。本书主要针对零基础读者编写，是入门级读者快速、全面掌握After Effects CS6的必备参考书。

本书以课堂案例为主线，通过对各个案例的实际操作，读者可以快速上手，熟悉软件功能和制作思路。课堂练习和课后习题可以拓展读者的实际操作能力，提高读者的软件使用技巧。本书最后一章的商业实例训练都是实际工作中经常会遇到的案例项目，通过这些项目的训练，读者可以尽早了解实际工作中会做些什么，该做些什么。

本书附带下载资源，内容包括本书所有课堂案例、课堂练习及课后习题的实例文件和多媒体教学视频，以及与本书配套的PPT课件等。读者可通过在线方式获取这些资源，具体方法请参看本书前言。

本书非常适合作为院校和培训机构艺术专业课程的教材，也可以作为After Effects CS6自学人员的参考书。另外，请读者注意，本书所有内容均采用英文版After Effects CS6进行编写。

◆ 编　　著　时代印象
责任编辑　张丹丹
责任印制　陈　犇

◆ 人民邮电出版社出版发行　北京市丰台区成寿寺路11号
邮编　100164　电子邮件　315@ptpress.com.cn
网址　http://www.ptpress.com.cn
固安县铭成印刷有限公司印刷

◆ 开本：787×1092　1/16
印张：18.75　2017年6月第2版
字数：485千字　2021年12月河北第13次印刷

定价：49.90元

读者服务热线：(010)81055410　印装质量热线：(010)81055316
反盗版热线：(010)81055315
广告经营许可证：京东市监广登字20170147号

案例名称	课堂案例——科技苑
难易指数	★★☆☆☆
学习目标	掌握After Effects CS6的基本工作流程
所在页码	62

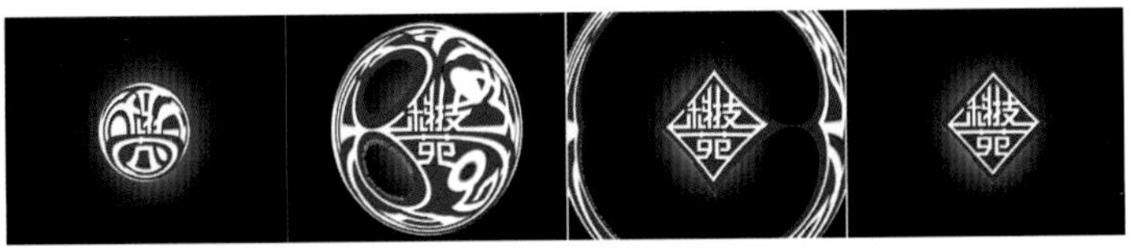

案例名称	课堂案例——定版动画
难易指数	★★☆☆☆
学习目标	掌握图层属性的基础应用
所在页码	79

案例名称	课堂案例——踏行天际
难易指数	★★☆☆☆
学习目标	掌握父子关系的具体应用
所在页码	82

案例名称	课堂练习——倒计时动画
难易指数	★★☆☆☆
练习目标	练习Sequence Layers（序列图层）的具体应用
所在页码	86

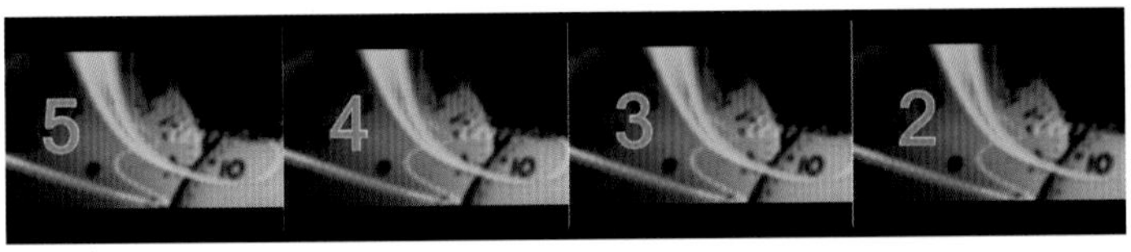

案例名称	课后习题——镜头的溶解过渡
难易指数	★★☆☆☆
练习目标	巩固Sequence Layers（序列图层）的具体应用
所在页码	86

案例名称	课堂案例——标版动画
难易指数	★★★☆☆
学习目标	掌握图层、关键帧等常用制作技术
所在页码	88

案例名称	课堂案例——流动的云彩
难易指数	★★☆☆☆
学习目标	掌握变速剪辑的具体应用
所在页码	95

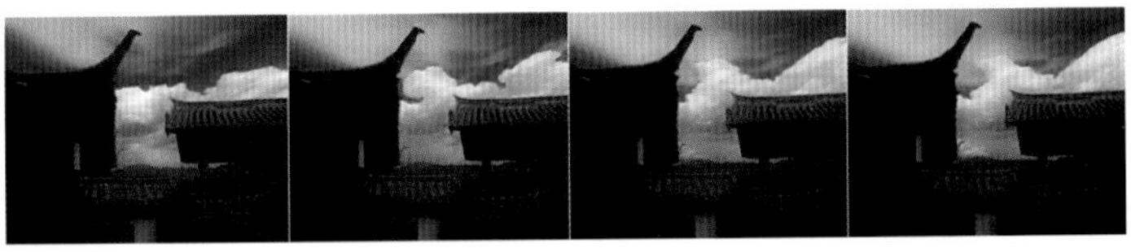

案例名称	课堂案例——飞近地球动画
难易指数	★★☆☆☆
学习目标	掌握嵌套的具体运用
所在页码	97

案例名称	课堂练习——定版放射光线
难易指数	★★★☆☆
练习目标	练习关键帧及Shine（扫光）滤镜的应用
所在页码	100

案例名称	课后习题——融合文字动画
难易指数	★★★☆☆
练习目标	学习关键帧动画及Roughen Edges（边缘腐蚀）等滤镜的应用
所在页码	100

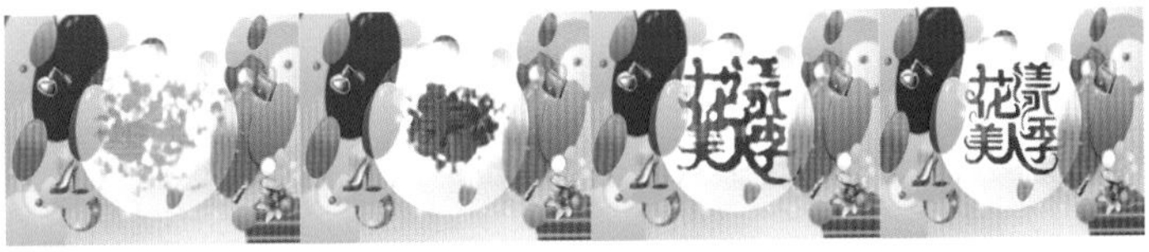

案例名称	课堂案例——遮罩动画
难易指数	★★☆☆☆
学习目标	掌握遮罩动画的应用
所在页码	112

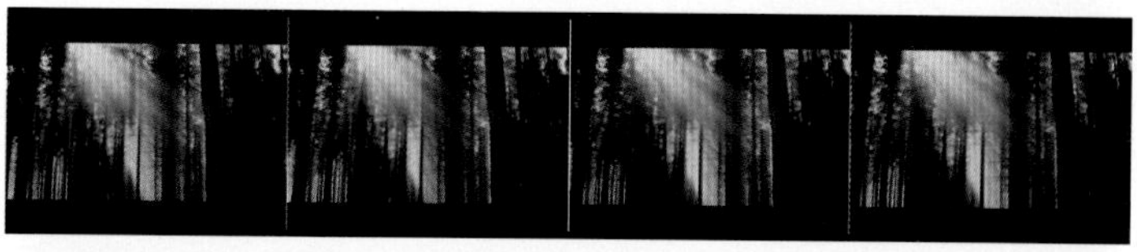

案例名称	课堂案例——描边光效
难易指数	★★★☆☆
学习目标	掌握遮罩和轨道蒙版的具体组合应用
所在页码	118

案例名称	课后习题——动感幻影
难易指数	★★☆☆☆
练习目标	练习Auto-trace（自动跟踪）的用法
所在页码	122

案例名称	课堂案例——画笔变形
难易指数	★★☆☆☆
学习目标	掌握画笔工具的使用方法
所在页码	124

案例名称	课堂案例——花纹生长
难易指数	★★★☆☆
学习目标	掌握形状工具的综合运用
所在页码	130

案例名称	课堂练习——阵列动画
难易指数	★★★☆☆
练习目标	练习形状属性的组合使用
所在页码	140

案例名称	课后习题——克隆虾动画
难易指数	★★★☆☆
练习目标	练习仿制图章工具的使用方法
所在页码	140

案例名称	课堂案例——文字渐显动画
难易指数	★★☆☆☆
学习目标	掌握Path Text（路径文字）滤镜的用法
所在页码	142

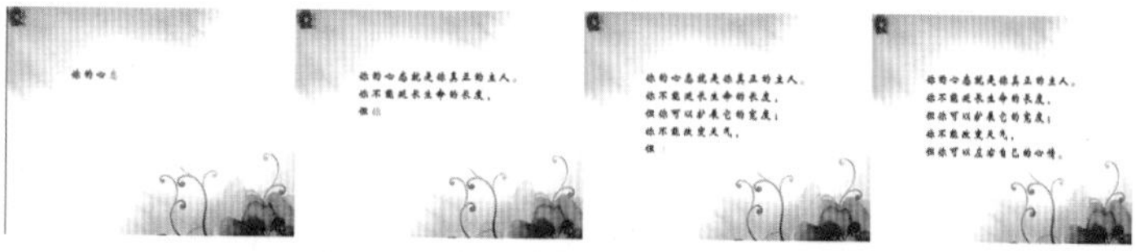

案例名称	课堂案例——文字键入动画
难易指数	★★★☆☆
学习目标	掌握文字动画及特效技术综合运用
所在页码	153

案例名称	课堂案例——创建文字遮罩
难易指数	★★☆☆☆
学习目标	掌握创建文字遮罩的方法
所在页码	160

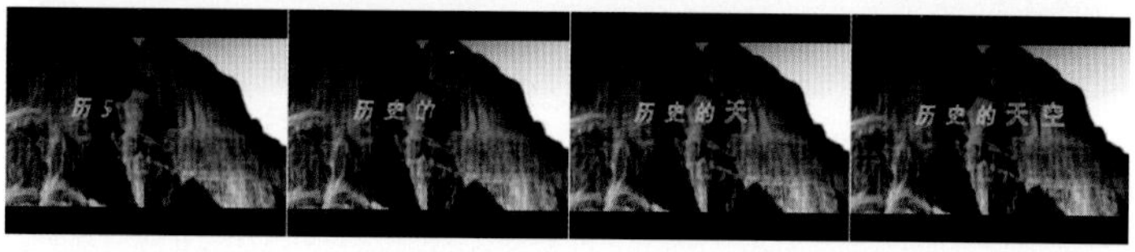

案例名称	课堂练习1——路径文字动画
难易指数	★★☆☆☆
练习目标	练习Path Text（路径文字）滤镜的用法
所在页码	161

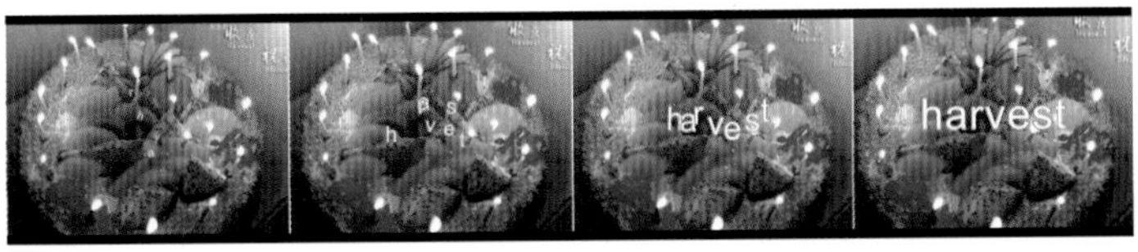

案例名称	课堂练习2——文字不透明度动画
难易指数	★★☆☆☆
练习目标	练习Opacity（不透明度）动画属性的应用
所在页码	162

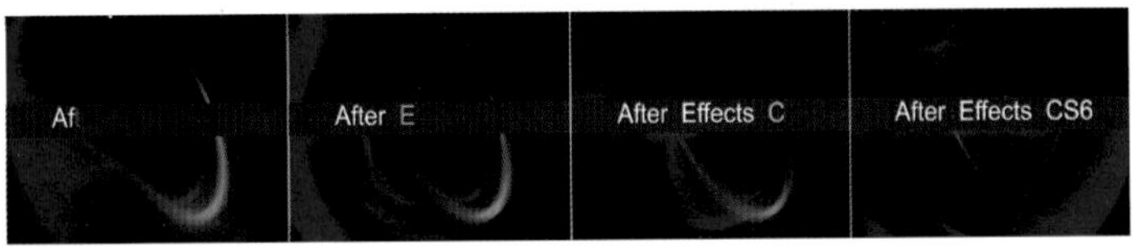

案例名称	课后习题1——逐字动画
难易指数	★★☆☆☆
练习目标	练习Source Text（源文字）的具体应用
所在页码	162

案例名称	课后习题2——创建文字形状轮廓
难易指数	★★☆☆☆
练习目标	练习创建文字形状轮廓的方法
所在页码	162

案例名称	课堂案例——盒子动画
难易指数	★★☆☆☆
学习目标	掌握轴心点与三维图层控制的具体应用
所在页码	165

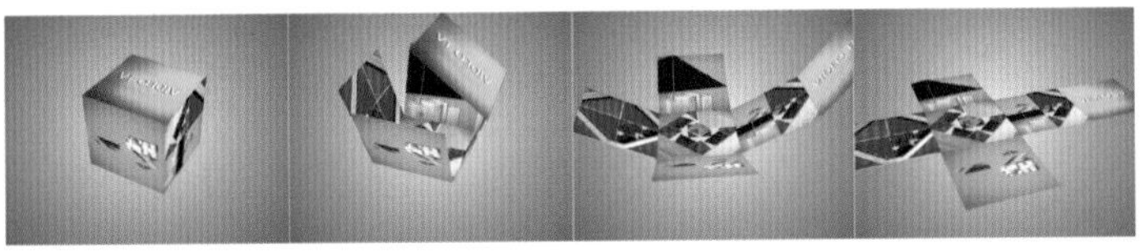

案例名称	课堂案例——盒子阴影
难易指数	★★★☆☆
学习目标	掌握灯光类型的使用和灯光属性的应用
所在页码	171

案例名称	课堂案例——3D空间
难易指数	★★★☆☆
学习目标	掌握三维空间、摄像机和灯光的组合应用
所在页码	176

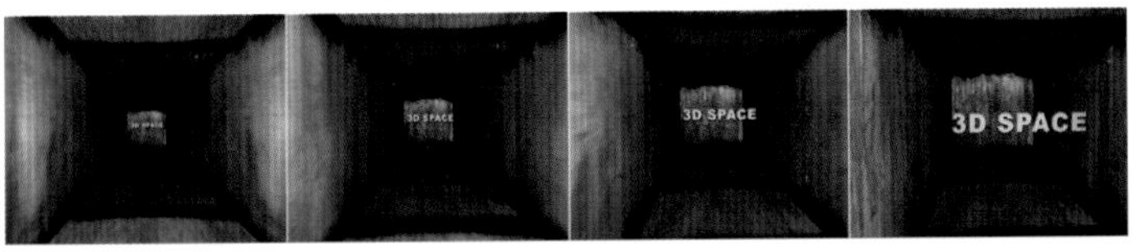

案例名称	课堂练习——翻书动画
难易指数	★★★★☆
练习目标	练习三维技术综合运用
所在页码	184

案例名称	课后习题——文字动画
难易指数	★★★★☆
练习目标	练习三维摄影机的运用
所在页码	184

案例名称	课后习题——三维素材后期处理
难易指数	★★★☆☆
练习目标	练习色彩修正技术综合运用
所在页码	204

Examples
本书实例展示

案例名称	课堂案例——烟雾字特技
难易指数	★★★☆☆
学习目标	掌握本章节中多个滤镜的综合应用
所在页码	237

案例名称	课堂案例——舞动的光线
难易指数	★★★☆☆
学习目标	掌握仿真粒子特效技术的综合运用
所在页码	245

案例名称	课堂练习1——镜头转场特技
难易指数	★★☆☆☆
练习目标	练习Block Dissolve（块状融合）滤镜的用法
所在页码	263

案例名称	课堂练习2——数字粒子流
难易指数	★★☆☆☆
练习目标	练习Particle Playground（粒子动力场）的应用方法
所在页码	264

案例名称	课后习题1——镜头模糊开场
难易指数	★☆☆☆☆
练习目标	练习Fast Blur（快速模糊）滤镜的用法
所在页码	264

案例名称	课后习题2——卡片翻转转场特技
难易指数	★★☆☆☆
练习目标	练习Card Wipe（卡片擦除）滤镜的用法
所在页码	264

案例名称	课堂案例——光闪特效
难易指数	★★★★☆
学习目标	掌握各种光效滤镜的综合运用
所在页码	271

案例名称	课堂案例——飞舞光线
难易指数	★★★☆☆
学习目标	掌握3D Stroke（3D描边）滤镜的使用方法
所在页码	279

案例名称	导视系统后期制作
难易指数	★★★★☆
学习目标	掌握图层叠加模式、Light Factory（灯光工厂）滤镜的高级应用
所在页码	288

案例名称	电视频道ID演绎
难易指数	★★★★☆
学习目标	掌握画面的色彩优化、画面视觉中心处理，以及文字翻页动画等技术
所在页码	294

案例名称	课堂练习——轨道蒙版的应用
难易指数	★★☆☆☆
练习目标	练习轨道蒙版的应用
所在页码	122

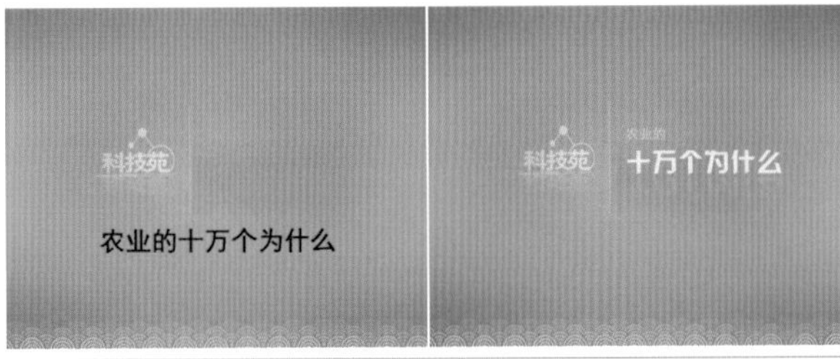

案例名称	课堂案例——修改文字的属性
难易指数	★★☆☆☆
学习目标	掌握修改文字属性的基本方法
所在页码	149

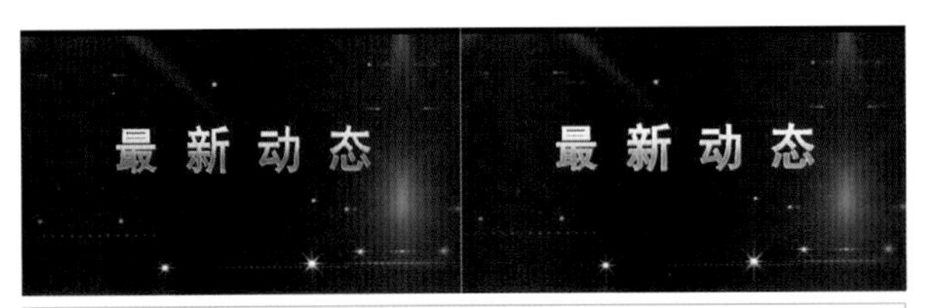

案例名称	课堂案例——三维立体文字
难易指数	★★★☆☆
学习目标	掌握色彩修正技术综合运用
所在页码	189

案例名称	课堂案例——电影风格的校色
难易指数	★★★☆☆
学习目标	掌握色彩修正技术综合运用
所在页码	195

案例名称	课堂练习——季节更换
难易指数	★★★☆☆
练习目标	练习Hue/Saturation（色相/饱和度）滤镜的用法
所在页码	203

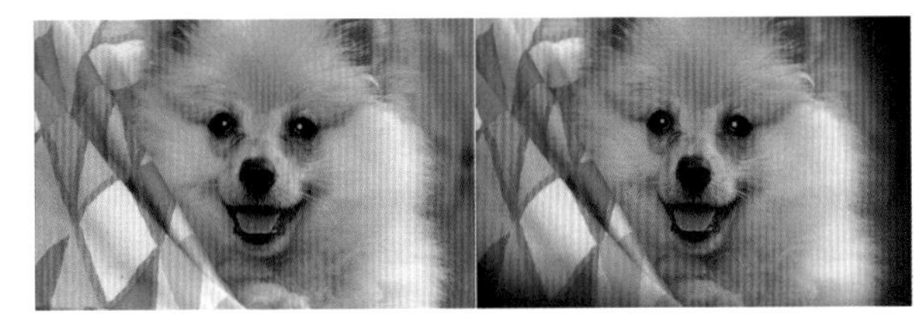

案例名称	课堂练习——色彩平衡滤镜的应用
难易指数	★★☆☆☆
练习目标	练习Color Balance（色彩平衡）滤镜的用法
所在页码	204

案例名称	课后习题——通道混合器滤镜的应用
难易指数	★★☆☆☆
练习目标	练习Channel Mixer（通道混合器）滤镜的用法
所在页码	204

案例名称	课堂案例——使用色彩差异抠像滤镜
难易指数	★★☆☆☆
学习目标	掌握Color Difference Key（色彩差异抠像）滤镜的用法
所在页码	207

案例名称	课堂案例——使用差异蒙版抠像滤镜
难易指数	★★☆☆☆
学习目标	掌握Difference Matte（差异蒙版）滤镜的用法
所在页码	214

案例名称	课堂案例——虚拟演播室
难易指数	★★★☆☆
学习目标	掌握特技抠像技术的综合运用
所在页码	216

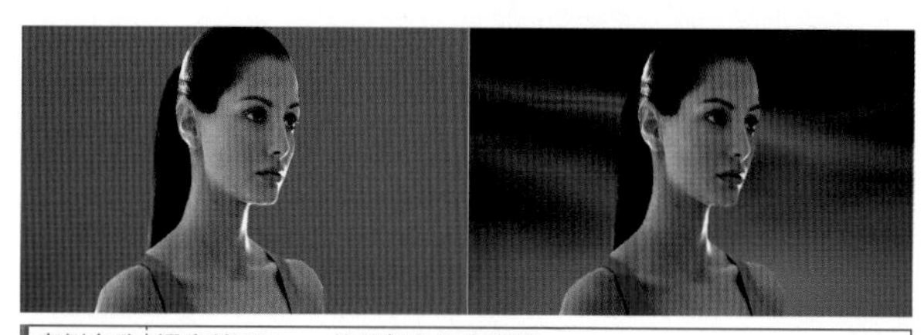

案例名称	课堂练习1——使用颜色抠像滤镜
难易指数	★★☆☆☆
练习目标	练习Color Key（颜色抠像）滤镜的用法
所在页码	225

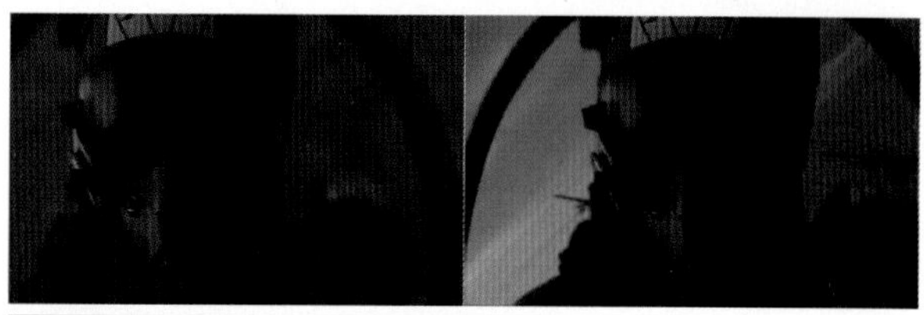

案例名称	课堂练习2——抠取颜色接近的镜头
难易指数	★★★☆☆
练习目标	练习Keylight（键控）滤镜的高级用法
所在页码	226

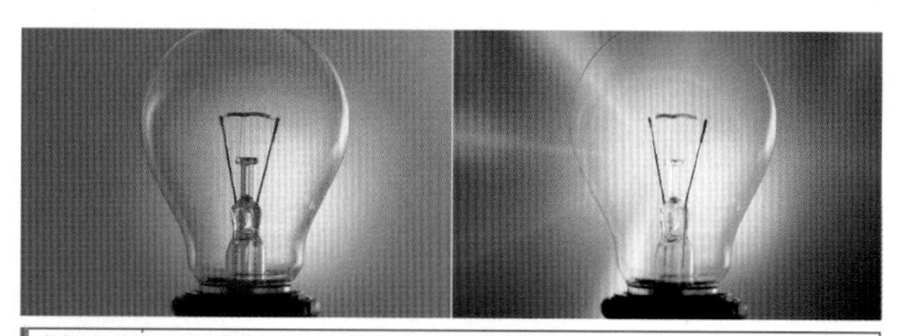

案例名称	课后习题1——使用色彩范围抠像滤镜
难易指数	★★☆☆☆
练习目标	练习Color Range（色彩范围）滤镜的用法
所在页码	226

案例名称	课后习题2——使用Keylight（键控）滤镜快速抠像
难易指数	★★★☆☆
练习目标	练习Keylight（键控）滤镜的常规用法
所在页码	226

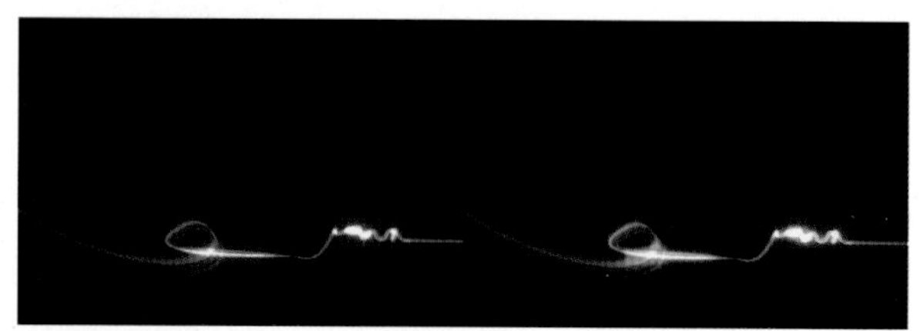

案例名称	课堂案例——光线辉光效果
难易指数	★★☆☆☆
学习目标	掌握Glow（光晕）滤镜的用法
所在页码	230

案例名称	课堂案例——镜头视觉中心
难易指数	★★★☆☆
学习目标	掌握Camera Lens Blur（镜头模糊）滤镜的用法
所在页码	231

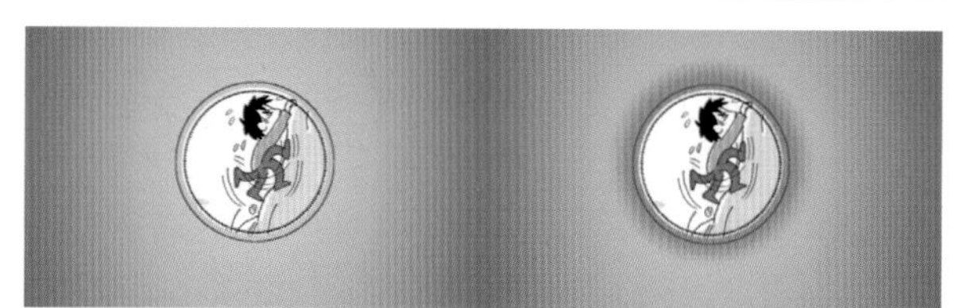

案例名称	课堂案例——画面阴影效果的制作
难易指数	★★☆☆☆
学习目标	掌握Radial Shadow（径向投影）滤镜的用法
所在页码	235

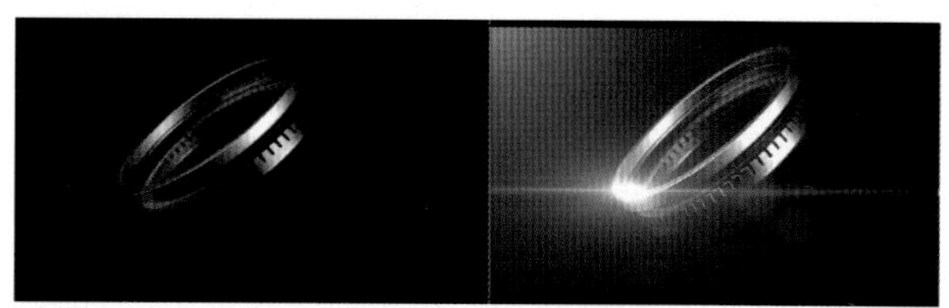

案例名称	课堂案例——产品表现
难易指数	★★☆☆☆
学习目标	掌握Light Factory（灯光工厂）滤镜的使用方法
所在页码	267

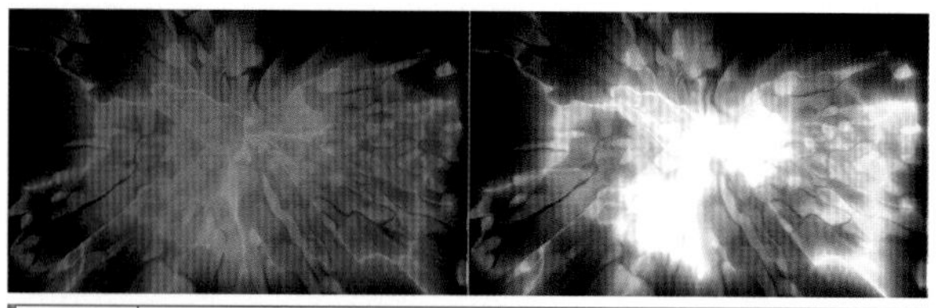

案例名称	课堂练习——炫彩星光
难易指数	★★☆☆☆
练习目标	练习Starglow（星光闪耀）滤镜的使用方法
所在页码	286

案例名称	课后习题——模拟日照
难易指数	★★☆☆☆
练习目标	练习Optical Flare（光学耀斑）滤镜的使用方法
所在页码	286

前言

Adobe的After Effects是一款专业的视频剪辑及设计软件，是用于高端视频特效系统的专业特效合成软件。After Effects功能强大，诞生以来就一直受到CG艺术家的喜爱，并被广泛应用于电影、电视、广告、动画等诸多领域。目前，我国很多院校和培训机构的艺术专业，都将After Effects作为一门重要的专业课程。为了帮助院校和培训机构的教师能够比较全面、系统地讲授这门课程，使读者能够熟练地使用After Effects CS6进行图像、动画及各种特效的制作，我们组织经验丰富的专业人员共同编写了本书。

我们对本书的编写体系做了精心的设计，按照“课堂案例—软件功能解析—课堂练习—课后习题”这一思路进行编排，通过“课堂案例”演练使读者快速熟悉软件功能和设计思路，通过“软件功能解析”使读者深入学习软件功能和制作特色，并通过“课堂练习”和“课后习题”拓展读者的实际操作能力。在内容编写方面，我们力求通俗易懂，细致全面；在文字叙述方面，我们注意言简意赅、突出重点；在案例选取方面，我们强调案例的针对性和实用性。

为了让读者学到更多的知识和技术，我们在编排本书的时候专门设计了“技巧与提示”，千万不要跳过这些知识点，它们会给您带来意外的惊喜。

随书资源中包含书中所有课堂案例、课堂练习和课后习题的实例文件。同时，为了方便读者学习，本书还为所有案例配备了大型多媒体有声视频教学录像，这些录像均由专业人员录制，详细记录了每一个操作步骤，尽量让读者一看就懂。另外，为了方便教师教学，本书还配备了PPT等丰富的教学资源，任课老师可直接使用。

本书的参考学时为50学时，其中讲授环节为30学时，实训环节为20学时，各章的参考学时如下表所示。

章	课程内容	学时分配	
		讲授	实训
第1章	图形、视频和音频格式，影视广告、电视包装制作的一般流程	1	
第2章	After Effects CS6的功能特点、安装方法、工作界面和工作环境设置，学习该软件的一些建议	2	
第3章	素材导入与管理，创建合成的方法，添加滤镜的方法，动画设置方法，视频输出方法	1	1
第4章	图层的属性，图层的创建，图层的操作方法	2	1
第5章	关键帧动画的原理和设置方法，曲线编辑器的用法，嵌套的概念和使用方法	2	2
第6章	图层叠加模式，遮罩的创建与修改，遮罩的属性与叠加模式，遮罩动画制作	2	2
第7章	画笔工具、仿制图章工具、橡皮擦工具、形状工具、钢笔工具的运用	2	1
第8章	文字的创建方法，文字属性，文字动画，文字遮罩，以及文字形状轮廓的创建方法	2	2
第9章	三维空间的坐标系统及基本操作，灯光的属性与分类，摄像机的使用，镜头运动	3	2
第10章	使用各种滤镜来进行色彩校正	2	1
第11章	使用各种滤镜来进行抠像处理	3	2
第12章	各种常用内置滤镜制作特效的方法	4	2
第13章	各种常用外挂滤镜制作特效的方法	2	2
第14章	综合运用After Effects CS6进行电视包装制作	2	2

我们衷心地希望能够为广大读者提供力所能及的服务，尽可能地帮读者解决一些实际问题，如果读者在学习过程中需要我们的支持，请通过以下方式与我们取得联系，我们将尽力解答。

本书所有的学习资源文件均可在线下载（或在线观看视频教程），扫描封底的“资源下载”二维码，关注我们的微信公众号即可获得资源文件下载方式。资源下载过程中如有疑问，可通过我们的在线客服或客服电话与我们联系。在学习的过程中，如果遇到问题，也欢迎读者与我们交流，我们将竭诚为读者服务。

资源下载

读者可以通过以下方式来联系我们。

客服邮箱：press@iread360.com

客服电话：028-69182687、028-69182657

时代印象

2017年3月

目 录

第1章

影视特效及电视包装制作基础

课堂学习目标

- 了解图形图像的文件格式
- 了解视频压缩编码的格式
- 了解音频压缩编码的格式
- 了解影视广告制作的一般流程
- 了解电视包装制作的一般流程

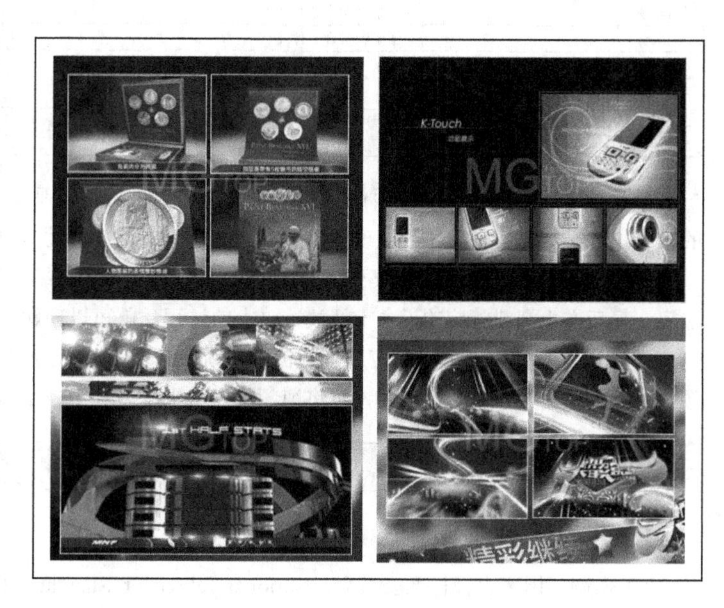

本章导读

很多视频设计师在进入这个领域的时候，往往会直接忽略掉一些最基本的知识，甚至认为这些基本概念没什么大用，其实不然，在正式学习After Effects CS6之前有必要先来了解视频制作的一些基本概念，包括视频基础知识、文件格式，以及影视制作和电视包装的一般流程。

1.1 视频基础知识

在影视制作中，由于不同硬件设备、平台和各种软件的组合使用，以及不同视频标准的差别，而引发的诸如“画面产生变形或抖动”“视频分辨率和像素比不一致”等一系列问题，都会极大地影响画面的最终效果。

本节将针对影视制作中所涉及的基础知识做简要讲解，这些知识点虽然很枯燥，但是非常关键，必须深刻理解。

本节知识点

名称	作用	重要程度
电视标准	了解电视的标准制式	高
逐行扫描	了解显示器的逐行扫描方式	中
隔行扫描	了解显示器的隔行扫描方式	中
分辨率	了解分辨率的含义	高
像素比	了解像素比的含义	中
帧速率	了解帧速率的含义	中
运动模糊	了解运动模糊的概念	中
帧融合	了解帧融合的含义	中
抗锯齿	了解抗锯齿的含义	中

1.1.1 数字化

关于数字化，这里不具体讲解其工作原理。摄像机拍摄的画面素材不可能直接拿到电视上去播放，需要对拍摄的画面进行必要的剪辑与特效处理，而这些操作是无法直接通过摄像机来完成的。

将摄像机拍摄的素材，采集到计算机硬盘中，通过非线性编辑软件对这些素材进行处理，将处理好的画面内容输出，最后在电视或相应的设备上播放，以上的过程，就可以理解为数字化应用的过程。

数字化非线性编辑技术的应用，颠覆了传统工作流程中十分复杂的线性编辑技术和应用模式，极大地提升了视频设计师创作的自由度和灵活度，也将视频制作水平提升到了一个新的层次。

1.1.2 电视标准

1.NTSC制

NTSC制（国家电视标准委员会，National Television Standards Committee的缩写）奠定了“标清”的基础。不过该制式产生以来除了增加了色彩信号的新参数之外没有太大的变化，且信号不能直接兼容于计算机系统。

NTSC制式的电视播放标准有如下4点。

第1点：分辨率720像素×480像素。

第2点：画面的宽高比为4:3。

第3点：每秒播放29.97帧（简化为30帧）。

第4点：扫描线数为525。

目前，美国、加拿大等大部分西半球国家及日本、韩国、菲律宾等国家使用该制式。

2.PAL制

PAL制式又称为帕尔制，由前联邦德国在NTSC制的技术基础上研制出来的一种改进方案，并且克服了NTSC制对相位失真的敏感性。

PAL制式的电视播放标准有如下4点。

第1点：分辨率720像素×576像素。

第2点：画面的宽高比为4:3。

第3点：每秒播放25帧。

第4点：扫描线数为625。

目前，中国、印度、巴基斯坦、新加坡、澳大利亚、新西兰及一些西欧国家和地区使用该制式。

3.SECAM制

SECAM制（法文Sequentiel Couleur A Memoire的缩写，意思是“按顺序传送彩色与存储”）又称塞康制，由法国研制，SECAM制式的特点是不怕干扰，彩色效果好，但兼容性差。

SECAM制的电视播放标准有如下3点。

第1点：画面的宽高比为4:3。

第2点：每秒可播放25帧。

第3点：扫描线数为819。

SECAM制式有3种形式：一是法国SECAM（SECAM-L），主要用在法国；二是SECAM-B/G，用在中东地区、德国和希腊；三是SECAM D/K，用在俄罗斯和西欧国家。

4.HD（HIGH DEFINITION）

通常把物理分辨率达到720P以上的格式称作高清，即HD（High Definition的缩写）。所谓全高清（Full HD），是指物理分辨率高达1920像素×1080像素，即1080P，并逐行扫描，这是目前成熟应用的顶级高清规格。

HD的电视播放标准有如下4点。

第1点：分辨率1280像素×720像素或1920像素×1080像素。

第2点：画面的宽高比为16:9。

第3点：每秒可播放23.98、24、25、29.97、30、50、59.94及60帧。

第4点：HD既可以以隔行扫描方式录制，也可以以逐行扫描方式录制。

1.1.3 逐行扫描与隔行扫描

通常显示器分为隔行扫描和逐行扫描两种方式。

逐行扫描相对于隔行扫描是一种先进的扫描方式，它是指显示屏显示图像进行扫描时，从屏幕左上角的第1行开始逐行进行，整个图像扫描一次完成。因此图像显示画面闪烁小，显示效果好。目前先进的显示器大都采用逐行扫描方式。

隔行扫描就是每一帧被分割为两场，每一场包含一帧中所有的奇数扫描行或者偶数扫描行，通常是先扫描奇数行得到第1场，然后扫描偶数行得到第2场。由于视觉暂留效应，人眼将会看到平滑的运动而不是闪动的半帧的图像。但是这种方法造成了两幅图像显示的时间间隔比较大，从而导致图像画面闪烁较大。因此这种扫描方式较为落后，通常用在早期的显示产品中。

技巧与提示

至于选择使用哪一种扫描方式，主要取决于视频系统的用途。在电视的标准显示模式中，i表示隔行扫描，p表示逐行扫描。

1.1.4 分辨率

分辨率（Resolution，也称为“解析度”）是指单位长度内包含的像素点的数量，它的单位通常为像素/英寸（ppi）。

由于屏幕上的点、线和面都是由像素组成的，因此显示器可显示的像素越多，画面就越精细，同样的屏幕区域内能显示的信息也就越多。以分辨率为720像素×576像素的屏幕来说，每一水平线上有720个像素点，每一垂直线上有576个像素点，扫描列数为720列，行数为576行。

分辨率不仅与显示尺寸有关，还受显像管点距、视频带宽等因素的影响。其中，它和刷新频率的关系比较密切。当然，过大分辨率的图像在视频制作时会浪费很多的制作时间和计算机资源，过小分辨率的图像则会使图像在播放时不够清晰。

在After Effects软件中，可以在新建合成面板中设置标准的PAL制式分辨率，如图1-1所示。

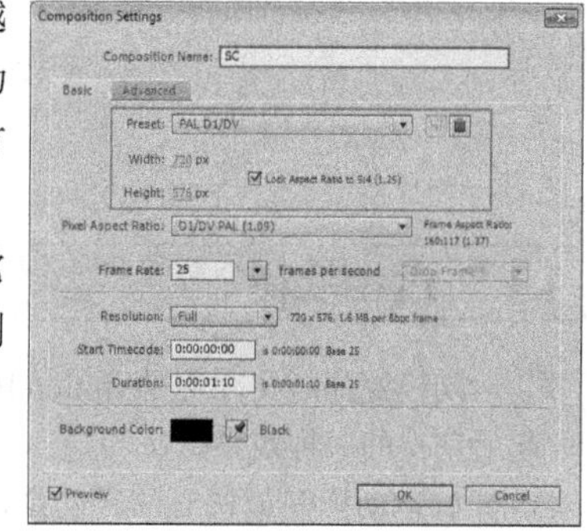

图1-1

1.1.5 像素比

像素比是指图像中一个像素的宽度与高度的比。使用计算机图像软件制作生成的图像大多使用方形像素，即图像的像素比为1:1，而电视设备所产生的视频图像，就不一定是1:1。

PAL制式规定的画面宽高比为4:3，分辨率为720×576。如果像素比为1:1，那么根据宽高比的定义推算，PAL制图像分辨率应为768×576。而实际PAL制的分辨率为720×576，因此，实际PAL制图像的像素比是768:720=16:15=1.07，即通过将正方形像素“拉长”的方法，保证了画面4:3的宽高比例。

在After Effects软件中，可以在新建合成的面板中设置画面的像素比，如图1-2所示；或者在项目窗口中，选择相应的素材，按Ctrl+Alt+G组合键，打开素材属性设置面板，对素材的像素比进行设置，如图1-3所示。

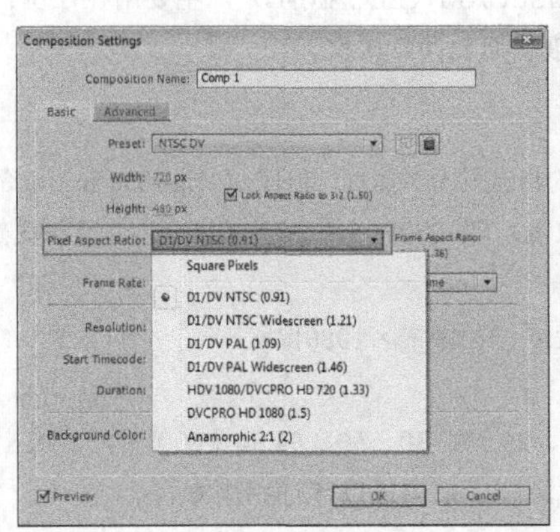

图1-2

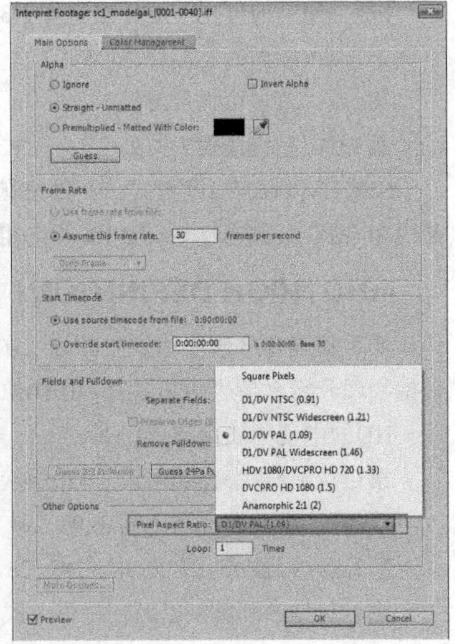

图1-3

1.1.6 帧速率

帧速率就是FPS（Frames Per Second的缩写），即帧/秒，是指每秒钟可以刷新的图片的数量，或者理解为每秒钟可以播放多少张图片。

帧速率越高，每秒所显示的图片数量就越多，从而画面会更加流畅，视频的品质也越高，也会占用更多的带宽。过少的帧速率会使画面播放不流畅，从而产生“跳跃”现象。

在After Effects软件中，可以在新建合成面板中设置画面的帧速率，如图1-4所示。当然也可以在素材属性设置面板进行自定义设置，如图1-5所示。

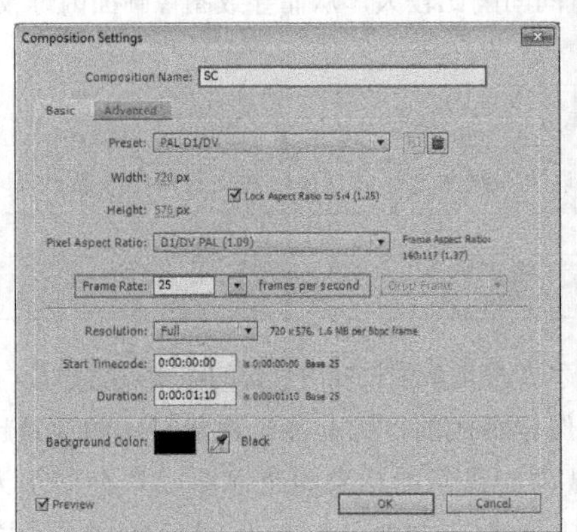

图1-4

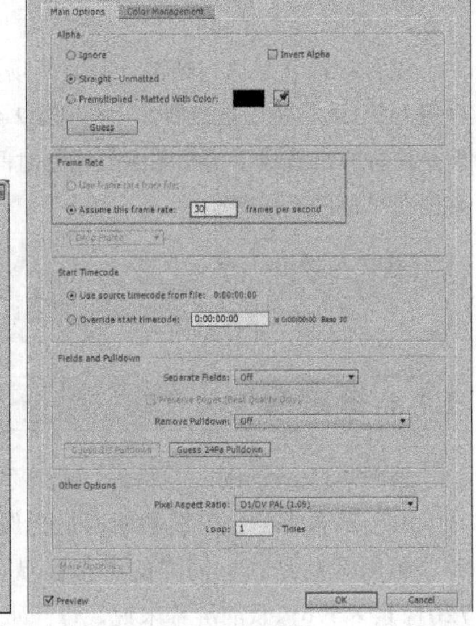

图1-5

1.1.7 运动模糊

运动模糊的英文全称是Motion Blur，运动模糊并不是在两帧之间插入更多的信息，而是将当前帧与前一帧混合在一起所获得的一种效果。

开启运动模糊最核心的目的是使每帧画面更接近，减少帧之间因为画面差距大而引起的闪烁或抖动，从而增强画面的真实感和流畅度。当然，应用了运动模糊之后，也会在一定程度上牺牲图像的清晰度。

在After Effects软件中，可以在时间线窗口中开启素材的运动模糊和运动模糊总按钮，如图1-6所示。

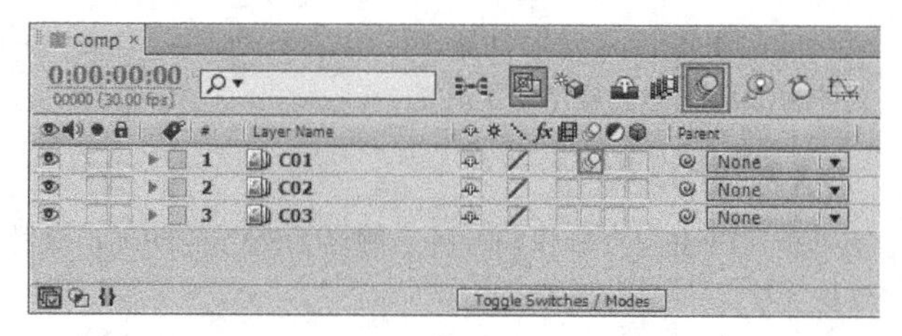

图1-6

1.1.8 帧融合

帧融合是针对画面变速（快放或慢放）而言的，将一段视频进行慢放处理，在一定时间内没有足够多的画面来表现，因此会出现卡顿的现象，将这段素材进行帧融合处理，就会在一定程度上解决这个现象。

在After Effects软件中，可以在时间线窗口中开启素材的帧融合和帧融合总按钮，如图1-7所示。

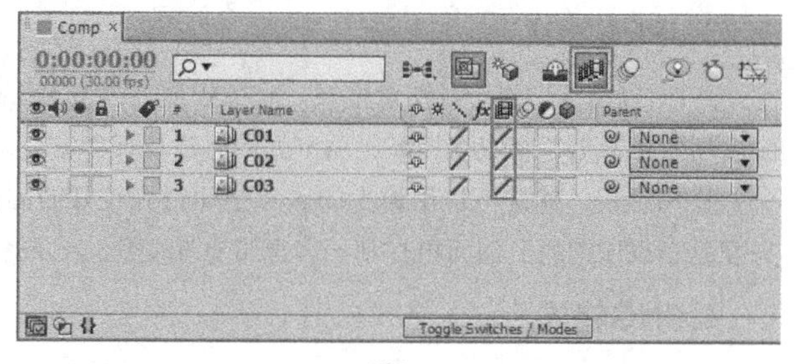

图1-7

1.1.9 抗锯齿

抗锯齿的英文全称是Anti-aliasing，抗锯齿是指对图像边缘进行柔化处理，使图像边缘看起来更平滑。抗锯齿也是提高画质，使画面变柔和的一种方法。

在After Effects软件中，可以在时间线窗口中开启素材的抗锯齿按钮，如图1-8所示。

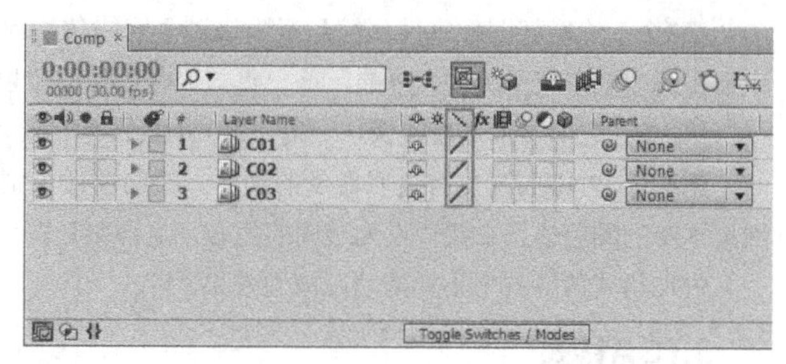

图1-8

1.2 文件格式

在视频制作中，涉及的文件格式和压缩编码也是多种多样的。为了以后更好地制作，下面详细介绍常用的图形图像、视频、音频文件的压缩编码格式。

本节知识点

名称	作用	重要程度
图形图像的文件格式	了解图形图像的7种文件格式	中
视频压缩编码的格式	了解视频压缩编码的9种格式	中
音频压缩编码的格式	了解音频压缩编码的5种格式	中

1.2.1 图形图像的文件格式

1.GIF格式

GIF格式的特点是压缩比较高，磁盘空间占用较少，所以这种图像格式迅速得到了广泛的应用。

GIF格式只能保存最大8位色深的数码图像，所以它最多只能用256色来表现物体，对于色彩复杂的物体它就力不从心了。

尽管如此，这种格式仍在网络上大行其道，这和GIF图像文件短小、下载速度快、可用许多具有同样大小的图像文件组成动画等优势是分不开的。

2.SWF格式

利用Flash可以制作出一种后缀名为SWF的动画，这种格式的动画图像能够用比较小的数据量来表现丰富的多媒体形式。

在图像的传输方面，不必等到文件全部下载才能观看，而是可以边下载边观看，因此特别适合网络传输。在传输速率不佳的情况下，也能取得较好的效果。

SWF如今已被大量应用于Web网页进行多媒体演示与交互性设计。此外，SWF动画是基于矢量技术制作的，因此不管将画面放大多少倍，画面品质不会因此而有任何损失。

3.JPEG格式

JPEG也是常见的一种图像格式，它的扩展名为.jpg或.jpeg，其压缩技术十分先进，它用有损压缩方式去除冗余的图像和彩色数据，在取得极高压缩率的同时能展现丰富生动的图像。

换句话说，就是可以用最少的磁盘空间得到较好的图像质量。由于JPEG格式的压缩算法是采用平衡像素之间的亮度色彩来压缩的，因而更有利于表现带有渐变色彩且没有清晰轮廓的图像。

4.PNG格式

PNG是一种新兴的网络图像格式，它有以下4个优点。

第1个：PNG格式是目前保证最不失真的格式，它汲取了GIF和JPEG二者的优点，存储形式丰富，兼有GIF和JPEG的色彩模式。

第2个：它能把图像文件压缩到极限以利于网络传输，但又能保留所有与图像品质有关的信息，因为PNG是采用无损压缩方式来减少文件大小的，这一点与牺牲图像品质以换取高压缩率的JPEG有所不同。

第3个：它的显示速度很快，只需下载1/64的图像信息就可以显示出低分辨率的预览图像。

第4个：PNG同样支持透明图像的制作，透明图像在制作网页图像的时候很有用，可以把图像背景设为透明，用网页本身的颜色信息来代替设为透明的色彩，这样可让图像和网页背景很和谐地融合在一起。

PNG格式的缺点是不支持动画应用效果。

5.TGA格式

TGA文件的结构比较简单，是一种图形、图像数据的通用格式，在多媒体领域有着很大影响，是计算机生成图像向电视转换的一种首选格式。

6.TIFF格式

TIFF是Mac（苹果机）中广泛使用的图像格式，它的特点是存储的图像细微层次的信息非常多。

该格式有压缩和非压缩两种形式，其中压缩可采用LZW无损压缩方案存储。目前在Mac和PC上移植TIFF文件也十分便捷，TIFF现在也是PC上使用最广泛的图像文件格式之一。

7.PSD格式

PSD是著名的Adobe公司的图像处理软件Photoshop的专用格式。PSD其实是Photoshop进行平面设计的一张草稿图，它包含各种图层、通道、遮罩等多种设计的样稿，以便于下次打开文件时可以修改上一次的设计。

在Photoshop所支持的各种图像格式中，PSD的存取速度比其他格式快很多，功能也很强大。

1.2.2 视频压缩编码的格式

1.AVI格式

AVI是一种音频视频交错格式。所谓“音频视频交错”，就是可以将视频和音频交织在一起进行同步播放。这种视频格式的优点是图像质量好，可以跨多个平台使用；缺点是数据量过于庞大，而且更加糟糕的是压缩标准不统一，因此经常会遇到高版本Windows媒体播放器播放不了采用早期编码编辑的AVI格式视频，而低版本Windows媒体播放器又播放不了采用最新编码编辑的AVI格式视频。其实解决的方法也非常简单，本书将在后面的视频转换、视频修复部分中给出解决的方案。

2.DV-AVI格式

目前非常流行的数码摄像机使用的就是DV-AVI格式记录视频数据的。它可以通过计算机的IEEE 1394端口传输视频数据到计算机，也可以将计算机中编辑好的视频数据回录到数码摄像机中。这种视频格式的文件扩展名一般也是.avi，所以人们习惯地叫它为DV-AVI格式。

3.MPEG格式

MPEG是一种运动图像专家组格式，家里常看的VCD、SVCD、DVD就是这种格式。MPEG文件格式是运动图像压缩算法的国际标准，它采用了有损压缩方法，从而减少运动图像中的冗余信息。MPEG的压缩方法就是保留相邻两幅画面绝大多数相同的部分，而把后续图像中和前面图像有冗余的部分去除，从而达到压缩的目的。目前MPEG格式有3个压缩标准，分别是MPEG-1、MPEG-2和MPEG-4。

MPEG-1: 是针对1.5Mbps以下数据传输率的数字存储媒体运动图像及其伴音编码而设计的国际标准，也就是通常所见到的VCD制作格式，这种视频格式的文件扩展名包括.mpg、.mlv、.mpe、.mpeg及VCD光盘中的.dat等。

MPEG-2: 这种格式主要应用在DVD/SVCD的制作（压缩）方面，同时在一些HDTV（高清晰电视广播）和一些高要求视频编辑、处理上面也有相当的应用。这种视频格式的文件扩展名包括.mpg、.mpe、.mpeg、.m2v及DVD光盘上的.vob等。

MPEG-4: 是为了播放流式媒体的高质量视频而专门设计的，它可利用很窄的带度，通过帧重建技术，压缩和传输数据，以求使用最少的数据获得最佳的图像质量。MPEG-4最有吸引力的地方在于它能够提供接近于DVD画质的小数据量视频文件。这种视频格式的文件扩展名包括.asf、.mov和DivX 、AVI等。

4.H.264格式

H.264是由ISO/IEC与ITU-T组成的联合视频组（JVT）制定的新一代视频压缩编码标准。在ISO/IEC中，该标准被命名为AVC，作为MPEG-4标准的第10个选项，在ITU-T中正式命名为H.264标准。

H.264和H.261、H.263一样，也是采用DCT变换编码加DPCM的差分编码，即混合编码结构。同时，H.264在混合编码的框架下引入了新的编码方式，提高了编码效率，更贴近实际应用。

H.264没有烦琐的选项，而是力求简洁的“回归基本”，它具有比H.263++更好的压缩性能，同时H.264也加强了对各种通信的适应能力。

H.264的应用目标广泛，可满足各种不同速率、不同场合的视频应用，具有较好的抗误码和抗丢包的处理能力。

H.264的基本系统无需使用版权，具有开放的性质，能很好地适应IP和无线网络的使用，这对目前互联传输多媒体信息、移动网中传输宽带信息等都具有重要意义。

H.264标准使运动图像压缩技术上升到了一个更高的阶段，在较低带宽上提供高质量的图像传输是H.264的应用亮点。

5.DivX格式

DivX是由MPEG-4衍生出的另一种视频编码（压缩）标准，也就是通常所说的DVDrip格式。它采用了MPEG-4的压缩算法，同时又综合了MPEG-4与MP3各方面的技术。说白了就是使用DivX压缩技术对DVD盘片的视频图像进行高质量压缩，同时用MP3或AC3对音频进行压缩，然后再将视频与音频合成并加上相应的外挂字幕文件而形成的视频格式，其画质直逼DVD并且数据量只有DVD的数分之一。

6.MOV格式

Apple公司开发的一种视频格式，默认的播放器是苹果的Quick Time Player，具有较高的压缩比率和较完美的视频清晰度。MOV的最大特点还是跨平台性，既能支持MacOS，又能支持Windows系列。

7.ASF格式

用户可以直接使用Windows自带的Windows Media Player对ASF格式的文件进行播放。由于它使用了MPEG-4的压缩算法，所以压缩率和图像的质量都很不错。

8.RM格式

Networks公司所制定的音频视频压缩规范称为Real Media，用户可以使用RealPlayer或RealOne Player对符合Real Media技术规范的网络音频/视频资源进行实况转播，并且Real Media还可以根据不同的网络传输速率制定出不同的压缩比率，从而实现在低速率的网络上进行影像数据实时传送和播放。

这种格式的另一个特点是用户使用RealPlayer或Real One Player播放器可以在不下载音频/视频内容的条件下实现在线播放。

9.RMVB格式

RMVB是一种由RM视频格式升级延伸出的新视频格式，它的先进之处在于RMVB视频格式打破了原先RM格式那种平均压缩采样的方式，在保证平均压缩比的基础上合理利用比特率资源，就是说静止和动作场面少的画面场景采用较低的编码速率，这样可以留出更多的带宽空间，而这些带宽会在出现快速运动的画面场景时被利用。这样在保证了静止画面质量的前提下，大幅地提高了运动图像的画面质量，从而使图像质量和文件大小之间达到了微妙的平衡。

1.2.3 音频压缩编码的格式

1.CD格式

CD是当今世界上音质最好的音频格式。在大多数播放软件的“打开文件类型”中都可以看到*.cda格式，这就是CD音轨。标准CD格式也就是44.1k的采样频率、速率88k/s、16位量化位数，因为CD音轨可以说是近似无损的，因此它的声音是非常接近原声的。

CD光盘可以在CD唱机中播放，也能用计算机里的各种播放软件来重放。一个CD音频文件是一个*.cda文件，这只是一个索引信息，并不是真正的包含声音信息，所以不论CD音乐的长短，在计算机上看到的*.cda文件都是44字节长。

技巧与提示

不能直接复制CD格式的.cda文件到硬盘上播放，需要使用像EAC这样的抓音轨软件把CD格式的文件转换成WAV。如果光盘驱动器质量过关而且EAC的参数设置得当的话，这个转换过程基本上可以说是无损的，推荐大家使用这种方法。

2.WAV格式

WAV是微软公司开发的一种声音文件格式，它符合RIFF（Resource Interchange File Format）文件规范，用于保存Windows平台的音频信息资源，被Windows平台及其应用程序所支持。WAV格式支持MSADPCM、CCITT A LAW等多种压缩算法，支持多种音频位数、采样频率和声道，标准格式的WAV文件和CD格式一样，也是44.1k的采样频率、速率88k/s、16位量化位数。WAV格式的声音文件质量和CD相差无几，也是目前PC上广为流行的声音文件格式，几乎所有的音频编辑软件都能识别WAV格式。

由苹果公司开发的AIFF格式和为UNIX系统开发的AU格式，它们都和WAV非常相似，大多数音频编辑软件也都支持这几种常见的音乐格式。

3.MP3格式

MP3格式诞生于20世纪80年代的德国，所谓MP3是指MPEG标准中的音频部分，也就是MPEG音频层。根据压缩质量和编码处理的不同分为3层，分别对应.mp1、.mp2和.mp3这3种声音文件。

技巧与提示

MPEG音频文件的压缩是一种有损压缩，MPEG3音频编码具有10:1~12:1的高压缩率，同时基本保持低音频部分不失真，但却牺牲了声音文件中12kHz~16kHz高音频部分。

相同长度的音乐文件，用MP3格式来储存，文件大小一般只有WAV文件的1/10，而音质要次于CD格式或WAV格式的声音文件。

MP3音乐的版权问题一直找不到办法解决，因为MP3没有版权保护技术，说白了就是谁都可以用。

MP3格式压缩音乐的采样频率有很多种，可以用64Kbps或更低的采样频率节省空间，也可以320Kbit/s的标准达到极高的音质。用装有Fraunhofer IIS Mpeg Lyaer3的 MP3编码器（现在效果最好的编码器）Music Match Jukebox 6.0在128Kbps的频率下编码一首3分钟的歌曲，得到2.82MB的MP3文件。

采用缺省的CBR（固定采样频率）技术可以以固定的频率采样一首歌曲，而VBR（可变采样频率）则可以在音乐“忙”的时候加大采样的频率获取更高的音质，不过产生的MP3文件可能在某些播放器上无法播放。

4.MIDI格式

MIDI（Musical Instrument Digital Interface）允许数字合成器和其他设备交换数据。MIDI文件并不是一段录制好的声音，而是记录声音的信息，然后告诉声卡如何再现音乐的一组指令，这样一个MIDI文件每存1分钟的音乐只用大约5～10KB。

MIDI文件主要用于原始乐器作品、流行歌曲的业余表演、游戏音轨及电子贺卡等。MIDI文件重放的效果完全依赖声卡的档次。MID格式的最大用处是在计算机作曲领域。MIDI文件可以用作曲软件写出，也可以通过声卡的MIDI口把外接音序器演奏的乐曲输入计算机里，制成MIDI文件。

5.WMA格式

WMA（Windows Media Audio）音质要强于MP3格式，更远胜于RA格式，它和YAMAHA公司开发的VQF格式一样，是以减少数据流量但保持音质的方法来达到比MP3压缩率更高的目的，WMA的压缩率一般都可以达到1:18。

WMA的另一个优点是内容提供商可以通过DRM（Digital Rights Management）方案（比如Windows Media Rights Manager 7）加入防复制保护。这种内置了版权保护技术可以限制播放时间和播放次数，甚至于播放的机器等，这对被盗版搅得焦头烂额的音乐公司来说可是一个福音，另外WMA还支持音频流（Stream）技术，适合在网络上在线播放。

WMA这种格式在录制时可以对音质进行调节。同一格式、音质好的可与CD媲美，压缩率较高的可用于网络广播。

1.3 影视广告与电视包装的制作流程

一般来讲，使用After Effects并结合其他软件进行项目制作都会有一个固定的工作流，虽然这个流程中的某些步骤也可以交叉，但是大方向上还是要遵循一个固定的法则。

本节知识点

名称	作用	重要程度
影视广告制作流程	熟悉影视广告制作的一般流程，以及流程中的细节问题	高
电视包装制作流程	熟悉电视包装制作的一般流程，以及流程中的细节问题	高

1.3.1 影视广告制作的一般流程

影视广告制作的一般流程大致分为17步，下面依次进行讲解。

第1步：提交创意文案。当创意完全确认，并获准进入拍摄阶段时，公司创意部会将创意的文案、画面说明及提案给客户的故事板（Storyboard）呈递给制作部（或其他制作公司），并对广告片的长度、规格、交片日期、目的、任务、情节、创意点、气氛和禁忌等作必要的书面说明，以帮助制作部理解该广告片的创意背景、目标对象、创意原点及表现风格等。同时要求制作部在限定的时间里呈递估价（Quotation）和制作日程表（Schedule）以供选择。目前，沟通创意文案最主要和最常见的方式之一就是使用故事板（Storyboard），故事板图文并茂，能够缩短相互之间理解上的差距。

第2步：制作方案与报价。当制作部收到脚本说明（Storyboard Briefing）之后，制作部会将自己对创意的理解预估、合适的制作方案及相应的价格呈报给客户部，供客户部确认。一般而言，一份合理的估价应包括拍摄准备、拍摄器材、拍摄场地、拍摄置景、拍摄道具、拍摄服装、摄制组（导演、制片、摄影师、灯光师、美术、化妆师、服装师、造型师、演员等）、电力、转磁、音乐、剪辑、特技、二维及三维制作、配音及合成等制作费、制作公司利润、税金等所有费用，并附制作日程表，甚至可以包含具体的选择方案。

技巧与提示

因为制片的规模大小、制作的精细程度直接影响估价，所以广告主应该有一个大致的制作预算，这个预算一般是占播出费用的10%左右。制片公司以这个预算为基准所做的估价才是有意义的，以这个估价为基准的制作方案才是值得考虑的。

第3步：签订合同。由客户部将制作部的估价呈报给客户，当客户确认后，由客户、客户部、制作部签订具体的制作合同，然后根据合同和最后确认的制作日程表（Schedule），制作部会在规定的时间内准备接下来的第一次制作准备会（PPM1）。

第4步：拍摄前期的准备工作。在此期间，制作部将制作脚本、导演阐述、灯光影调、音乐样本、堪景、布景方案、演员试镜、演员造型、道具、服装等有关广告片拍摄的所有细节部分进行全面的准备工作，以寻求将广告创意呈现为广告影片的最佳方式。这是制作部最忙碌的时候，所有的准备工作都要事无巨细面面俱到，这个阶段的工作做得越精细，越能制作出高质量的广告片。有时候应客户的要求会缩短制作周期，那么往往压缩的就是这一阶段的时间。建议客户最好给制作留有足够的时间，因为有充分的准备时间不是增加开支，而是提升品质。

第5步：召开制作准备会议。PPM是英文Pre-Product Meeting（制作准备会）的缩写。在PPM上，将由制作部就广告影片拍摄中的各个细节向客户呈报，并说明理由。通常制作部会拿出不止一套的制作脚本（Shooting Board）、导演阐述、灯光影调、音乐样本、堪景、布景方案、演员试镜、演员造型、道具、服装等有关广告片拍摄的所有细节部分供客户选择，最终一一确认，作为之后拍片的基础依据。如果某些部分在此次会议上无法确认，则（在时间允许的前提下）安排另一次制作准备会直到最终确认。因此，制作准备会召开的次数通常是不确定的，如果只召开一次，则PPM1和PPM2、Final PPM就没有什么差别。

第6步：再一次的准备会议。经过再一次的准备，就第一次制作准备会（PPM1）上未能确认的部分，制作部将提报新的准备方案，供客户确认，如果全部确认，则不再召开最终制作准备会（Final PPM），否则（在时间允许的前提下）再安排另一次制作准备会直到最终确认。

第7步：最后的准备会议。进行最后的制作准备会，为了不影响整个拍片计划的进行，就未能确认的所有方面，客户、客户部和制作部必须共同协商出可以执行的方案，待三方确认后，作为之后拍片的基础依据。

第8步：拍摄前的最终检查。在进入正式拍摄之前，制作部的制片人员对最终制作准备会上确定的各个细节，进行最后的确认和检视，以杜绝任何细节在拍片现场发生意外，确保广告片的拍摄完全按照计划顺利执行。其中尤其需要注意的是场地、置景、演员、特殊镜头等方面。 另外，在正式拍片之前，制作部会向包括客户、客户部、摄制组相关人员在内的各个方面，以书面形式的“拍摄通告”告知拍摄地点、时间、摄制组人员、联络方式等。

技巧与提示

这是最后一次检查的机会了，在这次检查结束以后，大家就会抓紧时间休息，因为Final Check（最终检查）之后，正式拍摄也就不远了。

第9步：进行拍摄。按照最终制作准备会的决议，拍摄工作在安排好的时间、地点由摄制组按照拍摄脚本（Shooting Board）进行拍摄工作。为了对客户和创意负责，除了摄制组之外，通常制作部的制片人员会联络客户和客户部的客户代表、有关创作人员等参加拍摄。根据经验和作业习惯，为了提高工作效率，保证表演质量，镜头的拍摄顺序有时并非按照拍摄脚本（Shooting Board）的镜头顺序进行，而是会将机位、景深相同相近的镜头一起拍摄。另外儿童、动物等拍摄难度较高的镜头通常会最先拍摄，而静物、特写及产品镜头通常会安排在最后拍摄。为确保拍摄的镜头足够用于剪辑，每个镜头都会拍摄不止一遍，而导演也可能会多拍一些脚本中没有的镜头。

技巧与提示

外景的拍摄是看天吃饭，制片会在预订的拍摄日前好几天的就开始和气象台联络取得天气预测的资料。内景的拍摄无关天气，可怕的是摄影棚就像是一个时间黑洞，许多人都会失去时间感。拍摄似乎是充满新奇感的，其实却是令人厌倦的。

第10步：冲洗胶片。就像拍照片之后需要洗印一样，拍摄使用的电影胶片需要在专门的冲洗厂里冲洗出来。这是大多数电视广告制作人员都不会看到的工序，真正的暗箱操作。

第11步：胶片转换成视频。这个环节的英文叫作Film-to-Video Transfer，冲洗出来的电影胶片必须经过此道技术处理，才能由电影胶片的光学信号转变成用于电视制作的磁信号，然后才能输入计算机进入剪辑程序。转磁的过程中一般会对拍摄素材进行色彩和影调的处理，这个程序也被称作过TC。

第12步：初剪。这一步也称作粗剪。现在的剪辑工作一般都是在计算机当中完成的，因此拍摄素材在经过转磁以后，要先输入到计算机中，然后导演和剪辑师才能开始初剪。初剪阶段，导演会将拍摄素材按照脚本的顺序拼接起来，剪辑成一个没有视觉特效、没有旁白和音乐的版本。

第13步：为客户提供A拷贝。所谓A拷贝，就是经过初剪后没有视觉特效、没有音乐和旁白的版本。同时，A拷贝也是整个制作流程中客户第一次看到的制作成果。给客户看A拷贝，有时候是要具有冒险精神的，因为一个没有视觉特效和声音的广告片，在总体水准上是比完成片要逊色很多的，很容易令客户紧张，以至于提出一些难以应付的修改意见。所以，制作公司有时候会宁愿麻烦一点，在完成了特技和音效以后再给客户看片。

第14步：精剪。在客户认可了A拷贝以后，就进入了正式剪辑阶段，这一阶段也被称为精剪。精剪部分，首先是要根据客户在看了A拷贝以后所提出的意见进行修改，然后将特技部分的工作合成到广告片中去，这样广告片画面部分的工作到此完成。

第15步：制作音乐。广告片的音乐可以作曲或选曲。这两者的区别是，如果作曲，广告片将拥有独一无二的音乐，而且音乐能和画面有完美的结合，但会比较贵；如果选曲，在成本方面会比较经济，但别的广告片也可能会用到这个音乐。

第16步：影片的旁白和对白。旁白和对白就是在这时候完成的。在旁白、对白和音乐完成以后，音效剪辑师会为广告片配上各种不同的声音效果。至此，一条广告片的声音部分就全部准备完毕了，最后一道工序就是将以上所有元素的各自音量调整至适合的位置，并合成在一起。这是广告片制作方面的最后一道工序，在这一步骤完成以后，则广告片就已经完成了。

第17步：交片。将经过广告客户认可的最终成片，以合同约定的形式按时交到广告客户手中，完成最后的交片环节。如图1-9和图1-10所示，这是一些商业项目中的影视广告案例分镜图。

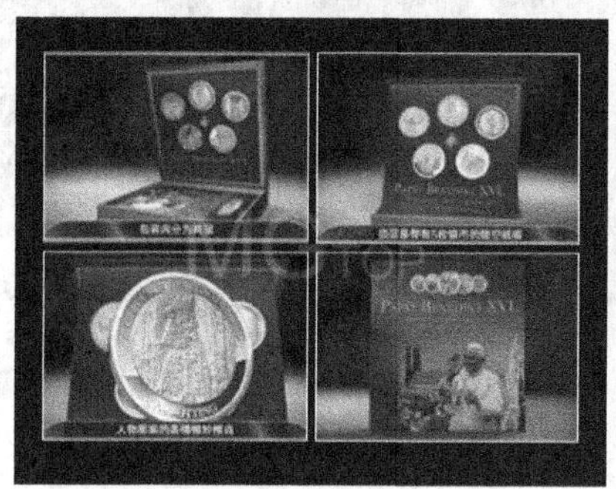

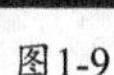
图1-9

图1-10

1.3.2 电视包装制作的一般流程

制作电视包装的一般流程如下所述。

第1步：客户提出需求。客户通过业务员联系，或以电话、电子邮件、在线订单等方式提出制作方面的“基本需求”。

第2步：提供“制作方案和报价”。回答客户的咨询，对客户的需求予以回复，提供实现方案和报价供客户参考和选择。

第3步：确定合作意向。双方以面谈、电话或电子邮件等方式，针对项目内容和具体需求进行协商，产生合同主体及细节。双方认可后，签署“电视包装制作合同”，合同附件中要包含“包装文案”。公司会在规定的时间内准备接下来的第一次制作准备会。

第4步：在制作会议进行策划。按照客户所提出的详细要求进行广泛的讨论，确定制作的创意及思路，并制订出相关的制作计划。

第5步：设计主体Logo。主体Logo的设计是电视包装中动画的核心表现内容，也是频道或栏目定位的一个核心体现。当然客户提供了Logo则不用进行这一步了。

第6步：搜集素材。搜集符合表现Logo的元素和表现形式。元素是动画组成的基础，不同的组合方式可以形成不同的分镜头。

第7步：制作三维模型。根据镜头的表现创建相关的三维模型，设置材质及镜头的表现。

第8步：制作分镜头。根据电视包装的记叙过程，使用选择好的元素和颜色，制作分镜头，注意分镜头的画面构图一定要讲究，也就是力求精美，这样在交付客户审核的时候会提高其满意度。

第9步：客户审核。这是一个重要的环节，可能在开始客户会提出一些反馈意见，这时就要继续修改分镜头来最终满足客户的需要。通过这一步，客户将确定当前包装定位的整个形式。

第10步：整理镜头。最终确定镜头顺序。在After Effects中，根据所制作的音乐节奏剪辑分镜头，确定三维元素的动画长度。

第11步：设置三维动画。根据客户确定的分镜头长度，设置具体的动画元素和镜头的运动。

第12步：制作粗模动画。使用After Effects导入PSD分镜头文件，使用渲染好的粗模动画代替静止元素。配合镜头运动，制作出各个静止元素的动画。

第13步：渲染三维成品。渲染是影视包装制作中最为耗时的步骤。通过反复测试长度，并检查动画中存在的问题，才是减少耗时的有效方法。

第14步：制作成品动画。用三维精细动画代替粗模动画，制作后期效果，调整画面中的辅助元素，完成最终的制作。

第15步：将样片交付客户审核。将最终制作好的样片交付给客户，等待其审核并通知。如果有修改的地方，再根据客户所提出的修改意见进行修改并最终完成成片。

第16步：完成成片后支付余款并交付成片。待客户确认最终成片后支付余款，并在此之后将最终的成片交付给客户。如图1-11和图1-12所示，这是部分商业项目中的电视包装案例分镜图。

图1-11

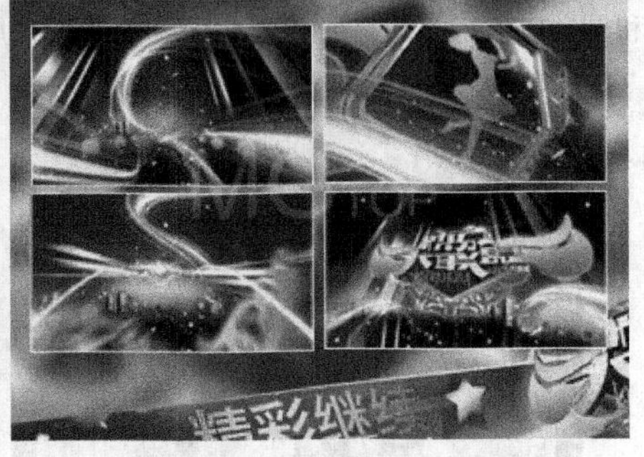

图1-12

技巧与提示

该制作流程可以应用到各种类型的制作项目中，如栏目的整体包装或者是频道的整体包装等。仔细把握好各个环节、保持有效沟通是最为重要的。

第2章 初识After Effects CS6

课堂学习目标

- 了解After Effects CS6的功能、特点和应用
- 了解After Effects CS6对软硬件环境的要求
- 掌握After Effects CS6及其插件的安装方法
- 了解启动After Effects CS6的方法
- 了解After Effects CS6的工作界面
- 了解After Effects CS6的功能面板
- 了解After Effects CS6的命令菜单
- 掌握After Effects CS6首选项的设置
- 了解学好After Effects CS6的建议

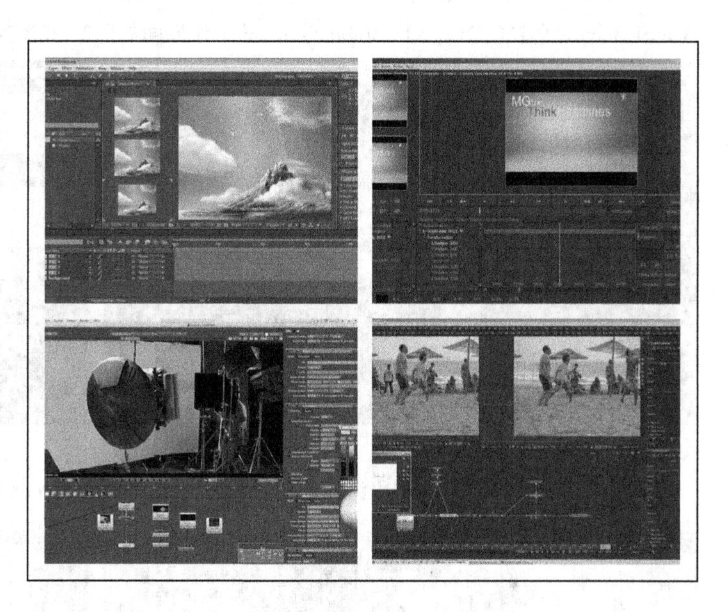

本章导读

After Effects是Adobe公司推出的一款图形图像视频处理软件，适用于从事设计和视频特技的机构，包括电视台、动画制作公司、个人后期制作工作室，以及多媒体工作室。本章主要介绍After Effects CS6的功能特点与应用、工作界面、命令菜单，以及学好该软件的注意事项等。

2.1 After Effects CS6概述

首先带领大家来初步认识After Effects CS6，本节主要对后期合成的软件分类、After Effects的主要功能和应用领域，以及After Effects CS6的特色工具进行简单介绍。

本节知识点

名称	作用	重要程度
后期合成软件分类	了解后期合成软件的两种类型	低
After Effects的功能	熟悉After Effects CS6的主要功能	高
After Effects的应用领域	熟悉After Effects CS6的应用领域	高
After Effects的特色工具	了解After Effects CS6的特色工具	中

2.1.1 后期合成软件分类

影视后期合成方向的软件分为两大类型，分别是层编辑和节点操作。以“层编辑”为代表的主流软件是Adobe After Effects及曾经的Discreet Combustion，其工作界面如图2-1和图2-2所示。

图2-1

图2-2

以“节点操作”为代表的主流软件是The Foundry Nuke和Eyeon Digital Fusion，其工作界面如图2-3和图2-4所示。

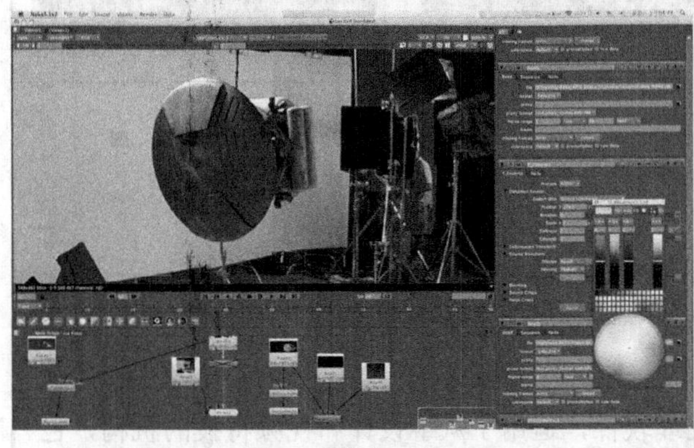

图2-3

图2-4

2.1.2 After Effects的主要功能

After Effects（简称AE）由世界领先的数字媒体和在线营销解决方案供应商Adobe公司研发推出，如图2-5所示为After Effects CS6版本。

图2-5

After Effects作为一款功能强大且低成本的后期合成软件，与Adobe其他软件（如Photoshop、Illustrator、Premiere和Audition等）的无缝结合，以及大量第三方插件的支持，凭借着易上手、良好的人机交互而获得众多设计师的青睐。

使用After Effects能够高效且精确地创建无数种引人注目的动态图形和震撼人心的视觉效果，数百种预设和动画效果，更为电影、视频、DVD和Flash等作品增添令人耳目一新的效果。

2.1.3 After Effects的应用领域

After Effects适用于从事设计和视觉特技的机构（包括影视制作公司、动画制作公司、各媒体电视台、个人后期制作工作室，以及多媒体工作室等）。目前主要的应用领域为三维动画片后期合成、建筑动画的后期合成、视频包装的后期合成、影视广告的后期合成和电影电视剧特效合成等，如图2-6和图2-7所示。

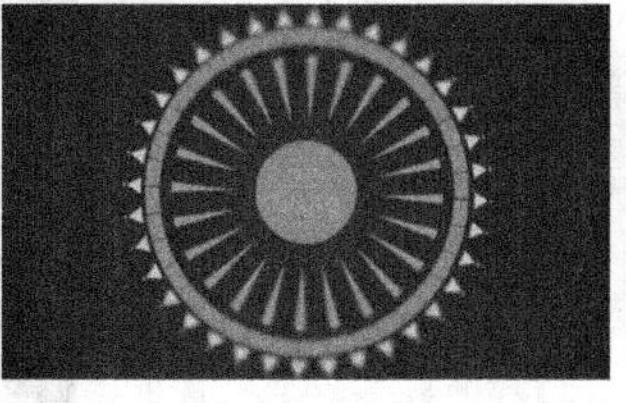

图2-6

图2-7

2.1.4 After Effects CS6的特色工具

1.3D

After Effects CS6最主要的提升功能之一是3D模式发生了翻天覆地的变化，新的光线追踪3D（Ray-Traced 3D）大大增强了软件视频处理的三维真实表现力。

借助NVIDIA OptiX技术引入的全新3D管线追踪渲染引擎，After Effects CS6可以简化并加速动态影像的工作流程。

设计师可以简单而快速地设计出三维空间中逼真的三维模型（或文字Logo等）、环境反射，以及材质效果等，从而解决了传统制作中借助三维软件而造成的耗时问题。

总的来说，使用3D功能可以设计出物理效果更准确的场景，制作出反射、透明、柔和阴影，以及景深等效果，如图2-8所示。

图2-8

2.3D Camera Tracker

After Effects CS6新增的缓存功能允许用户在等待帧更新的同时仍然可以预览状况，新加入的3D Camera Tracker可以方便地全面操控景深、阴影和光线反射。After Effects CS6还可以在后台自动分析并生成3D追踪点在2D平面的投影，如图2-9所示。

图2-9

3.SpeedGrade

Adobe收购了电影级别调色软件SpeedGrade之后，将其随After Effects CS6一起发布，终于形成了Premiere、After Effects和SpeedGrade的剪辑合成调色标准工作流程。

将视频在Premiere中剪辑好之后，可以便捷地一键发送到SpeedGrade中调色，或者使用After Effects配合完成复杂的调色工作，SpeedGrade工作界面如图2-10所示。

图2-10

2.2 After Effects CS6对软硬件环境的要求

After Effects CS6软件可以安装在Windows或Mac OS系统中，下面简单介绍它对软硬件环境的要求，以方便读者配置自己的工作平台。

本节知识点

名称	作用	重要程度
After Effect对Windows系统的要求	了解在Windows系统下，After Effects CS6对硬件的需求	低
After Effect对Mac OS系统的要求	了解在Mac OS系统下，After Effects CS6对硬件的需求	低

2.2.1 对Windows系统的要求

After Effects CS6对Windows系统的要求如下。

第1点：需要支持64位Intel® Core™2 Duo或AMD Phenom® II处理器。

第2点：Microsoft® Windows® 7 Service Pack 1（64 位）版本。

第3点：至少4GB的RAM（建议分配 8 GB）。

第4点：至少3GB可用硬盘空间，安装过程中需要其他可用空间（不能安装在移动闪存存储设备上）。

第5点：用于磁盘缓存的其他磁盘空间，建议分配10GB。

第6点：1280×900分辨率的显示器。

第7点：支持OpenGL 2.0的系统。

第8点：用于从DVD介质安装的DVD-ROM驱动器。

第9点：QuickTime功能需要的QuickTime7.6.6软件。

第10点：可选，Adobe认证的GPU卡，用于GPU加速的光线跟踪3D渲染器。

2.2.2 对Mac OS系统的要求

After Effects CS6对Mac OS系统的要求如下。

第1点：支持64位的多核 Intel 处理器。

第2点：Mac OS X v10.6.8或v10.7。

第3点：至少4GB的RAM（建议分配 8 GB）。

第4点：用于安装的4GB可用硬盘空间，安装过程中需要其他可用空间（不能安装在移动闪存存储设备上）。

第5点：用于磁盘缓存的其他磁盘空间，建议分配10GB。

第6点：1280×900分辨率的显示器。

第7点：支持OpenGL 2.0的系统。

第8点：用于从DVD介质安装的DVD-ROM驱动器。

第9点：QuickTime功能需要的QuickTime7.6.6软件。

第10点：可选，Adobe认证的GPU 卡，用于GPU加速的光线跟踪3D渲染器。

2.3 安装After Effects CS6及插件

Adobe Creative Suite（Adobe创意套件）是Adobe系统公司出品的一个用于图形设计、影像编辑与网络开发的软件产品套装，该套装在目前的最高版本是Adobe Creative Suite 6。

Adobe Creative Suite根据受众市场的不同分为Master Collection（大师版）、Production Premium（影音高级版）、Design&Web Premium（网页设计版）等。

Adobe Creative Suite 6套装软件包括图像处理软件Photoshop、矢量图形编辑软件Illustrator、文档创作软件Acrobat、网页编辑软件Dreamweaver、二维矢量动画创作软件Flash、视频特效编辑软件After Effects、视频剪辑软件Premiere、音频编辑软件Audition与Web环境Air等。

本节知识点

名称	作用	重要程度
安装After Effects CS6	熟悉安装After Effects CS6的方法	高
安装After Effects CS6的插件	熟悉安装After Effects CS6插件的方法	高

2.3.1 安装After Effects CS6

安装After Effects CS6主要有以下9个步骤。

第1步：打开Adobe Master Collection CS6（大师版）文件夹，以管理员身份运行Set-up程序，如图2-11所示。

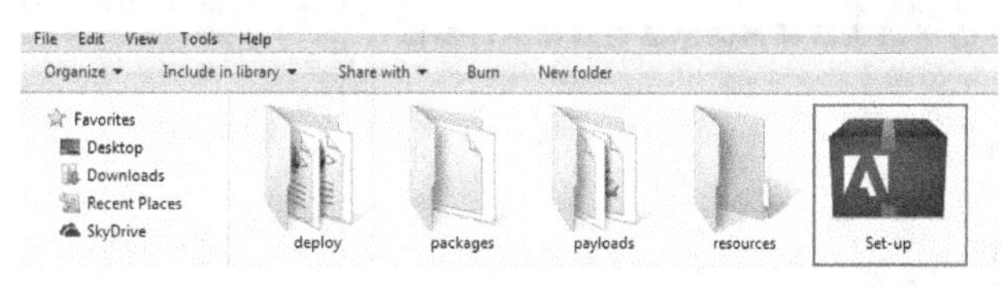

图2-11

第2步：在弹出的Adobe安装程序对话框中，单击“忽略”按钮（如图2-12所示）后，Adobe 开始初始化安装程序，如图2-13所示。

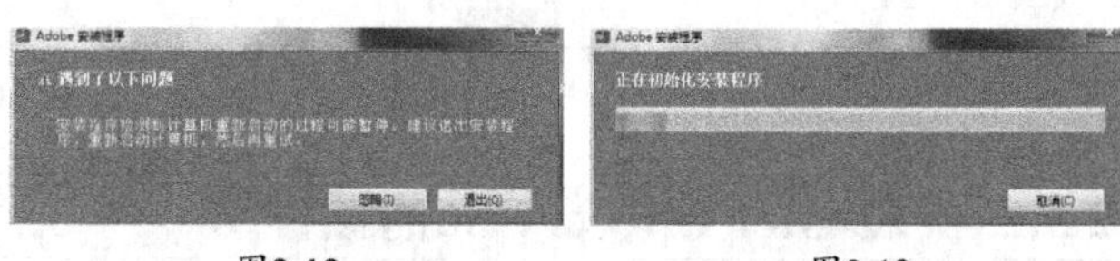

图2-12　图2-13

第3步：在欢迎界面中，选择“安装（我有序列号）”选项，如图2-14所示。

第4步：在Adobe软件许可协议界面中单击“接受”按钮，继续安装，如图2-15所示。

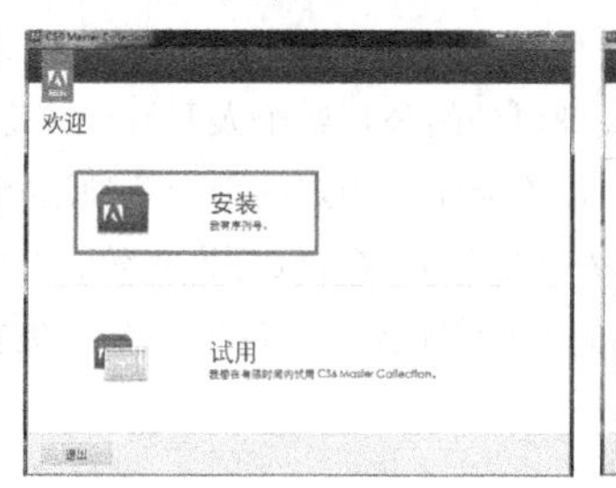

图2-14　图2-15

第5步：输入软件商提供的正版序列号（软件商提供给购买的客户），然后单击“下一步”按钮，继续安装，如图2-16所示。

图2-16

第6步：选择需要安装的软件和指定安装路径位置后，单击“安装”按钮，开始进行软件程序的安装，如图2-17和图2-18所示。

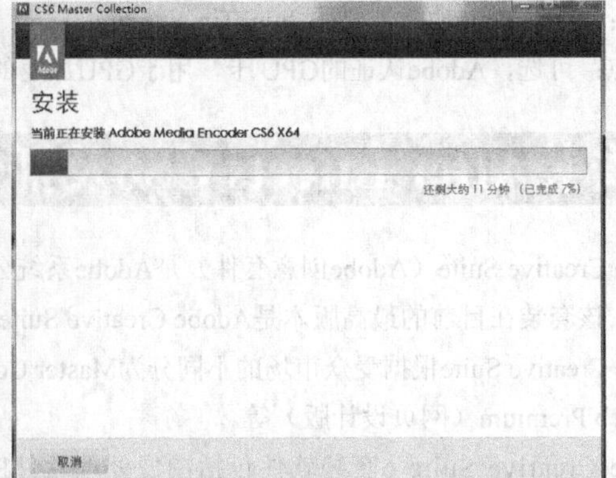

图2-17　　图2-18

第7步：安装完成后，提示已经安装成功且可以使用的应用程序，最后单击“关闭”按钮，完成安装操作，如图2-19所示。

第8步：接下来开始进行在线验证序列号的操作，如图2-20所示。

第9步：在线通过验证后，提示成功激活，如图2-21所示。

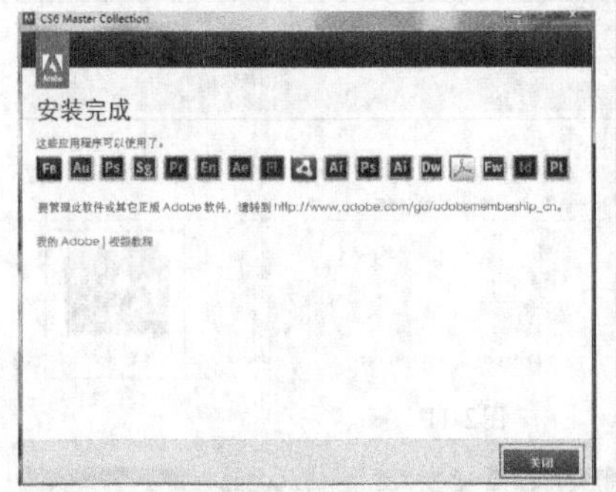

图2-19

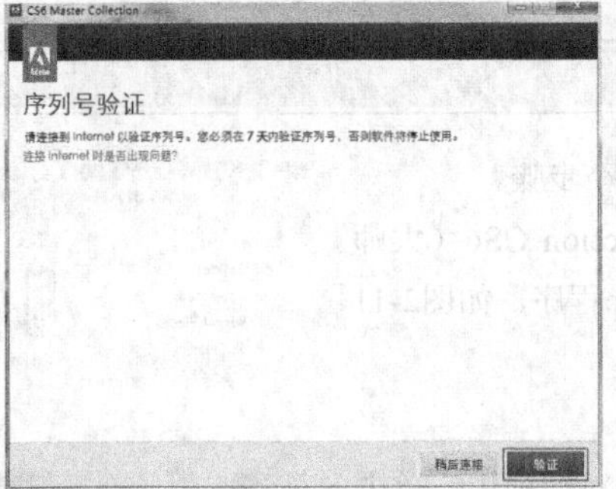

图2-20

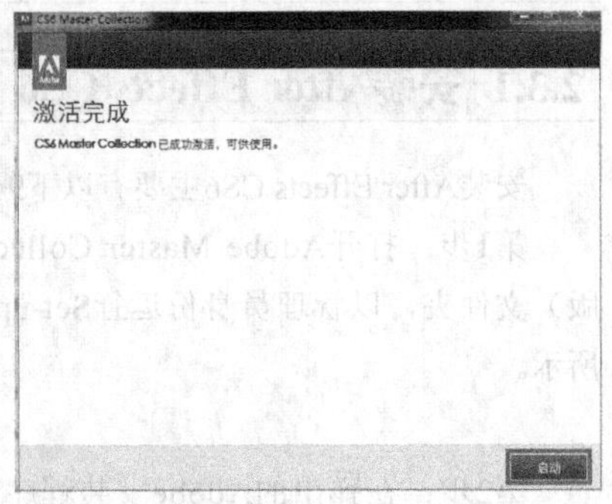

图2-21

2.3.2 安装After Effects CS6的插件

插件（英文为Plug-in，又称addin、add-in、addon、add-on或外挂）是一种遵循一定规范的应用程序接口编写出来的程序，一般是由主程序开发商以外的公司或个人开发，其定位是用于实现应用软件本身不具备的功能。插件只能运行在程序规定的系统平台下，而不能脱离指定的平台单独运行。

在After Effects CS6中，外挂插件大致可以分为光效、3D辅助、变形、抠像、调色、模糊、粒子、烟火、水墨和其他类等，总数近上千种，数量非常庞大。这些插件分为免费和收费两大类，其安装方法分为“安装法”和“复制法”两种。

1.安装法

这里以插件Knoll Light Factory（灯光工厂）为演示参考，为读者讲解一下“安装法”。

第1步：打开Red Giant Effects Suite 11（Win）文件夹，以管理员身份运行Effects Suite 11.0.0 64-bit程序，如图2-22所示。

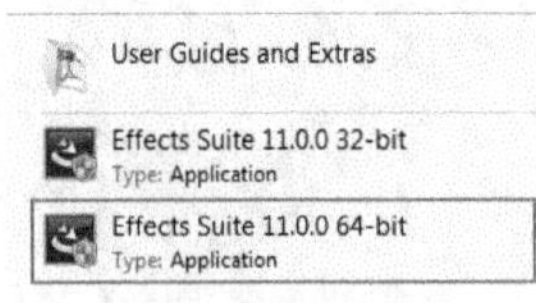

图2-22

第2步：在经历了欢迎安装界面的Next（下一步）和插件安装协议的Yes（接受）之后，迎来了插件的选择和注册界面，勾选Knoll Light Factory（灯光工厂）选项，然后在Serial#:中输入注册码，接着单击Submit（接受）按钮，最后单击Next（下一步）按钮，如图2-23所示。在注册成功后，单击OK按钮即可，如图2-24所示。

第3步：在安装向导界面中勾选Effects Suite for After Effects CS6，如图2-25所示。最后在安装成功的界面上单击Finish（完成）按钮即可完成插件的安装工作。

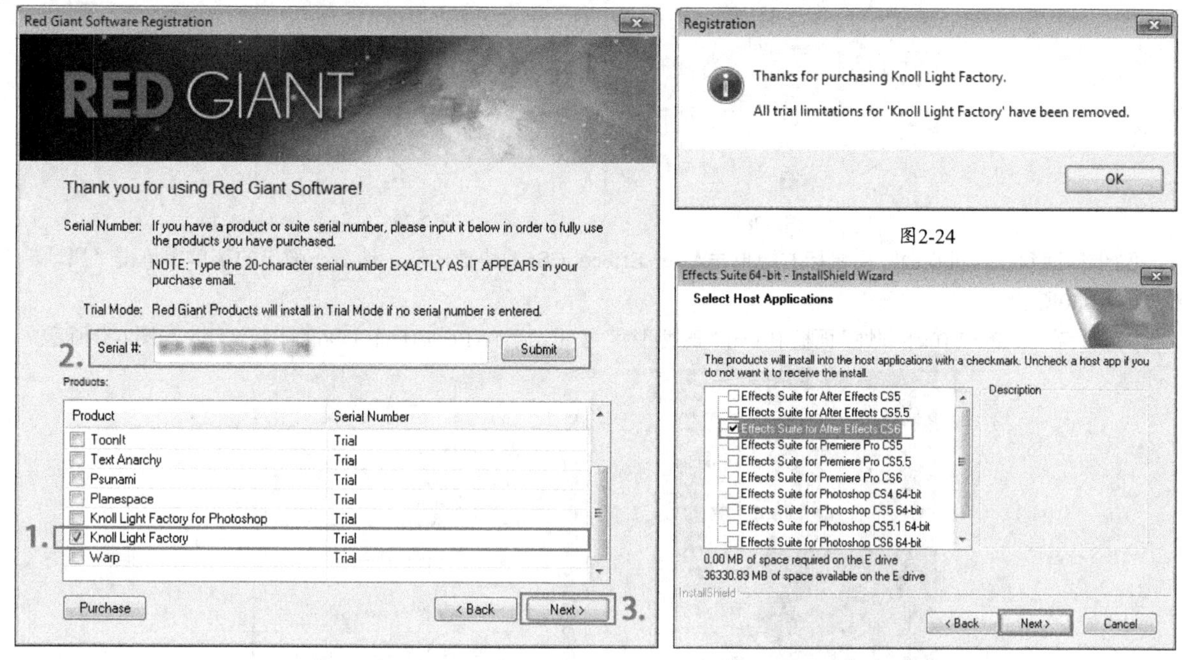

图2-23

图2-24

图2-25

第4步：进入D:\Program Files\Common\Plug-ins\CS6\MediaCore文件夹，选中Knoll Light Factory（灯光工厂）文件夹，然后对其进行复制，如图2-26所示。

第5步：进入D:\Program Files\Adobe After Effects CS6\Support Files\Plug-ins文件夹，将上一步复制的Knoll Light Factory（灯光工厂）文件夹粘贴进来即可，如图2-27所示。

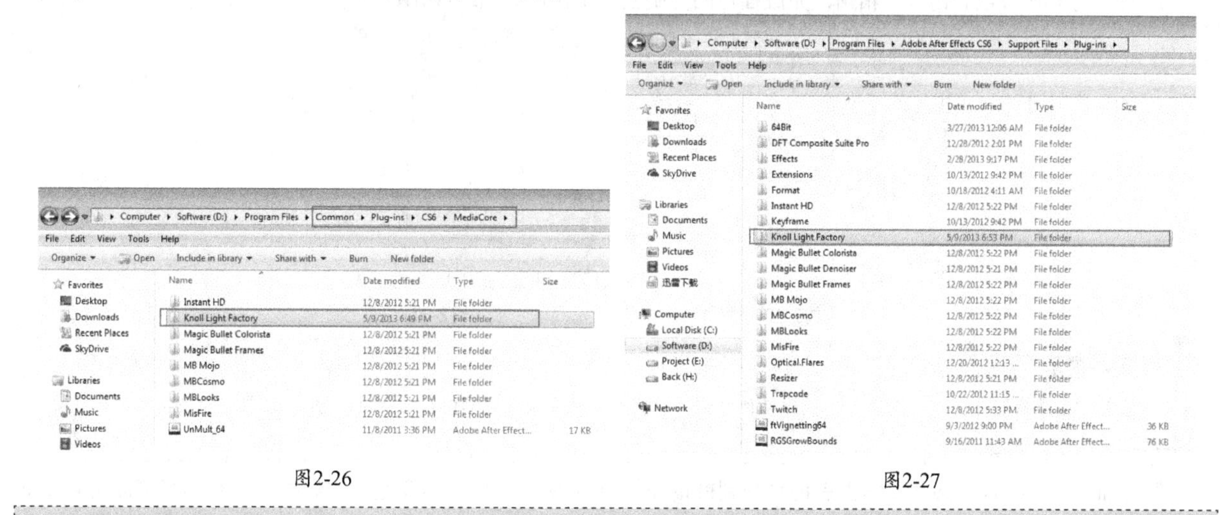

图2-26

图2-27

技巧与提示

上面第4步和第5步中的D:\Program Files\……为笔者安装Adobe After Effects CS6软件的路径，读者在自己计算机上进行操作时，请根据自己的软件安装路径灵活处理。

2.复制法

这里以插件ft-Vignetting Lite 2.0（暗角插件）为演示参考，向读者讲解一下“复制法”。

第1步：打开ft-Vignetting Lite_2.0（暗角插件）文件夹，选择对应的版本文件夹后，按Ctrl+C组合键进行复制，如图2-28和图2-29所示。

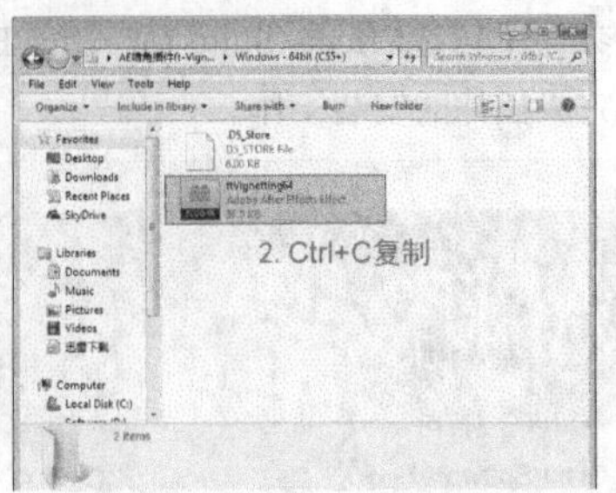

图2-28　　　　图2-29

第2步：回到计算机桌面，用鼠标右键单击After Effects CS6的快捷图标，然后在弹出的菜单中单击“属性”命令，如图2-30所示。

第3步：在“After Effects属性”面板中单击“查找目标”按钮，找到After Effects CS6的安装文件，如图2-31所示。

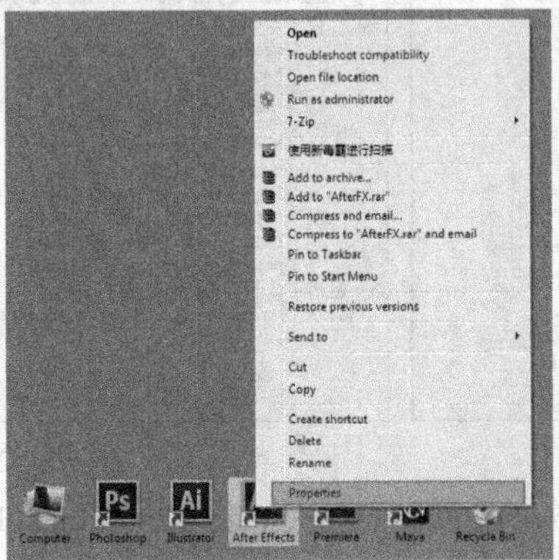

图2-30　　　　图2-31

第4步：插件要粘贴到安装文件的Plug-ins文件夹中，所以用鼠标左键双击Plug-ins文件夹，将其打开，如图2-32所示。

第5步：按Ctrl+V组合键进行粘贴，完成插件的复制安装工作，如图2-33所示。

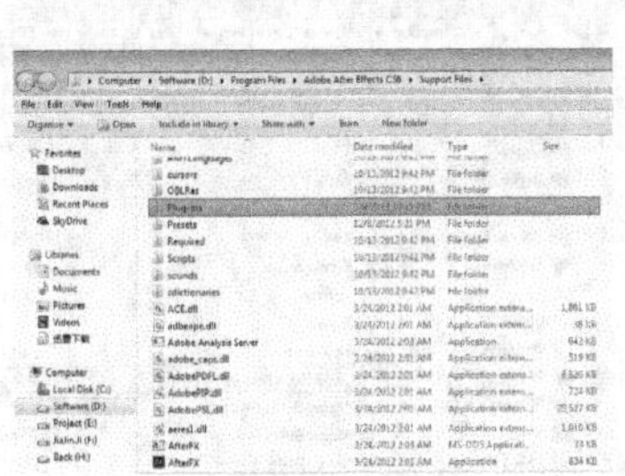

图2-32　　　　图2-33

技巧与提示

不管是“安装法”还是“复制法”，最终插件都需要放置在软件安装文件的Plug-ins文件夹中，读者请根据自己的软件安装路径进行查找。

如果插件为压缩包，必须要解压后再复制到Plug-ins文件夹中。另外，不要重复安装插件，否则很可能引起After Effects崩溃或是计算机系统死机。

2.4 启动After Effects CS6

启动After Effects CS6软件的常用方法有两种，一种是通过操作系统的开始菜单进行启动，另一种是通过计算机桌面的快捷图标方式进行启动。

第1种：通过开始菜单启动。单击计算机桌面左下角的“开始”按钮，在“所有程序”中找到Adobe Master Collection CS6文件夹中的Adobe After Effects CS6软件，接着用鼠标左键单击它，即可启动该软件，如图2-34所示。

第2种：通过桌面图标启动。在计算机桌面中，找到After Effects CS6的快捷方式图标，然后用鼠标左键双击该图标即可启动软件，如图2-35所示。

采用以上任一方法启动软件后，该软件的启动界面如图2-36所示。

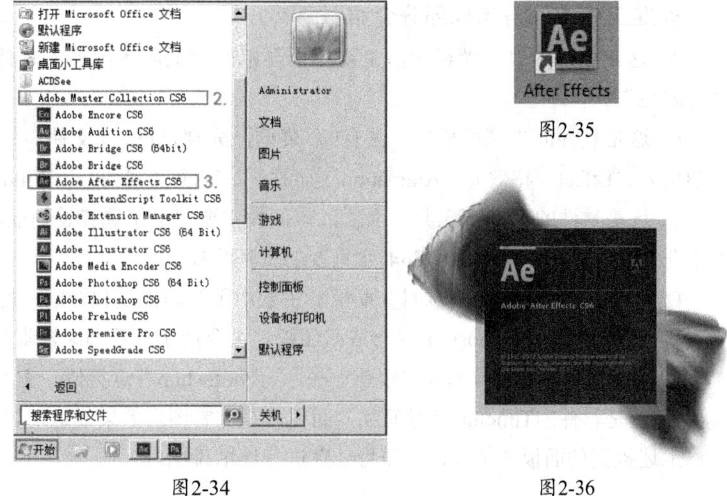

图2-34

图2-35

图2-36

2.5 After Effects CS6的工作界面

下面带领大家来认识After Effects CS6的工作界面，并通过自定义的方式来设置工作界面。

本节知识点

名称	作用	重要程度
软件的标准工作界面	熟悉After Effects CS6的标准工作界面	高
面板操作方法	掌握停靠面板、成组面板，以及浮动操作的方法	高
调整面板的尺寸	掌握如何调整面板或面板组的尺寸	高
打开、关闭显示面板或窗口	掌握如何打开、关闭显示面板或窗口	高
工作区操作方法	掌握如何保存、重置和删除工作区	高

2.5.1 标准工作界面

初次启动After Effects CS6之后，进入该软件的工作界面，如图2-37所示，此时软件显示的是Standard User Interface（标准工作界面），也就是软件默认的工作界面。

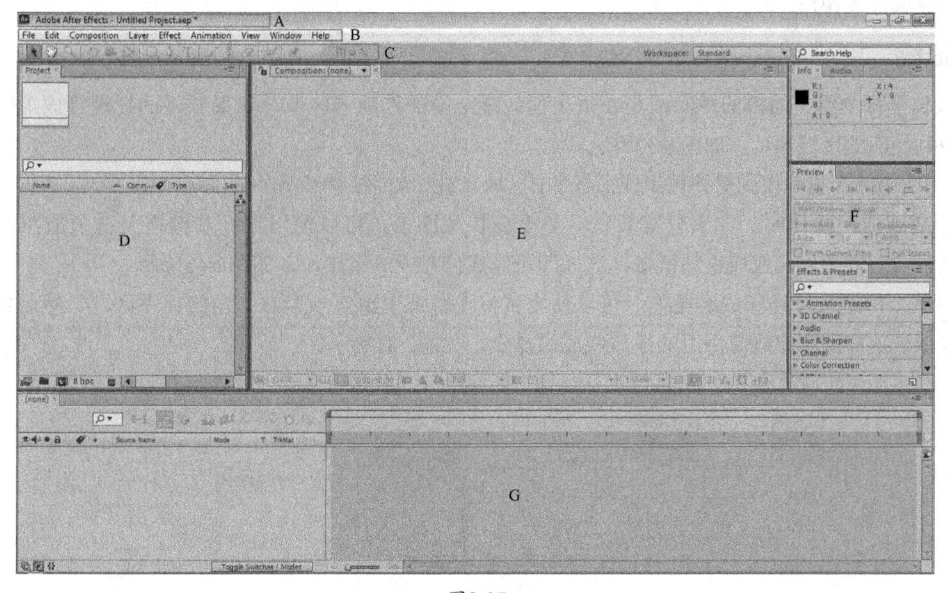

图2-37

从上图可以看出，After Effects CS6的标准工作界面很简洁，布局也非常清晰。总的来说，这个标准工作界面主要由7大部分组成，下面根据图2-37所示的编号顺序依次进行介绍。

标准工作界面各组成部分介绍

A. 这是软件的“标题栏”，主要用于显示软件的版本图标、软件名称和项目名称等，几乎所有的软件都具有“标题栏”。

B. 这是软件的“菜单栏”，共有9个菜单，分别是File（文件）、Edit（编辑）、Composition（合成）、Layer（图层）、Effect（特效）、Animation（动画）、View（视图）、Window（窗口）和Help（帮助）菜单。

C. 这是软件的Tools（工具）面板，该面板主要集成了选择、缩放、旋转、文字、钢笔等一些常用工具，其使用频率非常高，是After Effects CS6非常重要的工具面板。

D. 这是软件的Project（项目）面板，主要用于管理素材和合成，是After Effects CS6的四大核心功能面板之一。

E. 这是软件的Composition（合成）面板，主要用于查看和编辑素材。

F. 这一部分的面板看起来比较杂一些，与Photoshop有点类似，主要是信息、音频、预览、特效与预设窗口等。

G. 这是软件的Timeline（时间线）面板，是控制图层效果或运动的平台，是After Effects CS6的核心部分。

上述提到的面板和菜单，下面将分别进行详细说明。

2.5.2 面板操作

1.停靠面板

停靠区域位于面板、群组或窗口的边缘。如果将一个面板停靠在一个群组的边缘，那么周边的面板或群组窗口将进行自适应调整，如图2-38所示。

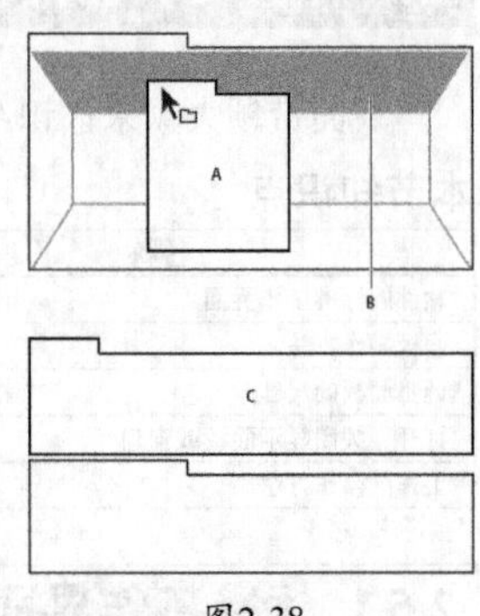

图2-38

在图2-38中，将A面板拖曳到另一个面板正上方的高亮显示B区域，最终A面板就停靠在C位置。同理，如果要将一个面板停靠在另外一个面板的左边、右边或下面，那么只需要将该面板拖曳到另一个面板的左、右或下面的高亮显示区域就可以完成停靠操作。

2.成组面板

成组区域位于每个组、面板的中间或是在每个面板最上端的选项卡区域。如果要将面板进行成组操作，只需要将该面板拖曳到相应的区域即可，如图2-39所示。

在图2-39中，将A面板拖曳到另外的组或面板的B区域，最终A面板就和另外的面板成组在一起放置在C区域。

在进行停靠或成组操作时，如果只需要移动单个窗口或面板，可以使用鼠标左键拖曳选项卡左上角的抓手区域，然后将其释放到需要停靠或成组的区域，这样即可完成停靠或成组操作，如图2-40所示。

如果要对整个组进行停靠和成组操作，可以使用鼠标左键拖曳组选项卡右上角的抓手区域，然后将其释放到停靠或成组的区域，这样即可完成整个组的停靠或成组操作，如图2-41所示。

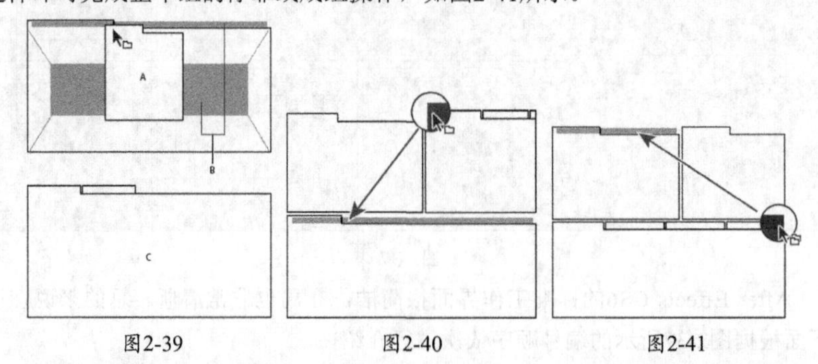

图2-39　图2-40　图2-41

3.浮动操作

如果要将停靠的面板设置为浮动面板，有以下3种操作方法可供选择。

第1种：在面板窗口中单击按钮，在弹出的菜单中执行Undock Panel（解散面板）或Undock Frame（解散帧）命令，如图2-42所示。

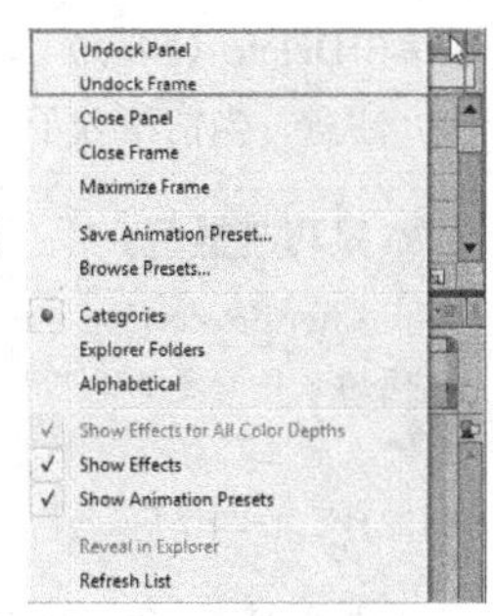

图2-42

第2种：按住Ctrl键的同时使用鼠标左键将面板或面板组拖曳出当前位置，当释放鼠标左键时，面板或面板组就变成了浮动窗口。

第3种：将面板或面板组直接拖曳出当前应用程序窗口之外（如果当前应用程序窗口已经最大化，只需将面板或面板组拖曳出应用程序窗口的边界就可以了）。

2.5.3 调整尺寸

将光标放置在两个相邻面板或群组面板之间的边界上，当光标变成分隔形状时，拖曳光标就可以调整相邻面板之间的尺寸，如图2-43所示。

在图2-43中，A显示的是面板的原始状态，B显示的是调整面板尺寸后的状态。当光标显示为分隔形状时，可以对面板左右或上下尺寸进行单独调整；当光标显示为四向箭头形状时，可以同时调整面板上下和左右的尺寸。

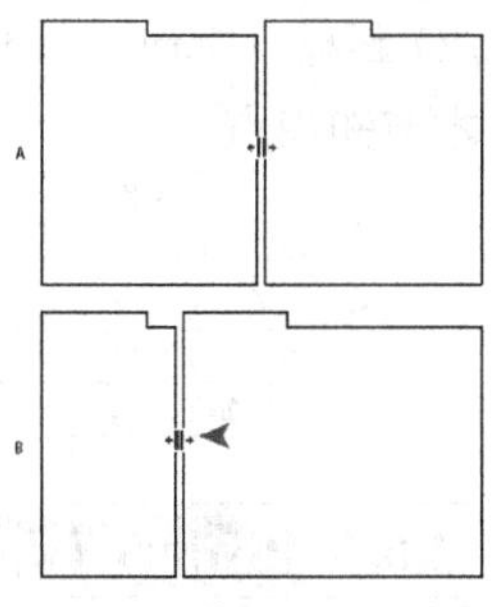

图2-43

技巧与提示

如果要以全屏的方式显示出面板或窗口，可以按~键（主键盘数字键1左边的键）执行操作，再次按~键可以结束面板的全屏显示，在预览影片时这个功能非常实用。

2.5.4 打开、关闭显示面板或窗口

单击面板或窗口右边的按钮，可以关闭对应的面板或窗口。如果需要重新打开这些被关闭的面板或窗口，可以通过Window（窗口）菜单中的相关命令来完成。

当一个群组里面包含有过多的面板时，有些面板的标签会被隐藏起来，这时在群组上面就会显示出一个滚动条，如图2-44所示。拖曳这个滚动条就可以显示出群组里面的所有面板标签。

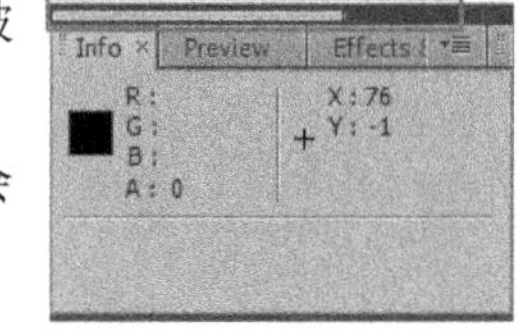

图2-44

2.5.5 工作区操作

按用户的工作习惯自定好工作区后，可以通过执行“Window（窗口）>Workspace（工作区）>New Workspace（新建工作区）”菜单命令，打开New Workspace（新建工作区）对话框，然后输入要保存的工作区名字，接着单击OK按钮即可保存当前工作区。

如果要恢复工作区的原始状态，可以执行“Window（窗口）>Workspace（工作区）>Reset（恢复）”菜单命令来重置当前工作区。

如果要删除工作区，可以执行“Window（窗口）>Workspace（工作区）>Delete Workspace（删除工作区）”菜单命令，打开Delete Workspace（删除工作区）对话框，然后在Name（名字）列表中选择想要删除的工作区名字，接

着单击Delete（删除）按钮即可。

注意，当前正处于工作状态的工作区不能被删除。

技巧与提示

After Effects CS6中提供了一些预先定义好的工作界面，可以根据不同的工作需要从工具栏中的Workspace（工作区）列表中选择这些预定义的工作界面，如图2-45所示。另外设计师也可以根据实际需要制定自己的工作界面。

当对After Effects CS6的参数或界面进行修改之后，如果想要恢复到After Effects CS6的默认参数或状态，可以在重启After Effects CS6软件时，按住Ctrl+Shift+Alt组合键即可进行预设的恢复，如图2-46所示。

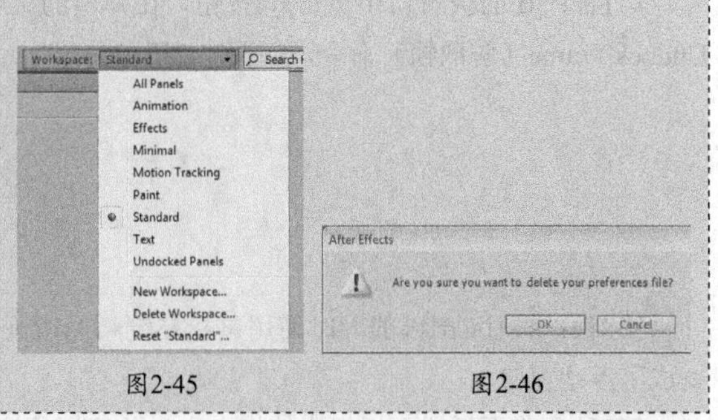

图2-45　　图2-46

2.6 After Effects CS6的功能面板

在本节中，我们来学习After Effects CS6的四大核心功能面板，分别是Project（项目）面板、Composition（合成）面板、Timeline（时间线）面板和Tools（工具）面板。这是After Effects CS6的技术精华之所在，是学习的重点。

本节知识点

名称	作用	重要程度
Project（项目）面板	查看每个合成或素材的尺寸、持续时间、帧速率等相关信息	高
Composition（合成）面板	能够直观地观察要处理的素材文件	高
Timeline（时间线）面板	控制图层的效果或运动的平台	高
Tools（工具）面板	该面板集成了一些在项目制作中经常要用到的工具	高

2.6.1 Project（项目）面板

Project（项目）面板主要用于管理Footage（素材）与Composition（合成），在Project（项目）面板中可以查看到每个合成或素材的尺寸、持续时间、帧速率等相关信息，如图2-47所示。

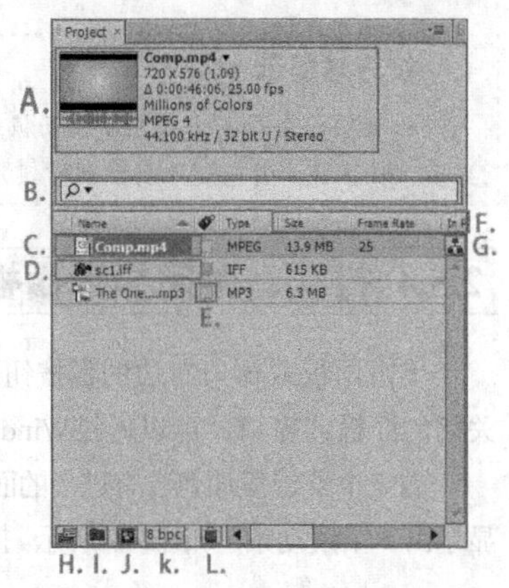

图2-47

下面根据图2-47所示的字母编号顺序依次讲解Project（项目）面板的各项功能。

参数详解

A. Footage（**信息**）：在这里可以查看到被选择素材的信息，这些信息包括素材的分辨率、时间长度、帧速率和素材格式等。

B. Find（**查找**）：利用这个功能可以找到需要的素材或合成，当文件数量庞大，在项目中的素材数目比较多，难以查找的时候，这个功能非常有用。

C. Footage Thumbnail（**视频缩略图**）：预览选中文件的第一帧画面，如果是视频的话，双击素材可以预览整个视频动画。

D. Footage（**素材**）：被导入的文件称作是Footage（素材），可以是视频、图片、序列、音频等。

E. Label（**标签**）：可以利用标签进行颜色的选择，从而区分各类素材。单击色块图标可以改变颜色，也可以通过执行“Edit（编辑）>Preferences（首选项）>Label（标签）”菜单命令自行设置颜色。

F. **素材的类型和大小等**：可以查看到有关素材的详细内容（包括素材的大小、帧速率、入点与出点、路径信息等），只要把Project（项目）面板向一侧拉开即可查看到，如图2-48所示。

G. Project Flowchart（**项目流程图**）：单击该图标，可以直接查看项目制作中素材文件的层级关系，如图2-49所示。

H. Interpret Footage（**解释素材**）：单击该图标，可以直接调出素材属性设置的窗口。在该窗口中，可以设置素材的通道处理、帧速率、开始时间码、场和像素比等，如图2-50所示。

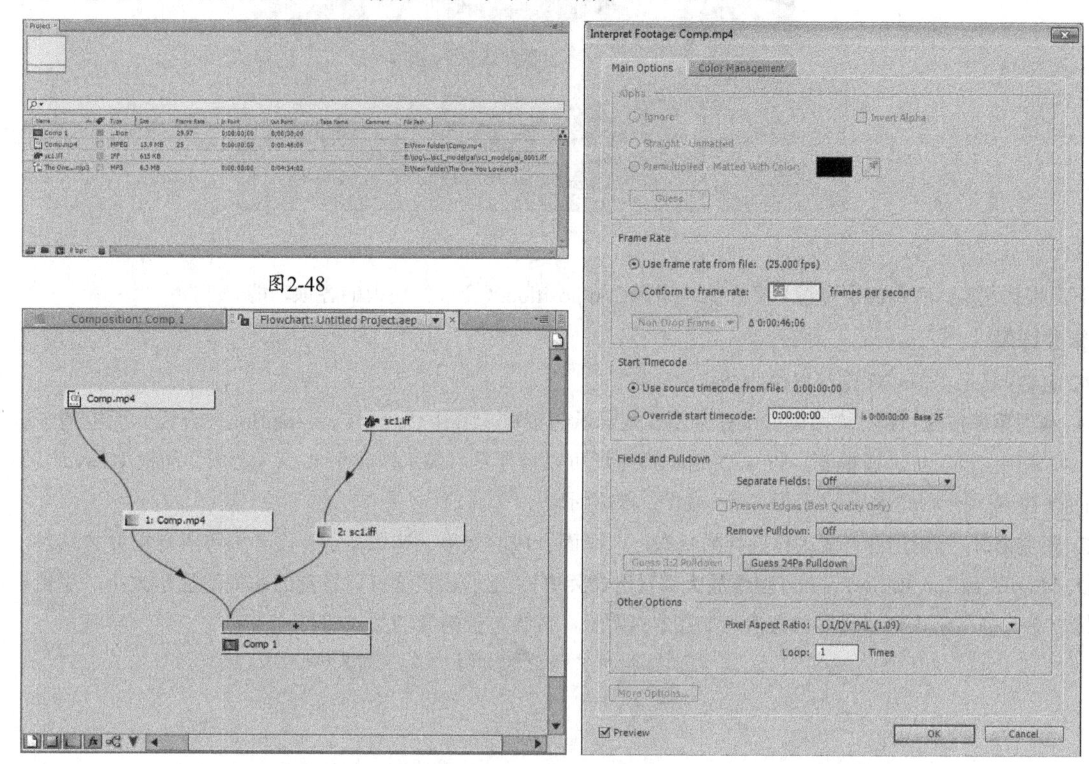

图2-48

图2-49

图2-50

I. Create a New Folder（**新建文件夹**）：单击该图标可以建立新的文件夹，这样的好处是便于在制作过程中有序地管理各类素材，这一点对于刚入门的设计师来说非常重要，最好在一开始就养成这样一个好习惯。

J. Create a New Composition（**新建一个新的合成**）：单击图标可以建立新的合成（Composition），它和执行“Composition（合成）>New Composition（新建合成）”菜单命令的功能完全一样。

K. Project Color Depth（**颜色深度**）：按住Alt键单击该图标可以在8 bpc、16 bpc和32bpc中切换颜色的深度选择。

L. **回收站**：在删除素材或者是文件夹的时候使用。具体方法：先选择要删除的对象，然后单击回收站图标，或者将选定的对象拖曳到回收站即可。

技巧与提示

Bit per Channel（缩写bpc），即用每个通道的位数表示的颜色深度，从而决定每个通道应用多少颜色。一般来讲，8Bit等于2的8次方，即包含了256种颜色信息。16Bit和32Bit的颜色模式主要应用于HDTV或胶片等高分辨率项目，但在After Effects CS6中并不是所有特效滤镜都能支持16Bit和32Bit的。

2.6.2 Composition（合成）面板

在Composition（合成）面板中能够直观地观察要处理的素材文件，同时Composition（合成）面板并不只是一个效果的显示窗口，还可以在其中对素材进行直接处理，而且在After Effects中的绝大部分操作都要依赖该面板来完成。可以说，Composition（合成）面板在After Effects中是绝对不可以缺少的部分，如图2-51所示。

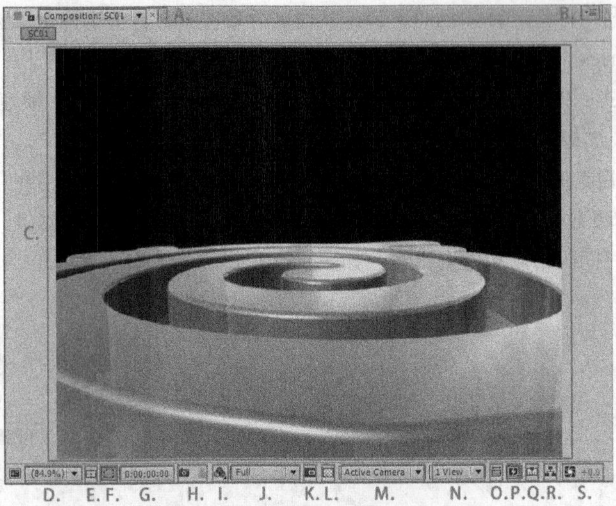

图2-51

下面根据图2-51所示的字母编号顺序依次讲解Composition（合成）面板的各项功能。

参数详解

A. **名称**：显示当前正在进行操作的合成的名称。

B. **选项菜单按钮**：单击该按钮可以打开图2-52所示的菜单，其中包含了Composition（合成）面板的一些设置命令，比如关闭面板、扩大面板等，View Options命令还可以设置是否显示Composition（合成）面板中Layer（图层）的Handles（控制手柄）和Masks（遮罩）等，如图2-53所示。

C. **预览窗口**：显示当前合成工作进行的状态，即画面合成的效果、遮罩显示、安全框等所有相关的内容。

D. Magnification Ratio Popup（**图像放大率弹出式菜单**）：显示从预览窗口看到的图像的显示大小。用鼠标单击这个图标以后，会显示出可以设置的数值，如图2-54所示，直接选择需要的数值即可。

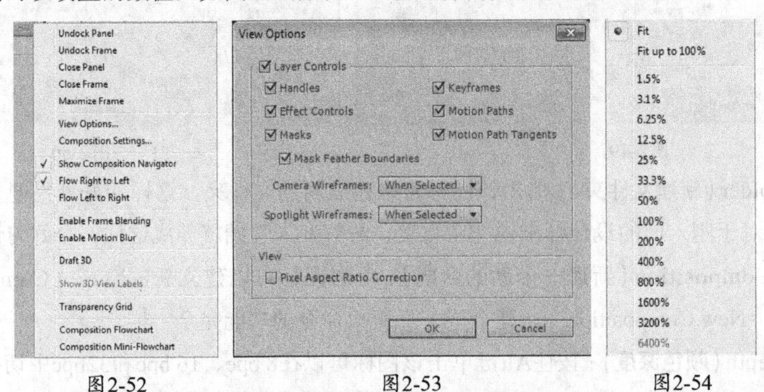

图2-52 图2-53 图2-54

技巧与提示

通常，除了在进行细节处理的时候要调节大小以外，一般都按照100%或者50%的大小显示进行制作即可。

E. Title、Action Safe（**标题、动作安全框**）：“安全框”的主要目的是标明显示在TV监视器上的工作的安全区域。安全框由内线框和外线框两部分构成，如图2-55所示。内线框是Title Safe（标题安全框），也就是在画面上输入文字的时候不能超出这个部分。如果超出了这个部分，那么从电视上观看的时候就会被裁切掉。外线框是Action Safe（操作安全框），运动的对象或者图像等所有的内容都必须显示在线条的内部。如果超出了这个部分，就不会显示在电视的画面上。

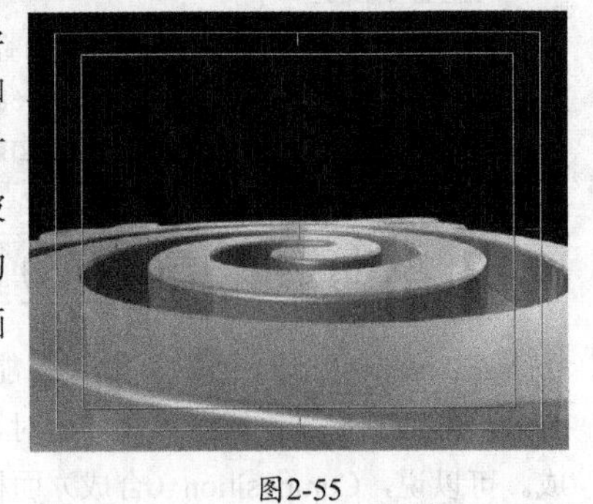

图2-55

F. Toggle Views Masks（显示遮罩）：该按钮用于确定是否制作成显示遮罩。在使用“钢笔工具”、“矩形遮罩工具”或“椭圆形遮罩工具”制作遮罩的时候，使用这个按钮可以确定是否在预览窗口中显示遮罩，如图2-56所示。

G．Current Time（当前时间）：显示当前时间指针所在位置的时间。鼠标单击这个按钮，会弹出一个图2-57所示的对话框，在对话框中输入一个时间段，时间指针就会移动到输入的时间段上，预览窗口中就会显示出当前时间段的画面。

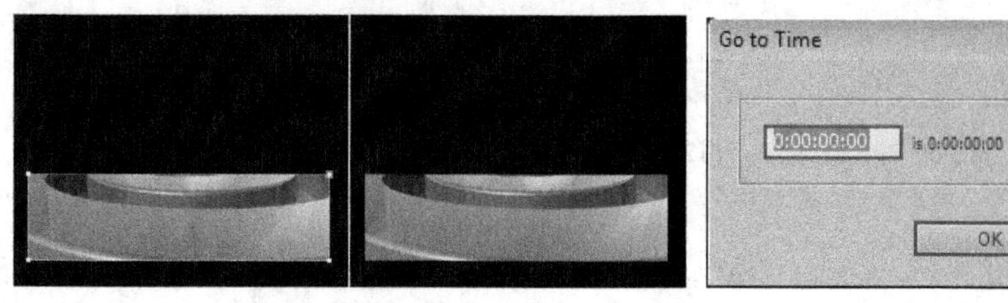
图2-56

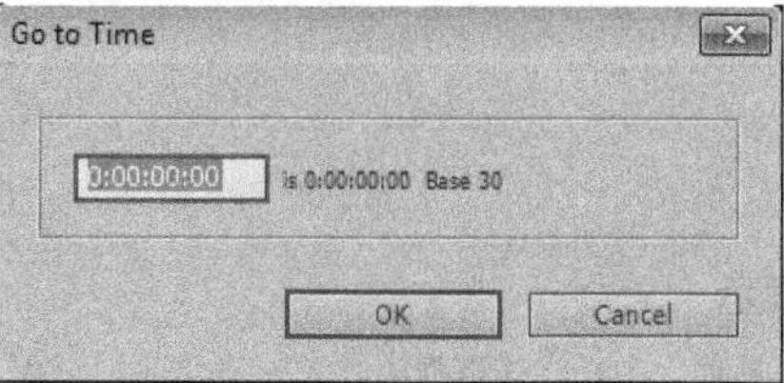

图2-57

技巧与提示

上图中的0:00:00:00按照顺序显示的分别是时、分、秒、帧，如果要移动的位置是1分30秒10帧，只要输入0:01:30:10就可以移动到该位置了。

H. Take SnapShot（快照）和Show Snapshot（显示快照）。

Take SnapShot（快照）：快照的意思是把当前正在制作的画面，也就是预览窗口的图像画面拍摄成照片。单击图标后会发出拍摄照片的提示音，拍摄的静态画面可以保存在内存中，以便以后使用。在进行这个操作的时候，也可以使用Shift+F5组合键，如果想要多保存几张快照便于以后使用，只要按顺序按Shift+F5组合键、Shift+F6组合键、Shift+F7组合键、Shift+F8组合键就可以了。

Show Snapshot（显示快照）：在保存了快照以后，这个图标才会被激活。它显示的是保存为快照的最后一个文件。当依次按下Shift+F5组合键、Shift+F6组合键、Shift+F7组合键、Shift+F8组合键，保存好几张快照以后，只要按顺序按F5、F6、F7、F8键，就可以按照保存顺序查看快照了。

技巧与提示

因为快照要占据计算机的内存，所以在不使用的时候，最好把它删除。删除的方法是执行“Edit（编辑）>Purge（清除）>Snapshot（快照）”菜单命令，如图2-58所示。使用Ctrl+Shift+F5组合键、Ctrl+Shift+F6组合键、Ctrl+Shift+F7组合键和Ctrl+Shift+F8组合键也可以进行清除。

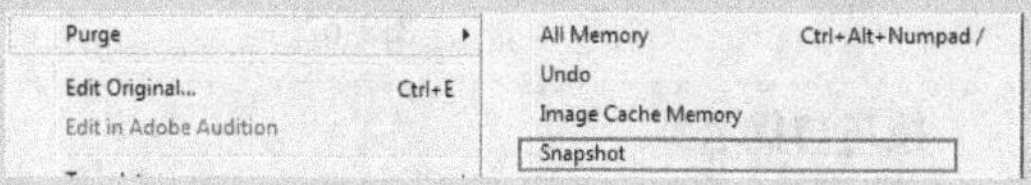

图2-58

Purge是清除命令，可以在运行程序的时候删除保存在内存中的内容，包括可以删除All Memory（所有内存）、Undo（撤销）、Image Cache Memory（图像缓存）、Snapshot（快照）保存的内容。

I. Show Channel（显示通道）：这里显示的是有关通道的内容，通道是RGBA，按照Red、Green、Blue、Alpha的顺序依次显示。Alpha通道的特点是不具有颜色属性，只具有与选区有关的信息。因此，Alpha通道的颜色与Grayscale（灰阶）是统一的，Alpha通道的基本背景是黑色，而白色的部分则表示是选区。另外，灰色系列的颜色会显示成半透明状态。在层中可以提取这些信息并加以使用，或者应用在选区的编辑工作中，如图2-59所示。

J. Resolution（分辨率）：在这个下拉列表中包含6个选项，用于选择不同的分辨率，如图2-60所示。该分辨率只是在预览窗口中用来显示图像的显示质量，不会影响最终图像输出的画面质量。

Auto（自动显示）：根据预览窗口的大小自动适配图像的分辨率。

Full（全像素显示）：显示最好状态的图像，这种方式预览时间相对较长，计算机内存比较小的时候，有可能会无法预览全部内容。

Half（中像素显示）：显示的是整体分辨率拥有像素的1/4。在工作的时候，一般都会选择Half，而需要修改细节部分的时候，再使用Full。

Third（低像素显示）：显示的是整体分辨率拥有像素的1/9，渲染时间会比设定为整体分辨率快9倍。

Quarter：显示的是整体分辨率拥有像素的1/16。

Custom：自定义分辨率，如图2-61所示，用户可以直接设定纵横的分辨率。

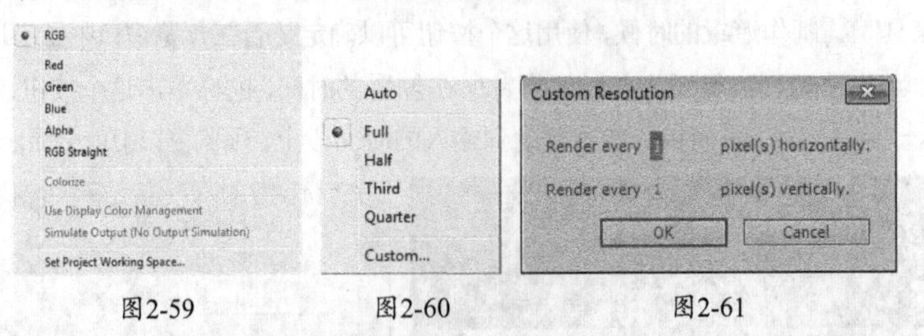

图2-59　　图2-60　　图2-61

技巧与提示

选择分辨率时，最好能够根据工作效率来决定，这样会对制作过程中的快速预览有很大的帮助。因此，与将分辨率设定为Full相比，设定为Half会在图像质量显示没有太大损失的情况下加快制作速度。

K. Region of Interest（**显示选定区域**）：在预览窗口中只查看制作内容的某一个部分的时候，可以使用这个图标。另外，在计算机配置较低、预览时间过长的时候，使用这个图标也可以达到不错的效果。使用方法是单击图标，然后在预览窗口中拖曳鼠标，绘制出一个矩形区域就可以了。制作好区域以后，就可以只对设定了区域的部分进行预览了。如果用鼠标再次单击该图标，又会恢复成原来的整个区域显示，如图2-62所示。

L. Transparency Grid（**透明网格**）：可以将预览窗口的背景从黑色转换为透明显示（前提是图像带有Alpha通道），如图2-63所示。

M. 3D View Popup（**三维视图窗口**）：单击该按钮，可以在弹出的下拉列表中变换视图，如图2-64所示。

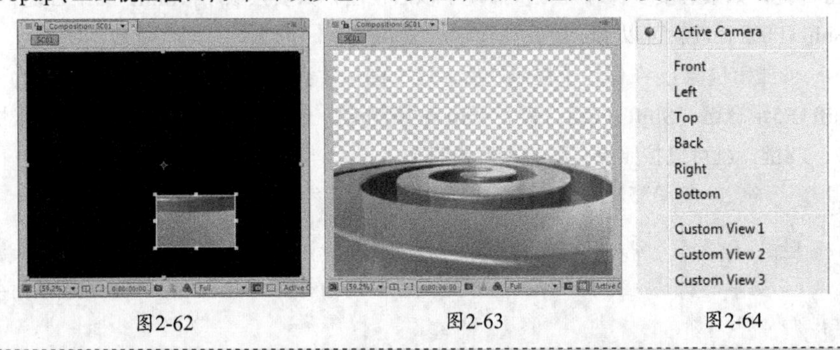

图2-62　　图2-63　　图2-64

技巧与提示

只有当Timeline（时间线）面板中存在3D层的时候，变换视图显示方式才有实际效果；当层全部都是2D层的时候则无效。关于这部分内容，在以后使用3D层的时候，会做详细讲解。

N. Select view layout（**选择视图布局**）：在这个下拉菜单中可以按照当前的窗口操作方式进行多项设置组合，如图2-65所示。选择视图布局可以将预览窗口设置成三维软件中的视图窗口，拥有多个参考视图，如图2-66所示。这对于After Effects中三维视图的操作特别有用，关于三维视图的操作会在后面详细讲解。

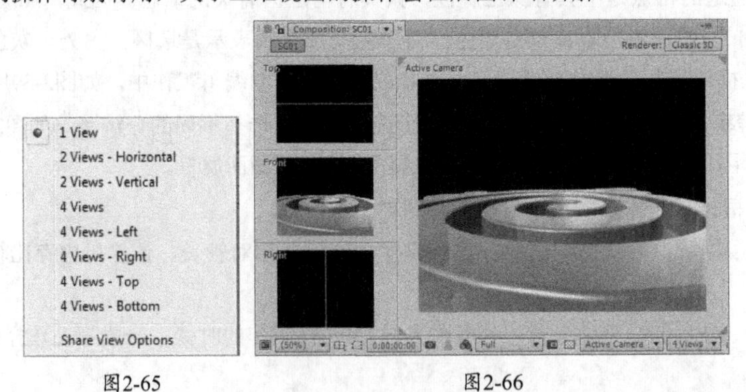

图2-65　　图2-66

O. Toggle Pixel Aspect Ratio Correction（**校正像素纵横比例**）：单击这个按钮可以改变像素的纵横比例。但是，激活这个按钮不会对层、预览窗口及素材产生影响。如果在操作图像的时候使用，即使把最终结果制作成电影，也不会产生任何影响。如果目的是预览，为了获得最佳的图像质量，最好将窗口关闭。下面的图像显示了变化的状态，单击该按钮后观察它们之前和之后的差异，如图2-67所示。

P. Fast Preview（**加快预览速度**）：用来设置预览素材的速度，其下拉菜单如图2-68所示。

Q. **切换Timeline（时间线）面板和Composition（合成）面板**：当Composition（合成）面板占据了显示器画面的大部分位置时，又必须要选择Timeline（时间线）面板，就会出现互相遮盖的情况。这时，单击这个按钮就可以快速移动到Timeline（时间线）面板上。这个功能用得比较少，大家了解即可。

R. Composition Flowchart（**合成流程图**）：这是用于显示Flowchart（流程图）窗口的快捷按钮。利用这个功能，整个合成的各个部分一目了然，如图2-69所示。

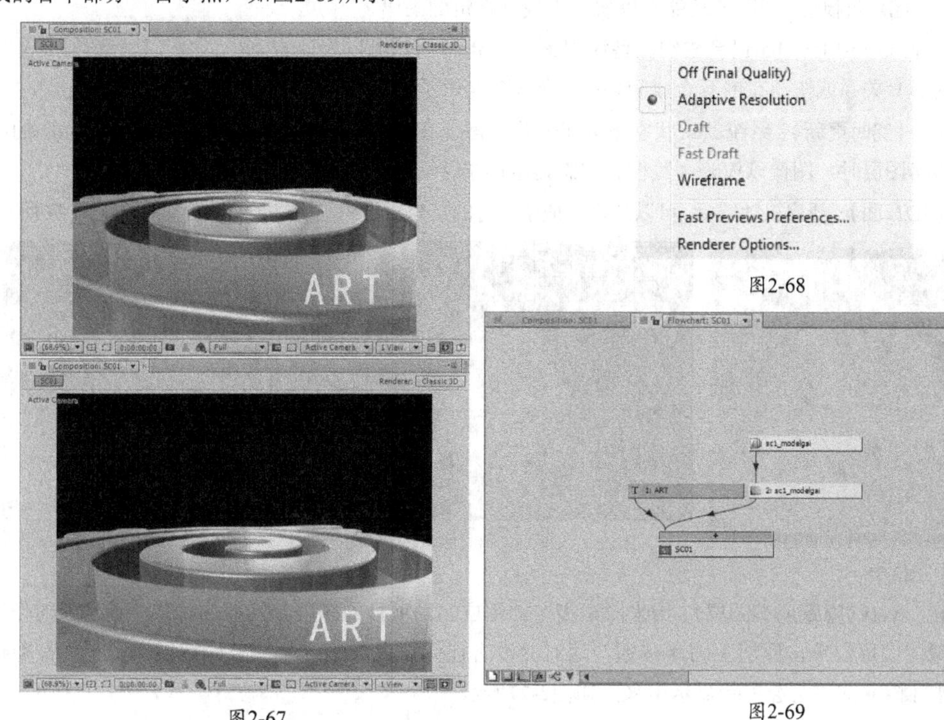

图2-68

图2-67

图2-69

S. Exposure（**曝光**）：该功能主要是使用HDR影片和曝光控制，设计师可以在预览窗口中轻松调节图像的显示，而曝光控制并不会影响到最终的渲染。其中，用来恢复初始曝光值，用来设置曝光值的大小。

2.6.3 Timeline（时间线）面板

当将Project（项目）面板中的素材拖到时间线上并确定好时间点后，位于Timeline（时间线）面板上的素材将会以图层的方式存在并显示。此时的每个图层都有属于自己的时间和空间，而Timeline（时间线）面板就是控制图层效果或运动的平台，它是After Effects软件的核心部分，本节将对Timeline（时间线）面板的各个重要功能和按钮进行详细的讲解。

Timeline（时间线）面板在标准状态下的全部内容如图2-70所示。

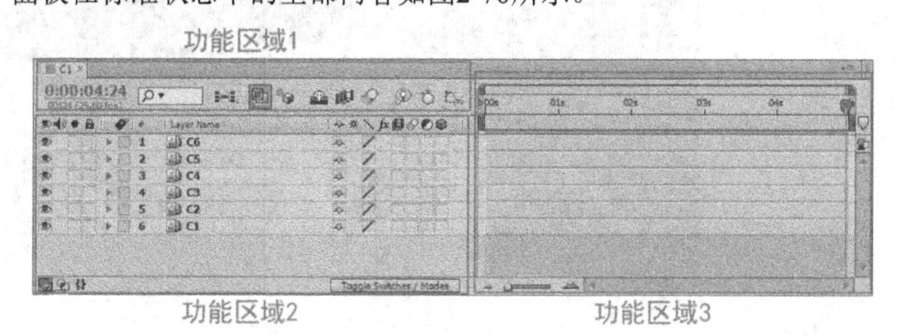

图2-70

Timeline（时间线）面板的功能较其他面板来说相对复杂一些，下面就来进行详细介绍。

1.功能区域1

首先来学习图2-71所示的区域，也就是“功能区域1”。

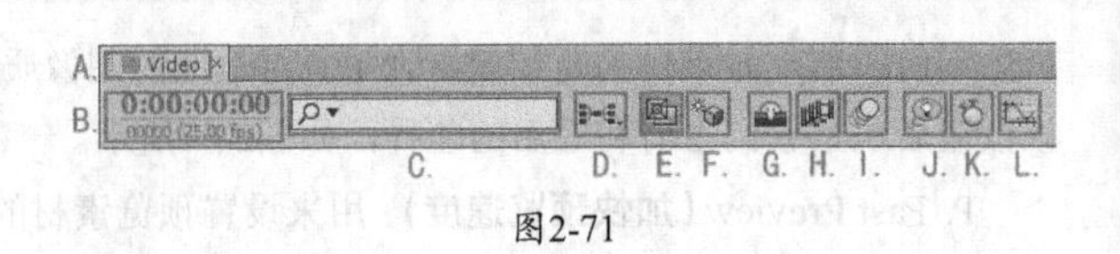

图2-71

功能区域1功能详解

A. 显示当前合成项目的名称。

B. 当前合成中时间指针所处的时间位置及该项目的帧速率。按住Alt键的同时，用鼠标左键单击该区域，可以改变时间显示的方式，如图2-72和图2-73所示。

图2-72 图2-73

C. 图层查找栏：利用该功能可以快速查找到指定的图层。

D. Composition mini-Flowchart（合成组微型流程图）：单击该按钮可以快速查看合成与图层之间的嵌套关系或快速在嵌套合成间切换，如图2-74所示。

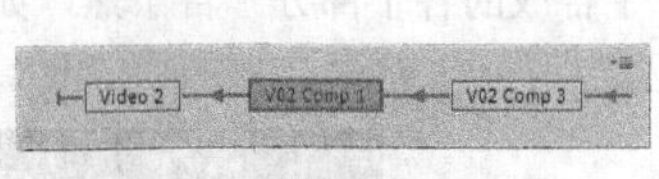

图2-74

E. Live Update（实时更新）：系统默认状态下处于开启状态。在移动图层时，将实时地显示图层移动的状态。关闭该功能后，在移动图层时，图像以Wire（线框）状态显示图层移动的状态，如图2-75所示。

F. Draft 3D（3D草图）：开启该功能后，可以忽略合成中所有的灯光、阴影、摄像机景深等效果，如图2-76所示。

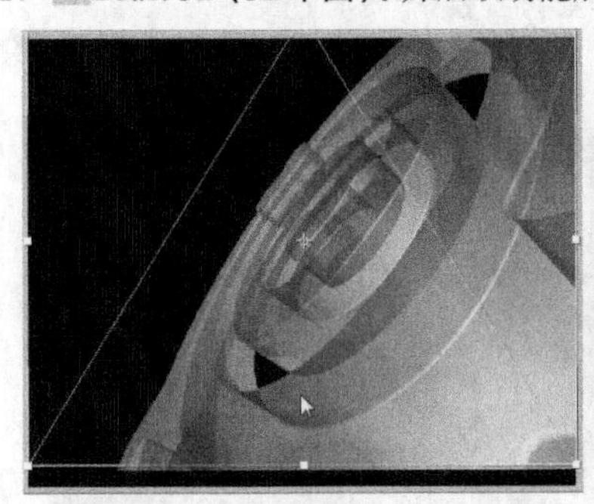

图2-75

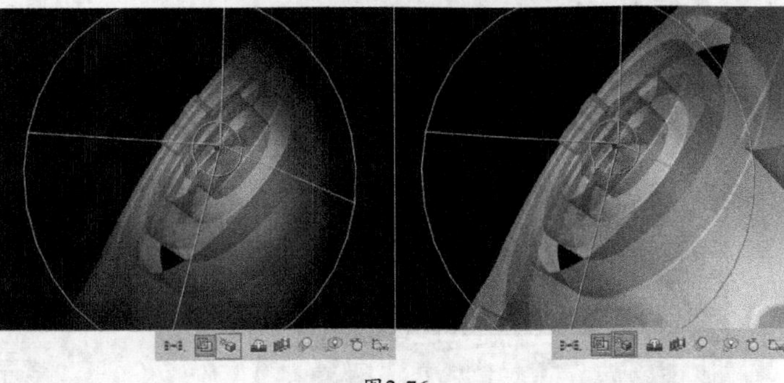

图2-76

G. Hides All Layers（隐藏所有图层）：用来隐藏指定的图层。当项目的图层特别多的时候，该功能的作用尤为明显。选择需要隐藏的图层，单击图层上的按钮，这时并没有任何变化，然后再单击按钮，图层就被隐藏了，再次单击按钮，刚才隐藏的层又会重新显示出来，如图2-77所示。

H. Frame Blending（帧融合）：在渲染的时候，该功能可以对影片进行柔和处理，一般是在使用Time-Stretch（延伸时间）以后进行应用。使用方法：选择需要加载帧融合的图层，单击图层上的帧融合按钮，最后再单击按钮，如图2-78所示。

I. Motion Blur（运动模糊）：该功能是在After Effects中移动层的时候应用Blur（模糊）效果。其使用方法与Frame Blending（帧融合）一样，必须先单击图层上的运动模糊按钮，然后单击按钮才能开启运动模糊效果。图2-79所示是一段文字从左到右的位移，在运用运动模糊前后的区别。

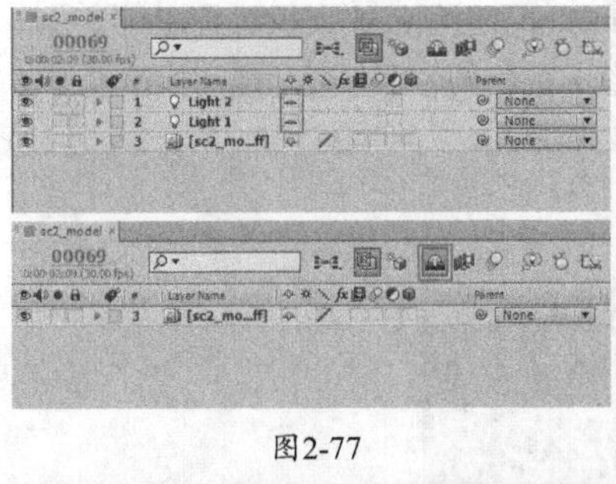

图2-77

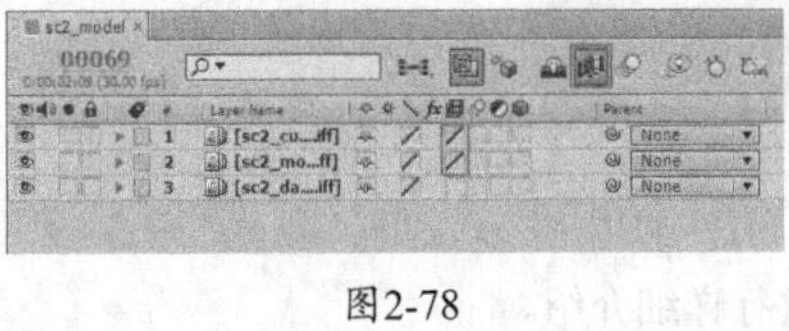

图2-78

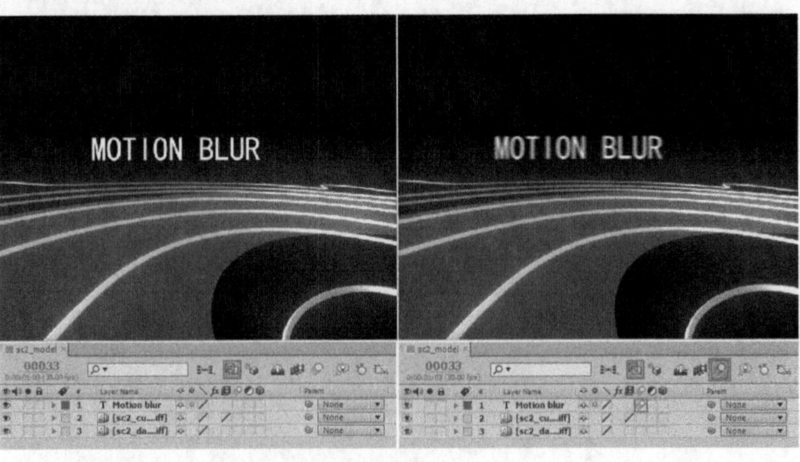

图2-79

技巧与提示

对于Hides All Layers（隐藏所有图层）、Frame Blending（帧融合）和Motion Blur（运动模糊）来说，这3项功能在“功能区域1”和“功能区域2”中有控制按钮，其中“功能区域1”的控制按钮是一个总开关，而“功能区域2”的控制按钮是针对单一图层，操作时必须把两个地方的控制按钮同时开启才能产生作用。

J. **Brainstorm（头脑大风暴）**：该工具可以以多种方式对比观察画面效果，主要针对创建的关键帧动画和Mask效果等画面效果，在添加的效果上插入一个随机值，使创建效果更加多样化。单击按钮后，将出现一个预览视窗，该视窗中分别显示了当前添加Brainstorm（头脑大风暴）效果后的9个不同阶段的变化效果，如图2-80所示。

K. **Auto-Keyframe（自动关键帧）**：开启该功能之后，在修改图层的属性时，系统会自动添加相应的关键帧。

L. **Graph Editor（曲线编辑器）**：单击该按钮可以打开曲线编辑器窗口。单击按钮，然后激活Position（位置）属性，这时候可以在曲线编辑器当中看到一条可编辑曲线，如图2-81所示。

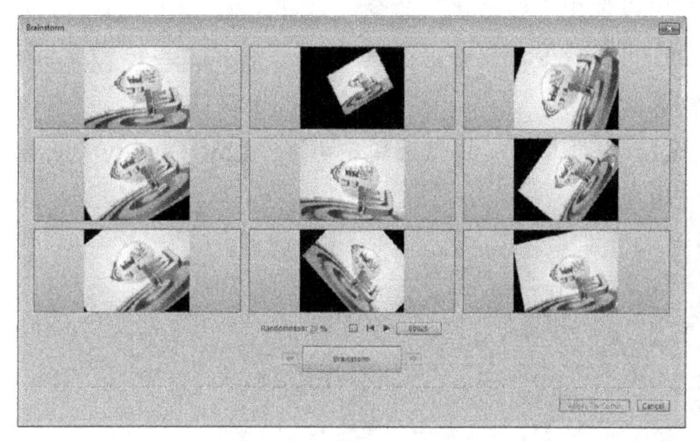

图2-80

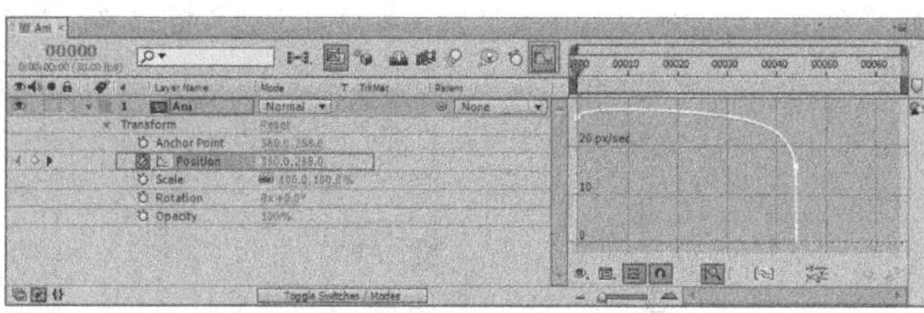

图2-81

2.功能区域2

接着来学习图2-82所示的区域，也就是“功能区域2”。

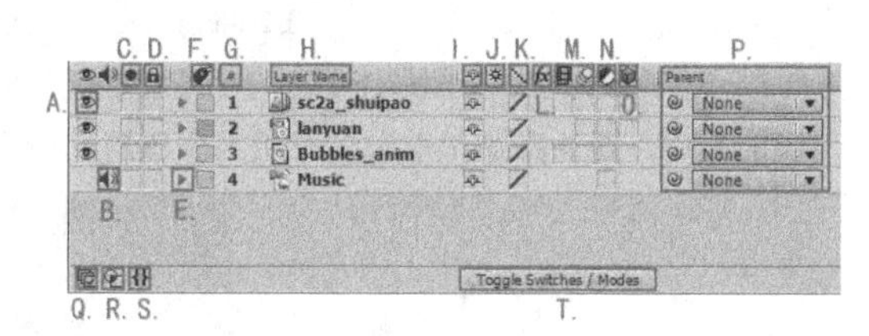

图2-82

功能区域2功能详解

A. **显示图标**：其作用是在预览窗口中显示或者隐藏图层的画面内容。当打开“眼睛”时，图层的画面内容会显示在预览窗口中；相反，当关闭“眼睛”时，在预览窗口中看不到图层的画面内容。

B. **音频图标**：在时间线中添加了音频文件以后，图层上会生成“音频”图标，用鼠标单击，“音频”图标就会消失，再次预览的时候就听不到声音了。

C. **单独显示**：在图层中激活Solo图标以后，其他层的显示图标就会从黑色变成灰色，在Composition（合成）面板上就只会显示出打开Solo的图层，其他图层则暂停显示画面内容，如图2-83所示。

图2-83

D. **锁定图标**：显示该图标表示相关的图层处于锁定状态，再次单击该图标就可以解除锁定。一个图层被锁定后，就不能再通过鼠标来选择这个层了，也不能再应用任何效果。这个功能通常会应用在已经完成全部制作的图层上，从而避免由于失误而删除或者损坏制作完成的内容。

E. **三角图标**：用鼠标单击三角形图标以后，三角形指向下方，同时显示出图层的相应属性，如图2-84所示。

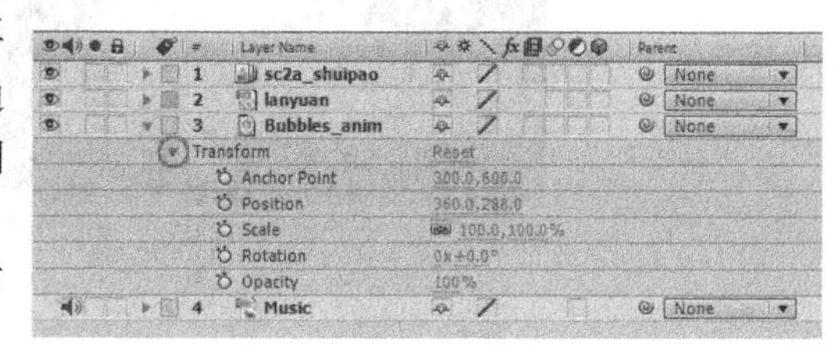

图2-84

F. **标签颜色图标**：用鼠标左键单击Label图标色块后，会有多种颜色选项，如图2-85所示。用户只要从中选择自己需要的颜色就可以改变标签的颜色。其中，Select Label Group命令是用来选择所有具有相同颜色的层。

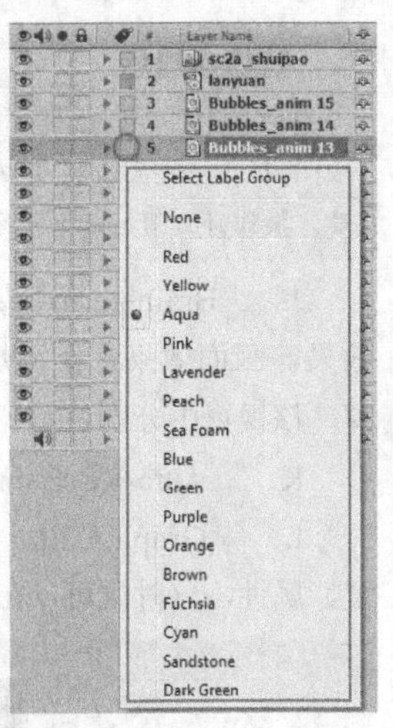

图2-85

G. **编号图标**：用来标注图层的编号，它会从上到下依次显示出图层的编号，如图2-86所示。

H. Source Name素材名称、Layer Name图层名称：用鼠标单击Source Name后，就会变成Layer Name。这里，素材的名称不能更改，而图层的名称则可以更改，只要按Enter键就可以改变图层的名称。

I. **Shy隐藏图层**：用来隐藏指定的图层。当项目的图层特别多的时候，该功能的作用尤为明显。

J. **栅格化**：当图层是Composition（合成）或*.ai文件时才可以使用“栅格化”命令。应用该命令后，Composition（合成）图层的质量会提高，渲染时间会减少。也可以不使用“栅格化”命令，以使*.ai文件在变形后保持最高分辨率与平滑度。

K. **抗锯齿**：这里显示的是从预览窗口中看到的图像的Quality（质量），用鼠标单击可以在Low Quality（低质量）和High Quality（高质量）这两种显示方式之间切换，如图2-87所示。

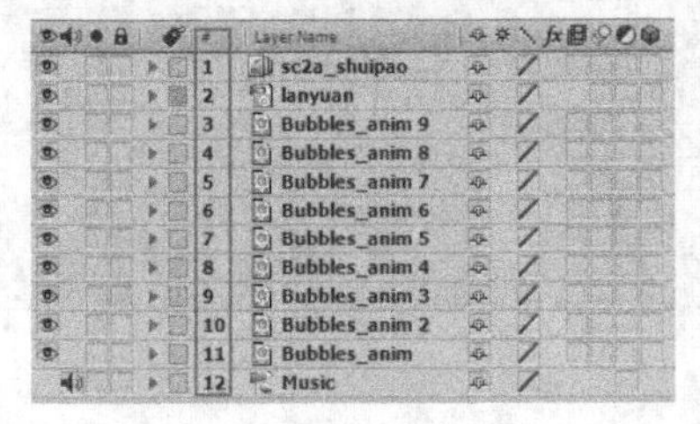

图2-86

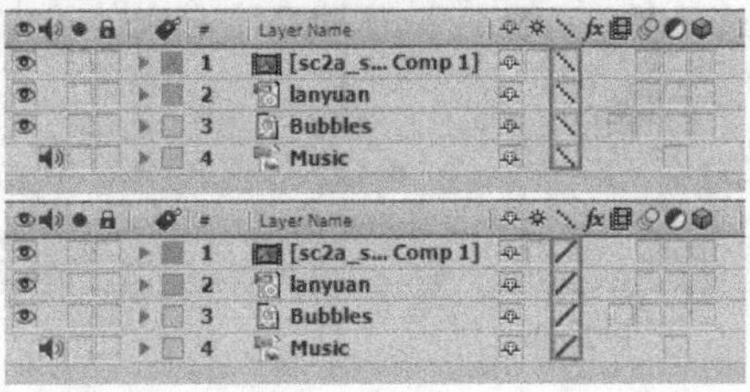

图2-87

L. **特效图标**：在图层上添加了特效滤镜以后，就会显示出该图标。用鼠标单击后就会消失，也就取消了特效滤镜的应用，要注意这里取消的是应用于该层的所有特效滤镜效果，如图2-88所示。

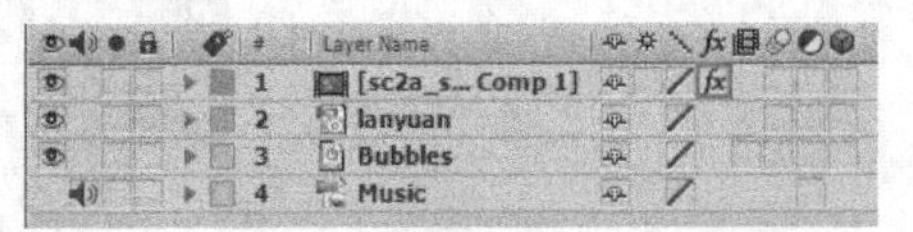

图2-88

M. **帧融合、运动模糊**：帧融合功能在视频快放或慢放时，进行画面的帧补偿应用。添加运动模糊的目的就在于增强快速移动场景或物体的真实感。

N. **调节图层**：调节图层在一般情况下是不可见的，它的主要作用是“调节图层下面所有的图层都会受到调节图层上添加的特效滤镜的控制”。一般在进行画面色彩校正的时候用得比较多，如图2-89所示。

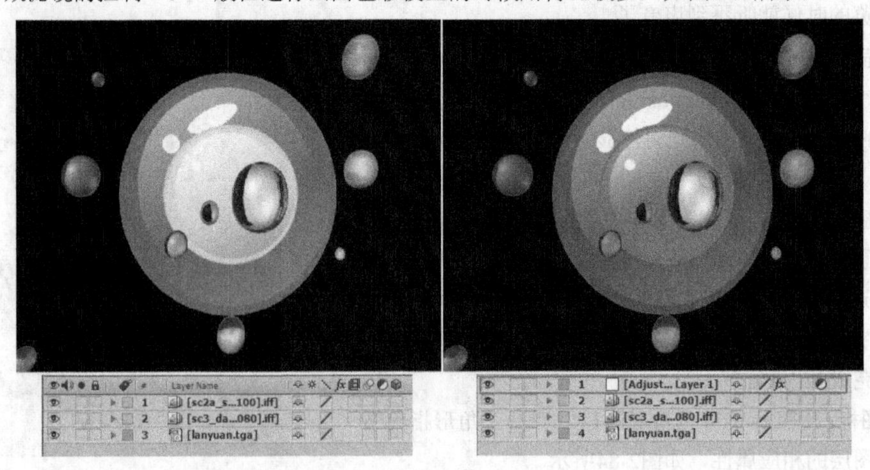

图2-89

O. 三维空间按钮：其作用是将二维图层转换成带有深度空间信息的三维图层。

P. Parent 父子控制面板：将一个图层设置为父图层时，对父图层的操作（位移、旋转、缩放等）将影响到它的子图层，而对子图层的操作则不会影响到父图层。父子图层犹如一个太阳系，如图2-90所示。在太阳系中，行星围绕着恒星（太阳）旋转，太阳带着这些行星在银河系中运动，因此太阳就是这些行星的父图层，而行星就是太阳的子图层。

Q. ：用来展开或折叠图2-91所示的Switches（开关）面板，也就是红色矩形框选的部分。

图2-90

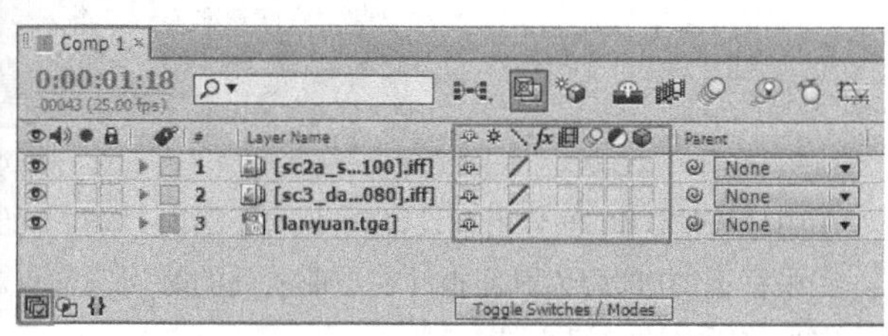

图2-91

R. ：用来展开或折叠图2-92所示的Modes（样式）面板，也就是红色矩形框选的部分。

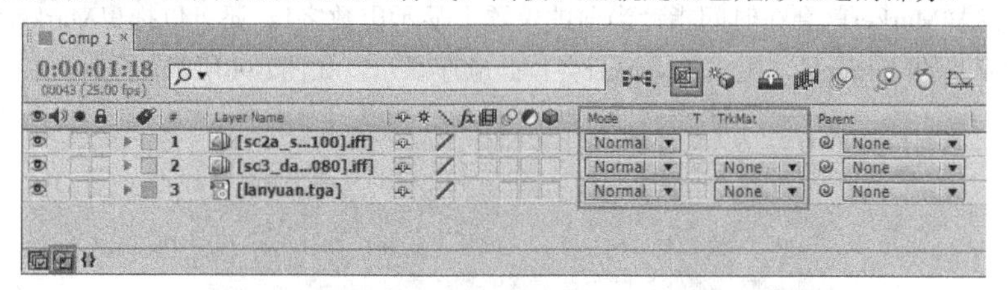

图2-92

S. ：用来展开或折叠图2-93所示的In（输入）、Out（输出）、Duration（持续时间）和Stretch（延伸）面板。

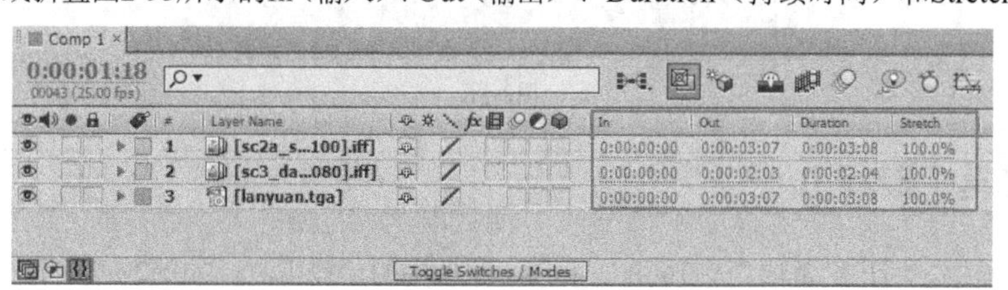

图2-93

T. Toggle Switches / Modes：单击该按钮可以在Switches（开关）面板和Modes（样式）面板间切换。执行该操作，在时间线面板中只能显示其中的一个面板。当然，如果同时打开了Switches（开关）和Modes（样式）按钮，那么该选项将会被自动隐藏。

3.功能区域3

最后来学习图2-94所示的区域，也就是“功能区域3”。

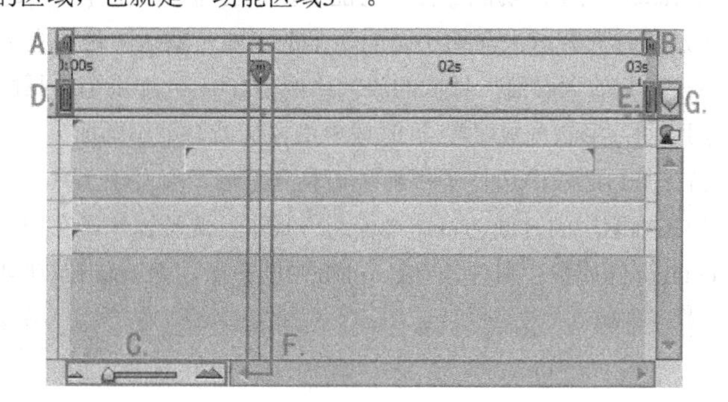

图2-94

功能区域3功能详解

图中标识的A、B和C部分用来调节时间线标尺的放大与缩小显示。这里所谓的放大和缩小与Composition（合成）窗口中预览时的缩放操作不一样，这里是指显示时间段的精密程度。如图2-95所示，移动滑块，时间标尺开始以帧为单位进行显示，此时可以进行更加精确的操作。

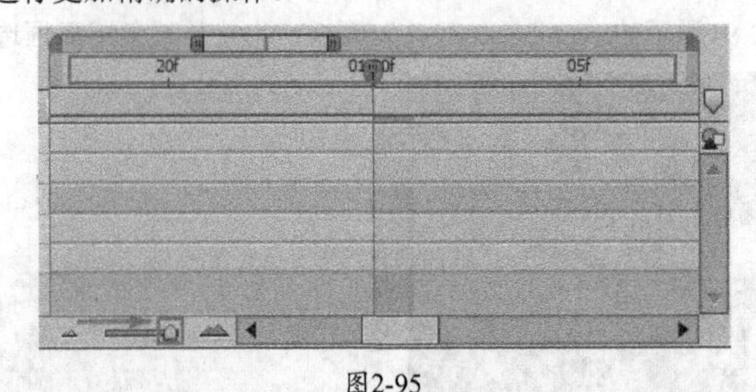

图2-95

图中标识的D和E部分用来设置项目合成工作区域的开始点和结束点。

图中标识的F部分为时间指针在当前所处的时间位置点。用鼠标点按滑块，然后左右移动，通过移动时间标签可以确定当前所在的时间位置。

图中标识的G部分为标记点按钮。在Timeline（时间线）面板右侧的Marker中用鼠标左键单击Marker（下图红色矩形框中的图标），这样Marker就会在时间指针当前的位置上显示出数字1，还可以拖曳Marker到所需要的位置，这时释放鼠标就可以生成新的Marker了，生成的Marker会按照顺序显示，如图2-96所示。

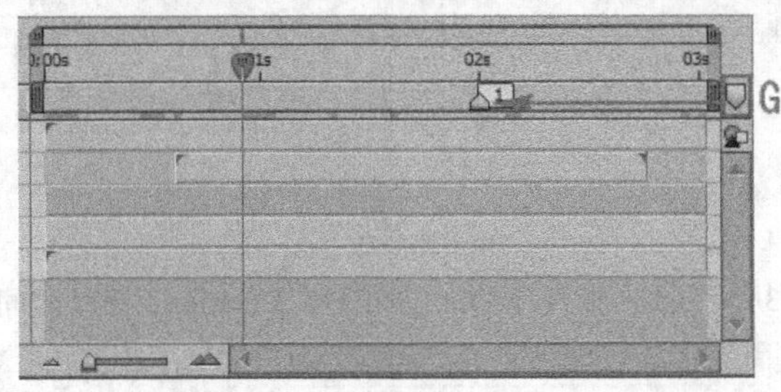

图2-96

2.6.4 Tools（工具）面板

在制作项目的过程中，用户经常要用到Tools（工具）面板中的一些工具，如图2-97所示。这些都是项目操作中使用频率极高的工具，读者必须要熟练掌握。

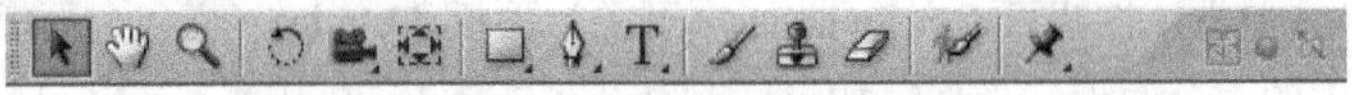

图2-97

工具详解

选择工具（快捷键V）：主要作用就是选择图层和素材等。

手抓工具（快捷键H）：与Photoshop中的功能一样，它能够在预览窗口中整体移动画面。

缩放工具（快捷键Z）：缩放工具具有放大与缩小画面显示的功能，默认的是放大工具，放大工具的中央会有个+形状，用鼠标在预览窗口中单击后会放大画面，每次的放大比例是100%。如果缩小画面，在选取“缩放工具”后再按住Alt键，就会发现放大工具中央的+形状变成了-，这时候单击鼠标就会缩小画面。

旋转工具（快捷键W）：当在工具面板中选择了“旋转工具”之后，会发现工具箱的右侧会出现图2-98所示的两个选项。这两个选项表示在使用三维图层的时候，将通过什么方式进行旋转操作，它们只适合于三维图层，因为只三维层才具有x、y和z轴，在Orientation的属性中只能改动x、y和z中的一个，而Rotation则可以旋转各个轴。

图2-98

摄像机工具（快捷键C）：在After Effects CS6的工具面板中有4个摄像机控制工具，分别可以来调节摄像机的位移、旋转和推拉等操作，如图2-99所示。

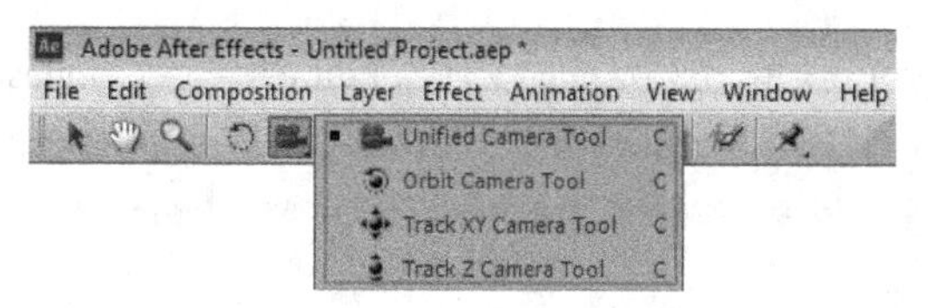

图2-99

轴心点工具（快捷键Y）：主要用于改变图层中心点的位置。确定了中心点就意味着将按照哪个轴点进行旋转、缩放等操作。如图2-100所示，图中演示了不同位置的轴心点对画面元素缩放的影响。

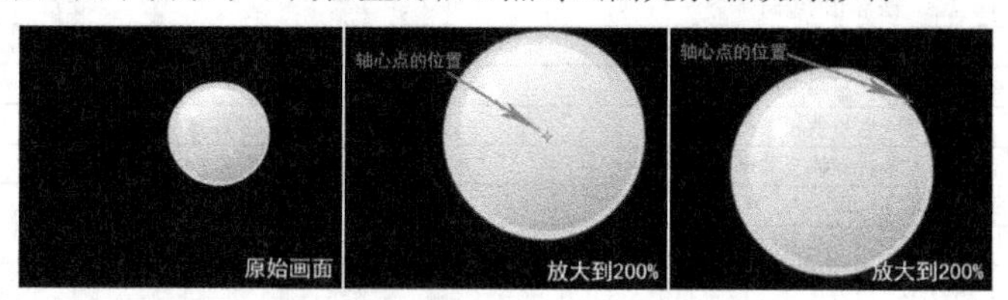

图2-100

矩形遮罩工具（快捷键Q）：使用矩形遮罩工具可以创建相对比较规整的遮罩。在该工具上按住鼠标左键不放，等待少许时间将弹出一个扩展的工具栏，其中包含5个子工具，如图2-101所示。

钢笔工具（快捷键G）：使用钢笔工具可以创建出任意形状的遮罩。在该工具上单击鼠标左键不放，等待少许时间将弹出一个扩展的工具栏，其中包含5个子工具，如图2-102所示。

文字工具（快捷键Ctrl+T）：在该工具上按住鼠标左键不放，等待少许时间将弹出一个扩展的工具栏，其中包含两个子工具，分别为Horizontal Type Tool（横排文字工具）和Vertical Type Tool（竖排文字工具），如图2-103所示。

图2-101　图2-102　图2-103

绘图工具（快捷键Ctrl+B）：绘图工具由“画笔工具”、“图章工具”和“橡皮擦工具”组成。

画笔工具：可以在图层上绘制出需要的图像，但“画笔工具”并不能单独使用，而是要配合Paint面板、Brush面板一起使用。

图章工具：Photoshop中的“图章工具”一样，可以复制需要的图像并应用到其他部分生成相同的内容。

橡皮擦工具：可以擦除图像，可以调节它的笔触大小，加宽或者缩小区域等属性来控制擦除区域的大小。

逐帧笔刷工具（快捷键Alt+W）：可以对画面进行自动抠像处理。例如，把非蓝绿屏拍摄的人物从背景里分离开来，如图2-104所示。

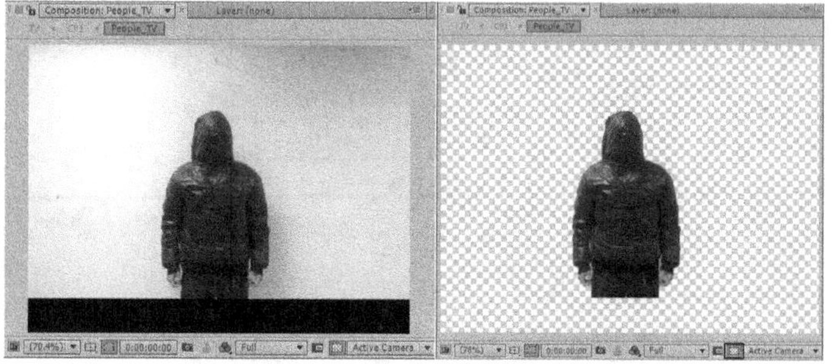

图2-104

木偶工具（快捷键Ctrl+P）：在该工具上按住鼠标左键不放，等待少许时间将弹出一个扩展的工具栏，其中包含3个子工具，如图2-105所示。使用Puppet（木偶）工具可以为光栅图像或矢量图形快速创建出非常自然的动画。

图2-105

2.7 After Effects CS6的命令菜单

After Effects CS6菜单栏中共有9个菜单，分别是File（文件）、Edit（编辑）、Composition（合成）、Layer（图层）、Effect（特效）、Animation（动画）、View（视图）、Window（窗口）和Help（帮助）菜单，如图2-106所示。

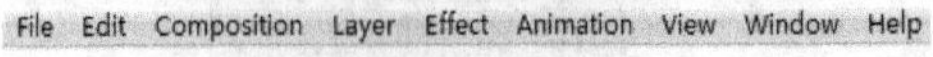

File Edit Composition Layer Effect Animation View Window Help

图2-106

本节知识点

名称	作用	重要程度
File（文件）	针对项目文件的一些基本操作	中
Edit（编辑）	包含一些常用的编辑命令	中
Composition（合成）	设置合成的相关参数及对合成的一些基本操作	中
Layer（图层）	包含了与图层相关的大部分命令	中
Effect（特效）	集成了一些特效相关的命令	中
Animation（动画）	设置动画关键帧及关键帧的属性	中
View（视图）	设置视图的显示方式	中
Window（窗口）	打开或关闭浮动窗口或面板	中
Help（帮助）	软件的辅助工具	中

2.7.1 File（文件）

File（文件）菜单中的命令主要是针对项目文件的一些基本操作，比如新建项目、打开项目、打开最近的项目、关闭、退出、保存文件、素材导入、素材替换、项目清理、项目打包和项目设置等，如图2-107所示。

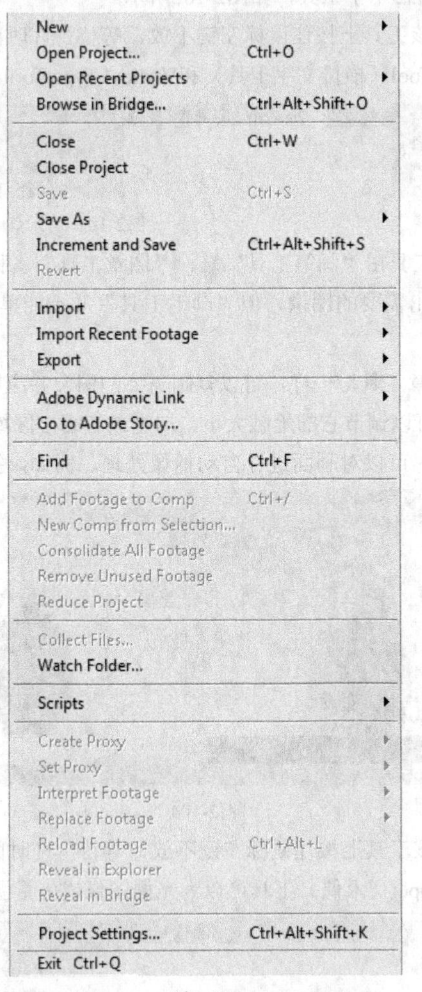

图2-107

2.7.2 Edit（编辑）

Edit（编辑）菜单中包含一些常用的编辑命令，比如撤销、重做、历史记录、剪切、复制、粘贴、复制图层、分离图层、模板和首选项等，如图2-108所示。

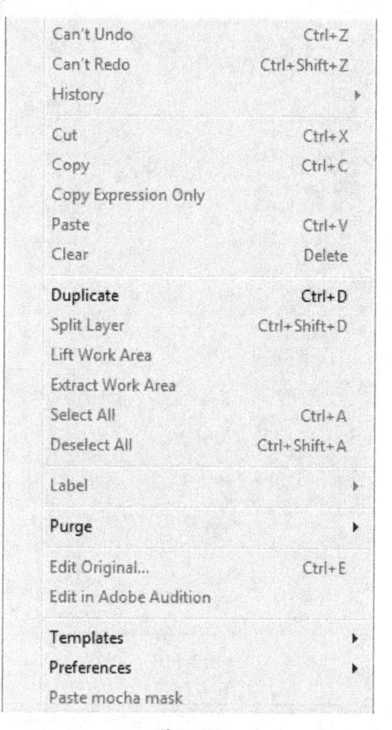

图2-108

2.7.3 Composition（合成）

Composition（合成）菜单中的命令主要用于设置合成的相关参数及对合成的一些基本操作，比如新建合成、合成设置、修剪合成到工作区域、渲染视频、单帧另存、预览视频和合成流程图等，如图2-109所示。

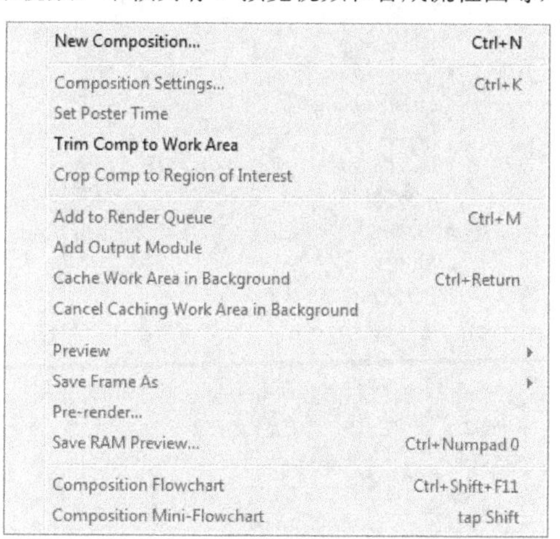

图2-109

2.7.4 Layer（图层）

Layer（图层）菜单中包含了与图层相关的大部分命令，比如新建图层、图层属性设置、遮罩、时间、帧融合、图层叠加模式、轨道蒙版、图层样式、摄像机、自动跟踪和合并图层等，如图2-110所示。

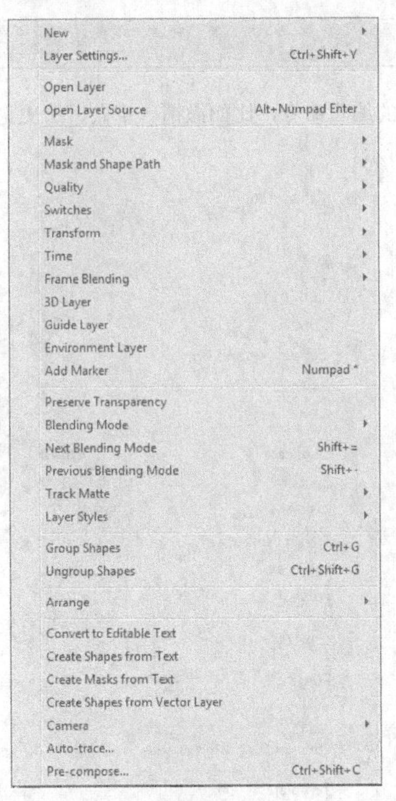

图2-110

2.7.5 Effect（特效）

Effect（特效）菜单主要集成了一些与特效相关的命令，比如特效控制面板的打开、添加上一次使用的滤镜、移除所有添加的特效滤镜，以及项目制作中所需的各类常规特效滤镜等都可以在该菜单中找到，如图2-111所示。

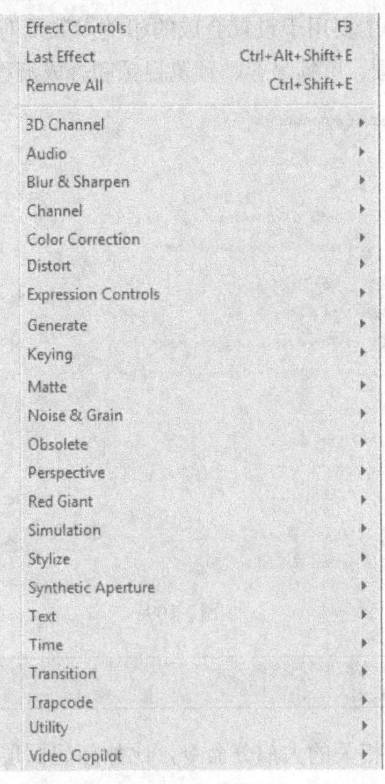

图2-111

2.7.6 Animation（动画）

Animation（动画）菜单中的命令主要用于设置动画关键帧及关键帧的属性，比如保存与应用动画预设、浏览预设、添加关键帧、切换保持关键帧、关键帧插值、关键帧助手、添加表达式、运动跟踪、显示所有动画属性和显示已修改属性等，如图2-112所示。

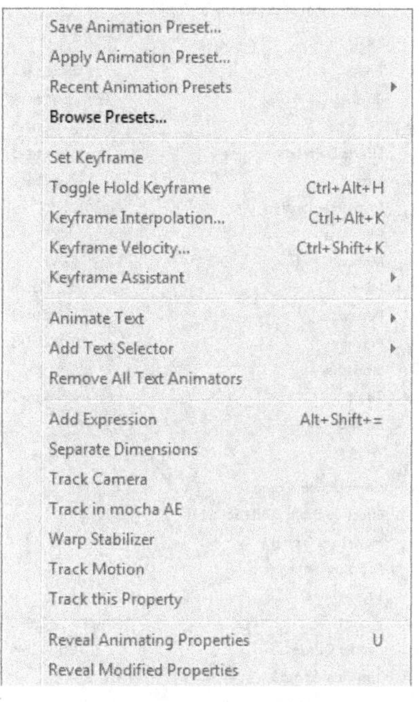

图2-112

2.7.7 View（视图）

View（视图）菜单中的命令主要用来设置视图的显示方式，比如新建视图、分辨率、使用显示器颜色管理、模拟输出、显示标尺、显示辅助线、视图选项、显示图层控制和切换3D视图等，如图2-113所示。

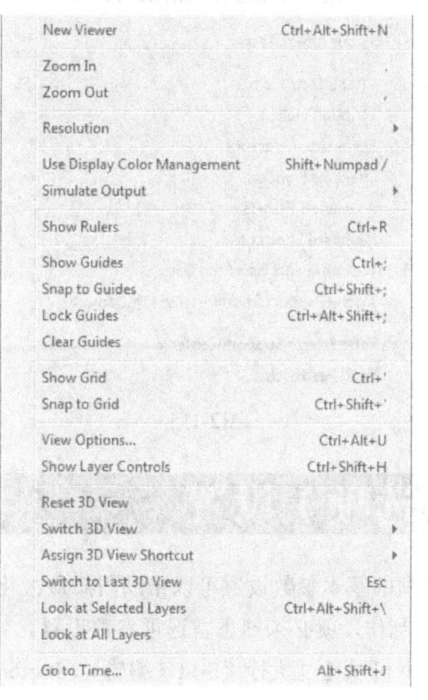

图2-113

2.7.8 Window（窗口）

Window（窗口）菜单中的命令主要用于打开或关闭浮动窗口或面板，比如选择预设的工作界面、滤镜和预设窗口、图层对齐窗口、音频窗口、视频预览窗口、工具栏、跟踪窗口、画面抖动设置窗口等，如图2-114所示。

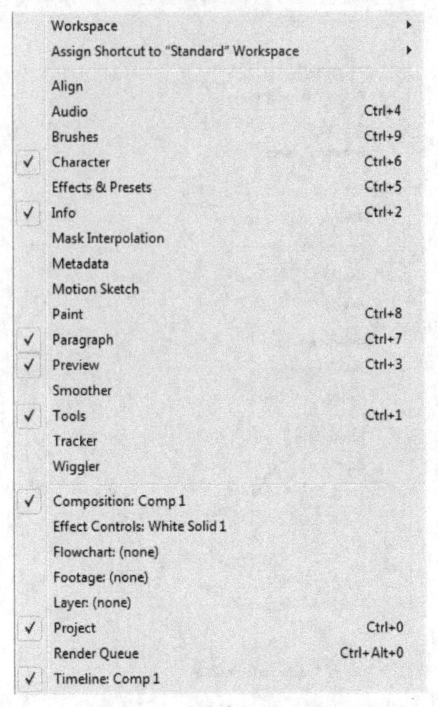

图2-114

2.7.9 Help（帮助）

Help（帮助）菜单算是软件的辅助工具，After Effects的版本信息、帮助、脚本帮助、表达式参考、欢迎与每日提示、产品支持中心等都可以在Help（帮助）菜单中找到，如图2-115所示。

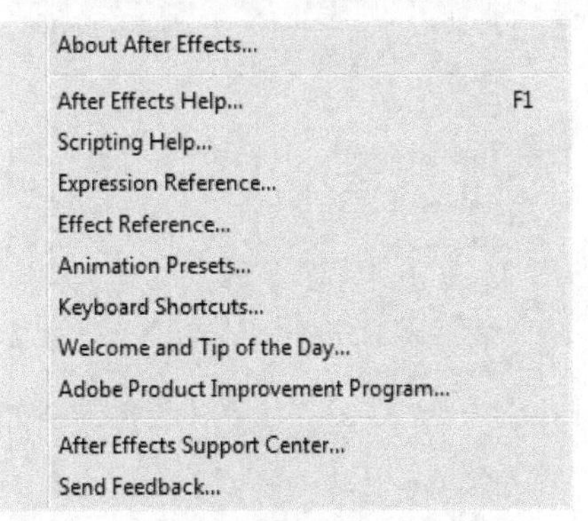

图2-115

2.8 Preferences（首选项）设置

掌握和使用After Effects CS6 首选项的基本参数设置可以帮助用户最大化地利用有限资源，提升制作效率。设计师要熟练运用After Effects CS6进行项目制作，就必须熟悉首选项参数设置。

Preferences（首选项）的参数对话框可以通过执行“Edit（编辑）>Preferences（首选项）”菜单命令来打开，如图2-116所示。

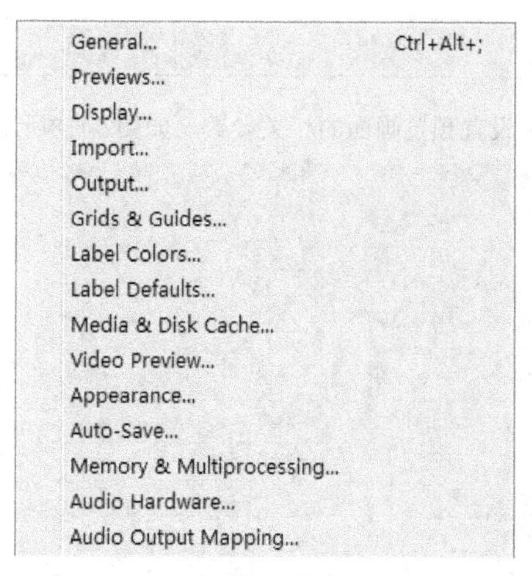

图2-116

本节知识点

名称	作用	重要程度
General（常规）	设置After Effects CS6的运行环境	中
Previews（预览）	设置预览画面的相关参数	中
Display（显示）	设置运动路径、图层缩略图等信息的显示方式	中
Import（导入）	设置静帧素材在导入合成中的相关信息	低
Output（输出）	设置存放溢出文件的磁盘路径及输出参数	低
Grids & Guides（栅格和辅助线）	设置栅格和辅助线的颜色，以及线条数量和线条风格等	低
Label（标签）	设置标签的颜色及名称	低
Media & Disk Cache（媒体和磁盘缓存）	设置内存和缓存的大小	低
Video Preview（视频预览）	设置视频预览输出的硬件配置及输出的方式等	低
Appearance（界面）	设置用户界面的颜色及界面按钮的显示方式	低
Auto-Save（自动保存）	设置自动保存文件的相关信息	低
Memory&Multiprocessing（内存与多处理器）	设置是否使用多处理器进行渲染	低
Audio Hardware（音频硬件）	设置当前使用的声卡	低
Audio Output Mapping（音频输出映射）	对音频输出的左右声道进行映射	低

2.8.1 General（常规）

General（常规）参数组主要用来设置After Effects CS6的运行环境，包括可以撤销的操作步骤，以及与整个操作系统的协调性设置，如图2-117所示。

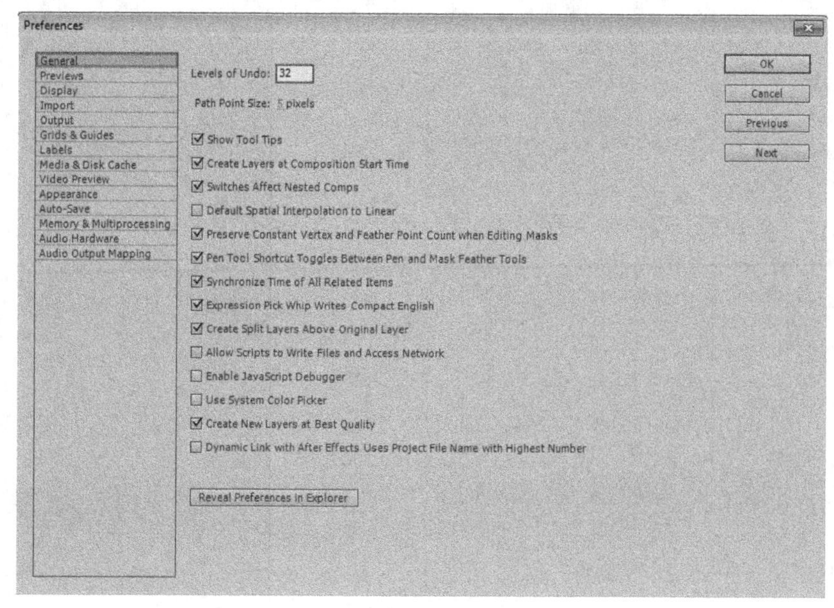

图2-117

2.8.2 Previews（预览）

Previews（预览）参数组主要用来设置预览画面的相关参数，如图2-118所示。

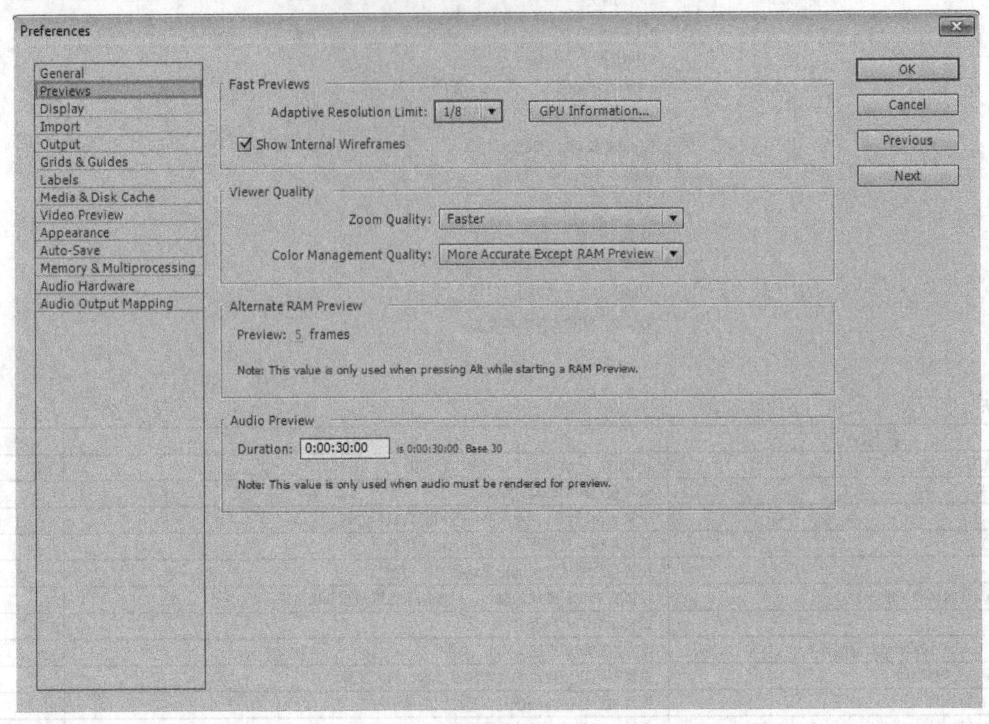

图2-118

2.8.3 Display（显示）

Display（显示）参数组主要用来设置运动路径、图层缩略图等信息的显示方式，如图2-119所示。

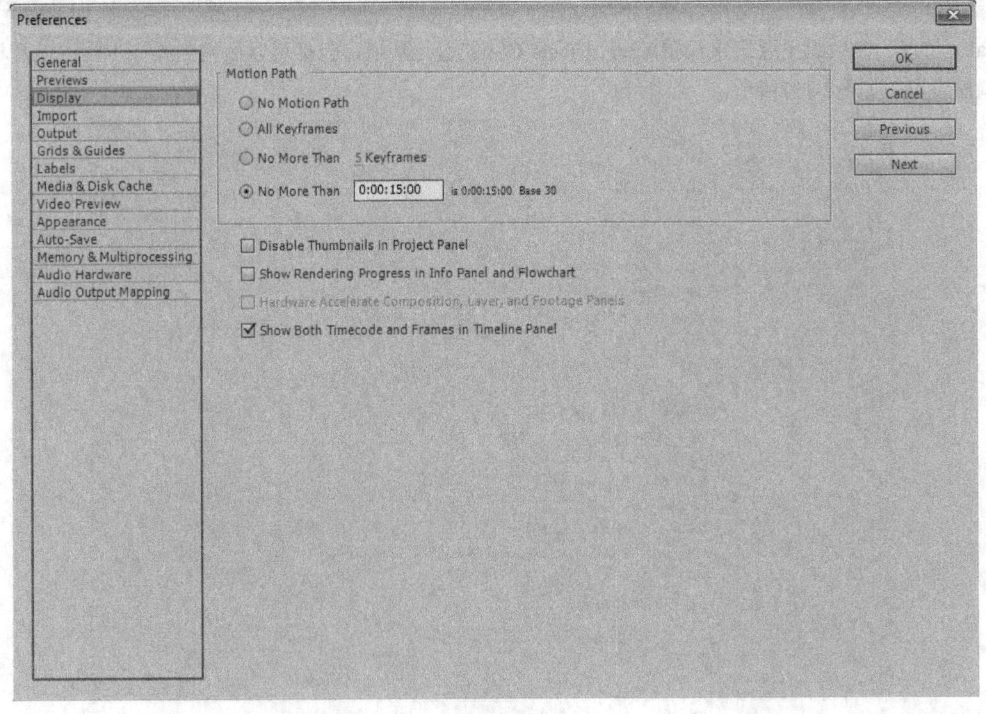

图2-119

2.8.4 Import（导入）

Import（导入）参数组主要用来设置静帧素材在导入合成中显示出来的长度，以及导入序列图片时使用的帧速率，同时也可以标注带有Alpha通道的素材的使用方式等，如图2-120所示。

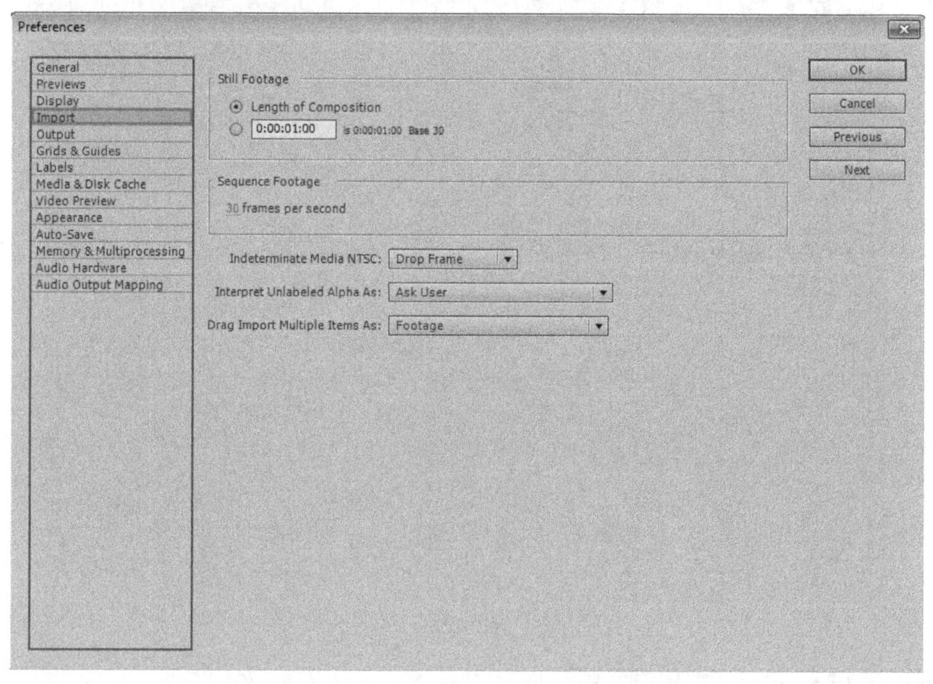

图2-120

2.8.5 Output（输出）

当输出文件的大小超过磁盘空间时，Output（输出）参数组主要用来设置存放溢出文件的磁盘路径，同时也可以设置序列输出文件的最大数量及影片输出的最大容量等，如图2-121所示。

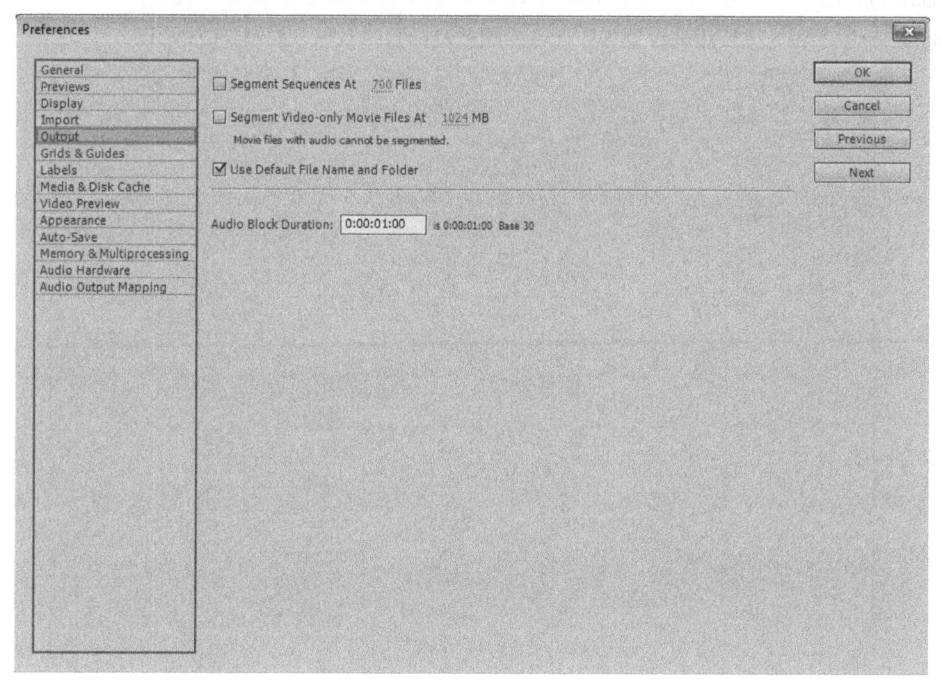

图2-121

2.8.6 Grids & Guides（栅格和辅助线）

Grids & Guides（栅格和辅助线）参数组主要用来设置栅格和辅助线的颜色，以及线条数量和线条风格等，如图2-122所示。

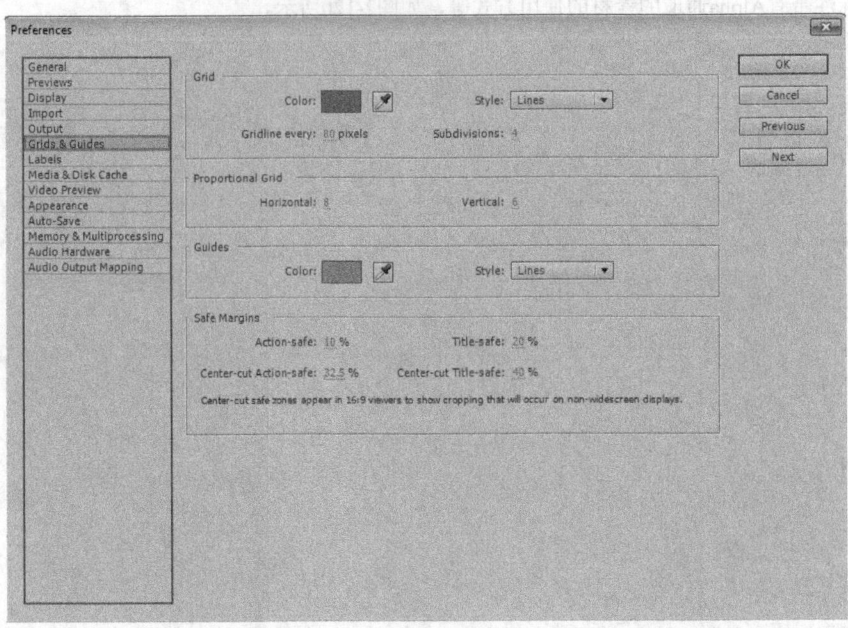

图2-122

2.8.7 Labels（标签）

Labels（标签）参数组包含两个部分，分别是Label Defaults（默认标签）和Label Colors（标签颜色）。

Label Defaults（默认标签）主要用来设置默认的几种元素的标签颜色，这些元素包括Composition（合成）、Video（视频）、Audio（音频）、Still（静帧）、Folder（文件夹）、Solid（固态层）、Camera（摄影机）、Light（灯光）和Shape（形状）。

Label Colors（标签颜色）主要用来设置各种标签的颜色及标签的名称，如图2-123所示。

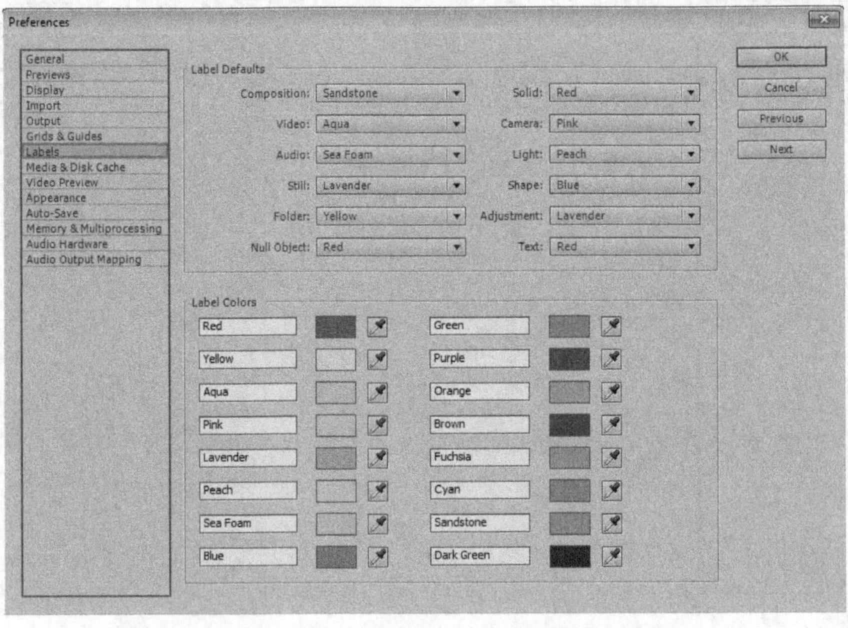

图2-123

2.8.8 Media & Disk Cache（媒体和磁盘缓存）

Media & Disk Cache（媒体和磁盘缓存）参数组主要用来设置内存和缓存的大小，如图2-124所示。

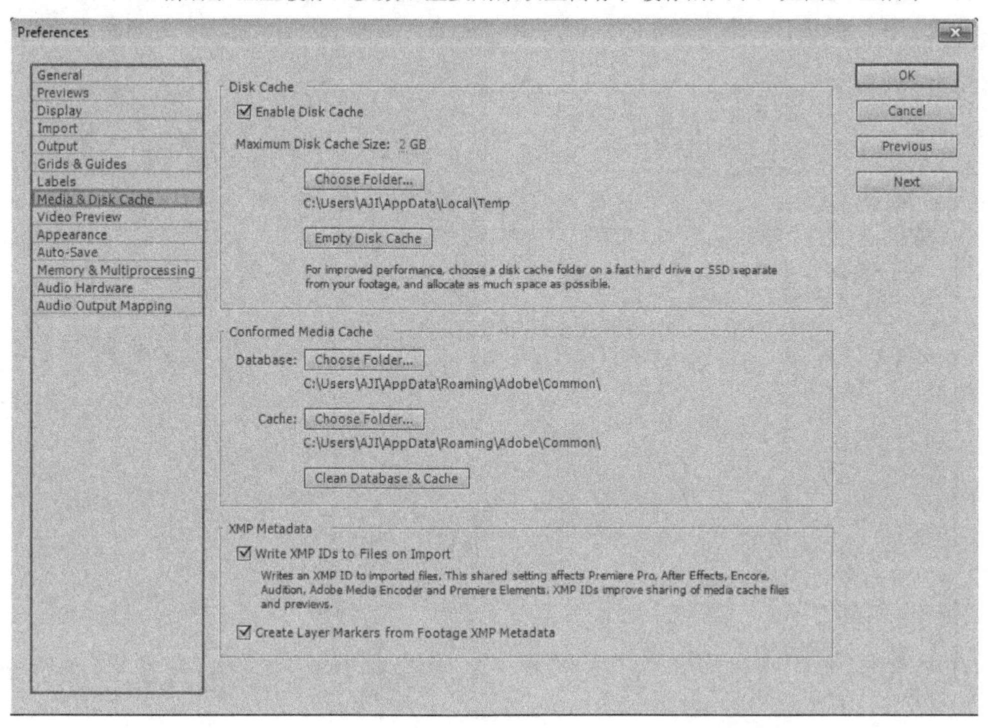

图2-124

2.8.9 Video Preview（视频预览）

Video Preview（视频预览）参数组主要用来设置视频预览输出的硬件配置及输出的方式等，如图2-125所示。

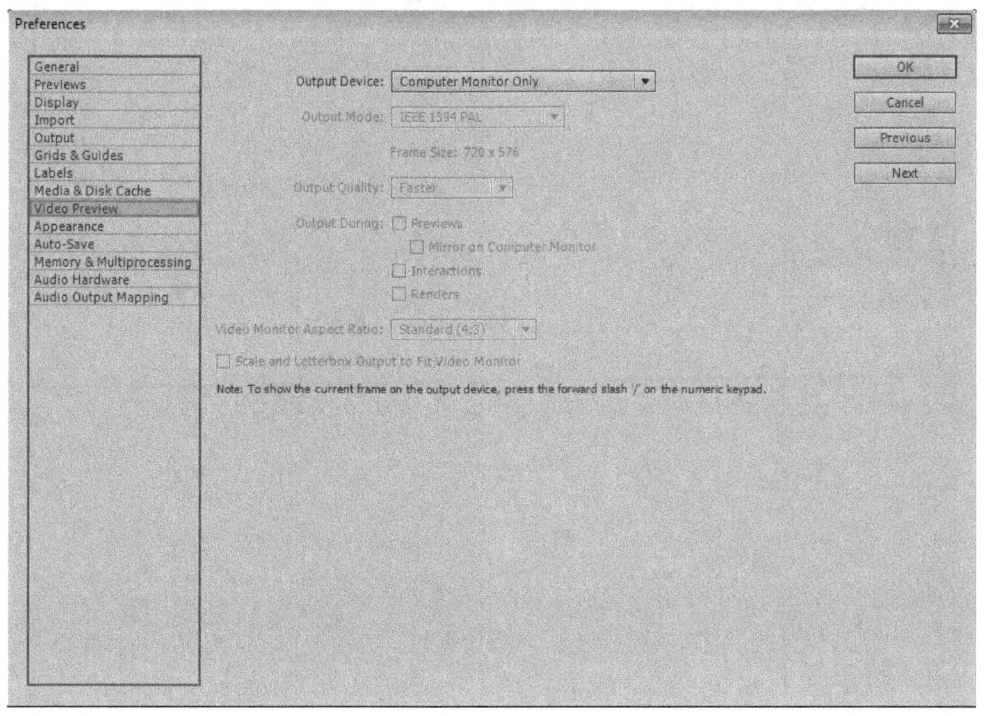

图2-125

2.8.10 Appearance（界面）

Appearance（界面）参数组主要设置用户界面的颜色及界面按钮的显示方式，如图2-126所示。

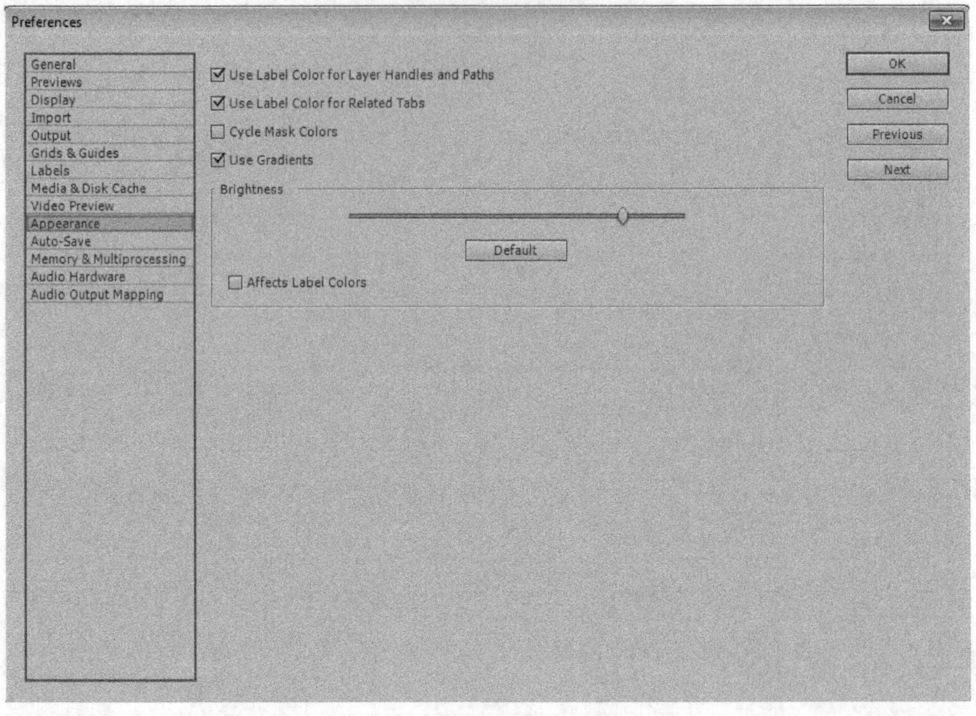

图2-126

2.8.11 Auto-Save（自动保存）

Auto-Save（自动保存）参数组用来设置自动保存工程文件的时间间隔和文件自动保存的最大个数，如图2-127所示。

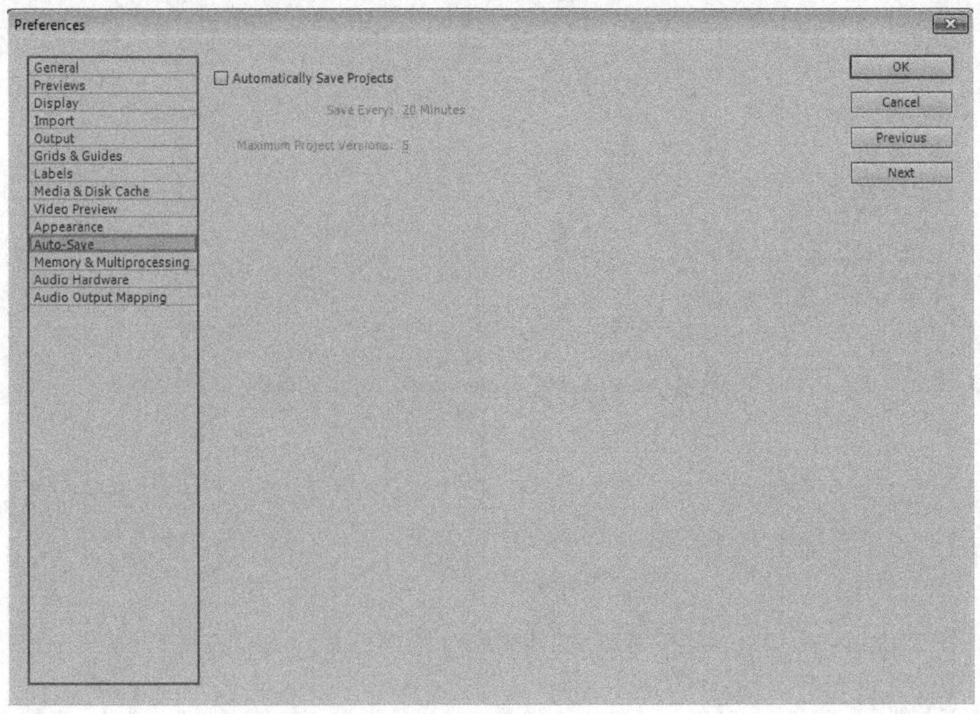

图2-127

2.8.12 Memory & Multiprocessing（内存与多处理器）

Memory & Multiprocessing（内存与多处理器）参数组主要用来设置是否使用多处理器进行渲染，这个功能是基于当前设置的存储器和缓存，如图2-128所示。

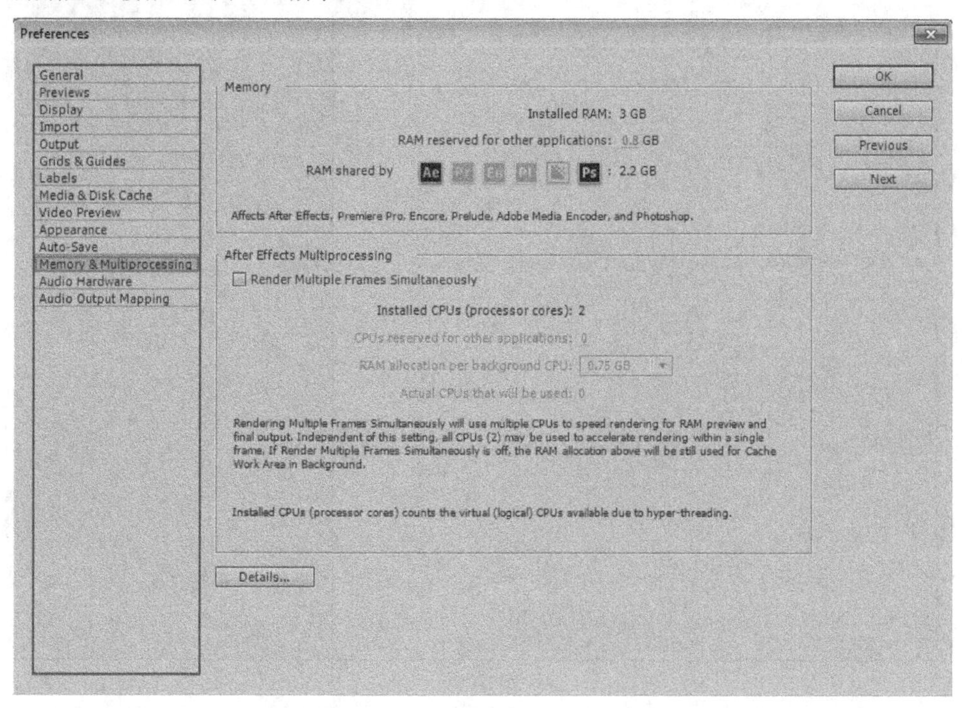

图2-128

2.8.13 Audio Hardware（音频硬件）

Audio Hardware（音频硬件）参数组用来设置当前使用的声卡，如图2-129所示。

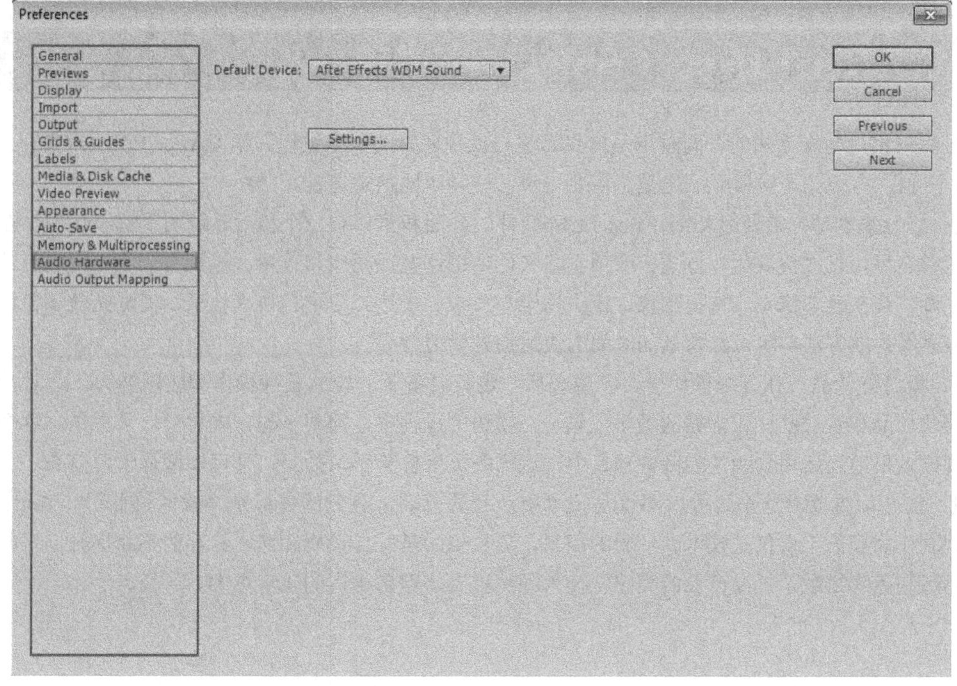

图2-129

2.8.14 Audio Output Mapping（音频输出映射）

Audio Output Mapping（音频输出映射）参数组用来对音频输出的左右声道进行映射，如图2-130所示。

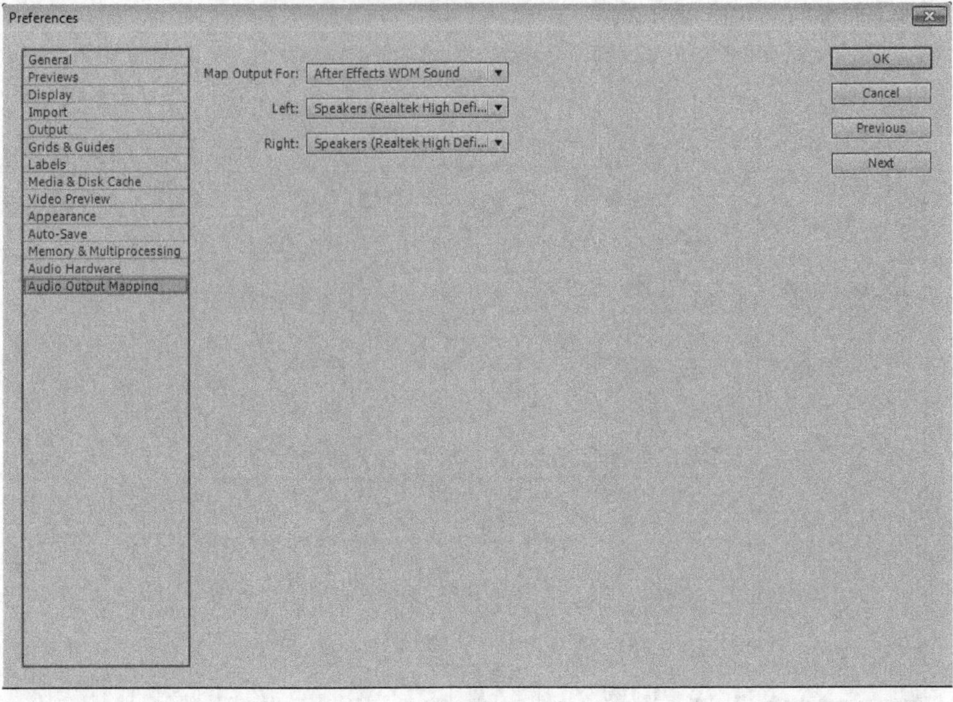

图2-130

技巧与提示

在实际工作的Preferences（首选项）设置中，我们一般会在Import（导入）参数组中设置Sequence Footage（图像序列）为25 frames per second，设置Appearance（界面）参数组中的Brightness（亮度），在Auto-Save（自动保存）参数组中勾选Automatically Save Projects（自动保存项目）。

2.9 学好After Effects CS6的一些建议

学习的过程是相对枯燥乏味的，同时也是自我修整与自我完善的一个过程。学习After Effects CS6大致有以下3个阶段（或称3个过程），这3个阶段无法逾越，需要一步一个脚印地踏实走过。

第1阶段：修炼基本功。需要对After Effects CS6软件的界面和菜单有一个相对系统的了解和认识。在对软件有了基本认识和了解之后，以“模块化”方式去专项学习（比如图层叠加模式与遮罩、笔刷与形状、常规滤镜特效、文字动画、三维动画、镜头色彩修正、特技抠像、镜头稳定与反求、表达式应用、仿真粒子、视觉光效等模块），模块化学习是一种行之有效的方法，可以在有效的时间内快速提升学习效果。

第2阶段：模仿好作品。在各个模块学习完成之后，也就具备了一定的软件操作和应用能力。此时，可以尝试去模仿一些优秀的作品和看一些比较优秀的教学视频。在模仿的过程中，需要多想，多思考，多总结。这个阶段可以把模仿的一些视频效果适当运用到相关的商业项目中，这样既可以检验学习效果，又可以增强学习信心。

第3阶段：技艺都重要。这个阶段就不仅是技术所涉及的范畴，我们的目标是“软件+创意”，制作出优秀的作品。从事影视制作需要的不仅仅是技术和经验的积累，更重要的是综合素质和艺术修养的不断提升，平时多看看平面设计、设计排版和色彩搭配，提高自己的美感，技术固然重要，但艺术占的比重更大。

第3章

After Effects CS6的工作流程

课堂学习目标

- 掌握导入与管理素材的方法
- 掌握创建项目合成的方法
- 掌握添加特效滤镜的方法
- 掌握设置动画关键帧的方法
- 掌握预览画面的方法
- 掌握输出视频的方法

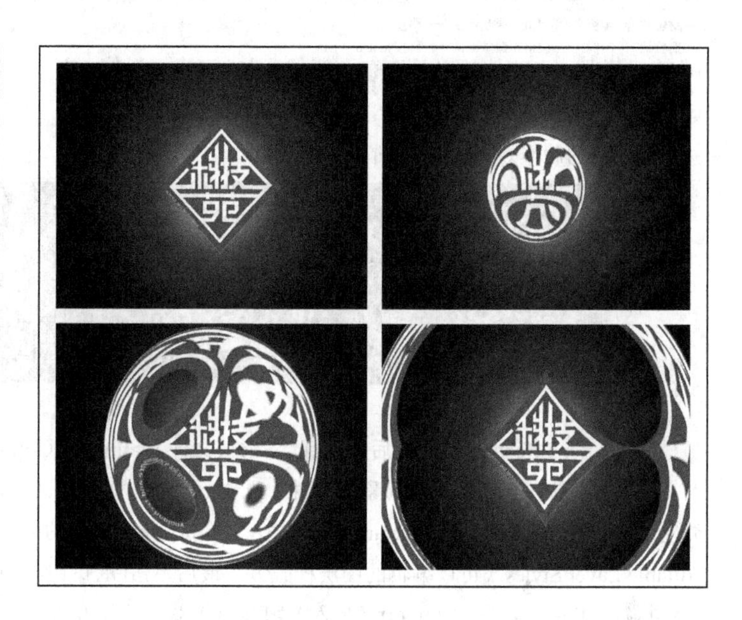

本章导读

本章主要介绍After Effects CS6的基本工作流程，遵循After Effects CS6的工作流程既可以提升工作效率，又能够避免出现不必要的麻烦。

3.1 素材的导入与管理

当开始一个项目时，首先要完成的工作便是将素材导入项目。

素材是After Effects的基本构成元素，在After Effects中可导入的素材包括动态视频、静帧图像、静帧图像序列、音频文件、Photoshop分层文件、Illustrator文件、After Effects工程中的其他合成、Premiere工程文件，以及Flash输出的swf文件等。

本节知识点

名称	作用	重要程度
一次性导入素材	掌握一次性导入一个或多个素材的方法	高
连续导入素材	掌握连续导入单个或多个素材的方法	高
以拖曳方式导入素材	掌握以拖曳方式导入素材的方法	高

3.1.1 课堂案例——科技苑

素材位置	实例文件>CH03>课堂案例——科技苑
实例位置	实例文件>CH03>课堂案例——科技苑.aep
视频位置	多媒体教学>CH03>课堂案例——科技苑.flv
难易指数	★★☆☆☆
学习目标	掌握After Effects CS6的基本工作流程

本案例的制作效果如图3-1所示。

图3-1

01 启动After Effects CS6软件后，执行“File（文件）>Import（导入）>File（文件）”菜单命令，在Import File（导入文件）对话框中打开Logo.psd素材文件。选中Logo.psd文件后，单击Open（打开）按钮，然后在Import Kind（导入类型）中选择Composition – Retain Layer Size（合成–保留图层的大小），接着在Layer Options（图层的控制）中选择Editable Layer Styles（可以编辑的图层样式），最后单击OK按钮，如图3-2所示。

02 执行“File（文件）>Import（导入）>File（文件）”菜单命令，打开BG.jpg素材文件，这样在Project（项目）面板中导入的素材，如图3-3所示。

03 执行“Composition（合成）>New Composition（新建合成）”菜单命令，创建一个预置为PAL D1/DV的合成，然后设置Duration（持续时间）为3秒，并将其命名为“科技苑”，如图3-4所示。

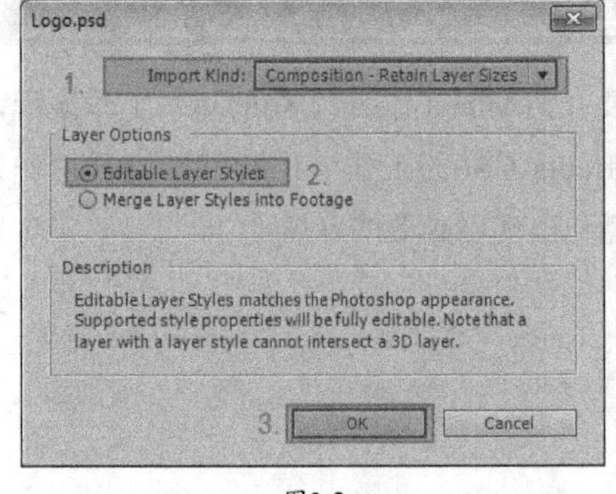

图3-2

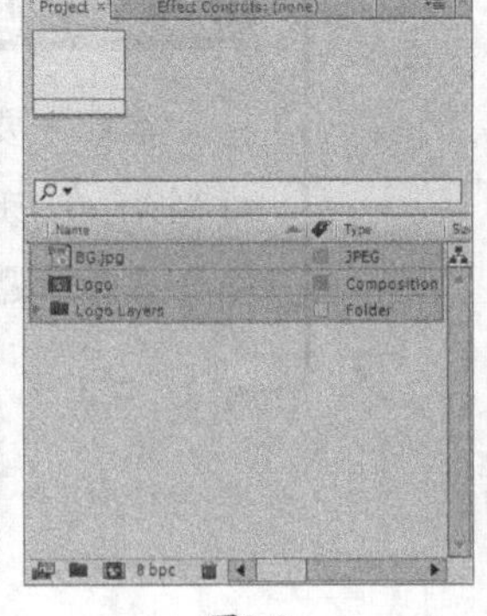

图3-3

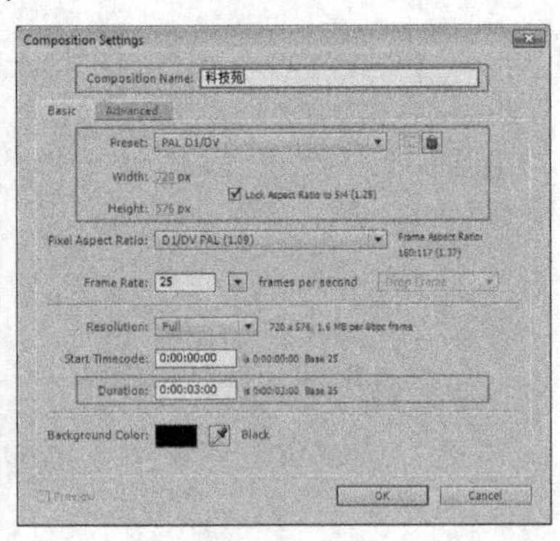

图3-4

04 在Project（项目）面板中选择BG.jpg素材，然后按住鼠标左键将其拖放到Timeline（时间线）面板上，如图3-5所示，接着使用同样的方法将Logo.psd素材拖放到Timeline（时间线）面板上，如图3-6所示。

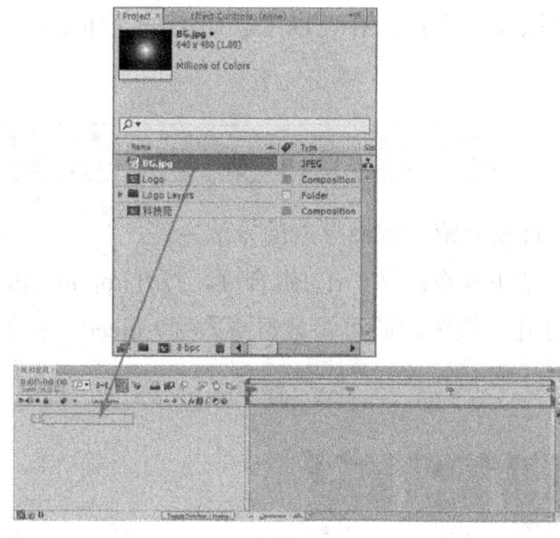

图3-5

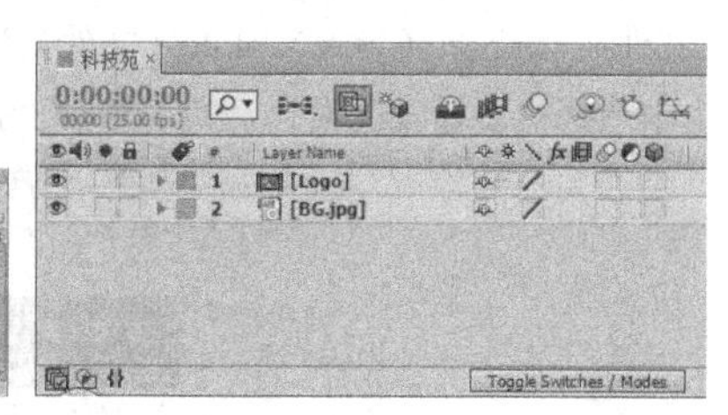

图3-6

05 在Timeline（时间线）面板中选择Logo图层，然后执行“Effect（特效）>Distort（扭曲）>CC Lens（CC镜头）”菜单命令，为其添加CC Lens（CC镜头）滤镜，如图3-7所示。

06 展开Logo图层的属性后，设置CC Lens（CC镜头）滤镜中Size（大小）属性的动画关键帧，然后在第0帧单击Size（大小）属性前的小秒表，创建第一个关键帧，接着修改Size（大小）的值为0，如图3-8所示。

图3-7

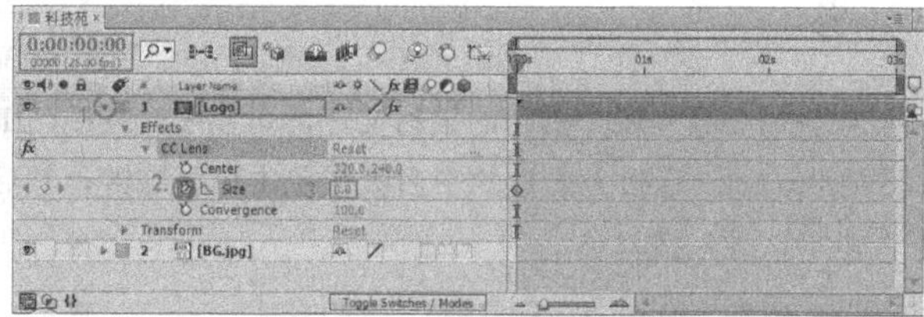

图3-8

07 拖动时间指针到第2秒处，然后修改Size（大小）的值为200，系统自动创建一个关键帧，如图3-9所示。

08 按数字键0键预览画面效果，如图3-10所示。

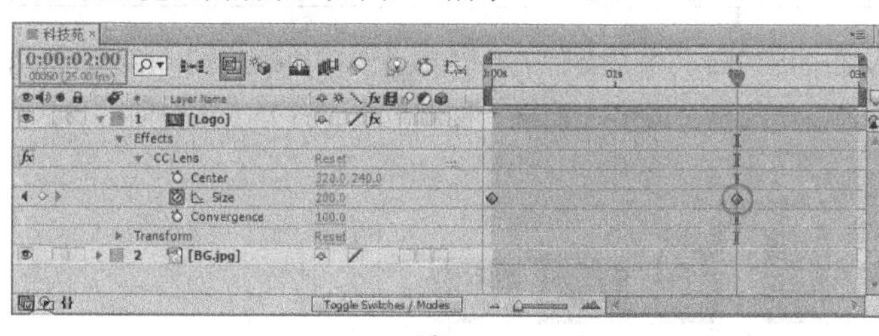

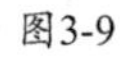

图3-9

图3-10

09 预览结束后执行“Composition（合成）>Make Movie（制作影片）”菜单命令，进行视频的输出工作；然后在Render Queue（渲染队列）窗口中单击Output To（输出到）选项后面的下画线，打开Output Movie To（输出影片到）对话框，指定输出路径，接着单击Render（渲染）按钮即可，如图3-11所示。

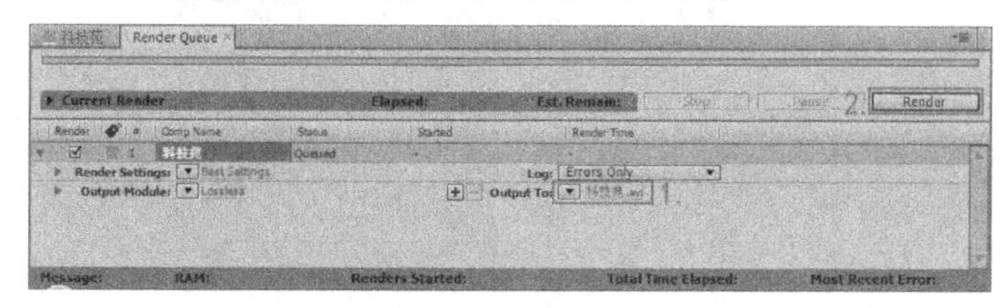

图3-11

10 执行“File（文件）>Save（保存）”菜单命令，对该项目进行保存。以上就是After Effects CS6的基本工作流程，希望读者认真体会。

3.1.2 一次性导入素材

将素材导入到Project（项目）面板中的方法有多种，首先介绍一次性导入的方法。

执行“File（文件）>Import（导入）>File（文件）”菜单命令或按Ctrl+I组合键，打开Import File（导入文件）对话框，然后在磁盘中选择需要导入的素材，接着单击“打开”按钮，即可将素材导入到Project（项目）面板中，如图3-12所示。

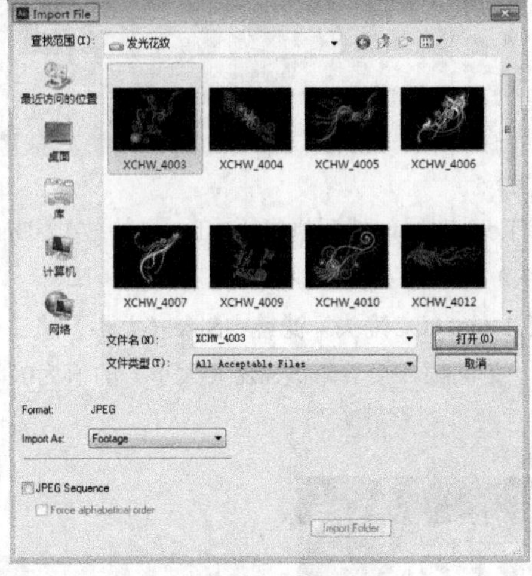

图3-12

如果需要导入多个单一的素材文件，可以配合使用Ctrl键加选素材。

在Project（项目）面板的空白区域单击鼠标右键，然后在弹出的菜单中执行“Import（导入）>File（文件）”命令，也可以导入素材。

技巧与提示

在Project（项目）面板的空白区域双击鼠标左键可以打开Import File（导入文件）对话框。

3.1.3 连续导入素材

执行“File（文件）>Import（导入）>Multiple Files（多个文件）”菜单命令或按Ctrl+Alt+I组合键，打开Import Multiple Files（导入多个文件）对话框，选择需要的单个或多个素材，接着单击“打开”按钮即可导入素材，如图3-13所示。

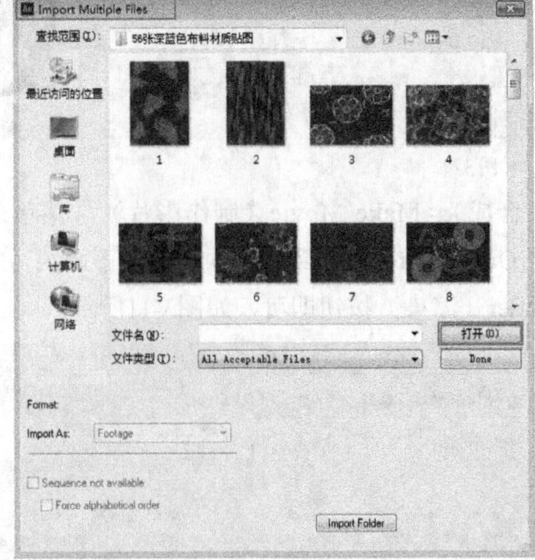

图3-13

技巧与提示

在Project（项目）面板的空白区域单击鼠标右键，然后在弹出的菜单中执行“Import（导入）>Multiple Files（多个文件）”命令也可以达到相同的效果。

从图3-12和图3-13中不难发现这两种导入素材方式的差别，图3-1中显示的是“打开”和“取消”按钮，也就是说在导入素材的时候只能一次性完成，选择好素材后单击“打开”按钮就可以导入素材，而图3-13中显示的是“打开”和Done（完成）按钮，选择好素材后单击“打开”按钮即可导入素材，但是Import Multiple Files（导入多个文件）对话框仍然不会关闭，此时还可以继续导入其他的素材，只有单击Done（完成）按钮后才能完成导入操作。

3.1.4 以拖曳方式导入素材

在Windows系统资源管理器或Adobe Bridge窗口中，选择需要导入的素材文件或文件夹，然后直接将其拖曳到Project（项目）面板中，即可完成导入素材的操作，如图3-14所示。

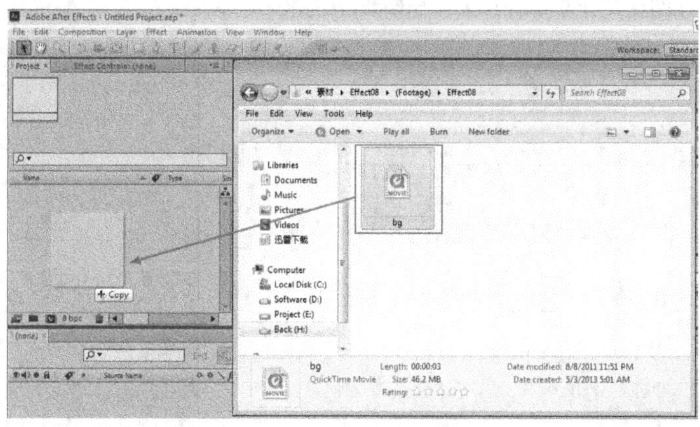

图3-14

技巧与提示

如果通过执行“File（文件）>Browse in Bridge（在Bridge中浏览）”菜单命令方式来浏览素材，则可以直接用双击素材的方法把素材导入到Project（项目）面板中。

如果需要导入序列素材文件时，可以在Import File（导入文件）对话框中勾选Sequence（序列）选项，这样就可以以序列的方式导入素材，最后单击Open（打开）按钮即可，如图3-15所示。

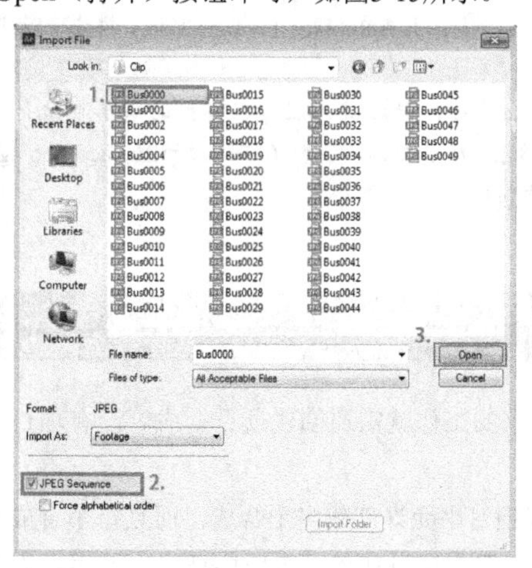

图3-15

技巧与提示

如果只需导入序列文件中的一部分，可以在勾选Sequence（序列）选项后，框选需要导入的部分素材，最后单击Open（打开）按钮即可。

在导入含有图层的素材文件时，After Effects可以保留文件中的图层信息，比如Photoshop的psd文件和Illustrator的ai文件。

在导入含有图层信息的素材时，可以选择以Footage（素材）或Composition（合成）两种方式进行导入，如图3-16所示。

第1种：以Composition（合成）方式导入素材。当以Composition（合成）方式导入素材时，After Effects会将整个素材作为一个合成。在合成里面，原始素材的图层信息可以得到最大限度的保留，用户可以在这些原有图层的基础上再次制作一些特效和动画。此外，采用Composition（合成）方式导入素材时，还可以将Layer Styles（图层样式）信息保留下来，也可以将图层样式合并到素材中。

第2种：以Footage（素材）方式导入素材。如果以Footage（素材）方式导入素材，用户可以选择以Merged Layers（合并图层）的方式将原始文件的所有图层合并后一起进行导入，用户也可以选择Choose Layer（选择图层）的方式选择某些特定图层作为素材进行导入。选择单个图层作为素材进行导入时，还可以选择是按照Document Size（文件尺寸）还是按照Layer Size（图层尺寸）进行导入，如图3-17所示。

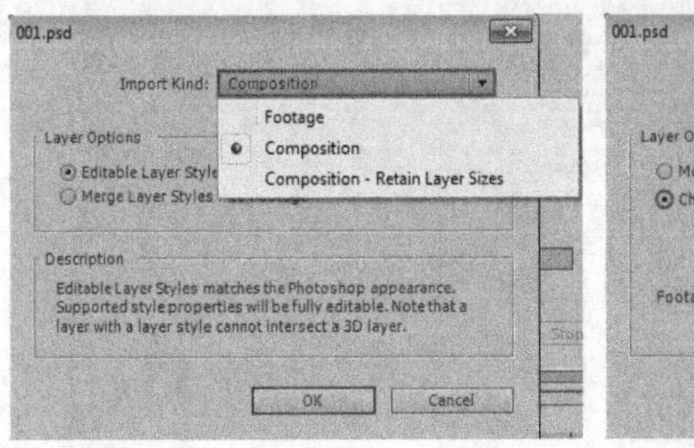

图3-16

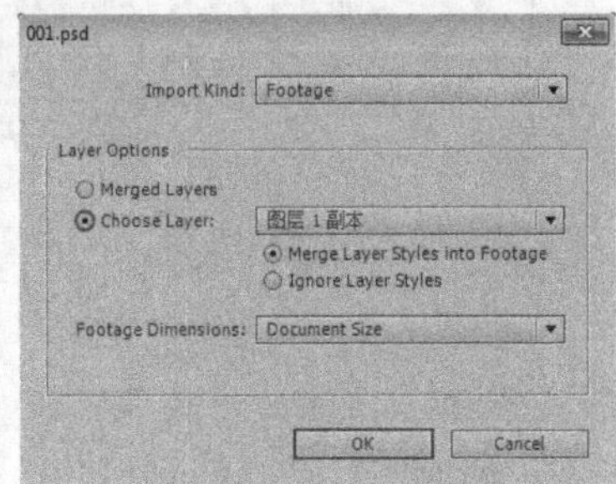

图3-17

技巧与提示

在After Effects工程中导入素材时，其实并没有把素材复制到工程文件中。After Effects采取了一种被称为Reference Link（参考链接）的方式将素材进行导入，因此素材还是在原来的文件夹里面，这样可以大大节省硬盘空间。

在After Effects中可以对素材进行重命名、删除等操作，但是这些操作并不会影响到硬盘中的素材，这就是参考链接的好处。如果当前素材不是很合适，需要将其替换掉，可以使用以下两种方法来完成操作。

第1种：在Project（项目）面板中选择需要替换的素材，然后执行“File（文件）>Replace Footage（替换素材）>File（文件）”菜单命令，打开Replace Footage File（替换素材文件）对话框，接着选择需要替换的素材即可。

第2种：直接在需要被替换的素材上单击鼠标右键，然后在弹出的菜单中执行“Replace Footage（替换素材）>File（文件）”命令，如图3-18所示，接着在弹出的Replace Footage File（替换素材文件）对话框中选择需要替换的素材即可。

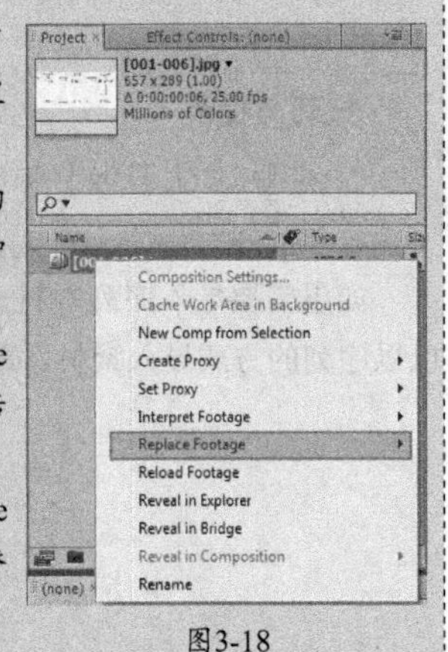

图3-18

3.2 创建项目合成

将素材导入项目窗口之后，接下来的工作就需要创建项目合成。没有项目合成的建立就无法正常进行素材的特技处理。

在After Effects CS6中，一个工程项目中允许创建多个合成，而且每个合成都可以作为一段素材应用到其他的合成中。一个素材可以在单个合成中被多次使用，也可以在多个不同的合成中同时被使用，如图3-19所示。

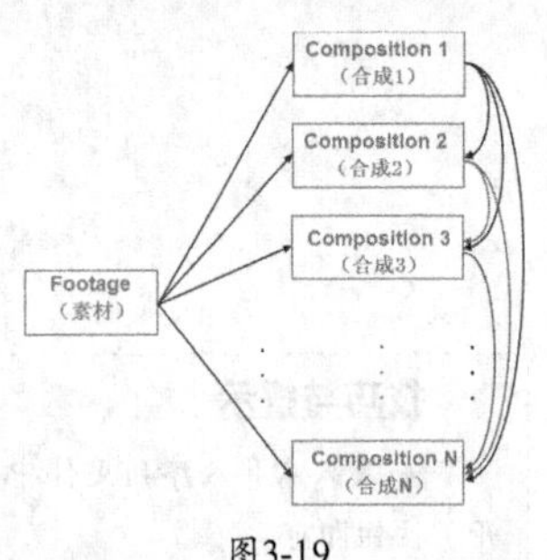

图3-19

本节知识点

名称	作用	重要程度
设置Project（项目）	掌握正确进行项目设置的方法	高
创建Composition（合成）	掌握创建合成的几种方法及合成的相关参数设置	高

3.2.1 设置Project（项目）

正确的项目设置可以帮助用户在输出影片时避免发生一些不必要的错误和结果，执行“File（文件）>Project Settings（项目设置）”菜单命令，可以打开Project Settings（项目设置）对话框，如图3-20所示。

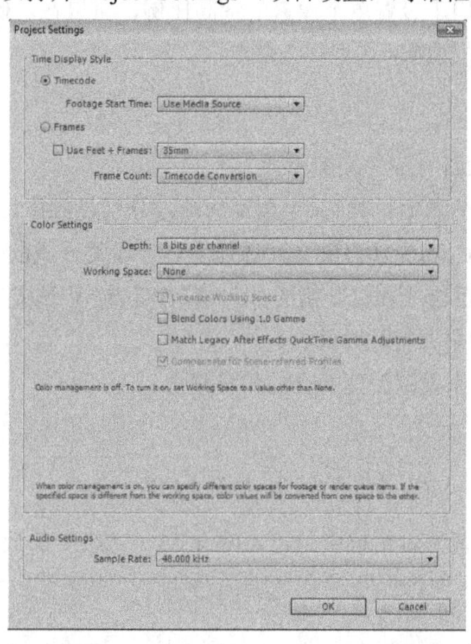

图3-20

Project Settings（项目设置）对话框中的参数主要分为3个部分，分别是时间显示、颜色管理和声音取样率。

其中，颜色设置是在设置项目时必须考虑的，因为它决定了导入素材的颜色将如何被解析，以及最终输出的视频颜色数据将如何被转换。

3.2.2 创建Composition（合成）

创建合成的方法主要有以下3种。

第1种：执行“Composition（合成）>New Composition（新建合成）”菜单命令。

第2种：在Project（项目）面板中单击“新建合成工具”按钮。

第3种：直接按Ctrl+N组合键。

创建合成时，系统会弹出Composition Settings（合成设置）对话框，默认显示Basic（基本）参数设置，如图3-21所示。

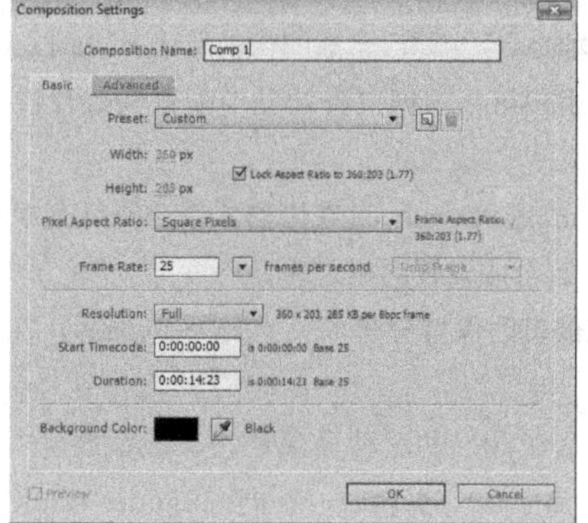

图3-21

参数详解

Composition Name（合成名字）： 设置要创建的合成的名字。

Preset（预设）： 选择预设的影片类型，用户也可以选择Custom（自定义）选项来自行设置影片类型。

Width/Height（宽度/高度）： 设置合成的尺寸，单位为px（px就是像素）。

Lock Aspect Ratio to（锁定像素宽高比为）： 勾选该选项时，将锁定合成尺寸的宽高比，这样当调节Width（宽度）和Height（高度）中的某一个参数时，另外一个参数也会按照比例自动进行调整。

Pixel Aspect Rate（像素宽高比）： 用于设置单个像素的宽高比例，可以在右侧的下拉列表中选择预设的像素宽高比，如图3-22所示。

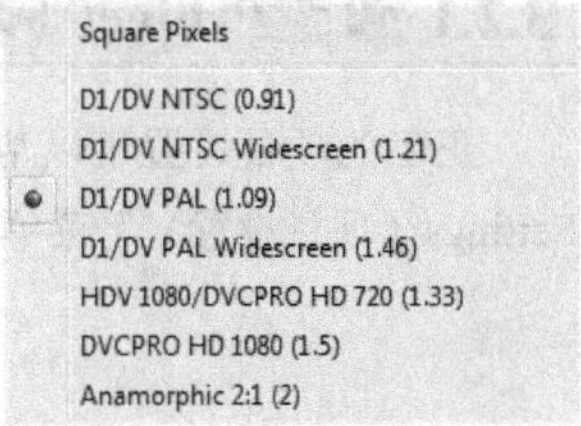

Square Pixels
D1/DV NTSC (0.91)
D1/DV NTSC Widescreen (1.21)
D1/DV PAL (1.09)
D1/DV PAL Widescreen (1.46)
HDV 1080/DVCPRO HD 720 (1.33)
DVCPRO HD 1080 (1.5)
Anamorphic 2:1 (2)

图3-22

Frame Rate（帧速率）： 用来设置项目合成的帧速率。

Resolution（分辨率）： 设置合成的分辨率，共有4个预设选项，分别是Full（完全）、Half（1/2）、Third（1/3）和Quarter（1/4），另外用户还可以通过Custom（自定义）选项来自行设置合成的分辨率。

Start Timecode（起始时间码）： 设置合成项目开始的时间码，默认情况下从第0帧开始。

Duration（持续时长）： 设置合成的总共持续时间。

Background Color（背景颜色）： 用来设置创建的合成的背景色。

> **技巧与提示**
>
> 我国电视制式执行PAL D1/DV、720×576、帧速率为25fps的标准设置。

在Composition Settings（合成设置）对话框中单击Advanced（高级）选项卡，切换到Advanced（高级）参数设置，如图3-23所示。

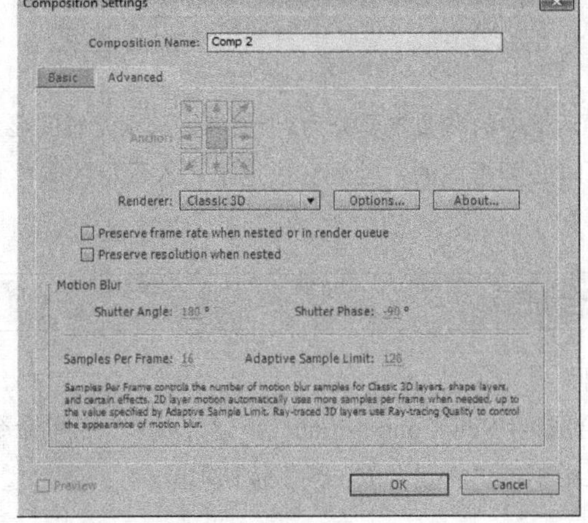

图3-23

参数详解

Anchor（轴心点）： 设置合成图像的轴心点。当修改合成图像的尺寸时，轴心点位置决定了如何裁切和扩大图像范围。

Renderer（渲染）： 设置渲染引擎。用户可以根据自身的显卡配置来进行设置，其后的Options（选项）属性可以设置阴影的尺寸来决定阴影的精度。

Preserve frame rate when nested or in render queue（在嵌套或在渲染队列中时保持帧速率）： 勾选该选项后，在进行嵌套合成或在渲染队列中时可以继承原始合成设置的帧速率。

Preserve resolution when nested（在嵌套时保持分辨率）： 勾选该选项后，在进行嵌套合成时可以保持原始合成设置的图像分辨率。

Shutter Angle（快门角度）： 如果开启了图层的运动模糊开关，该参数可以影响到运动模糊的效果。图3-24所示是为同一个圆制作的斜角位移动画，在开启了运动模糊后，不同的Shutter Angle（快门角度）产生的运动模糊效果也是不相同的（当然运动模糊的最终效果还取决于对象的运动速度）。

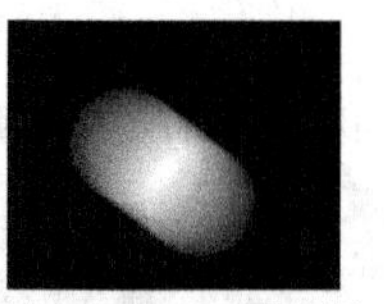

Shutter Angle=0（最小值） Shutter Angle=180（默认值） Shutter Angle=720（最大值）

图3-24

Shutter Phase（**快门相位**）：设置运动模糊的方向。

Samples Per Frame（**帧取样**）：该参数可以控制3D图层、形状图层和包含有特定滤镜图层的运动模糊效果。

Adaptive Sample Limit（**自适应取样限制**）：当图层运动模糊需要更多的帧取样时，可以通过提高该参数值来增强运动模糊效果。

技巧与提示

Shutter Angle（快门角度）和快门之间的关系可以用"快门速度=1/[帧速率×（360 /Shutter Angle）]"这个公式来表达。例如，当Shutter Angle（快门角度）为180，Pal的帧速率为25帧/秒，那么快门速度就是1/50。

3.3 添加特效滤镜

After Effects CS6中自带的滤镜有100多种，将不同的滤镜应用到不同的图层中可以产生各种各样的特技效果，这类似于Photoshop中的滤镜。

技巧与提示

所有的滤镜都存放在After Effects CS6安装路径下的Adobe After Effects CS6>Support Files>Plug-ins文件夹中，因为所有的滤镜都是作为插件的方式引入到After Effects CS6中，所以可以在After Effects CS6的Plug-ins文件夹中添加各种各样的滤镜（前提是滤镜必须与当前软件的版本相兼容），这样在重启After Effects CS6时，系统就会自动将添加的滤镜加载到Effects & Presets（滤镜和预设）面板中。

After Effects CS6中，主要有以下6种添加滤镜的方法。

第1种：在Timeline（时间线）面板中选择需要添加滤镜的图层，然后选择Effect（特效）菜单中的子命令。

第2种：在Timeline（时间线）面板中选择需要添加滤镜的图层，然后单击鼠标右键，接着在弹出的菜单中选择Effect（特效）菜单中的子命令，如图3-25所示。

第3种：在Effects & Presets（滤镜和预设）面板中选择需要使用的滤镜，然后将其拖曳到Timeline（时间线）面板中需要使用滤镜的图层中，如图3-26所示。

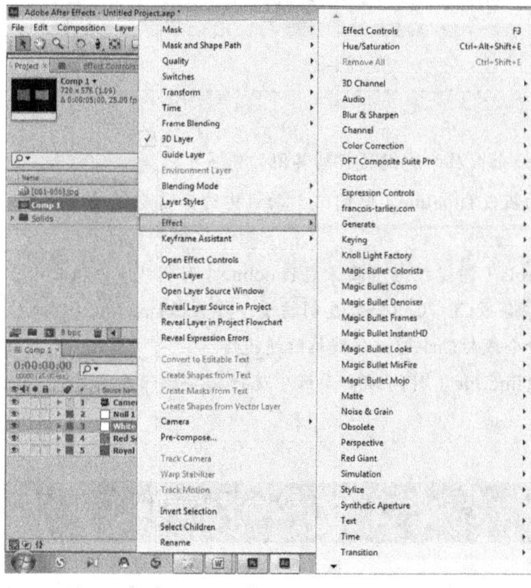

图3-25

图3-26

第4种：在Effects & Presets（滤镜和预设）面板中选择需要使用的滤镜，然后将其拖曳到需要添加滤镜的图层的Effects Controls（滤镜控制）面板中，如图3-27所示。

图3-27

第5种：在Timeline（时间线）面板中选择需要添加滤镜的图层，然后在Effects Controls（滤镜控制）面板中单击鼠标右键，接着在弹出的菜单中选择要应用的滤镜，如图3-28所示。

第6种：在Effects & Presets（滤镜和预设）面板中选择需要使用的滤镜，然后将其拖曳到Composition（合成）面板预览窗口中需要添加滤镜的图层中[在拖曳的时候要注意Info（信息）面板中显示的图层信息]，如图3-29所示。

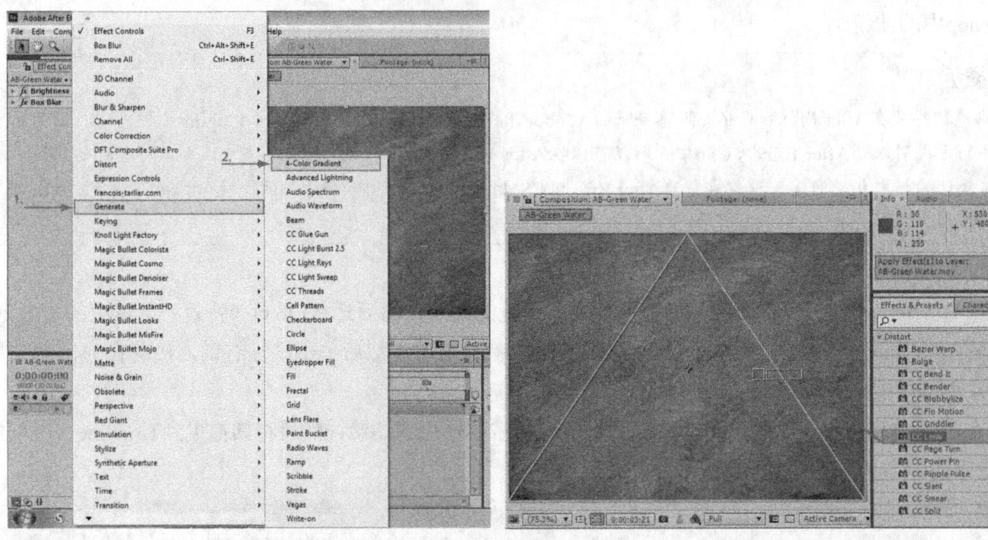

图3-28　　　　　　　　　　　　　　　　图3-29

技巧与提示

复制滤镜有两种情况，一种是在同一图层内复制滤镜，另一种是将一个图层的滤镜复制到其他的图层中。

第1种：在同一图层中复制滤镜。在Effects Controls（滤镜控制）面板或Timeline（时间线）面板中选择需要复制的滤镜，然后按Ctrl+D组合键即可完成复制操作。

第2种：将一个图层的滤镜复制到其他图层中。首先在Effects Controls（滤镜控制）面板或Timeline（时间线）面板中选中图层的一个或多个滤镜，然后执行“Edit（编辑）>Copy（复制）”菜单命令或Ctrl+C组合键复制滤镜，接着在Timeline（时间线）面板中选择目标图层，最后执行“Edit（编辑）>Paste（粘贴）”菜单命令或按Ctrl+V组合键粘贴滤镜。

删除滤镜的方法很简单，在Effects Controls（滤镜控制）面板或Timeline（时间线）面板中选择需要删除的滤镜，然后按Delete键即可进行删除。

3.4 设置动画关键帧

制作动画的过程其实就是在不同的时间段改变对象运动状态的过程，如图3-30所示。在After Effects中，制作动画其实就是在不同的时间里，为图层中不同的参数制作动画的过程，这些参数包括Position（位置）、Rotation（旋转）、Mask（遮罩）、Effect（特效）等。

图3-30

After Effects可以利用Keyframe（关键帧）、Expression（表达式）、Keyframe Assistants（关键帧助手）和Graph Editor（曲线编辑器）等技术来对滤镜里面的参数或图层属性制作动画。

此外，After Effects还可以使用Stabilize Motion（运动稳定）和Tracker Controls（跟踪控制）来制作关键帧，并且可以将这些关键帧应用到其他图层中产生动画，同时也可以通过嵌套关系来让子图层跟随父图层产生动画。

3.5 画面预览

预览是为了让用户确认制作效果，如果不通过预览，就没有办法确认制作效果是否达到要求。在预览的过程中，可以通过改变播放帧速率或画面的分辨率来改变预览的质量和预览等待的速度。

预览合成效果是通过执行“Composition（合成）>Preview（预览）”菜单中的子命令来完成的，如图3-31所示。

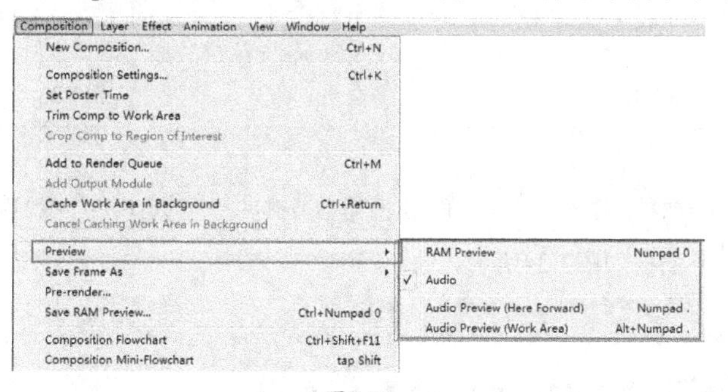

图3-31

命令详解

RAM Preview（**RAM预览**）：对视频和音频进行内存预览，内存预览的时间与合成的复杂程度，以及内存的大小相关，其快捷键为小键盘数字0键。

Audio Preview（Here Forward）[**音频预览（从当前时间处开始）**]：是对当前时间指示滑块之后的声音进行渲染，其快捷键为小键盘数字.键。

Audio Preview（Work Area）[**音频预览（从工作区的起始处开始）**]：对声音进行单独预览，是对整个工作区的声音进行渲染，其快捷键是Alt+.。

技巧与提示

如果要在Timeline（时间线）面板中实现简单的视频和音频同步预览，可以在拖曳当前时间指示滑块的同时按住Ctrl键。

3.6 视频输出

项目制作完成之后，就可以进行视频渲染输出了。根据每个合成的帧的大小、质量、复杂程度和输出的压缩方法，输出影片可能会花费几分钟甚至数小时的时间。此外，当After Effects开始渲染项目时，就不能在After Effects中进行任何其他的操作。

本节知识点

名称	作用	重要程度
Render Settings（渲染设置）对话框	设置输出影片的质量、分辨率，以及特效等	高
Output Module Settings（输出组件设置）对话框	设置输出影片的音频格式	高
设置输出路径和文件名	掌握如何设置影片的输出路径和名称	高

用After Effects把合成项目渲染输出成视频、音频或序列文件的方法主要有以下两种。

第1种：在Project（项目）面板中选择需要渲染的合成文件，然后执行"File（文件）>Export（输出）"菜单中的子命令，输出单个合成项目，如图3-32所示。

第2种：在Project（项目）面板中选择需要渲染的合成文件，然后执行"Composition（合成）>Add to Render Queue（添加到渲染队列）"或"Composition（合成）>Add Output Module（添加到输出模块）"菜单命令，将一个或多个合成添加到Render Queue（渲染队列）中进行批量输出，如图3-33所示。

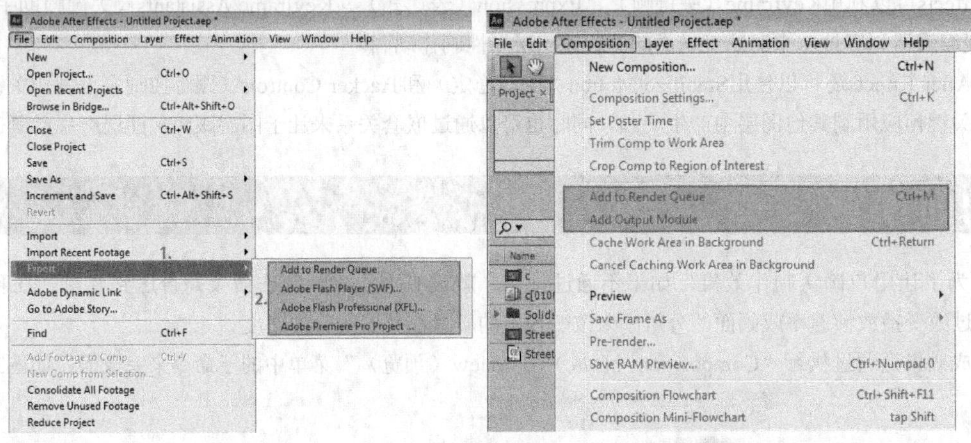

图3-32　　图3-33

> **技巧与提示**
>
> 执行Add to Render Queue（添加到渲染队列）菜单命令，即视频的输出，也可以使用Ctrl+M组合键。

Render Queue（渲染队列）面板如图3-34所示。

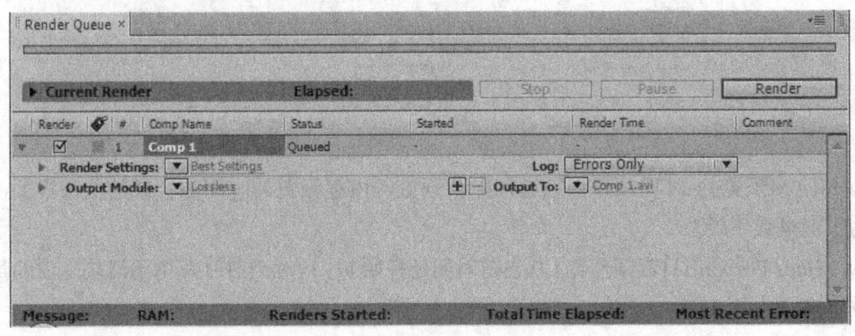

图3-34

下面分别对该参数面板进行详细讲解。

3.6.1 Render Settings（渲染设置）

在Render Queue（渲染队列）面板Render Settings（渲染设置）选项后面的下划线上单击鼠标左键可以打开Render Settings（渲染设置）对话框，如图3-35所示。或者单击Render Settings（渲染设置）选项后面的▼按钮，然后在弹出的菜单中选择相应的菜单命令，如图3-36所示。

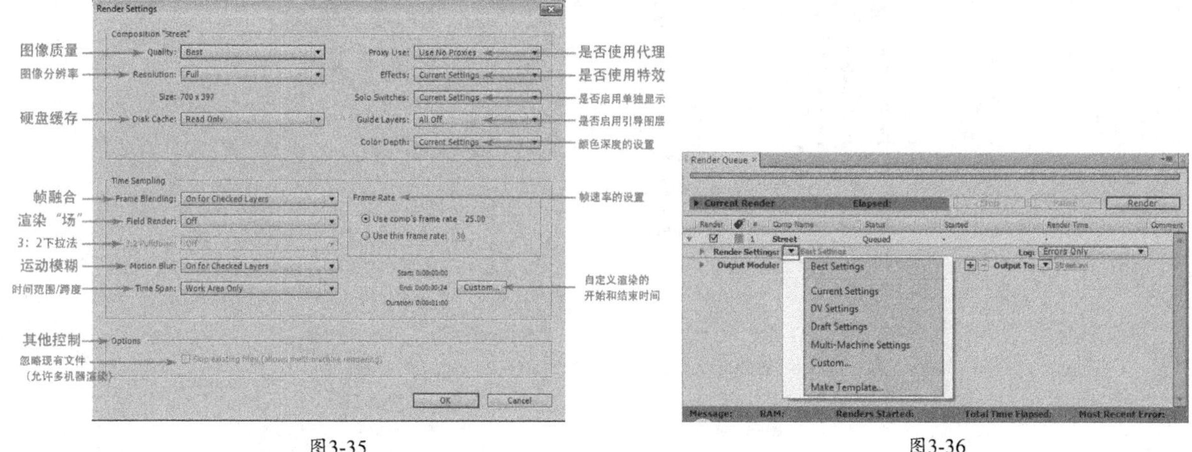

图3-35　　　　图3-36

3.6.2 选择Log（日志）类型

从Log（日志）选项后面的下拉列表中选择日志类型，如图3-37所示。

图3-37

3.6.3 Output Module（输出组件）参数

在Render Queue（渲染队列）面板Output Module（输出组件）选项后面的下划线上单击鼠标左键，打开Output Module Settings（输出组件设置）对话框，如图3-38所示。或者单击Output Module（输出组件）选项后面的▼按钮，然后在弹出的菜单中选择相应的音视频格式，如图3-39所示。

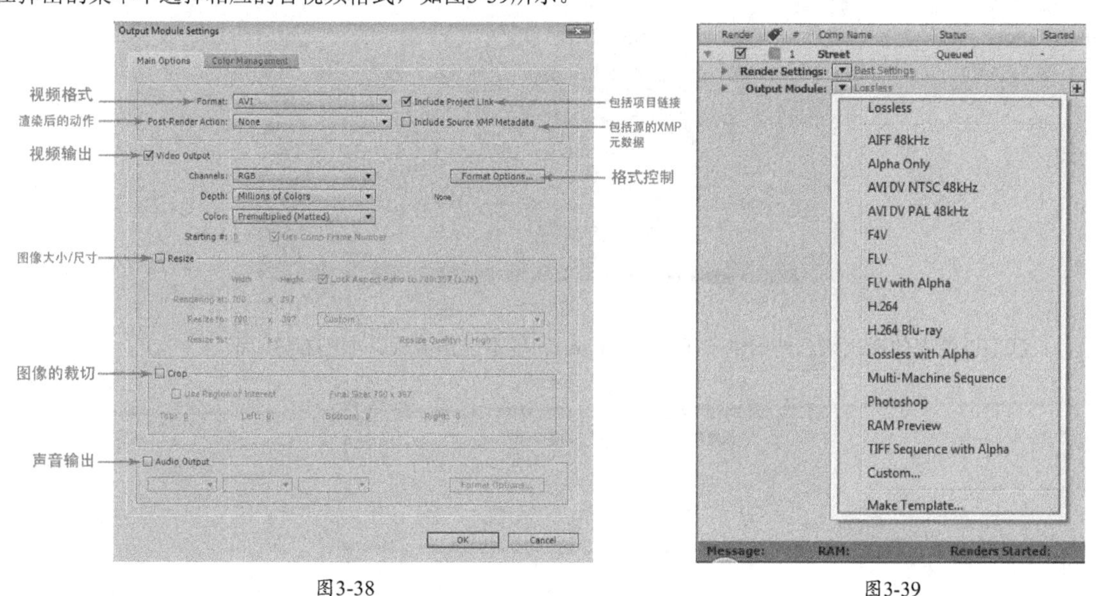

图3-38　　　　图3-39

3.6.4 设置输出路径和文件名

单击Output To（输出到）选项后面的下划线，可以打开Output Movie To（输出影片到）对话框，在该对话框中可以设置影片的输出路径和文件名，如图3-40所示。

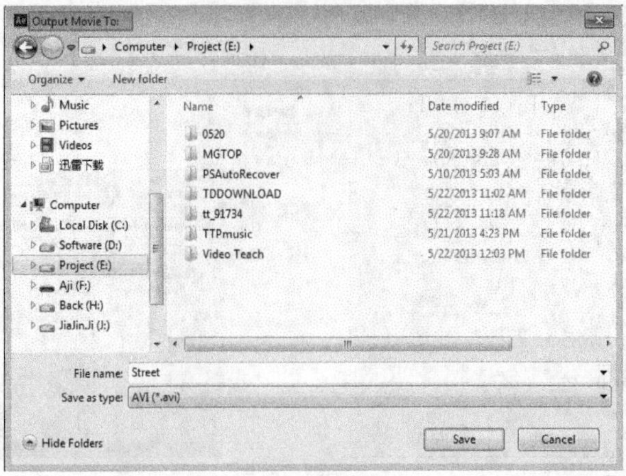

图3-40

3.6.5 开启渲染

在Render（渲染）栏下勾选要渲染的合成，这时Status（状态）栏中会显示为Queued（队列）状态，如图3-41所示。

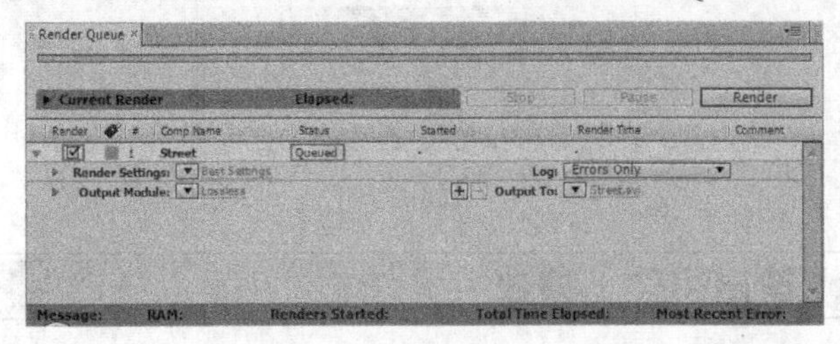

图3-41

3.6.6 渲染

单击Render（渲染）按钮进行渲染输出，如图3-42所示。

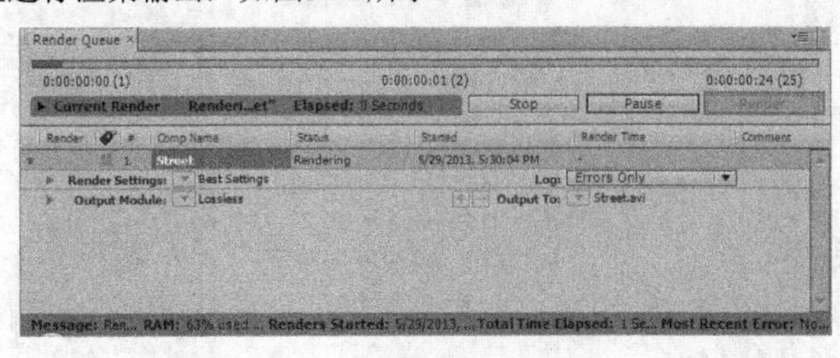

图3-42

最后，我们以图表的形式来总结归纳一下After Effects的基本工作流程，如图3-43所示。

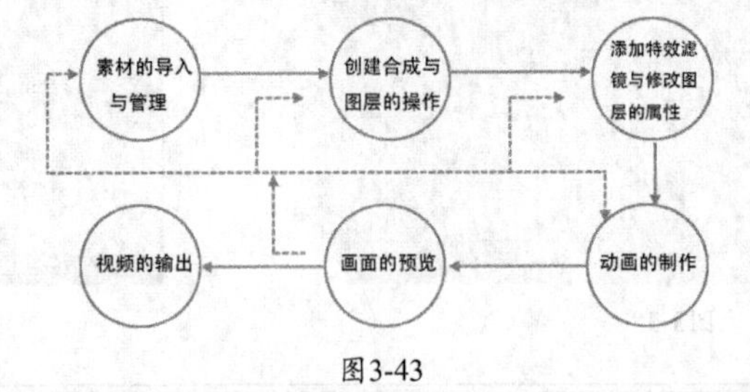

图3-43

技巧与提示

在After Effects中，无论是为视频制作一个简单的字幕还是制作一段复杂的动画，一般都遵循以上的基本工作流程。当然，由于设计师个人喜好不同，有时候也会先创建项目合成再执行素材的导入操作。

第4章

图层操作

课堂学习目标

- 了解图层的种类
- 掌握图层的创建方法
- 熟悉图层的属性
- 掌握图层的基本操作

本章导读

无论是创建合成、动画还是特效都离不开图层。本章主要介绍图层的相关内容，包括图层的种类、图层的创建方法、图层的属性及图层的基本操作。

4.1 图层概述

使用After Effects制作画面特效合成时，它的直接操作对象就是图层，无论是创建合成、动画还是特效都离不开图层。After Effects中的图层和Photoshop中的图层一样，在Timeline（时间线）面板可以直观地观察到图层的分布。图层按照从上向下的顺序依次叠放，上一层的内容将遮住下一层的内容，如果上一层没有内容，将直接显示出下一层的内容，如图4-1所示。

图4-1

技巧与提示

After Effects可以自动为合成中的图层进行编号。在默认情况下，这些编号显示在Timeline（时间线）面板靠近图层名字的左边。图层编号决定了图层在合成中的叠放顺序，当叠放顺序发生改变时，这些编号也会自动发生改变。

本节知识点

名称	作用	重要程度
图层的种类	了解图层的种类	中
图层的创建方法	了解图层的创建方法	高

4.1.1 图层的种类

能够用在After Effects软件中的合成元素非常多，这些合成元素体现为各种图层，在这里将其归纳为以下9种。

第1种：Project（项目）面板中的素材（包括声音素材）。

第2种：项目中的其他合成。

第3种：文字图层。

第4种：固态层、摄像机层和灯光层。

第5种：形状图层。

第6种：调节图层。

第7种：已经存在图层的复制层（即副本图层）。

第8种：分离/切断的图层。

第9种：空物体/虚拟体图层。

4.1.2 图层的创建方法

下面介绍几种不同类型的图层的创建方法。

1.素材图层和合成图层

素材图层和合成图层是After Effects中最常见的图层。要创建素材图层和合成图层，只需要将Project（项目）面板中的素材或合成项目拖曳到Timeline（时间线）面板中即可。

技巧与提示

如果要一次性创建多个素材或合成图层，只需要在Project（项目）面板中按住Ctrl键的同时连续选择多个素材图层或合成图层，然后将其拖曳到Timeline（时间线）面板中。Timeline（时间线）面板中的图层将按照之前选择素材的顺序进行排列。另外，按住Shift键也可以选择多个连续的素材或合成项目。

2.颜色固态图层

在After Effects中，可以创建任何颜色和尺寸（最大尺寸可达30000像素×30000像素）的固态图层。颜色固态图层和其他素材图层一样，可以在颜色固态图层上创建Mask（遮罩），也可以修改图层的Transform（变换）属性，还可以为其添加特效滤镜。

创建颜色固态图层的方法主要有以下两种。

第1种：执行“File（文件）>Import（导入）>Solid（固态图层）”菜单命令，如图4-2所示。此时创建的颜色固态图层只显示在Project（项目）面板中作为素材使用。

第2种：执行“Layer（图层）>New（新建）>Solid（固态图层）”菜单命令或按Ctrl+Y组合键，如图4-3所示。这时创建的颜色固态图层除了显示在Project（项目）面板的Solid文件夹中以外，还会自动放置在当前Timeline（时间线）面板中的首层位置。

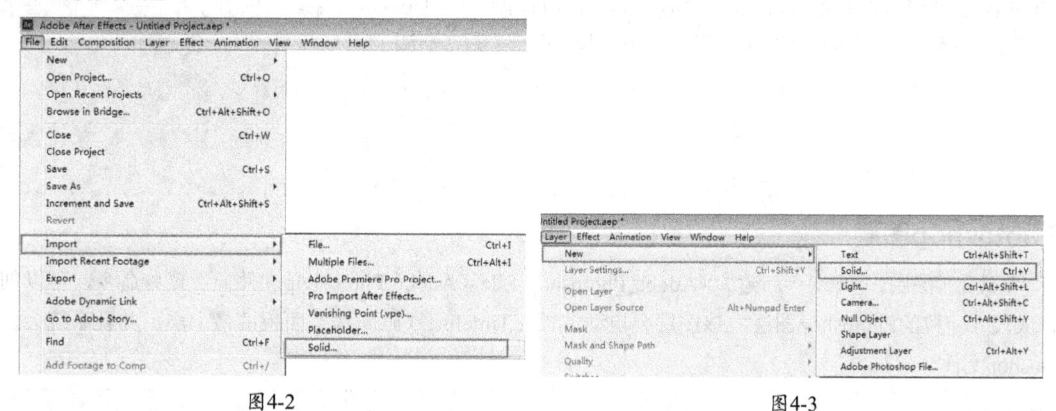

图4-2　　　　图4-3

技巧与提示

通过以上两种方法创建固态图层时，系统都会弹出Solid Settings（固态图层设置）对话框，在该对话框中可以设置固态图层相应的尺寸、像素比例、层名字及层颜色等，如图4-4所示。

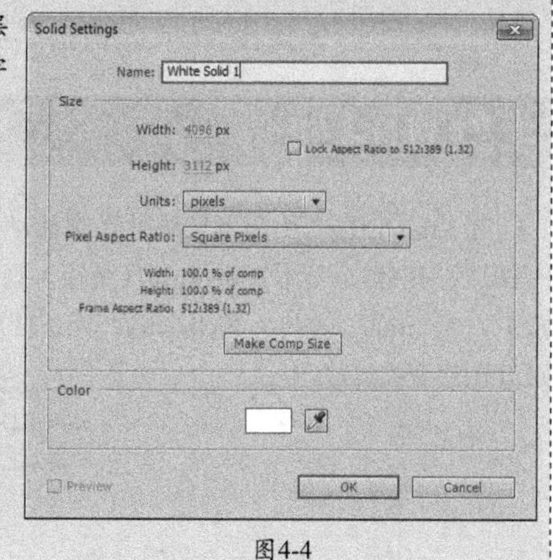

图4-4

3.灯光、摄像机和调节层

灯光、摄像机和调节层的创建方法与固态图层的创建方法类似，可以通过“Layer（图层）>New（新建）”菜单下面的子命令来完成。

在创建这类图层时，系统也会弹出相应的参数对话框。如图4-5和图4-6所示，分别为Light Settings（灯光设置）和Camera Settings（摄像机设置）对话框（这部分知识点将在后面的章节内容中进行详细讲解）。

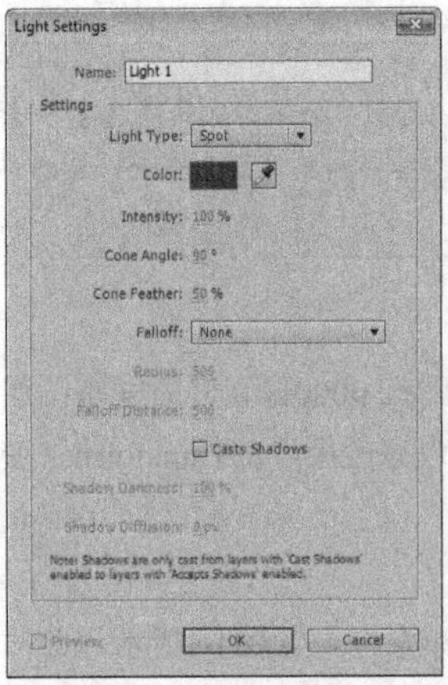

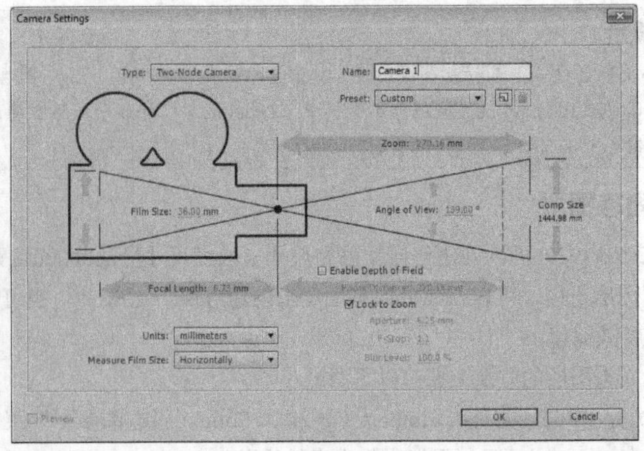

图4-5　　图4-6

技巧与提示

在创建调节图层时，除了可以通过执行“Layer（图层）>New（新建）>Adjustment Layer（调节层）”菜单命令来完成外，还可以通过Timeline（时间线）面板把选择的图层转换为调节层，其方法就是单击图层后面的“调节图层”按钮，如图4-7所示。

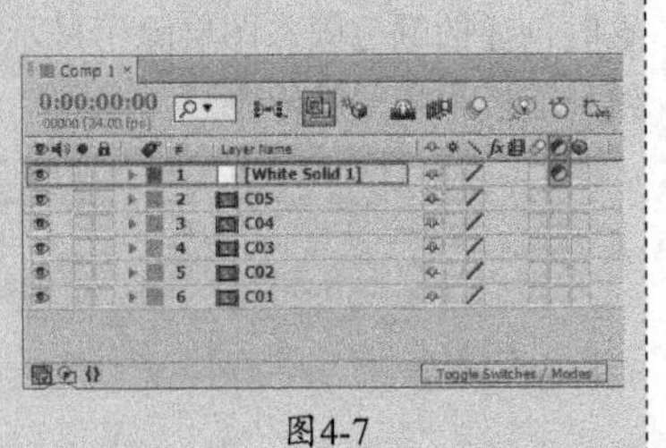

图4-7

4.Photoshop图层

执行“Layer（图层）>New（新建）>Adobe Photoshop File（Adobe Photoshop文件）”菜单命令，可以创建一个和当前合成尺寸一致的Photoshop图层，该图层会自动放置在Timeline（时间线）面板的最上层，并且系统会自动打开这个Photoshop文件。

技巧与提示

执行“File（文件）>New（新建）>Adobe Photoshop File（Adobe Photoshop文件）”菜单命令，也可以创建Photoshop文件，不过这个Photoshop文件只是作为素材显示在Project（项目）面板中，这个Photoshop文件的尺寸大小和最近打开的合成的大小一致。

4.2 图层属性

在After Effects中，图层属性在制作动画特效时占据着非常重要的地位。除了单独的音频图层以外，其余的所有图层都具有5个基本Transform（变换）属性，它们分别是Anchor Point（轴心点）、Position（位置）、Scale（缩放）、Rotation（旋转）和Opacity（不透明度），如图4-8所示。通过在Timeline（时间线）面板中单击按钮，可以展开图层变换属性。

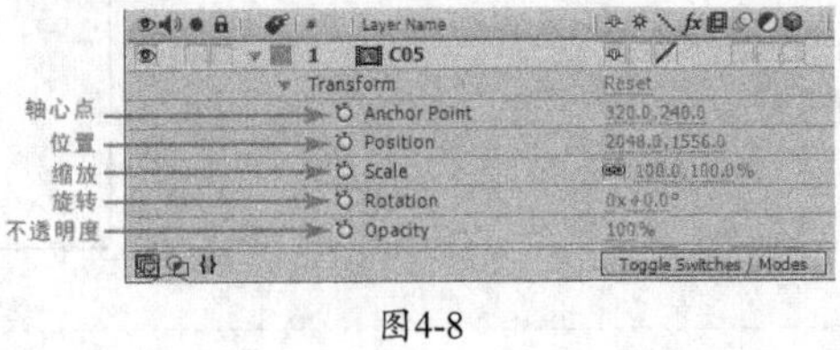

图4-8

本节知识点

名称	作用	重要程度
Position（位置）属性	制作图层的位移动画	高
Scale（缩放）属性	以轴心点为基准来改变图层的大小	高
Rotation（旋转）属性	以轴心点为基准旋转图层	高
Anchor Point（轴心点）属性	基于该点来对图层的位置、旋转和缩放进行操作	中
Opacity（不透明度）属性	以百分比的方式来调整图层的不透明度	高

4.2.1 课堂案例——定版动画

素材位置	实例文件>CH04>课堂案例——定版动画
实例位置	实例文件>CH04>课堂案例——定版动画_Final.aep
视频位置	多媒体教学>CH04>课堂案例——定版动画.flv
难易指数	★★☆☆☆
学习目标	掌握图层属性的基础应用

本案例的制作效果如图4-9所示。

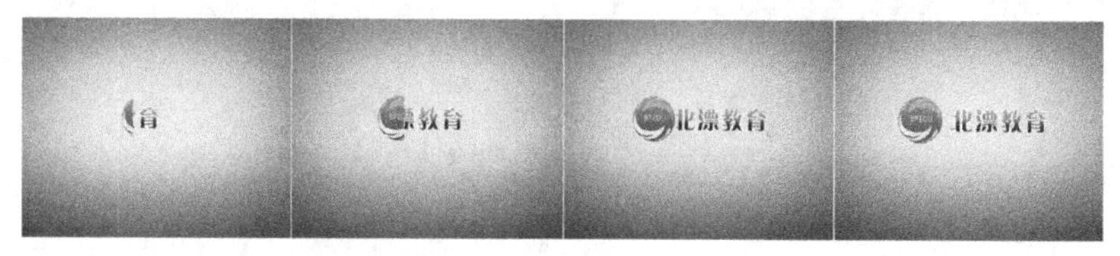

图4-9

01 使用After Effects CS6打开“课堂案例——定版动画.aep”素材文件，如图4-10所示。

图4-10

02 选择“文字”图层，按P键展开其Position（位置）属性，然后设置该属性的动画关键帧。在第0帧设置Position（位置）值为（175，260），在第2秒设置Position（位置）值为（440，260），如图4-11所示。

03 继续选择“文字”图层，按Shift+S组合键显示图层的Scale（缩放）属性，然后设置该属性的动画关键帧，接着在第0帧设置Scale（缩放）值为（100，100%），在第2秒23帧设置Scale（缩放）值为（108，108%），如图4-12所示。

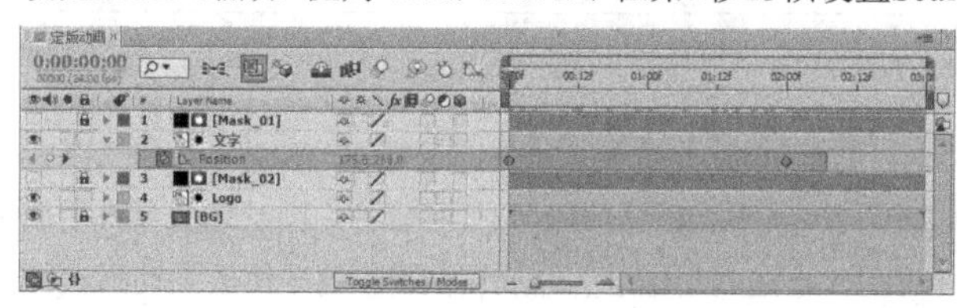

图4-11

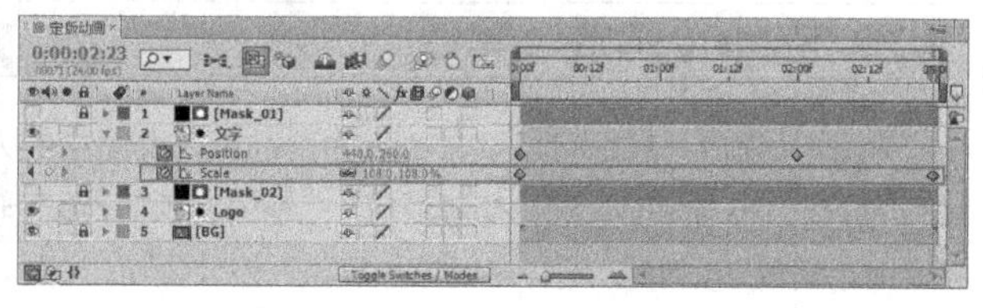

图4-12

04 选择Logo图层，按P键展开其Position（位置）属性，然后设置该属性的动画关键帧，接着在第0帧设置Position（位置）值为（360，260），在第2秒设置Position（位置）值为（230，260），如图4-13所示。

05 继续选择Logo图层，按Shift+S组合键显示图层的Scale（缩放）属性，然后设置该属性的动画关键帧。在第0帧设置Scale（缩放）值为（100，100%），在第2秒23帧设置Scale（缩放）值为（110，110%），如图4-14所示。

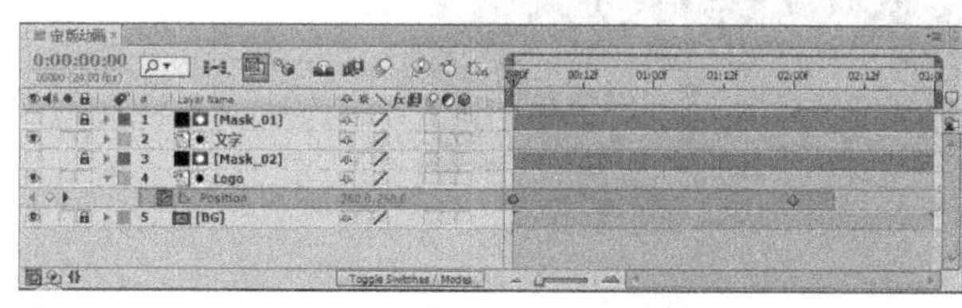

图4-13

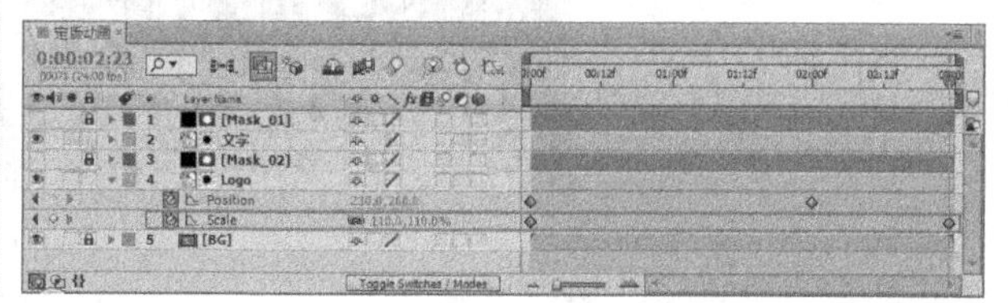

图4-14

06 按数字键0键预览画面效果，如图4-15所示。

07 预览结束后执行“Composition（合成）>Make Movie（制作影片）”菜单命令，完成视频的输出工作。最后执行“File（文件）>Save（保存）”菜单命令，对该项目进行保存。

图4-15

4.2.2 Position（位置）属性

Position（位置）属性主要用来制作图层的位移动画，展开Position（位置）属性的快捷键为P键。普通的二维图层包括*x*轴和*y*轴两个参数，三维图层包括*x*轴、*y*轴和*z*轴3个参数。如图4-16所示，这是利用图层的Position（位置）属性制作的大楼移动动画效果。

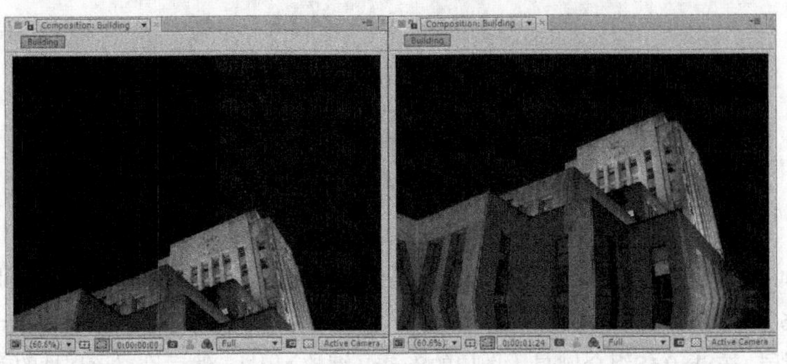

图4-16

4.2.3 Scale（缩放）属性

Scale（缩放）属性可以以轴心点为基准来改变图层的大小，展开Scale（缩放）属性的快捷键为S键。普通二维层的缩放属性由*x*轴和*y*轴两个参数组成，三维图层包括*x*轴、*y*轴和*z*轴3个参数。在缩放图层时，可以开启图层缩放属性前面的“锁定缩放”按钮，这样可以进行等比例缩放操作。如图4-17所示，这是利用图层的缩放属性制作的球体放大动画。

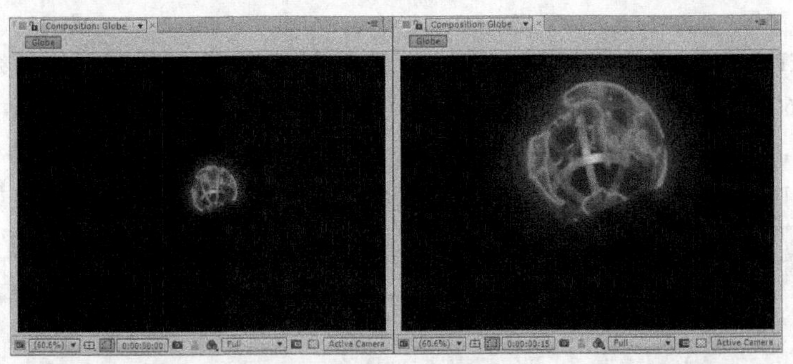

图4-17

4.2.4 Rotation（旋转）属性

Rotation（旋转）属性以轴心点为基准旋转图层，展开Rotation（旋转）属性的快捷键为R键。普通二维层的旋转属性由“圈数”和“度数”两个参数组成，如1×+45°表示旋转了1圈又45°（也就是405°）。如图4-18所示，这是利用旋转属性制作的枫叶旋转动画。

如果当前图层是三维图层，那么该图层有4个旋转属性，分别是Orientation（方向）（可同时设定*x*、*y*、*z*3个轴的方向）、X Rotation（*x*旋转）（仅调整*x*轴方向的旋转）、Y Rotation（*y*旋转）（仅调整*y*轴方向的旋转）和Z Rotation（*z*旋转）（仅调整*z*轴方向的旋转）。

图4-18

4.2.5 Anchor Point（轴心点）属性

图层的位置、旋转和缩放都是基于一个点来操作的，这个点就是Anchor Point（轴心点），展开Anchor Point（轴心点）属性的快捷键为A键。当进行位移、旋转或缩放操作时，选择不同位置的轴心点将得到完全不同的视觉效果。如图4-19所示，将Anchor Point（轴心点）位置设在树根部，然后通过设置Scale（缩放）属性制作圣诞树生长动画。

图4-19

4.2.6 Opacity（不透明度）属性

Opacity（不透明度）属性以百分比的方式来调整图层的不透明度，展开Opacity（不透明度）属性的快捷键为T键。如图4-20所示，这是利用不透明度属性制作的渐变动画。

图4-20

技巧与提示

在一般情况下，每按一次图层属性的快捷键只能显示一种属性。如果要一次显示两种或以上的图层属性，可以在显示一个图层属性的前提下按住Shift键，然后按其他图层属性的快捷键，这样就可以显示出多个图层的属性。

4.3 图层的基本操作

本节知识点

名称	作用	重要程度
图层的排列顺序	了解图层的排列顺序	高
图层的对齐和分布	了解图层进行对齐和平均分布操作	高
Sequence Layers（序列图层）	了解如何运用序列图层	高
设置图层时间	掌握设置图层时间的方法	高
Split Layer（分离/打断图层）	掌握如何分离或打断图层	中
Lift（提取）/Extract（挤出）图层	掌握如何提取或挤出图层	中
父子图层/父子关系	了解父子图层的设置及父子图层的关系	高

4.3.1 课堂案例——踏行天际

素材位置　实例文件>CH04>课堂案例——踏行天际
实例位置　实例文件>CH04>课堂案例——踏行天际_Final.aep
视频位置　多媒体教学>CH04>课堂案例——踏行天际.flv
难易指数　★★☆☆☆
学习目标　掌握父子关系的具体应用

本案例的制作效果如图4-21所示。

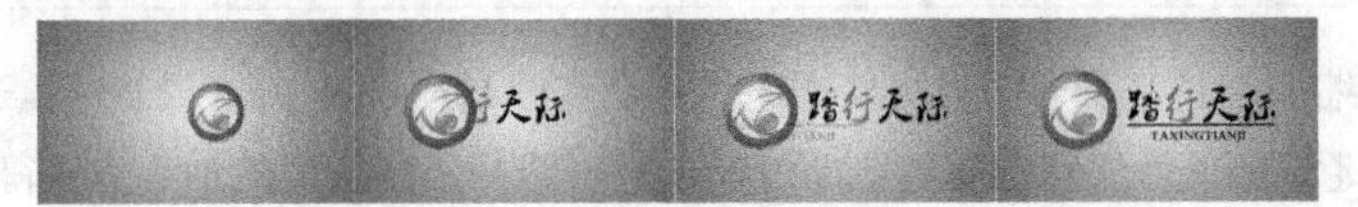

图4-21

01 使用After Effects CS6打开“课堂案例——踏行天际.aep”素材文件，如图4-22所示。

02 执行“Layer（图层）>New（新建）>Null Object（虚拟体）”菜单命令，创建虚拟体，一共要创建3个虚拟体图层，然后将“踏”“行”“天”和“际”图层作为Null 2（虚拟体2）的子物体，接着将“英文”和“条”图层作为Null 3（虚拟体3）的子物体，最后将Null 2（虚拟体2）和Null 3（虚拟体3）图层作为Null 1（虚拟体1）的子物体，如图4-23所示。

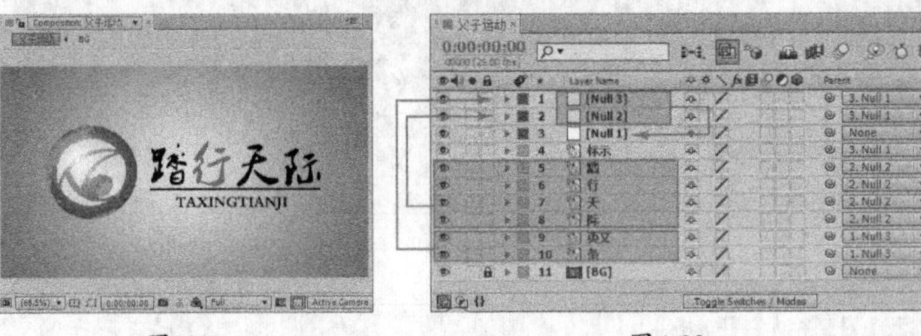

图4-22　　图4-23

03 选择Null 1（虚拟体1）图层，按P键展开其Position（位置）属性，然后设置Position（位置）动画关键帧。在第20帧，设置Position（位置）值为（535，202.5）；在第1秒5帧，设置Position（位置）值为（360，202.5）。按Shift+S组合键，添加图层的Scale（缩放）属性，然后设置Scale（缩放）动画关键帧。在第0帧，设置Scale（缩放）值为（0，0%）；在第15帧，设置Scale（缩放）值为（90，90%）；在第4秒，设置Scale（缩放）值为（100，100%），如图4-24所示。

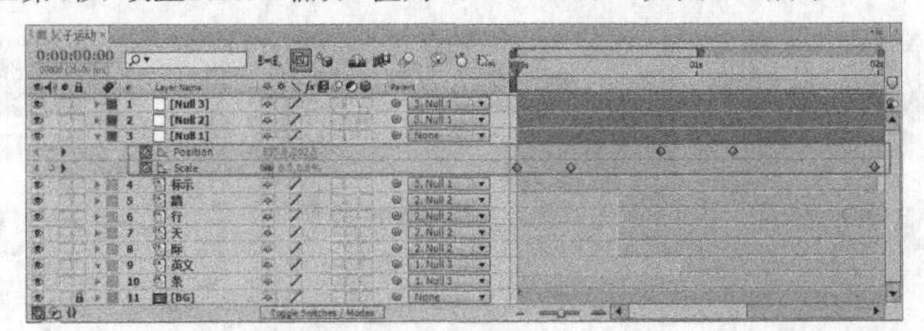

图4-24

04 选择Null 2（虚拟体2）图层，按P键展开其Position（位置）属性，然后设置Position（位置）动画关键帧。在第1秒3帧，设置Position（位置）值为（-363，0）；在第1秒18帧，设置Position（位置）值为（0，0）。选择Null 3（虚拟体3）图层，按P键展开其Position（位置）属性，然后设置Position（位置）动画关键帧。在第1秒16帧，设置Position（位置）值为（-380，0）；在第2秒6帧，设置Position（位置）值为（0，0），如图4-25所示。

05 修改“踏”“行”“天”和“际”图层的入点时间在第1秒3帧处，并设置这4个图层Opacity（不透明度）的动画关键帧。在第1秒3帧处，Opacity（不透明度）的值为0%，在第1秒10帧处，Opacity（不透明度）的值为100%，如图4-26所示。

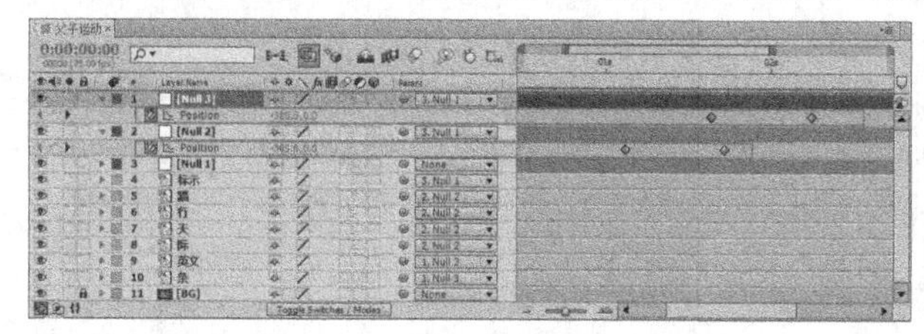
图4-25

图4-26

06 修改“英文”和“条”图层的入点时间在第1秒20帧处，并设置这两个图层Opacity（不透明度）的动画关键帧。在第1秒20帧处，Opacity（不透明度）的值为0%，在第2秒5帧处，Opacity（不透明度）的值为100%，如图4-27所示。

07 按数字键0键预览画面效果，如图4-28所示。预览结束后对影片进行输出和保存。

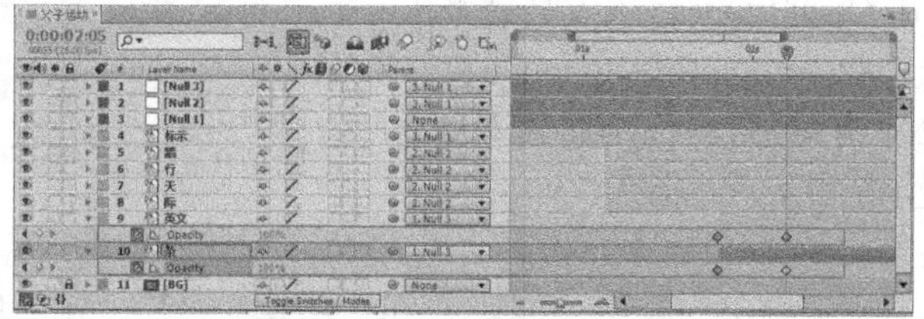

图4-27

图4-28

4.3.2 图层的排列顺序

在Timeline（时间线）面板中可以观察到图层的排列顺序。合成中最上面的图层显示在Timeline（时间线）面板的最上层，然后依次为第2层、第3层……依次往下排列。改变Timeline（时间线）面板中的图层顺序将改变合成的最终输出效果。

执行“Layer（图层）>Arrange（排列）”菜单下的子命令可以调整图层的顺序，如图4-29所示。

Bring Layer to Front	Ctrl+Shift+]
Bring Layer Forward	Ctrl+]
Send Layer Backward	Ctrl+[
Send Layer to Back	Ctrl+Shift+[

图4-29

命令详解

Bring Layer to Front（**图层置顶**）：可以将选择的图层调整到最上层。

Bring Layer Forward（**图层置底**）：可以将选择的图层调整到最底层。

Send Layer Backward（**下移图层**）：可以将选择的图层向下移动一层。

Send Layer to Back（**上移图层**）：可以将选择的图层向上移动一层。

技巧与提示

当改变Adjustment Layer（调节层）的排列顺序时，位于调节层下面的所有图层的效果都将受到影响。在三维图层中，由于三维图层的渲染顺序是按照z轴的远近深度来进行渲染的，所以在三维图层组中，即使改变这些图层在Timeline（时间线）面板中的排列顺序，但显示出来的最终效果还是不会改变的。

4.3.3 图层的对齐和分布

使用Align（对齐）面板可以对图层进行对齐和平均分布操作。执行“Window（窗口）>Align（对齐）”菜单命令可以打开Align（对齐）面板，如图4-30所示。

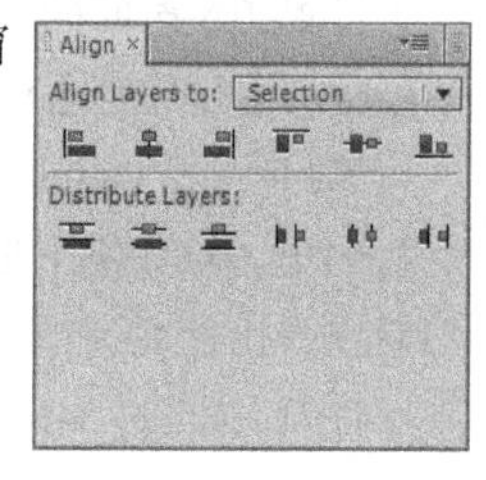

图4-30

技巧与提示

在进行对齐和分布图层操作时需要注意以下5点问题。

第1点：在对齐图层时，至少需要选择2个图层；在平均分布图层时，至少需要选择3个图层。

第2点：如果选择右边对齐的方式来对齐图层，所有图层都将以位置靠在最右边的图层为基准进行对齐；如果选择左边对齐的方式来对齐图层，所有图层都将以位置靠在最左边的图层为基准来对齐图层。

第3点：如果选择平均分布方式来对齐图层，After Effects会自动找到位于最极端的上下或左右的图层来平均分布位于其间的图层。

第4点：被锁定的图层不能与其他图层进行对齐和分布操作。

第5点：文字（非文字图层）的对齐方式不受Align（对齐）面板的影响。

4.3.4 Sequence Layers（序列图层）

当使用Keyframe Assistant（关键帧助手）中的Sequence Layers（序列图层）命令来自动排列图层的入点和出点时，在Timeline（时间线）面板中依次选择作为序列图层的图层，然后执行"Animation（动画）>Keyframe Assistant（关键帧助手）>Sequence Layers（序列图层）"菜单命令，打开Sequence Layers（序列图层）对话框，在该对话框中可以进行两种操作，如图4-31所示。

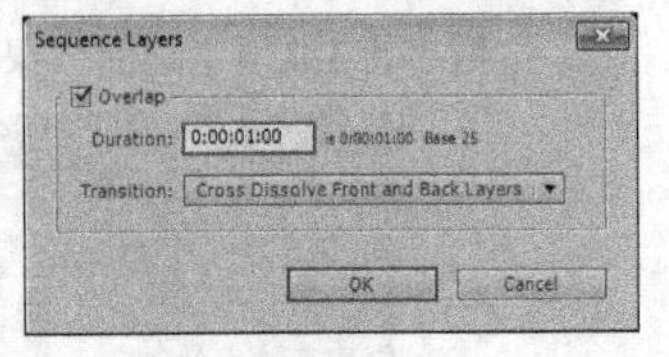

图4-31

参数详解

Overlap（**交叠**）：用来设置执行图层的交叠。

Duration（**时间持续长度**）：主要用来设置图层之间相互交叠的时间。

Transition（**变换**）：主要用来设置交叠部分的过渡方式。

如果不勾选Overlap（交叠）选项，序列图层的首尾将相互连接起来，但是不会产生交叠现象，如图4-32所示。

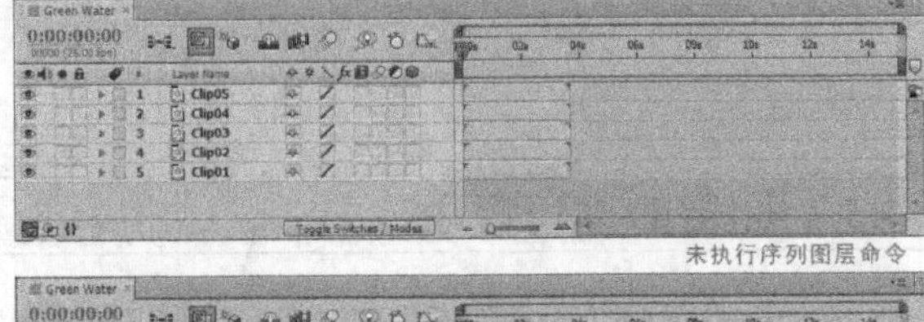
未执行序列图层命令

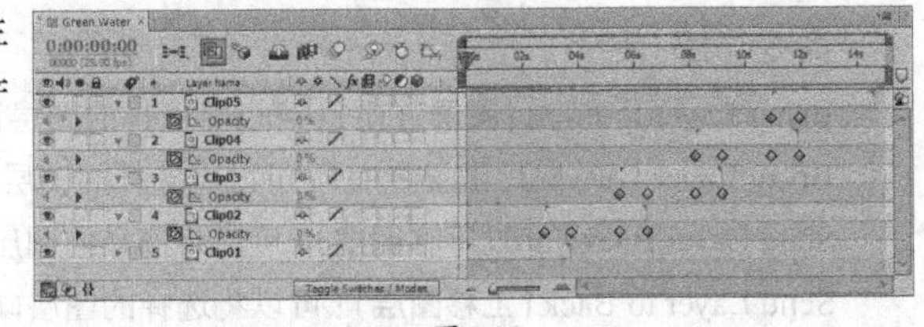
执行序列图层命令后的效果

图4-32

如果勾选Overlap（交叠）选项，序列图层的首尾将产生交叠现象，并且可以设置交叠时间和交叠之间的过渡是否产生淡入淡出效果，如图4-33所示。

图4-33

技巧与提示

选择的第1个图层是最先出现的图层，后面图层的排列顺序将按照该图层的顺序进行排列。另外，Duration（时间持续长度）参数主要用来设置图层之间相互交叠的时间，Transition（变换）参数主要用来设置交叠部分的过渡方式。

4.3.5 设置图层时间

设置图层时间的方法有很多种，可以使用时间设置栏对时间的出入点进行精确设置，也可以使用手动方式来对图层时间进行直观地操作，主要有以下两种方法。

第1种：在Timeline（时间线）面板中的时间出入点栏的出入点数字上拖曳鼠标左键或单击这些数字，然后在弹出的对话框中直接输入数值来改变图层的出入点时间，如图4-34所示。

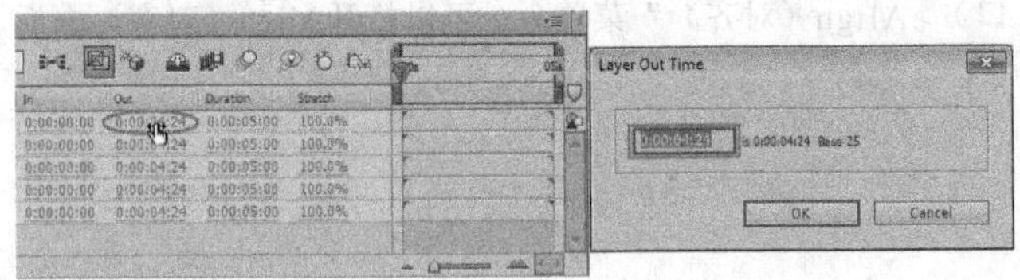

图4-34

第2种：在Timeline（时间线）面板的图层时间栏中，通过在时间标尺上拖曳图层的出入点位置进行设置，如图4-35所示。

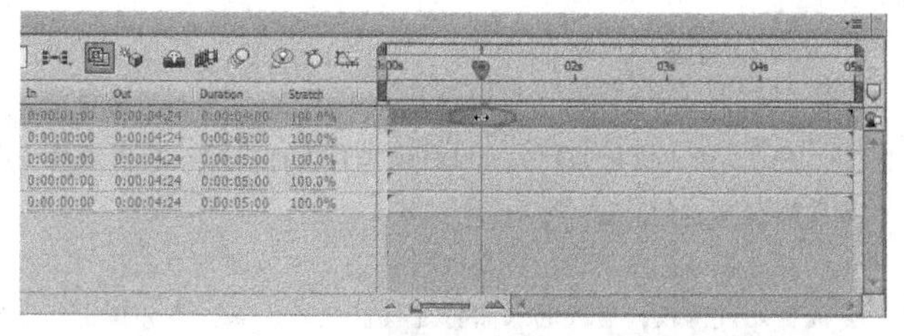

图4-35

技巧与提示

设置素材的入点快捷键为Alt+[，出点快捷键为Alt+]。

4.3.6 Split Layer（分离/打断图层）

选择需要分离/打断的图层，然后在Timeline（时间线）面板中将当前时间指示滑块拖曳到需要分离的位置，接着执行“Edit（编辑）>Split Layer（分离图层）”菜单命令（快捷键为Ctrl+Shift+D），这样就把图层在当前时间处分离开，如图4-36所示。

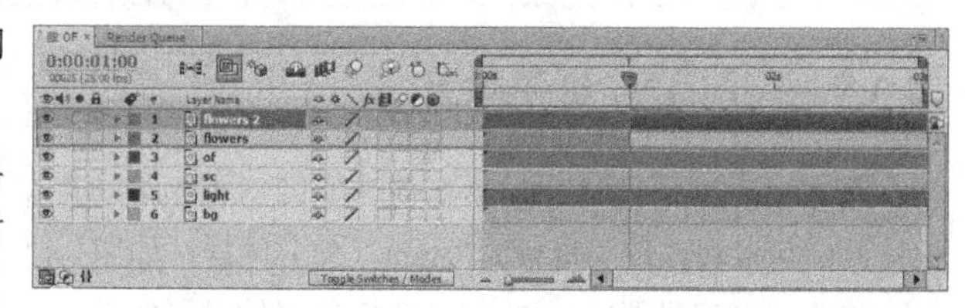

图4-36

技巧与提示

在分离图层时，一个图层被分离为两个图层。如果要改变两个图层在Timeline（时间线）面板中的排列顺序，可以执行“Edit（编辑）>Preferences（首选项）>General（常规）”菜单命令，然后在弹出的对话框中进行设置，如图4-37所示。

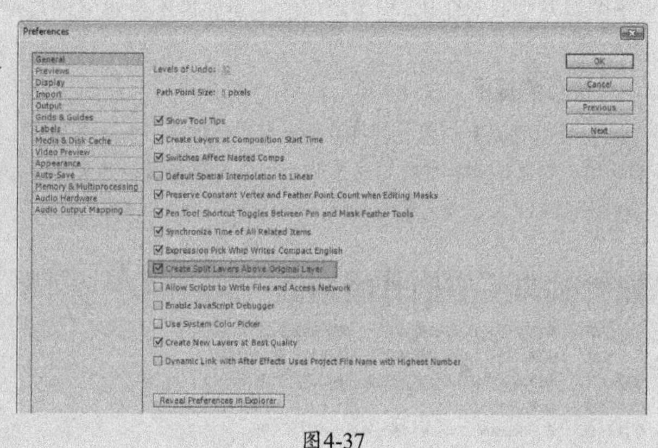

图4-37

4.3.7 Lift（提取）/Extract（挤出）图层

在一段视频中，有时候需要移除其中的某几个镜头，这时就需要使用到Lift（提取）和Extract（挤出）命令，这两个命令都具备移除部分镜头的功能，但是它们也有一定的区别。下面以实操的形式来讲解Lift（提取）和Extract（挤出）图层的操作方法。

第1步：首先设置工作区域。在Timeline（时间线）面板中拖曳时间滑块，确定好工作区域，如图4-38所示。

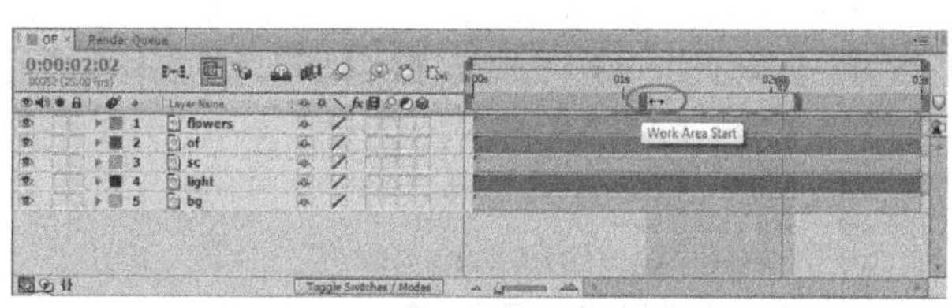

图4-38

技巧与提示

设置工作区域起点的快捷键是B键，设置工作区域出点的快捷键是N键。

第2步：选择需要提取和挤出的图层，然后执行“Edit（编辑）>Lift Work Area（提取工作区域）或Extract Work Area（挤出工作区域）”菜单命令进行相应的操作，如图4-39所示。

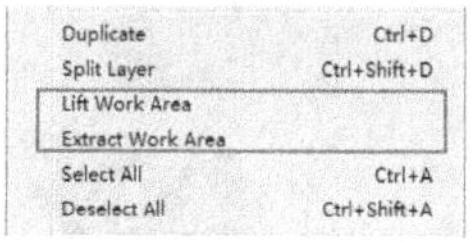

Duplicate Ctrl+D
Split Layer Ctrl+Shift+D
Lift Work Area
Extract Work Area
Select All Ctrl+A
Deselect All Ctrl+Shift+A

图4-39

技巧与提示

介绍一下提取和挤出两个命令的区别。

使用Lift（提取）命令可以移除工作区域内被选择图层的帧画面，但是被选择图层所构成的总时间长度不变，中间会保留删除后的空隙，如图4-40所示。

使用Extract（挤出）命令可以移除工作区域内被选择图层的帧画面，但是被选择图层所构成的总时间长度会缩短，同时图层会被剪切成两段，后段的入点将连接前段的出点，不会留下任何空隙，如图4-41所示。

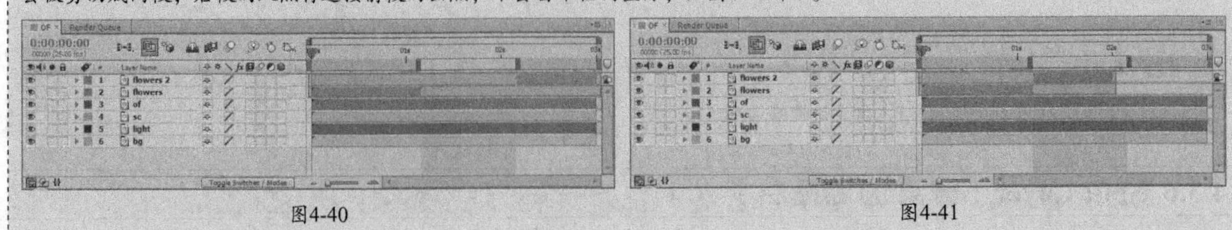

图4-40　　图4-41

4.3.8 父子图层/父子关系

当移动一个图层时，如果要使其他图层也跟随该图层发生相应的变化，此时可以将该图层设置为Parent（父）图层，如图4-42所示。

当为父图层设置Transform（变换）属性时（Opacity（不透明度）属性除外），子图层也会随着父图层产生变化。父图层的变换属性会导致所有子图层发生联动变化，但子图层的变换属性不会对父图层产生任何影响。

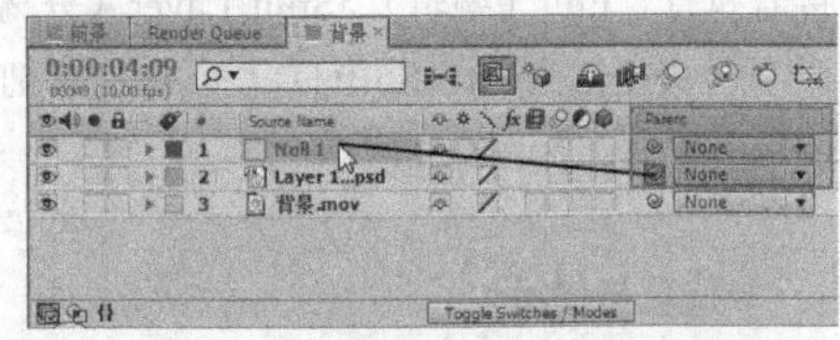

图4-42

技巧与提示

一个父图层可以同时拥有多个子图层，但是一个子图层只能有一个父图层。在三维空间中，图层的运动通常会使用一个Null Object（空物体/虚拟体）图层来作为一个三维图层组的父图层，利用这个空图层可以对三维图层组应用变换属性。按Shift+F4组合键可以打开父子关系控制面板。

课堂练习——倒计时动画

素材位置	实例文件>CH04>课堂练习——倒计时动画
实例位置	实例文件>CH04>课堂练习——倒计时动画_Final.aep
视频位置	多媒体教学>CH04>课堂练习——倒计时动画.flv
难易指数	★★☆☆☆
练习目标	练习Sequence Layers（序列图层）的具体应用

本练习的制作效果如图4-43所示。

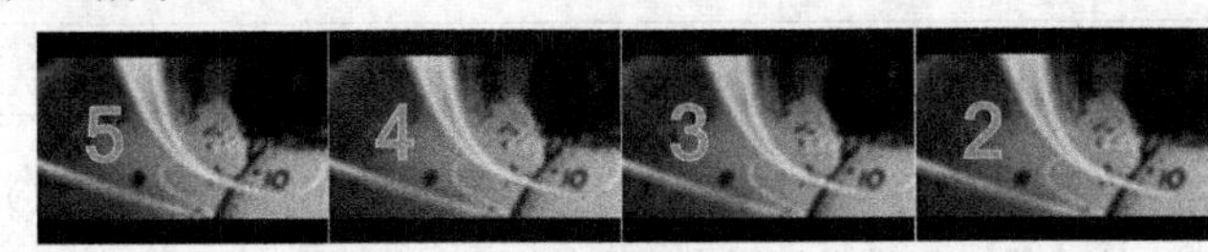

图4-43

课后习题——镜头的溶解过渡

素材位置	实例文件>CH04>课后习题——镜头的溶解过渡
实例位置	实例文件>CH04>课后习题——镜头的溶解过渡.aep
视频位置	多媒体教学>CH04>课后习题——镜头的溶解过渡.flv
难易指数	★★☆☆☆
练习目标	巩固Sequence Layers（序列图层）的具体应用

本习题的制作效果如图4-44所示。

图4-44

第5章

动画操作

课堂学习目标

- 掌握动画关键帧的原理和设置方法
- 掌握曲线编辑器的原理和操作方法
- 了解嵌套的基本概念
- 掌握嵌套的使用方法

本章导读

熟悉了After Effects CS6的工作流程及图层操作后，本章继续着重介绍动画的相关操作，内容主要包括动画关键帧的原理和设置方法、曲线编辑器的原理和操作方法，以及嵌套的基本概念与使用方法，这些都是制作动画和特效的重要知识点。

5.1 动画关键帧

在After Effects中，制作动画主要是使用关键帧技术配合动画曲线编辑器来完成的，当然也可以使用After Effects的表达式技术来制作动画。

本节知识点

名称	作用	重要程度
关键帧概念	了解关键帧的概念	高
激活关键帧	掌握如何激活关键帧	高
关键帧导航器	掌握如何运用关键帧导航器	高
选择关键帧	掌握在多种情况下选择关键帧的方式	高
编辑关键帧	掌握如何编辑关键帧	高
插值方法	了解如何使用差值方法	高

5.1.1 课堂案例——标版动画

素材位置　实例文件>CH05>课堂案例——标版动画
实例位置　实例文件>CH05>课堂案例——标版动画_Final.aep
视频位置　多媒体教学>CH05>课堂案例——标版动画.flv
难易指数　★★★☆☆
学习目标　掌握图层、关键帧等常用制作技术

本例介绍的制作标版动画，综合应用了本章讲解的多种技术，比如图层、关键帧等，其案例效果如图5-1所示。本案例涉及的制作方法和最终效果对大家在今后的商业项目制作有一定的帮助。

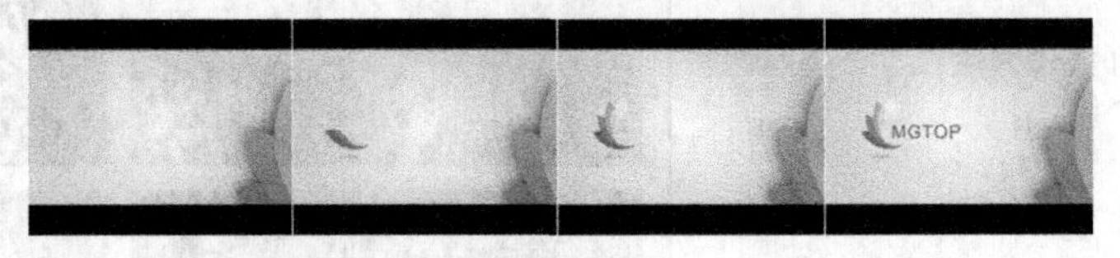

图5-1

01 使用After Effects CS6打开“课堂案例——标版动画.aep”素材文件，如图5-2所示。

02 将C2、C3和C4图层作为C1图层的子物体，如图5-3所示。

图5-2

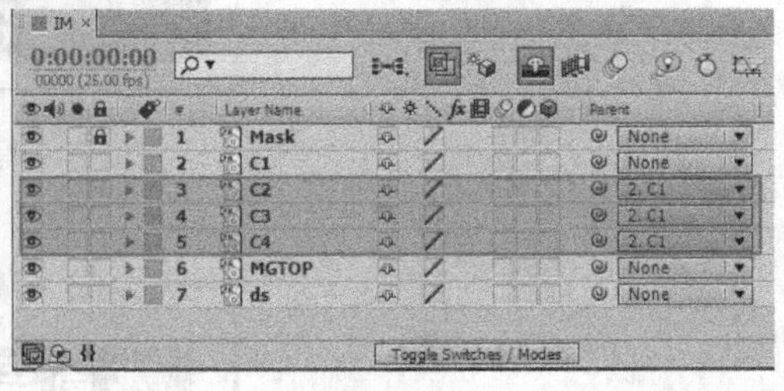

图5-3

03 设置C1图层动画关键帧。在第0帧，设置Position（位置）值为（196，215）；在第1秒，设置Position（位置）值为（129，215）。在第0帧，设置Scale（缩放）值为（0，0%）；在第1秒，设置Scale（缩放）值为（110，110%）；在第1秒5帧，设置Scale（缩放）值为（100，100%）。在第0帧，设置Rotation（旋转）值为1×+0°；在第1秒，设置Rotation（旋转）值为0×+0°。在第0帧，设置Opacity（不透明度）值为0%；在第1秒，设置Opacity（不透明度）值为100%，如图5-4所示。此时画面的预览效果如图5-5所示。

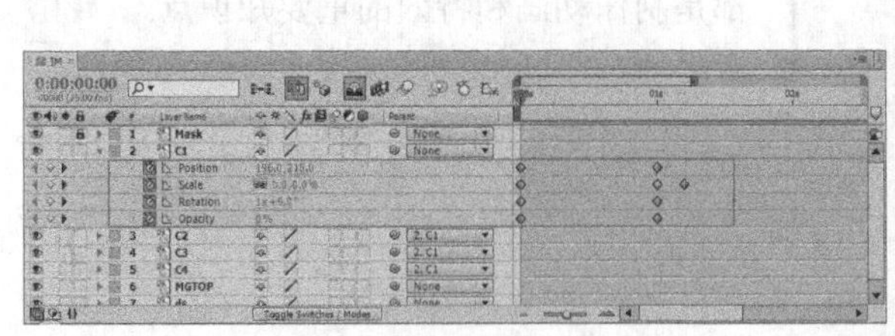

图5-4

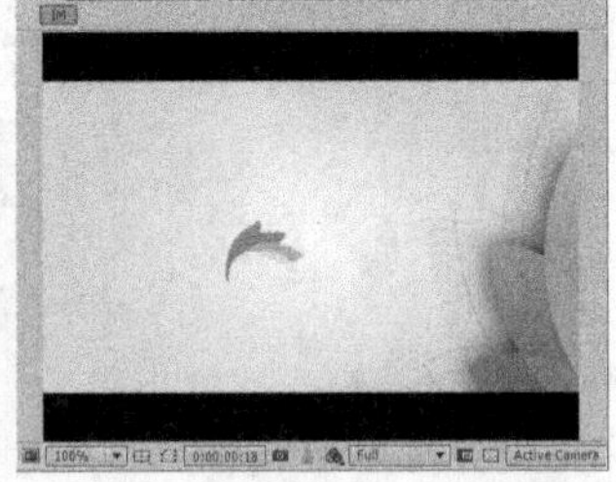

图5-5

04 设置 C2图层的时间入点在第1秒处，C3图层的时间入点在第1秒5帧处，C4图层的时间入点在第1秒10帧处，如图5-6所示。

05 设置 C2图层动画关键帧。在第1秒，设置Rotation（旋转）值为0×-20°；在第1秒8帧，设置Rotation（旋转）值为0×+0°。在第1秒，设置Opacity（不透明度）值为0%；在第1秒8帧，设置Opacity（不透明度）值为100%，如图5-7所示。

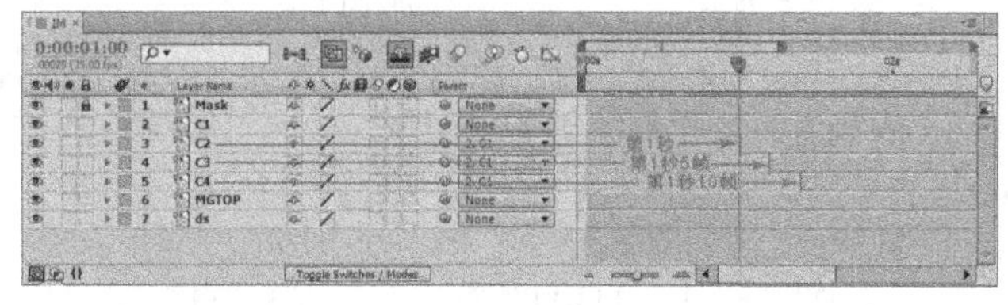

图5-6

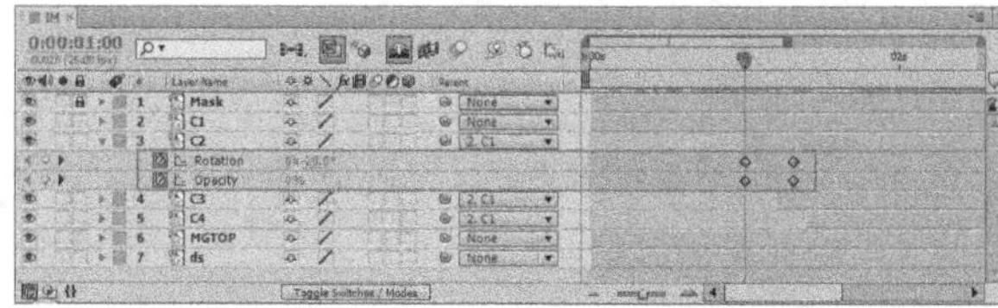

图5-7

06 设置 C3图层动画关键帧。在第1秒5帧，设置Rotation（旋转）值为0×-35°；在第1秒13帧，设置Rotation（旋转）值为0×+0°。在第1秒5帧，设置Opacity（不透明度）值为0%；在第1秒13帧，设置Opacity（不透明度）值为100%，如图5-8所示。

07 设置 C4图层动画关键帧。在第1秒10帧，设置Rotation（旋转）值为0×-50°；在第1秒18帧，设置Rotation（旋转）值为0×+0°。在第1秒10帧，设置Opacity（不透明度）值为0%；在第1秒18帧，设置Opacity（不透明度）值为100%，如图5-9所示。

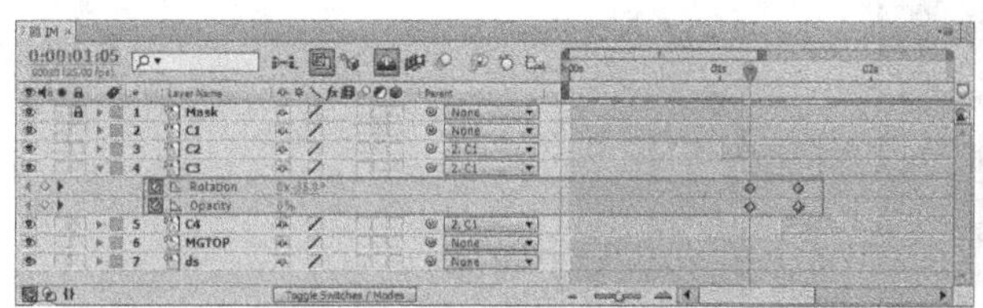

图5-8

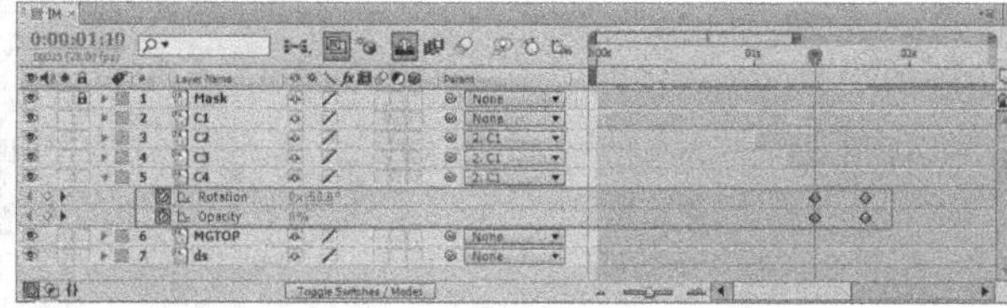

图5-9

08 设置 ds图层动画关键帧。在第23帧，设置Opacity（不透明度）值为0%；在第1秒，设置Opacity（不透明度）值为100%，如图5-10所示。

09 设置 MGTOP图层的动画关键帧。在第1秒15帧，设置Position（位置）值为（80，186）；在第2秒5帧，设置Position（位置）值为（168，186）。在第1秒15帧，设置Scale（缩放）值为（0，0%）；在第2秒5帧，设置Scale（缩放）值为（100，100%）。在第1秒15帧，设置Opacity（不透明度）值为0%；在第2秒5帧，设置Opacity（不透明度）值为100%，如图5-11所示。

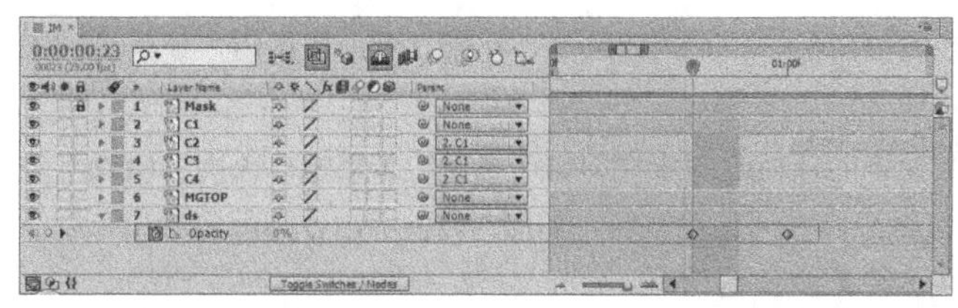

图5-10

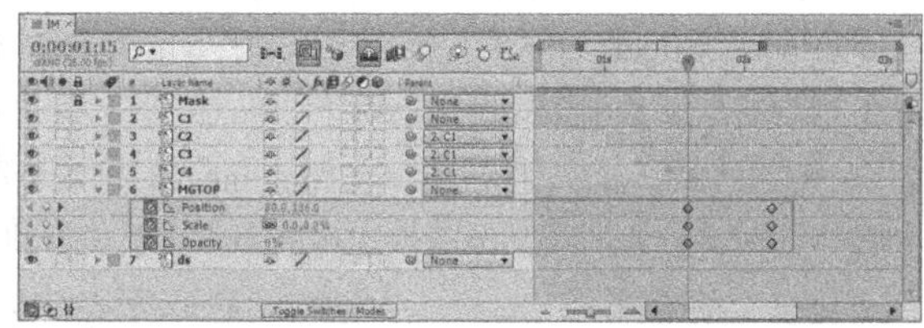

图5-11

10 按数字键0键预览画面效果，如图5-12所示。

图5-12

11 预览结束后对影片进行输出和保存，完成本案例的制作。

5.1.2 关键帧概念

关键帧的概念来源于传统的卡通动画。在早期的迪士尼工作室中，动画设计师负责设计卡通片中的关键帧画面，即关键帧，如图5-13所示，然后由动画设计师助理来完成中间帧的制作，如图5-14所示。

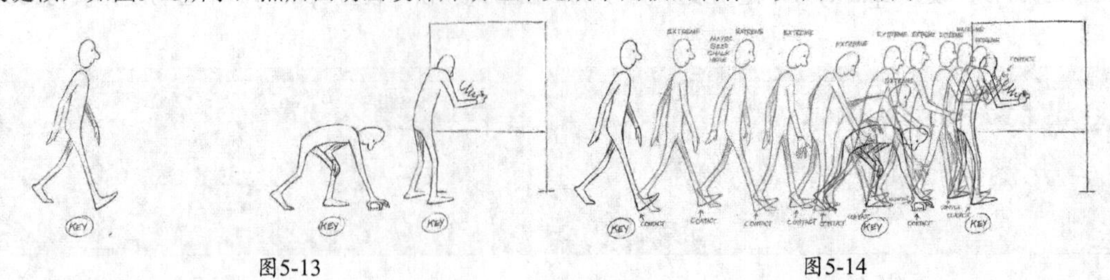

图5-13　　图5-14

在计算机动画中，中间帧可以由计算机来完成，插值代替了设计中间帧的动画师，所有影响画面图像的参数都可以成为关键帧的参数。After Effects可以依据前后两个关键帧来识别动画的起始和结束状态，并自动计算中间的动画过程来产生视觉动画，如图5-15所示。

在After Effects的关键帧动画中，至少需要两个关键帧才能产生作用，第1个关键帧表示动画的初始状态，第2个关键帧表示动画的结束状态，而中间的动态则由计算机通过插值计算得出。在图5-16所示的钟摆动画中，其中状态1是初始状态，状态9是结束状态，中间的2~8是通过计算机插值来生成的中间动画状态。

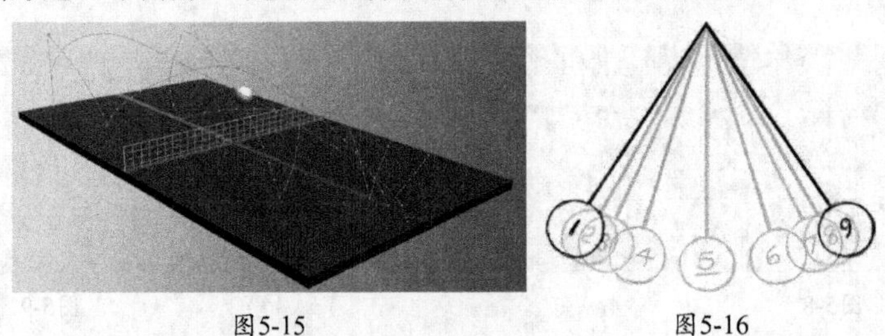

图5-15　　图5-16

技巧与提示

在After Effects CS6中，还可以通过Expression（表达式）来制作动画。表达式动画是通过程序语言来实现动画的，它可以结合关键帧来制作动画，也可以完全脱离关键帧，完全由程序语言来控制动画的过程。

5.1.3 激活关键帧

在After Effects CS6中，每个可以制作动画的图层参数前面都有一个“码表”按钮，单击该按钮，使其呈凹陷状态就可以开始制作关键帧动画了。

一旦激活“码表”按钮，在Timeline（时间线）面板中的任何时间进程都将产生新的关键帧；关闭“码表”按钮后，所有设置的关键帧属性都将消失，参数设置将保持当前时间的参数值，如图5-17所示，分别是激活与未激活的“码表”按钮。

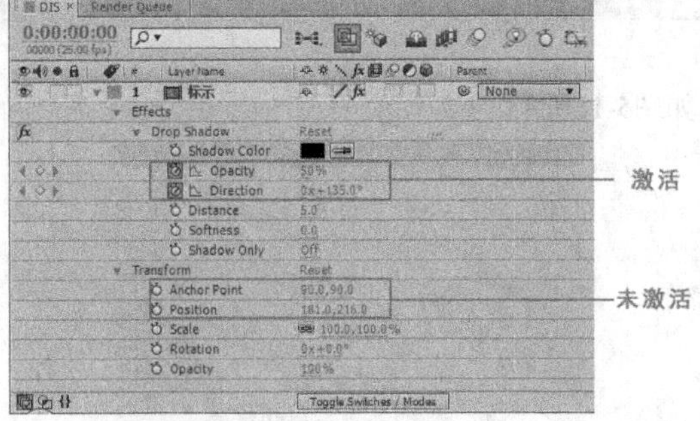

图5-17

生成关键帧的方法主要有3种，分别是激活“码表”按钮（如图5-18所示）、设置关键帧序号（如图5-19所示）和制作动画曲线关键帧（如图5-20所示）。

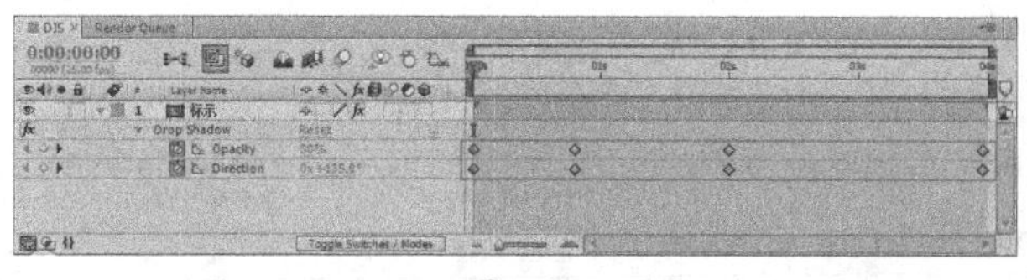

图5-18

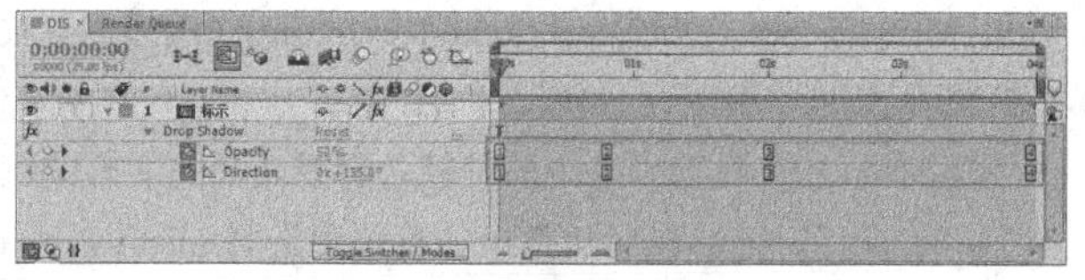

图5-19

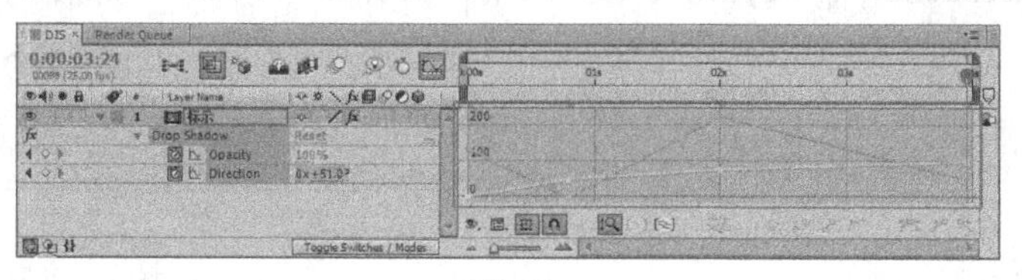

图5-20

5.1.4 关键帧导航器

当为图层参数设置了第1个关键帧时，After Effects会显示出关键帧导航器，通过导航器可以方便地从一个关键帧快速跳转到上一个或下一个关键帧，同时也通过关键帧导航器来设置和删除关键帧。在图5-21中，A为当前时间存在关键帧，B为左边存在关键帧，C为右边存在关键帧。

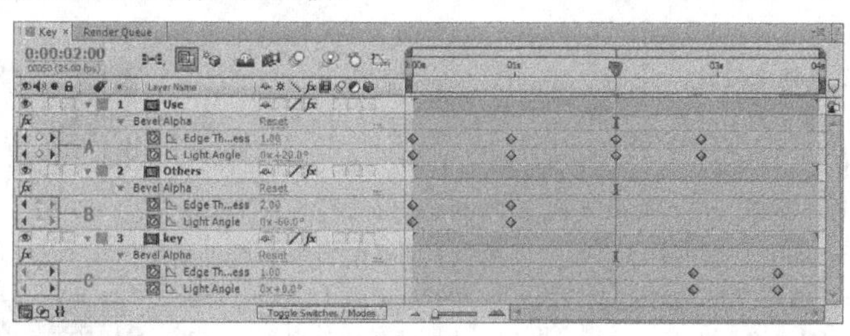

图5-21

下面简单介绍一下跟关键帧操作相关的几个图标的功能。

工具详解

跳转到上一个关键帧：单击该按钮，可以跳转到上一个关键帧的位置，快捷键为J键。

跳转到下一个关键帧：单击该按钮，可以跳转到下一个关键帧的位置，快捷键为K键。

添加或删除关键帧：表示当前没有关键帧，单击该按钮可以添加一个关键帧。

添加或删除关键帧：表示当前存在关键帧，单击该按钮可以删除当前选择的关键帧。

技巧与提示

操作关键帧时需要注意的问题有3点。

第1点：关键帧导航器是针对当前属性的关键帧导航，而J键和K键是针对画面上展示的所有关键帧进行导航的。

第2点：在Timeline（时间线）面板中选择图层，然后按U键可以展开该图层中的所有关键帧属性，再次按U键将取消关键帧属性的显示。

第3点：如果在按住Shift键的同时移动当前的时间指针，那么时间指针将自动吸附对齐到关键帧上。同理，如果在按住Shift键的同时移动关键帧，那么关键帧将自动吸附对齐当前时间指针处。

5.1.5 选择关键帧

在选择关键帧时，主要有以下5种情况。

第1种：如果要选取单个关键帧，只需要使用鼠标左键单击需要选择的关键帧即可。

第2种：如果要选择多个关键帧，可以在按住Shift键的同时连续单击需要选择的关键帧，或是按住鼠标左键拉出一个选框，这样只要是该选框内的多个连续的关键帧都将被选中。

第3种：如果要选择图层属性中的所有关键帧，只需要单击Timeline（时间线）面板中的图层属性的名字就可以了。

第4种：如果要选择同一个图层中的属性里面数值相同的关键帧，只需要在其中一个关键帧上单击鼠标右键，然后从弹出的菜单中选择Select Equal Keyframes（选择相等关键帧）命令即可，如图5-22所示。

第5种：如果要选择某个关键帧之前或之后的所有关键帧，只需要在该关键帧上单击鼠标右键，然后从弹出的菜单中选择Select Previous Keyframes（选择前面的关键帧）命令或Select Following Keyframes（选择后面的关键帧）命令即可，如图5-23所示。

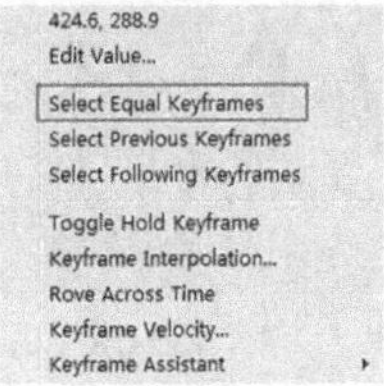

图5-22 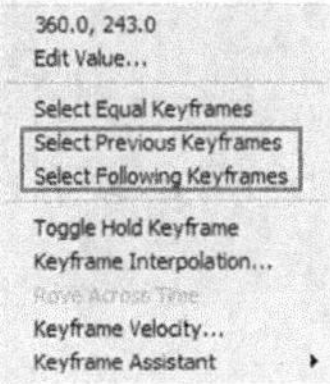　　图5-23

5.1.6 编辑关键帧

1.设置关键帧数值

如果要调整关键帧的数值，可以在当前关键帧上双击鼠标左键，然后在弹出的对话框中调整相应的数值即可，如图5-24所示。另外，在当前关键帧上单击鼠标右键，从弹出的菜单中选择Edit Value（编辑数值）命令也可以调整关键帧数值。

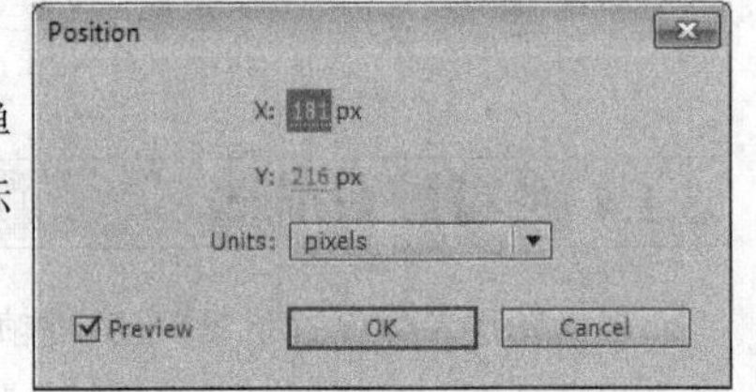

图5-24

技巧与提示

调整关键帧数值时需要注意两点问题。

第1点：不同图层属性的关键帧编辑对话框是不相同的，图5-24显示的是Position（位置）关键帧对话框，而有些关键帧没有关键帧对话框（比如一些复选项关键帧或下拉列表关键帧）。

第2点：对于涉及空间的一些图层参数的关键帧，可以使用“钢笔工具”进行调整，具体操作步骤是首先在Timeline（时间线）面板中选择需要调整的图层参数，然后在Tools（工具）面板中单击“钢笔工具”按钮，接着在Composition（合成）面板或Layer（图层）窗口中使用“钢笔工具”添加关键帧，以改变关键帧的插值方式。如果结合Ctrl键还可以移动关键帧的空间位置，如图5-25所示。

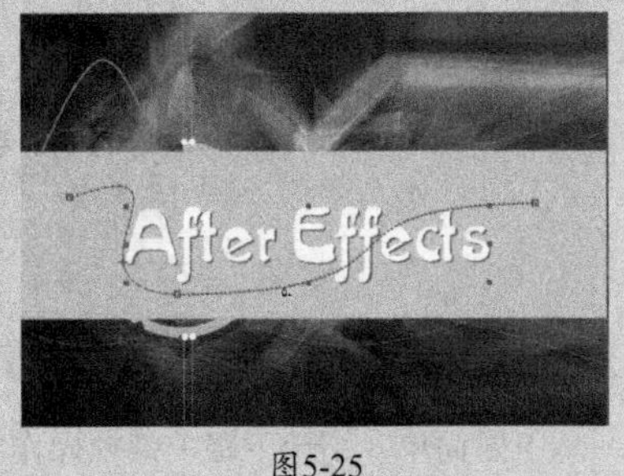

图5-25

2.移动关键帧

选择关键帧后，按住鼠标左键的同时拖曳关键帧就可以移动关键帧的位置。如果选择的是多个关键帧，在移动关键帧后，这些关键帧之间的相对位置将保持不变。

3.对一组关键帧进行时间整体缩放

同时选择3个以上的关键帧，在按住Alt键的同时使用鼠标左键拖曳第1个或最后1个关键帧，可以对这组关键帧进行整体时间缩放。

4.复制和粘贴关键帧

可以将不同图层中的相同属性或不同属性（但是需要具备相同的数据类型）关键帧进行复制和粘贴操作，可以进行互相复制的图层属性包括以下4种。

第1种：具有相同维度的图层属性，比如Opacity（不透明度）和Rotation（旋转）属性。

第2种：滤镜的角度控制属性和具有滑块控制的图层属性。

第3种：滤镜的颜色属性。

第4种：蒙版属性和图层的空间属性。

一次只能从一个图层属性中复制一个关键帧或多个关键帧。把关键帧粘贴到目标图层的属性中时，被复制的第1个关键帧出现在目标图层属性的当前时间中，而其他关键帧将以被复制的顺序依次进行排列，粘贴后的关键帧继续处于被选择状态，以方便继续对其进行编辑。复制和粘贴关键帧的步骤如下。

第1步：在Timeline（时间线）面板中展开需要复制的关键帧属性。

第2步：选择单个或多个关键帧。

第3步：执行“Edit（编辑）>Copy（复制）”菜单命令或按Ctrl+C组合键，复制关键帧。

第4步：在Timeline（时间线）面板中展开需要粘贴关键帧的目标图层的属性，然后将时间滑块拖曳到需要粘贴的时间处。

第5步：选中目标属性，然后执行“Edit（编辑）>Paste（粘贴）”菜单命令或按Ctrl+V组合键，粘贴关键帧。

技巧与提示

如果复制相同属性的关键帧，只需要选择目标图层就可以粘贴关键帧；如果复制的是不同属性的关键帧，需要选择目标图层的目标属性才能粘贴关键帧。特别注意，如果粘贴的关键帧与目标图层上的关键帧在同一时间位置，将覆盖目标图层上原有的关键帧。

5.删除关键帧

删除关键帧的方法主要有以下4种。

第1种：选中一个或多个关键帧，然后执行“Edit（编辑）>Clear（清除）”菜单命令。

第2种：选中一个或多个关键帧，然后按Delete键执行删除操作。

第3种：当时间指针对齐当前关键帧时，单击“添加或删除关键帧”按钮可以删除当前关键帧。

第4种：如果需要删除某个属性中的所有关键帧，只需要选中属性名称（这样就可以选中该属性中的所有关键帧），然后按Delete键或单击“码表”按钮即可。

5.1.7 插值方法

使用插值方法可以制作出更加符合物理真实、更加自然的动画效果。所谓插值就是在两个预知的数据之间以一定方式插入未知数据的过程，在数字视频制作中就意味着在两个关键帧之间插入新的数值。

常见的插值方法有两种，分别是Linear（线性）插值和Bezier（贝塞尔）插值。Linear（线性）插值就是在关键帧之间对数据进行平均分配，Bezier（贝塞尔）插值是基于贝塞尔曲线的形状来改变数值变化的速度。

如果要改变关键帧的插值方式，可以选择需要调整的一个或多个关键帧，然后执行“Animation（动画）>Keyframe Interpolation（关键帧插值）”菜单命令，在弹出的Keyframe Interpolation（关键帧插值）对话框中可以进行详细设置，如图5-26所示。

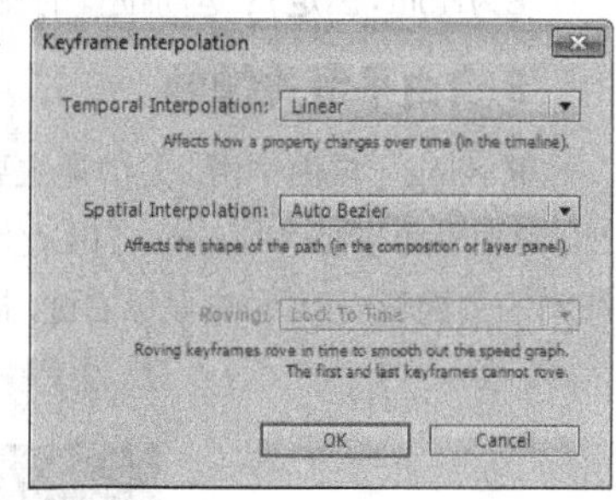

图5-26

从Keyframe Interpolation（关键帧插值）对话框中可以看到调节关键帧的插值有3种运算方法。

第1种：Temporal Interpolation（时间插值）运算方法可以用来调整与时间相关的属性、控制进入关键帧和离开关键帧时的速度变化，同时也可以实现匀速运动、加速运动和突变运动等。

第2种：Spatial Interpolation（空间插值）运算方法仅对Position（位置）属性起作用，主要用来控制空间运动路径。

第3种：Roving（自由平滑）运算方法主要用来控制关键帧是锁定在固定时间位置上，还是自动产生平滑细分。

1.时间关键帧

时间关键帧可以对关键帧的进出方式进行设置，从而改变动画的状态。不同的进出方式在关键帧的外观上表现出来也是不一样的，当为关键帧设置不同的出入插值方式时，关键帧的外观也会发生变化，如图5-27所示。

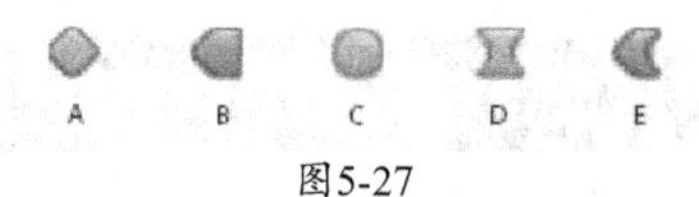

图5-27

下面对以上几种外观做详细说明。

关键帧详解

A为Linear（线性）：表现为线性的匀速变化，如图5-28所示。

B为Linear in，Hold out（线性入，固定出）：表现为线性匀速方式进入，平滑到出点时为一个固定数值。

C为Auto Bezier（自动贝塞尔）：自动缓冲速度变化，同时可以影响关键帧的出入速度变化，如图5-29所示。

D为Continuous Bezier（连续贝塞尔）：进出的速度以贝塞尔方式表现出来。

E为Linear in，Bezier out（线性入，贝塞尔出）：入点采用线性方式，出点采用贝塞尔方式，如图5-30所示。

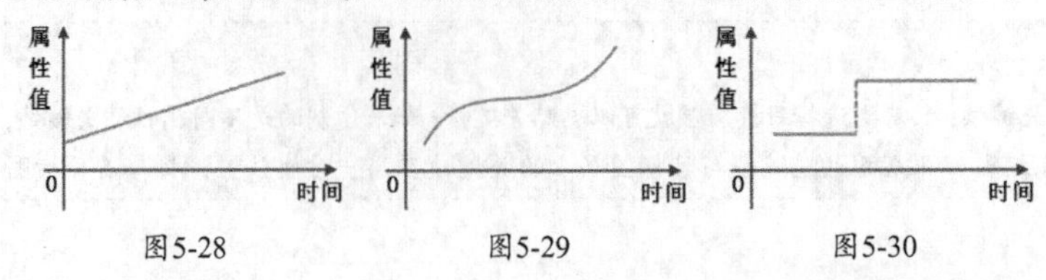

图5-28　　图5-29　　图5-30

2.空间关键帧

当对一个图层应用了Position（位置）动画时，可以在Composition（合成）面板中对这些位移动画的关键帧进行调节，以改变它们的运动路径的插值方式。常见的运动路径插值方式有以下几种，如图5-31所示。

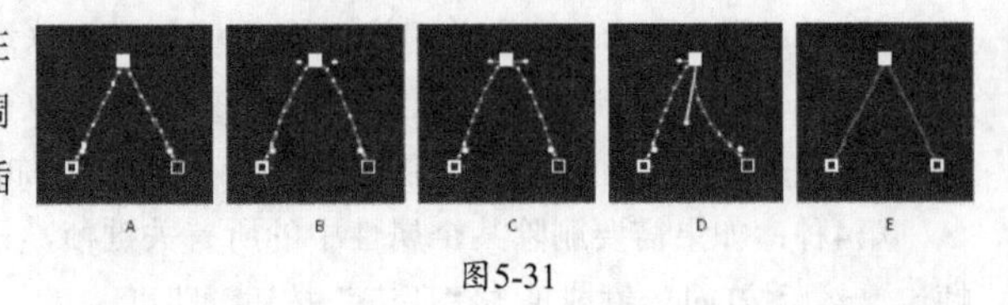

图5-31

下面对以上5种运动路径插值方式做详细说明。

差值方式详解

A为Linear（线性）：关键帧之间表现为直线的运动状态。

B为Auto Bezier（自动贝塞尔）：运动路径为光滑的曲线。

C为Continuous Bezier（连续贝塞尔）：这是形成位置关键帧的默认方式。

D为Bezier（贝塞尔）：可以完全自由地控制关键帧两边的手柄，这样可以更加随意地调节运动方式。

E为Hold（固定）：运动位置的变化以突变的形式直接从一个位置消失，然后出现在另一个位置上。

3.自由平滑关键帧

Roving（自由平滑）关键帧主要用来平滑动画。有时关键帧之间的变化比较大，关键帧与关键帧之间的衔接也不自然，这时就可以使用Roving（自由平滑）对关键帧进行优化，如图5-32所示。可以在Timeline（时间线）面板中选择需要自由平滑的关键帧，然后单击鼠标右键，接着在弹出的菜单中选择Rove Across Time（在持续时间内自由平滑）命令。

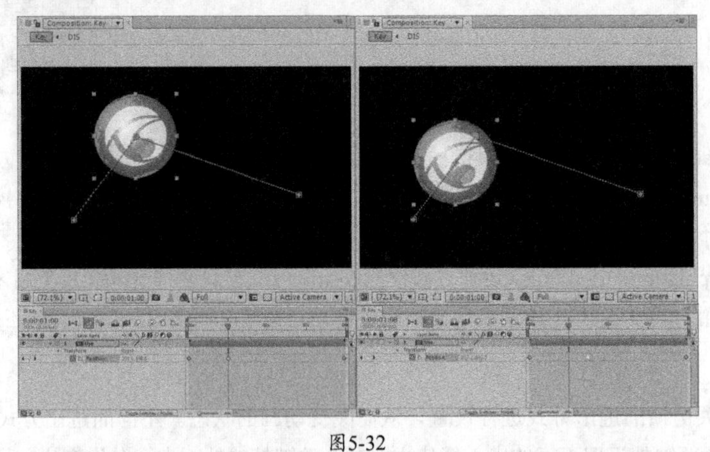

图5-32

5.2 曲线编辑器

本节知识点

名称	作用	重要程度
动画曲线编辑器	了解动画曲线编辑器的参数及使用方法	中
变速剪辑	了解变速剪辑的相关命令	中

5.2.1 课堂案例——流动的云彩

素材位置	实例文件>CH05>课堂案例——流动的云彩
实例位置	实例文件>CH05>课堂案例——流动的云彩_Final.aep
视频位置	多媒体教学>CH05>课堂案例——流动的云彩.flv
难易指数	★★☆☆☆
学习目标	掌握变速剪辑的具体应用

本案例的制作效果如图5-33所示。

图5-33

01 使用After Effects CS6打开“课堂案例——流动的云彩.aep”素材文件，如图5-34所示。

02 选择“流云素材”图层，执行“Layer（图层）>Time（时间）>Enable Time Remapping（启用时间重置）”菜单命令，“流云素材”图层会自动添加Time Remap（时间映射）属性，并且在素材的入点和出点自动设置了两个关键帧，这两个关键帧就是素材的入点和出点时间的关键帧，如图5-35所示。

图5-34

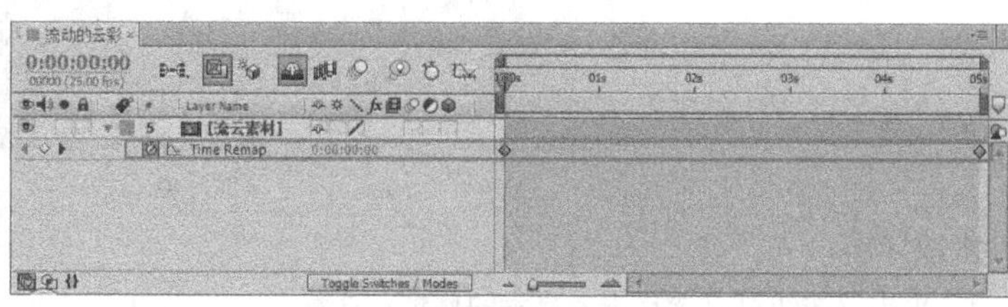

图5-35

技巧与提示

在这段素材中，可以发现拍摄的房屋是静止不动的（摄影机也是静止的），而流云是运动的，因为静止的房屋不管怎么变速，它始终还是静止的，而背景中运动的云彩通过变速就能产生特殊的效果。

03 在Timeline（时间线）面板中将时间滑块拖曳到第4秒位置，然后单击Time Remap（时间映射）动画属性前面的“添加或删除关键帧”按钮◆，以当前动画属性值为Time Remap（时间映射）属性添加一个关键帧，如图5-36所示。

04 在Timeline（时间线）面板中选择最后两个关键帧，然后将其往前移动（将第2个关键帧拖曳到第2秒位置），这样原始素材的前四秒就被压缩为两秒，如图5-37所示。

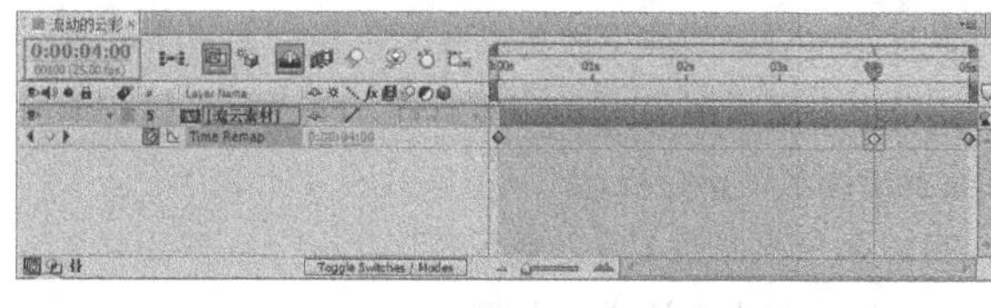

图5-36

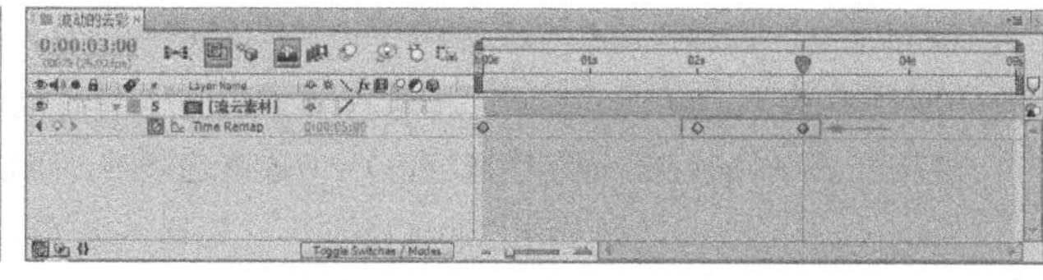

图5-37

05 为了使变速后的素材与没有变速的素材能够平滑地进行过渡，可以选择Time Remap（时间映射）动画属性的第2个关键帧，然后单击鼠标右键并在弹出的菜单中执行“Keyframe Assistant（关键帧助手）>Easy Ease In（柔缓曲线入点）”命令，对关键帧进行平滑处理，如图5-38所示。

06 按数字键0预览画面效果，如图5-39所示。可以发现在前两秒的时间内，云彩流动的速度加快了。当播放到第3秒时，云彩的速度和原始素材的速度保持一致。从第3秒到第5秒，由于没有关键帧，因此画面保持静止的状态即定帧效果，因为在第3秒的关键帧之后就没有其他关键帧了。

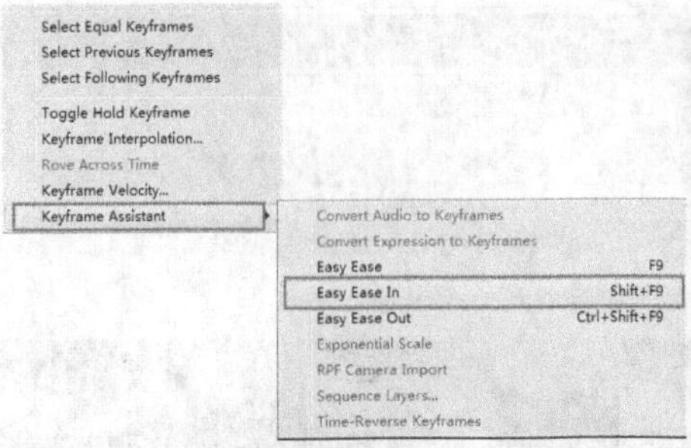

Select Equal Keyframes
Select Previous Keyframes
Select Following Keyframes
Toggle Hold Keyframe
Keyframe Interpolation...
Rove Across Time
Keyframe Velocity...
Keyframe Assistant
Convert Audio to Keyframes
Convert Expression to Keyframes
Easy Ease F9
Easy Ease In Shift+F9
Easy Ease Out Ctrl+Shift+F9
Exponential Scale
RPF Camera Import
Sequence Layers...
Time-Reverse Keyframes

图5-38

图5-39

07 预览结束后对影片进行输出和保存，完成本案例的制作。

5.2.2 动画曲线编辑器

无论是时间关键帧还是空间关键帧，都可以使用“动画曲线编辑器”来进行精确调整。使用曲线编辑器除了可以调整关键帧的数值外，还可以调整关键帧动画的出入方式。

选择图层中应用了关键帧的属性名，然后单击Timeline（时间线）面板中的Graph Editor（曲线编辑器）按钮，打开“曲线编辑器”窗口，如图5-40所示。

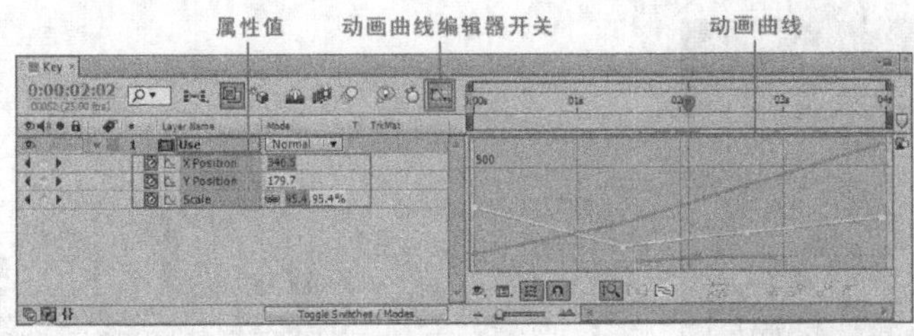

图5-40

参数详解

：单击该按钮可以选择需要显示的属性和曲线。

Show Selected Properties（显示被选择的属性曲线）：显示被选择曲线的运动属性。

Show Animated Properties（显示动画属性曲线）：显示所有包含动画信息属性的运动曲线。

Show Graph Editor Set（显示曲线编辑器设置）：同时显示属性变化曲线和速度变化曲线。

：浏览指定的动画曲线类型的各个菜单选项和是否显示其他附加信息的各个菜单选项。

Auto-Select Graph Type（自动选择曲线类型）：勾选该选项时，可以自动选择曲线的类型。

Edit Value Graph（编辑曲线数值）：勾选该选项时，可以编辑属性变化曲线。

Edit Speed Graph（编辑速度曲线）：勾选该选项时，可以编辑速度变化曲线。

Show Reference Graph（显示参考曲线）：勾选该选项时，可以同时显示属性变化曲线和速度变化曲线。

Show Audio Waveforms（显示音频波长）：勾选该选项时，可以显示出音频的波形效果。

Show Layer In/Out Points（显示图层入/出点）：勾选该选项时，可以显示出图层的入/出点标志。

Show Layer Markers（显示图层标记）：勾选该选项时，可以显示出图层的标记点。

Show Graph Tool Tips（显示曲线工具提示）：勾选该选项时，可以显示出曲线工具的提示。

Show Expression Editor（显示表达式编辑器）：勾选该选项时，可以显示出表达式编辑器。

：当激活该按钮后，在选择多个关键帧时可以形成一个编辑框。

：当激活该按钮后，可以在编辑时使关键帧与出入点、标记、当前指针及其他关键帧等进行自动吸附对齐等操作。

：调整“曲线编辑器”的视图工具，依次为Auto-zoom Graph Height（自动缩放曲线高度）、Fit Selection to View（适配选择到视图）和Fit All Graphs to View（适配所有曲线到视图）。

：这是单独维度按钮，在调节Position（位置）属性的动画曲线时，单击该按钮可以分别单独调节位置属性各个维度的动画曲线，这样就能获得更加自然平滑的位移动画效果。

：从其下拉菜单中选择相应的命令可以编辑选择的关键帧。

：关键帧插值方式设置按钮，依次为Hold（固定）方式、Linear（线性）方式和Auto Bezier（自动贝塞尔）方式。

：关键帧助手设置按钮，依次为Easy Ease（柔缓曲线）、Easy Ease In（柔缓曲线入点）和Easy Ease Out（柔缓曲线出点）。

技巧与提示

在"曲线编辑器"中编辑关键帧曲线时，可以使用"钢笔工具"在曲线上添加或删除关键帧，以改变关键帧插值运算类型及曲线的曲率等。在激活编辑框工具时，可以对多个关键帧进行选择，然后对编辑框进行变形操作，这样可以改变关键帧的整体效果，如图5-41所示。

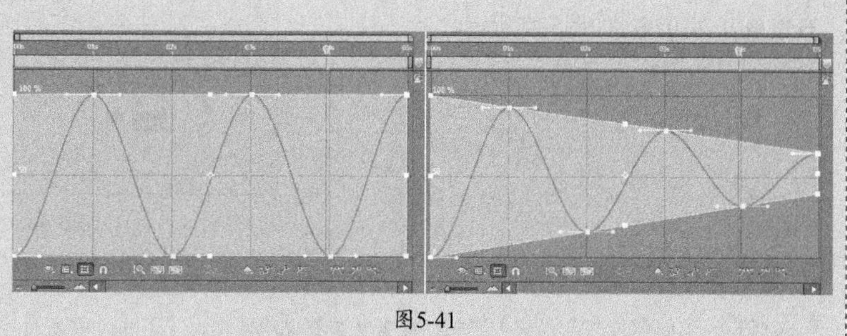

图5-41

5.2.3 变速剪辑

在After Effects中，可以很方便地对素材进行变速剪辑操作。在"Layer（图层）>Time（时间）"菜单下提供了4个对时间进行变速的命令，如图5-42所示。

Enable Time Remapping	Ctrl+Alt+T
Time-Reverse Layer	Ctrl+Alt+R
Time Stretch...	
Freeze Frame	

图5-42

命令详解

Enable Time Remapping（**启用时间重置**）：这个命令的功能非常强大，它差不多包含下面3个命令的所有功能。

Time-Reverse Layer（**时间反向图层**）：对素材进行回放操作。

Time Stretch（**时间伸缩**）：对素材进行均匀变速操作。

Freeze Frame（**冻结帧**）：对素材进行定帧操作。

5.3 嵌套关系

本节知识点

名称	作用	重要程度
嵌套概念	了解嵌套的概念	中
嵌套的方法	掌握嵌套的方法	中
Collapse Switch（塌陷开关）	掌握如何使用塌陷开关	中

5.3.1 课堂案例——飞近地球动画

素材位置	实例文件>CH05>课堂案例——飞近地球动画
实例位置	实例文件>CH05>课堂案例——飞近地球动画.aep
视频位置	多媒体教学>CH05>课堂案例——飞近地球动画.flv
难易指数	★★☆☆☆
学习目标	掌握嵌套的具体运用

本例制作的飞进地球动画效果如图5-43所示。

图5-43

01 执行"Composition（合成）>New Composition（新建合成）"菜单命令，打开Composition Settings（合成设置）对话框，具体参数设置如图5-44所示。

02 在Project（项目）窗口的空白区域双击鼠标左键，然后在弹出的对话框中选择“世界地图.jpg”文件，接着将“世界地图.jpg”素材拖曳到“地图”合成中，并为其添加一个CC RepeTile（CC重复平铺）滤镜，最后设置Expand Right（右扩展）为1024，如图5-45所示。

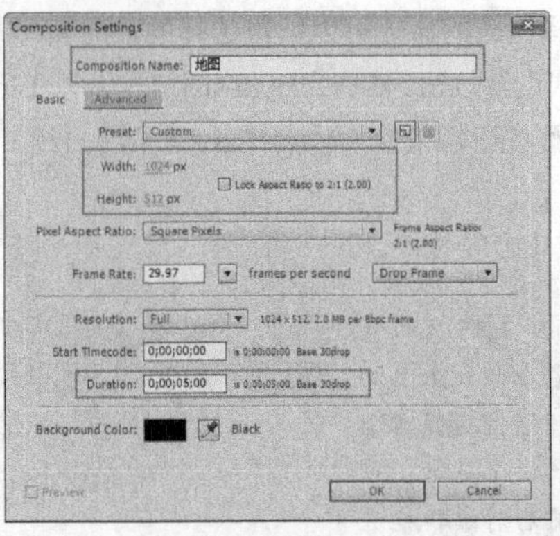

图5-44

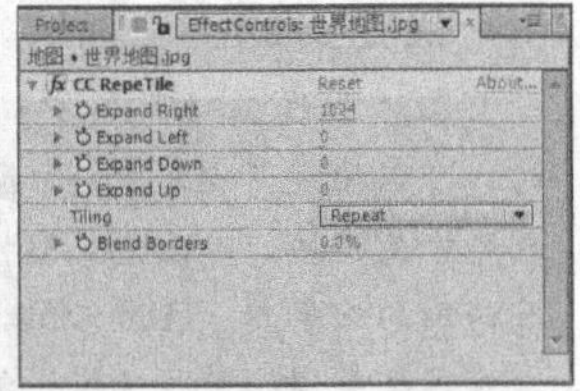

图5-45

技巧与提示

CC RepeTile（CC重复平铺）滤镜可以重复扩展视频的上、下、左、右方向。如果在菜单中找不到CC RepeTile（CC重复平铺）滤镜，可以在Effect＆Presets（滤镜和预设）面板进行搜索，搜索到后直接将其拖曳到“地图”图层上即可应用该滤镜。

03 下面制作地图的位移动画。选择“地图”图层，在0:00:00:00秒时间位置设置Position（位置）为（512，256），然后在0:00:04:24秒时间位置设置Position（位置）为（-512，256）。在Project（项目）窗口中将“地图”合成拖曳到“新建合成工具”按钮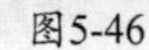上，然后在“地图2”合成上按Enter键，接着输入“飞近地球”，将其进行重命名操作。

技巧与提示

重命名对象的叙述如下。

重命名素材和合成：在Project（项目）窗口中选择素材或合成，然后按Enter键激活输入框，接着在输入框中输入对象名字。

重命名图层：在Timeline（时间线）窗口中选择一个图层，然后按Enter键激活输入框，接着在输入框中输入对象名字。

重命名滤镜：在Effect Controls（滤镜控制）面板中选择一个滤镜，然后按Enter键激活输入框，接着在输入框中输入对象名字。

04 为“地图”图层添加一个CC Sphere（CC球体）滤镜，这样可以让地球产生旋转效果，如图5-46所示。

05 为了模拟地球由远到近的运动效果，因此还需要在Effect Controls（滤镜控制）面板中重新调整CC Sphere（CC球体）滤镜的光线强度、光效方向和阴影参数，具体参数设置如图5-47所示。

图5-46

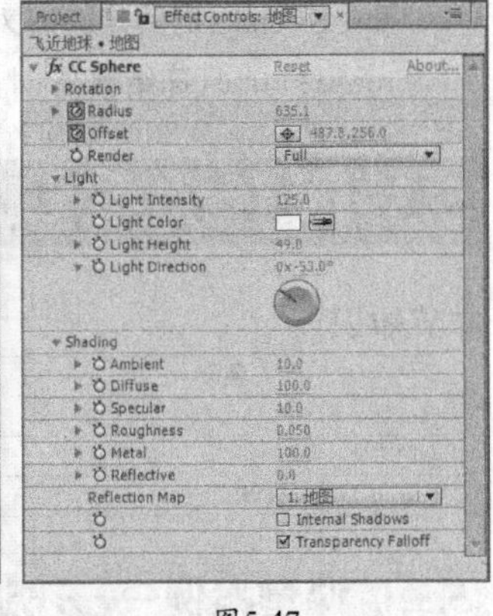

图5-47

06 下面制作地球由远到近的动画。展开CC Sphere（CC球体）滤镜的Radius（半径）和Offset（偏移）属性，然后在0:00:00:00秒时间位置设置Radius（半径）为10、Offset（偏移）为（889，256），在0:00:02:00秒时间位置设置Offset（偏移）为（377.9，256），在0:00:04:24秒时间位置设置Radius（半径）为1426、Offset（偏移）为（520，256）。由于动画效果过于机械，因此还需要在“曲线编辑器”中调节Radius（半径）和Offset（偏移）曲线，使曲线变得更加平滑，如图5-48所示。

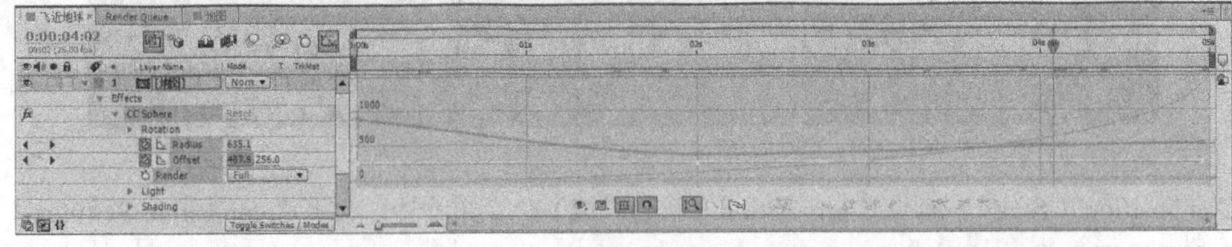

图5-48

07 为了使地球在冲向镜头时产生运动模糊效果，因此需要为“地图”图层添加一个Radial Blur（径向模糊）滤镜，然后展开Amount（数量）属性，为其设置关键帧动画，在0:00:02:00秒时间位置设置Amount（数量）为0，接着在0:00:04:24秒时间位置设置Amount（数量）为67，效果如图5-49所示。

08 下面制作太空背景。按Ctrl+Y组合键新建一个固态层（命名为“太空”），并将其放置在“地图”图层的下一层，然后为其添加一个CC Star Burst（CC星爆）滤镜，接着设置Speed（速度）为-0.5，效果如图5-50所示。

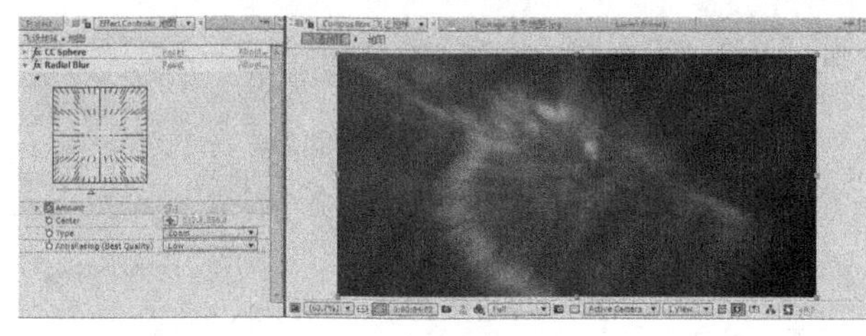

图5-49

图5-50

09 选择“太空”图层，然后为其添加一个CC Radial Fast Blur（CC径向快速模糊）滤镜，接着设置Amount（数量）为5，如图5-51所示。

10 渲染并输出动画，最终效果如图5-52所示。

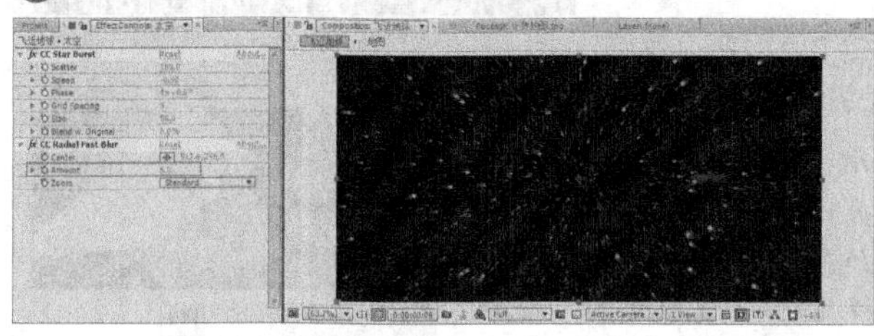

图5-51

图5-52

5.3.2 嵌套概念

Nesting（嵌套）就是将一个合成作为另外一个合成的一个素材进行相应操作，当希望对一个图层使用两次或以上的相同变换属性时（也就是说在使用嵌套时，用户可以使用两次蒙版、滤镜和变换属性），就需要使用到嵌套功能。

5.3.3 嵌套的方法

嵌套的方法主要有以下两种。

第1种：在Project（项目）面板中将某个合成项目作为一个图层拖曳到Timeline（时间线）面板中的另一个合成中，如图5-53所示。

第2种：在Timeline（时间线）面板中选择一个或多个图层，然后执行“Layer（图层）>Pre-compose（预合成）”菜单命令（或按Ctrl+Shift+C组合键），打开Pre-compose（预合成）对话框，并设置好参数，最后单击OK按钮即可完成嵌套合成操作，如图5-54所示。

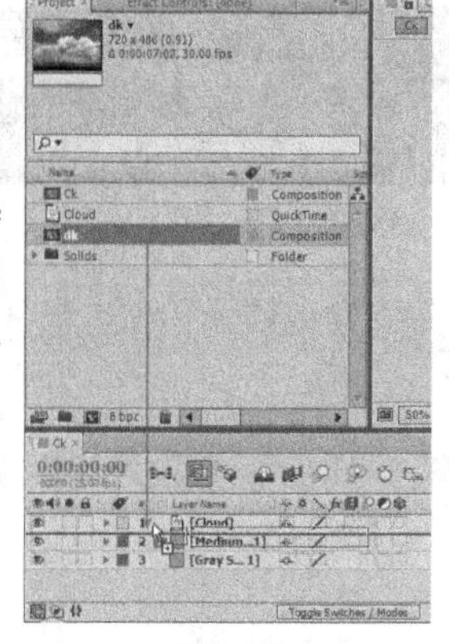

图5-53

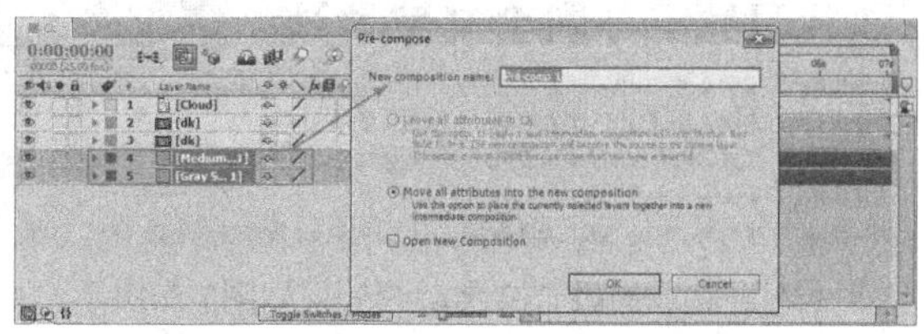

图5-54

参数详解

Leave all attributes in（**在合成中保留所有属性**）：将所有的属性、动画信息及滤镜保留在合成中，只是将所选的图层进行简单的嵌套合成处理。

Move all attributes into the new composition（**将所有属性都移动到新合成中**）：将所有的属性、动画信息及滤镜都移入到新建的合成中。

Open New Composition（**打开新合成**）：执行完嵌套合成后，决定是否在Timeline（时间线）面板中立刻打开新建的合成。

5.3.4 Collapse Switch（塌陷开关）

在进行嵌套时，如果不继承原始合成项目的分辨率，那么在对被嵌套合成制作Scale（缩放）之类的动画时就有可能产生马赛克效果。

如果要开启Collapse Switch（塌陷开关），可在Timeline（时间线）面板的图层开关栏中单击“塌陷开关”按钮，如图5-55所示。

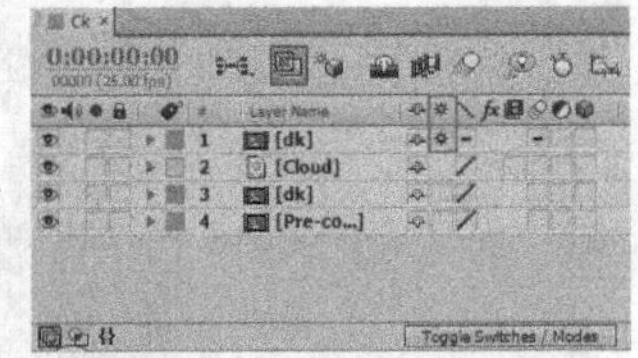

图5-55

技巧与提示

使用塌陷开关的3点优势分别如下。

第1点：可以继承Transform（变换）属性，开启Collapse Switch（塌陷开关）可以在嵌套的更高级别的合成项目中提高分辨率，如图5-56所示。

第2点：当图层中包含有Adobe Illustrator文件时，开启Collapse Switch（塌陷开关）可以提高素材的质量。

第3点：当在一个嵌套合成中使用了三维图层时，如果没有开启Collapse Switch（塌陷开关），那么在嵌套的更高一级合成项目中对属性进行变换时，低一级的嵌套合成项目还是作为一个平面素材引入到更高一级的合成项目中；如果对低一级的合成项目图层使用了塌陷开关，那么低一级的合成项目中的三维图层将作为一个三维组引入到新的合成中，如图5-57所示。

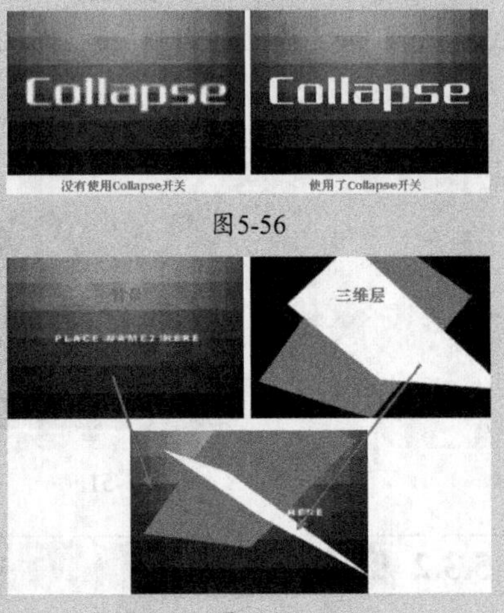

图5-56

图5-57

课堂练习——定版放射光线

素材位置	实例文件>CH05>课堂练习——定版放射光线
实例位置	实例文件>CH05>课堂练习——定版放射光线_Final.aep
视频位置	多媒体教学>CH05>课堂练习——定版放射光线.flv
难易指数	★★★☆☆
练习目标	练习关键帧及Shine（扫光）滤镜的应用

本练习完成的定版放射光线效果如图5-58所示。

图5-58

课后习题——融合文字动画

素材位置	实例文件>CH05>课后习题——融合文字动画
实例位置	实例文件>CH05>课后习题——融合文字动画.aep
视频位置	多媒体教学>CH05>课后习题——融合文字动画.flv
难易指数	★★★☆☆
练习目标	学习关键帧动画及Roughen Edges（边缘腐蚀）等滤镜的应用

本习题完成的融合文字动画效果如图5-59所示。

图5-59

第6章

图层叠加模式与遮罩

课堂学习目标

- 了解图层的叠加模式
- 掌握遮罩的创建与修改方法
- 了解遮罩的属性与叠加模式
- 掌握遮罩动画的制作方法

本章导读

After Effects CS6提供了丰富的图层叠加模式，用来定义当前图层与底图的作用模式。另外，当素材不含有Alpha通道时，则可以通过遮罩来建立透明区域。本章主要讲解After Effects CS6软件中图层叠加模式与遮罩的具体应用。

6.1 图层叠加模式

在After Effects CS6中，系统提供了较为丰富的图层叠加模式，所谓图层叠加模式就是一个图层与其下面的图层发生颜色叠加关系，并产生特殊的效果，最终将该效果显示在视频合成窗口中。

本节知识点

名称	作用	重要程度
打开图层的叠加模式面板	掌握打开图层叠加模式面板的两种方法	中
普通模式	包括Normal（正常）、Dissolve（溶解）、Dancing Dissolve（动态抖动溶解）3种叠加模式	高
变暗模式	使图像的整体颜色变暗，包括Darken（变暗）、Multiply（正片叠底）、Linear Burn（线性加深）等	高
变亮模式	使图像的整体颜色变亮，包括Add（相加）、Lighten（变亮）、Screen（屏幕）等	高
叠加模式	包括Overlay（叠加）、Soft Light（柔光）、Hard Light（强光）、Linear Light（线性光）等	高
差值模式	基于当前图层和底层的颜色值来产生差异效果，包括Difference（差值）、Classic Difference（经典差值）等	高
色彩模式	改变底层颜色的一个或多个色相、饱和度和明度值，包括Hue（色相）、Saturation（饱和度）、Color（颜色）等	高
蒙版模式	这种类型的叠加模式可以将当前图层转化为底图层的一个遮罩，包括Stencil Alpha（Alpha蒙版）、Stencil Luma（亮度蒙版）等	高
共享模式	可以使底层与当前图层的Alpha通道或透明区域像素产生相互作用，包括Alpha Add（Alpha相加）和Luminescent Premul（冷光预乘）两种叠加模式	中

6.1.1 打开图层的叠加模式面板

在After Effects CS6软件中，打开图层的叠加模式面板有两种方法。

1.面板切换

在Timeline（时间线）面板中单击Toggle Switches/Modes面板切换，如图6-1所示。

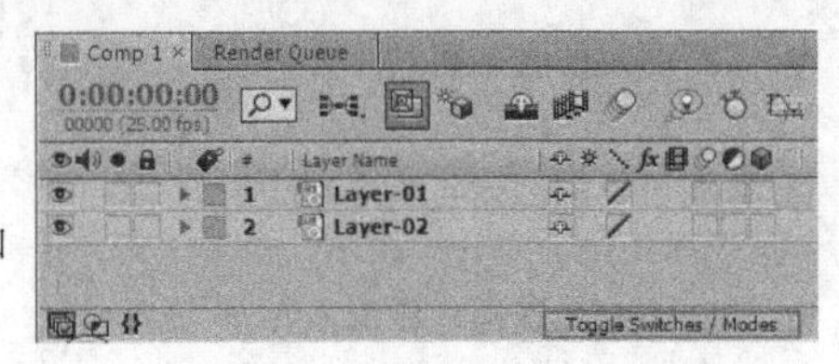

图6-1

2.热键

在Timeline（时间线）面板中，按F4键可以调出图层的叠加模式面板，如图6-2所示。

下面用两层素材来详细讲解图层的各种叠加模式。一个作为底层素材，如图6-3所示；另一个作为当前图层素材（亦可以理解为叠加图层的源素材），如图6-4所示。

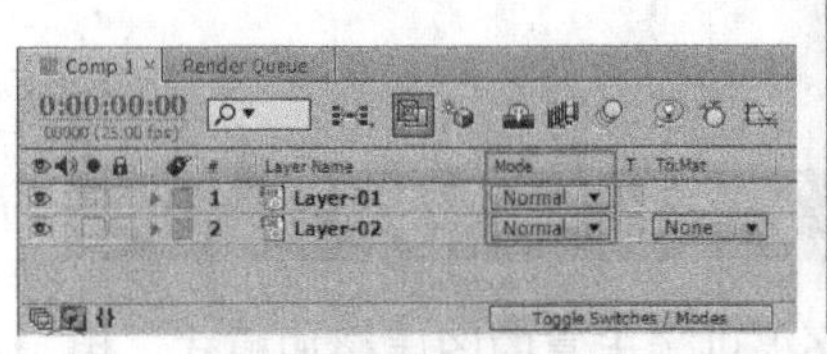

图6-2

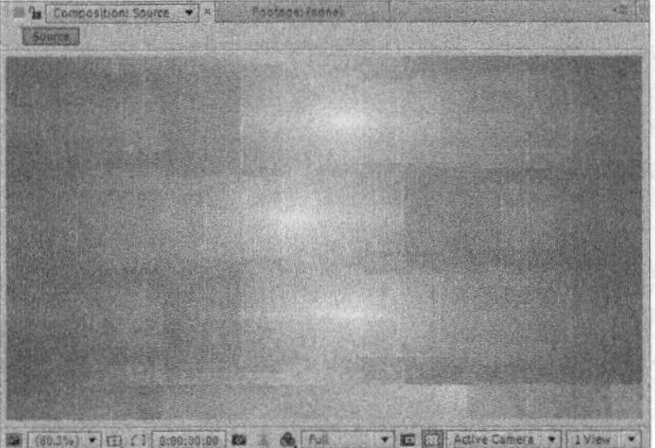
图6-3

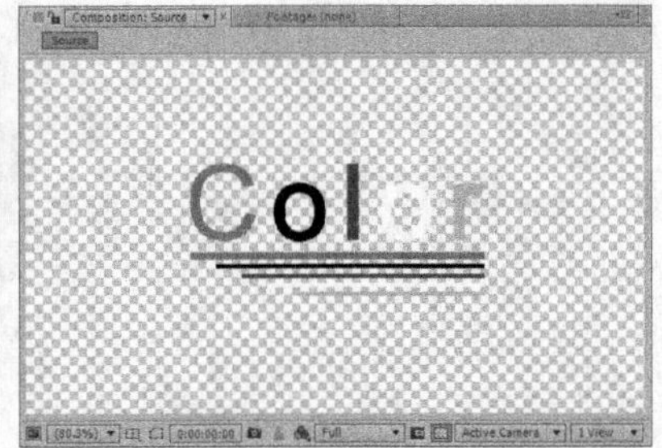

图6-4

6.1.2 普通模式

在普通模式中，主要包括Normal（正常）、Dissolve（溶解）、Dancing Dissolve（动态抖动溶解）3种叠加模式。

在没有透明度影响的前提下，这种类型的叠加模式产生最终效果的颜色不会受底层像素颜色的影响，除非底层像素的不透明度小于当前图层。

1.Normal（正常）模式

Normal（正常）模式是After Effects CS6 中的默认模式，当图层的不透明度为100%时，合成将根据Alpha通道正常显示当前图层，并且不受下一层（图层）的影响，如图6-5所示。当图层的不透明度小于100%时，当前图层的每个像素点的颜色将受到下一层（图层）的影响。

图6-5

2.Dissolve（溶解）模式

在图层有羽化边缘或不透明度小于100%时，Dissolve（溶解）模式才起作用。Dissolve（溶解）模式是在当前图层选取部分像素，然后采用随机颗粒图案的方式用下一层图层的像素来取代，当前图层的不透明度越低，溶解效果越明显，如图6-6所示。

图6-6

技巧与提示

在图6-6中，修改了文字图层的不透明度，如图6-7所示。在这里，如果不修改图层的不透明度属性，Dissolve（溶解）模式的效果会很不明显。

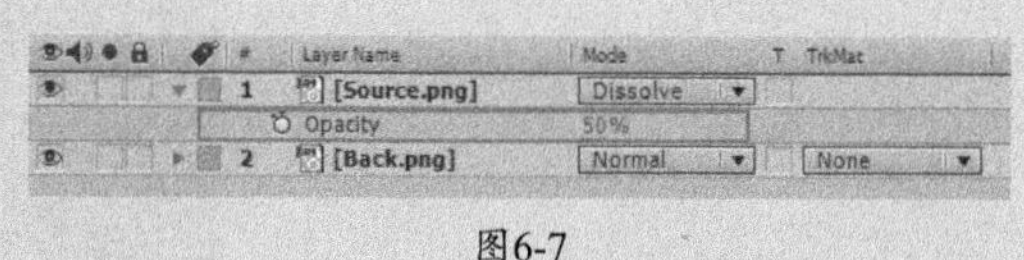

图6-7

3.Dancing Dissolve（动态抖动溶解）模式

Dancing Dissolve（动态抖动溶解）模式和Dissolve（溶解）模式的原理相似，只不过Dancing Dissolve（动态抖动溶解）模式可以随时更新随机值，而Dissolve（溶解）模式的颗粒随机值是不变的。

技巧与提示

在普通模式中，Normal（正常）是日常工作中最常用的图层叠加模式。

6.1.3 变暗模式

在变暗模式中，主要包括Darken（变暗）、Multiply（正片叠底）、Linear Burn（线性加深）、Color Burn（颜色加深）、Classic Color Burn（经典颜色加深）和Darker Color（变暗颜色）6种叠加模式，这种类型的叠加模式都可以使图像的整体颜色变暗。

1.Darken（变暗）模式

Darken（变暗）模式是通过比较当前图层和底图层的颜色亮度来保留较暗的颜色部分。比如一个全黑的图层与任何图层的变暗叠加效果都是全黑的，而白色图层和任何图层的变暗叠加效果都是透明的，如图6-8所示。

图6-8

2.Multiply（正片叠底）模式

Multiply（正片叠底）模式是一种减色模式，它将基本色与叠加色相乘形成一种光线透过两张叠加在一起的幻灯片效果。任何颜色与黑色相乘都将产生黑色，与白色相乘将保持不变，而与中间的亮度颜色相乘可以得到一种更暗的效果，如图6-9所示。

图6-9

技巧与提示

Multiply（正片叠底）模式的相乘法产生的不是线性变暗效果，而是一种类似于抛物线变化的效果。

3.Linear Burn（线性加深）模式

Linear Burn（线性加深）模式是比较基色和叠加色的颜色信息，通过降低基色的亮度来反映叠加色。与Multiply（正片叠底）模式相比，Linear Burn（线性加深）模式可以产生一种更暗的效果，如图6-10所示。

图6-10

4.Color Burn（颜色加深）模式

Color Burn（颜色加深）模式是通过增加对比度来使颜色变暗（如果叠加色为白色，则不产生变化），以反映叠加色，如图6-11所示。

图6-11

5.Classic Color Burn（经典颜色加深）模式

Classic Color Burn（经典颜色加深）模式也是通过增加对比度来使颜色变暗，以反映叠加色，它要优于Color Burn（颜色加深）模式，如图6-12所示。

图6-12

6.Darker Color（变暗颜色）模式

Darker Color（变暗颜色）模式与Darken（变暗）模式的效果相似，不同的是该模式不对单独的颜色通道起作用，如图6-13所示。

图6-13

> **技巧与提示**
>
> 在变暗模式中，Darken（变暗）和Multiply（正片叠底）是使用频率较高的图层叠加模式。

6.1.4 变亮模式

在变亮模式中，主要包括Add（相加）、Lighten（变亮）、Screen（屏幕）、Linear Dodge（线性减淡）、Color Dodge（颜色减淡）、Classic Color Dodge（经典颜色减淡）和Lighter Color（变亮颜色）7种叠加模式，这种类型的叠加模式都可以使图像的整体颜色变亮。

1.Add（相加）模式

Add（相加）模式是将上下层对应的像素进行加法运算，可以使画面变亮，如图6-14所示。

图6-14

> **技巧与提示**
>
> 一些火焰、烟雾和爆炸等素材需要合成到某个场景中时，将该素材图层的叠加模式修改为Add（相加）模式，这样该素材与背景进行叠加时，就可以直接去掉黑色背景，如图6-15所示。
>
> 
>
> 图6-15

2.Lighten（变亮）模式

Lighten（变亮）模式与Darken（变暗）模式相反，它可以查看每个通道中的颜色信息，并选择基色和叠加色中较亮的颜色作为结果色（比叠加色暗的像素将被替换，而比叠加色亮的像素将保持不变），如图6-16所示。

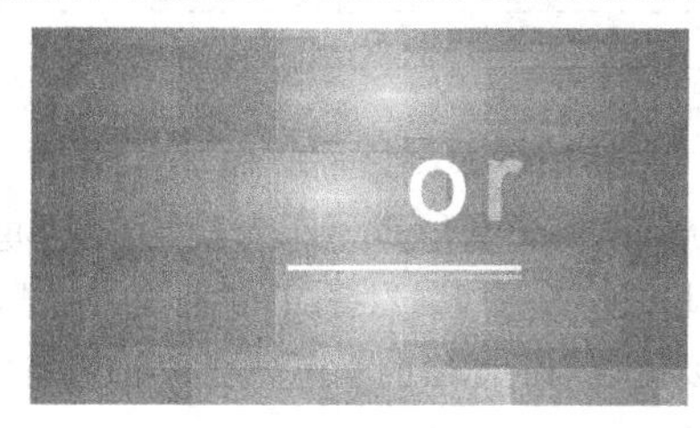

图6-16

3.Screen（屏幕）模式

Screen（屏幕）模式是一种加色叠加模式[与Multiply（正片叠底）模式相反]，可以将叠加色的互补色与基色相乘，以得到一种更亮的效果，如图6-17所示。

图6-17

4.Linear Dodge（线性减淡）模式

Linear Dodge（线性减淡）模式可以查看每个通道的颜色信息，并通过增加亮度来使基色变亮，以反映叠加色（如果与黑色叠加则不发生变化），如图6-18所示。

图6-18

5.Color Dodge（颜色减淡）模式

Color Dodge（颜色减淡）模式是通过减小对比度来使颜色变亮，以反映叠加色（如果叠加色为黑色，则不产生变化），如图6-19所示。

图6-19

6.Classic Color Dodge（经典颜色减淡）模式

Classic Color Dodge（经典颜色减淡）模式也是通过减小对比度来使颜色变亮，以反映叠加色，其效果要优于Color Dodge（颜色减淡）模式。

7.Lighter Color（变亮颜色）模式

Lighter Color（较亮颜色）模式与Lighten（变亮）模式相似，略有区别的是该模式不对单独的颜色通道起作用。

技巧与提示

在变亮模式中，Add（加法）和Screen（屏幕）模式是使用频率较高的图层叠加模式。

6.1.5 叠加模式

在叠加模式中，主要包括Overlay（叠加）、Soft Light（柔光）、Hard Light（强光）、Linear Light（线性光）、Vivid Light（艳光）、Pin Light（点光）和Hard Mix（强烈叠加）7种叠加模式。

在使用这种类型的叠加模式时，需要比较当前图层的颜色亮度和底层的颜色亮度是否低于50%的灰度，然后根据不同的叠加模式创建不同的叠加效果。

1.Overlay（叠加）模式

Overlay（叠加）模式可以增强图像的颜色，并保留底层图像的高光和暗调，如图6-20所示。Overlay（叠加）模式对中间色调的影响比较明显，对于高亮度区域和暗调区域的影响不大。

图6-20

2.Soft Light（柔光）模式

Soft Light（柔光）模式可以使颜色变亮或变暗（具体效果要取决于叠加色），这种效果与发散的聚光灯照在图像上很相似，如图6-21所示。

图6-21

3.Hard Light（强光）模式

使用Hard Light（强光）模式时，当前图层中比50%灰色亮的像素会使图像变亮，比50%灰色暗的像素会使图像变暗。这种模式产生的效果与耀眼的聚光灯照在图像上很相似，如图6-22所示。

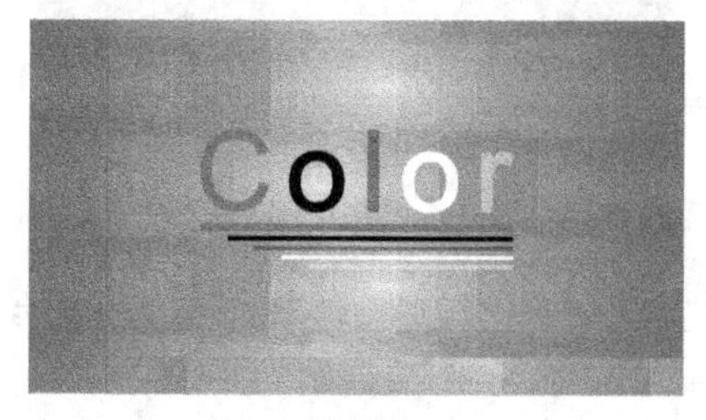

图6-22

4.Linear Light（线性光）模式

Linear Light（线性光）模式可以通过减小或增大亮度来加深或减淡颜色，具体效果要取决于叠加色，如图6-23所示。

图6-23

5.Vivid Light（艳光）模式

Vivid Light（艳光）模式可以通过增大或减小对比度来加深或减淡颜色，具体效果要取决于叠加色，如图6-24所示。

图6-24

6.Pin Light（点光）模式

Pin Light（点光）模式可以替换图像的颜色。如果当前图层中的像素比50%灰色亮，则替换暗的像素；如果当前图层中的像素比50%灰色暗，则替换亮的像素，在为图像添加特效时非常有用，如图6-25所示。

图6-25

7.Hard Mix（强烈叠加）模式

在使用Hard Mix（强烈叠加）模式时，如果当前图层中的像素比50%灰色亮，会使底层图像变亮；如果当前图层中的像素比50%灰色暗，则会使底层图像变暗。这种模式通常会使图像产生色调分离的效果，如图6-26所示。

图6-26

> **技巧与提示**
>
> 在叠加模式中，Overlay（叠加）和Soft Light（柔光）模式是使用频率较高的图层叠加模式。

6.1.6 差值模式

在差值模式中，主要包括Difference（差值）、Classic Difference（经典差值）和Exclusion（排除）3种叠加模式。这种类型的叠加模式都是基于当前图层和底层的颜色值来产生差异效果。

1.Difference（差值）模式

Difference（差值）模式可以从基色中减去叠加色或从叠加色中减去基色，具体情况要取决于哪个颜色的亮度值更高，如图6-27所示。

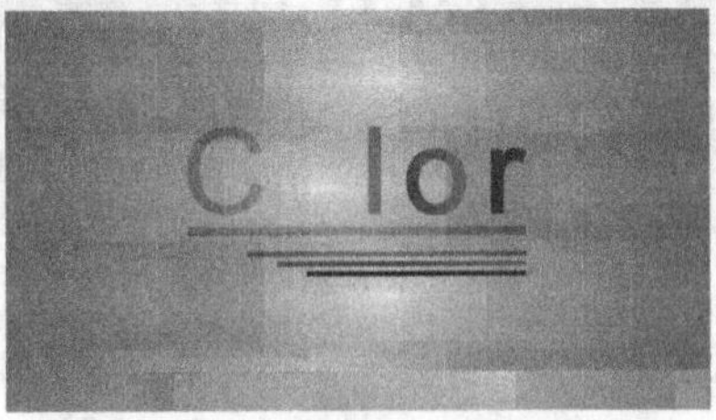

图6-27

2.Classic Difference（经典差值）模式

Classic Difference（经典差值）模式也可以从基色中减去叠加色或从叠加色中减去基色，其效果要优于Difference（差值）模式。

3.Exclusion（排除）模式

Exclusion（排除）模式与Difference（差值）模式比较相似，但是该模式可以创建出对比度更低的叠加效果，如图6-28所示。

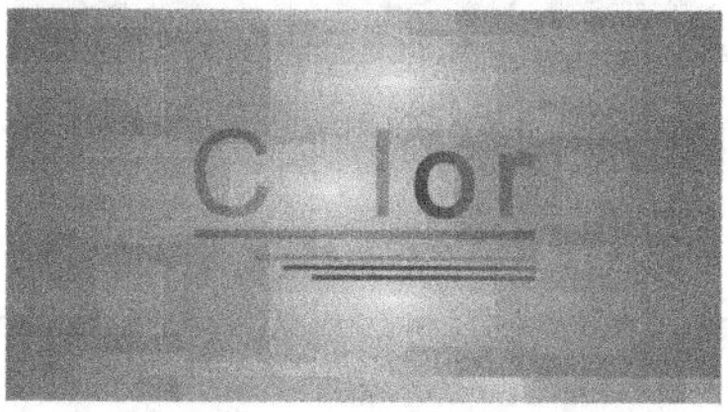

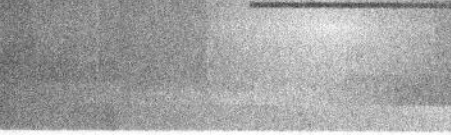

图6-28

6.1.7 色彩模式

在色彩模式中，主要包括Hue（色相）、Saturation（饱和度）、Color（颜色）和Luminosity（亮度）4种叠加模式。这种类型的叠加模式会改变底层颜色的一个或多个色相、饱和度和明度值。

1.Hue（色相）模式

Hue（色相）模式可以将当前图层的色相应用到底层图像的亮度和饱和度中，可以改变底层图像的色相，但不会影响其亮度和饱和度。对于黑色、白色和灰色区域，该模式将不起作用，如图6-29所示。

图6-29

2.Saturation（饱和度）模式

Saturation（饱和度）模式可以将当前图层的饱和度应用到底层图像的亮度和色相中，可以改变底层图像的饱和度，但不会影响其亮度和色相，如图6-30所示。

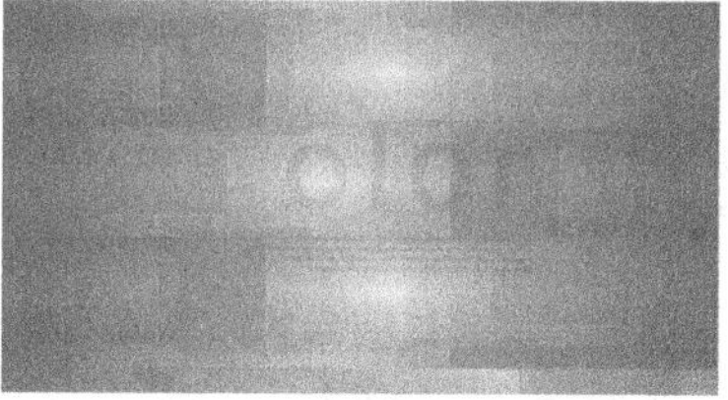

图6-30

3.Color（颜色）模式

Color（颜色）模式可以将当前图层的色相与饱和度应用到底层图像中，但保持底层图像的亮度不变，如图6-31所示。

图6-31

4.Luminosity（亮度）模式

Luminosity（亮度）模式可以将当前图层的亮度应用到底层图像的颜色中，可以改变底层图像的亮度，但不会对其色相与饱和度产生影响，如图6-32所示。

图6-32

技巧与提示

在色彩模式中，Luminosity（亮度）模式是使用频率较高的图层叠加模式。

6.1.8 蒙版模式

在蒙版模式中，主要包括Stencil Alpha（Alpha蒙版）、Stencil Luma（亮度蒙版）、Silhouette Alpha（轮廓Alpha）和Silhouette Luma（轮廓亮度）4种叠加模式。这种类型的叠加模式可以将当前图层转化为底图层的一个遮罩。

1.Stencil Alpha（Alpha蒙版）模式

Stencil Alpha（Alpha蒙版）模式可以穿过Stencil（蒙版）层的Alpha通道来显示多个图层，如图6-33所示。

图6-33

2.Stencil Luma（亮度蒙版）模式

Stencil Luma（亮度蒙版）模式可以穿过Stencil（蒙版）层的像素亮度来显示多个图层，如图6-34所示。

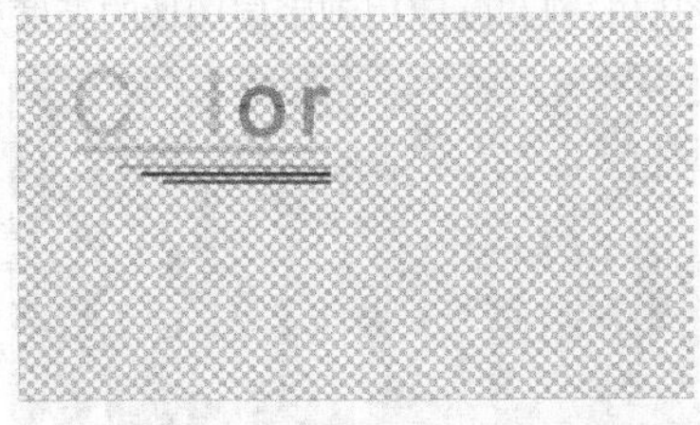

图6-34

3.Silhouette Alpha（轮廓Alpha）模式

Silhouette Alpha（轮廓Alpha）模式可以通过当前图层的Alpha通道来影响底层图像，使受影响的区域被剪切，如图6-35所示。

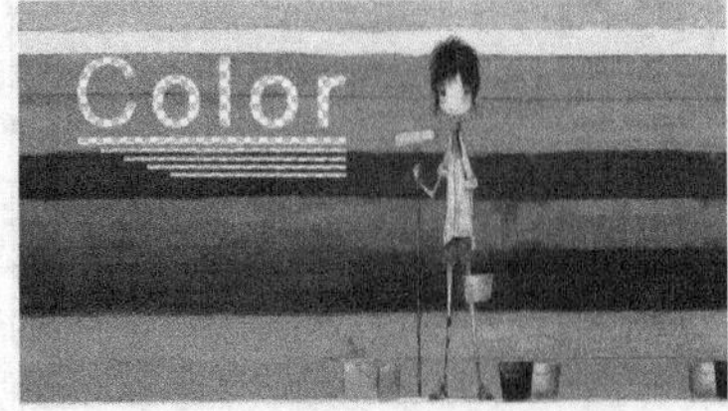

图6-35

4.Silhouette Luma（轮廓亮度）模式

Silhouette Luma（轮廓亮度）模式可以通过当前图层上的像素亮度来影响底层图像，使受影响的像素被部分剪切或被全部剪切，如图6-36所示。

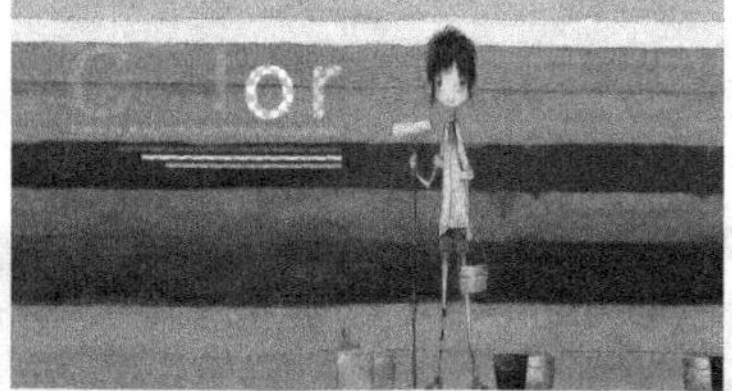

图6-36

6.1.9 共享模式

在共享模式中，主要包括Alpha Add（Alpha相加）和Luminescent Premul（冷光预乘）两种叠加模式。这种类型的叠加模式可以使底层与当前图层的Alpha通道或透明区域像素产生相互作用。

1.Alpha Add（Alpha相加）模式

Alpha Add（Alpha相加）模式可以使底层与当前图层的Alpha通道共同建立一个无痕迹的透明区域，如图6-37所示。

图6-37

2.Luminescent Premul（冷光预乘）模式

Luminescent Premul（冷光预乘）模式使当前图层的透明区域像素与底层相互产生作用，可以使边缘产生透镜和光亮效果，如图6-38所示。

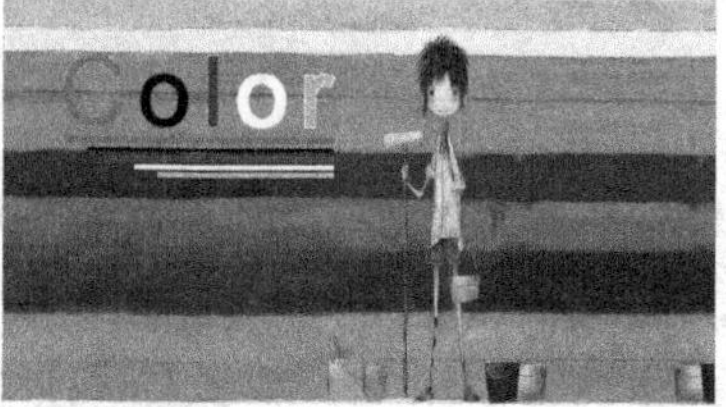

图6-38

技巧与提示

使用Shift+ - 或Shift++组合键可以快速切换图层的叠加模式。

6.2 遮罩

在进行项目合成的时候，由于有的素材本身不具备Alpha通道信息，因而无法通过常规的方法将这些素材合成到镜头中。当素材没有Alpha通道时，可以通过创建遮罩来建立透明的区域。

本节知识点

名称	作用	重要程度
遮罩的概念	了解遮罩的概念	中
遮罩的创建与修改	掌握如何创建与修改遮罩	高
遮罩的属性	了解遮罩的属性	高
遮罩的叠加模式	了解遮罩的叠加模式	高
遮罩的动画	了解遮罩的动画	高

6.2.1 课堂案例——遮罩动画

素材位置	实例文件>CH06>课堂案例——遮罩动画
实例位置	实例文件>CH06>课堂案例——遮罩动画_Final.aep
视频位置	多媒体教学>CH06>课堂案例——遮罩动画.flv
难易指数	★★☆☆☆
学习目标	掌握遮罩动画的应用

本例制作的遮罩动画效果如图6-39所示。

图6-39

01 使用After Effects CS6打开“课堂案例——遮罩动画.aep”素材文件，如图6-40所示。

02 选择Image图层，然后按Ctrl+D组合键复制图层，将复制后的图层重新命名为Animation，如图6-41所示。

03 选择 Animation图层后，使用Tools（工具）面板中的Rectangle Tool（矩形工具）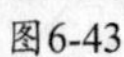绘制遮罩，如图6-42所示。

图6-40

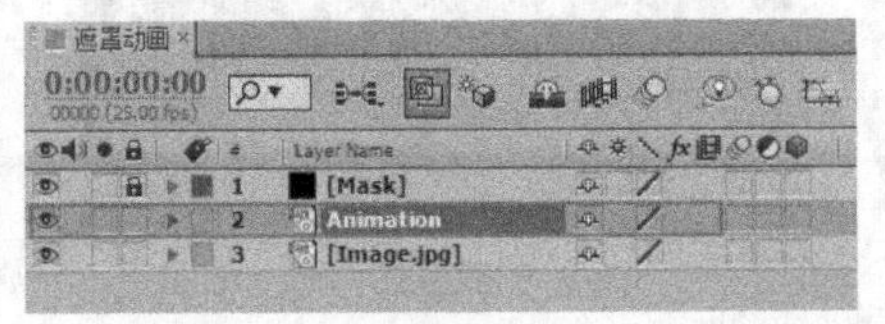

图6-41

图6-42

04 展开Animation图层中Mask 1的属性后，设置Mask Path（遮罩路径）属性的动画关键帧，如图6-43所示。第2秒处的遮罩位置如图6-44所示，第3秒处的遮罩位置如图6-45所示。

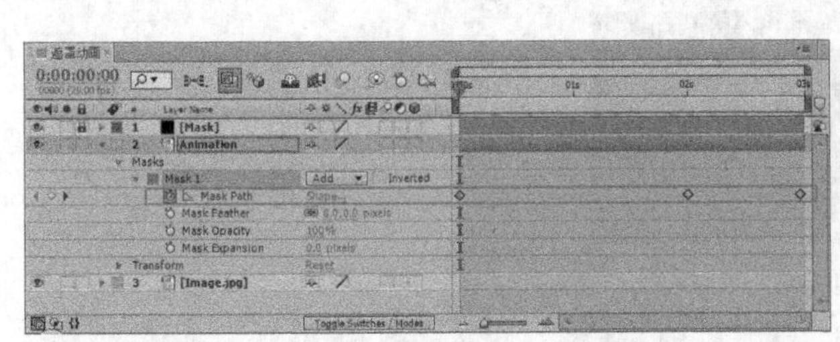

图6-43

图6-44

图6-45

技巧与提示

调节遮罩的形状和大小等属性，可以在Composition（合成）面板中进行，用鼠标双击遮罩的任意一个顶点，即可进入遮罩的编辑状态，编辑完成后，再次双击确认即可。遮罩的编辑状态如图6-46所示。

图6-46

05 可以使用同样的方法创建多个Mask（遮罩），并可以任意自定义遮罩的大小和动画，如图6-47和图6-48所示。

图6-47

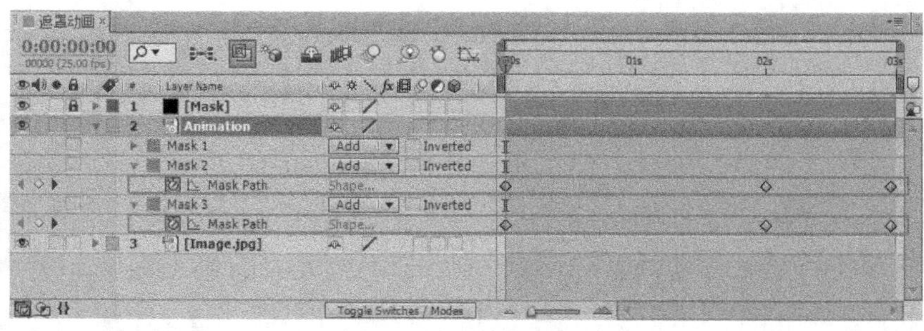

图6-48

06 选择Animation图层，执行“Effect（特效）>Color Correction（色彩修正）>Hue/Saturation（色相/饱和度）”菜单命令，为其添加Hue/Saturation（色相/饱和度）滤镜，修改Master Saturation（主要饱和度）的值为-100，如图6-49所示。

07 修改Animation图层的Opacity（不透明度）值为60%，如图6-50所示。最终的单帧动画效果如图6-51所示。

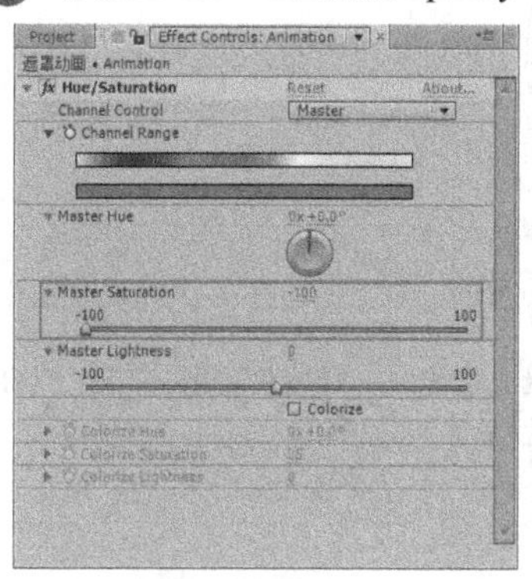

图6-49

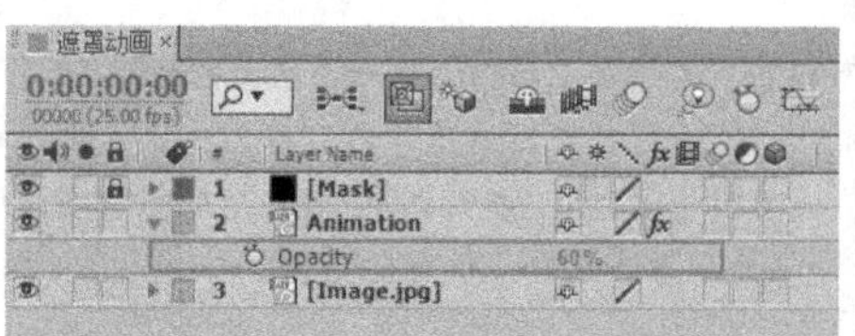

图6-50

图6-51

6.2.2 遮罩的概念

After Effects CS6中的Mask（遮罩）其实就是一个封闭的由贝塞尔曲线所构成的路径轮廓，轮廓之内或之外的区域可以作为控制图层透明区域和不透明区域的依据，如图6-52所示。如果不是闭合曲线，那就只能作为路径来使用，如图6-53所示。

图6-52

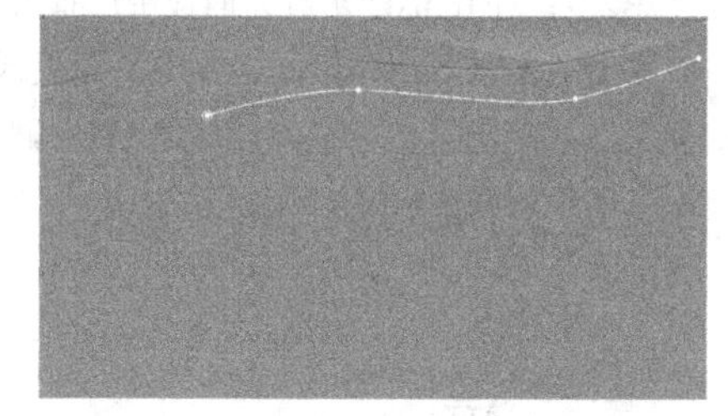

图6-53

6.2.3 遮罩的创建与修改

创建遮罩的方法比较多，但在实际工作中主要使用以下4种方法。

1.使用遮罩工具创建遮罩

使用遮罩工具创建遮罩的方法很简单，但软件提供的可选择遮罩工具比较有限。使用遮罩工具创建遮罩的步骤如下。

第1步：在Timeline（时间线）面板中选择需要创建遮罩的图层。

第2步：在Tools（工具）面板中选择合适的遮罩创建工具，如图6-54所示。

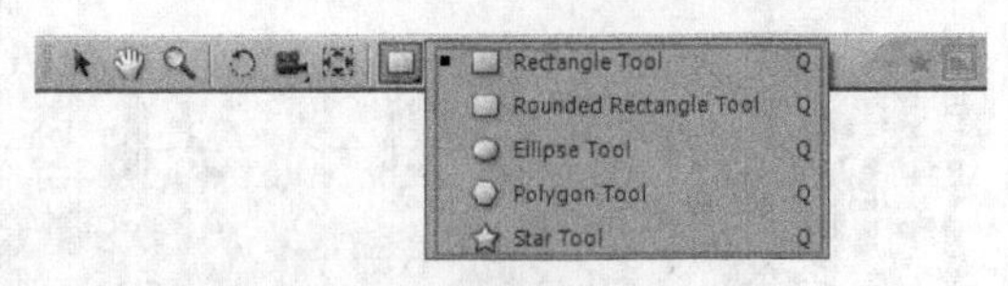

图6-54

技巧与提示

可选择的遮罩工具包括Rectangle Tool（矩形工具）、Rounded Rectangle Tool（圆角矩形工具）、Ellipse Tool（椭圆工具）、Polygon Tool（多边形工具）和Star Tool（星形工具）。

第3步：保持对遮罩工具的选择，在Composition（合成）面板或Layer（图层）面板中使用鼠标左键进行拖曳就可以创建出遮罩，如图6-55所示。

图6-55

技巧与提示

在选择好的遮罩工具上双击鼠标左键可以在当前图层中自动创建一个最大的遮罩。

在Composition（合成）面板中，按住Shift键的同时使用遮罩工具可以创建出等比例的遮罩形状。比如使用Rectangle Tool（矩形工具）可以创建出正方形的遮罩，使用Ellipse Tool（椭圆工具）可以创建出圆形的遮罩。

如果在创建遮罩时按住Ctrl键，可以创建一个以单击鼠标左键确定的第1个点为中心的遮罩。

2.使用Pen Tool（钢笔工具）创建遮罩

在Tools（工具）面板中选择Pen Tool（钢笔工具），如图6-56所示。可以创建出任意形状的遮罩，在使用Pen Tool（钢笔工具）创建遮罩时，必须使遮罩成为闭合的状态。

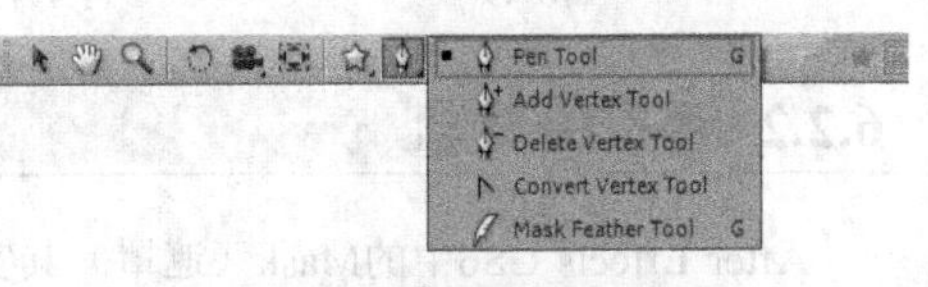

图6-56

使用Pen Tool（钢笔工具）创建遮罩的步骤如下。

第1步：在Timeline（时间线）面板中选择需要创建遮罩的图层。

第2步：在Tools（工具）面板中选择Pen Tool（钢笔工具）。

第3步：在Composition（合成）面板或Layer（图层）面板中单击鼠标左键，确定第1个点，然后继续单击鼠标左键，绘制出一条闭合的贝塞尔曲线，如图6-57所示。

图6-57

技巧与提示

在使用Pen Tool（钢笔工具）创建曲线的过程中，如果需要在闭合的曲线上添加点，可以使用Add Vertex Tool（添加点工具）；如果需要在闭合的曲线上减少点，可以使用Delete Vertex Tool（减少点工具）；如果需要对曲线的点进行贝塞尔控制调节，可以使用Convert Vertex Tool（转换顶点工具）；如果需要对创建的曲线进行羽化，可以使用Mask Feather Tool（遮罩羽化工具）。

3.使用New Mask（新建遮罩）命令创建遮罩

使用New Mask（新建遮罩）命令创建的遮罩与使用遮罩工具创建的遮罩差不多，遮罩形状都比较单一。使用New Mask（新建遮罩）命令创建遮罩的步骤如下。

第1步：在Timeline（时间线）面板中选择需要创建遮罩的图层。

第2步：执行“Layer（图层）>Mask（遮罩）>New Mask（新建遮罩）”菜单命令，这时可以创建一个与图层大小一致的矩形遮罩，如图6-58所示。

第3步：如果需要对遮罩进行调节，可以使用Selection Tool（选择工具）选择遮罩，然后执行“Layer（图层）>Mask（遮罩）>Mask Shape（遮罩形状）”菜单命令，打开Mask Shape（遮罩形状）对话框，在该对话框中可以对遮罩的位置、单位和形状进行调节，如图6-59所示。

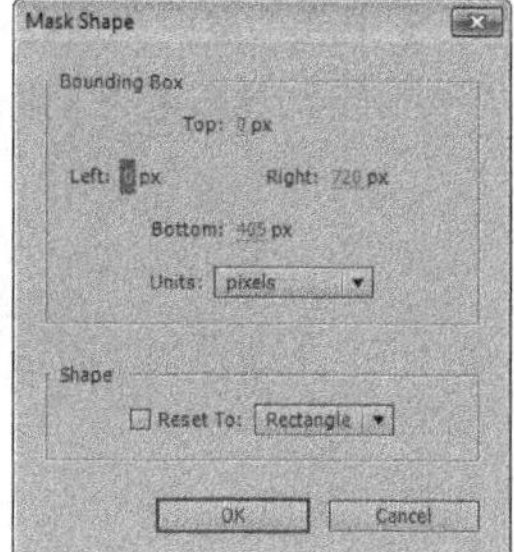

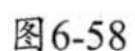
图6-58　　图6-59

> **技巧与提示**
>
> 可以在Shape（形状）下拉列表中选择Rectangle（矩形）和Ellipse（椭圆）两种形状。

4.使用Auto-trace（自动跟踪）命令创建遮罩

执行“Layer（图层）>Auto-trace（自动跟踪）”菜单命令，可以根据图层的Alpha通道、红、绿、蓝和亮度信息来自动生成路径遮罩，如图6-60所示。

执行“Layer（图层）>Auto-trace（自动跟踪）”菜单命令将会打开Auto-trace（自动跟踪）对话框，如图6-61所示。

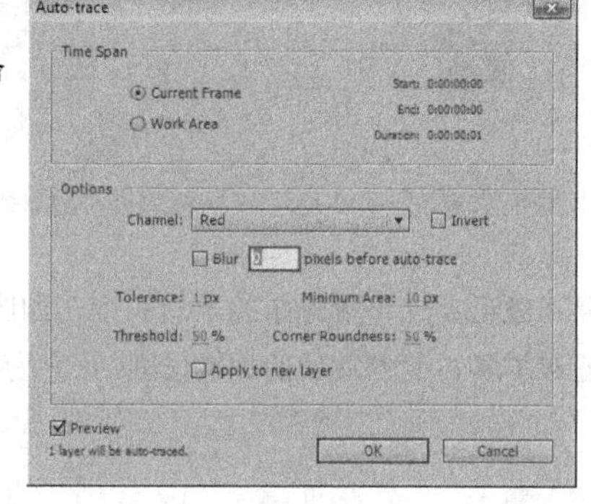

图6-60　　图6-61

参数详解

Time Span（**时间跨度**）：设置Auto-trace（自动跟踪）的时间区域。

Current Frame（**当前帧**）：只对当前帧进行自动跟踪。

Work Area（**工作区域**）：对整个工作区进行自动跟踪，使用这个选项可能需要花费一定的时间来生成遮罩。

Options（**选项**）：设置自动跟踪遮罩的相关参数。

Channel（**通道**）：选择作为自动跟踪遮罩的通道，共有Alpha、Red（红色）、Green（绿色）、Blue（蓝色）和Luminance（亮度）5个选项。

Invert（**反转**）：勾选该选项后，可以反转遮罩的方向。

Blur（**模糊**）：在自动跟踪遮罩之前，可以对原始画面进行虚化处理，这样可以使跟踪遮罩的结果更加平滑。

Tolerance（**容差**）：设置容差范围，可以判断误差和界限的范围。

Minimum Area（**最小区域**）：设置遮罩的最小区域值。

Threshold（**阈值**）：设置遮罩的阈值范围。高于该阈值的区域为不透明区域，低于该阈值的区域为透明区域。

Corner Roundness（**圆角**）：设置跟踪遮罩在拐点处的圆滑程度。

Apply to new layer（**应用到新图层**）：勾选此选项时，最终创建的跟踪遮罩路径将保存在一个新建的固态层中。

Preview（**预览**）：勾选该选项时，可以预览设置的结果。

5.其他遮罩的创建方法

在After Effects CS6中，还可以通过复制Adobe Illustrator和Adobe Photoshop的路径来创建遮罩，这对于创建一些规则的遮罩或有特殊结构的遮罩非常有用。

6.2.4 遮罩的属性

在Timeline（时间线）面板中连续按两次M键可以展开遮罩的所有属性，如图6-62所示。

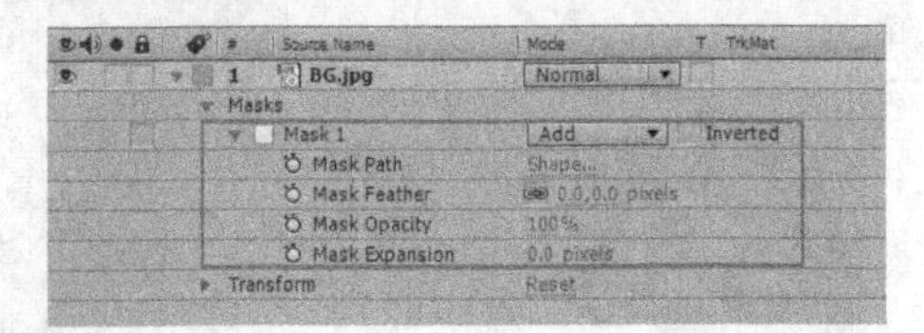

图6-62

参数详解

Mask Path（**遮罩路径**）：设置遮罩的路径范围和形状，也可以为遮罩节点制作关键帧动画。

Inverted（**反转**）：反转遮罩的路径范围和形状，如图6-63所示。

Mask Feather（**遮罩羽化**）：设置遮罩边缘的羽化效果，这样可以使遮罩边缘与底层图像完美地融合在一起，如图6-64所示。单击“锁定”按钮，将其设置为“解锁”状态后，可以分别对遮罩的x轴和y轴进行羽化。

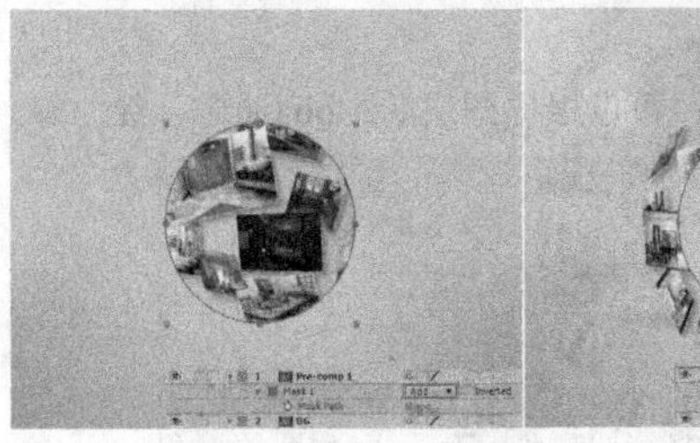

图6-63

图6-64

Mask Opacity（**遮罩不透明度**）：设置遮罩的不透明度，如图6-65所示。

Mask Expansion（**遮罩扩展**）：调整遮罩的扩展程度。正值为扩展遮罩区域，负值为收缩遮罩区域，如图6-66所示。

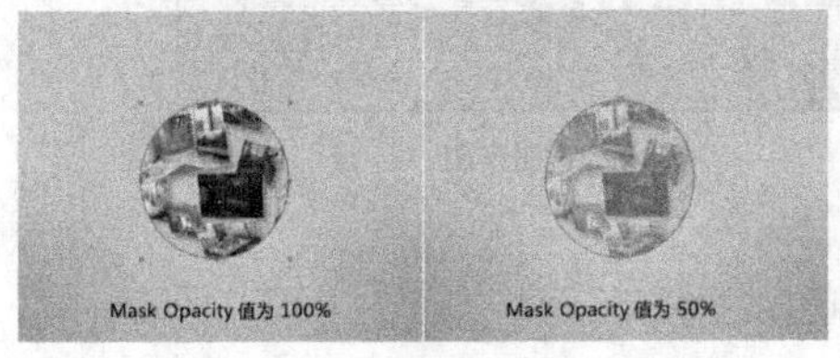

图6-65

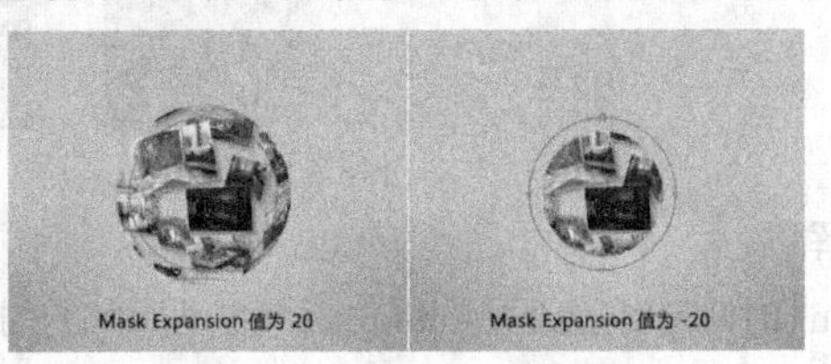

图6-66

6.2.5 遮罩的叠加模式

当一个图层中具有多个遮罩时，这时就可以通过选择各种叠加模式来使遮罩之间产生叠加效果，如图6-67所示。

另外遮罩的排列顺序对最终的叠加结果有很大影响，After Effects是按照遮罩的排列顺序从上往下逐一进行处理的，也就是说先处理最上面的遮罩及其叠加效果，再将结果与下面的遮罩和叠加模式进行计算。另外，Mask Opacity（遮罩不透明度）也是需要考虑的必要因素之一。

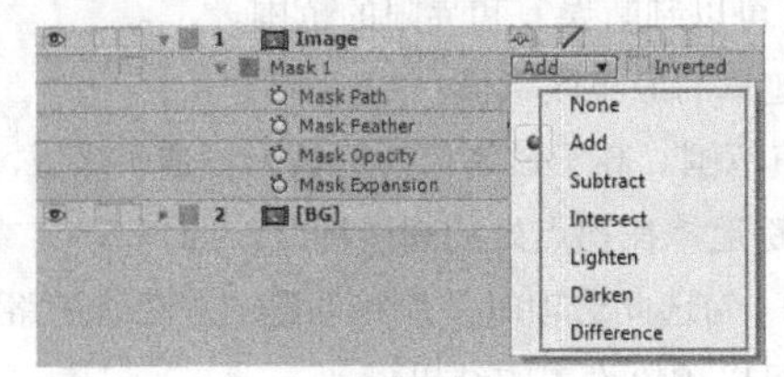

图6-67

参数详解

None（**无**）：选择None（无）模式时，路径将不作为遮罩使用，而是作为路径存在，如图6-68所示。

Add（**加法**）：将当前遮罩区域与其上面的遮罩区域进行相加处理，如图6-69所示。

Subtract（**减法**）：将当前遮罩上面的所有遮罩的组合结果进行相减处理，如图6-70所示。

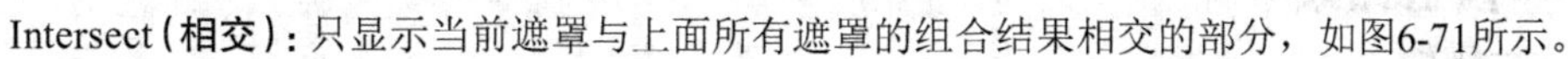

Intersect（**相交**）：只显示当前遮罩与上面所有遮罩的组合结果相交的部分，如图6-71所示。

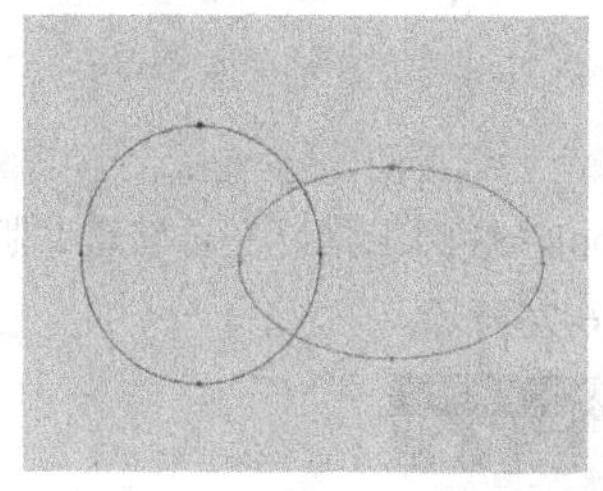

图6-68

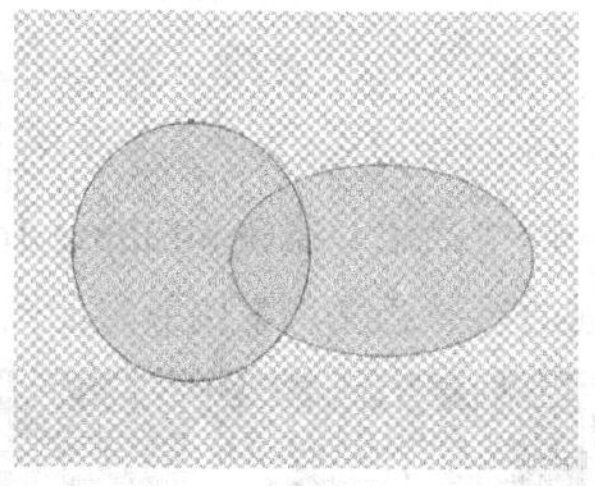

图6-69

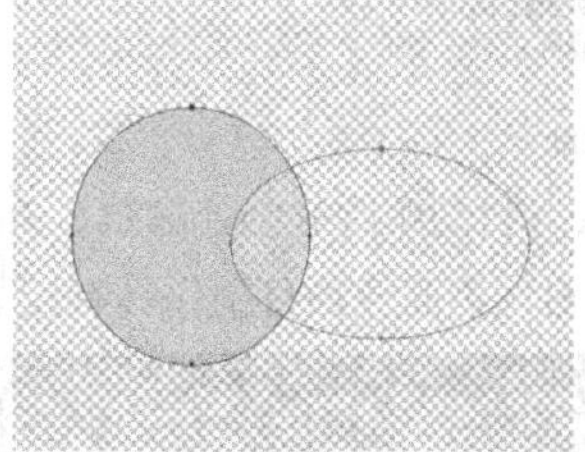

图6-70

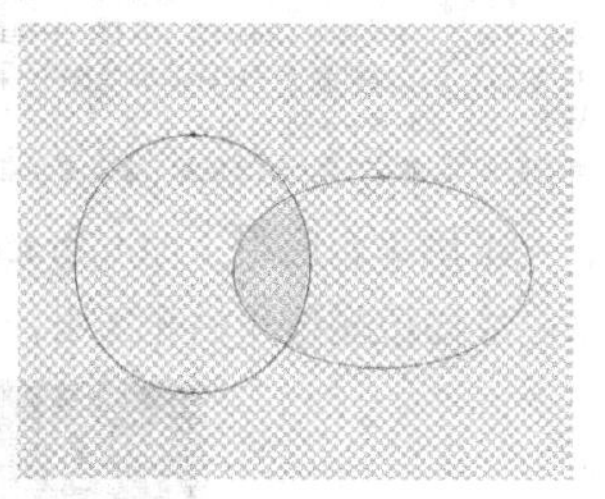

图6-71

Lighten（**变亮**）：对于可视区域来讲，Lighten（变亮）模式与Add（加法）模式相同；对于遮罩重叠处的不透明度则采用不透明度较高的值，如图6-72所示。

Darken（**变暗**）：对于可视区域来讲，Darken（变暗）模式与Intersect（相交）模式相同；对于遮罩重叠处的不透明度则采用不透明度较低的值，如图6-73所示。

Difference（**差值**）：对于可视区域采取并集减去交集的方式。也就是说，先将当前遮罩与上面所有遮罩的组合结果进行并集运算，然后再将当前遮罩与上面所有遮罩的组合结果的相交部分进行相减运算，如图6-74所示。

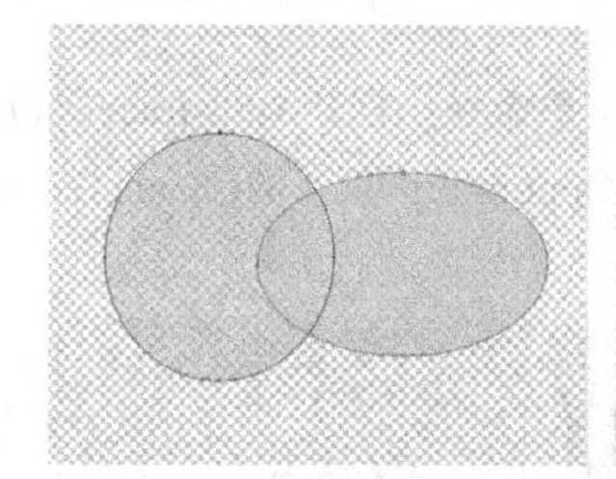

图6-72

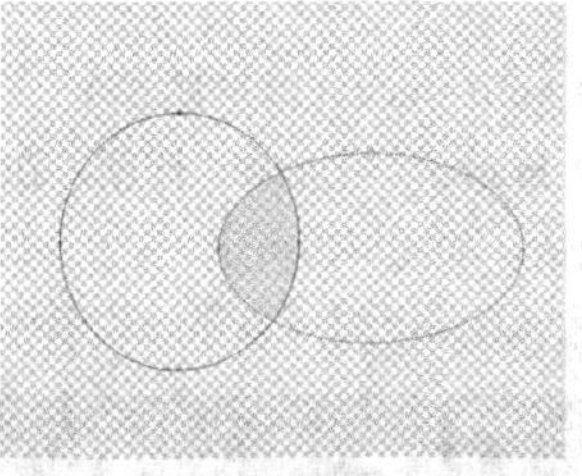

图6-73

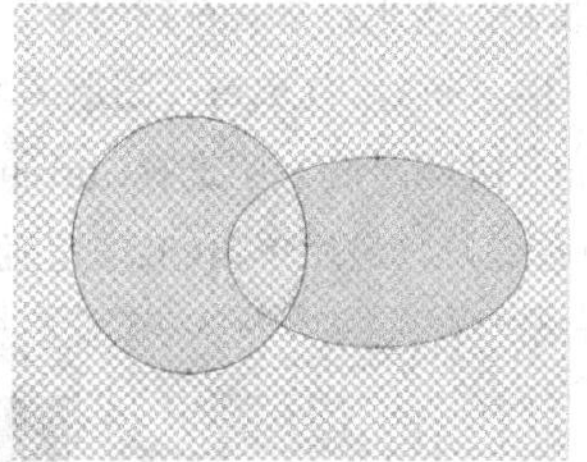

图6-74

6.2.6 遮罩的动画

在实际工作中，为了配合画面的需要，会使用到遮罩动画。实际上就是设置Mask Path（遮罩路径）属性的动画关键帧。

6.3 轨道蒙版

Track Matte（轨道蒙版）属于特殊的一种遮罩类型，它可以将一个图层的Alpha信息或亮度信息作为另一个图层的透明度信息，同样可以完成建立图像透明区域或限制图像局部显示的工作。

当遇到有特殊要求的时候（如在运动的文字轮廓内显示图像），则可以通过Track Matte（轨道蒙版）来完成镜头的制作，如图6-75所示。

图6-75

本节知识点

名称	作用	重要程度
面板切换	了解如何使用面板切换来打开轨道蒙版	中
Track Matte（轨道蒙版）菜单	了解如何使用菜单命令打开轨道蒙版	中

6.3.1 课堂案例——描边光效

素材位置	实例文件>CH06>课堂案例——描边光效
实例位置	实例文件>CH06>课堂案例——描边光效.aep
视频位置	多媒体教学>CH06>课堂案例——描边光效.flv
难易指数	★★★☆☆
学习目标	掌握遮罩和轨道蒙版的具体组合应用

本例综合应用了Auto-trace（自动跟踪）创建遮罩、Stroke（描边）滤镜和Ellipse Tool（椭圆工具）配合轨道蒙版来完成描边光效和扫光效果，对同类商业项目制作具有较强的指导意义，案例效果如图6-76所示。

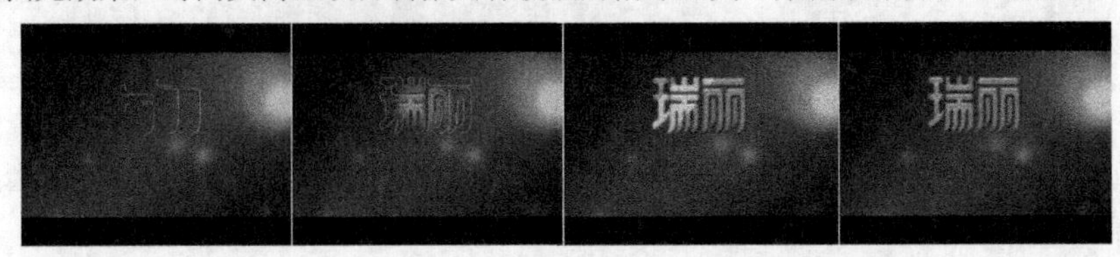

图6-76

01 执行“Composition（合成）>New Composition（新建合成）”菜单命令，创建一个预置为PAL D1/DV的合成，然后设置Duration（持续时间）为3秒，并将其命名为Logo，如图6-77所示。

02 执行“File（文件）>Import（导入）>File（文件）”菜单命令，打开Logo.tga素材文件，然后将素材拖曳到Timeline（时间线）面板上，如图6-78所示。

03 选择Logo图层，执行“Layer（图层）>Auto-trace（自动跟踪）”菜单命令，打开Auto-trace（自动跟踪）对话框。在Time Span（时间跨度）中选择Current Frame（当前帧）选项，在Options（选项）的Channel（通道）设置中选择Alpha（Alpha通道），最后单击OK按钮确认，如图6-79所示。

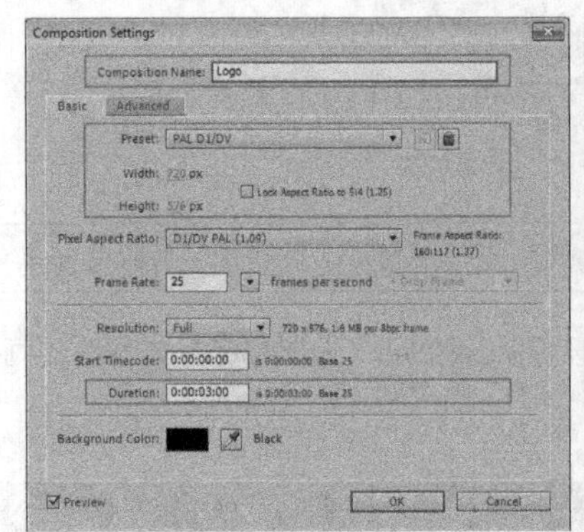

图6-77

图6-78

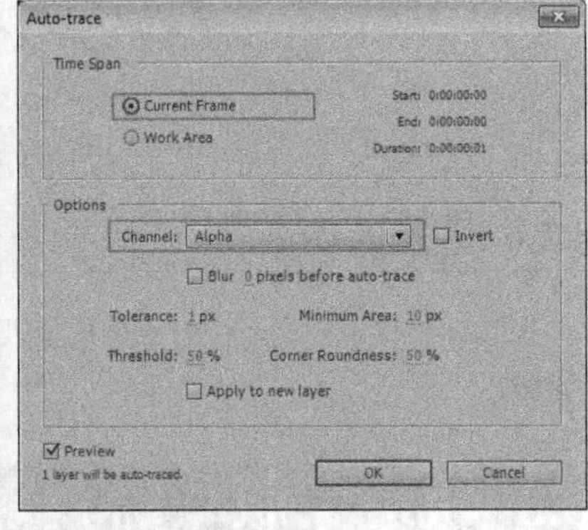

图6-79

04 应用了Auto-trace（自动跟踪）菜单命令之后，Logo图层上自动添加了遮罩，如图6-80和图6-81所示。

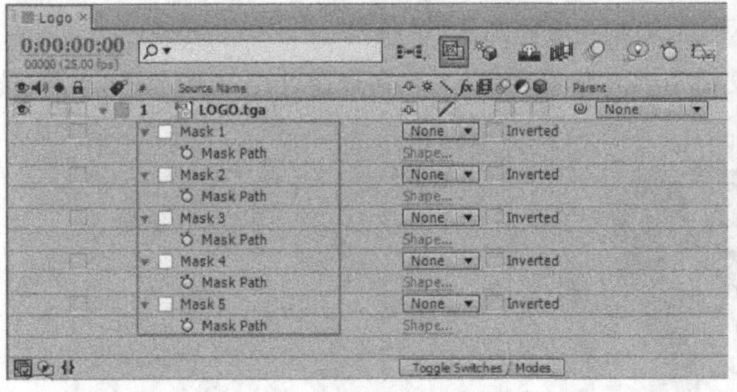

图6-80

图6-81

05 为了方便和快捷地控制每个Mask（遮罩），新建5个黑色的固态图层，接着将上一步中的5个Mask（遮罩）分别剪切并复制到新建的5个固态图层中，如图6-82所示。

06 选择第一个图层，然后执行“Effect（特效）>Generate（生成）>Stroke（描边）”菜单命令，为其添加Stroke（描边）滤镜。设置Color（颜色）为粉色，Brush Hardness（笔刷硬度）值为100%，Spacing（间距）值为100%，最后将Paint Style（笔刷的类型）设置为On Transparent（透明的），如图6-83和图6-84所示。

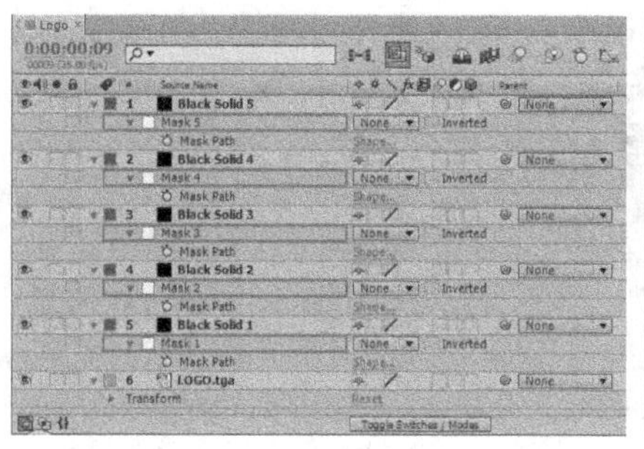

图6-82

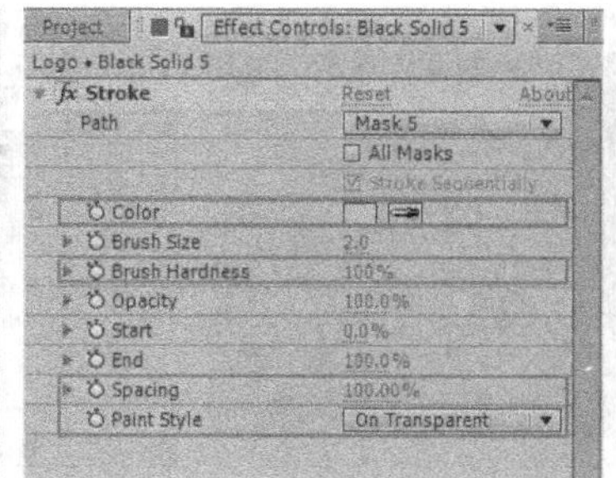

图6-83

图6-84

07 展开Stroke（描边）特效，在第0秒处设置End（结束）值为0，在第2秒10帧处设置End（结束）值为100，如图6-85所示。

08 使用和上一步相同的方法，为其他图层添加Stroke（描边）特效并设置相同的关键帧动画，如图6-86所示。

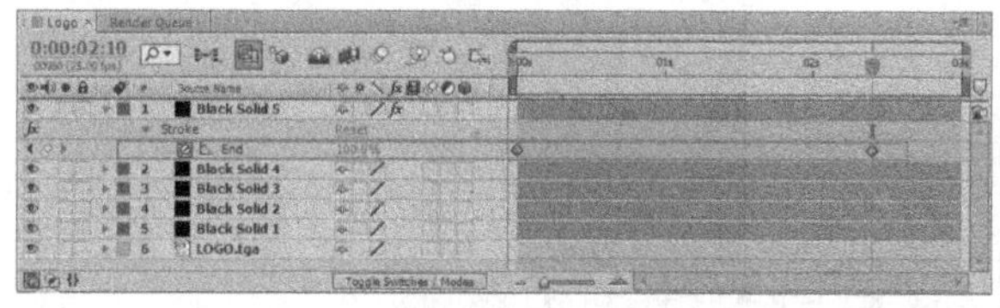

图6-85

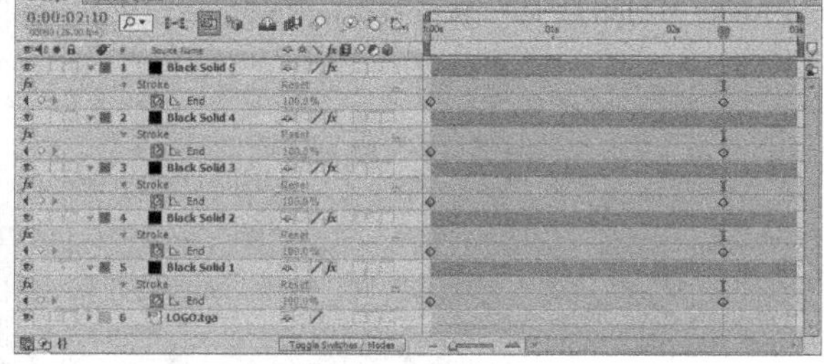

图6-86

09 选择Logo图层，为其添加一个椭圆遮罩，接着设置Mask Feather（羽化遮罩）为（50，50 pixels），Mask Expansion（遮罩扩展）为-125 pixels，如图6-87和图6-88所示。

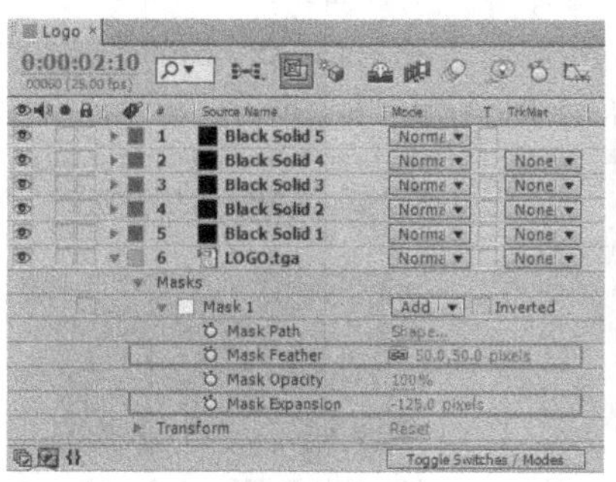

图6-87

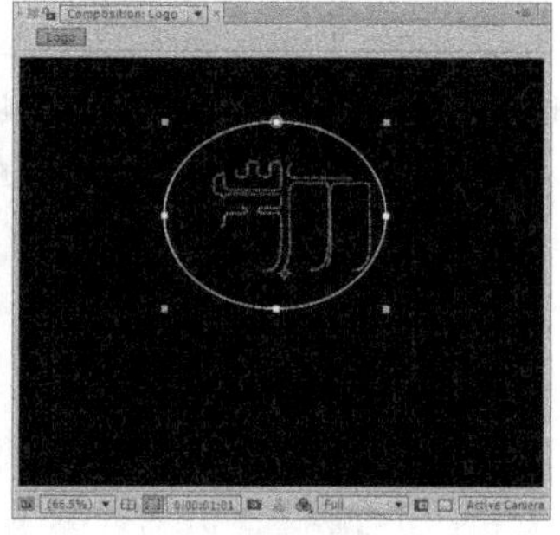

图6-88

10 展开Mask 1属性栏，在第1秒15帧处设置Mask Expansion（遮罩扩展）为-125，在第2秒10帧处设置Mask Expansion（遮罩扩展）为35，如图6-89所示。

11 选择除Logo图层外的其他5个图层，设置其Opacity（不透明度）的动画关键帧。在第2秒处，设置Opacity（不透明度）的值为100%；在第2秒10帧处，设置Opacity（不透明度）的值为0%，如图6-90所示。

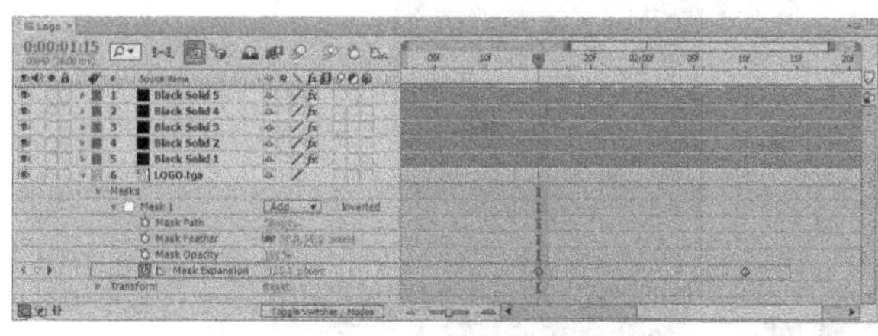

图6-89

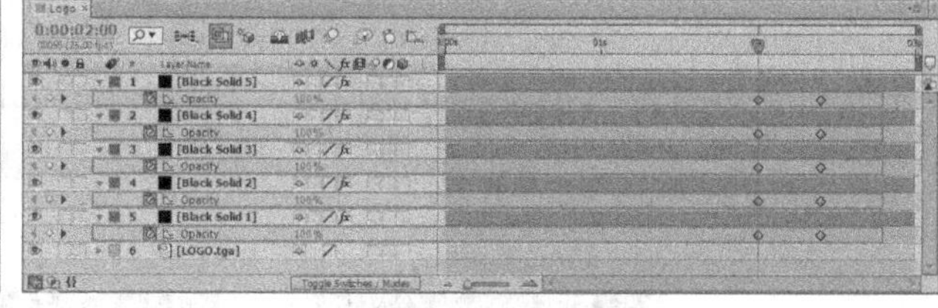

图6-90

12 执行"File（文件）>Import（导入）>File（文件）"菜单命令，打开Image.jpg素材文件，将该素材拖曳到Timeline（时间线）面板中并移动到所有图层的最下面，如图6-91所示。

13 按小键盘上的数字键0键预览效果，如图6-92所示。

14 选择除Image图层外的其他6个图层，按Ctrl+Shift+C组合键合并图层，将合并后的图层命名为Logo，如图6-93所示。

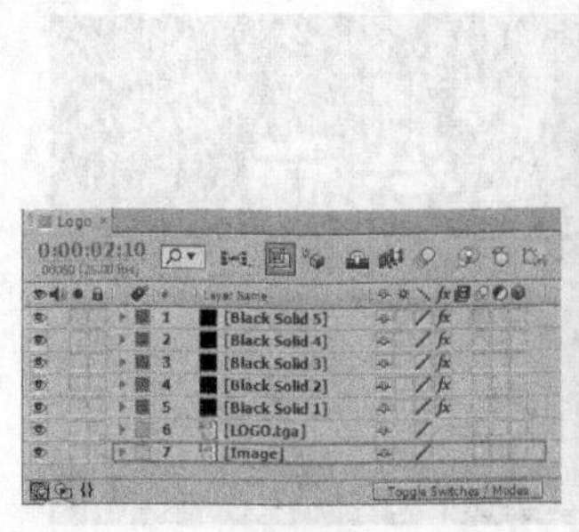

图6-91

图6-92

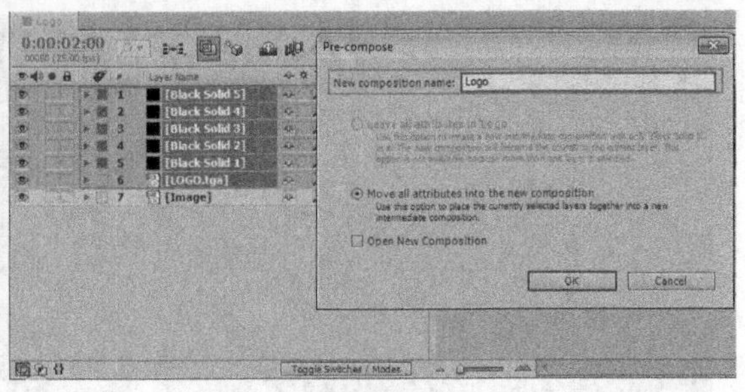

图6-93

15 按Ctrl+Y组合键创建一个白色的固态图层，如图6-94所示。

16 把Project（项目）面板中的Logo.tga素材添加到Timeline（时间线）面板中。将Logo.tga图层作为Mask图层的Alpha Matte（Alpha蒙版）轨道蒙版，相关参数设置如图6-95示。

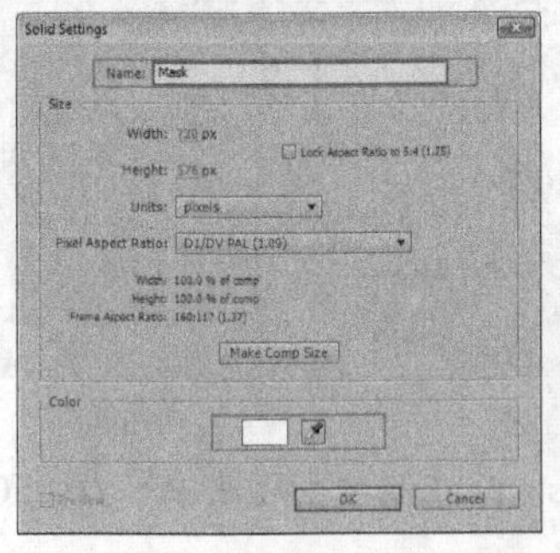

图6-94

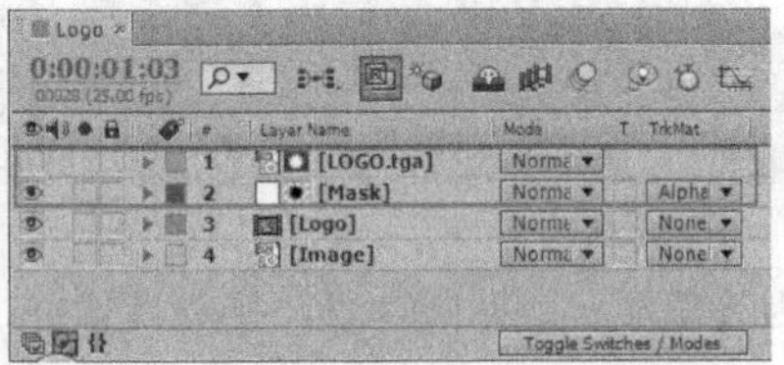

图6-95

17 选择 Mask图层，使用Ellipse Tool（椭圆工具）绘制遮罩并设置Mask Feather（遮罩羽化）的值为（2，2）pixels，设置Mask Opacity（遮罩不透明度）的值为60%，如图6-96和图6-97所示。

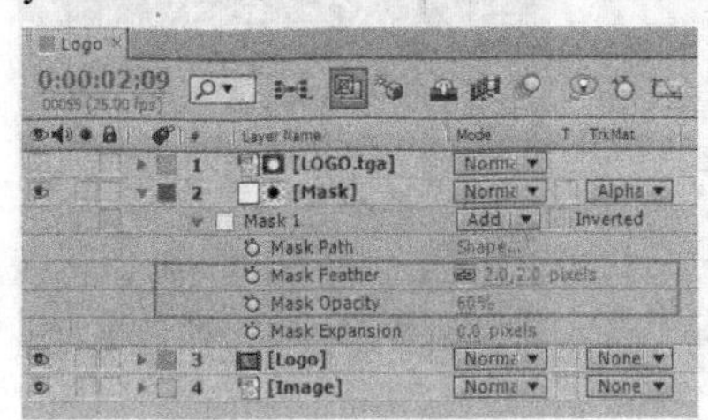

图6-96

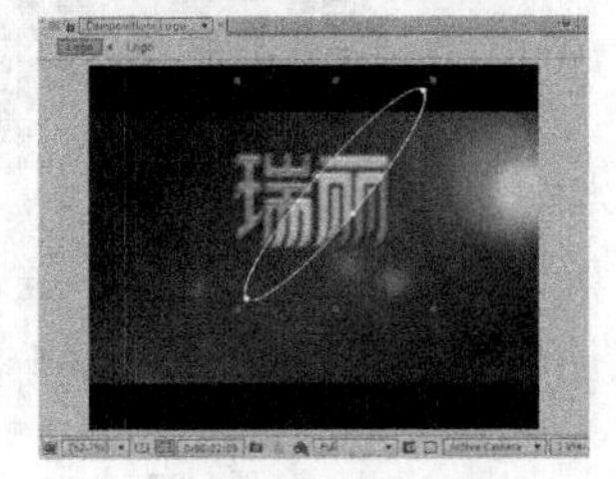

图6-97

18 设置Mask Path（遮罩路径）属性的动画关键帧，如图6-98所示。第2秒6帧处的遮罩位置如图6-99所示，第3秒处的遮罩位置如图6-100所示。最终画面的预览效果如图6-101所示。

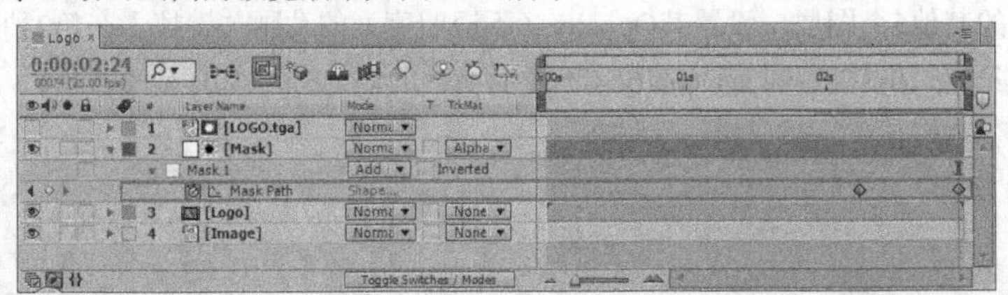

图6-98

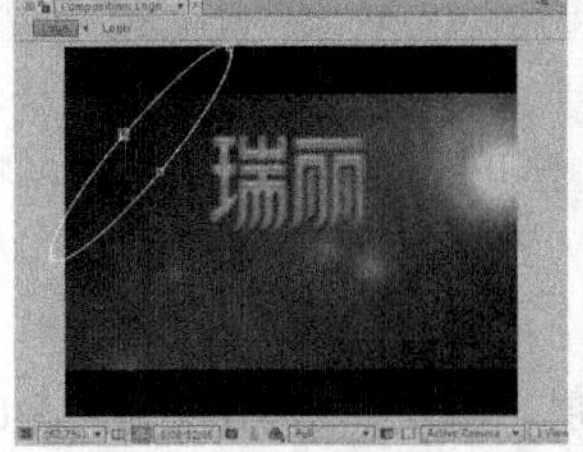

图6-99

图6-100

图6-101

19 至此，整个案例制作完毕。按Ctrl+M组合键进行视频输出，如图6-102所示。

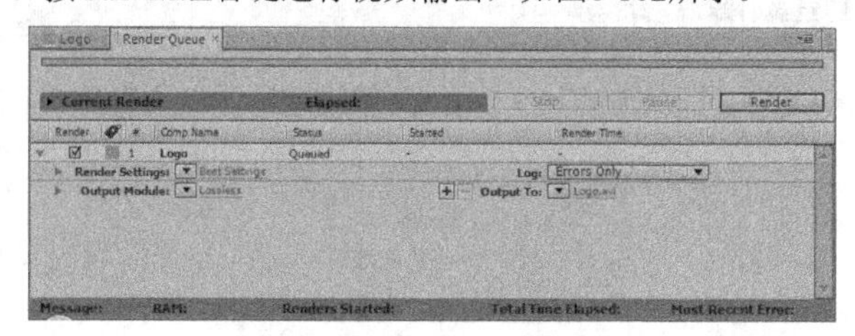

图6-102

20 在Output Module（输出设置）中，设置Format（格式）为QuickTime，选择Format Options（视频压缩方式）为MPEG-4 Video，最后单击OK按钮确定，如图6-103所示。

21 在Output to（输出至）属性中，设置视频输出的路径，如图6-104所示。最后单击Render（渲染）按钮进行视频输出。

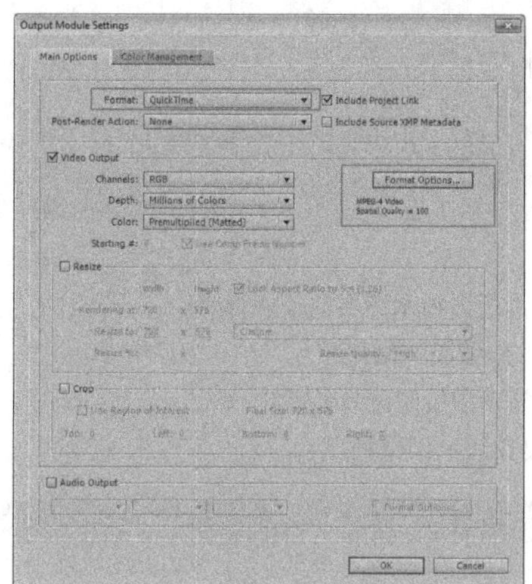

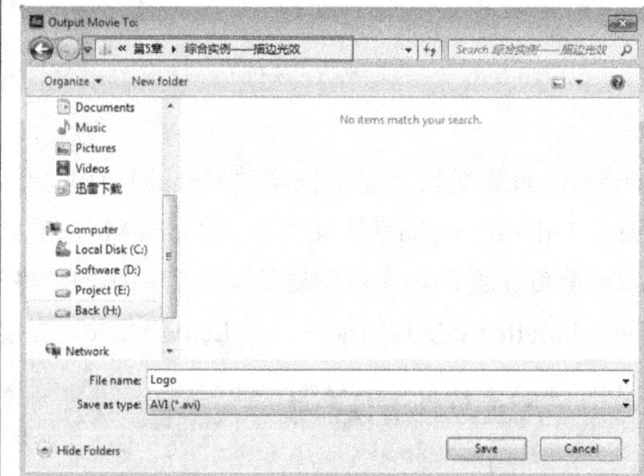

图6-103　　图6-104

22 在Project（项目）面板中新建一个文件夹，将其命名为Comp，然后将所有的合成（除Logo合成外）都拖曳到该文件夹中，如图6-105所示。

23 最后进行工程文件的打包操作。执行“File（文件）>Collect Files（搜集文件）”命令，打开一个对话框，在Collect Source Files（搜集源文件）中选择For All Comps（所有的合成），最后单击Collect（搜集）按钮，如图6-106和图6-107所示。

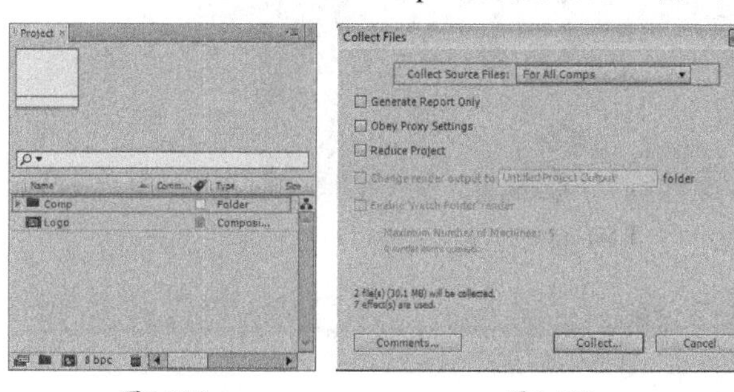

图6-105　　图6-106　　图6-107

6.3.2 面板切换

在After Effects CS6软件中，打开“轨道蒙版”控制面板的方法可以通过面板切换和Track Matte（轨道蒙版）菜单。

在Timeline（时间线）面板中单击Toggle Switches/Modes面板切换，如图6-108所示。

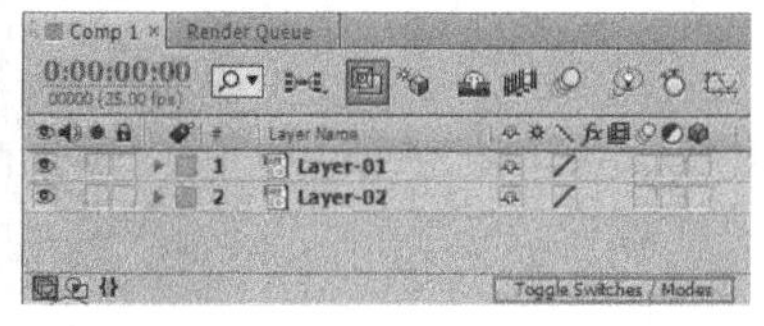

图6-108

6.3.3 Track Matte（轨道蒙版）菜单

选择某一个图层后，执行“Layer（图层）>Track Matte（轨道蒙版）”菜单命令，然后在其子菜单中选择所需要的类型即可，如图6-109所示。

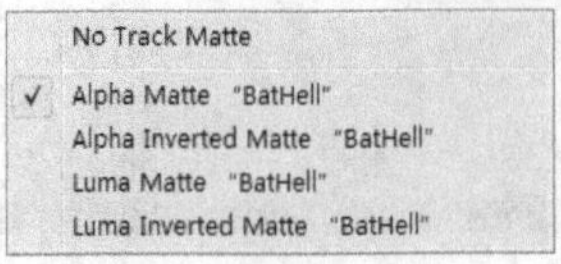

No Track Matte
✓ Alpha Matte "BatHell"
Alpha Inverted Matte "BatHell"
Luma Matte "BatHell"
Luma Inverted Matte "BatHell"

图6-109

技巧与提示

使用Track Matte（轨道蒙版）时，蒙版图层必须位于最终显示图层的上一图层，并且在应用了轨道蒙版后，将关闭蒙版图层的可视性，如图6-110所示。另外，在移动图层顺序时一定要将蒙版图层和最终显示的图层一起进行移动。

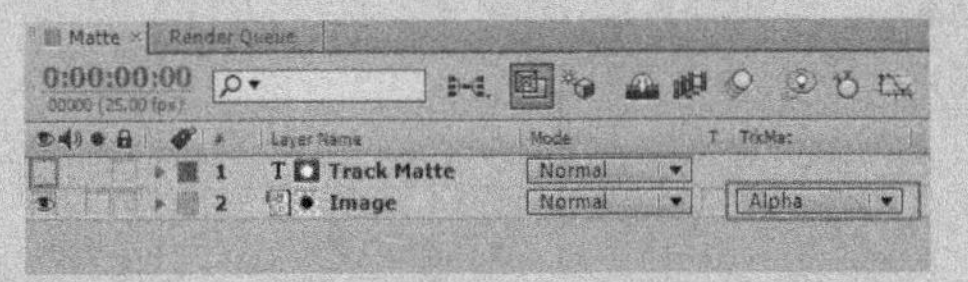

图6-110

参数详解

Alpha Matte（Alpha蒙版）：将蒙版图层的Alpha通道信息作为最终显示图层的蒙版参考。

Alpha Inverted Matte（Alpha反转蒙版）：与Alpha Matte（Alpha蒙版）结果相反。

Luma Matte（亮度蒙版）：将蒙版图层的亮度信息作为最终显示图层的蒙版参考。

Luma Inverted Matte（亮度反转蒙版）：与Luma Matte（亮度蒙版）结果相反。

课堂练习——轨道蒙版的应用

素材位置	实例文件>CH06>课堂练习——轨道蒙版的应用
实例位置	实例文件>CH06>课堂练习——轨道蒙版的应用_Final.aep
视频位置	多媒体教学>CH06>课堂练习——轨道蒙版的应用.flv
难易指数	★★☆☆☆
练习目标	练习轨道蒙版的应用

本练习的制作效果如图6-111所示。

图6-111

课后习题——动感幻影

素材位置	实例文件>CH06>课后习题——动感幻影
实例位置	实例文件>CH06>课后习题——动感幻影.aep
视频位置	多媒体教学>CH06>课后习题——动感幻影.flv
难易指数	★★☆☆☆
练习目标	练习Auto-trace（自动跟踪）的用法

本练习制作的动感幻影效果如图6-112所示。

图6-112

第7章

绘画与形状

课堂学习目标

- 了解绘画面板与笔刷面板
- 掌握画笔工具的运用
- 掌握仿制图章工具的运用
- 掌握橡皮擦工具的运用
- 掌握形状工具的运用
- 掌握钢笔工具的运用

本章导读

本章主要讲解了Adobe After Effects CS6中笔刷和形状工具的相关属性及具体应用。矢量绘画工具（笔刷）是以Photoshop的笔刷工具为基础的，可以用来对素材进行润色、逐帧加工以及创建新的元素；形状工具升级与优化为我们在影片制作中提供了无限的可能，尤其是形状组中的颜料属性和路径变形属性。

7.1 绘画的应用

After Effects CS6中提供的绘画工具是以Photoshop的绘画工具为原理，可以对指定的素材进行润色、逐帧加工以及创建新的图像元素。

在使用绘画工具进行创作时，每一步的操作都可以被记录成动画，并能实现动画的回放。使用绘画工具还可以制作出一些独特的、变化多端的图案或花纹，如图7-1和图7-2所示。

图7-1

图7-2

在After Effects CS6中，绘画工具由Brush Tool（画笔工具）、Clone Stamp Tool（仿制图章工具）和Eraser Tool（橡皮擦工具）组成，如图7-3所示。

图7-3

技巧与提示

使用这些工具可以在图层中添加或擦除像素，但是这些操作只影响最终结果，不会对图层的源素材造成破坏，并且可以对笔刷进行删除或制作位移动画。

本节知识点

名称	作用	重要程度
绘画面板与笔刷面板	了解绘画面板与笔刷面板的运用及参数	中
画笔工具	可以在当前图层的Layer（图层）预览窗口中进行绘画操作	高
仿制图章工具	通过取样源图层中的像素，将取样的像素直接复制应用到目标图层中	中
橡皮擦工具	可以擦除图层上的图像或笔刷	高

7.1.1 课堂案例——画笔变形

素材位置	实例文件>CH07>课堂案例——画笔变形
实例位置	实例文件>CH07>课堂案例——画笔变形.aep
视频位置	多媒体教学>CH07>课堂案例——画笔变形.flv
难易指数	★★☆☆☆
学习目标	掌握画笔工具的使用方法

本例制作的画笔变形效果如图7-4所示。

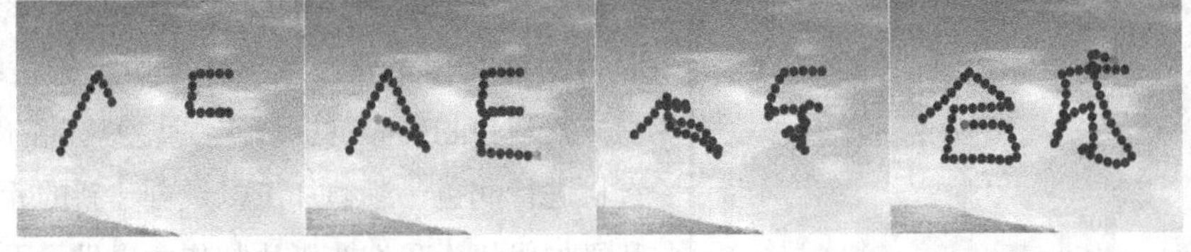

图7-4

01 执行“Composition（合成）>New Composition（新建合成）”菜单命令，创建一个预置的PAL D1/DV合成，然后设置Duration（持续时间）为6秒，并将其命名为“画笔变形”，如图7-5所示。

02 执行“Layer（图层）>New（新建）>Solid（固态图层）”菜单命令，新建一个名为BG的图层，如图7-6所示。

03 在Timeline（时间线）面板中双击BG图层，打开BG图层的Layer（图层）预览窗口，如图7-7所示。

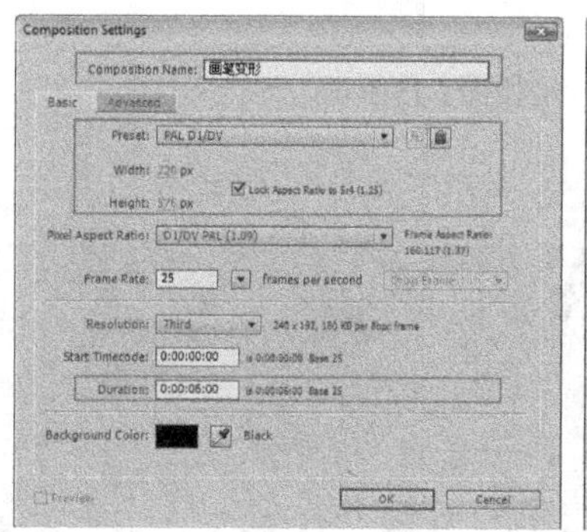

图7-5

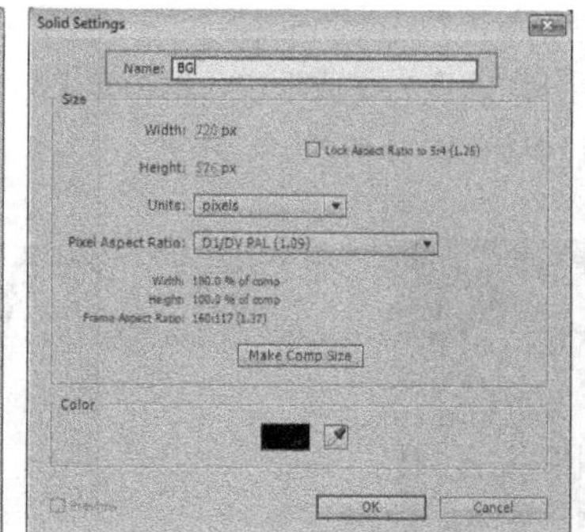

图7-6

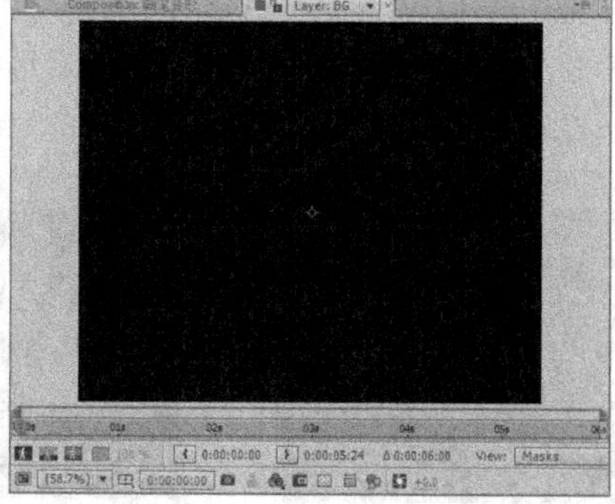

图7-7

04 在Tools（工具）面板中选择Brush Tool（画笔工具），在Brushes（笔刷）面板中设置Diameter（直径）值为25、Angle（角度）值为0°、Roundness（圆滑度）值为100%、Hardness（硬度）值为100%、Spacing（间距）值为100%，如图7-8所示。

05 在Paint（绘画）面板中修改笔刷的颜色为（R:0，G:76，B:147），如图7-9所示。

06 在BG图层的Layer（图层）预览窗口中绘制字母A（要求一气呵成，绘制过程中不要松开鼠标），绘制完成后的效果如图7-10所示。

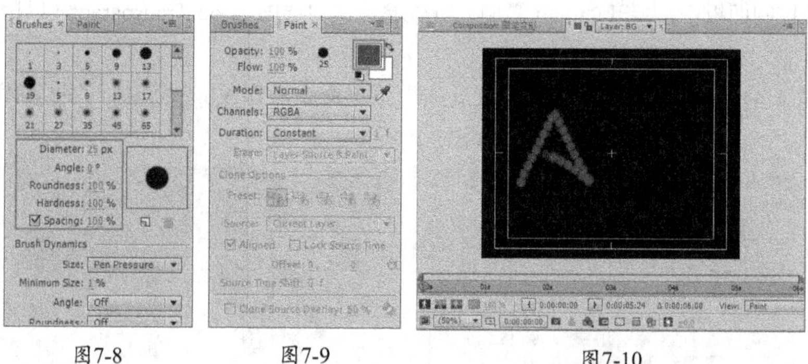

图7-8　图7-9　图7-10

07 在Timeline（时间线）面板中展开BG图层笔刷的Stroke Options（描边选项）属性，在第0帧设置End（结束）值为0%，在第1秒设置End（结束）值为100%，如图7-11所示。

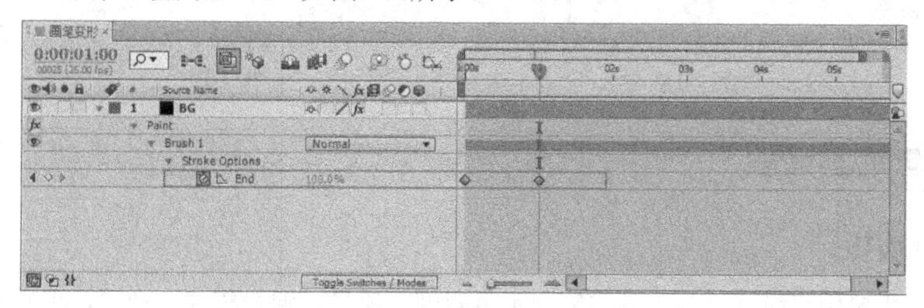

图7-11

08 选择Brush1，展开笔刷的Path（路径）属性。在第2秒处创建一个关键帧，然后将时间指针移到第3秒1帧处后，在Layer（图层）预览窗口中绘制文字“合”（同样要求一气呵成，绘制过程中不要松开鼠标），如图7-12和图7-13所示。

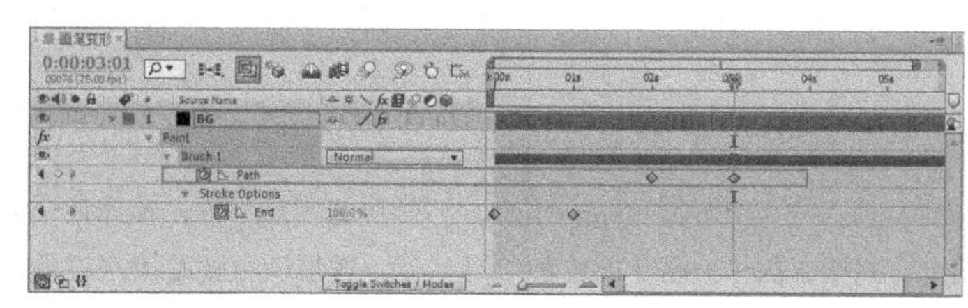

图7-12

图7-13

09 拖动时间指针预览动画效果，如图7-14所示。

10 使用同样的方法，绘制字母E，最后将字母E演变为“成”字，动画预览效果如图7-15所示。

11 在Timeline（时间线）面板中，关键帧设置如图7-16所示。

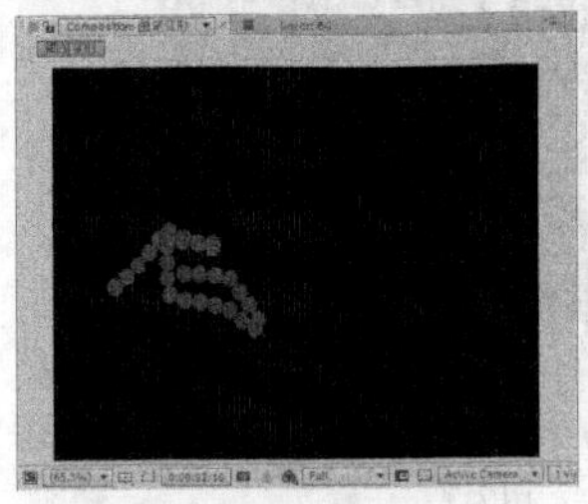

图7-14

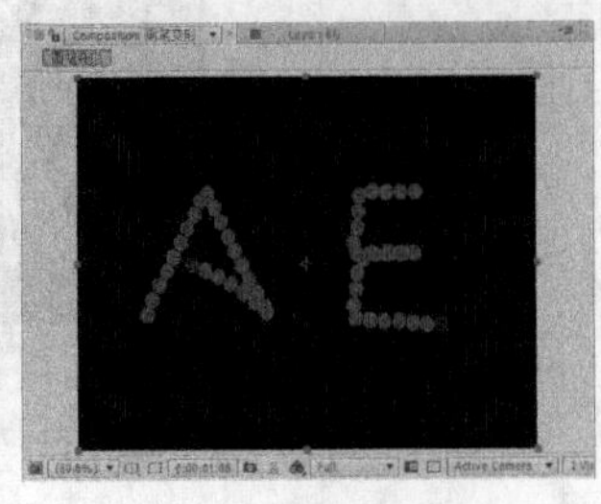

图7-15

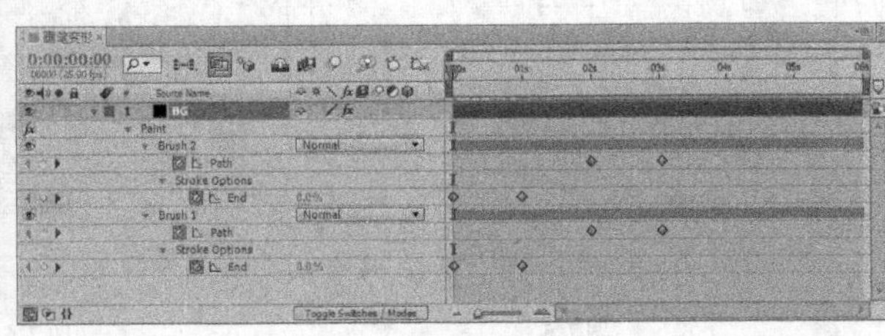

图7-16

技巧与提示

如果要改变笔刷的直径，可以在Layer（图层）预览窗口中按住Ctrl键的同时拖曳鼠标左键。

按住Shift键的同时使用Brush Tool（画笔工具）可以继续在之前绘制的笔触效果上进行绘制。注意，如果没有在之前的笔触上进行绘制，那么按住Shift键可以绘制出直线笔触效果。

连续按两次P键可以在Timeline（时间线）面板中展开已经绘制好的各种笔触列表。

12 在BG图层的特效控制面板中，展开Paint（笔刷）特效滤镜，勾选Paint on Transparent（以透明的方式）属性，如图7-17所示。

13 执行“File（文件）>Import（导入）>File（文件）”菜单命令，导入bg.psd素材，将其添加到Timeline（时间线）面板中，如图7-18所示。最终画面的预览效果如图7-19所示。

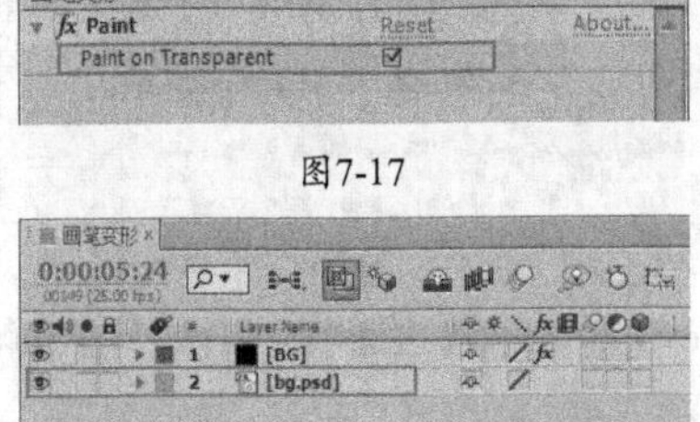

图7-17

图7-18

图7-19

7.1.2 绘画面板与笔刷面板

1.Paint（绘画）面板

Paint（绘画）面板主要用来设置绘画工具的笔刷不透明度、流量、混合模式、通道，以及持续方式等。每个绘画工具的Paint（绘画）面板都具有一些共同的特征，如图7-20所示。

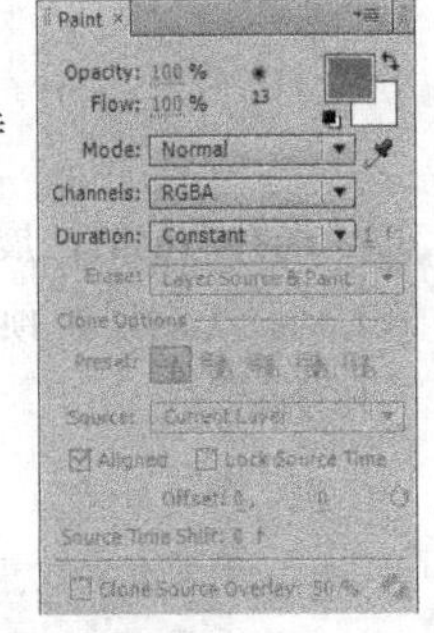

图7-20

参数详解

Opacity（不透明度）：对于Brush Tool（画笔工具）和Clone Stamp Tool（仿制图章工具），该属性主要是用来设置画笔笔刷和仿制图章工具的最大不透明度；对于Eraser Tool（橡皮擦工具），该属性主要是用来设置擦除图层颜色的最大量。

Flow(流量)：对于Brush Tool（画笔工具）和Clone Stamp Tool（仿制图章工具），该属性主要用来设置笔画的流量；对于Eraser Tool（橡皮擦工具），该属性主要是用来设置擦除像素的速度。

技巧与提示

Opacity（不透明度）和Flow（流量）这两个参数很容易搞混淆，在这里简单讲解一下这两个参数的区别。

Opacity（不透明度）参数主要用来设置绘制区域所能达到的最大不透明度，如果设置其值为50%，那么以后不管经过多少次绘画操作，笔刷的最大不透明度都只能达到50%。

Flow（流量）参数主要用来设置涂抹时的流量，如果在同一个区域不断地使用绘画工具进行涂抹，其不透明度值会不断地进行叠加，按照理论来说，最终不透明度值可以接近100%。

Mode(模式)：设置画笔或仿制笔刷的混合模式，这与图层中的混合模式是相同的。

Channels(通道)：设置绘画工具影响的图层通道。如果选择Alpha通道，那么绘画工具只影响图层的透明区域。

技巧与提示

如果使用纯黑色的Brush Tool（画笔工具）在Alpha通道中绘画，相当于使用Eraser Tool（橡皮擦工具）擦除图像。

Duration(持续时间)：设置笔刷的持续时间，共有以下4个选项。

Constant(恒定)：使笔刷在整个笔刷时间段都能显示出来。

Write On(写在)：根据手写时的速度再现手写动画的过程。其原理是自动产生Start（开始）和End（结束）关键帧，可以在Timeline（时间线）面板中对图层绘画属性的Start（开始）和End（结束）关键帧进行设置。

Single Frame(单独帧)：仅显示当前帧的笔刷。

Custom(自定义)：自定义笔刷的持续时间。

其他参数在涉及相关具体应用的时候，再做详细说明。

2.Brushes(笔刷)面板

对于绘画工作而言，选择和使用笔刷是非常重要的。在Brushes（笔刷）面板中可以选择绘画工具预设的一些笔刷，也可以通过修改笔刷的参数值来快捷地设置笔刷的尺寸、角度和边缘羽化等属性，如图7-21所示。

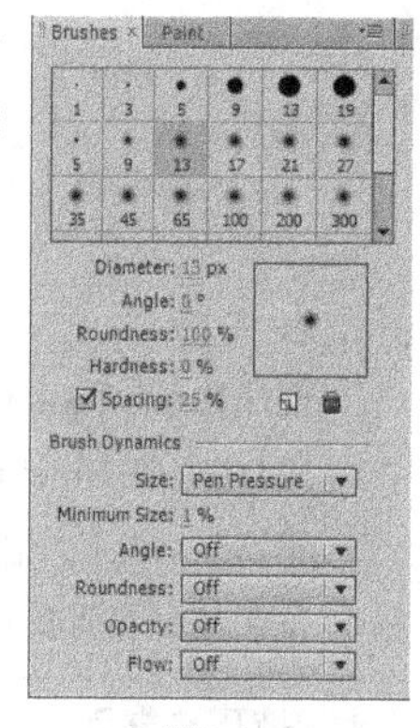

图7-21

参数详解

Diameter(直径)：设置笔刷的直径，单位为像素，图7-22所示的是使用不同直径的笔刷的绘画效果。

Angle(角度)：设置椭圆形笔刷的旋转角度，单位为度，图7-23所示的是笔刷旋转角度为45°和-45°时的绘画效果。

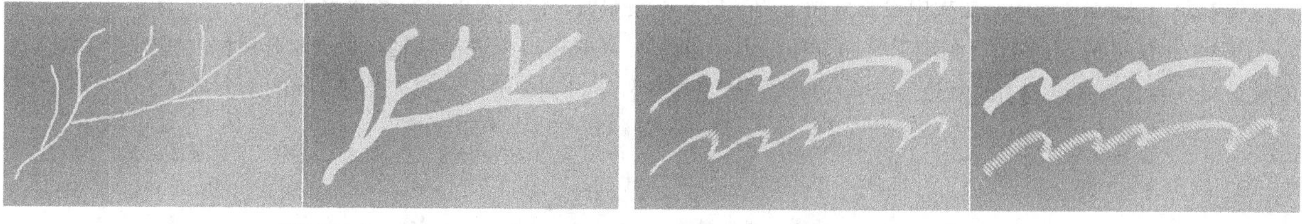

图7-22　　图7-23

Roundness(圆滑度)：设置笔刷形状的长轴和短轴比例。其中圆形笔刷为100%，线形笔刷为0%，介于0%~100%之间的笔刷为椭圆形笔刷，如图7-24所示。

Hardness(硬度)：设置画笔中心硬度的大小。该值越小，画笔的边缘越柔和，如图7-25所示。

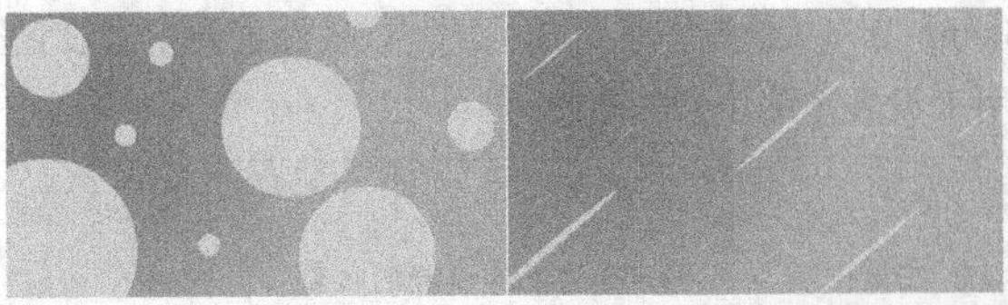

图7-24 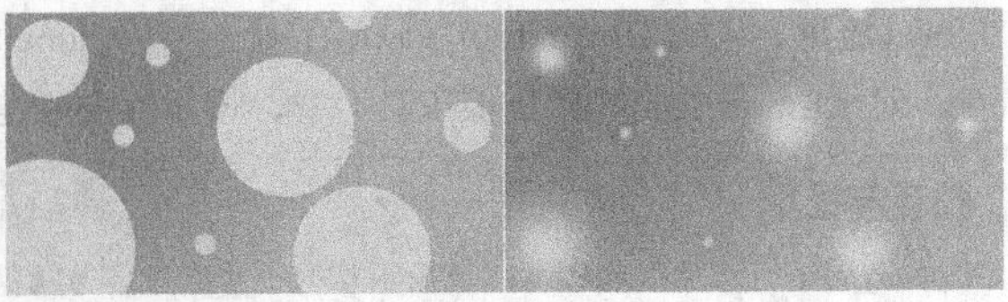　　图7-25

Spacing（间距）：设置笔刷的间隔距离（鼠标的绘图速度也会影响笔刷的间距大小），如图7-26所示。

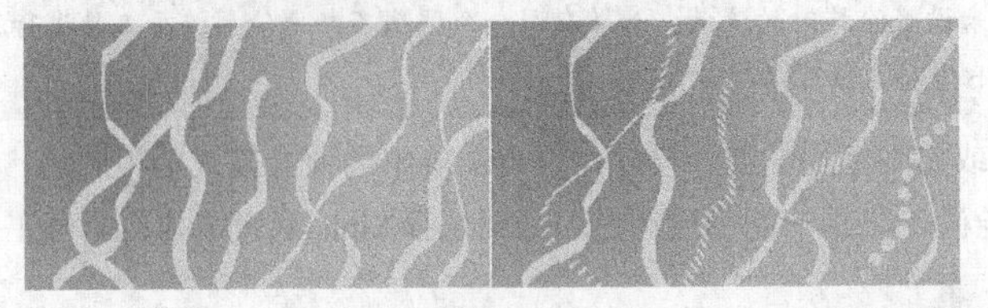

图7-26

Brush Dynamics（笔刷动态）：当使用手绘板进行绘画时，Dynamics（动态）属性可以用来设置对手绘板的压笔感应。

关于其他参数，等后面涉及相关应用时，再做详细说明。

7.1.3 画笔工具

使用Brush Tool（画笔工具）可以在当前图层的Layer（图层）预览窗口中进行绘画操作，如图7-27所示。

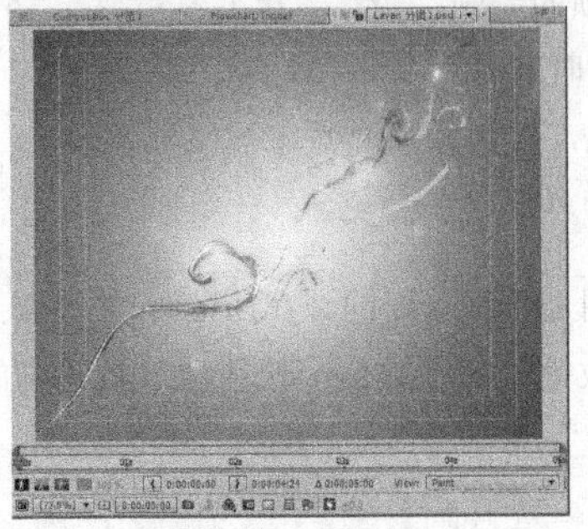

图7-27

使用Brush Tool（画笔工具）绘画的基本流程如下。

第1步：在Timeline（时间线）面板中双击要进行绘画的图层，将该图层在Layer（图层）预览窗口打开。

第2步：在工具栏中选择Brush Tool（画笔工具），然后单击工具栏右侧的Toggle the Paint panels（切换绘画面板）按钮，打开Paint（绘画）面板和Brushes（笔刷）面板。

技巧与提示

如果在Tools（工具）面板中勾选了Auto-Open Panels（自动打开面板）选项 Auto-Open Panels，那么在Tools（工具）面板中选择Brush Tool（画笔工具）时，系统会自动打开Paint（绘画）面板和Brushes（笔刷）面板。

第3步：在Brushes（笔刷）面板中选择预设的笔刷或是自定义笔刷的形状。

第4步：在Paint（绘画）面板中设置好画笔的颜色、不透明度、流量及混合模式等参数。

第5步：使用Brush Tool（画笔工具）在Layer（图层）预览窗口中进行绘制，每次松开鼠标左键即可完成一个笔触效果，并且每次绘制的笔触效果都会在图层的绘画属性栏下以列表的形式显示出来，如图7-28所示。

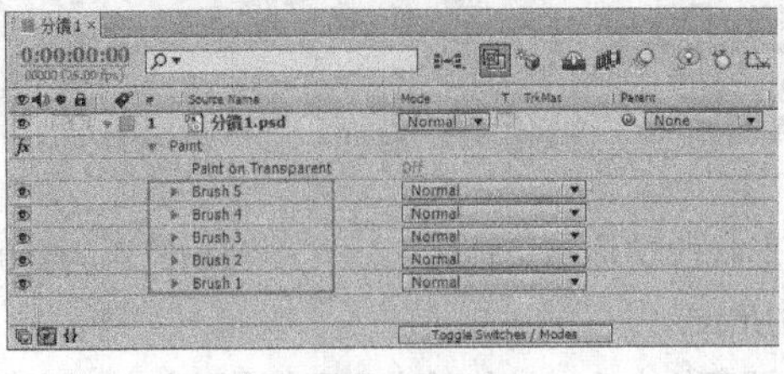

图7-28

7.1.4 仿制图章工具

Clone Stamp Tool（仿制图章工具）是通过取样源图层中的像素，然后将取样的像素直接复制应用到目标图层中。也可以将某一时间某一位置的像素复制并应用到另一时间的另一位置中。在这里，目标图层可以是同一个合成中的其他图层，也可以是源图层自身。

在使用Clone Stamp Tool（仿制图章工具）前也需要设置Paint（绘画）参数和Brushes（笔刷）参数，在仿制操作完成后也可以在Timeline（时间线）面板中的Clone（仿制）属性中制作动画。图7-29所示的是Clone Stamp Tool（仿制图章工具）的特有参数。

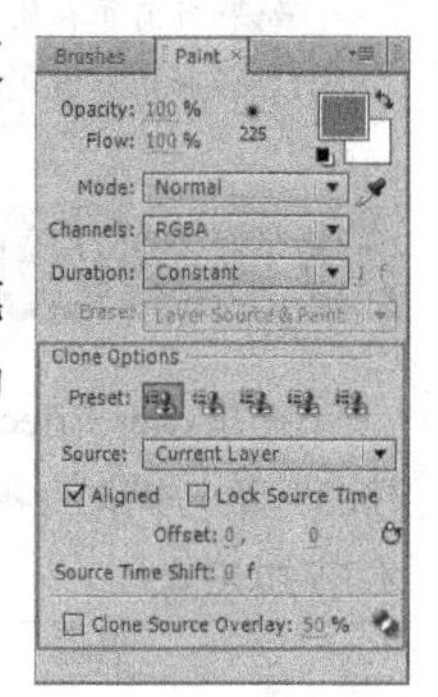

图7-29

参数详解

Preset（预设）：仿制图像的预设选项，共有5种。

Source（源）：选择仿制的源图层。

Aligned（对齐）：设置不同笔划采样点的仿制位置的对齐方式，勾选该项与未勾选该项时的对比效果如图7-30和图7-31所示。

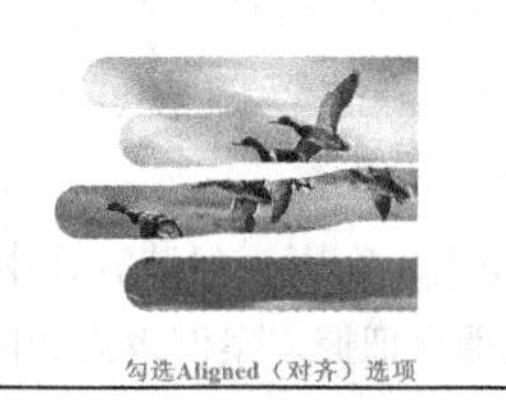

勾选Aligned（对齐）选项

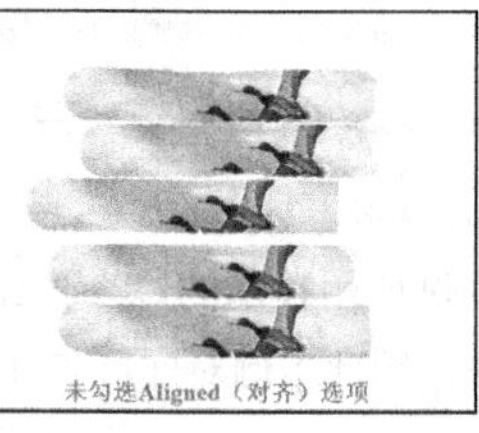

未勾选Aligned（对齐）选项

图7-30　　图7-31

Lock Source Time（锁定源时间）：控制是否只复制单帧画面。

Source Position（源位置）：设置取样点的位置。

Source Time Shift（源时间移动）：设置源图层的时间偏移量。

Clone Source Overlay（仿制源叠加）：设置源画面与目标画面的叠加混合程度。

> **技巧与提示**
>
> 选择Clone Stamp Tool（仿制图章工具），然后在Layer（图层）预览窗口中按住Alt键对采样点进行取样，设置好的采样点会自动显示在Source Position（源位置）中。

7.1.5 橡皮擦工具

使用Eraser Tool（橡皮擦工具）可以擦除图层上的图像或笔刷，还可以选择仅擦除当前的笔刷。选择该工具后，在Paint（绘画）面板中就可以设置擦除图像的模式了，如图7-32所示。

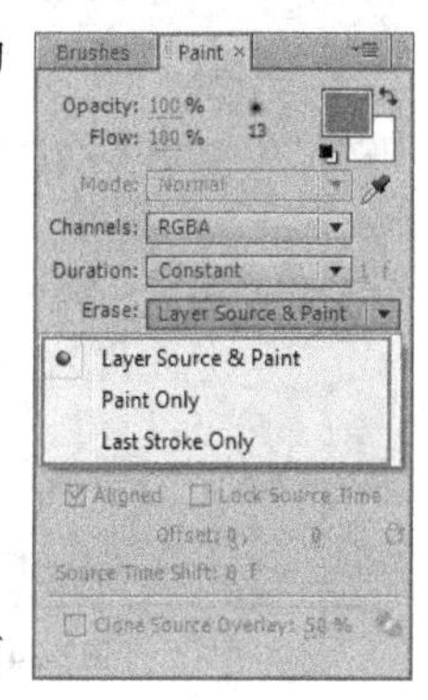

图7-32

参数详解

Layer Source & Paint（源图层和绘画）：擦除源图层中的像素和绘画笔刷效果。

Paint Only（仅绘画）：仅擦除绘画笔刷效果。

Last Stroke Only（仅上一个描边）：仅擦除之前的绘画笔刷效果。

如果设置为擦除源图层像素或笔刷，那么擦除像素的每个操作都会在Timeline（时间线）面板的Paint（绘画）属性中留下擦除记录，这些擦除记录对擦除素材没有任何破坏性，可以对其进行删除、修改或是改变擦除顺序等操作。

技巧与提示

如果当前正在使用Brush Tool（画笔工具）绘画，要将当前的Brush Tool（画笔工具）切换为Eraser Tool（橡皮擦工具）的Last Stroke Only（仅上一个描边）擦除模式，可以按Ctrl+Shift组合键进行切换。

7.2 形状工具的应用

使用After Effects CS6中的形状工具可以很容易地绘制出矢量图形，并且可以为这些形状制作动画效果。形状工具的升级与优化为我们在影片制作中提供了无限的可能，尤其是形状组中的颜料属性和路径变形属性。

本节知识点

名称	作用	重要程度
形状概述	了解形状概述，包括矢量图形、位图图像及路径	中
形状工具	可以创建形状图层或形状路径遮罩，包括Rectangle Tool（矩形工具）、Rounded Rectangle Tool（圆角矩形工具）等	高
钢笔工具	可以在合成或Layer（图层）预览窗口中绘制出各种路径，它包含4个辅助工具	高
创建文字轮廓形状图层	掌握如何创建文字轮廓形状图层	高
形状组	了解创建形状组的意义及方法	中
形状属性	了解关于形状属性的介绍	低

7.2.1 课堂案例——花纹生长

素材位置　实例文件>CH07>课堂案例——花纹生长

实例位置　实例文件>CH07>课堂案例——花纹生长.aep

视频位置　多媒体教学>CH07>课堂案例——花纹生长.flv

难易指数　★★★☆☆

学习目标　掌握形状工具的综合运用

本例所用技术的综合性比较强，其核心是形状工具的使用。在影视包装制作中，生长动画是经常使用的一种表现手法，因此本例对实际工作具有较强的指导意义，读者要重点把握，案例效果如图7-33所示。

图7-33

01 执行“Composition（合成）>New Composition（新建合成）”菜单命令，创建一个预置为PAL D1/DV的合成，然后设置Duration（持续时间）为3秒，将其命名为“花纹”，设置背景色为白色，如图7-34所示。

02 按Ctrl+Y组合键，新建一个Width（宽度）和Height（高度）都为600px的黑色固态图层，并将其命名为Grow 1，如图7-35所示。

03 选择Grow 1图层，使用Pen Tool（钢笔工具）绘制一个花纹，如图7-36所示。

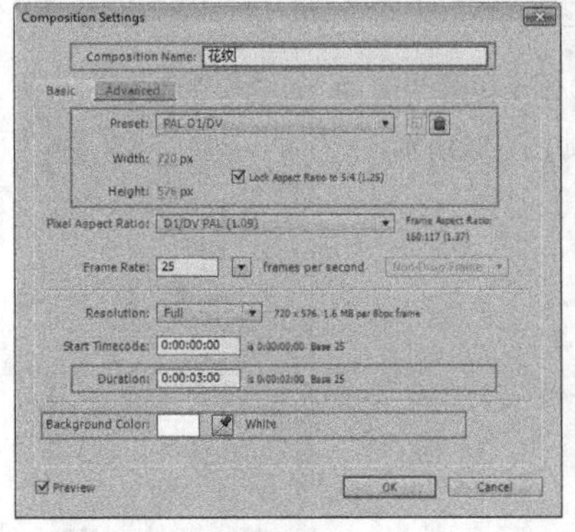

图7-34

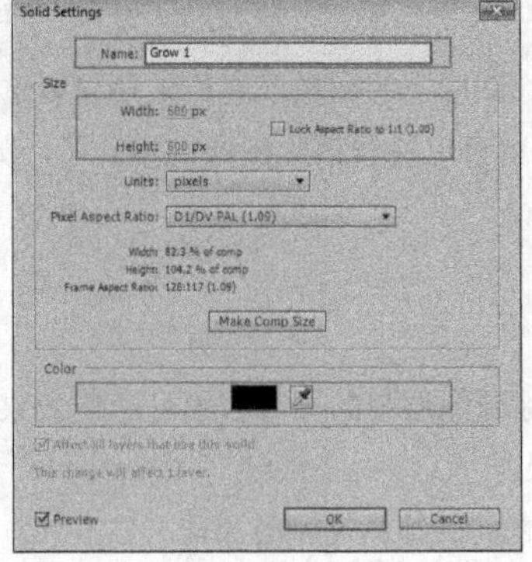

图7-35

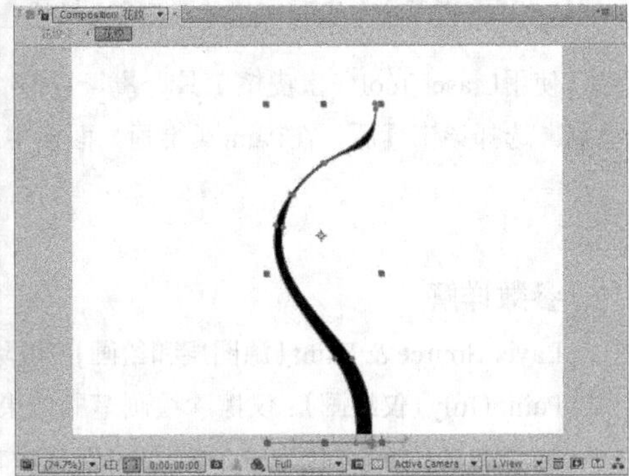

图7-36

04 在Timeline（时间线）面板中，按Ctrl+Shift+A组合键确保没有选择任何图层，然后在Tools（工具）面板中选择Pen Tool（钢笔工具）工具。在Tools（工具）面板中单击Fill（填充）后，在Fill Options（填充选项）面板中关闭填充类型。修改Stroke Color（描边颜色）为红色、Stroke Width（描边宽度）为0 px，如图7-37所示。

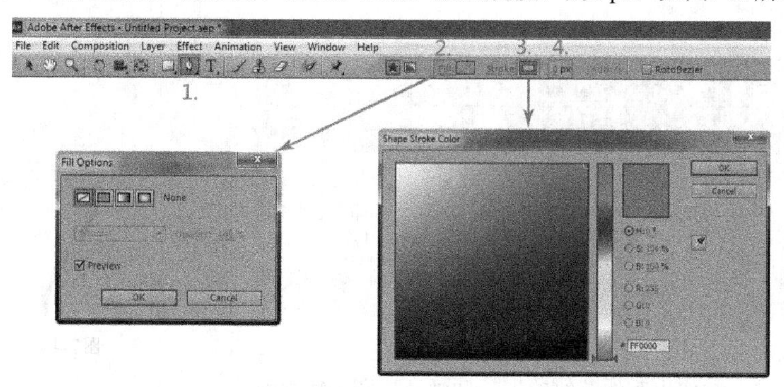

图7-37

05 在合成窗口中，使用Pen Tool（钢笔工具）顺着花纹的形状绘制一条曲线，如图7-38所示。在Tools（工具）面板中修改Stroke Width（描边宽度）为30px，如图7-39所示。最终效果如图7-40所示。

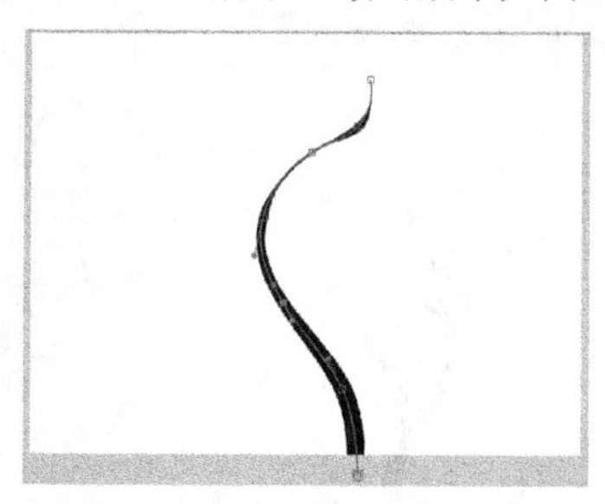

图7-38

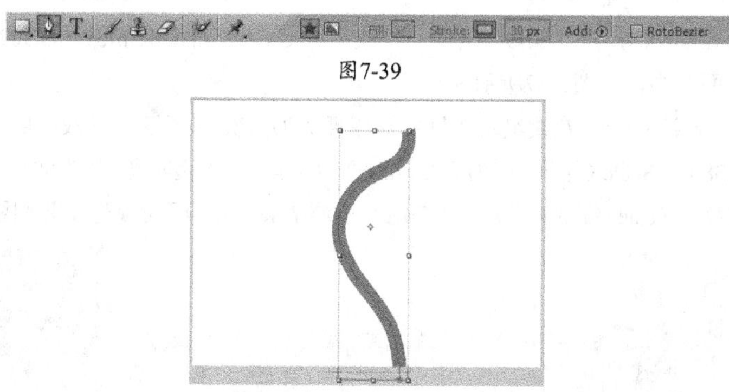

图7-39

图7-40

> **技巧与提示**
>
> 这里设置的Stroke Width（描边宽度）的值只要能把第3步绘制的花纹覆盖住就行。

06 展开形状图层，添加一个Trim Paths（剪切路径）属性，如图7-41所示。

07 设置End（结束）属性的动画关键帧。在第0帧，设置End（结束）值为0%；在第2秒，设置End（结束）值为100%，如图7-42所示。

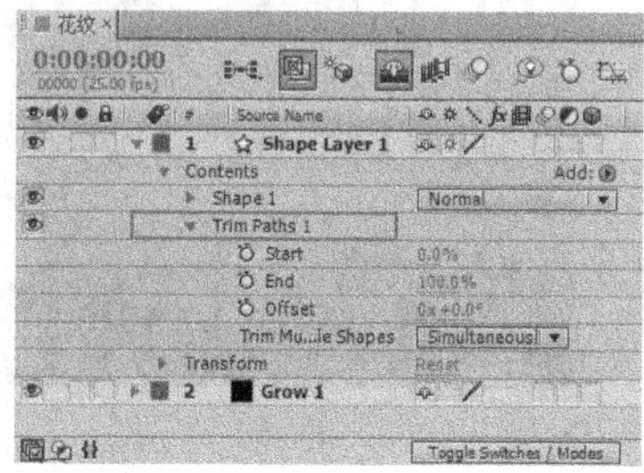

图7-41

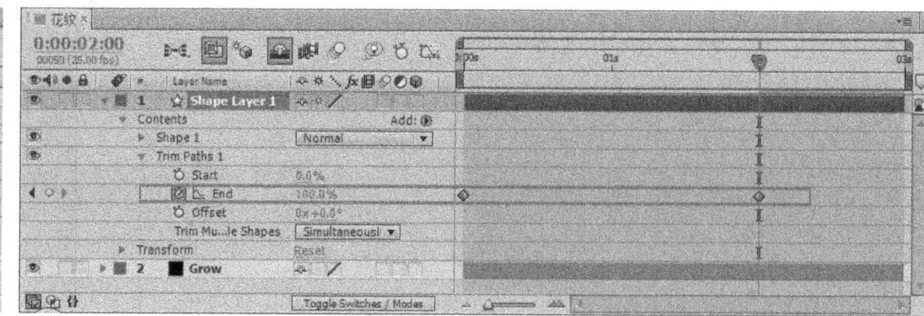

图7-42

08 设置Shape Layer 1图层为Grow 1图层的Alpha通道蒙版，如图7-43所示。这样就制作好了一条花纹的生长动画，如图7-44所示。

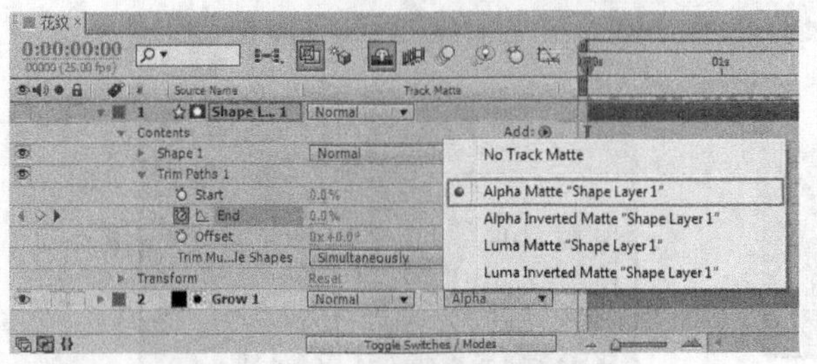
图7-43

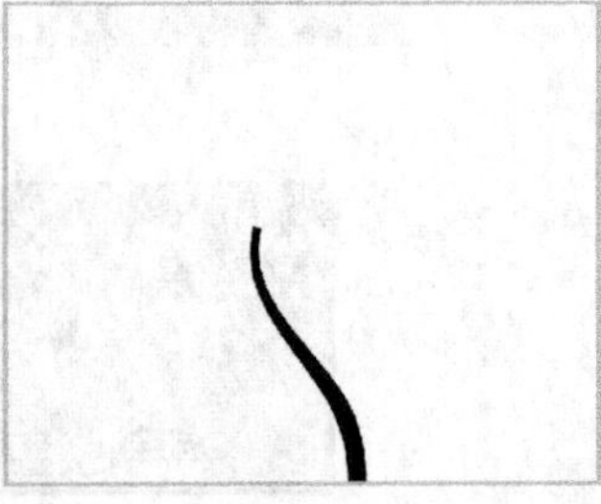
图7-44

09 继续使用上述的方法，制作出其他花纹的生长动画，如图7-45所示。

10 执行“Composition（合成）>New Composition（新建合成）”菜单命令，创建一个预置为PAL D1/DV的合成，然后设置Duration（持续时间）为3秒，将其命名为“花纹组动画”，设置背景色为白色，如图7-46所示。

图7-45

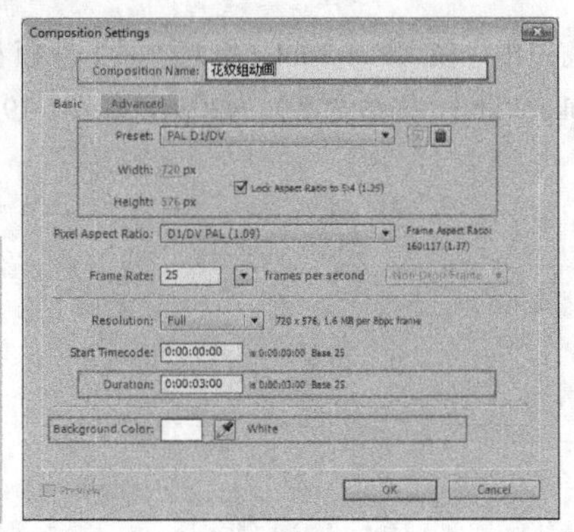
图7-46

11 执行“File（文件）>Import（导入）>File（文件）”菜单命令，导入BG01.mov和BG02.mov素材，将这两段素材添加到Timeline（时间线）面板中，如图7-47所示。

12 将项目窗口中的“花纹”合成添加到“花纹组动画”中，这里要添加两次，得到两个花纹图层。修改其中一个“花纹”图层的Position（位移）值为（68，380）、Scale（缩放）值为（-45，45%）、Opacity（不透明度）值为60%。修改另一个“花纹”图层的Position（位移）值为（630，277）、Scale（缩放）值为（70，70%），如图7-48所示。画面预览效果如图7-49所示。

图7-47

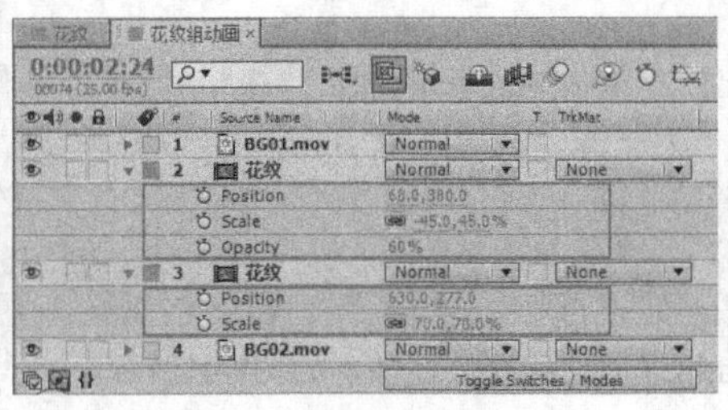
图7-48

图7-49

13 执行“File（文件）>Import（导入）>File（文件）”菜单命令，导入“定版文字.mov”素材，将其添加到Timeline（时间线）面板中，如图7-50所示。

图7-50

14 至此，整个案例制作完毕。按Ctrl+M组合键进行视频输出后，对整个项目工程进行打包即可。

7.2.2 形状概述

1.矢量图形

构成矢量图形的直线或曲线都是由计算机中的数学算法来定义的，数学算法采用几何学的特征来描述这些形状。将矢量图形放大很多倍，仍然可以清楚地观察到图形的边缘是光滑平整的，如图7-51所示。

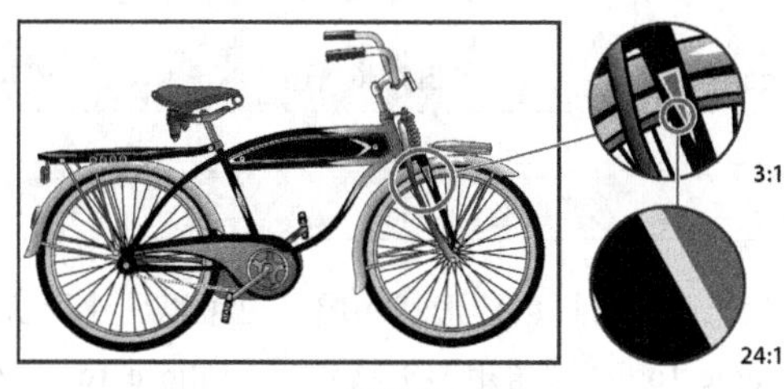

图7-51

2.位图图像

位图图像也叫光栅图像，它是由许多带有不同颜色信息的像素点构成，其图像质量取决于图像的分辨率。图像的分辨率越高，图像看起来就越清晰，图像文件需要的存储空间也越大，所以当放大位图图像时，图像的边缘会出现锯齿现象，如图7-52所示。

图7-52

After Effects CS6可以导入其他软件（如Illustrator、CorelDRAW等）生成的矢量图形文件，在导入这些文件后，After Effects会自动将这些矢量图形进行位图化处理。

3.路径

After Effects中的Mask（遮罩）和Shapes（形状）都是基于Path（路径）的概念。一条路径是由点和线构成的，线可以是直线也可以是曲线，由线来连接点，而点则定义了线的起点和终点。

在After Effects中，可以使用形状工具来绘制标准的几何形状路径；也可以使用钢笔工具来绘制复杂的形状路径，通过调节路径上的点或调节点的控制手柄可以改变路径的形状，如图7-53所示。

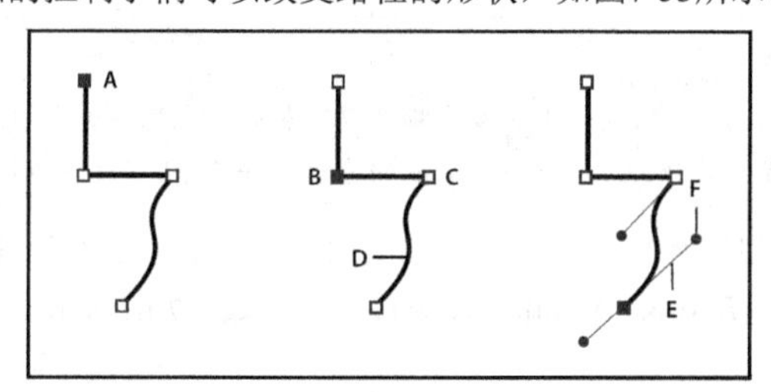

图7-53

技巧与提示

在After Effects CS6中，路径具有两种不同的点，即角点和平滑点。平滑点连接的是平滑的曲线，其出点和入点的方向控制手柄在同一条直线上，如图7-54所示。

对于角点而言，连接角点的两条曲线在角点处发生了突变，曲线的出点和入点的方向控制手柄不在同一条直线上，如图7-55所示。

用户可以结合使用角点和平滑点来绘制各种路径形状，也可以在绘制完成后对这些点进行调整，如图7-56所示。

当调节平滑点上的一个方向控制手柄时，另外一个手柄也会跟着进行相应的调节，如图7-57所示。

当调节角点上的一个方向控制手柄时，另外一个方向的控制手柄不会发生改变，如图7-58所示。

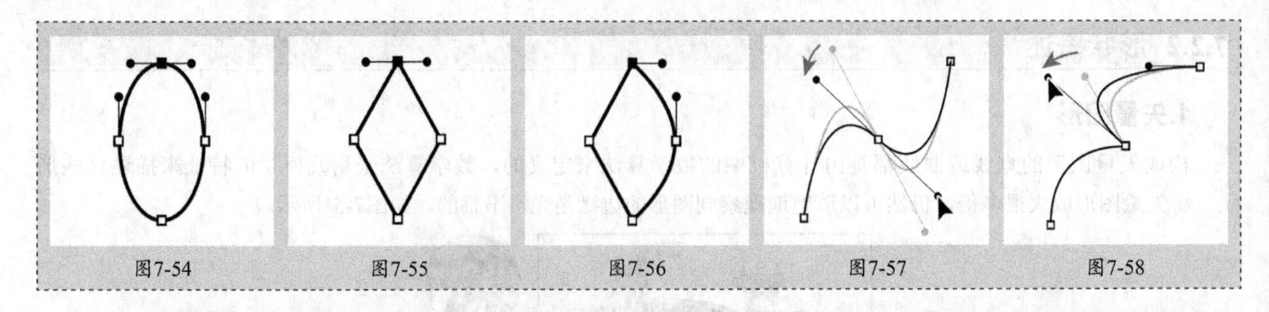

图7-54　图7-55　图7-56　图7-57　图7-58

7.2.3 形状工具

在After Effects CS6中，使用形状工具既可以创建形状图层，也可以创建形状路径遮罩。形状工具包括Rectangle Tool（矩形工具）、Rounded Rectangle Tool（圆角矩形工具）、Ellipse Tool（椭圆工具）、Polygon Tool（多边形工具）和Star Tool（星形工具），如图7-59所示。

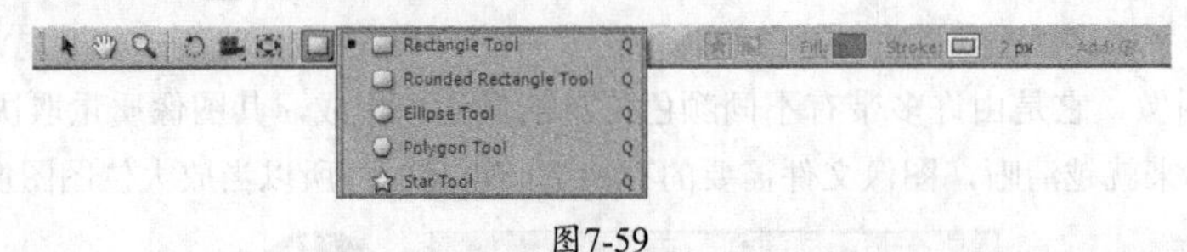

图7-59

技巧与提示

因为Rectangle Tool（矩形工具）和Rounded Rectangle Tool（圆角矩形工具）所创建的形状比较类似，名称也都是以Rectangle（矩形）来命名的，而且它们的参数完全一样，因此这两种工具可以归纳为一种。

对于Polygon Tool（多边形工具）和Star Tool（星形工具），它们的参数也完全一致，并且属性名称都是以Polystar（多边星形）来命名的，因此这两种工具可以归纳为一种。

通过归纳后，就剩下最后一种Ellipse Tool（椭圆工具），因此形状工具实际上就只有3种。

选择一个形状工具后，在Tools（工具）面板中会出现创建形状或遮罩的选择按钮，分别是Tool Creates Shape（工具创建形状）按钮和Tool Creates Mask（工具创建遮罩）按钮，如图7-60所示。

图7-60

在未选择任何图层的情况下，使用形状工具创建出来的是形状图层，而不是遮罩；如果选择的图层是形状图层，那么可以继续使用形状工具创建图形或是为当前图层创建遮罩；如果选择的图层是素材图层或固态层，那么使用形状工具只能创建遮罩。

技巧与提示

形状图层与文字图层一样，在Timeline（时间线）面板中都是以图层的形式显示出来的，但是形状图层不能在Layer（图层）预览窗口中进行预览，同时它也不会显示在Project（项目）面板的素材文件夹中，所以也不能直接在其上面进行绘画操作。

当使用形状工具创建形状图层时，还可以在Tools（工具）面板右侧设置图形的Fill（填充）颜色、Stroke（描边）颜色，以及Stroke Width（描边宽度），如图7-61所示。

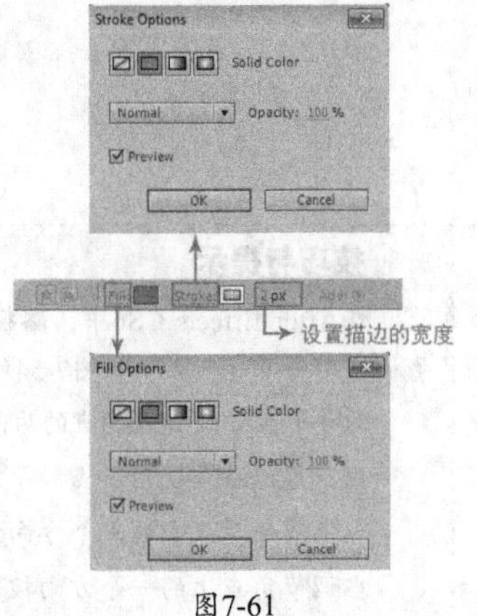

图7-61

1.矩形工具

使用Rectangle Tool（矩形工具）可以绘制出矩形和正方形，如图7-62所示；同时也可以为图层绘制遮罩，如图7-63所示。

图7-62

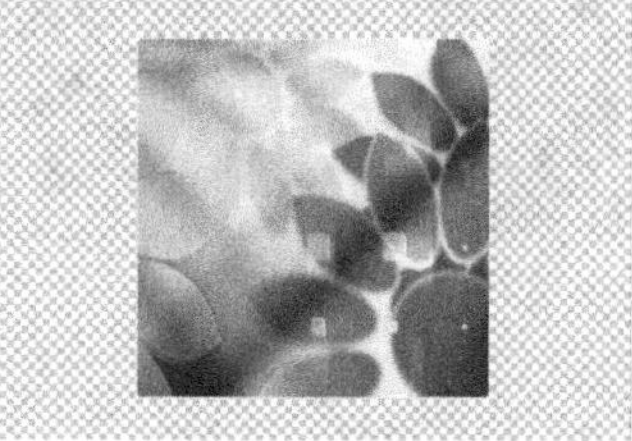
图7-63

2.圆角矩形工具

使用Rounded Rectangle Tool（圆角矩形工具）可以绘制出圆角矩形和圆角正方形，如图7-64所示；同时也可以为图层绘制遮罩，如图7-65所示。

图7-64

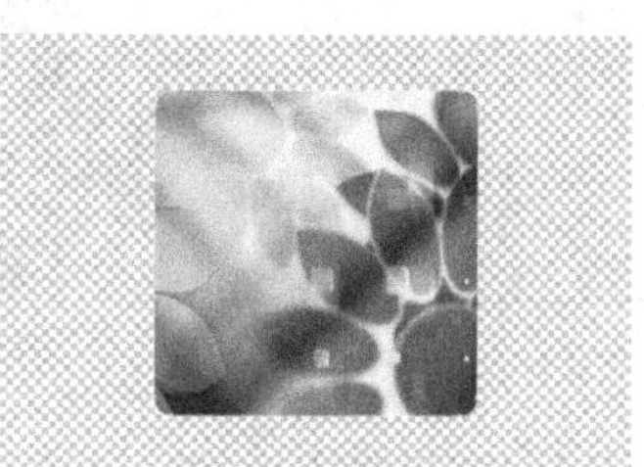
图7-65

技巧与提示

如果要设置圆角的半径大小，可以在形状图层的矩形路径选项组下修改Roundness（圆角量）参数，如图7-66所示。

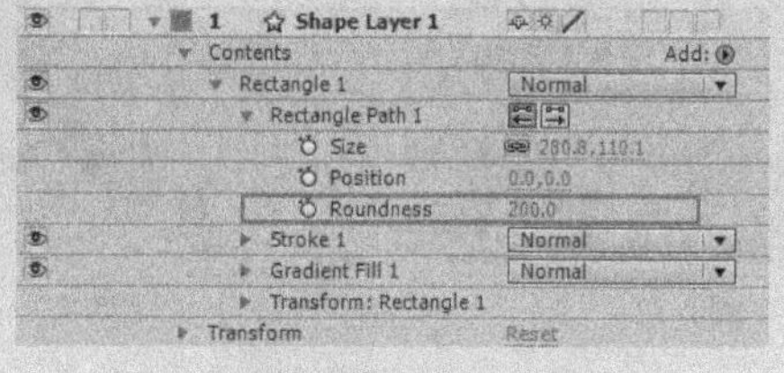

图7-66

3.椭圆工具

使用Ellipse Tool（椭圆工具）可以绘制出椭圆和圆，如图7-67所示；同时也可以为图层绘制椭圆形和圆形遮罩，如图7-68所示。

图7-67

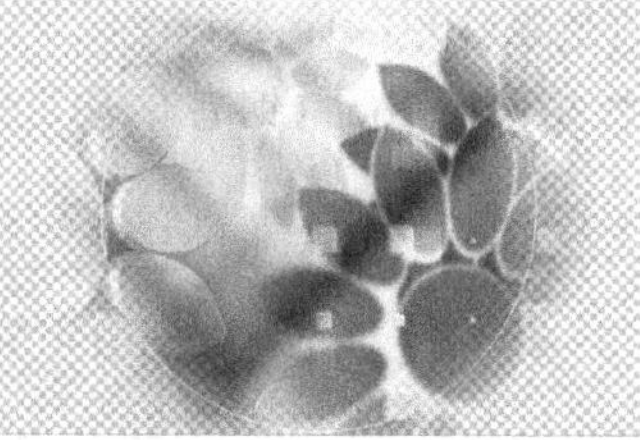
图7-68

技巧与提示

如果要绘制圆形路径或圆形图形，可以在按住Shift键的同时使用Ellipse Tool（椭圆工具）进行绘制。

4.多边形工具

使用Polygon Tool（多边形工具）可以绘制出边数至少为5边的多边形路径和图形，如图7-69所示；同时也可以为图层绘制多边形遮罩，如图7-70所示。

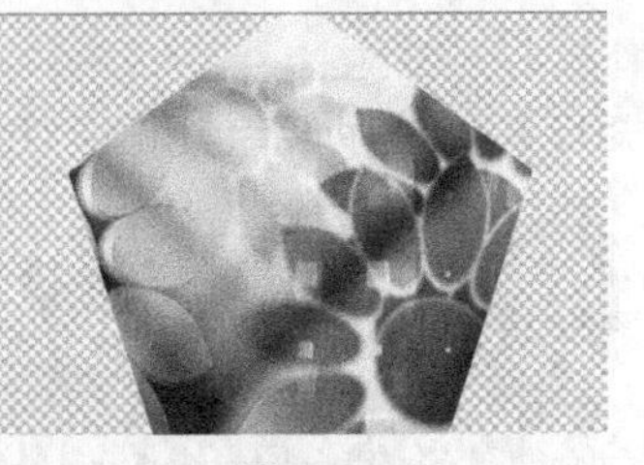

图7-69　　图7-70

技巧与提示

如果要设置多边形的边数，可以在形状图层的Polystar Path（多边星形路径）选项组下修改Points（点）参数，如图7-71所示。

图7-71

5.星形工具

使用Star Tool（星形工具）可以绘制出边数至少为3边的星形路径和图形，如图7-72所示；同时也可以为图层绘制星形遮罩，如图7-73所示。

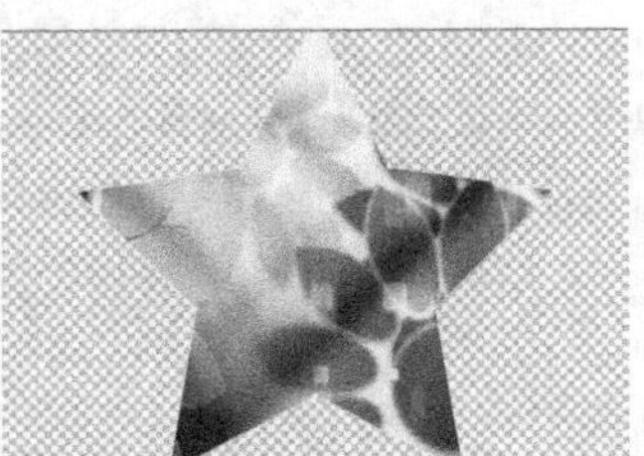

图7-72　　图7-73

7.2.4 钢笔工具

使用Pen Tool（钢笔工具）可以在合成或Layer（图层）预览窗口中绘制出各种路径，它包含4个辅助工具，分别是Add Vertex Tool（添加顶点工具）、Delete Vertex Tool（删除顶点工具）、Convert Vertex Tool（转换顶点工具）和Mask Feather Tool（遮罩羽化工具）。

在Tools（工具）面板中选择Pen Tool（钢笔工具）后，在面板的右侧会出现一个RotoBezier（平滑贝塞尔）选项，如图7-74所示。

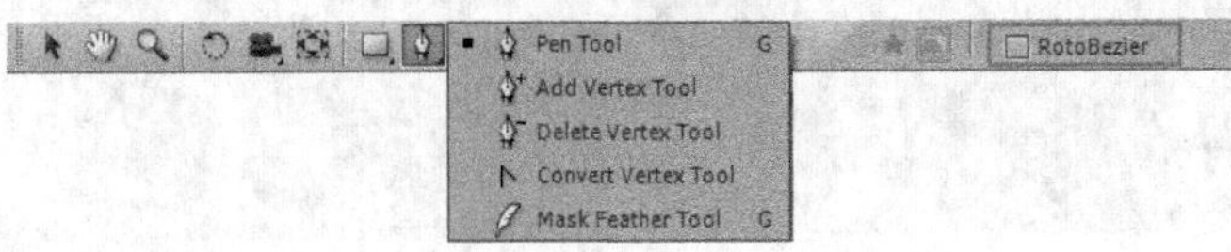

图7-74

在默认情况下，RotoBezier（平滑贝塞尔）选项处于关闭状态，这时使用钢笔工具绘制的贝塞尔曲线的顶点包含有控制手柄，可以通过调整控制手柄的位置来调节贝塞尔曲线的形状。

如果勾选RotoBezier（平滑贝塞尔）选项，那么绘制出来的贝塞尔曲线将不包含控制手柄，曲线的顶点曲率是After Effects自动计算的。

如果要将非平滑贝塞尔曲线转换成平滑贝塞尔曲线，可以通过执行“Layer（图层）>Mask And Shape Path（遮罩和形状路径）>RotoBezier（平滑贝塞尔）”菜单命令来完成。

在实际工作中，使用Pen Tool（钢笔工具）绘制的贝塞尔曲线主要包含直线、U形曲线和S形曲线3种，下面分别讲解如何绘制这3种曲线。

1.绘制直线

使用Pen Tool（钢笔工具）绘制直线的方法很简单。首先使用该工具单击确定第1个点，然后在其他地方单击确定第2个点，这两个点形成的线就是一条直线。如果要绘制水平直线、垂直直线或是与45°成倍数的直线，可以在按住Shift键的同时进行绘制，如图7-75所示。

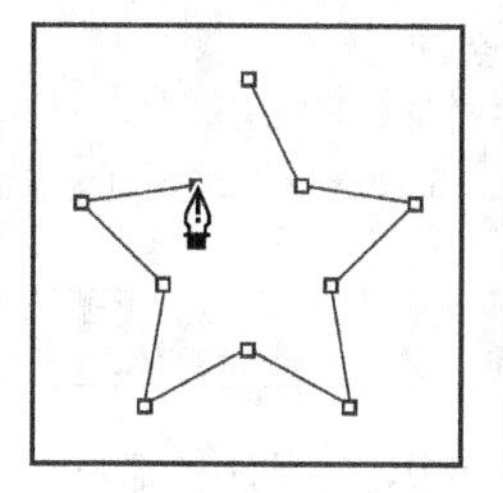
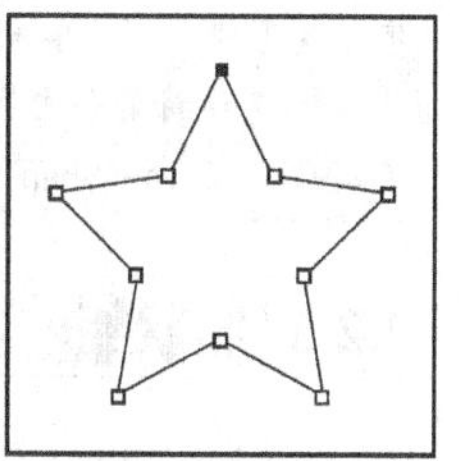

图7-75

2.绘制U形曲线

如果要使用Pen Tool（钢笔工具）绘制U形的贝塞尔曲线，可以在确定好第2个顶点后拖曳第2个顶点的控制手柄，使其方向与第1个顶点的控制手柄的方向相反。如图7-76所示，A图为开始拖曳第2个顶点时的状态，B图是将第2个顶点的控制手柄调节成与第1个顶点的控制手柄方向相反时的状态，C图为最终结果。

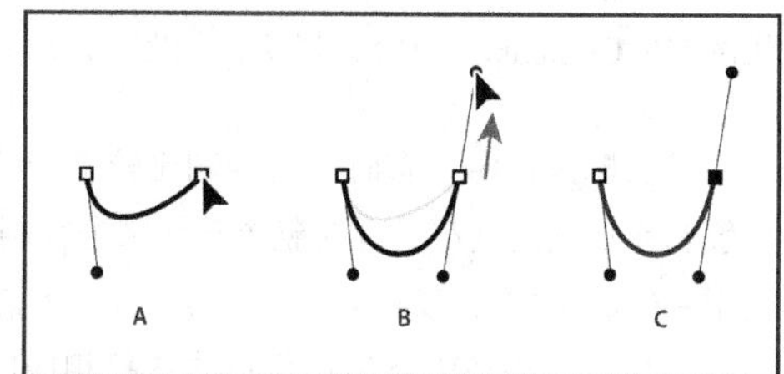

图7-76

3.绘制S形曲线

如果要使用Pen Tool（钢笔工具）绘制S形的贝塞尔曲线，可以在确定好第2个顶点后拖曳第2个顶点的控制手柄，使其方向与第1个顶点的控制手柄的方向相同。如图7-77所示，A图为开始拖曳第2个顶点时的状态，B图是将第2个顶点的控制手柄调节成与第1个顶点的控制手柄方向相同时的状态，C图为最终结果。

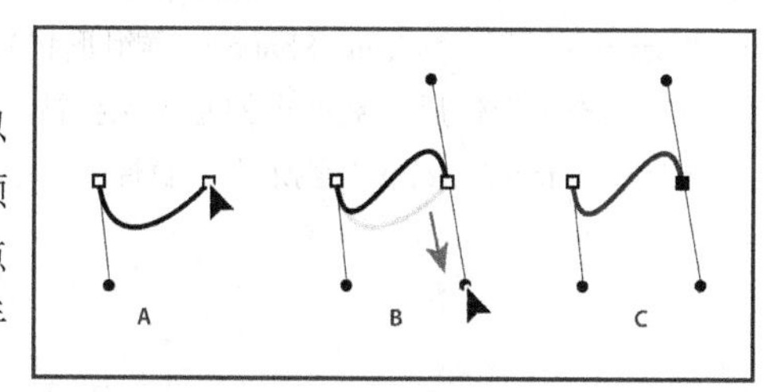

图7-77

技巧与提示

下面讲解使用Pen Tool（钢笔工具）需要注意的3点问题。

第1点：改变顶点位置。在创建顶点时，如果想在未松开鼠标左键之前改变顶点的位置，这时可以按住空格键，然后拖曳光标即可重新定位顶点的位置。

第2点：封闭开放的曲线。如果在绘制好曲线形状后，想要将开放的曲线设置为封闭曲线，这时可以通过执行"Layer（图层）>Mask And Shape Path（遮罩和形状路径）>Closed（封闭）"菜单命令来完成。另外也可以将光标放置在第1个顶点处，当光标变成形状时，单击鼠标左键即可封闭曲线。

第3点：结束选择曲线。在绘制好曲线后，如果想要结束对该曲线的选择，这时可以激活工具面板中的其他工具或按F2键。

7.2.5 创建文字轮廓形状图层

在After Effects CS6中，可以将文字的外形轮廓提取出来，形状路径将作为一个新图层出现在Timeline（时间线）面板中。新生成的轮廓图层会继承源文字图层的变换属性、图层样式、滤镜和表达式等。

如果要将一个文字图层的文字轮廓提取出来，可以先选择该文字图层，然后执行"Layer（图层）>Create Shapes from Text（从文字创建形状）"菜单命令即可，如图7-78所示。

图7-78

技巧与提示

如果要将文字图层中所有文字的轮廓提取出来，可以选择该图层，然后执行“Layer（图层）>Create Shapes from Text（从文字创建形状）”菜单命令。

如果要将某个文字的轮廓单独提取出来，可以先在Composition（合成）面板的预览窗口中选择该文字，然后执行“Layer（图层）>Create Shapes from Text（从文字创建形状）”菜单命令。

7.2.6 形状组

在After Effects CS6中，每条路径都是一个形状，而每个形状都包含有一个单独的Fill（填充）属性和一个Stroke（描边）属性，这些属性都在形状图层的Contents（内容）栏下，如图7-79所示 。

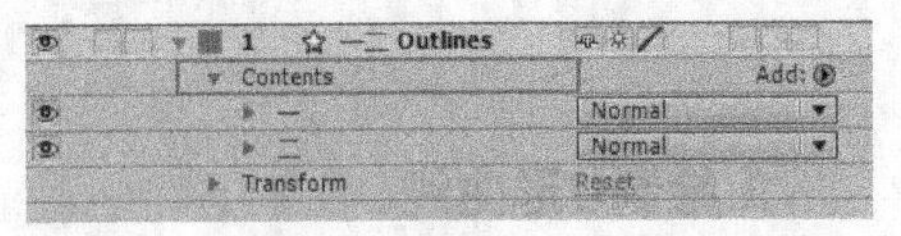

图7-79

在实际工作中，有时需要绘制比较复杂的路径，比如在绘制字母i时，至少需要绘制两条路径才能完成操作，而一般制作形状动画都是针对整个形状来进行制作。因此如果要为单独的路径制作动画，那将是相当困难，这时就需要使用到Group（组）功能。

如果要为路径创建组，可以先选择相应的路径，然后按Ctrl+G组合键将其进行群组操作（解散组的快捷键为Ctrl+Shift+G），当然也可以通过执行“Layer（图层）>Group Shapes（群组形状）”菜单命令来完成。

完成群组操作后，被群组的路径就会被归入相应的组中，另外还会增加一个Transform:Group（变换:组）属性，如图7-80所示。

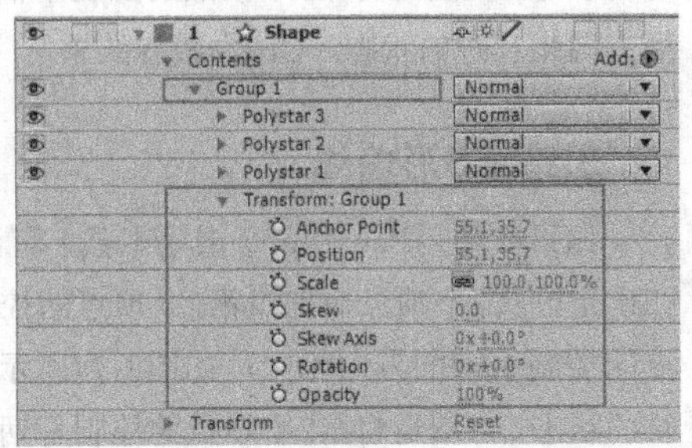

图7-80

从图7-80的Transform:Group（变换:组）属性中可以观察到，处于组里面的所有形状路径都拥有一些相同的变换属性，如果对这些属性制作动画，那么处于该组中的所有形状路径都将拥有动画属性，这样就大大减少了制作形状路径动画的工作量。

技巧与提示

群组路径形状还有另外一种方法，先单击Add（添加）选项后面的按钮，然后在弹出的菜单中选择Group（empty）[组（空）]命令（这时创建的组是一个空组，里面不包含任何对象），如图7-81所示，接着将需要群组的形状路径拖曳到空组中即可。

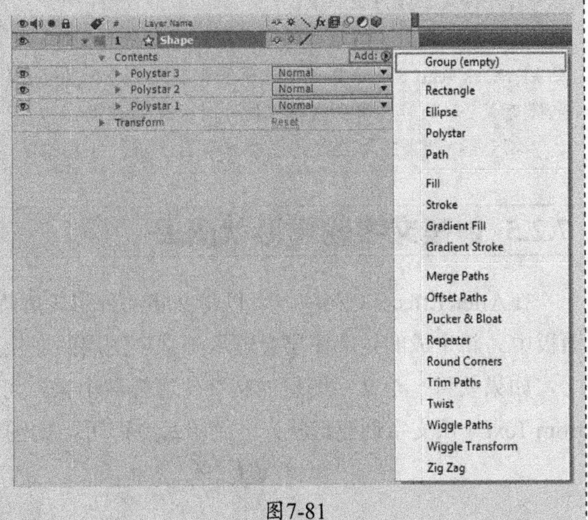

图7-81

7.2.7 形状属性

创建完一个形状后，可以在Timeline（时间线）面板中通过Add（添加）选项（该选项的下拉菜单）为形状或形状组添加属性，如图7-82所示。

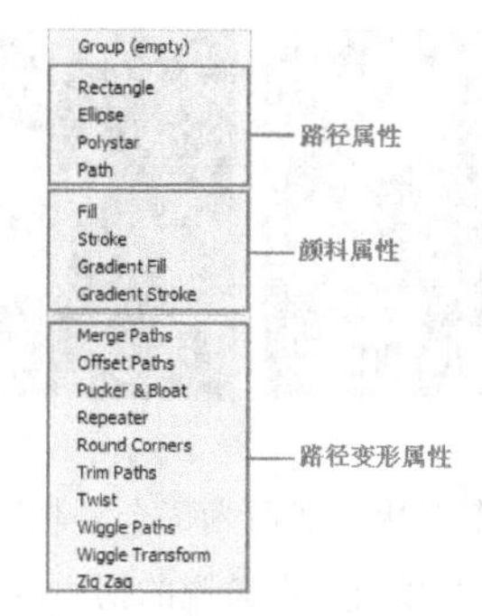

图7-82

关于路径属性，前面的内容已经讲过，在这里就不再重复介绍，下面只针对颜料属性和路径变形属性进行讲解。

1.颜料属性

颜料属性包含Fill（填充）、Stroke（描边）、Gradient Fill（渐变填充）和Gradient Stroke（渐变描边）4种，下面做简要介绍。

颜料属性介绍

Fill（**填充**）：该属性主要用来设置图形内部的固态填充颜色。

Stroke（**描边**）：该属性主要用来为路径进行描边。

Gradient Fill（**渐变填充**）：该属性主要用来为图形内部填充渐变颜色。

Gradient Stroke（**渐变描边**）：该属性主要用来为路径设置渐变描边色，如图7-83所示。

图7-83

2.路径变形属性

在同一个群组中，路径变形属性可以对位于其上的所有路径起作用，另外可以对路径变形属性进行复制、剪切、粘贴等操作。

参数详解

Merge Paths（**合并路径**）：该属性主要针对群组形状，为一个路径组添加该属性后，可以运用特定的运算方法将群组里面的路径合并起来。为群组添加Merge Paths（合并路径）属性后，可以为群组设置5种不同的Mode（模式），如图7-84所示。

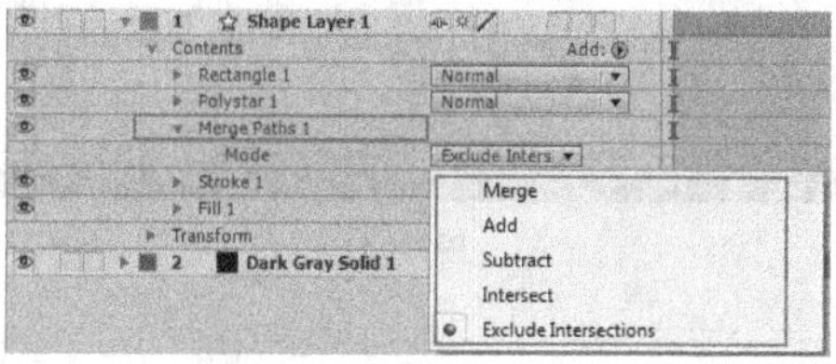

图7-84

图7-85所示为Merge（合并）模式；图7-86所示为Add（相加）模式；图7-87所示为Subtract（相减）模式；图7-88所示为Intersect（相交）模式；图7-89所示为Exclude Intersection（排除相交）模式。

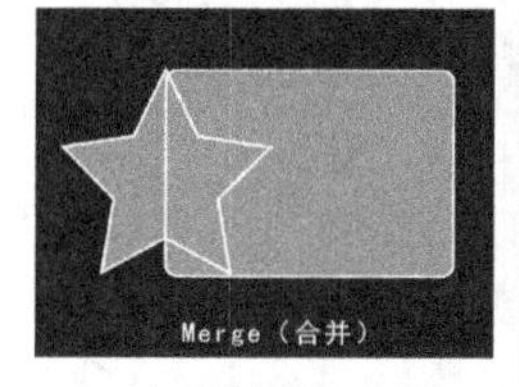

图7-85

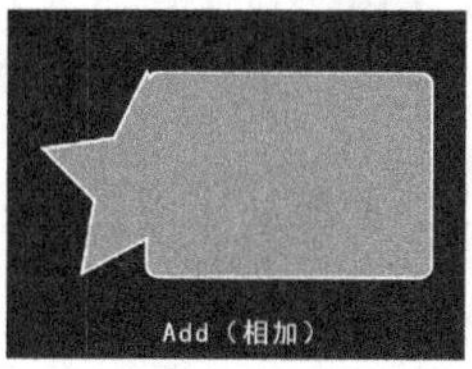

图7-86

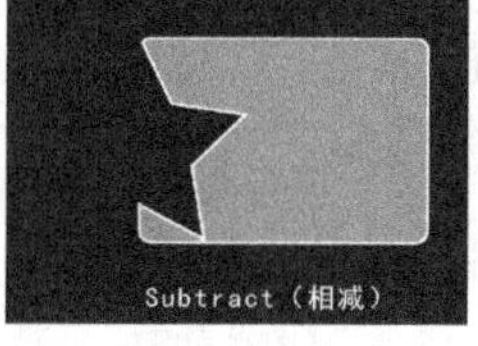

图7-87

图7-88

图7-89

Offset Paths（**偏移路径**）：使用该属性可以对原始路径进行缩放操作，如图7-90所示。

Pucker & Bloat（**内陷和外凸**）：使用该属性可以将源曲线中向外凸起的部分往内塌陷，向内凹陷的部分往外凸出，如图7-91所示。

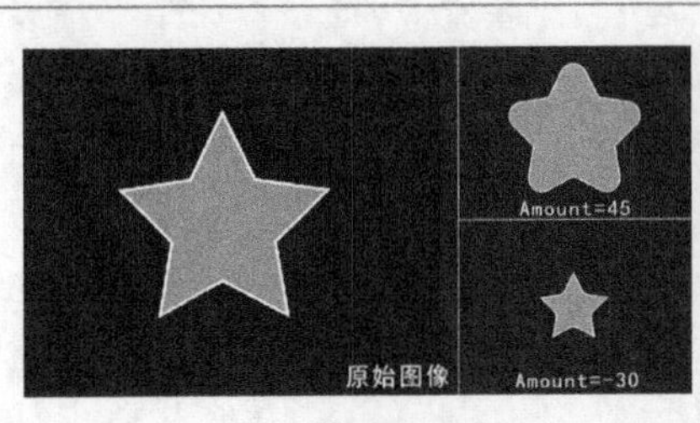

图7-90

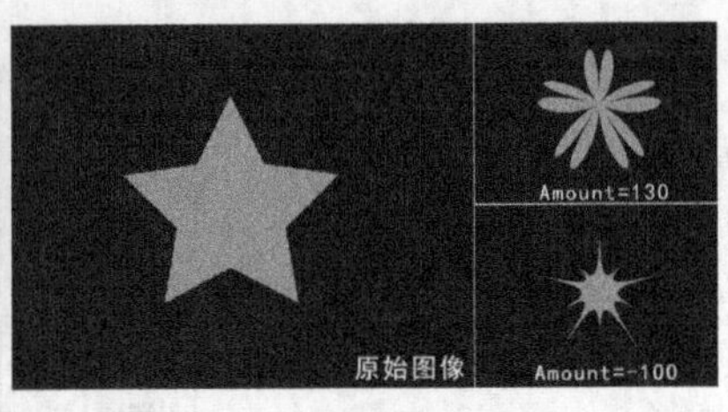

图7-91

Repeater（**重复**）：使用该属性可以复制一个形状，然后为每个复制对象应用指定的变换属性，如图7-92所示。

Round Corners（**圆滑角点**）：使用该属性可以对图形中尖锐的拐角点进行圆滑处理。

Trim Paths（**剪切路径**）：该属性主要用来为路径制作生长动画。

Twist（**扭曲**）：使用该属性可以以形状中心为圆心来对图形进行扭曲操作。正值可以使形状按照顺时针方向进行扭曲，负值可以使形状按照逆时针方向进行扭曲，如图7-93所示。

图7-92

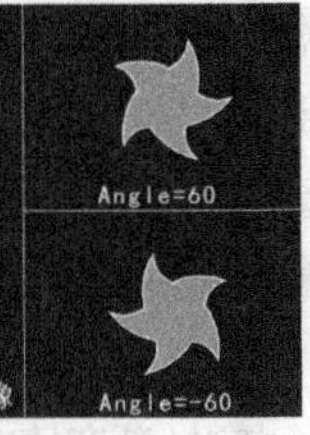

图7-93

Wiggle Paths（**摇摆路径**）：该属性可以将路径形状变成各种效果的锯齿形状路径，并且该属性会自动记录下动画。

Zig Zag（锯齿形）：该属性可以将路径变成具有统一规律的锯齿状路径。

课堂练习——阵列动画

素材位置	实例文件>CH07>课堂练习——阵列动画
实例位置	实例文件>CH07>课堂练习——阵列动画_Final.aep
视频位置	多媒体教学>CH07>课堂练习——阵列动画.flv
难易指数	★★★☆☆
练习目标	练习形状属性的组合使用

本练习制作的阵列动画效果如图7-94所示。

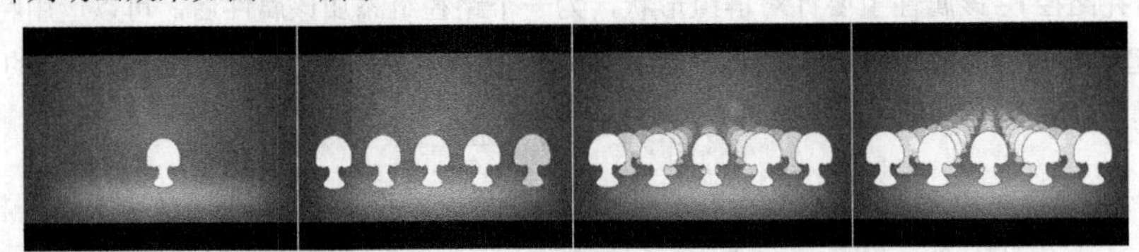

图7-94

课后习题——克隆虾动画

素材位置	实例文件>CH07>课后习题——克隆虾动画
实例位置	实例文件>CH07>课后习题——克隆虾动画_Final.aep
视频位置	多媒体教学>CH07>课后习题——克隆虾动画.flv
难易指数	★★★☆☆
练习目标	练习仿制图章工具的使用方法

本习题制作的克隆虾动画效果如图7-95所示。

图7-95

第8章

文字及文字动画

课堂学习目标

- 了解文字的作用
- 掌握文字的创建方法
- 熟悉文字的属性
- 掌握文字动画的制作方法
- 掌握文字遮罩的创建方法
- 掌握文字形状轮廓的创建方法

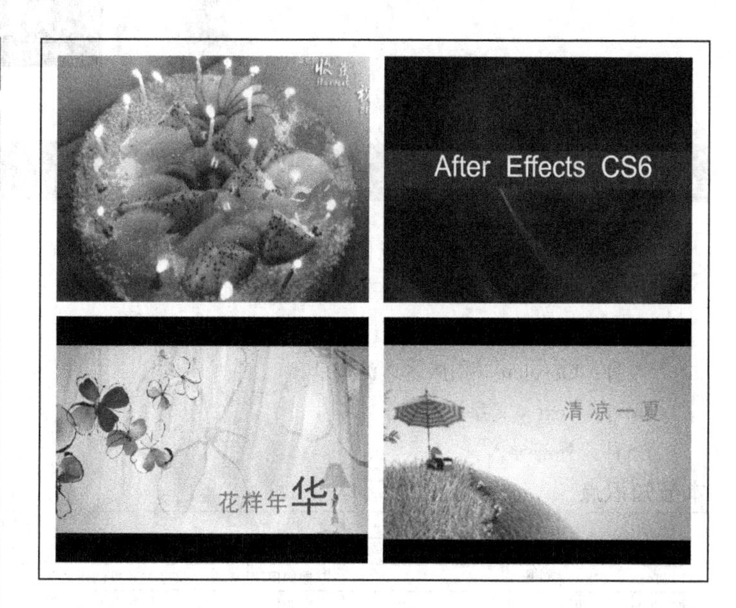

本章导读

文字是人类用来记录语言的符号系统，也是文明社会产生的标志。在影视后期合成中，文字不仅担负着补充画面信息和媒介交流的角色，而且也是设计师们常常用来作为视觉设计的辅助元素。本章主要讲解在Adobe After Effects CS6中如何创建文字、优化文字、创建文字动画，以及使用文字Outlines和滤镜创建文字等。

8.1 文字的作用

文字是人类用来记录语言的符号系统，也是文明社会产生的标志。在影视后期合成中，文字不仅担负着补充画面信息和媒介交流的角色，而且也是设计师们常常用来作为视觉设计的辅助元素。本章主要讲解After Effects CS6的文字功能，包括创建文字、优化文字和文字动画等功能，熟练使用After Effects CS6中的文字功能，是作为一个特效合成师最基本和必备的技能。

如图8-1和图8-2所示，这是文字元素的应用效果之一，从图中可以看出，只要把文字应用到位，是完全可以给视频制作增色的。

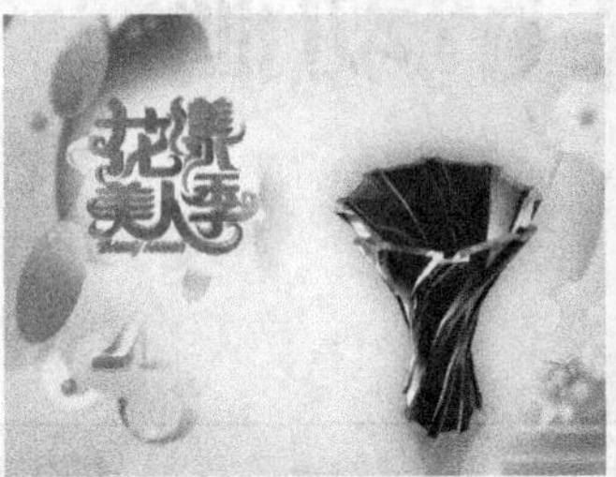

图8-1

图8-2

8.2 文字的创建

在After Effects CS6中，可以使用以下5种方法来创建文字。

第1种：文字工具T。

第2种：Text（文字）菜单。

第3种：Obsolete（旧版本）滤镜。

第4种：Text（文字）滤镜。

第5种：外部导入。

本节知识点

名称	作用	重要程度
使用文字工具	掌握如何使用文字工具创建文字	高
使用Text（文字）菜单	掌握如何使用Text（文字）菜单创建文字	高
使用Obsolete（旧版本）滤镜	掌握如何使用Obsolete（旧版本）滤镜创建文字	中
使用Text（文字）滤镜	掌握如何使用Text（文字）滤镜创建文字	中
外部导入	了解如何从外部导入文字	中

8.2.1 课堂案例——文字渐显动画

素材位置	实例文件>CH08>课堂案例——文字渐显动画
实例位置	实例文件>CH08>课堂案例——文字渐显动画.aep
视频位置	多媒体教学>CH08>课堂案例——文字渐显动画.flv
难易指数	★★☆☆☆
学习目标	掌握Path Text（路径文字）滤镜的用法

本例的文字渐显动画效果如图8-3所示。

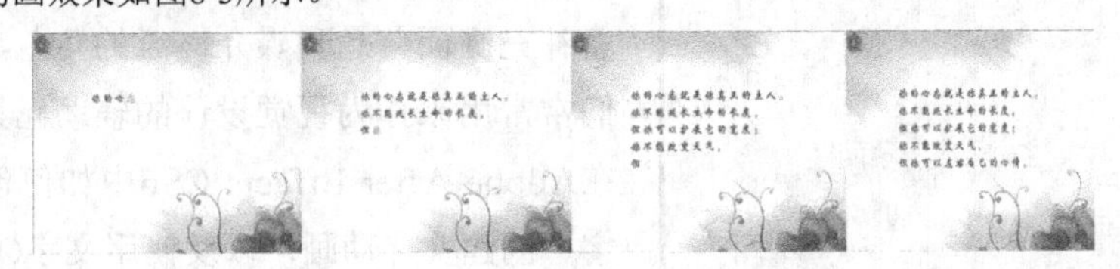

图8-3

01 执行“Composition（合成）>New Composition（新建合成）”菜单命令，创建一个预置的PAL D1/DV合成，然后设置Duration（持续时间）为4秒，并将其命名为“文字渐显动画”，如图8-4所示。

02 执行“File（文件）>Import（导入）>File（文件）”菜单命令，导入Image.jpg素材文件，然后按Ctrl+/组合键将其添加到Timeline（时间线）面板中，如图8-5所示。

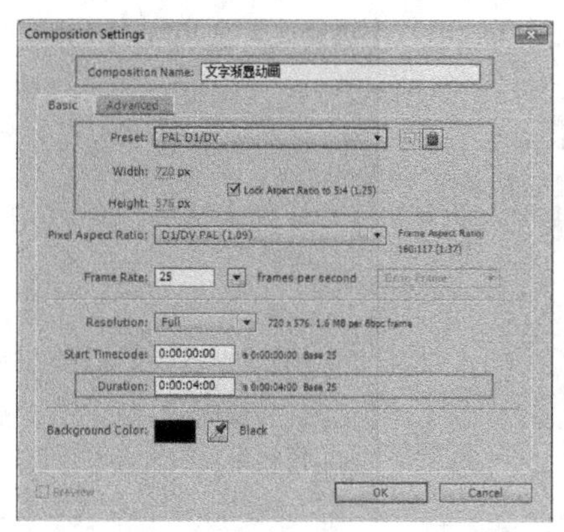

图8-4

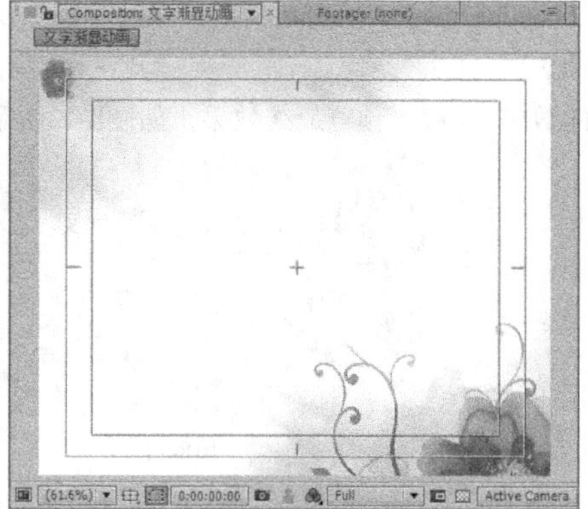

图8-5

03 执行“Layer（图层）>New（新建）>Solid（固态图层）”菜单命令，新建一个名为Text的图层，如图8-6所示。

04 选择Text图层，执行“Effect（特效）>Obsolete（旧版本）> Path Text（路径文字）”菜单命令，为其添加Path Text（路径文字）滤镜，然后在Path Text（路径文字）对话框中输入文字“你的心态就是你真正的主人。你不能延长生命的长度，但你可以扩展它的宽度；你不能改变天气，但你可以左右自己的心情。”，如图8-7所示。

05 在Effect Controls（滤镜控制）面板中，设置Shape Type（形态类型）为Line（直线），Vertex1/Circle Center（顶点1/圆圈中心）为（150，175），Vertex2（顶点2）为（574，175）。选择Options（选项）为Fill Only（只显示文字的填充颜色），设置Fill Color（填充颜色）为（R:197，G:28，B:2）。设置Size（大小）为30，Tracking（间距）为6，Line Spacing（行间距）为150，Fade Time（淡入时间）的值为100%，如图8-8所示。

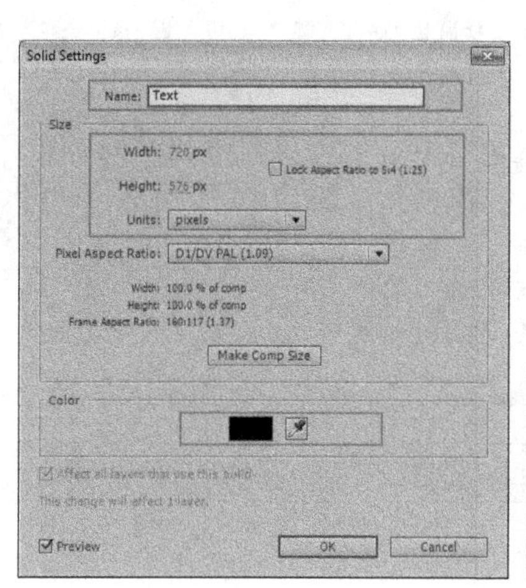

图8-6

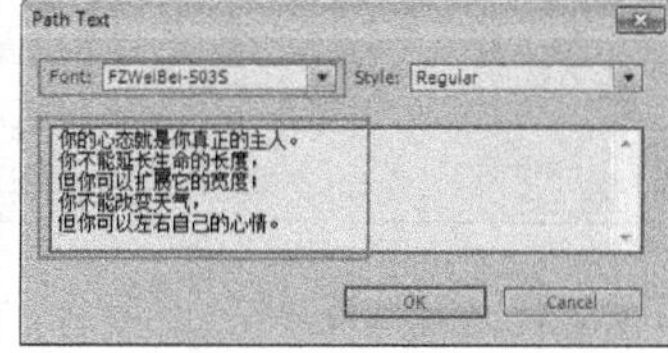

图8-7

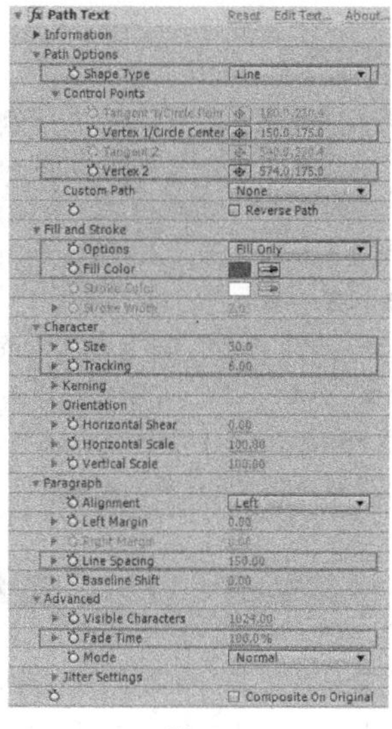

图8-8

06 设置文字的动画关键帧。在第0帧，设置Visible Characters（字符可见性）的值为0；在第3秒，设置Visible Characters（字符可见性）的值为63，如图8-9所示。

07 设置图层的Scale（缩放）的动画关键帧。在第0帧，设置Scale（缩放）的值为（95，95%）；在第4秒，设置Scale（缩放）的值为（100，100%），如图8-10所示。

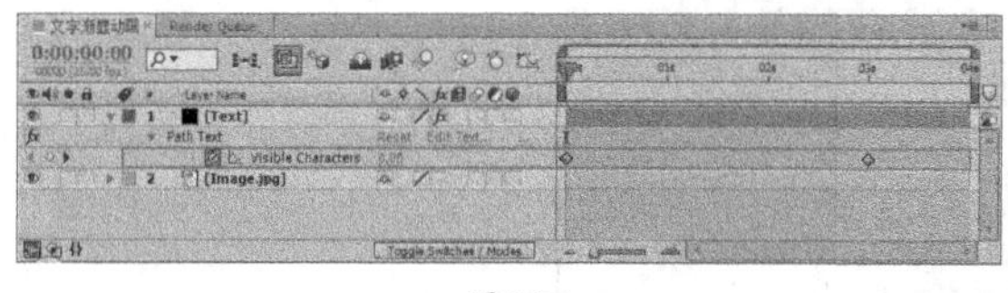

图8-9

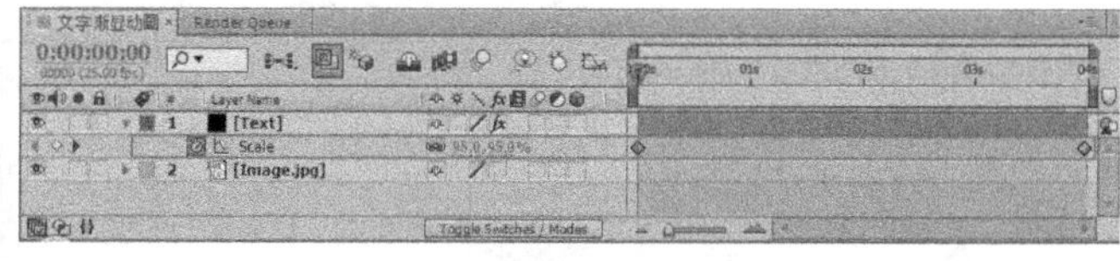

图8-10

08 选择Text图层，执行“Effect（滤镜）>Perspective（透视）>Drop Shadow（投影）”菜单命令，为其添加Drop Shadow（投影）滤镜。选择Image图层，“执行Effect（滤镜）>Perspective（透视）>Radial Shadow（径向投影）”菜

单命令，为其添加Radial Shadow（径向投影）滤镜，然后设置Opacity（不透明度）为40%，Distance（距离）为1.5，如图8-11所示。

09 按小键盘上的数字键0键，预览最终效果，如图8-12所示。

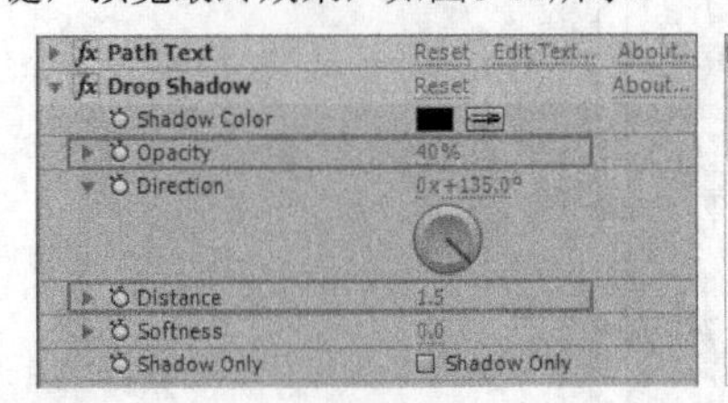

图8-11

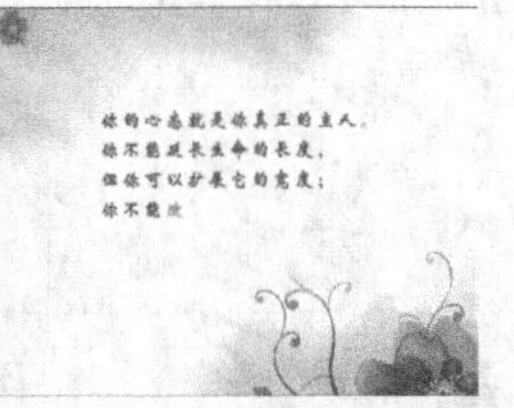

图8-12

8.2.2 使用文字工具

在Tools（工具）面板中单击"文字工具"按钮T，即可创建文字。在该工具上按住鼠标左键不放，等待少许时间将弹出一个扩展的工具栏，其中包含两个子工具，分别为Horizontal Type Tool（横排文字工具）和Vertical Type Tool（竖排文字工具），如图8-13所示。

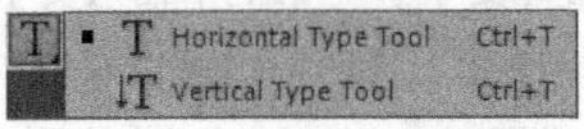

Horizontal Type Tool Ctrl+T
Vertical Type Tool Ctrl+T

图8-13

选择相应的文字工具后，在Composition（合成）面板中单击鼠标左键确定文字的输入位置，当显示文字光标后，就可以输入相应的文字，最后按小键盘上的Enter（回车键）即可。同时在Timeline（时间线）面板中，系统自动新建了一个文字图层。

技巧与提示

选择文字工具后，也可以使用鼠标左键拖曳出一个矩形选框来输入文字，这时输入的文字分布在选框内部，称为Paragraph Text（段落文字），如图8-14所示；如果直接输入文字，所创建的文字称为Point Text（点文字）。

如果要在Point Text（点文字）和Paragraph Text（段落文字）之间进行转换，可采用下面的步骤来完成操作。

第1步：使用"选择工具"在Composition（合成）面板中选择文字图层。

第2步：选择"文字工具"T，然后在Composition（合成）面板中单击鼠标右键，在弹出的菜单中选择Convert To Paragraph Text（转换到段落文字）或Convert To Point Text（转换到点文字）命令即可完成相应的操作。

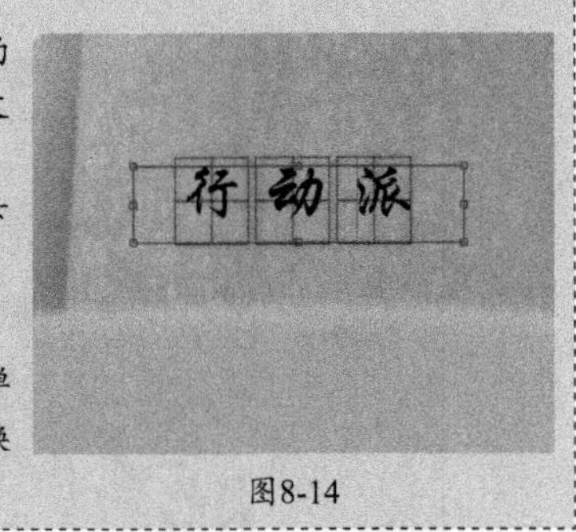

图8-14

8.2.3 使用Text（文字）菜单

使用Text（文字）菜单创建文字的方法有以下两种。

第1种：执行"Layer（图层）>New（新建）>Text（文字）"菜单命令或按Ctrl+Alt+Shift+T组合键。执行"Layer（图层）>New（新建）>Text（文字）"菜单命令或按Ctrl+Alt+Shift+T组合键（如图8-15所示），新建一个文字图层，然后在Composition（合成）面板中单击鼠标左键，确定文字的输入位置，当显示文字光标后，就可以输入相应的文字，最后按小键盘上的Enter键确认完成。

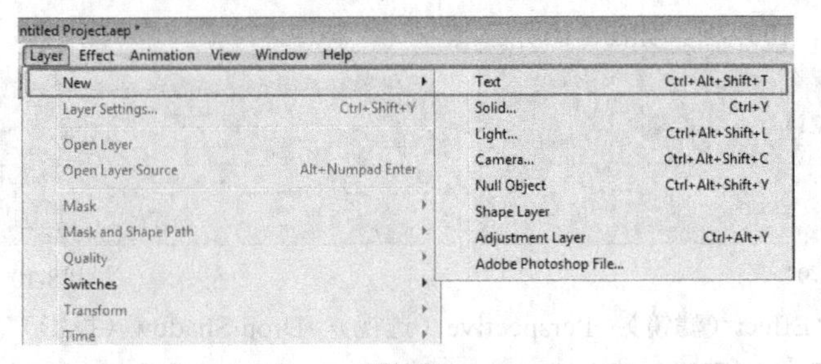

图8-15

第2种：在Timeline（时间线）面板的空白处单击鼠标右键。在Timeline（时间线）面板的空白处单击鼠标右键，然后在弹出的菜单中执行“New（新建）>Text（文字）”命令（如图8-16所示），新建一个文字图层，接着在Composition（合成）面板中单击鼠标左键，确定文字的输入位置，当显示文字光标后，就可以输入相应的文字，最后按小键盘上的Enter键键确认完成。

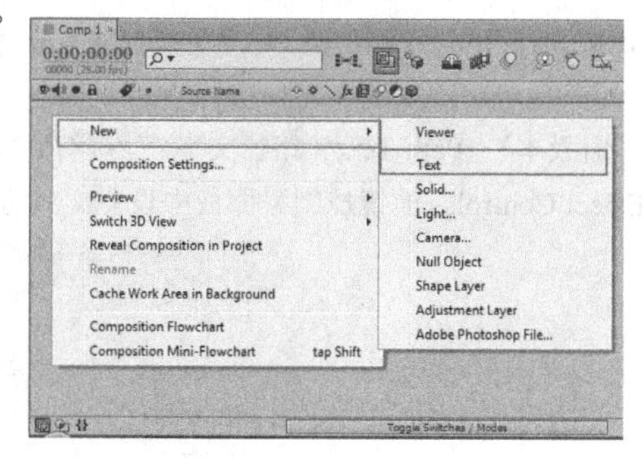

图8-16

8.2.4 使用Obsolete（旧版本）滤镜

在Obsolete（旧版本）滤镜组中，可以使用Basic Text（基本文字）和Path Text（路径文字）滤镜来创建文字。

1.Basic Text（基本文字）

Basic Text（基本文字）滤镜主要用来创建比较规整的文字，可以设置文字的大小、颜色及文字间距等。

执行“Effect（特效）>Obsolete（旧版本）>Basic Text（基本文字）”菜单命令，然后在打开的Basic Text（基本文字）面板中输入相应文字，如图8-17所示，最后在Effect Controls（滤镜控制）面板中设置文字的相关属性即可，如图8-18所示。

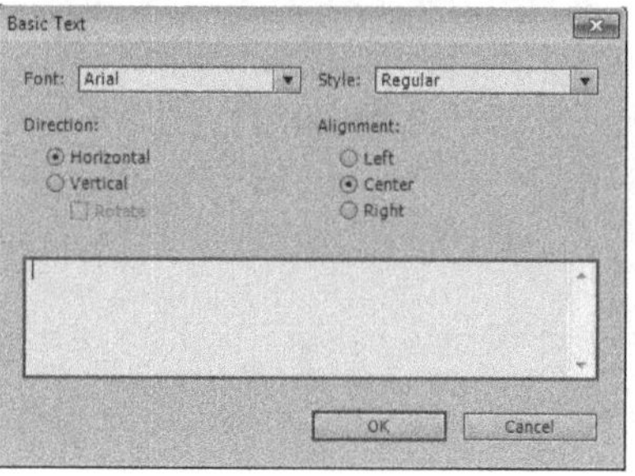

图8-17

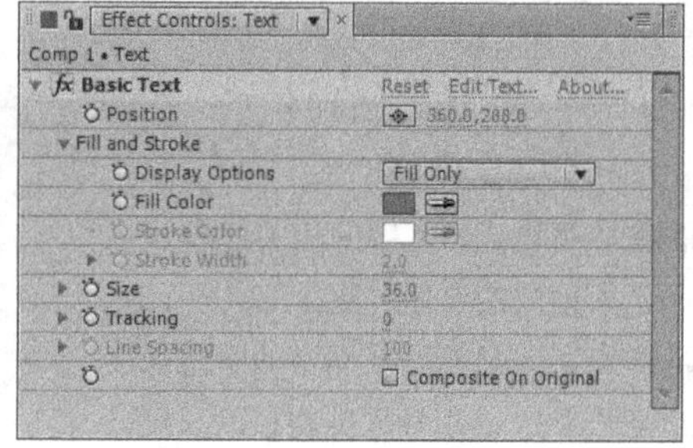

图8-18

参数详解

Font（字体）：设置文字的字体。

Style（格式）：设置文字的风格。

Direction（方向）：设置文字的方向，有Horizontal（水平）、Vertical（垂直）和Rotate（旋转）3种方式供选择。

Alignment（对齐）：设置文字的对齐方式，有Top（顶部）、Center（居中）和Bottom（底部）3种方式供选择。

Position（位置）：用来指定文字的位置。

Fill and Stroke（填充和描边）：用来设置文字颜色和描边的显示方式。

Display Options（显示控制）：在其下拉列表中提供了4种方式供选择。Fill Only，只显示文字的填充颜色；Stroke Only，只显示文字的描边颜色；Fill Over Stroke，文字的填充颜色覆盖描边颜色；Stroke Over，Fill，文字的描边颜色覆盖填充颜色。

Fill Color（填充颜色）：设置文字的填充色。

Stroke Color（描边颜色）：设置文字的描边颜色。

Stroke Width（描边宽度）：设置文字描边的宽度。

Size（大小）：设置字体的大小。

Tracking（间距）：设置文字的间距。

Line Spacing（行间距）：设置文字的行间距。

Composite On Original（混合）：用来设置与原图像合成。

2.Path Text（路径文字）

Path Text（路径文字）滤镜可以让文字在自定义的Mask（遮罩）路径上产生一系列的运动效果，还可以使用该滤镜完成“逐一打字”的效果。

执行“Effect（特效）>Obsolete（旧版本）>Path Text（路径文字）”菜单命令，然后在Path Text（路径文字）面板中输入相应文字，如图8-19所示，最后在Effect Controls（滤镜控制）面板中设置文字的相关属性即可，如图8-20所示。

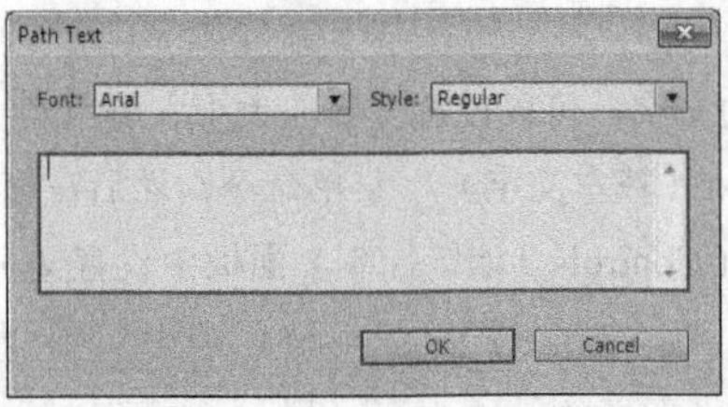

图8-19

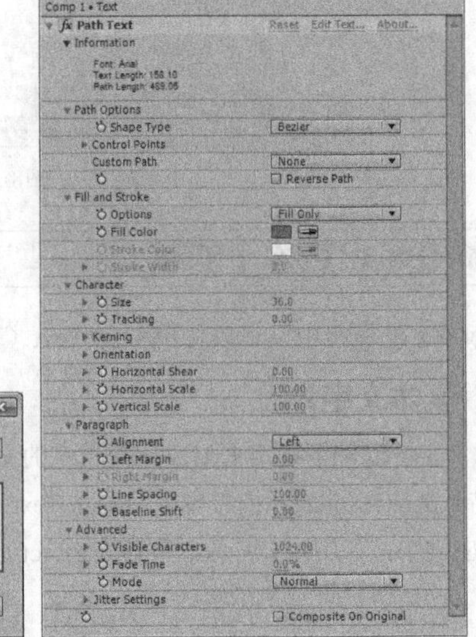

图8-20

参数详解

Information（信息）：可以查看文字的相关信息。

Font（字体）：显示所使用的字体名称。

Text Length（字符长度）：显示输入文字的字符长度。

Path Length（路径长度）：显示输入的路径的长度。

Path Options（路径控制）：用来设置路径的属性。

Shape Type（形态类型）：设置路径的形态类型。

Control Points（控制点）：设置控制点的位置。

Custom Path（自定义路径）：选择创建的自定义的路径。

Reverse Path（反转路径）：反转路径。

Fill and Stroke（填充和描边）：用来设置文字颜色和描边的显示方式。

Options（选项）：选择文字颜色和描边的显示方式。

Fill Color（填充颜色）：设置文字的填充色。

Stroke Color（描边颜色）：设置文字的描边颜色。

Stroke Width（描边宽度）：设置文字描边的宽度。

Character（字符）：用来设置文字的相关属性，如文字的大小、间距和旋转等。

Size（大小）：设置文字的大小。

Tracking（间距）：设置文本之间的间距。

Kerning（字距调整）：设置字与字之间的间距。

Orientation（旋转）：设置文字的旋转。

Horizontal Shear（水平斜切）：设置文字的倾斜。

Horizontal Scale（水平比例）：设置文字的宽度缩放比例。

Vertical Scale（垂直比例）：设置文字的高度缩放比例。

Paragraph（段落）：用来设置文字的段落属性。

Alignment（对齐）：设置文字段落的对齐方式。

Left Margin（左对齐）：设置文字段落左对齐的值。

Right Margin（右对齐）：设置文字段落右对齐的值。

Line Spacing（行间距）：设置文字段落的行间距。

Baseline Shift（基线）：设置文字段落的基线。

Advanced（高级）：设置文字的高级属性。

Visible Characters（字符可见性）：设置文字的可见属性。

Fade Time（淡入时间）：设置文字显示的时间。

Jitter Settings（抖动设置）：设置文字的抖动动画。

Composite On Original（混合）：用来设置与原图像合成。

8.2.5 使用Text（文字）滤镜

在Text（文字）滤镜组中，可以使用Numbers（数字）和Timecode（时间码）滤镜来创建文字。

1.Numbers（数字）

Numbers（数字）滤镜主要用来创建各种数字效果，尤其对创建数字的变化效果非常有用。执行“Effect（特效）>Generate（生成）>Text（文本）>Numbers（数字）”菜单命令，打开Numbers（数字）滤镜对话框，如图8-21所示。在Effect Controls（滤镜控制）面板中展开Numbers（数字）滤镜的参数，如图8-22所示。

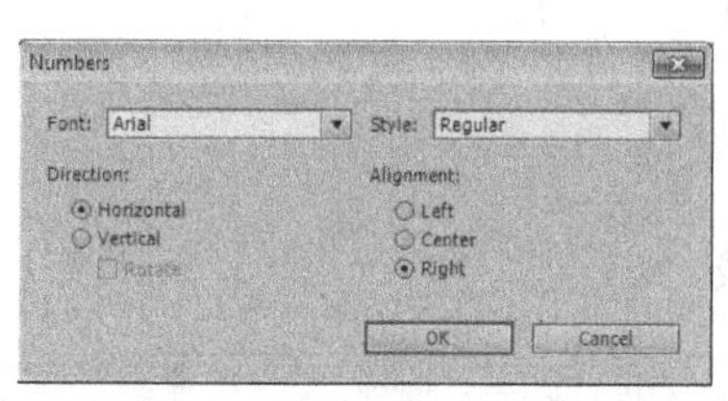

图8-21

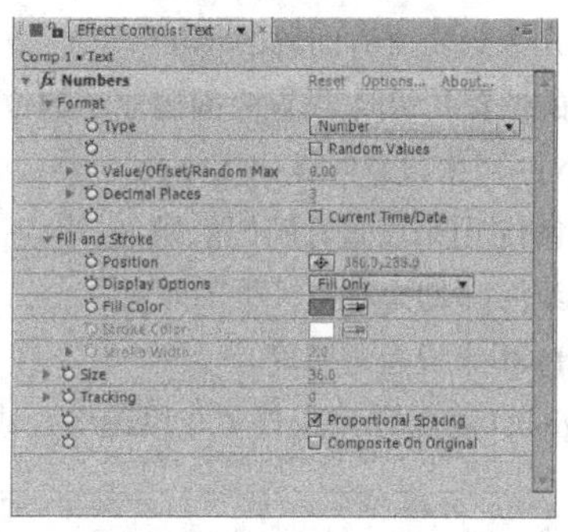

图8-22

参数详解

Type（类型）：用来设置数字类型，可以选数字、时间码、日期、时间和十六进制数字。

Random Values（随机）：用来设置数字的随机变化。

Decimal Places（显示位数）：用来设置小数点后的位数。

Value/Offset/Random Max（范围）：用来设置数字随机离散的范围。

Current Time/Date（当前时间/日期）：用来设置当前系统的时间和日期。

Fill and Stroke（填充和描边）：用来设置文字颜色和描边的显示方式。

Position（位置）：用来指定文字的位置。

Display Options（显示控制）：在其下拉列表中提供了4种方式供选择。Fill Only，只显示文字的填充颜色；Stroke Only，只显示文字的描边颜色；Fill Over Stroke，文字的填充颜色覆盖描边颜色；Stroke Over，Fill，文字的描边颜色覆盖填充颜色。

Fill Color（填充颜色）：设置文字的填充色。

Stroke Color（描边颜色）：设置文字的描边颜色。

Stroke Width（描边宽度）：设置文字描边的宽度。

Size（大小）：设置字体的大小。

Tracking（间距）：设置文字的间距。

Proportional Spacing（比例间距）：用来设置均匀的间距。

Composite On Original（混合）：用来设置与原图像合成。

2.Timecode（时间码）

Timecode（时间码）滤镜主要用来创建各种时间码动画，与Numbers（数字）滤镜中的时间码效果比较类似。

Timecode（时间码）是影视后期制作的时间依据，由于我们渲染的影片还要拿去配音或加入特效等，每一帧包含时间码就会有利于其他制作方面的配合。

执行“Effect（特效）>Generate（生成）>Text（文本）> Timecode（时间码）”菜单命令，然后在Effect Controls（滤镜控制）面板中展开Timecode（时间码）滤镜的参数，如图8-23所示。

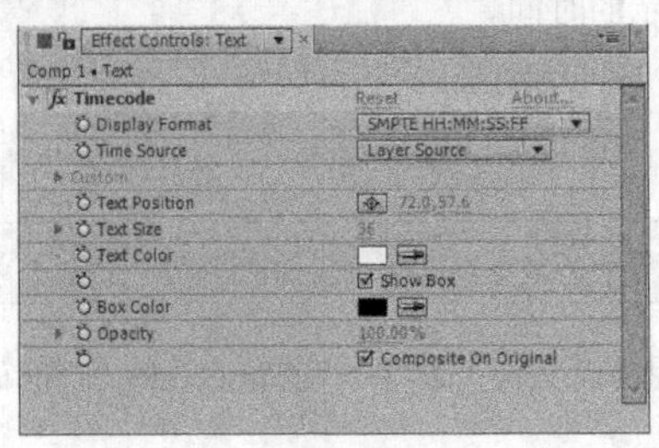

图8-23

参数详解

Display Format（时间格式）：用来设置时间码格式。

Time Source（时间来源）：用来设置时间码的来源。

Custom（自定义）：用来自定义时间码的单位。

Text Position（文字的位置）：用来设置时间码显示的位置。

Text Size（文字大小）：用来设置时间码大小。

Text Color（文字颜色）：用来设置时间码的颜色。

Box Color（外框的颜色）：用来设置外框的颜色。

Opacity（不透明度）：用来设置透明度。

Composite On Original（混合）：用来设置与原图像合成。

8.2.6 外部导入

可以将Photoshop或者Illustrator软件中设计好的文字导入After Effects CS6 软件中，供设计师二次使用。

以导入文字为例，其操作步骤如下。

第1步：执行“File（文件）>Import（导入）>File（文件）”菜单命令，导入一个素材文件，然后在Import Kind（导入类型）中选择Composition – Retain Layer Size（合成-保留图层的大小），接着在Layer Options（图层控制）中选择Editable Layer Styles（可以编辑的图层样式），最后单击OK按钮确定，如图8-24所示。

第2步：将Project（项目）面板中的Text合成添加到Timeline（时间线）面板中，如图8-25所示。

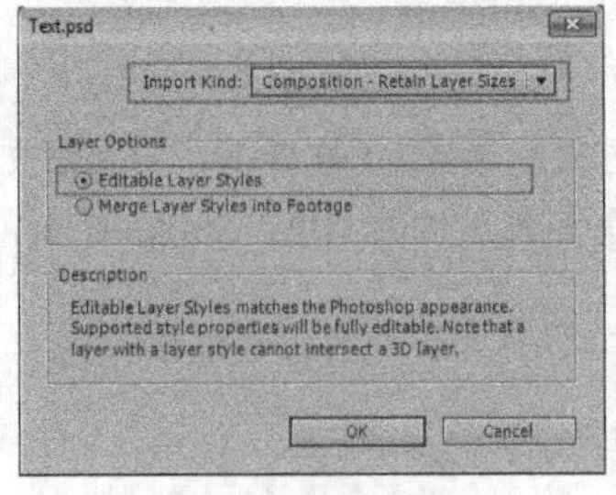

图8-24

图8-25

8.3 文字的属性

在创建文字之后，常常要根据设计要求或设计修改，随时调整文字的内容、字体、颜色、风格、间距、行距等基本属性。

本节知识点

名称	作用	重要程度
修改文字内容	了解如何修改文字内容	高
Character（字符）和Paragraph（段落）属性面板	了解Character（字符）和Paragraph（段落）属性面板的各个参数	高

8.3.1 课堂案例——修改文字的属性

素材位置	实例文件>CH08>课堂案例——修改文字的属性
实例位置	实例文件>CH08>课堂案例——修改文字的属性_Final.aep
视频位置	多媒体教学>CH08>课堂案例——修改文字的属性.flv
难易指数	★★☆☆☆
学习目标	掌握修改文字属性的基本方法

本例修改文字基本属性的效果如图8-26所示。

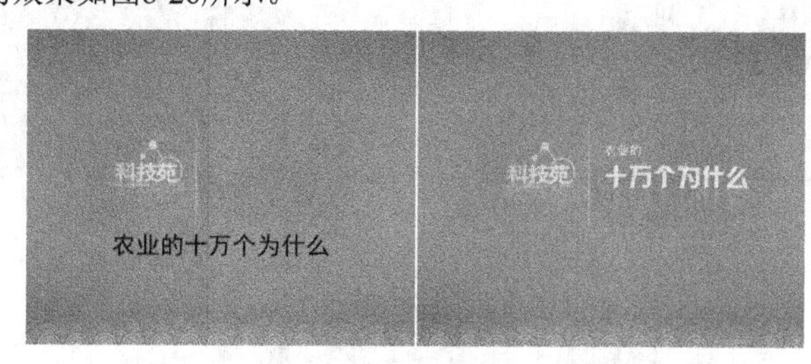

图8-26

01 使用After Effects CS6打开“课堂案例——修改文字的属性.aep”素材文件，如图8-27所示。

02 在Timeline（时间线）面板中选择文字图层，在Tools（工具） 面板中选择“文字工具”T，然后在Composition（合成）面板中的文字“十”前面单击鼠标左键，接着按主键盘上的回车键，如图8-28所示。

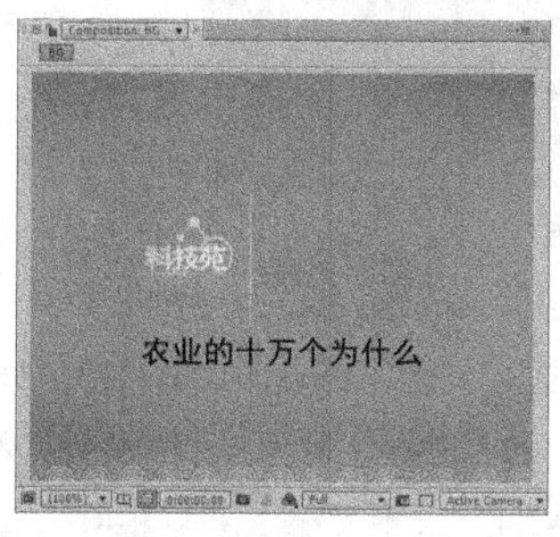

图8-27　　图8-28

03 选择文字“农业的”，在Character（字符）面板中修改其文字大小属性为15 px，字体颜色为（R:180，G:255，B:232），文字的间距为50，如图8-29和图8-30所示。

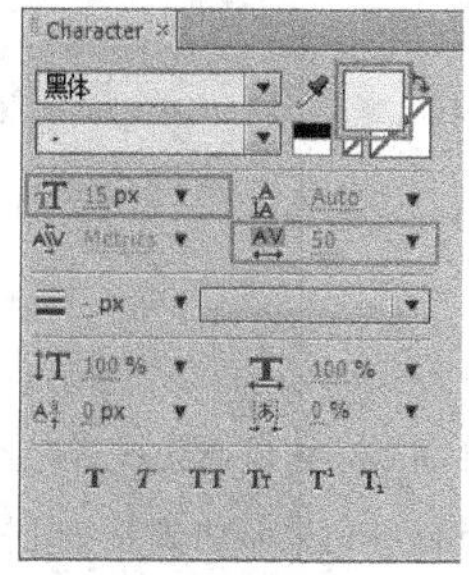

图8-29　　图8-30

04 选择文字“十万个为什么”，在Character（字符）面板中修改文字的字体为“汉仪菱心体简”，设置文字的颜色为（R:227，G:243，B:238），如图8-31所示。

05 在Tools（工具）面板中单击“选择工具”按钮，将文字图层移动到图8-32所示的位置。

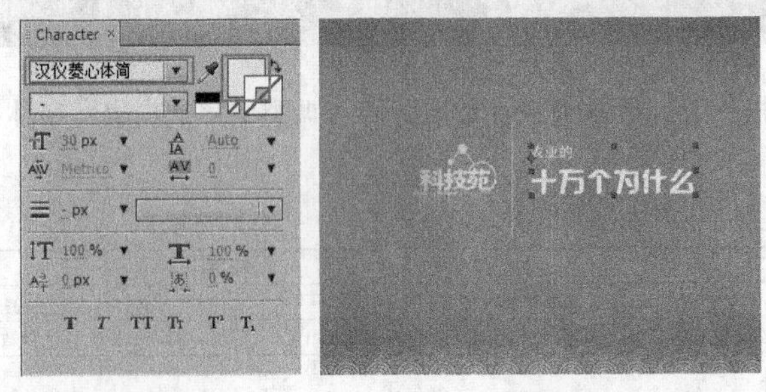

图8-31　　　　图8-32

06 选择文字图层，按Ctrl+D组合键进行复制，然后修改复制图层的Position（位置）为（230，235），Scale（缩放）为（100，-100%），如图8-33和图8-34所示。

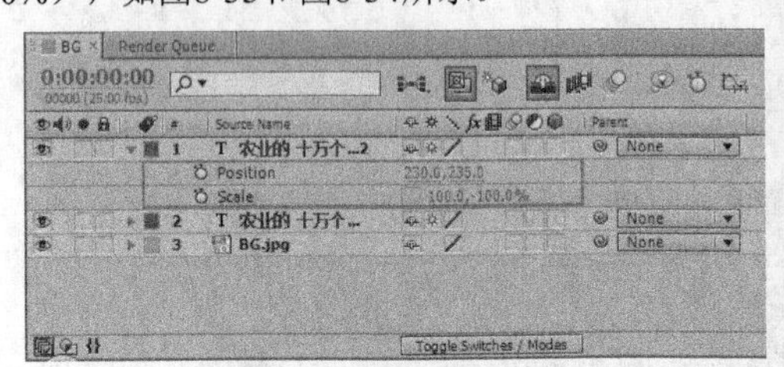

图8-33

图8-34

07 继续选择该文字图层，使用Ellipse Tool（椭圆工具）绘制遮罩，调整遮罩的大小，如图8-35所示。

图8-35

08 展开遮罩属性，修改Mask Feather（遮罩羽化）值为（40，40 pixels），Mask Opacity（遮罩不透明度）值为30%，Mask Expansion（遮罩扩展）值为-15 pixels，如图8-36所示。最终修改的文字画面效果如图8-37所示。

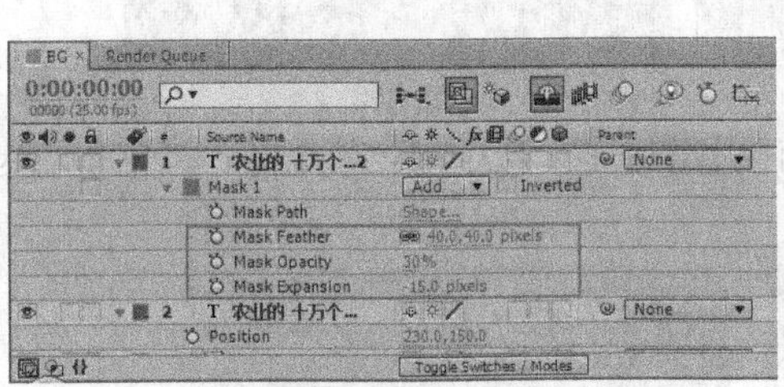

图8-36

图8-37

技巧与提示

在Character（字符）面板左上角的Set the font family（设置字体）下拉列表中显示了系统中所有安装的可用字体，如图8-38所示。

选择相应的字体后，被选中的文字将会自动应用该字体。如果系统中安装的字体过多，可以拖动游标浏览字体列表，如图8-39所示。

系统自带的常规字体，很多时候并不能满足设计师的制作需求，所以我们需要购买并安装一些非系统自带的字体库，如汉仪、方正等。

安装字体的操作步骤如下。

第1步：选择需要安装的字体，如图8-40所示。

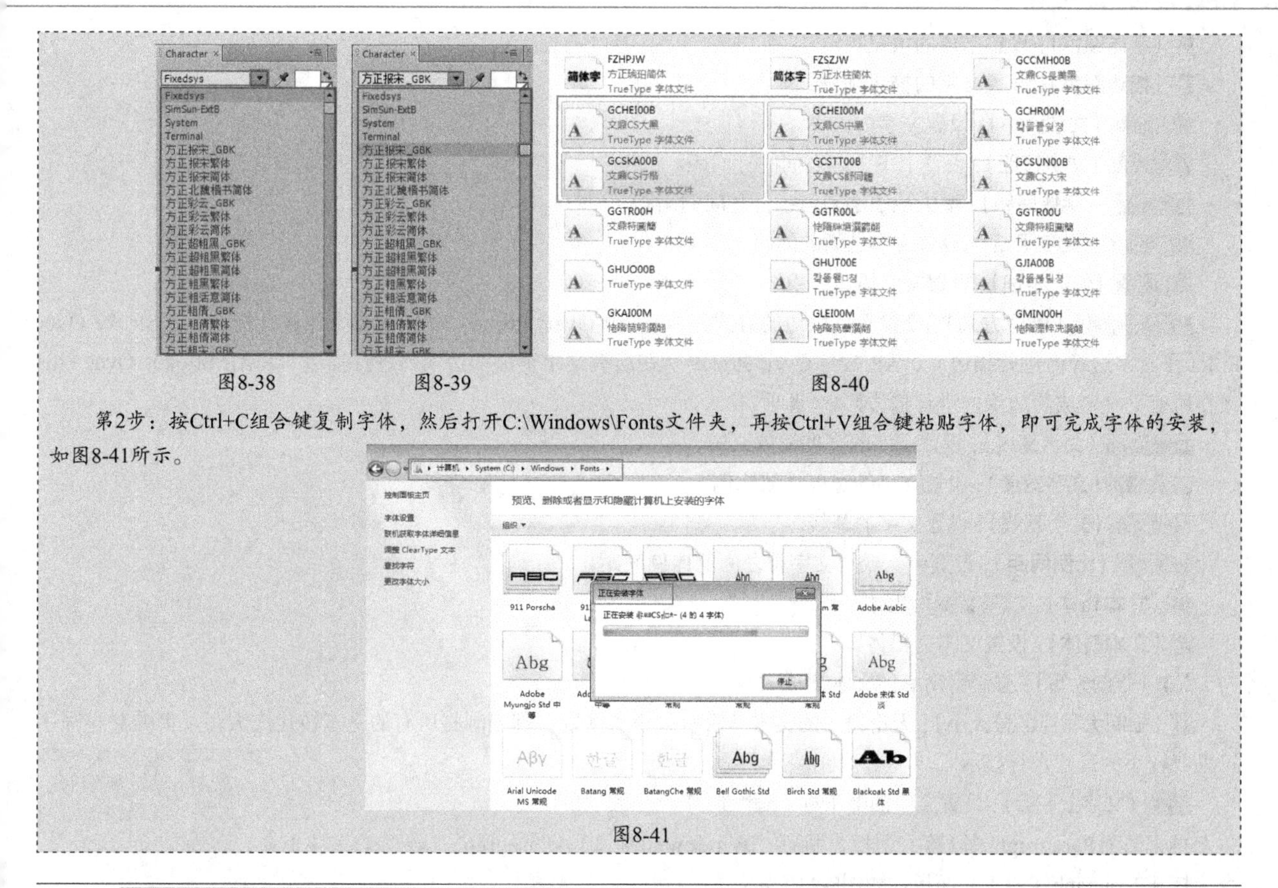

图8-38　　图8-39　　图8-40

第2步：按Ctrl+C组合键复制字体，然后打开C:\Windows\Fonts文件夹，再按Ctrl+V组合键粘贴字体，即可完成字体的安装，如图8-41所示。

图8-41

8.3.2 修改文字内容

要修改文字的内容，可以在Tools（工具）面板中单击“文字工具”，然后在Composition（合成）面板中单击需要修改的文字；接着按住鼠标左键拖动，选择需要修改的部分，被选中的部分将会以高亮反色的形式显示出来，最后只需要输入新的文字信息即可。

8.3.3 Character（字符）和Paragraph（段落）属性面板

修改字体、颜色、风格、间距、行距和其他的基本属性，就需要用到文字设置面板。After Effects CS6中的文字设置面板主要包括Character（字符）面板和Paragraph（段落）面板。

首先来看看Character（字符）面板，如图8-42所示。

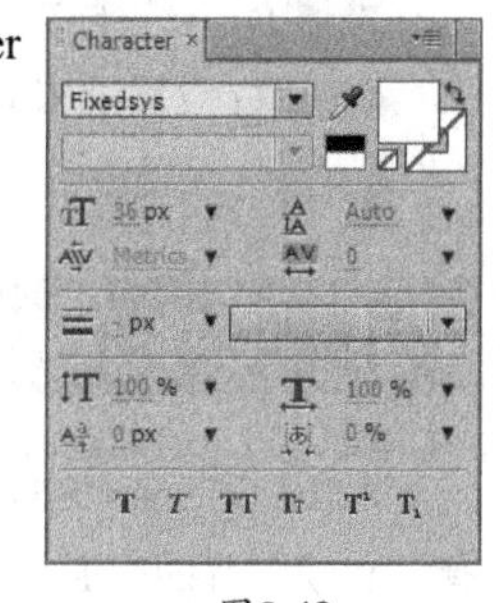

图8-42

参数详解

Monotype Corsiva（字体）：设置文字的字体（字体必须是用户计算机中已经存在的字体）。

Regular（字体样式）：设置字体的样式。

（吸管工具）：通过这个工具可以吸取当前计算机界面上的颜色，吸取的颜色将作为字体的颜色或描边的颜色。

（纯黑/纯白颜色）：单击相应的色块可以快速地将字体或描边的颜色设置为纯黑或纯白色。

（不填充颜色）：单击这个图标可以不对文字或描边填充颜色。

（颜色切换）：快速切换填充颜色和描边的颜色。

（字体颜色）：设置字体的填充颜色。

（描边颜色）：设置文字的描边颜色。

（文字大小）：设置文字的大小。

（文字行距）：设置上下文本之间的行间距。

（字偶间距）：增大或缩小当前字符之间的间距。

（文字间距）：设置文本之间的间距。

（勾边粗细）：设置文字描边的粗细。

（描边方式）：设置文字描边的方式，共有Fill Over Stroke（在文字边缘外进行描边）、Stroke Over Fill（在文字边缘内进行描边）、All Fills Over Strokes（在所有文字形成的边缘外进行描边）和All Strokes Over Fills（在所有文字形成的边缘内进行描边）4个选项。

（文字高度）：设置文字的高度缩放比例。

（文字宽度）：设置文字的宽度缩放比例。

（文字基线）：设置文字的基线。

（比例间距）：设置中文或日文字符之间的比例间距。

（文本粗体）：设置文本为粗体。

（文本斜体）：设置文本为斜体。

（强制大写）：强制将所有的文本变成大写。

（强制大写但区分大小）：无论输入的文本是否有大小写区别，都强制将所有的文本转化成大写，但是对小写字符采取较小的尺寸进行显示。

（文字上下标）：设置文字的上下标，适合制作一些数学单位。

再来看看Paragraph（段落）面板，执行“Window（窗口）>Paragraph（段落）”菜单命令，打开Paragraph（段落）面板，如图8-43所示。

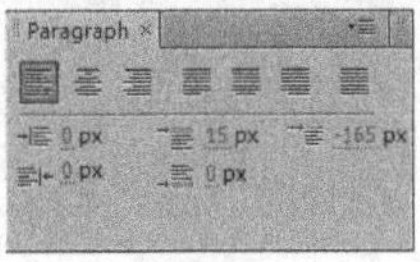

图8-43

参数详解

：分别为文本居左、居中、居右对齐。

：分别为文本居左、居中、居右对齐，并且强制两边对齐。

：强制文本两边对齐。

：设置文本的左侧缩进量。

：设置文本的右侧缩进量。

：设置段前间距。

：设置段末间距。

：设置段落的首行缩进量。

8.4 文字的动画

After Effects CS6为文字图层提供了单独的文字动画选择器，为设计师创建丰富多彩的文字效果提供了更多的选择，也使影片的画面更加鲜活，更具生命力。在实际工作中，制作文字动画的方法主要有以下3种。

第1种：Source Text（源文字）属性制作动画。

第2种：使用文字图层自带的基本动画与选择器相结合，制作单个文字动画或文本动画。

第3种：调用文本动画库中的预设动画，然后再根据需要进行个性化修改。

本节知识点

名称	作用	重要程度
Source Text（源文字）动画	了解如何使用Source Text（源文字）属性制作动画	高
Animator（动画器）文字动画	了解如何使用Animator（动画器）功能创建出复杂的动画效果	高
路径动画文字	了解如何使用路径来制作动画文字	高
预置的文字动画	了解如何使用预置的文字动画	高

8.4.1 课堂案例——文字键入动画

素材位置	实例文件>CH08>课堂案例——文字键入动画
实例位置	实例文件>CH08>课堂案例——文字键入动画.aep
视频位置	多媒体教学>CH08>课堂案例——文字键入动画.flv
难易指数	★★★☆☆
学习目标	掌握文字动画及特效技术综合运用

在制作文字键入动画（也就是通常说的打字特效）的时候，很多设计师都是借助一些外挂插件来完成。本例将向读者介绍一种新的方式，就是使用After Effects文字系统中的动画属性与范围选择器属性相结合，并配合简单表达式来完成动画制作，案例效果如图8-44所示。

图8-44

01 执行“Composition（合成）>New Composition（新建合成）”菜单命令，创建一个预置为PAL D1/DV的合成，然后设置Duration（持续时间）为5秒，并将其命名为“字幕制作”，如图8-45所示。

02 使用Horizontal Type Tool（横排文字工具）在Composition（合成）面板中输入文字“行走的城市并不是什么终点，而仅仅只是一个新的开始，每次的行走都会有结束的时候，但是梦想，永远在路上。带着梦想上路……”。在Character（字符）面板中设置字体为“华文隶书”，文字的大小为30px，字体颜色为白色，文字的间距值为200。在Paragraph（段落）面板中设置文本居左对齐，文本的段前间距为5px，如图8-46和图8-47所示。

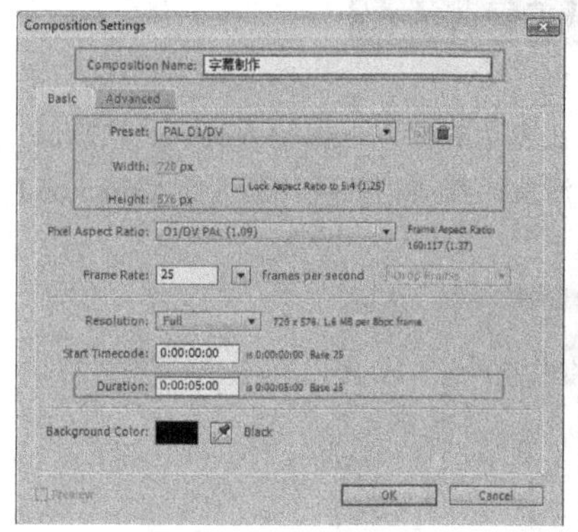

图8-45

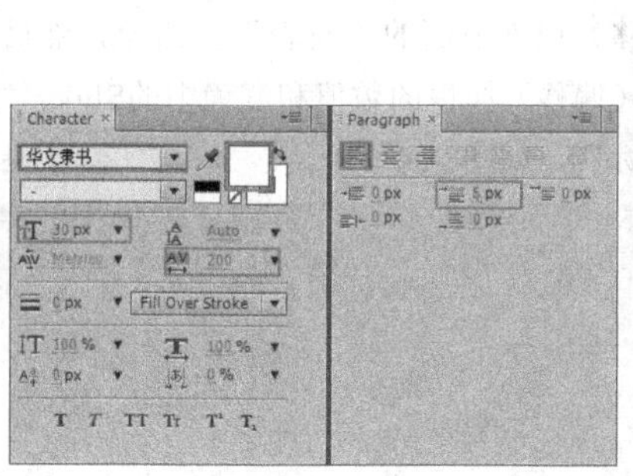

图8-46

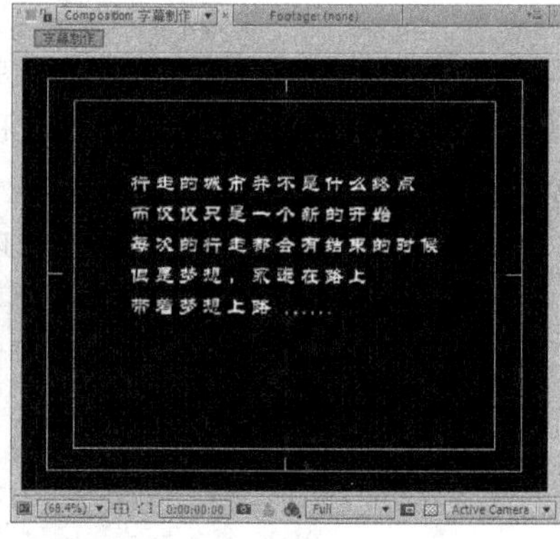

图8-47

03 选择文字图层，然后执行“Effect（滤镜）>Expression Controls（表达式控制）>Slider Control（滑块控制）”菜单命令，为其添加Slider Control（滑块控制）滤镜。在Effect Controls（滤镜控制）面板中选择Slider Control后按Enter键进行重命名，然后在输入框中输入Type_on，最后再次按Enter键确认，如图8-48所示。

图8-48

04 设置Slider（滑块）属性的动画关键帧。在第0帧，设置Slider（滑块）的值为0；在第4秒，设置Slider（滑块）的值为60，如图8-49所示。

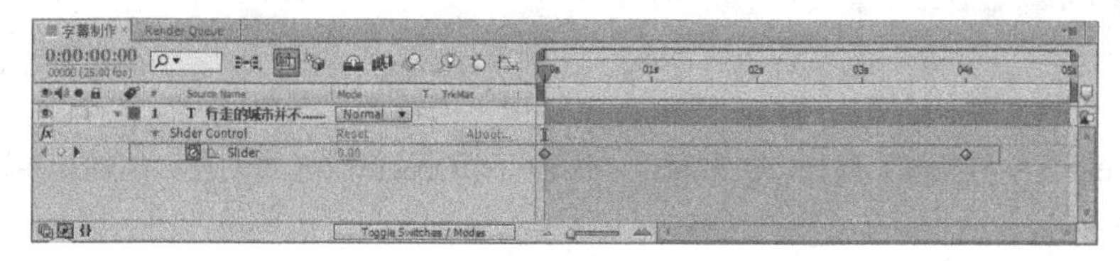

图8-49

05 展开文字图层的Text（文字）属性，在Animator Property（动画属性）菜单中添加一个Character Value（字符数值）属性，然后设置Character Value（字符数值）为95（这样在选择器内的文字就变成了“输入光标”的形状），如图8-50和图8-51所示。

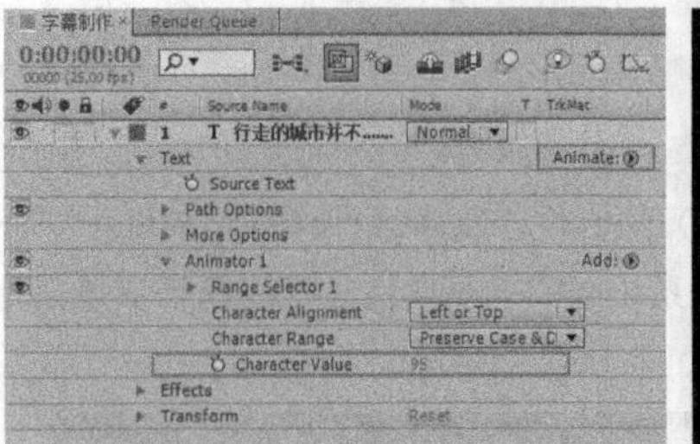

图8-50

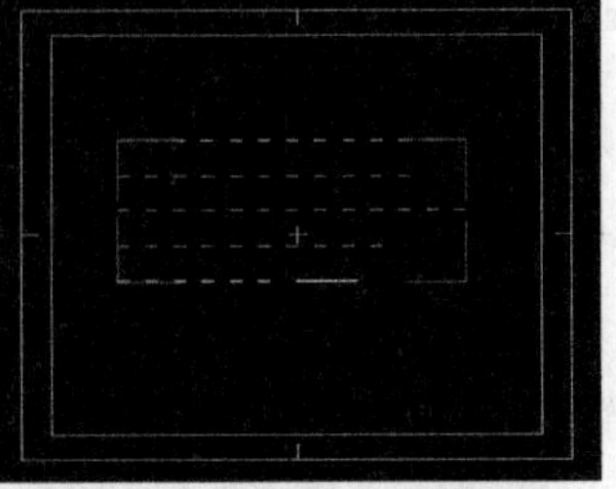

图8-51

06 设置选择器的Units（单位）属性为Index（指数），设置End（结束）值为6，最后修改Smoothness（平滑）值为0%，如图8-52和图8-53所示。

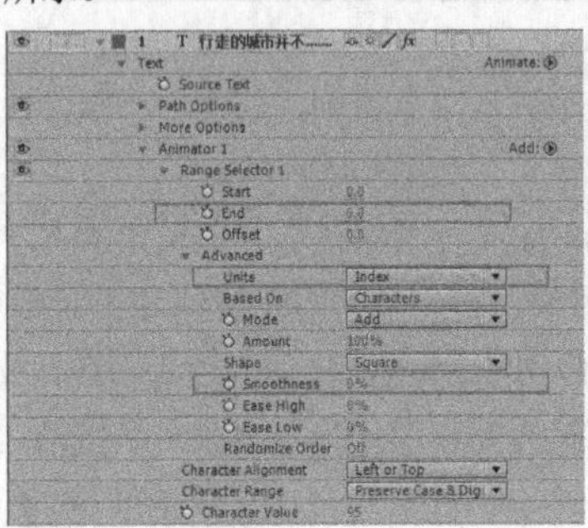

图8-52

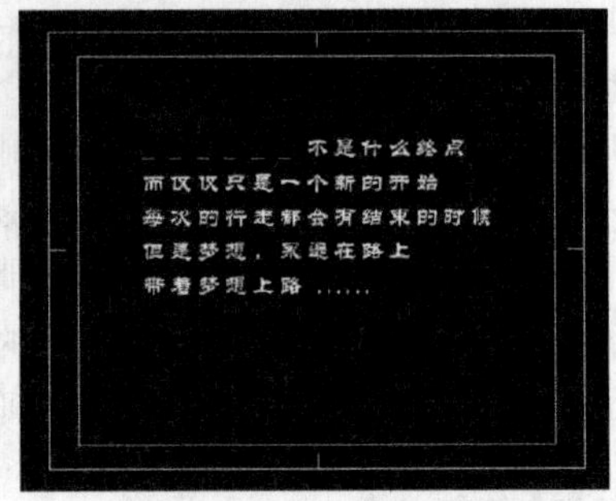

图8-53

07 按住Alt键的同时单击Offset（偏移）属性前面的“码表”按钮，然后在表达式输入框中输入effect（"Type_on"）（"Slider"），这样可以让Offset（偏移）属性的数值和滤镜中的Slider（滑块）数值相关联。最后将Animator 1（动画器1）组的名称修改为“输入光标”，如图8-54所示。

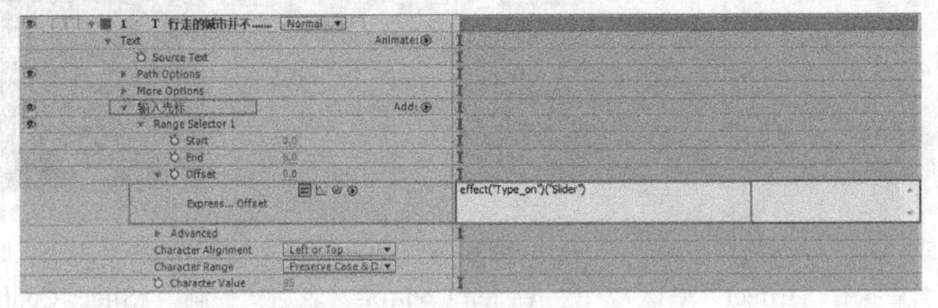

图8-54

08 选择“输入光标”动画组，然后按Ctrl+D组合键复制出一个副本动画组，接着将其更名为“修正光标”，如图8-55所示。

09 展开“修正光标”动画组，设置End（结束）的值为100。在Offset（偏移）表达式输入框中将effect（"Type_on"）（"Slider"）修改为effect（"Type_on"）（"Slider"）+1，如图8-56所示。

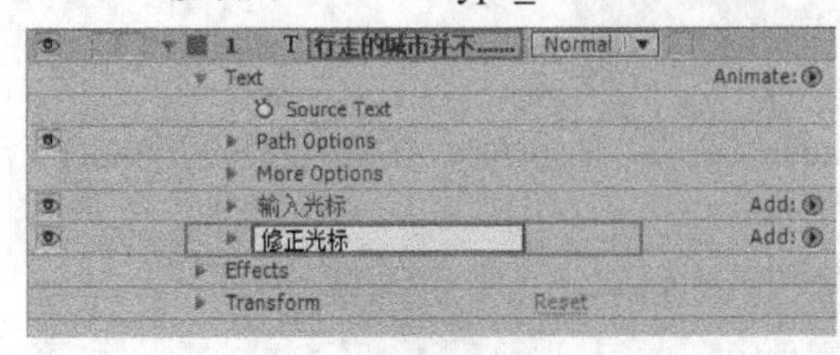

图8-55

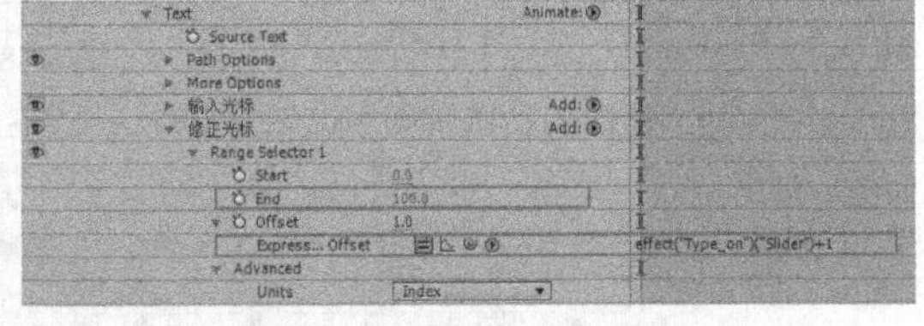

图8-56

10 删除Character Value（字符数值）属性，在动画组中添加一个Opacity（不透明度）属性，并设置Opacity（不透明度）为0%，如图8-57所示。

11 执行“File（文件）>Import（导入）>File（文件）”菜单命令，导入BG.jpg素材，然后将其添加到Timeline（时间线）面板中，如图8-58所示。画面的动画预览效果如图8-59所示。

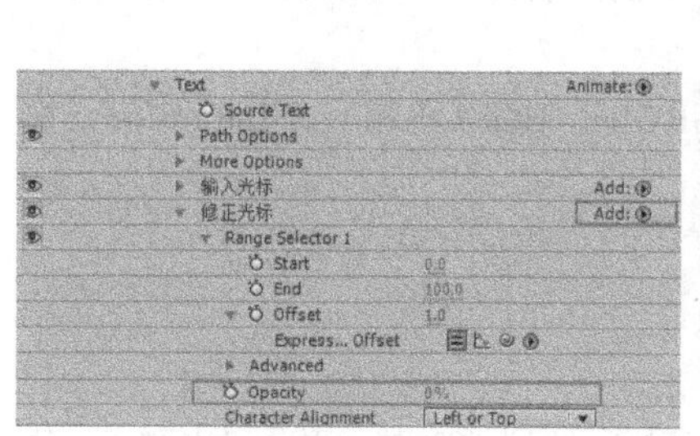

图8-57

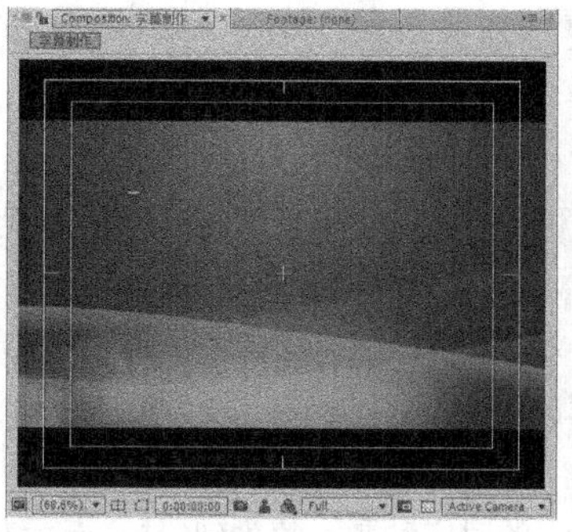

图8-58

图8-59

12 至此，整个案例制作完毕，按Ctrl+M组合键进行视频输出。

8.4.2 Source Text（源文字）动画

使用Source Text（源文字）属性可以对文字的内容、段落格式等制作动画，不过这种动画只能是突变性的动画，片长较短的视频字幕可以使用此方法来制作。

8.4.3 Animator（动画器）文字动画

创建一个文字图层以后，可以使用Animator（动画器）功能方便快速地创建出复杂的动画效果，一个Animator（动画器）组中可以包含一个或多个动画选择器及动画属性，如图8-60示。

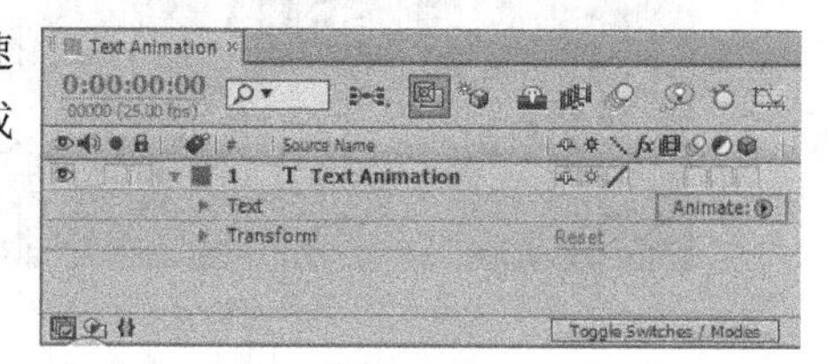

图8-60

1.Animator Property（动画属性）

单击Animate（动画）选项后面的按钮，打开Animator Property（动画属性）菜单，Animator Property（动画属性）主要用来设置文字动画的主要参数（所有的动画属性都可以单独对文字产生动画效果），如图8-61示。

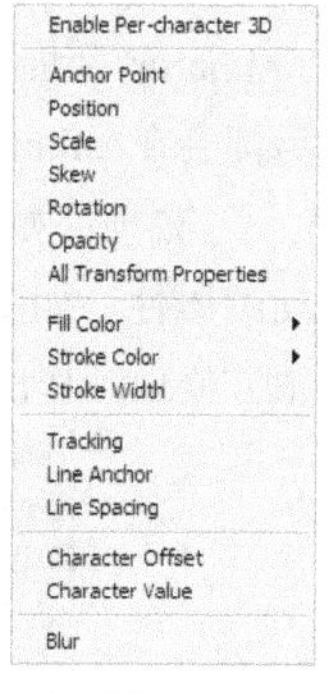

图8-61

参数详解

Enable Per-character 3D（**使用3D文字**）：控制是否开启三维文字功能。如果开启了该功能，在文字图层属性中将新增一个Material Options（材质选项），用来设置文字的漫反射、高光，以及是否产生阴影等效果，同时Transform（变换）属性也会从二维变换属性转换为三维变换属性。

Anchor Point（**轴心点**）：用于制作文字中心定位点的变换动画。

Position（**位置**）：用于制作文字的位移动画。

Scale（**缩放**）：用于制作文字的缩放动画。

Skew（**倾斜**）：用于制作文字的倾斜动画。

Rotation（**旋转**）：用于制作文字的旋转动画。

Opacity（**不透明度**）：用于制作文字的不透明度变化动画。

All Transform Properties（所有变换属性）：将所有的属性一次性添加到Animator（动画器）中。

Fill Color（填充颜色）：用于制作文字的颜色变化动画，包括RGB、Hue（色相）、Saturation（饱和度）、Brightness（亮度）和Opacity（不透明度）5个选项。

Stroke Color（描边颜色）：用于制作文字描边的颜色变化动画，包括RGB、Hue（色相）、Saturation（饱和度）、Brightness（亮度）和Opacity（不透明度）5个选项。

Stroke Width（描边宽度）：用于制作文字描边粗细的变化动画。

Tracking（间距）：用于制作文字之间的间距变化动画。

Line Spacing（行间距）：用于制作多行文字的行距变化动画。

Line Anchor（行轴心）：用于制作文字的对齐动画。值为0%时，表示左对齐；值为50%时，表示居中对齐；值为100%时，表示右对齐。

Character Offset（字符偏移）：按照统一的字符编码标准（即Unicode标准）为选择的文字制作偏移动画。比如设置英文bathell的Character Offset（字符偏移）为5，那么最终显示的英文就是gfymjqq（按字母表顺序从b往后数，第5个字母是g；从字母a往后数，第5个字母是f，以此类推），如图8-62所示。

Character Value（字符数值）：按照Unicode文字编码形式，用设置的Character Value（字符数值）所代表的字符统一替换原来的文字。比如设置Character Value（字符数值）为100，那么使用文字工具输入的文字都将以字母d进行替换，如图8-63所示。

图8-62

图8-63

Blur（模糊）：用于制作文字的模糊动画，可以单独设置文字在水平和垂直方向上的模糊数值。

关于添加动画属性的方法，这里做详细介绍，有以下两种。

第1种：单击Animate（动画）选项后面的按钮，然后在弹出的菜单中选择相应的属性，此时会生产一个Animator（动画器）组，如图8-64所示。除了Character Offset（字符偏移）等特殊属性外，一般的动画属性设置完成后都会在Animator（动画器）组中产生一个Selector（选择器）。

第2种：如果文字图层中已经存在Animator（动画器）组，那么还可以在这个Animator（动画器）组中继续添加动画属性，如图8-65所示。使用这个方法添加的动画属性可以使几种属性共用一个Selector（选择器），这样就可以很方便地制作出不同属性相同步调的动画。

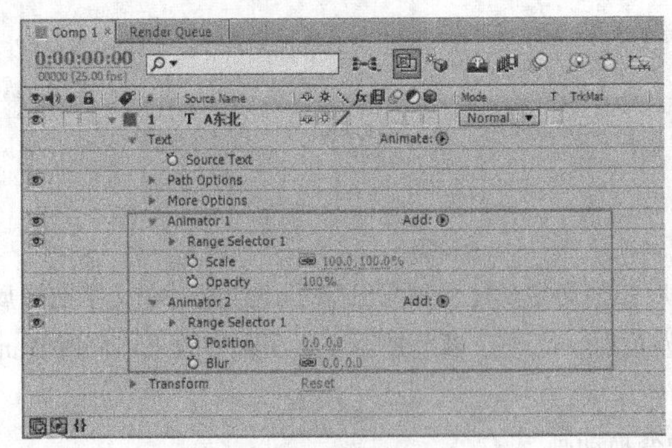

图8-64

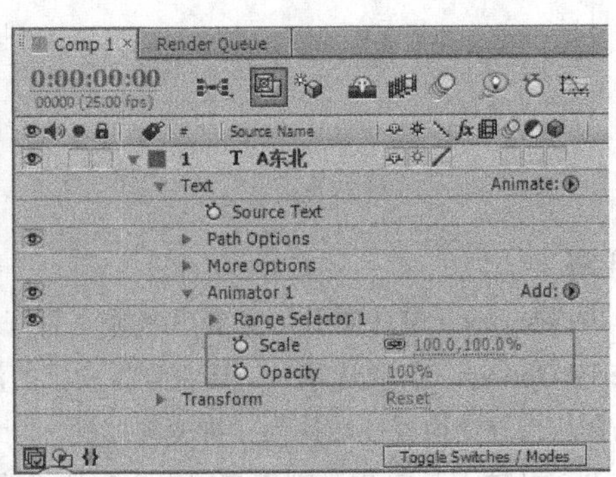

图8-65

文字动画是按照从上向下的顺序进行渲染的，所以在不同的Animator（动画器）组中添加相同的动画属性时，最终结果都是以最后一个Animator（动画器）组中的动画属性为主。

2.Animator Selector（动画选择器）

每个Animator（动画器）组中都包含一个Range Selector（范围选择器），可以在一个Animator（动画器）组中继续添加Selector（选择器）或是在一个Selector（选择器）中添加多个动画属性。如果在一个Animator（动画器）组中添加了多个Selector（选择器），那么可以在这个动画器中对各个选择器进行调节，这样可以控制各个选择器之间相互作用的方式。

添加选择器的方法是在Timeline（时间线）面板中选择一个Animator（动画器）组，然后在其右边的Add（添加）选项后面单击▶按钮，接着在弹出的菜单中选择需要添加的选择器，包括Range（范围）选择器、Wiggly（摇摆）选择器和Expression（表达式）选择器3种，如图8-66所示。

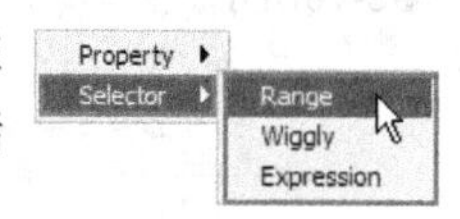

图8-66

3.Range Selector（范围选择器）

Range Selector（范围选择器）可以使文字按照特定的顺序进行移动和缩放，如图8-67所示。

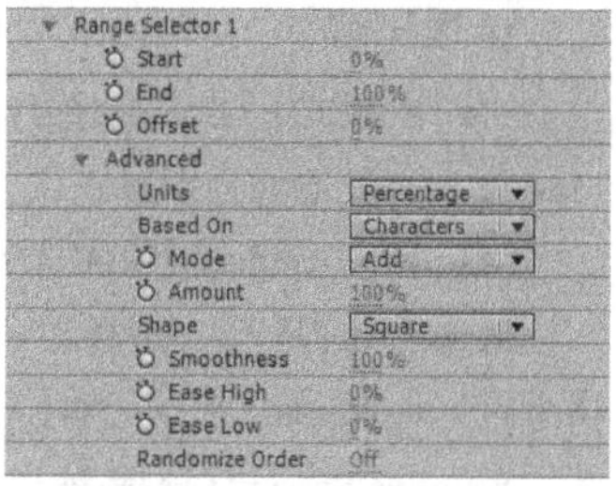

图8-67

参数详解

Start（开始）：设置选择器的开始位置，与字符、单词或文字行的数量，以及Unit（单位）、Based On（基于）选项的设置有关。

End（结束）：设置选择器的结束位置。

Offset（偏移）：设置选择器的整体偏移量。

Unit（单位）：设置选择范围的单位，有Percentage（百分比）和Index（指数）两种。

Based On（基于）：设置选择器动画的基于模式，包含Characters（字符）、Characters Excluding Spaces（排除空格字符）、Words（单词）和Lines（行）4种模式。

Mode（模式）：设置多个选择器范围的混合模式，包括Add（加法）、Subtract（减法）、Intersect（相交）、Min（最小）、Max（最大）和Difference（差值）6种模式。

Amount（数量）：设置Property（属性）动画参数对选择器文字的影响程度。0%表示动画参数对选择器文字没有任何作用，50%表示动画参数只能对选择器文字产生一半的影响。

Shape（形状）：设置选择器边缘的过渡方式，包括Square（方形）、Ramp Up（斜上渐变）、Ramp Down（斜下渐变）、Triangle（三角形）、Round（圆角）和Smooth（平滑）6种方式。

Smoothness（平滑度）：在设置Shape（形状）类型为Square（方形）方式时，该选项才起作用，它决定了一个字符到另一个字符过渡的动画时间。

Ease High（柔缓高）：特效缓入设置。例如，当设置Ease High（柔缓高）值为100%时，文字特效从完全选择状态进入部分选择状态的过程就很平缓；当设置Ease High（柔缓高）值为-100%时，文字特效从完全选择状态到部分选择状态的过程就会很快。

Ease Low（柔缓低）：原始状态缓出设置。例如，当设置Ease Low（柔缓低）值为100%时，文字从部分选择状态进入完全不选择状态的过程就很平缓；当设置Ease Low（柔缓低）值为-100%时，文字从部分选择状态到完全不选择状态的过程就会很快。

Randomize Order（随机顺序）：决定是否启用随机设置。

技巧与提示

在设置选择器的开始和结束位置时，除了可以在Timeline（时间线）面板中对Start（开始）和End（结束）选项进行设置外，还可以在Composition（合成）面板中通过范围选择器光标进行设置，如图8-68所示。

图8-68

4.Wiggly Selector（摇摆选择器）

使用Wiggly Selector（摇摆选择器）可以让选择器在指定的时间段产生摇摆动画，如图8-69所示，其参数选项如图8-70所示。

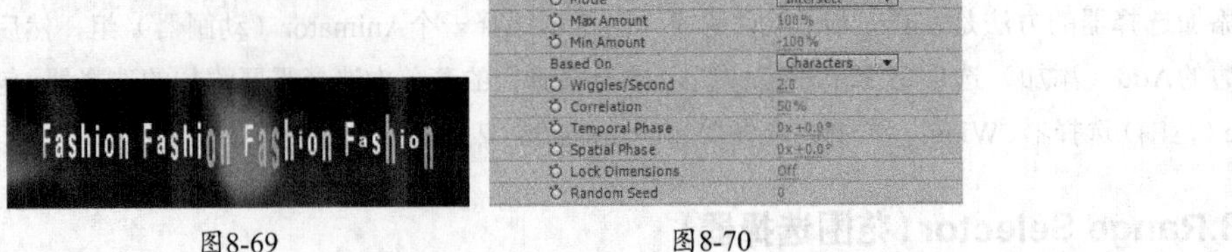

图8-69　　图8-70

参数详解

Mode（模式）：设置Wiggly Selector（摇摆选择器）与其上层Selector（选择器）之间的混合模式，类似于多重Mask（遮罩）的混合设置。

Max/Min Amount（最大/最小数量）：设定选择器的最大/最小变化幅度。

Based On（基于）：选择文字摇摆动画的基于模式，包括Characters（字符）、Characters Excluding Spaces（排除空格字符）、Words（单词）和Lines（行）4种模式。

Wiggles/Second（摇摆/秒）：设置文字摇摆的变化频率。

Correlation（关联）：设置每个字符变化的关联性。当其值为100%时，所有字符在相同时间内的摆动幅度都是一致的；当其值为0%时，所有字符在相同时间内的摆动幅度都互不影响。

Temporal/Spatial Phase（时间/空间相位）：设置字符基于时间还是基于空间的相位大小。

Lock Dimensions（锁定维度）：设置是否让不同维度的摆动幅度拥有相同的数值。

Random Seed（随机变数）：设置随机的变数。

5.Expression Selector（表达式选择器）

在使用表达式时，可以很方便地使用动态方法来设置动画属性对文本的影响范围。可以在一个Animator（动画器）组中使用多个Expression Selector（表达式选择器），并且每个选择器也可以包含多个动画属性，如图8-71所示。

图8-71

参数详解

Based On（基于）：设置选择器的基于方式，包括Characters（字符）、Characters Excluding Spaces（排除空格字符）、Words（单词）和Lines（行）4种模式。

Amount（数量）：设定动画属性对表达式选择器的影响范围。0%表示动画属性对选择器文字没有任何影响，50%表示动画属性对选择器文字有一半的影响。

TextIndex（文本序号）：返回Character（字符）、Word（单词）或Line（行）的序号值。

TextTotal（文本总数值）：返回Character（字符）、Word（单词）或Line（行）的总数值。

SelectorValue（选择器数值）：返回先前选择器的值。

8.4.4 路径动画文字

如果在文字图层中创建了一个Mask（遮罩），那么就可以利用这个Mask（遮罩）作为一个文字的路径来制作动画。作为路径的Mask（遮罩）可以是封闭的，也可以是开放的，但是必须要注意一点，如果使用闭合的Mask（遮罩）作为路径，必须设置Mask（遮罩）的模式为None（无）。

在文字图层下展开Text（文字）属性下面的Path Options（路径选项）参数，如图8-72所示。

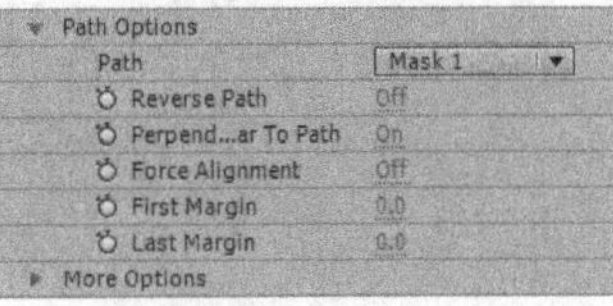

图8-72

参数详解

Path（**路径**）：在后面的下拉列表中可以选择作为路径的Mask（遮罩）。

Reverse Path（**反转路径**）：控制是否反转路径。

Perpendicular To Path（**垂直于路径**）：控制是否让文字垂直于路径。

Force Alignment（**强制对齐**）：将第1个文字和路径的起点强制对齐，或与设置的First Margin（首对齐）对齐，同时让最后1个文字和路径的结尾点对齐，或与设置的Last Margin（末对齐）对齐。

First Margin（**首对齐**）：设置第1个文字相对于路径起点处的位置，单位为像素。

Last Margin（**末对齐**）：设置最后1个文字相对于路径结尾处的位置，单位为像素。

8.4.5 预置的文字动画

通俗地讲，预置的文字动画就是系统预先做好的文字动画，用户可以直接调用这些文字动画效果。

在After Effects CS6中，系统提供了丰富的Effects & Presets（特效预置）来创建文字动画。此外，用户还可以借助Adobe Bridge软件可视化地预览这些文字动画预置，其操作步骤如下。

第1步：在Timeline（时间线）面板中，选择需要应用文字动画的文字图层，将时间指针放到动画开始的时间点上。

第2步：执行“Window（窗口）>Effects & Presets（特效预置）”菜单命令，打开特效预置面板，如图8-73所示。

第3步：在特效预置面板中找到合适的文字动画，然后直接将其拖曳到被选择的文字图层上即可。

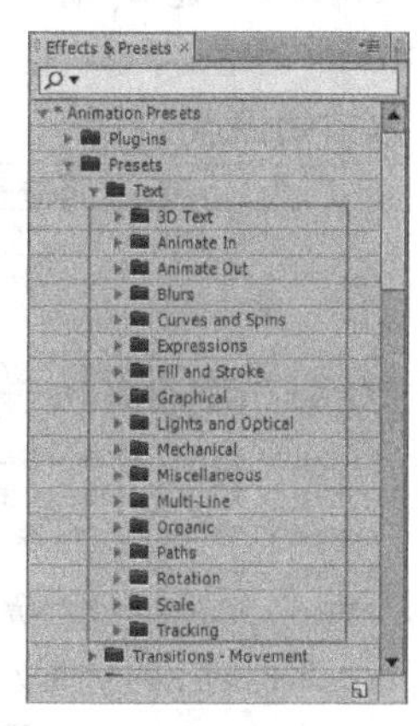

图8-73

技巧与提示

想要更加直观和方便地看到预置的文字动画效果，可以通过执行“Animation（动画）>Browse Presets（浏览预置）”菜单命令，打开Adobe Bridge软件就可以动态预览各种文字动画效果了。最后，在合适的文字动画效果上双击鼠标左键，就可以将动画添加到选择的文字图层上，如图8-74所示。

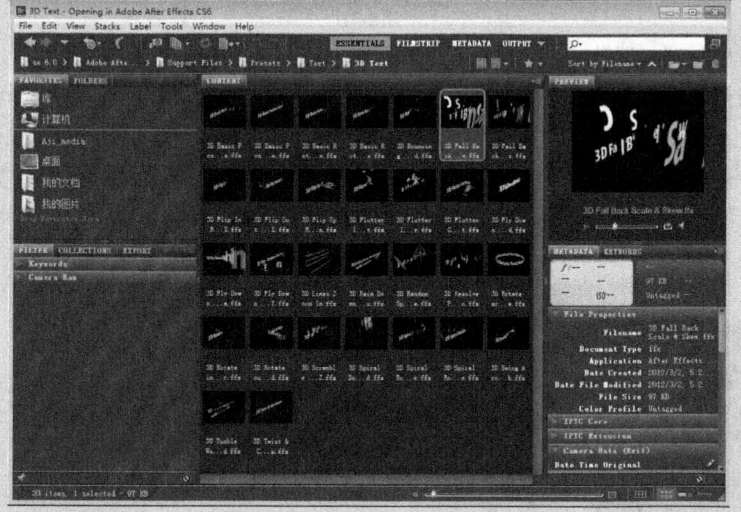

图8-74

8.5 文字的拓展

在After Effects CS6中，文字的Outlines（外轮廓）功能为我们进一步深入创作提供了无限可能，相关的应用如图8-75和图8-76所示。

图8-75

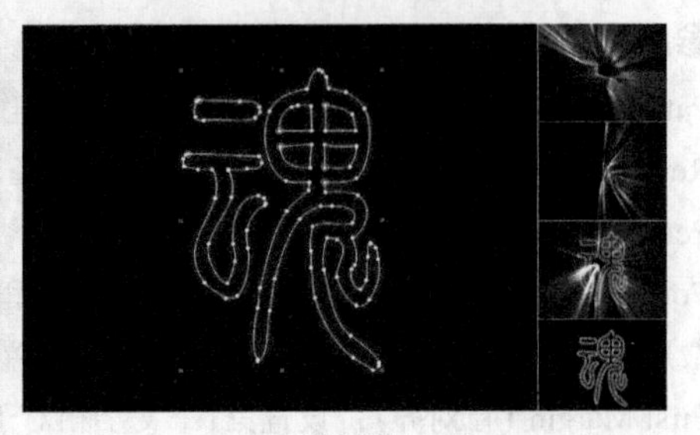

图8-76

After Effects旧版本中的Create Outlines（创建外轮廓）命令，在After Effects CS6版本中被分成了Create Masks From Text（创建文字遮罩）和Create Shapes From Text（创建文字形状轮廓）两个命令。其中Create Masks From Text（创建文字遮罩）命令的功能和使用方法与原来的Create Outlines（创建外轮廓）命令完全一样。Create Shapes From Text（创建文字形状轮廓）命令可以建立一个以文字轮廓为形状的Shape Layer（形状图层）。

本节知识点

名称	作用	重要程度
Create Masks from Text（创建文字遮罩）	了解如何创建文字遮罩	中
Create Shapes from Text（创建文字形状轮廓）	了解如何创建文字形状轮廓	中

8.5.1 课堂案例——创建文字遮罩

素材位置　实例文件>CH08>课堂案例——创建文字遮罩

实例位置　实例文件>CH08>课堂案例——创建文字遮罩_Fianl.aep

视频位置　多媒体教学>CH08>课堂案例——创建文字遮罩.flv

难易指数　★★☆☆☆

学习目标　掌握创建文字遮罩的方法

本例制作的创建文字遮罩效果如图8-77所示。

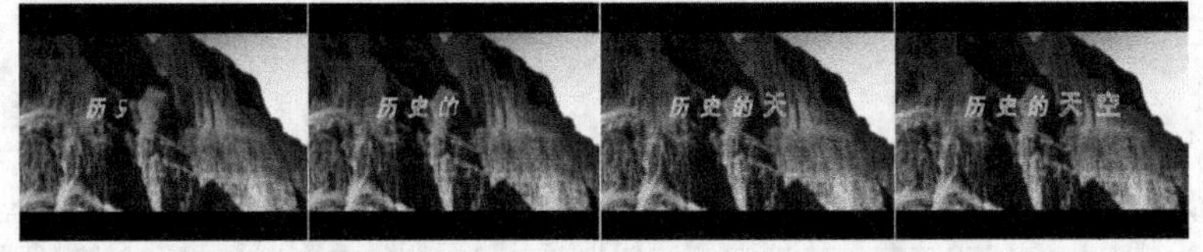

图8-77

01 使用After Effects CS6打开“课堂案例——创建文字遮罩.aep”，如图8-78所示。

02 选择文字图层，执行“Layer（图层）>Create Masks from Text（创建文字遮罩）”菜单命令，如图8-79所示。

03 选择“历史的天空 Outlines”图层，执行“Effect（特效）>Generate（生成）>Stroke（描边）”菜单命令，为其添加Stroke（描边）滤镜。勾选All Masks（所有遮罩）选项，设置Color（颜色）为橙黄色，修改Brush Hardness（笔刷硬度）为100%，最后将Paint Style（笔刷绘制方式）修改为On Transparent（透明的），如图8-80所示。

图8-78

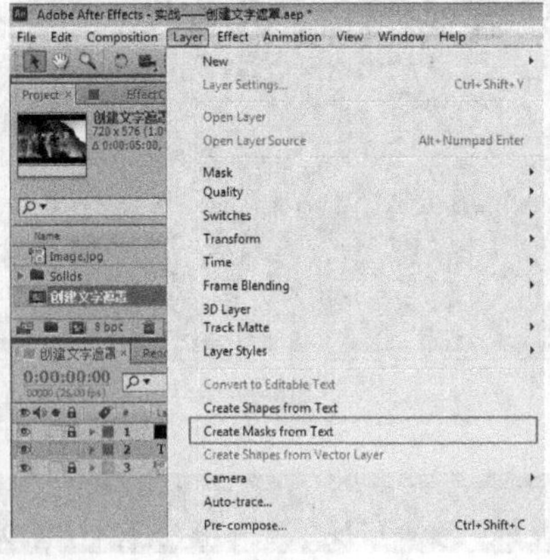

图8-79

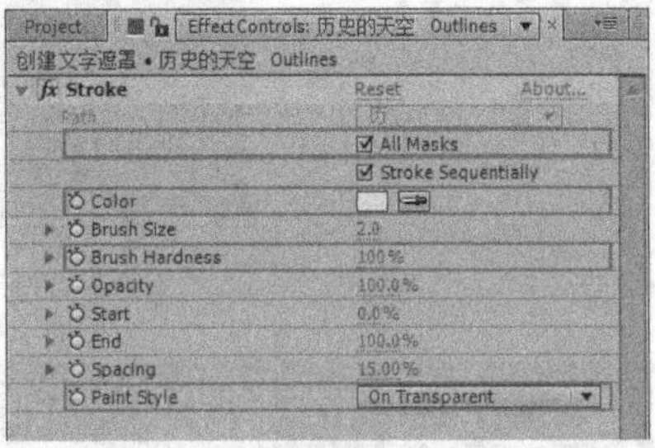

图8-80

04 设置End（结束）属性的动画关键帧。在第0帧，设置End（结束）为0%；在第4秒设置End（结束）为100%，如图8-81所示。完成制作后，最终的动画单帧截图效果如图8-82所示。

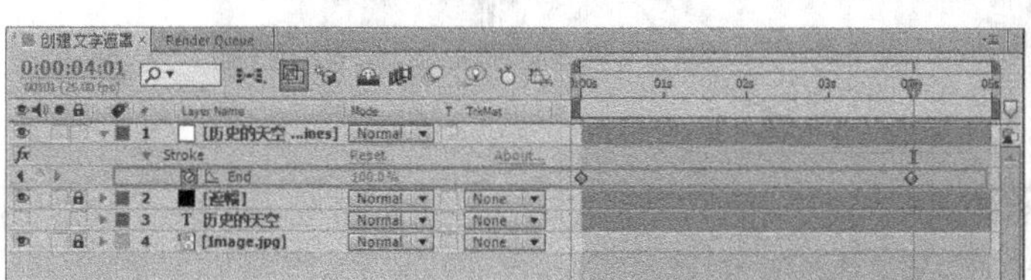

图8-81

图8-82

8.5.2 Create Masks from Text（创建文字遮罩）

在Timeline（时间线）面板中选择文本图层，执行“Layer（图层）>Create Masks from Text（创建文字遮罩）”菜单命令，系统自动生成一个新的白色的固态图层，并将Mask（遮罩）创建到这个图层上，同时原始的文字图层将自动关闭显示，如图8-83和图8-84所示。

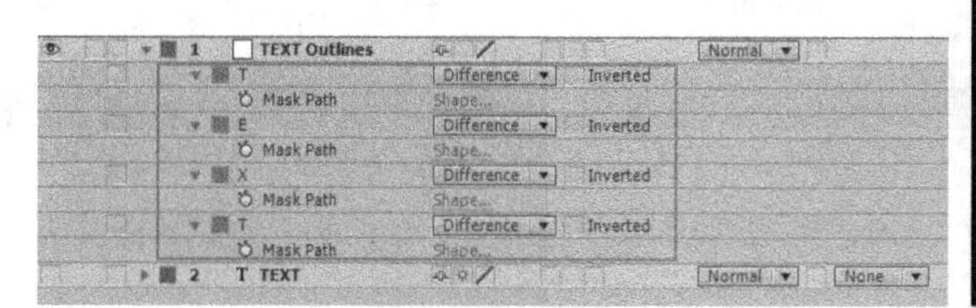

图8-83

图8-84

技巧与提示

在After Effects CS6中，创建文字遮罩的功能非常实用，可以在转化后的Mask图层上应用各种特效，如Stroke（描边）、Vegas（维加斯）、3D Stroke（3D描边）和Starglow（星空光晕）等滤镜特效，还可以将转化后的Mask赋予其他图层使用。

8.5.3 Create Shapes from Text（创建文字形状轮廓）

在Timeline（时间线）面板中选择文本图层，执行“Layer（图层）> Create Shapes From Text（创建文字形状轮廓）”菜单命令，系统自动生成一个新的文字形状轮廓图层，同时原始的文字图层将自动关闭显示，如图8-85和图8-86所示。

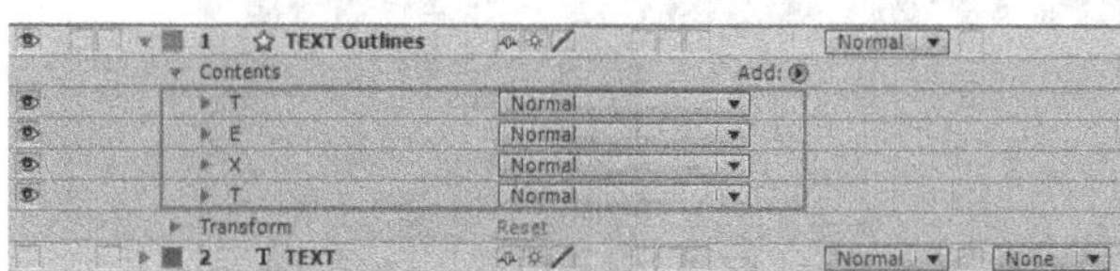

图8-85

图8-86

课堂练习1——路径文字动画

素材位置	实例文件>CH08>课堂练习——路径文字动画
实例位置	实例文件>CH08>课堂练习——路径文字动画_Final.aep
视频位置	多媒体教学>CH08>课堂练习——路径文字动画.flv
难易指数	★★☆☆☆
练习目标	练习Path Text（路径文字）滤镜的用法

本练习制作的路径文字动画效果如图8-87所示。

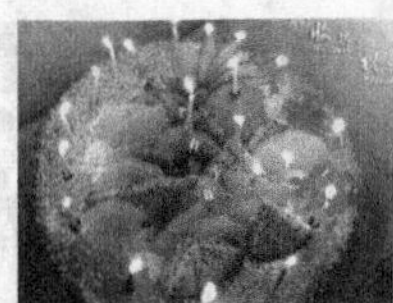

图8-87

课堂练习2——文字不透明度动画

素材位置	实例文件>CH08>课堂练习——文字不透明度动画
实例位置	实例文件>CH08>课堂练习——文字不透明度动画_Final.aep
视频位置	多媒体教学>CH08>课堂练习——文字不透明度动画.flv
难易指数	★★☆☆☆
练习目标	练习Opacity（不透明度）动画属性的应用

本练习制作的文字不透明度动画效果如图8-88所示。

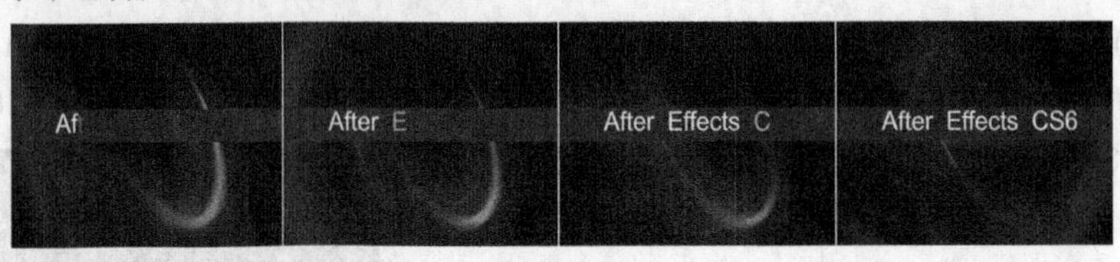

图8-88

课后习题1——逐字动画

素材位置	实例文件>CH08>课后习题——逐字动画
实例位置	实例文件>CH08>课后习题——逐字动画_Final.aep
视频位置	多媒体教学>CH08>课后习题——逐字动画.flv
难易指数	★★☆☆☆
练习目标	练习Source Text（源文字）的具体应用

本习题制作的逐字动画效果如图8-89所示。

图8-89

课后习题2——创建文字形状轮廓

素材位置	实例文件>CH08>课后习题——创建文字形状轮廓
实例位置	实例文件>CH08>课后习题——创建文字形状轮廓_Final.aep
视频位置	多媒体教学>CH08>课后习题——创建文字形状轮廓.flv
难易指数	★★☆☆☆
练习目标	练习创建文字形状轮廓的方法

本习题制作的创建文字形状轮廓动画效果如图8-90所示。

图8-90

第9章

三维空间

课堂学习目标

- 熟悉三维空间的坐标系统
- 了解三维空间的基本操作
- 了解三维空间的材质属性
- 了解灯光的属性与分类
- 掌握摄像机的控制方法
- 了解镜头的运动方式

Adobe
Production
Collection

本章导读

三维空间中合成对象为我们提供了更为广阔的想象空间，也给我们的作品增添了更酷的效果。本章主要讲解Adobe After Effects CS6中三维图层、摄像机、灯光等功能的具体应用。

9.1 三维空间的概述

在复杂的项目制作中，普通的二维图层已经很难满足设计师的需求。因此，After Effects CS6为设计师提供了较为完善的三维系统，在这个系统里可以创建三维图层、摄像机和灯光等，然后进行三维合成操作。这些3D功能为设计师提供了更为广阔的想象空间，同时也给作品增添了更强的视觉表现力。

在三维空间中，“维”是一种度量单位，表示方向的意思。三维空间分为一维、二维和三维，如图9-1所示。由一个方向确立的空间为一维空间，一维空间呈现为直线型，拥有一个长度方向；由两个方向确立的空间为二维空间，二维空间呈现为面型，拥有长、宽两个方向；由3个方向确立的空间为三维空间，三维空间呈现为立体型，拥有长、宽、高3个方向。

对于三维空间，可以从多个不同的视角去观察空间结构，如图9-2所示。随着视角的变化，不同景深的物体之间也会产生一种空间错位的感觉，比如在移动物体时可以发现处于远处的物体的变化速度比较缓慢，而近处的物体的变化速度则比较快。

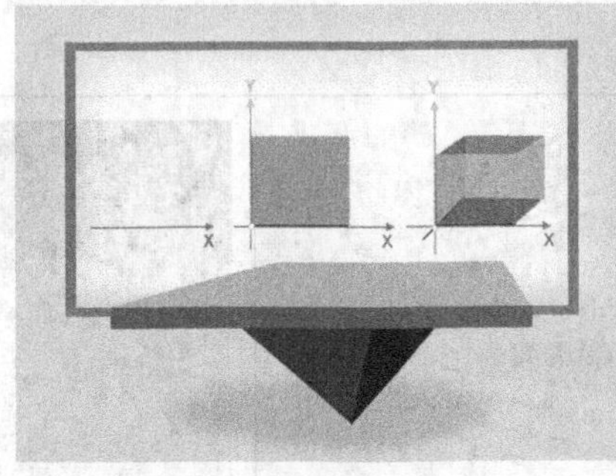

图9-1

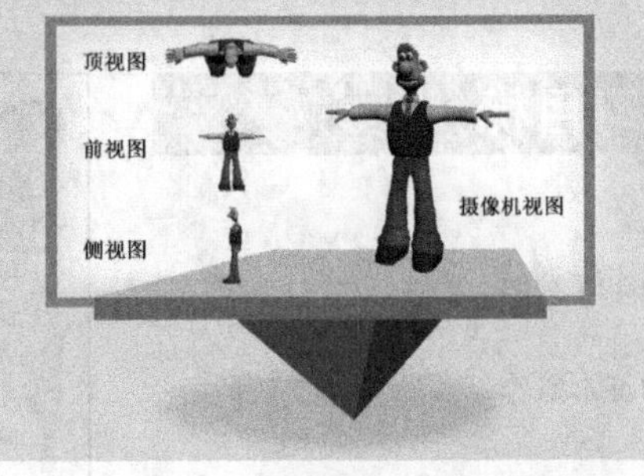

图9-2

9.2 三维空间的属性

After Effects CS6 提供的三维图层功能虽然不能像专业的三维软件那样具有建模能力，但在After Effects CS6的三维空间系统中，图层与图层之间同样可以利用三维景深的属性来产生前后遮挡的效果，并且此时的三维图层自身也具备了接收和投射阴影的功能。因此在After Effects CS6中通过摄像机的属性就可以来完成各种透视、景深及运动模糊等效果的制作，如图9-3所示。

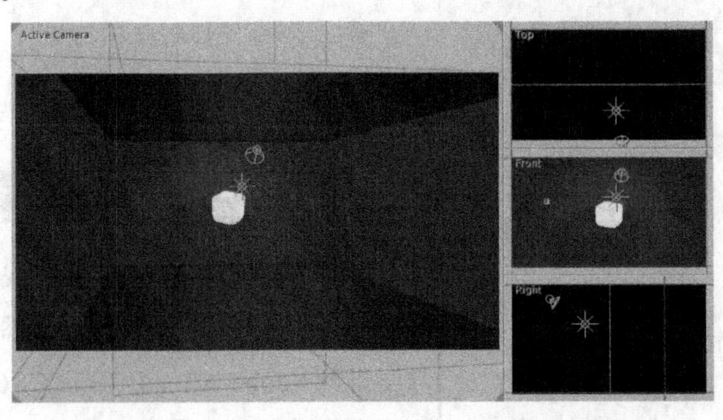

图9-3

同时，对于一些较复杂的三维场景，可以采用三维软件（比如Maya、3ds Max、Cinema 4D等）与After Effects CS6结合来制作。只要方法得当，再加上足够的耐心，就能制作非常漂亮和逼真的三维场景，如图9-4所示。

图9-4

本节知识点

名称	作用	重要程度
开启三维图层	了解如何开启三维图层	中
三维图层的坐标系统	了解三维图层的坐标系统	高
三维图层的基本操作	掌握三维图层的基本操作	高
三维图层的材质属性	掌握三维图层的材质属性	高

9.2.1 课堂案例——盒子动画

素材位置 实例文件>CH09>课堂案例——盒子动画
实例位置 实例文件>CH09>课堂案例——盒子动画.aep
视频位置 多媒体教学>CH09>课堂案例——盒子动画.flv
难易指数 ★★☆☆☆
学习目标 掌握轴心点与三维图层控制的具体应用

本例的盒子动画效果如图9-5所示。

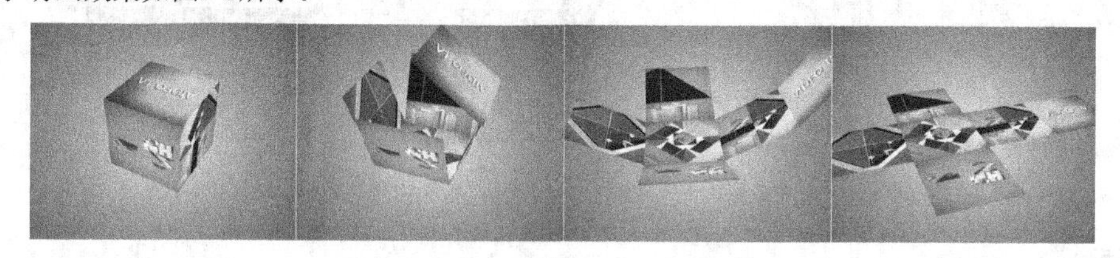

图9-5

01 在Photoshop软件中制作6张尺寸大小为200像素×200像素的图片素材作为盒子的面，如图9-6所示。

02 启动After Effects CS6软件，将所有素材导入Project（项目）面板中。执行“Composition（合成）>New Composition（新建合成）”菜单命令，创建一个Width（宽度）为720px、Height（高度）为576px、Pixel Aspect Ratio（像素比）为Square Pixels（方形像素）的合成，然后设置Duration（持续时间）为5秒，并将其命名为“盒子动画”，如图9-7所示。

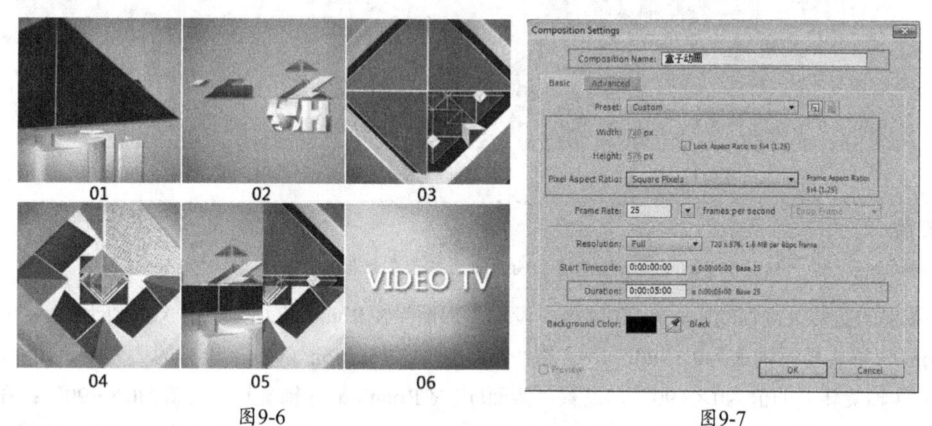

图9-6 图9-7

技巧与提示

这里创建的合成的像素比为Square Pixels（方形像素），主要是为了防止后面的盒子动画中出现缝隙。

03 将Project（项目）面板中的素材拖曳到“时间线”窗口中，分别重新命名为“顶面”“底面”“侧面A”“侧面B”“侧面C”和“侧面D”，如图9-8所示。

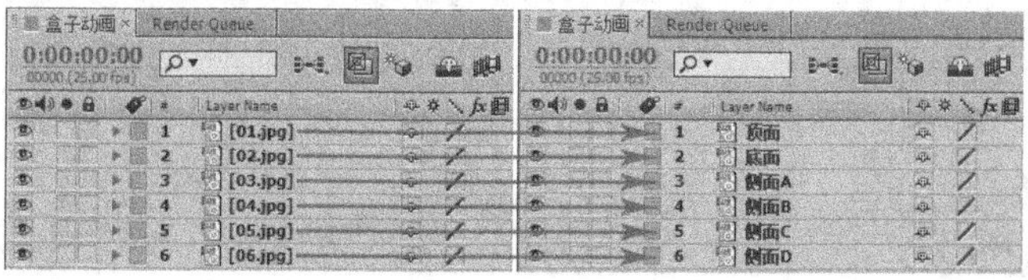

图9-8

04 修改“顶面”图层Position（位置）的值为（300，88），修改“底面”图层Position（位置）的值为（300，488），修改“侧面A”Position（位置）的值为（100，288），修改“侧面B”Position（位置）的值为（300，

288），修改“侧面C”Position（位置）的值为（500，288），最后修改“侧面D”Position（位置）的值为（700，288），如图9-9所示。

05 使用轴心点工具修改“顶面”的轴心点到图中1所示处，修改“底面”的轴心点到图中3所示处，修改“侧面A”的轴心点到图中2所示处，修改“侧面C”的轴心点到图中4所示处，修改“侧面D”的轴心点到图中5所示处，如图9-10所示。

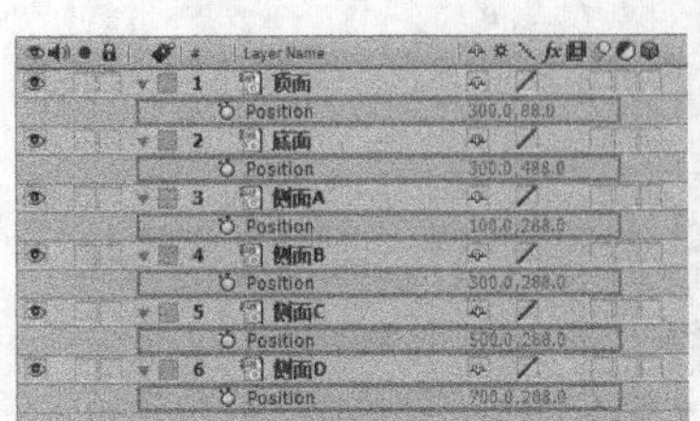

图9-9

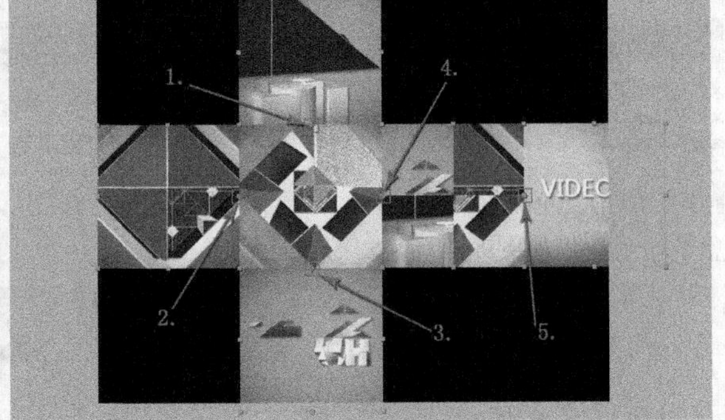

图9-10

技巧与提示

这里修改图层的Anchor Point（轴心点）是为制作盒子的打开动画而做准备。

06 将所有的图层全部转换为三维图层，如图9-11所示。

07 按Shift+F4组合键打开父子控制面板，然后设置“顶面”“底面”“侧面A”和“侧面C”为“侧面B”的子物体，最后设置“侧面D”为“侧面C”的子物体，如图9-12所示。

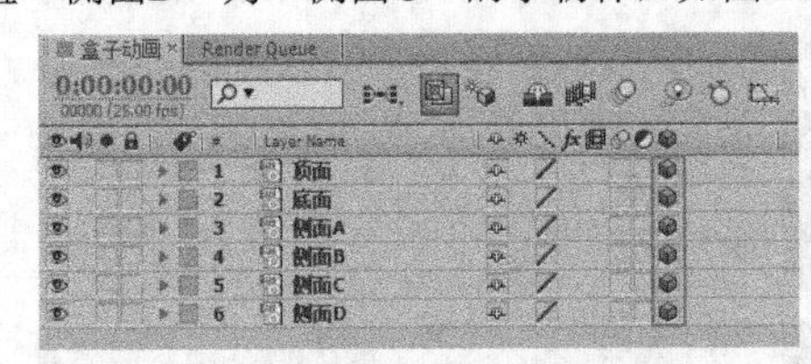

图9-11

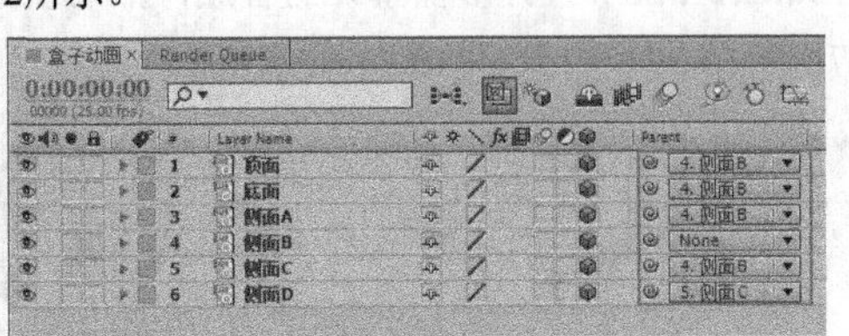

图9-12

技巧与提示

设置父子图层关系是为了让父图层的变换属性能够影响到子图层的变换属性，以产生“连动效应”。

08 设置各个图层的旋转关键帧动画。在第0帧处，设置“顶面”X Rotation（*x*轴旋转）的值为0×+90°，设置“底面”X Rotation（*x*轴旋转）的值为0×-90°，设置“侧面A”Y Rotation（*y*轴旋转）的值为0×-90°，设置“侧面C”Y Rotation（*y*轴旋转）的值为0×+90°，设置“侧面D”Y Rotation（*y*轴旋转）的值为0×+90°；在第5秒处，设置“顶面”X Rotation（*x*轴旋转）的值为0，设置“底面”X Rotation（*x*轴旋转）的值为0，设置“侧面A”Y Rotation（*y*轴旋转）的值为0，设置“侧面C”Y Rotation（*y*轴旋转）的值为0，设置“侧面D”Y Rotation（*y*轴旋转）的值为0，如图9-13所示。

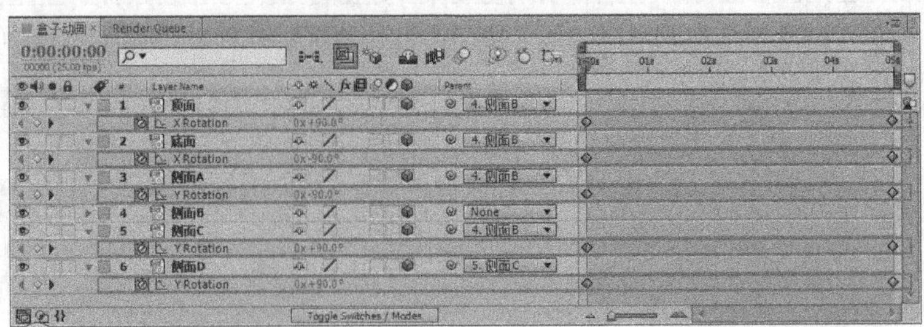

图9-13

09 在第0帧处，设置“侧面B”Position（位置）的值为（360，345，0），X Rotation（*x*轴旋转）的值为0×-50°，Z Rotation（*z*轴旋转）的值为0×+30°；在第5秒处，设置“侧面B”Position（位置）的值为（300，288，0），X

Rotation（x轴旋转）的值为0×-60°，Z Rotation（z轴旋转）的值为0×-20°，如图9-14所示。

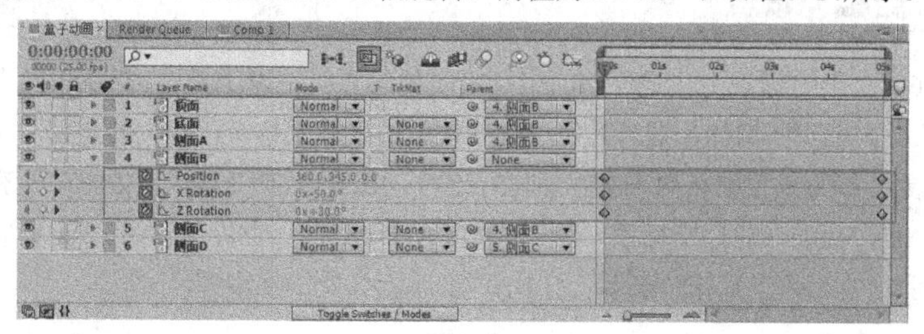

图9-14

10 执行“File（文件）>Import（导入）>File（文件）”菜单命令，打开BG.tga素材文件，然后将该素材拖曳到Timeline（时间线）面板中，如图9-15所示。

11 完成制作后，最终画面效果如图9-16所示。

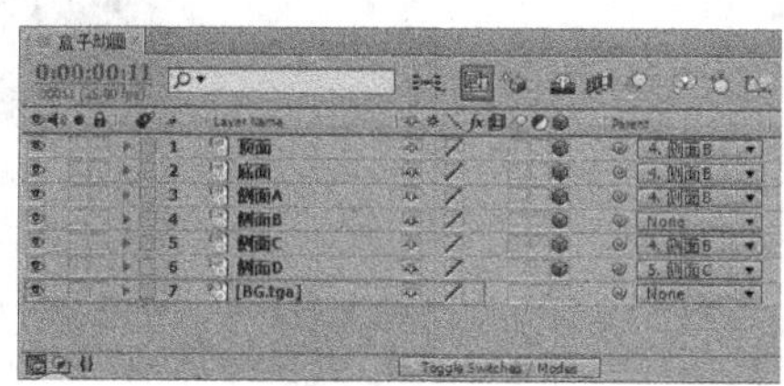

图9-15

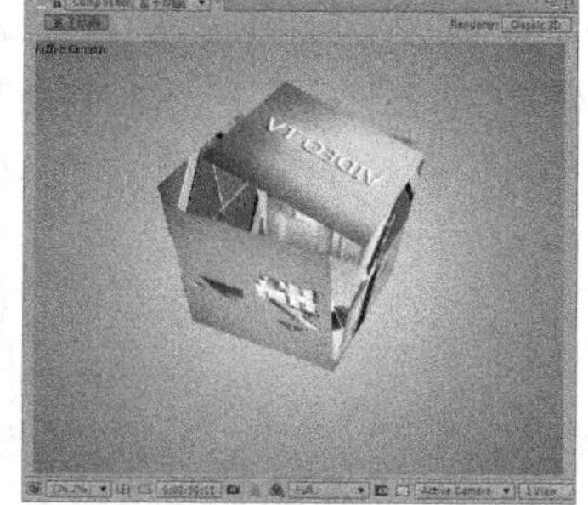

图9-16

9.2.2 开启三维图层

将二维图层转换为三维图层，可以直接在对应图层后面单击3D Layer（3D图层）按钮（系统默认的状态是处于空白状态），如图9-17所示；也可以通过执行“Layer（图层）>3D Layer（3D图层）”菜单命令来完成，如图9-18所示。

图9-17

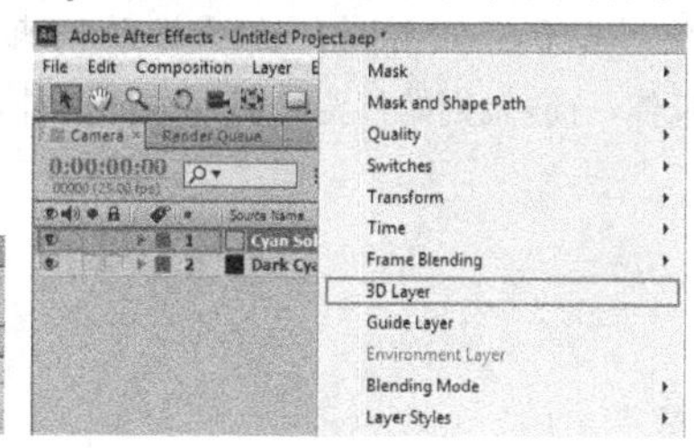

图9-18

技巧与提示

在After Effects CS6中，除了音频图层外，其他图层都可以转换为三维图层。另外，使用文字工具创建的文字图层在激活了Enable Per-character 3D（启用预3D字符）属性之后，还可以为单个的文字制作三维动画效果。

将二维图层转换为三维图层后，三维图层会增加一个z轴属性和一个Material Options（材质选项）属性，如图9-19所示。

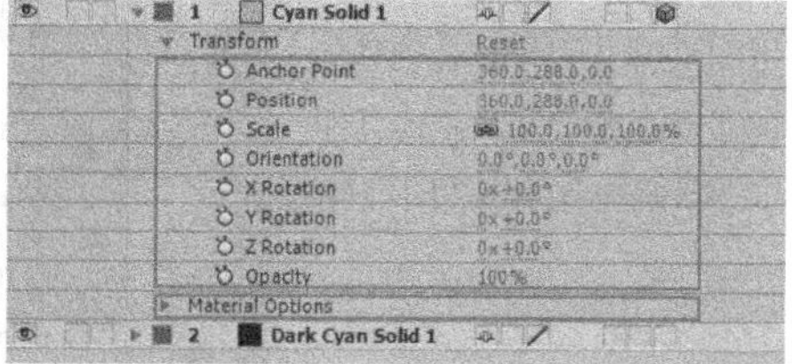

图9-19

技巧与提示

关闭图层的三维图层开关后，所增加的属性也会随之消失，所有涉及的三维参数、关键帧和表达式都将被自动删除，即使重新将二维图层转换为三维图层，这些参数设置也不会再恢复回来，因此将三维图层转换为二维图层时需要注意。

9.2.3 三维图层的坐标系统

在After Effects CS6的三维坐标系中，最原始的坐标系统的起点是在左上角，x轴从左向右不断增加，y轴从上到下不断增加，而z轴是从近到远不断增加，这与其他三维软件中的坐标系统有比较大的差别。

在操作三维图层对象时，可以根据轴向来对物体进行定位。在Tools（工具）面板中，共有3种定位三维对象坐标的工具，分别是 Local Axis Mode（局部坐标系）、World Axis Mode（世界坐标系）和View Axis Mode（视图坐标系），如图9-20所示。

图9-20

1.Local Axis Mode（局部坐标系）

Local Axis Mode（局部坐标系）采用对象自身的表面作为对齐的依据，如图9-21所示。对于当前选择对象与世界坐标系不一致时特别有用，可以通过调节Local Axis Mode（局部坐标系）的轴向来对齐世界坐标系。

图9-21

技巧与提示

在上图中，红色坐标代表x轴，绿色坐标代表y轴，蓝色坐标代表z轴。

2.World Axis Mode（世界坐标系）

World Axis Mode（世界坐标系）对齐于合成空间中的绝对坐标系，无论如何旋转3D图层，其坐标轴始终对齐于三维空间的三维坐标系，x轴始终沿着水平方向延伸，y轴始终沿着垂直方向延伸，而z轴则始终沿着纵深方向延伸，如图9-22所示。

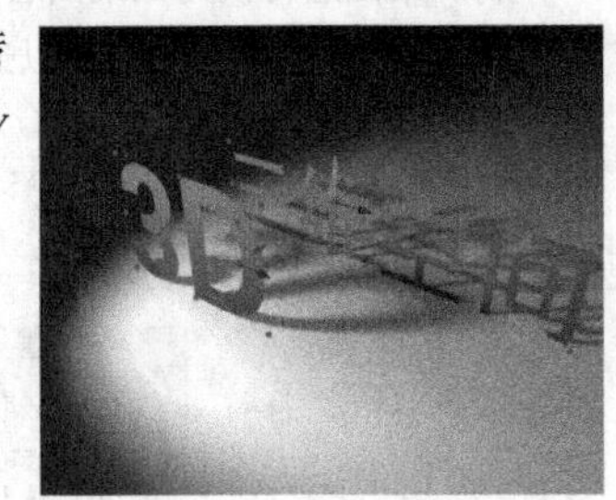

图9-22

3.View Axis Mode（视图坐标系）

View Axis Mode（视图坐标系）对齐于用户进行观察的视图轴向。如在一个Custom View（自定义视图）中对一个三维图层进行了Rotation（旋转）操作，并且在后面还继续对该图层进行了各种变换操作，它的轴向仍然垂直于对应的视图。

对于摄像机视图和自定义视图，由于它们同属于透视图，所以即使z轴垂直于屏幕平面，但还是可以观察到z轴；对于正交视图而言，由于它们没有透视关系，所以在这些视图中只能观察到x 、y两个轴向，如图9-23所示。

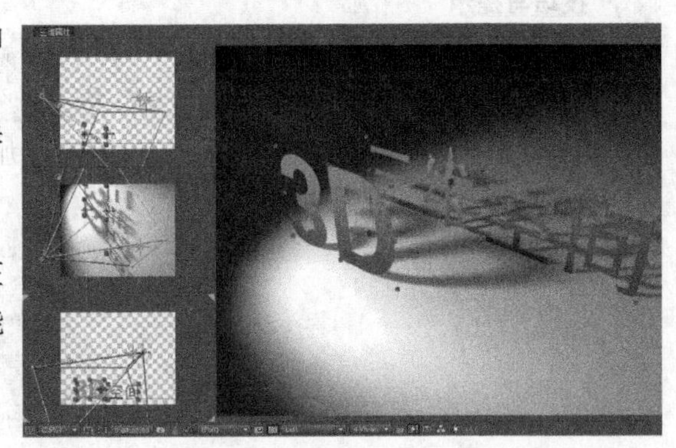

图9-23

技巧与提示

要显示或隐藏图层上的三维坐标轴、摄像机或灯光图层的线框图标、目标点和图层控制手柄，可以在Composition（合成）面板的面板菜单中选择View Options（视图选项）命令，然后在弹出的对话框中进行相应的设置即可，如图9-24所示。

如果要持久显示Composition（合成）面板中的三维空间参考坐标系，可以在Composition（合成）面板下方的栅格和标尺下拉菜单中选择3D Reference Axes（3D参考坐标）命令来设置三维参考坐标，如图9-25和图9-26所示。

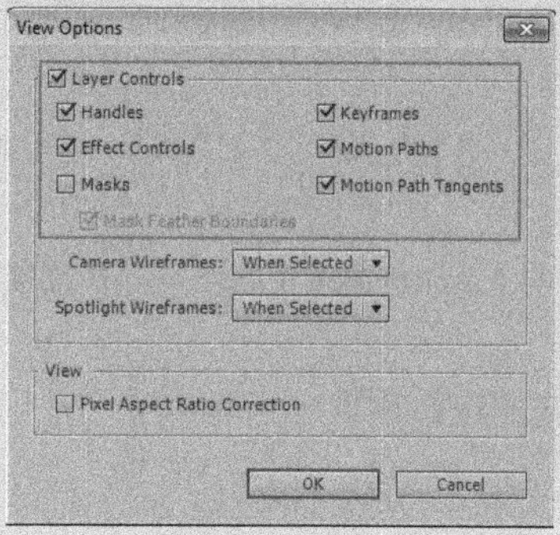

图9-24 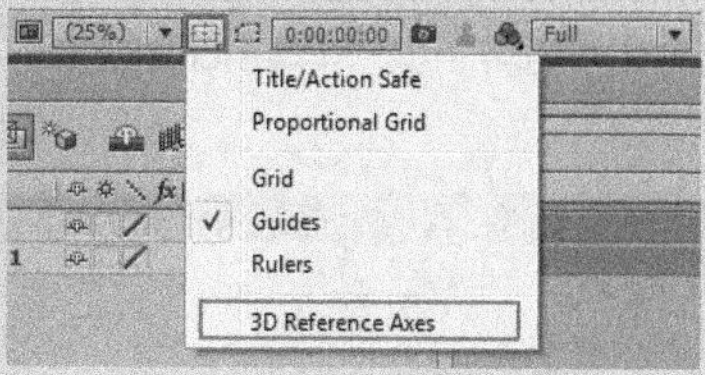　　图9-25　　图9-26

9.2.4 三维图层的基本操作

1.移动三维图层

在三维空间中移动三维图层、将对象放置在三维空间的指定位置或是在三维空间中为图层制作空间位移动画时，就需要对三维图层进行移动操作，移动三维图层的方法主要有以下两种。

第1种：在Timeline（时间线）面板中对三维图层的Position（位置）属性进行调节，如图9-27所示。

第2种：在Composition（合成）面板中使用“选择工具”直接在三维图层的轴向上移动三维图层，如图9-28所示。

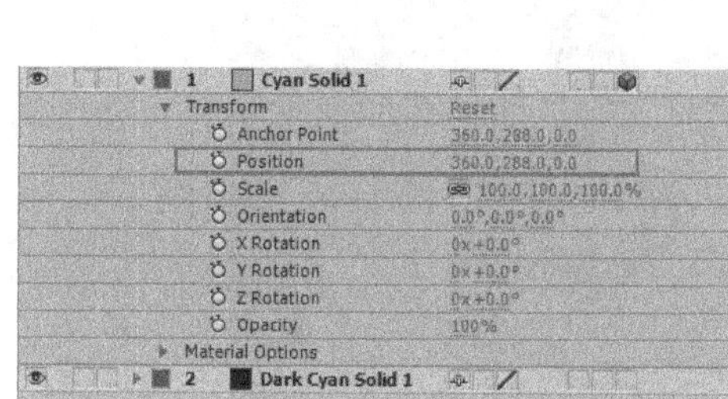

图9-27

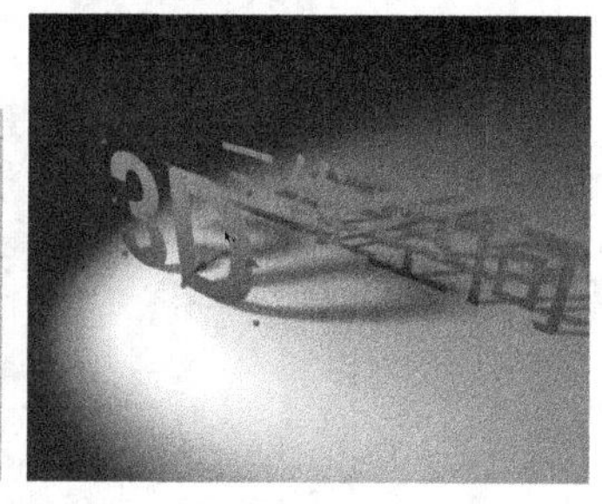

图9-28

技巧与提示

当鼠标指针停留在各个轴向上，如果鼠标指针呈现为形状，表示当前的移动操作锁定在x轴上；如果鼠标指针呈现为形状，表示当前的移动操作锁定在y轴上；如果鼠标指针呈现为形状，表示当前的移动操作锁定在z轴上。

如果不在单独的轴向上移动三维图层，那么该图层中的Position（位置）属性的3个数值会同时发生变化。

2.旋转三维图层

按R键展开三维图层的旋转属性，可以观察到三维图层的可操作旋转参数包含4个，分别是Orientation（方向）和X Rotation/Y Rotation/Z Rotation（*x*/*y*/*z*旋转），而二维图层只有一个Rotation（旋转）属性，如图9-29所示。

旋转三维图层的方法主要有以下两种。

第1种：在Timeline（时间线）面板中直接对三维图层的Orientation（方向）属性或Rotation（旋转）属性进行调节，如图9-30所示。

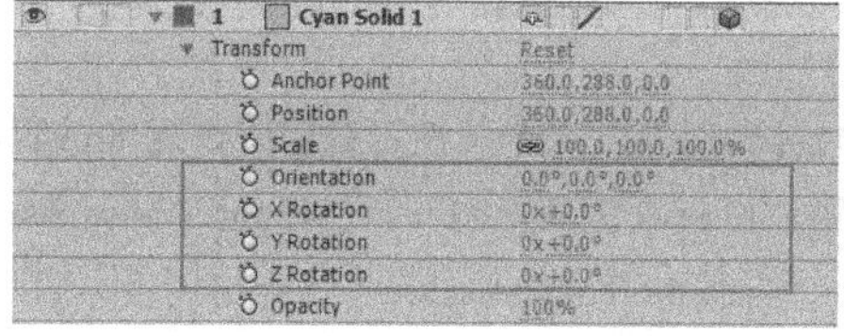

图9-29

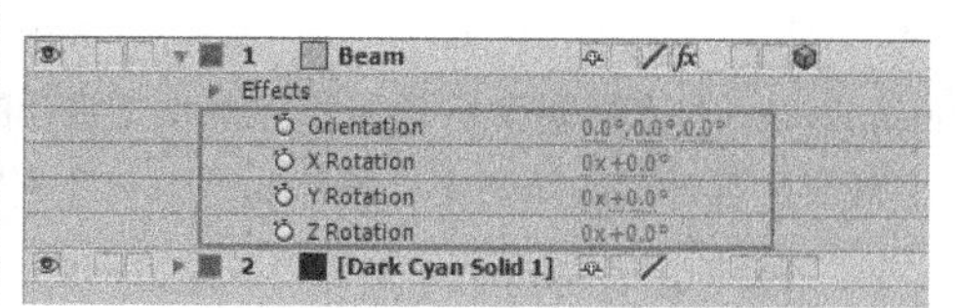

图9-30

技巧与提示

使用Orientation（方向）的值或Rotation（旋转）的值来旋转三维图层，都是以图层的Anchor Point（轴心点）作为基点来旋转图层的。

Orientation（方向）属性制作的动画可以产生更加自然平滑的旋转过渡效果，而Rotation（旋转）属性制作的动画可以更精确地控制旋转的过程。

在制作三维图层的旋转动画时，不要同时使用Orientation（方向）和Rotation（旋转）属性制作动画，以免在制作旋转动画的过程中产生混乱。

第2种：在Composition（合成）面板中使用"旋转工具"以Orientation（方向）或Rotation（旋转）方式直接对三维图层进行旋转操作，如图9-31所示。

图9-31

技巧与提示

在Tools（工具）面板单击"旋转工具"按钮后，在面板的右侧会出现一个设置三维图层旋转方式的选项，包含Orientation（方向）和Rotation（旋转）两种方式。

9.2.5 三维图层的材质属性

将二维图层转换为三维图层后，该图层除了会新增第3个维度的属性外，还会增加一个Material Options（材质选项）属性，该属性主要用来设置三维图层与灯光系统的相互关系，如图9-32所示。

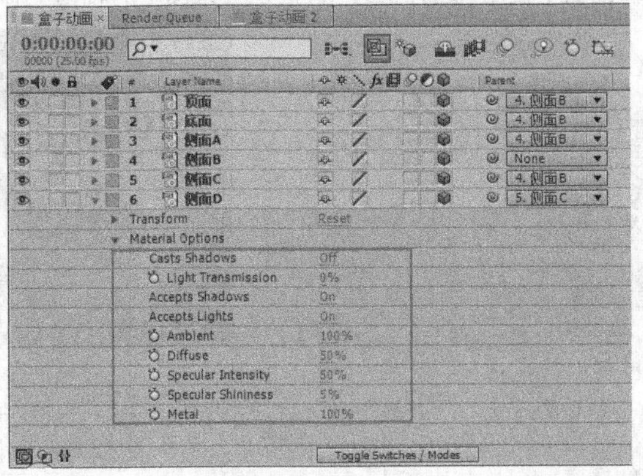

图9-32

参数详解

Casts Shadows（**投射阴影**）：决定三维图层是否投射阴影，包括Off（关闭）、On（开启）和Only（仅有）3个选项，其中Only（仅有）选项表示三维图层只投射阴影，如图9-33所示。

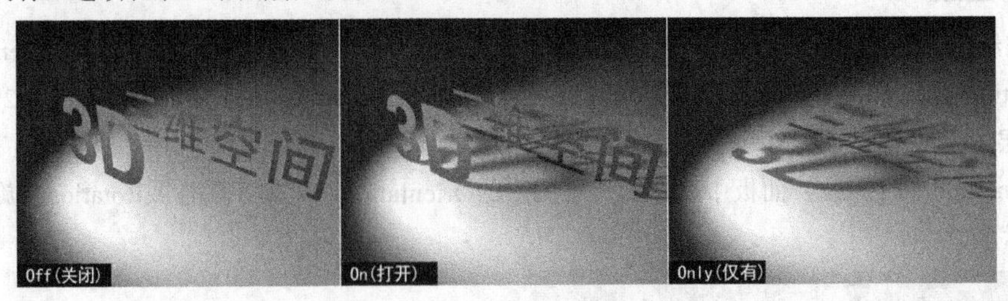

图9-33

Light Transmission（**灯光透明度**）：设置物体接收光照后的透光程度，这个属性可以用来体现半透明物体在灯光下的照射效果，其效果主要体现在阴影上（物体的阴影会受到物体自身颜色的影响）。当Light Transmission（灯光透明度）设置为0%时，物体的阴影颜色不受物体自身颜色的影响；当Light Transmission（灯光透明度）设置为100%时，物体的阴影受物体自身颜色的影响最大，如图9-34所示。

Accepts Shadows（**接受阴影**）：设置物体是否接受其他物体的阴影投射效果，包含On（开启）和Off（关闭）两种模式，如图9-35所示。

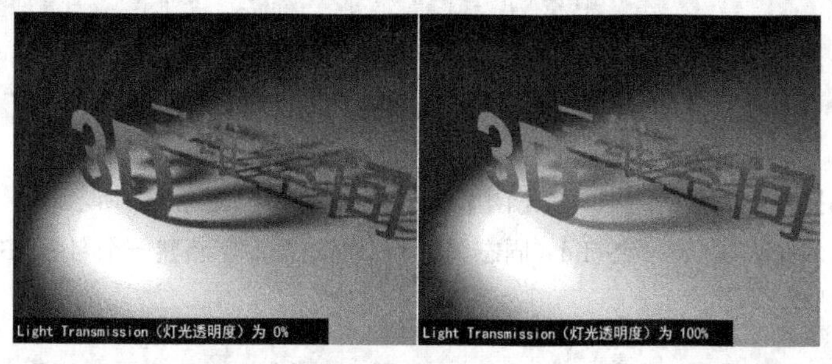

图9-34

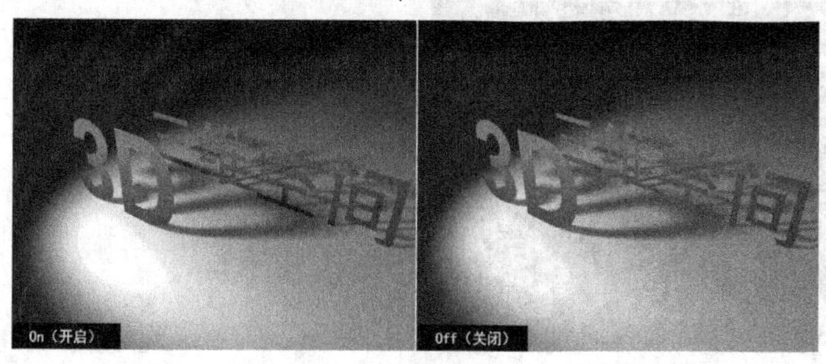

图9-35

Accepts Lights（**接受灯光**）：设置物体是否接受灯光的影响。设置为On（开启）模式时，表示物体接受灯光的影响，物体的受光面会受到灯光照射角度或强度的影响；设置为Off（关闭）模式时，表示物体表面不受灯光照射的影响，物体只显示自身的材质。

Ambient（**环境光**）：设置物体受环境光影响的程度，该属性只有在三维空间中存在环境光时才产生作用。

Diffuse（**漫反射**）：调整灯光漫反射的程度，主要用来突出物体颜色的亮度。

Specular Intensity（**镜面反射强度**）：调整图层镜面反射的强度。

Specular Shininess（**镜面光泽度**）：设置图层镜面反射的区域，其值越小，镜面反射的区域就越大。

Metal（**材质**）：调节镜面反射光的颜色。其值越接近100%，效果就越接近物体的材质；其值越接近0%，效果就越接近灯光的颜色。

技巧与提示

只有当场景中使用了灯光系统，Material Options（材质选项）中的各个属性才能起作用。

9.3 灯光系统

在前面的内容中已经介绍了三维图层的材质属性，结合三维图层的材质属性，可以让灯光影响三维图层的表面颜色，同时还可以为三维图层创建阴影效果。

本节知识点

名称	作用	重要程度
创建灯光	了解如何创建灯光	高
属性与类型	了解灯光的属性及4种类型，包括平行光、聚光灯、点光源及环境光	高
灯光的移动	了解如何移动灯光	高

9.3.1 课堂案例——盒子阴影

素材位置	实例文件>CH09>课堂案例——盒子阴影
实例位置	实例文件>CH09>课堂案例——盒子阴影.aep
视频位置	多媒体教学>CH09>课堂案例——盒子阴影.flv
难易指数	★★★☆☆
学习目标	掌握灯光类型的使用和灯光属性的应用

本例的盒子阴影效果如图9-36所示。

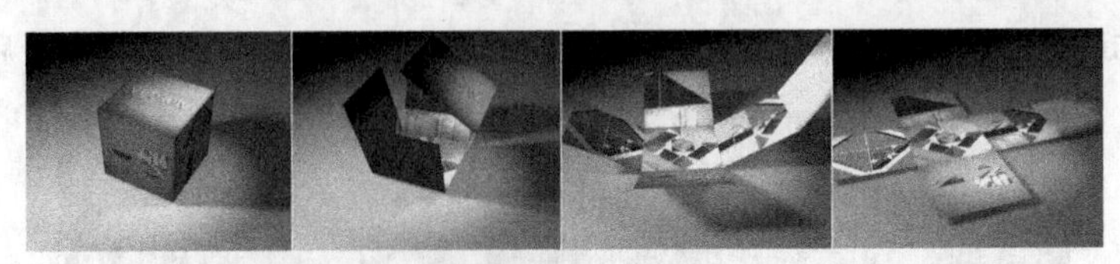

图9-36

01 使用After Effects CS6打开“课堂案例——盒子阴影.aep”素材文件，如图9-37所示。

02 执行“Layer（图层）>New（新建）>Solid（固态图层）”菜单命令，新建一个名为BG的图层，然后将背景的颜色设置为灰色，如图9-38所示。

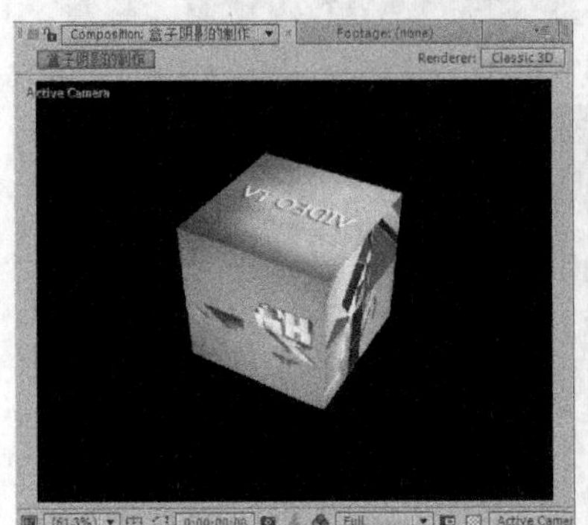

图9-37

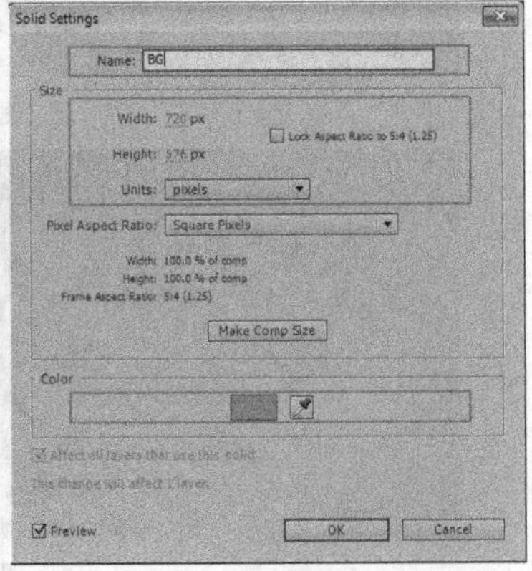

图9-38

03 将BG图层转换为三维图层后，修改其图层的Scale（缩放）值为（445，445，445%）。在第0帧，设置Position（位置）的值为（360，358，0）、X Rotation（x轴旋转）的值为0×-50°；在第5秒，设置Position（位置）的值为（360，300，0）、X Rotation（x轴旋转）的值为0×-60°，如图9-39所示。

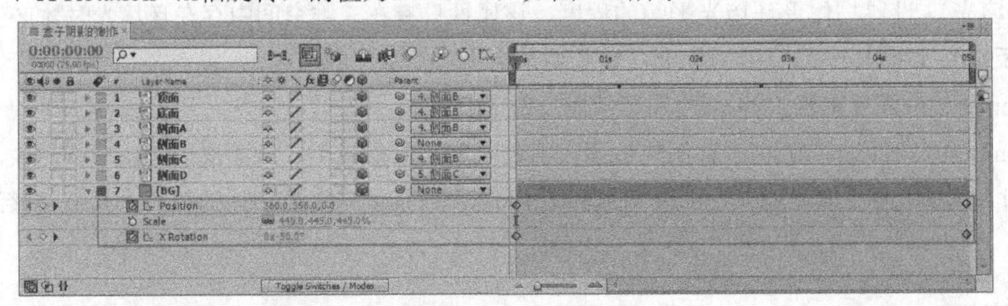

图9-39

04 执行“Layer（图层）> New（新建）>Light（灯光）”菜单命令，新建一个名为Light 1的Spot（聚光灯），设置Color（颜色）为（R:252，G:247，B:237）、Intensity（强度）值为230%、Cone Angel（圆锥角度）值为70°、Cone Feather（圆锥羽化）值为100%，勾选Casts Shadows（投射阴影）选项，设置Shadow Darkness（阴影暗部）值为50%、Shadow Diffusion（阴影扩散）值为100 px，如图9-40所示。

05 将“顶面”“底面”“侧面A”“侧面B”“侧面C”和“侧面D”图层的Casts Shadows（投射阴影）选项打开，如图9-41所示。

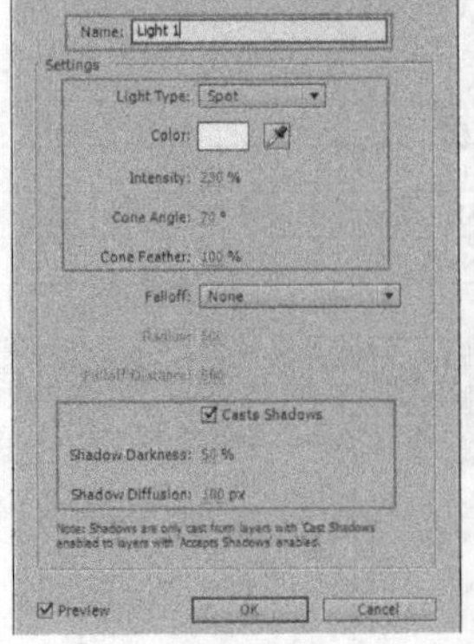

图9-40

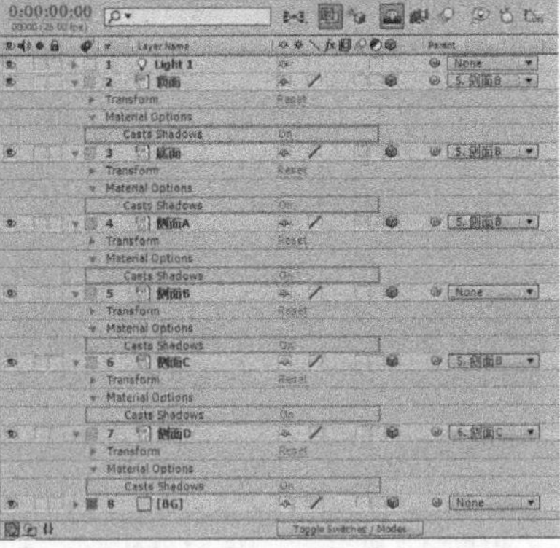

图9-41

06 修改Light 1的Point of Interest（目标点）值为（300，288，-100）、Position（位置）值为（-700，-200，-580），如图9-42和图9-43所示。

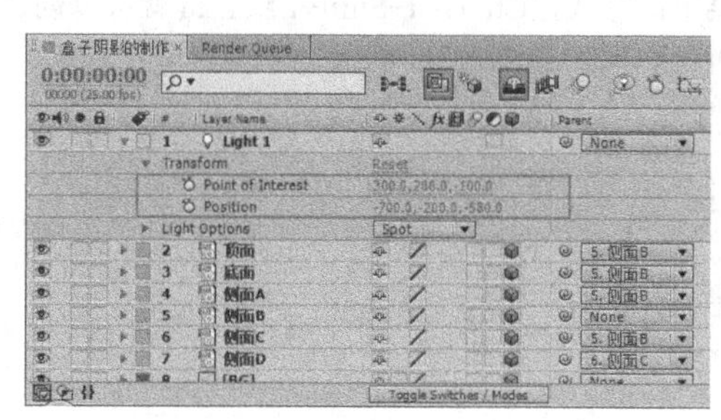

图9-42

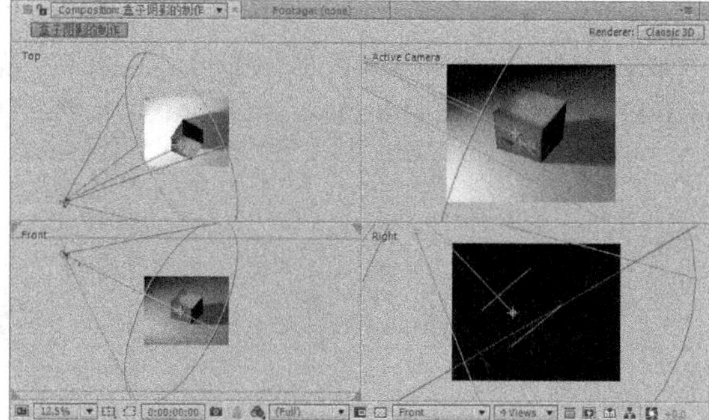

图9-43

07 执行“Layer（图层）> New（新建）>Light（灯光）”菜单命令，新建一个名为Light 2的Spot（聚光灯），设置Color（颜色）为（R:228，G:235，B:255）、Intensity（强度）值为100%、Cone Angel（圆锥角度）值为30°、Cone Feather（圆锥羽化）值为100%，勾选Casts Shadows（投射阴影）选项，设置Shadow Darkness（阴影暗部）值为30%、Shadow Diffusion（阴影扩散）值为100 px，如图9-44所示。

08 修改Light 1的Point of Interest（目标点）值为（475，278，-100）、Position（位置）值为（1000，-200，-580），如图9-45和图9-46所示，完成的画面效果如图9-47所示。

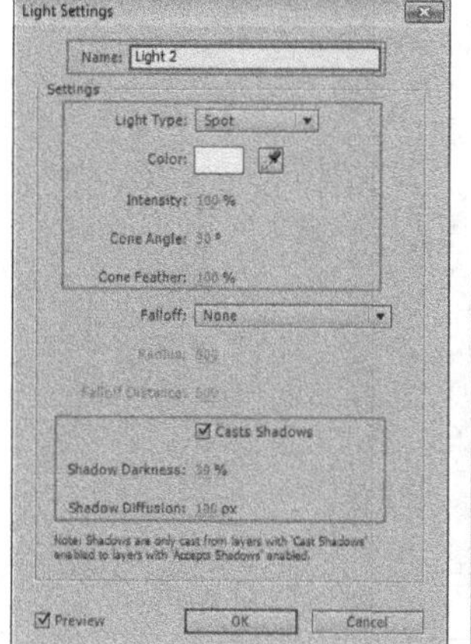

图9-44

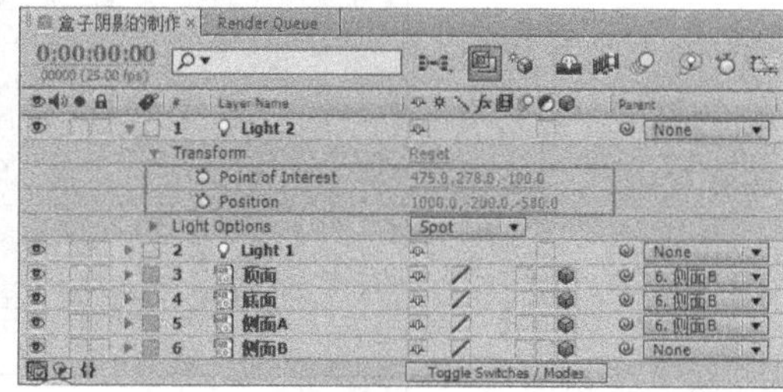

图9-45

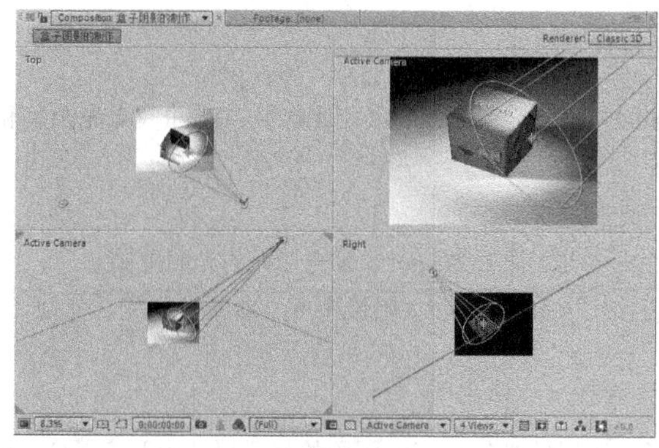

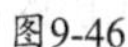

图9-46

图9-47

技巧与提示

如果已经创建好了一盏灯光，但是要修改该灯光的参数，可以在“时间线”面板中双击该灯光图层，然后在弹出的Light Settings（灯光设置）对话框中对这盏灯光的相关参数进行重新调节即可。

如果将Intensity（强度）参数设置为负值，灯光将成为负光源，也就是说这种灯光不会产生光照效果，而是要吸收场景中的灯光，通常使用这种方法来降低场景的光照强度。

9.3.2 创建灯光

执行"Layer（图层）> New（新建）>Light（灯光）"菜单命令或按Ctrl+Alt+Shift+L组合键就可以创建一盏灯光，如图9-48所示。

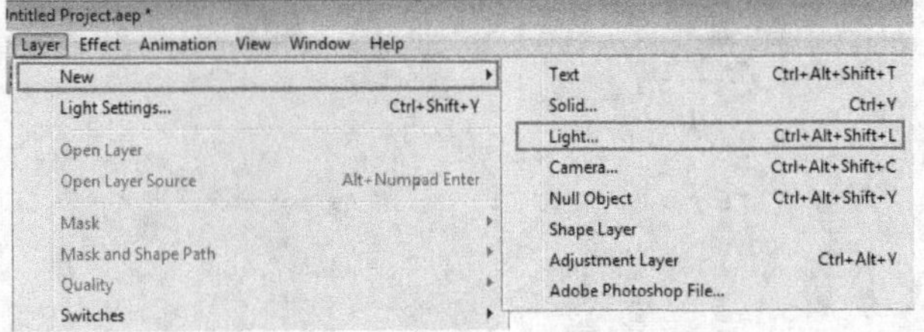

图9-48

9.3.3 属性与类型

执行"Layer（图层）> New（新建）>Light（灯光）"菜单命令或按Ctrl+Alt+Shift+L组合键时，系统会弹出Light Settings（灯光设置）对话框，在该对话框中可以设置灯光的类型、强度、角度和羽化等相关参数，如图9-49所示。

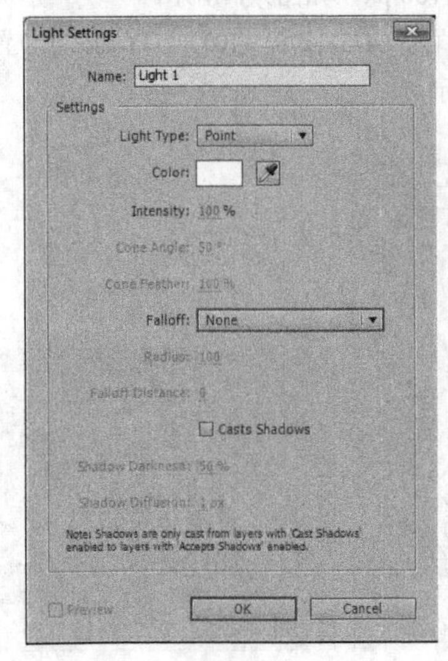

图9-49

参数详解

Name（**名字**）：设置灯光的名字。

Light Type（**灯光类型**）：设置灯光的类型，包括Parallel（平行光）、Spot（聚光灯）、Point（点光源）和Ambient（环境光）4种类型。

Intensity（**强度**）：设置灯光的光照强度。数值越大，光照越强。

Cone Angel（**圆锥角度**）：Spot（聚光灯）特有的属性，主要用来设置Spot（聚光灯）的光照范围。

Cone Feather（**圆锥羽化**）：Spot（聚光灯）特有的属性，与Cone Angel（圆锥角度）参数一起配合使用，主要用来调节光照区与无光区边缘的过渡效果。

Color（**颜色**）：设置灯光照射的颜色。

Casts Shadows（**投射阴影**）：控制灯光是否投射阴影。该属性必须在三维图层的材质属性中开启了Casts Shadows（投射阴影）选项才能起作用。

Shadow Darkness（**阴影暗部**）：设置阴影的投射深度，也就是阴影的黑暗程度。

Shadow Diffusion（**阴影扩散**）：设置阴影的扩散程度。其值越高，阴影的边缘越柔和。

1.Parallel（平行光）

Parallel（平行光）类似于太阳光，具有方向性，并且不受灯光距离的限制，也就是光照范围可以是无穷大，场景中任何被照射的物体都能产生均匀的光照效果，但是只能产生尖锐的投影，如图9-50所示。

图9-50

2.Spot（聚光灯）

Spot（聚光灯）可以产生类似于舞台聚光灯的光照效果，从光源处产生一个圆锥形的照射范围，从而形成光照区和无光区。Spot（聚光灯）同样具有方向性，并且能产生柔和的阴影效果和光线的边缘过渡效果，如图9-51所示。

图9-51

3.Point（点光源）

Point（点光源）类似于没有灯罩的灯泡的照射效果，其光线以360°的全角范围向四周照射出来，并且会随着光源和照射对象距离的增大而发生衰减现象。虽然Point（点光源）不能产生无光区，但是也可以产生柔和的阴影效果，如图9-52所示。

图9-52

4.Ambient（环境光）

Ambient（环境光）没有灯光发射点，也没有方向性，不能产生投影效果，不过可以用来调节整个画面的亮度，可以和三维图层材质属性中的Ambient（环境光）属性一起配合使用，以影响环境的色调，如图9-53所示。

图9-53

9.3.4 灯光的移动

可以通过调节灯光图层的Position（位置）和Point of Interest（目标点）来设置灯光的照射方向和范围。

移动灯光时，除了直接调节参数及移动其坐标轴的方法外，还可以通过直接拖曳灯光的图标来自由移动它们的位置，如图9-54所示。

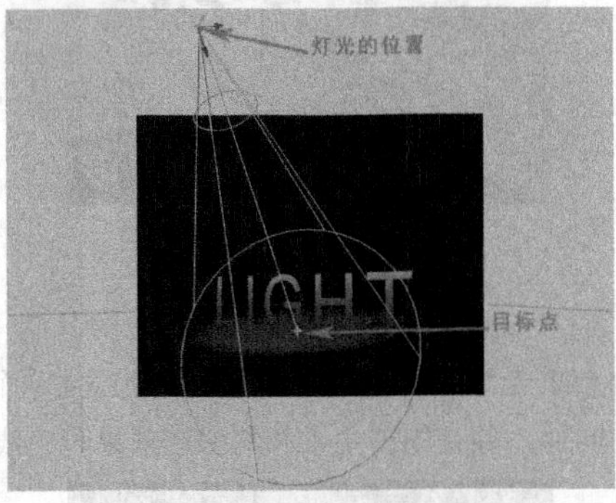

图9-54

技巧与提示

灯光的Point of Interest（目标点）主要起到定位灯光方向的作用。在默认情况下，Point of Interest（目标点）的位置在合成的中央。

使用“选择工具”移动灯光的坐标轴时，灯光的目标点也会跟着发生移动，如果只想让灯光的Position（位置）属性发生改变，而保持Point of Interest（目标点）位置不变，可以在按住Ctrl键的同时使用“选择工具”移动灯光进行调整即可。

9.4 摄像机系统

在After Effects CS6中创建一个摄像机后，可以在摄像机视图以任意距离和任意角度来观察三维图层的效果，就像在现实生活中使用摄像机进行拍摄一样方便。

本节知识点

名称	作用	重要程度
创建摄像机	了解如何创建摄影机	高
摄像机的属性设置	了解如何设置摄影机的属性	高
摄像机的基本控制	了解对摄像机的基本控制	高
镜头运动方式	了解摄像机的运动拍摄方式，主要包含推、拉、摇、移等	高

9.4.1 课堂案例——3D空间

素材位置	实例文件>CH09>课堂案例——3D空间
实例位置	实例文件>CH09>课堂案例——3D空间.aep
视频位置	多媒体教学>CH09>课堂案例——3D空间.flv
难易指数	★★★☆☆
学习目标	掌握三维空间、摄像机和灯光的组合应用

本例的3D空间效果如图9-55所示。

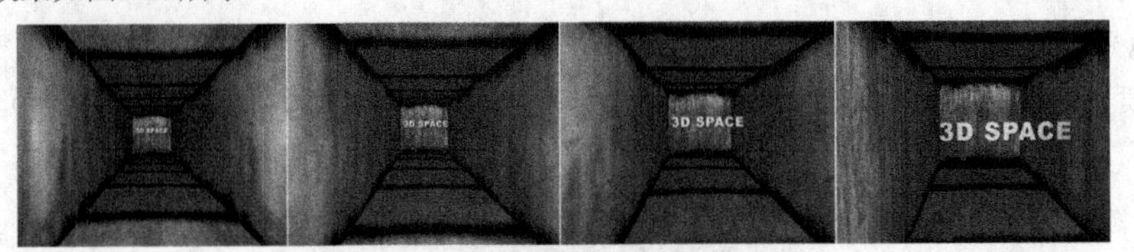

图9-55

01 启动After Effects CS6软件，执行“Composition（合成）>New Composition（新建合成）”菜单命令，创建一个预置为PAL D1/DV的合成，然后设置Duration（持续时间）为3秒，并将其命名为“空间”，如图9-56所示。

02 执行“File（文件）>Import（导入）>File（文件）”菜单命令，打开BG.jpg素材文件，然后将其拖曳到Timeline（时间线）面板上。将图层重新命名为“左”。打开图层的三维开关，修改Position（位置）值为（193，320，-146）、Orientation（方向）值为（0°，270°，0°），如图9-57和图9-58所示。

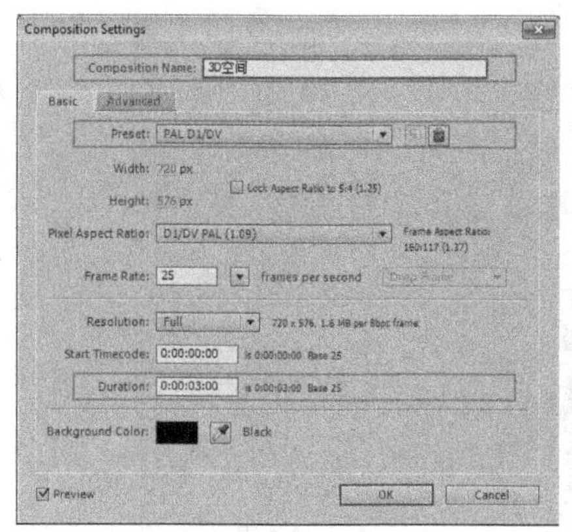

图9-56

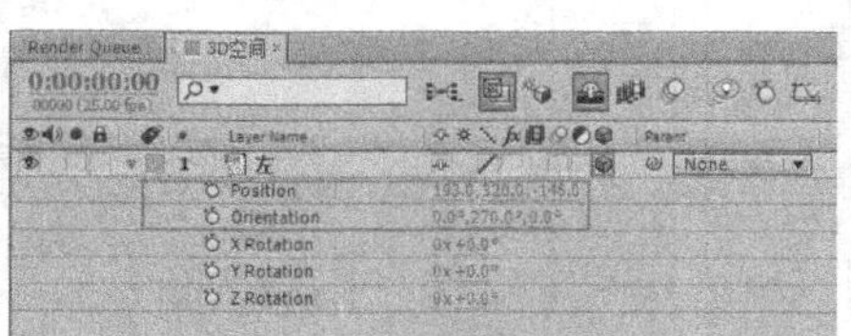

图9-57

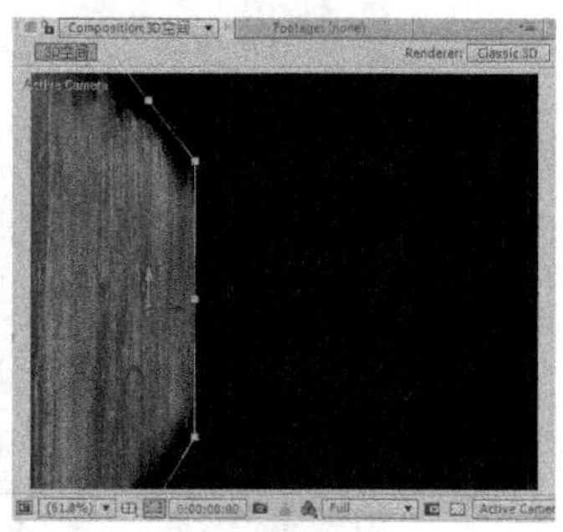

图9-58

03 选择“左”图层，然后按Ctrl+D组合键复制出4个图层，并将其分别命名为“后”“下”“上”和“右”。修改“后”图层的Position（位置）值为（440.6，320，2236）、Orientation（方向）值为（0°，0°，0°），修改“下”图层的Position（位置）值为（402，552，37）、Orientation（方向）值为（270°，0°，0°），修改“上”图层的Position（位置）值为（397，80，70）、Orientation（方向）值为（270°，0°，0°），修改“右”图层的Position（位置）值为（633，320，-132）、Orientation（方向）值为（0°，270°，0°），如图9-59所示。

04 选择“左”图层，然后执行“Effect（特效）>Stylize（风格化）>Motion Tile（动态平铺）”菜单命令，为其添加Motion Tile（动态平铺）滤镜，设置Output Width（输出宽度）为500，如图9-60所示。

05 使用同样的方法完成“右”“上”和“下”图层的调节，调节之后的效果如图9-61所示。

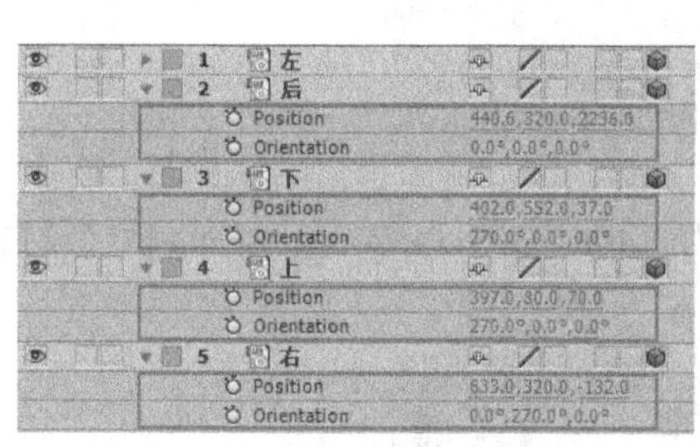

图9-59

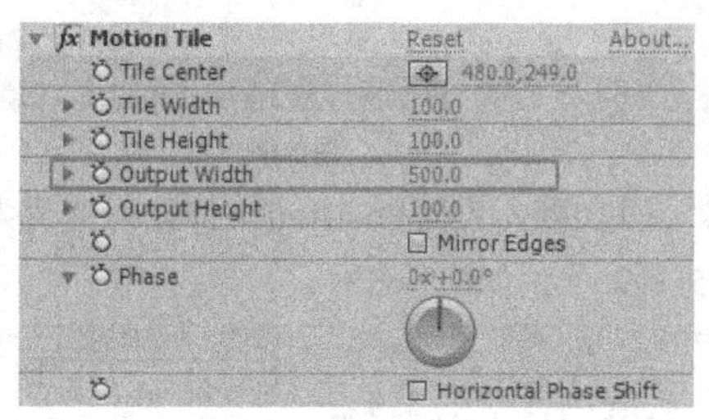

图9-60

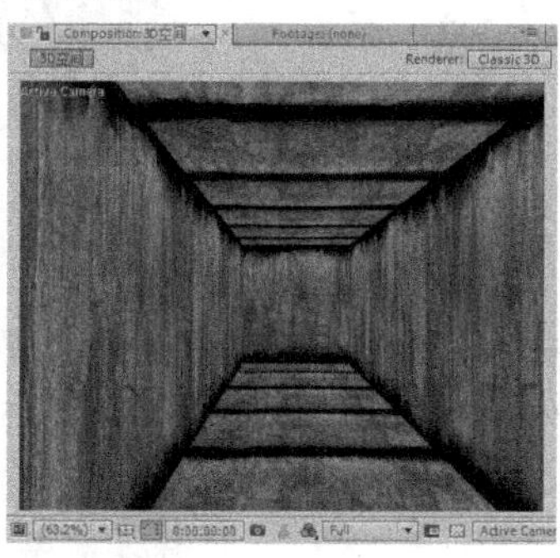

图9-61

06 选择“左”图层，然后执行“Effect（特效）>Color Correction（色彩校正）>Curves（曲线）”菜单命令，为其添加Curves（曲线）滤镜，在Green（绿色）通道中调节曲线，如图9-62所示。

07 使用同样的方法完成其他图层的调节，最后单独调整一下“后”图层的曲线设置，如图9-63和图9-64所示。

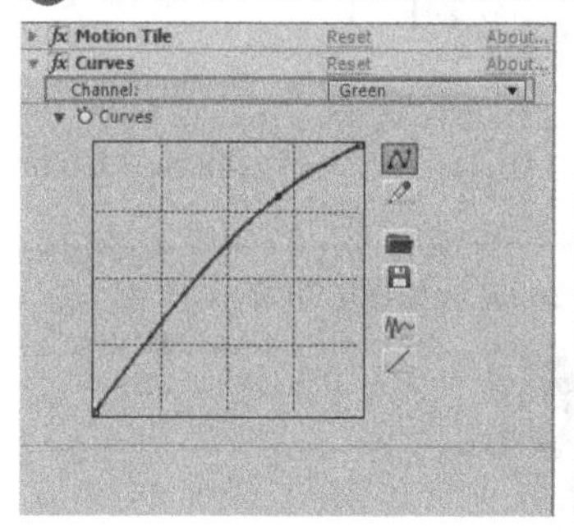

图9-62

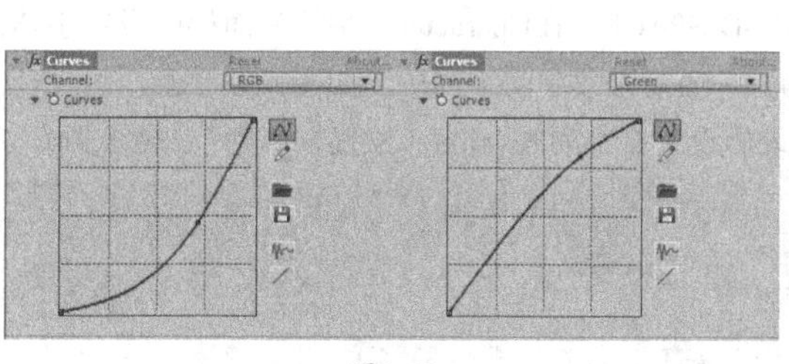

图9-63

图9-64

08 执行“Layer（图层）>New（新建）>Light（灯光）”菜单命令，创建一个灯光，然后设置Light Type（灯光类型）为Point（点光源）选项，接着设置Intensity（强度）为280%、Color（颜色）为（R:191，G:191，B:191），如图9-65所示。

09 执行“Layer（图层）>New（新建）>Camera（摄像机）”菜单命令，创建一个摄像机，设置Zoom（缩放）值为263mm，如图9-66所示。

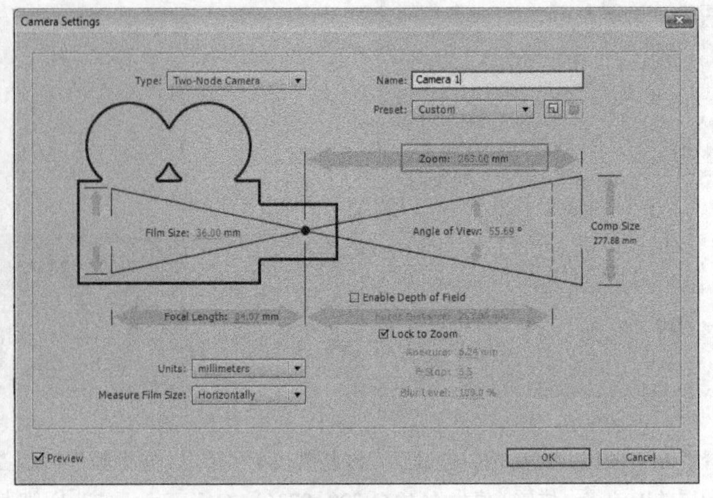

图9-65　　图9-66

10 设置摄像机的关键帧动画。在第0帧，设置Point of Interest（目标点）的值为（397.5，320，-304）、Position（位置）的值为（397，320，-1050）；在第1秒，设置Point of Interest（目标点）的值为（353，300，1405）、Position（位置）的值为（330，240，663），如图9-67所示。

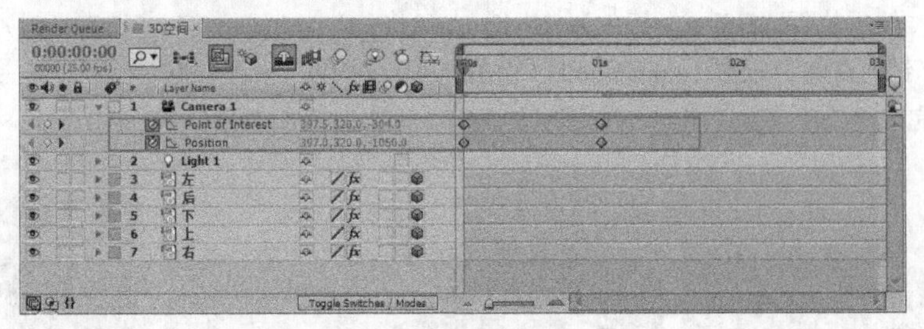

图9-67

11 设置灯光位置的关键帧动画。在第0帧，设置Position（位置）的值为（406，309，-575）；在第1秒，设置Position（位置）的值为（406，255，925），如图9-68所示。

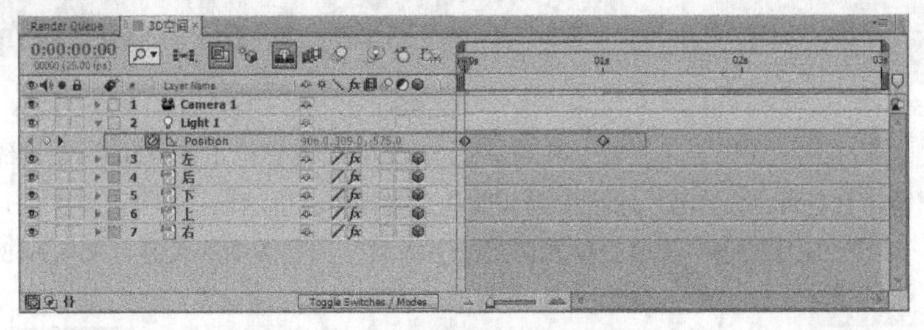

图9-68

12 使用“文字工具”T输入字母3D SPACE，在Character（字符）面板中设置字体为Arial、字体大小为48 px、Color（颜色）为（R:90，G:120，B:90），最后修改字间距为60，如图9-69所示。

13 开启文字图层的三维开关，最后设置文字的Position（位置）值为（280，300，1200），如图9-70所示。

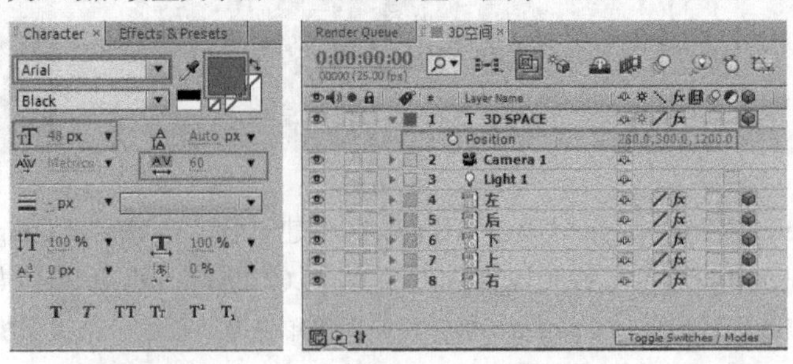

图9-69　　图9-70

14 开启每个图层运动模糊的开关，如图9-71所示。

15 按小键盘上的数字键0键，预览最终效果，如图9-72所示。

图9-71

图9-72

9.4.2 创建摄像机

执行“Layer（图层）>New（新建）>Camera（摄像机）”菜单命令或按Ctrl+Alt+Shift+C组合键可以创建一个摄像机，如图9-73所示。

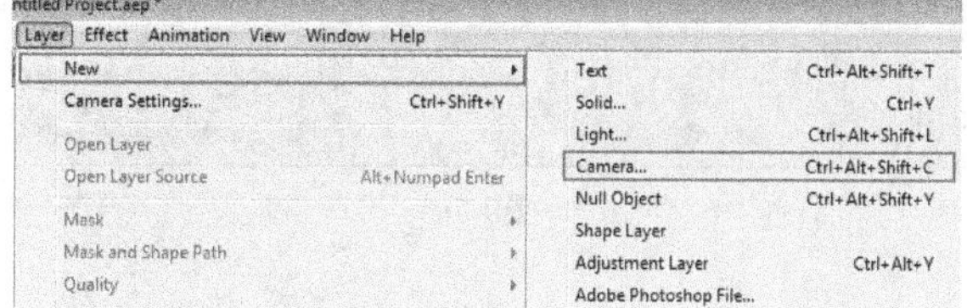

图9-73

After Effects CS6中的摄像机是以图层的方式引入到合成中的，这样可以在一个合成项目中对同一场景使用多台摄像机来进行观察和渲染，如图9-74所示。

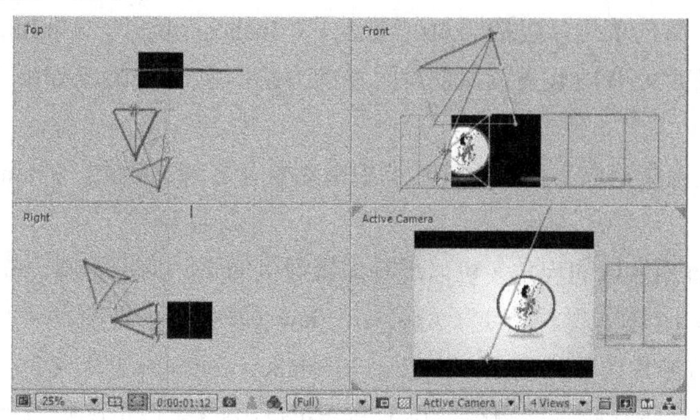

图9-74

技巧与提示

如果要使用多台摄像机进行多视角展示，可以在同一个合成中添加多个摄像机图层来完成。如果在场景中使用了多台摄像机，此时应该在Composition（合成）面板中将当前视图设置为Active Camera（激活摄像机）视图。Active Camera（激活摄像机）视图显示的是当前图层中最上面的摄像机，在对合成进行最终渲染或对图层进行嵌套时，使用的就是Active Camera（激活摄像机）视图，如图9-75所示。

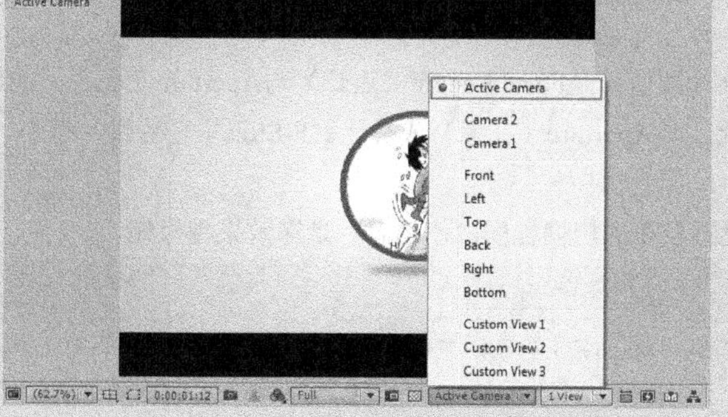

图9-75

9.4.3 摄像机的属性设置

执行“Layer（图层）>New（新建）>Camera（摄像机）”菜单命令时，系统会弹出Camera Settings（摄像机设置）对话框，通过该对话框可以设置摄像机基本属性，如图9-76所示。

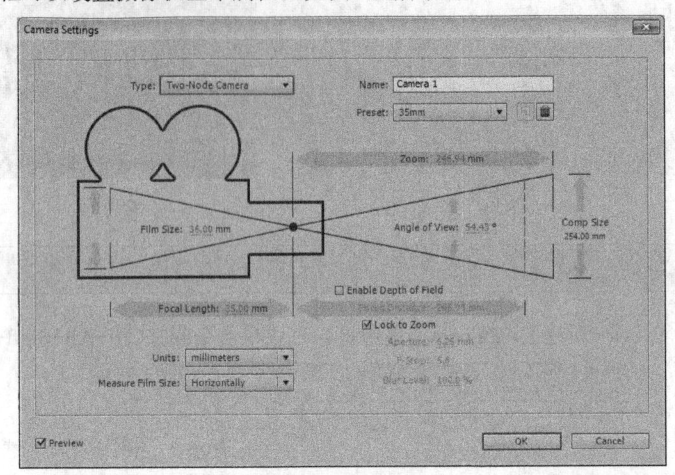

图9-76

参数详解

Name（名称）：设置摄像机的名字。

Preset（预设）：设置摄像机的镜头类型，包含9种常用的摄像机镜头，如15mm的广角镜头、35mm的标准镜头和200mm的长焦镜头等。

Unit（单位）：设定摄像机参数的单位，包括pixels（像素）、inches（英寸）和millimeters（毫米）3个选项。

Measure Film Size（测量胶片大小）：设置衡量胶片尺寸的方式，包括Horizontally（水平）、Vertically（垂直）和Diagonally（对角）3个选项。

Zoom（缩放）：设置摄像机镜头到焦平面（也就是被拍摄对象）之间的距离。Zoom（缩放）值越大，摄像机的视野越小，即变焦设置。

Angle of View（视角）：设置摄像机的视角，可以理解为摄像机的实际拍摄范围，Focal Length（焦距）、Film Size（胶片大小）及 Zoom（缩放）3个参数共同决定了Angle of View（视角）的数值。

Film Size（胶片大小）：设置影片的曝光尺寸，该选项与Composition Size（合成大小）参数值相关。

Focal Length（焦长）：设置镜头与胶片的距离。在After Effects中，摄像机的位置就是摄像机镜头的中央位置，修改Focal Length（焦长）值会导致Zoom（缩放）值跟着发生改变，以匹配现实中的透视效果。

Enable Depth of Field（使用景深）：控制是否启用景深效果。

Focus Distance（焦距）：设置从摄像机开始到图像最清晰位置的距离。在默认情况下，Focus Distance（焦距）与Zoom（缩放）参数是锁定在一起的，它们的初始值也是一样的。

Aperture（孔径）：设置光圈的大小。Aperture（孔径）值会影响到景深效果，其值越大，景深之外的区域的模糊程度也越大。

F-Stop（光圈值）：F-Stop（光圈值）是Focal Length（焦长）与Aperture（孔径）的比值。其中，F-Stop（光圈值）与Focal Length（焦长）成正比，与Aperture（孔径）成反比。F-Stop（光圈值）越小，镜头的透光性能越好；反之，透光性能越差。

Blur Level（模糊级别）：设置景深的模糊程度。值越大，景深效果越模糊。

技巧与提示

使用过三维软件（比如3ds Max、Maya等）的设计师都知道，三维软件中的摄像机有目标摄像机和自由摄像机之分，但是在After Effects中只能创建一种摄像机，通过分析摄像机的参数发现，这种摄像机就是目标摄像机，因为它有Point of Interest（目标点）属性，如图9-77所示。

在制作摄像机动画时，需要同时调节摄像机的位置和摄像机目标点的位置。比如使用After Effects CS6中的摄像机跟踪一辆在S形车道上行驶的汽车，如图9-78所示。如果只使用摄像机位置和摄像机目标点位置来制作关键帧动画，就很难让摄像机跟随汽车一起运动，这时就需要引入自由摄像机的概念，可以使用Null Object（虚拟体）图层和父子图层来将目标摄像机变成自由摄像机。

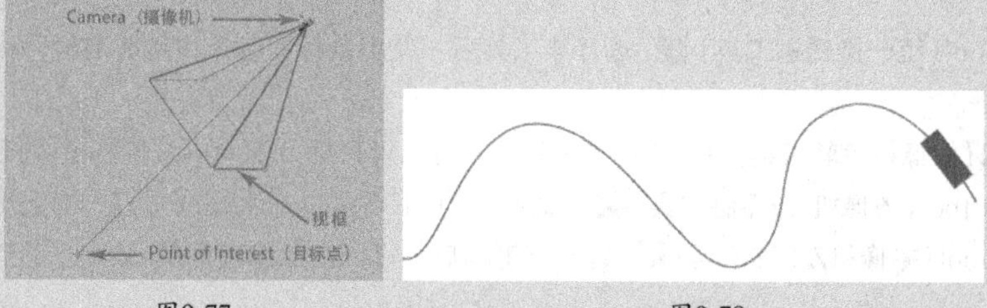

图9-77　　图9-78

新建一个摄像机图层，然后新建一个Null Object（虚拟体）图层，接着设置虚拟体图层为三维图层，并将摄像机图层设置为虚拟体图层的子图层，如图9-79所示，这样就制作出了一台自由摄像机，可以通过控制虚拟体图层的位置和旋转属性来控制摄像机的位置和旋转属性。

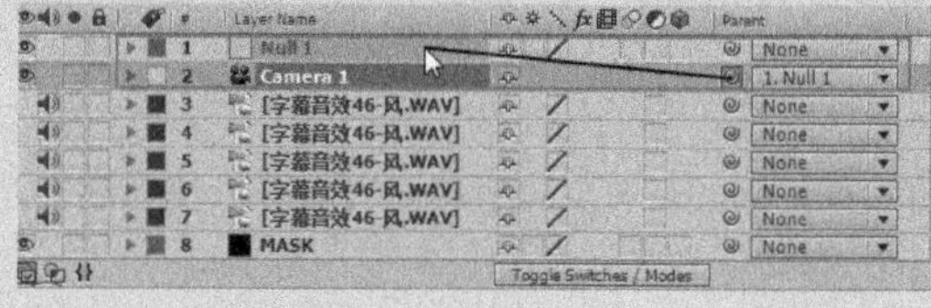

图9-79

9.4.4 摄像机的基本控制

1.位置与目标点

对于摄像机图层，可以通过调节Position（位置）和Point of Interest（目标点）属性来设置摄像机的拍摄内容。在移动摄像机时，除了直接调节参数及移动其坐标轴的方法外，还可以通过直接拖曳摄像机的图标来自由移动其位置，如图9-80所示。

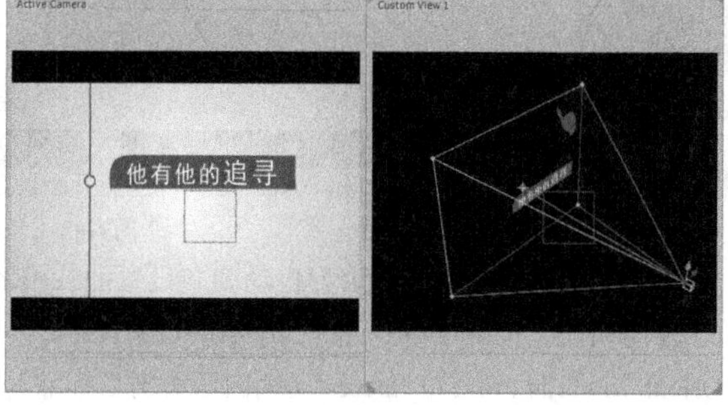

图9-80

此外，摄像机的Point of Interest（目标点）主要起到定位摄像机的作用。在默认情况下，Point of Interest（目标点）的位置在合成的中央，可以使用调节摄像机的方法来调节目标点的位置。

技巧与提示

使用“选择工具”移动摄像机时，摄像机的目标点也会跟着发生移动，如果只想让摄像机的Position（位置）属性发生改变，而保持Point of Interest（目标点）位置不变，可以在按住Ctrl键的同时使用“选择工具”对Position（位置）属性进行调整。

2.摄像机移动工具

在After Effects CS6中，有4个摄像机控制工具可以用来调节摄像机的位移、旋转和推拉等操作，如图9-81所示。

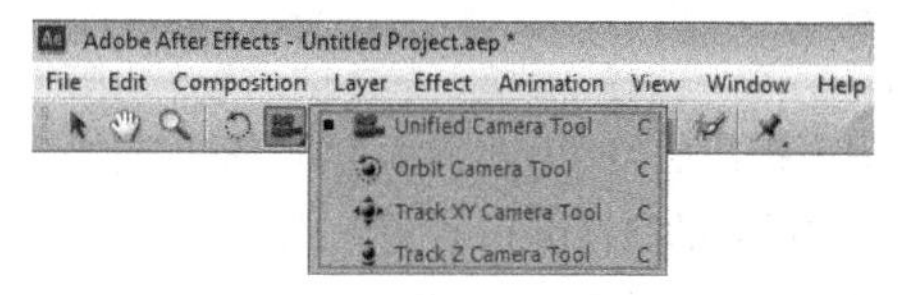

图9-81

技巧与提示

当合成中只有三维图层和三维摄像机时，摄像机移动工具才能起作用。

参数详解

Unified Camera Tool（**统一摄像机工具**）：选择该工具后，使用鼠标左键、中键和右键可以分别对摄像机进行旋转、平移和推拉操作。

Orbit Camera Tool（**摄像机旋转工具**）：选择该工具后，可以以目标点为中心来旋转摄像机。

Track XY Camera Tool（**摄像机XY平移工具**）：选择该工具后，可以在水平或垂直方向上平移摄像机。

Track Z Camera Tool（**摄像机Z平移工具**）：选择该工具后，可以在三维空间的*z*轴上平移摄像机，但是摄像机的视角不会发生改变。

技巧与提示

按C键可以切换摄像机的各种控制方式。

3.自动朝向

在二维图层中，使用图层的Auto-Orientation（自动朝向）功能可以使图层在运动过程中始终保持运动的朝向路径，如图9-82所示。

在三维图层中，使用Auto-Orientation（自动朝向）功能不仅可以使三维图层在运动过程中保持运动的朝向路径，还可以使三维图层在运动过程中始终朝向摄像机。如图9-83所示，即使时间发生变化，但粉色的云层在运动过程中始终朝向摄像机。

图9-82

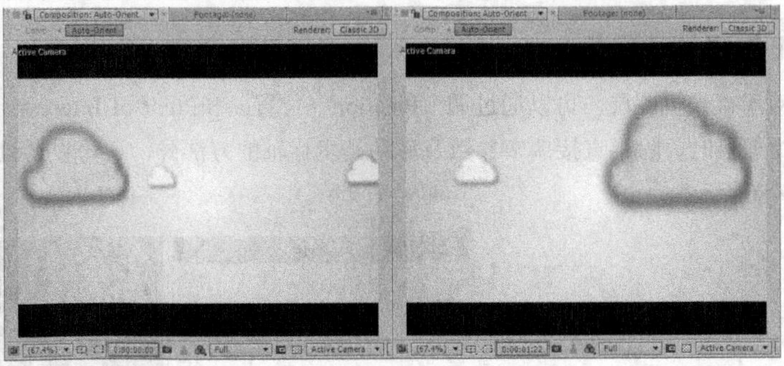

图9-83

下面讲解如何在三维图层中设置自动朝向。选中需要进行自动朝向设置的三维图层，然后执行“Layer（图层）>Transform（变换）>Auto-Orient（自动朝向）”菜单命令或按Ctrl+Alt+O组合键，打开Auto-Orientation（自动朝向）对话框，接着在该对话框中勾选Orient Towards Point of Interest（朝向面对的目标点）选项，就可以使三维图层在运动过程中始终朝向摄像机，如图9-84所示。

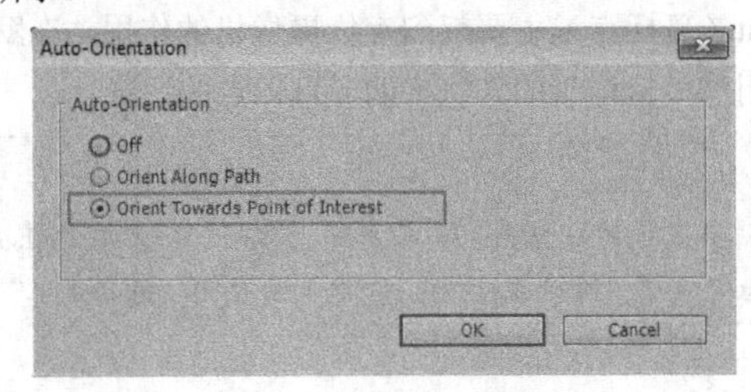

图9-84

参数详解

Off（**关闭**）：不使用自动朝向功能。

Orient Along Path（**朝向路径**）：设置三维图层自动朝向于运动的路径。

Orient Towards Point of Interest（**朝向面对的目标点**）：设置三维图层自动朝向于摄像机或灯光的目标点，如图9-85所示。如果不勾选该选项，摄像机就变成了自由摄像机。

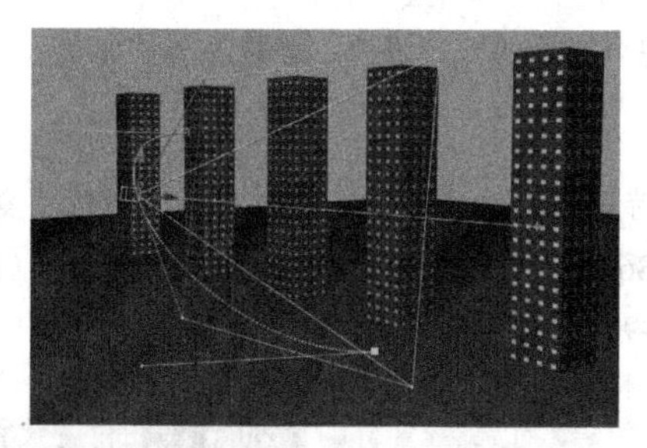

图9-85

9.4.5 镜头运动方式

常规摄像机的运动拍摄方式主要包含推、拉、摇、移等形式，而运动摄像符合人们观察事物的习惯，在表现固定景物较多的内容时运用运动镜头，可以让固定景物变为活动的画面，增强画面的活力和表现力。

1.推镜头

推镜头是指摄像机正面拍摄时通过向前直线移动摄像机或旋转镜头使拍摄的景别从大景别向小景别变化的拍摄手法，在After Effects CS6中有两种方法实现推镜头效果的制作。

第1种：增大摄像机图层Z Position（*z*轴位置）的数值来向前推摄像机，从而使视图中的主体物体变大，如图9-86和图9-87所示。

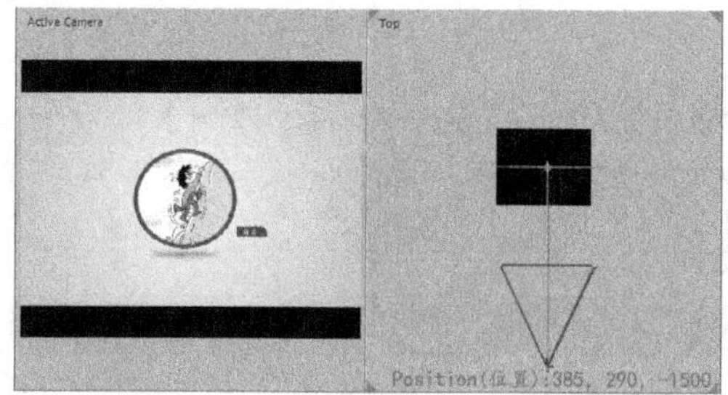

图9-86

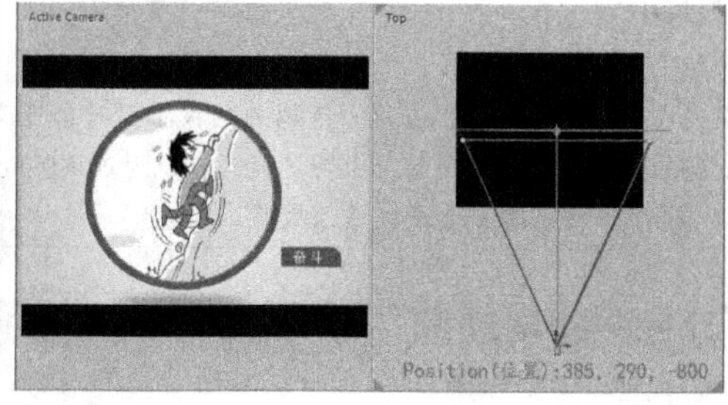

图9-87

技巧与提示

使用改变摄像机位置的方式可以创建出主体进入焦点距离的效果，也可以产生突出主体的效果，通过这种方法来推镜头可以使主体和背景的透视关系不发生改变。

第2种：保持摄像机的位置不变，修改Zoom（缩放）值来实现。在推的过程中让主体和Focus Distance（焦距）的相对位置保持不变，并且可以让镜头在运动过程中保持主体的景深模糊效果不变，如图9-88和图9-89所示。

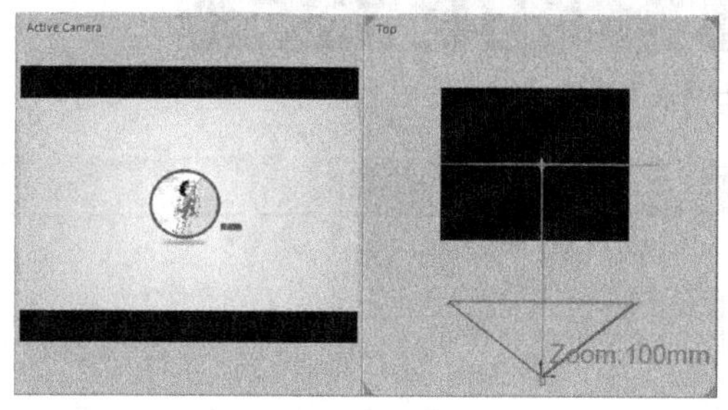

图9-88

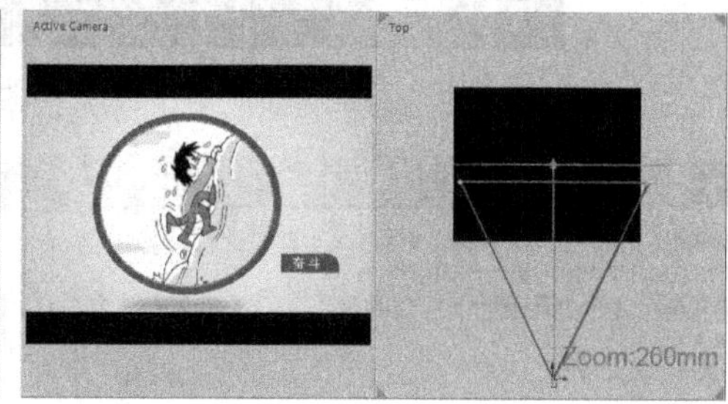

图9-89

技巧与提示

使用这种变焦的方法推镜头有一个缺点，就是在整个推的过程中，画面的透视关系会发生变化。

2.拉镜头

拉镜头是指摄像机正面拍摄时通过向后直线移动摄像机或旋转镜头使拍摄的景别从小景别向大景别变化的拍摄

手法。拉镜头的操作方法与推镜头是完全相反的一套设置，这里不再演示。

3.摇镜头

摇镜头是指摄像机在拍摄时，保持主体物体、摄像机的位置及视角都不变，通过改变镜头拍摄的轴线方向来摇动画面的拍摄手法。在After Effects CS6 中，可以先定位好摄像机的Position（位置）不变，然后改变Point of Interest（目标点）来模拟摇镜头效果，如图9-90和图9-91所示。

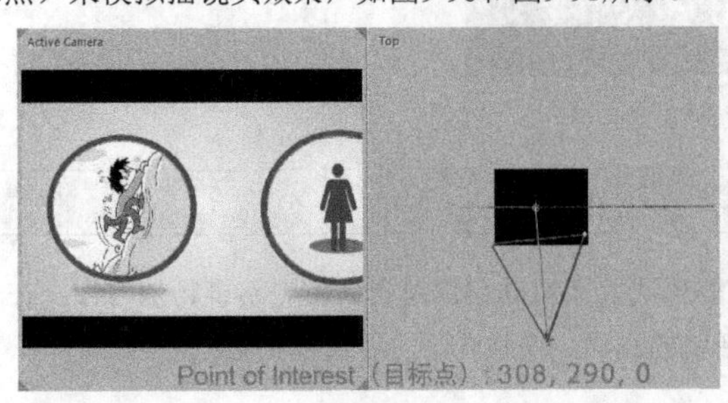

图9-90

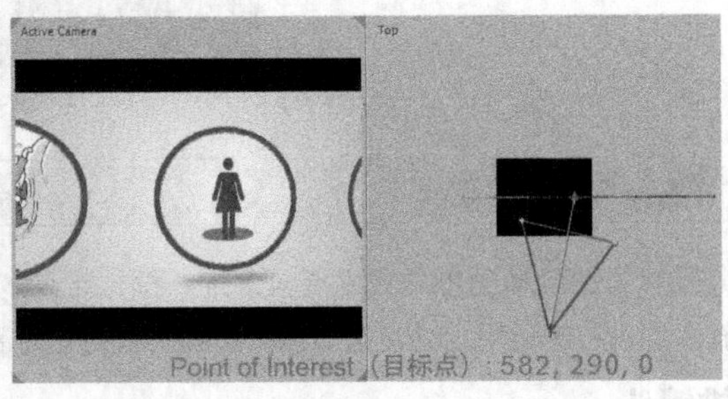

图9-91

4.移镜头

移镜头能够较好地展示环境和人物，常用的拍摄方法有水平方向的横移、垂直方向的升降和沿弧线方向的环移等。在After Effects CS6 中，移镜头可以使用摄像机移动工具来完成，移动起来也比较方便，这里就不再演示。

> **技巧与提示**
>
> 简单介绍一下镜头景深效果。
>
> 景深就是图像的聚焦范围，在这个范围内的被拍摄对象可以清晰地呈现出来，而景深范围之外的对象则会产生模糊效果。启动Enable Depth of Field（使用景深）功能时，可以通过调节Focus Distance（焦距）、Aperture（孔径）、F-Stop（光圈值）和Blur Level（模糊级别）参数来自定义景深效果。

课堂练习——翻书动画

素材位置	实例文件>CH09>课堂案例——翻书动画
实例位置	实例文件>CH09>课堂案例——翻书动画.aep
视频位置	多媒体教学>CH09>课堂案例——翻书动画.flv
难易指数	★★★★☆
练习目标	练习三维技术综合运用

本练习制作的翻书动画将综合运用本章所学的知识，包括三维空间、灯光和摄像机技术，案例效果如图9-92所示。

图9-92

课后习题——文字动画

素材位置	实例文件>CH09>课后习题——文字动画
实例位置	实例文件>CH09>课后习题——文字动画.aep
视频位置	多媒体教学>CH09>课后习题——文字动画.flv
难易指数	★★★★☆
练习目标	练习三维摄影机的运用

本习题使用三维摄影机制作的文字动画效果如图9-93所示。

图9-93

第10章

色彩修正

课堂学习目标

- 了解色彩的基础知识
- 掌握Curves（曲线）滤镜
- 掌握Levels（色阶）滤镜
- 掌握Hue/Saturation（色相/饱和度）滤镜
- 掌握Color Balance（色彩平衡）滤镜
- 掌握Colorama（色彩映射）滤镜
- 掌握Channel Mixer（通道混合器）滤镜

本章导读

在影片的前期拍摄中，拍摄出来的画面由于受到自然环境、拍摄设备及摄影师等客观因素的影响，拍摄画面与真实效果有一定的偏差，这样就需要对画面进行色彩校正的处理，最大限度地还原它的本来面目。有时候，导演会根据片子的情节或氛围、意境提出要求，因此设计师需要对画面进行色彩的艺术化加工处理。

本章对Adobe After Effects CS6中Color Correction（色彩修正）滤镜包下的滤镜进行一一讲解。

10.1 色彩基础知识

在影视制作中，不同的色彩会给我们带来不同的心理感受，舒服的色彩可以营造各种独特的氛围和意境。在拍摄过程中由于受到自然环境、拍摄设备及摄影师等客观因素的影响，拍摄画面与真实效果有一定的偏差，这样就需要对画面进行色彩校正，最大限度地还原色彩的本来面目。有时候，导演会根据片子的情节、氛围或意境提出色彩上的要求，因此设计师需要根据要求对画面色彩进行处理。本章将重点讲解After Effects CS6色彩修正中的三大核心滤镜和内置常用滤镜，并通过具体的案例来讲解常见的色相修正技法。

本节知识要点

名称	作用	重要程度
色彩模式	了解4种常用色彩模式	中
位深度	了解位深度的含义	中

10.1.1 色彩模式

色彩修正是影视制作中非常重要的内容，也是后期合成中必不可少的步骤之一。在学习调色之前，我们需要对色彩的基础知识有一定的了解。

下面将介绍几种常用的色彩模式。

1.HSB色彩模式

HSB是我们在学习色彩知识时认识的第一个色彩模式。在学习色彩的时候，或者在平时的日常生活中，我们能准确地说出红色、绿色，或者某人的衣服太艳、太灰、太亮等，是因为颜色具有色相（Hue）、饱和度（Saturation）和明度（Brightness）这3个基本属性特征。

色相取决于光谱成分的波长，它在拾色器中用度数来表示，0°表示红色，360°也表示红色，其中黑、白、灰属于无彩色，在色相环中找不到其位置，如图10-1和图10-2所示。

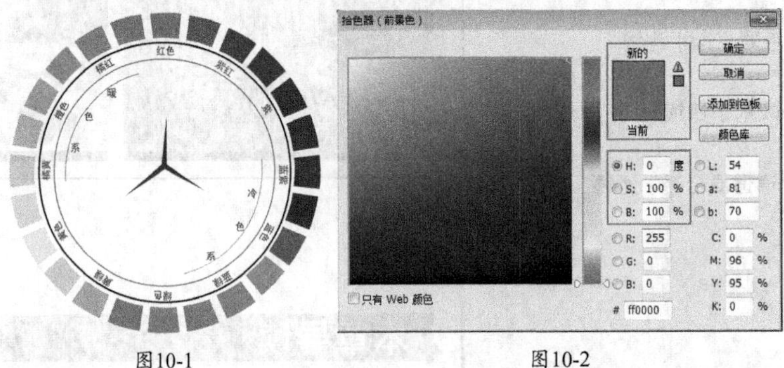

图10-1　　图10-2

当调色的时候，如果说“这个画面偏蓝色一点”，或者说“把这个模特的绿色衣服调整为红颜色”，其实调整的都是画面的色相，图10-3所示的是同一个物体在不同色相下的对比。

饱和度也叫纯度，指的是颜色的鲜艳程度、纯净程度，饱和度越高，颜色越鲜艳，饱和度越低，颜色越偏向灰色。饱和度用百分比来表示，饱和度为0时，画面变为灰色，饱和度越高，画面就会越鲜艳。图10-4所示为同一物体在不同饱和度下的对比效果。

图10-3

图10-4

明度指的是物体颜色的明暗程度，明度用百分比来表示。物体在不同强弱的照明光线下会产生明暗的差别，明度越高，颜色越明亮，明度越低，颜色越暗。图10-5所示的是同一物体在不同明度下的对比。一个物体正是由于有了色相、饱和度和明度，它的色彩才会丰富起来。

图10-5

2.RGB色彩模式

RGB（红、绿、蓝）色彩模式是工业界的一种颜色标准，这个标准几乎包括了人类视力所能感知的所有颜色，同时也是目前运用最广的颜色系统之一。在RGB模式下，计算机会按照每个通道256种（0~255）灰度色阶来表示，它们按照不同的比例混合，在屏幕上重现16 777 216（256 × 256 × 256）种颜色。

在常用的拾色器中，可以通过数据的变化来理解色彩的计算方式。打开拾色器，当RGB数值为（255，0，0）时，表示该颜色是一块纯红色，如图10-6所示。

同样的道理，当RGB数值为（0，255，0）时，表示该颜色是一块纯绿色，如图10-7所示；当RGB数值为（0，0，255）时，表示该颜色是一块纯蓝色，如图10-8所示。

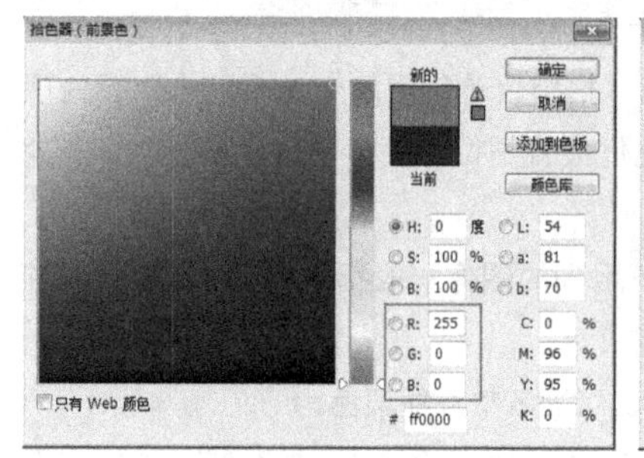

图10-6

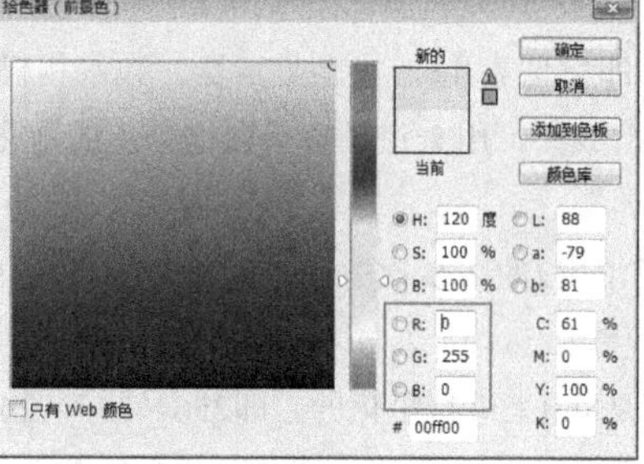

图10-7

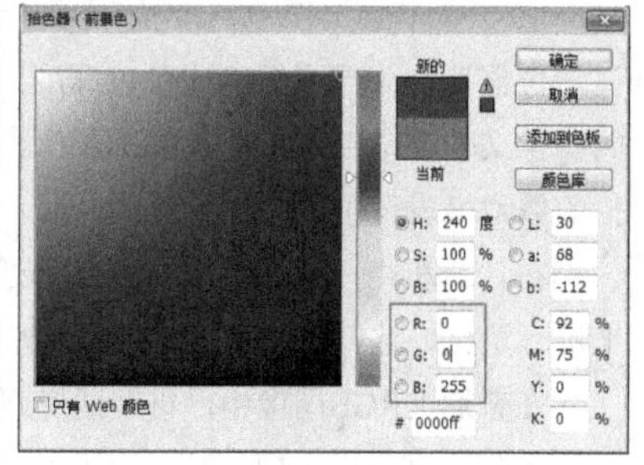

图10-8

当RGB的3种光色混合在一起的时候，3种光色的最大值可以产生白色，而且它们混合的颜色一般比原来的颜色亮度值要高，因此我们称这种模式为加色模式，加色常常用于光照、视频和显示器，如图10-9所示。

当RGB的3个色光数值相等时，得出的是一块纯灰色。数值越小，颜色呈现深灰色；数值越大，灰色程度越偏向白色，呈现出浅灰色，如图10-10和图10-11所示。

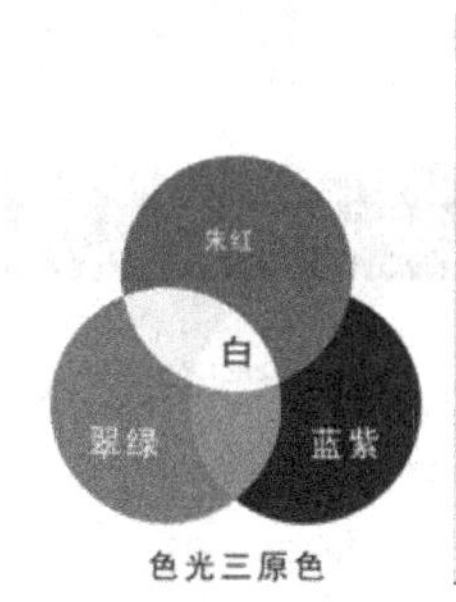

图10-9

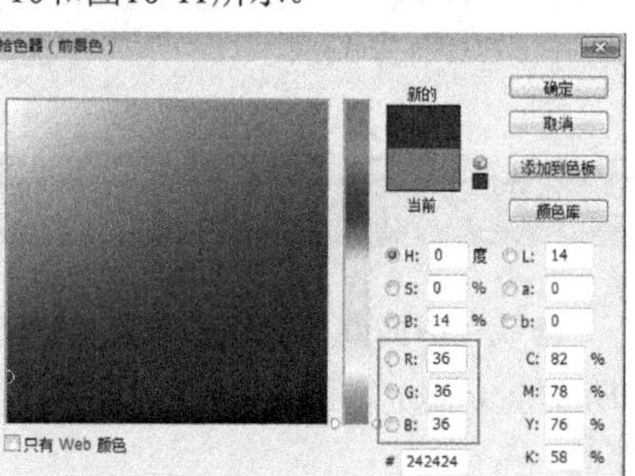

图10-10

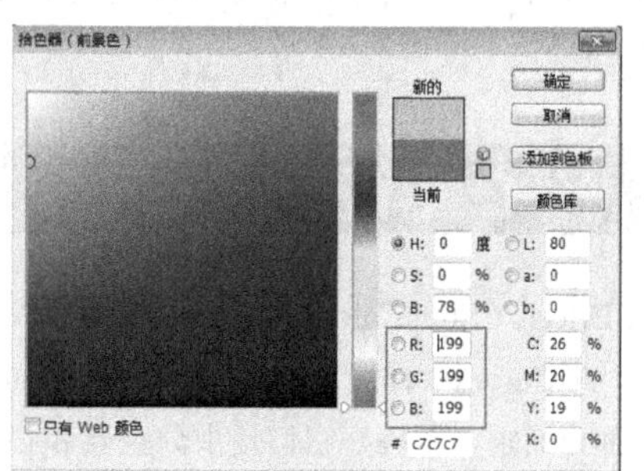

图10-11

3.CMYK色彩模式

CMY（青色、品红色、黄色）是印刷的三原色，通过油墨浓淡的不同配比可以产生出不同的颜色，它是按照0~100%来划分的。

打开拾色器，通过数据的变化来理解色值的计算方式。当CMY数值为（0，0，0）时，得到的是一块白色，如图10-12所示。

如果要印刷一块黑色，那就要求CMY的数值为（100，100，100）。在一张白纸上，青色、品红色、黄色数值都为100的时候，这3种颜色混合到一起后得到的就是一块黑色，但是这块黑色并不是纯黑色，如图10-13所示。

在理论上，通过CMY这3个色值的100%是可以调配出黑色的，但实际的印刷工艺却无法调配出非常纯正的黑色油墨，为了将黑色印刷得更漂亮，于是在印刷中专门生产了一种黑色油墨，英文用Black来表示，简称为K，所以印刷为四色而不是三色。

RGB的3种色光的最大值可以得到白色，而CMY的3种油墨的最大值得到的是黑色，由于青色、品红色和黄色3种油墨按照不同的浓淡百分比来混合的时候，光线的亮度会越来越低，这种色彩模式也被称为减色模式，如图10-14所示。

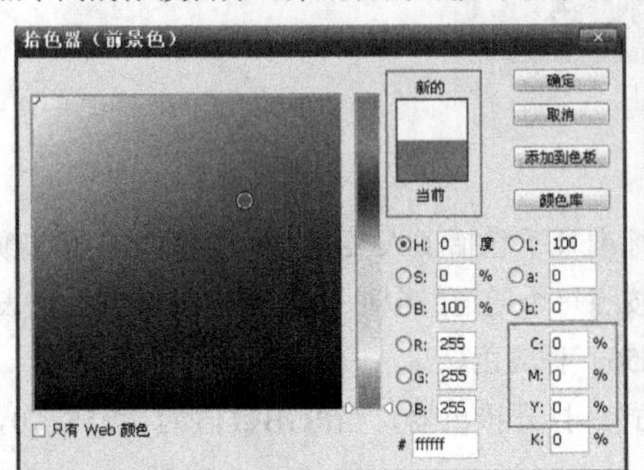

图10-12

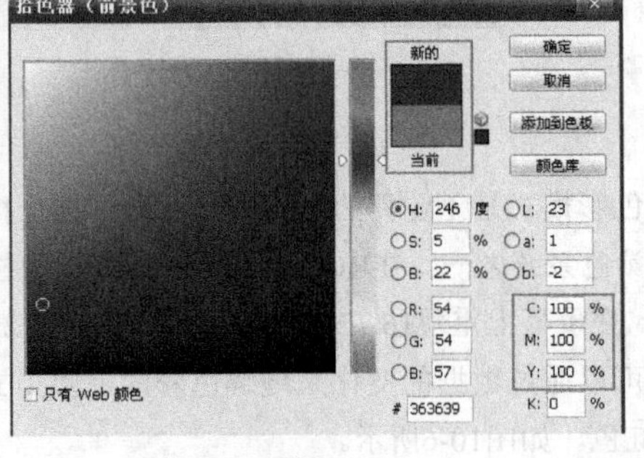

图10-13

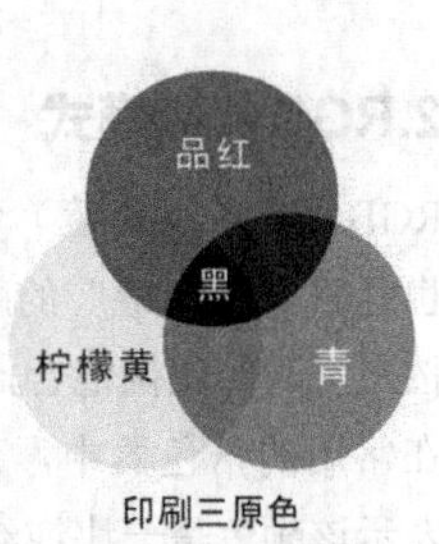

图10-14

10.1.2 位深度

位深度称为像素深度或者色深度，即每像素/位，它是显示器、数码相机、扫描仪等使用的专业术语。一般处理的图像文件都是由RGB或者RGBA通道组成的，用来记录每个通道颜色的量化位数就是位深度，也就是图像中有多少位的像素来表现颜色。

在计算机中，描述一个数据空间通常用2的多少次方来表示，通常情况下用到的图像一般都是8bit，即2的8次方来进行量化，这样每个通道就是256种颜色。

在普通的RGB图像中，每个通道都是8bit来进行量化的，即256×256×256，约1 678万种颜色。

在制作高分辨率项目时，为了表现更加丰富的画面，通常使用16bit高位量化的图像。每个通道的颜色用2的16次方来进行量化，这样每个通道有高达65 000种颜色信息，比8bit图像包含了更多的颜色信息，所以它的色彩会更加平滑，细节也会非常丰富。

技巧与提示

为了保证调色的质量，建议在调色时将项目的位深度设置为32bit，因为32bit的图像称之为HDR（高动态范围）图像，它的文件信息和色调比16bit图像还要丰富很多，当然这主要用于电影级别的项目。

10.2 核心滤镜

After Effects CS6的Color Correction（色彩校正）滤镜包中提供了很多色彩校正滤镜，本节挑选了三大核心滤镜来进行讲解，即Curves（曲线）、Levels（色阶）和Hue/Saturation（色相/饱和度）滤镜。三大核心滤镜覆盖了色彩修正中的绝大部分需求，掌握好它们是十分重要和必要的。

本节知识点

名称	作用	重要程度
Curves（曲线）滤镜	一次性精确地完成图像整体或局部的对比度、色调范围及色彩的调节	高
Levels（色阶）滤镜	通过直方图调整图像的色调范围或色彩平衡等，同时可以扩大图像的动态范围，查看和修正曝光，提高对比度等	高
Hue/Saturation（色相/饱和度）滤镜	调整图像的色调、亮度和饱和度	高

10.2.1 课堂案例——三维立体文字

素材位置	实例文件>CH10>课堂案例——三维立体文字
实例位置	实例文件>CH10>课堂案例——三维立体文字_Final.aep
视频位置	实例文件>CH10>课堂案例——三维立体文字.flv
难易指数	★★★☆☆
学习目标	掌握色彩修正技术综合运用

本例主要讲解如何运用后期制作方法去模拟文字的三维立体效果，对于那些要求不是很高、制作周期短的项目，该制作思路具有较高的参考价值，案例的前后对比效果如图10-15所示。

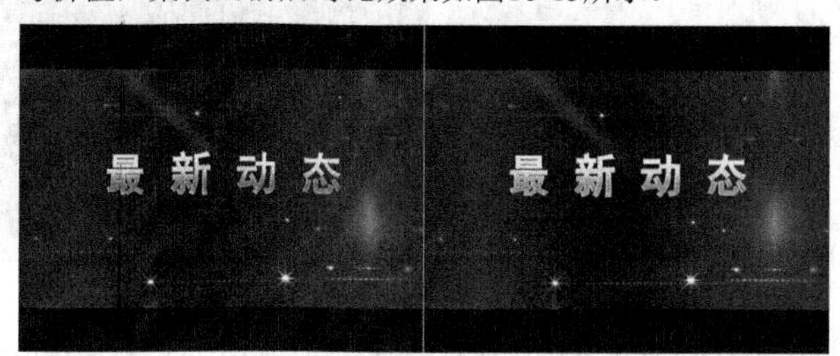

图10-15

01 使用After Effects CS6打开“课堂案例——三维立体文字.aep”素材文件，如图10-16所示。

02 选择“最新动态”图层，然后执行“Effect（特效）>Generate（生成）>Ramp（渐变）”菜单命令，为其添加Ramp（渐变）滤镜，接着设置Start of Ramp（渐变的开始点）为（360，210）、Start Color（开始点的颜色）为（R:27，G:27，B:27）、End of Ramp（渐变的结束点）为（360，315）、End Color（结束点的颜色）为（R:168，G:168，B:168），如图10-17所示，效果如图10-18所示。

图10-16

Ramp | Reset | About...
Start of Ramp | 360.0,210.0
Start Color
End of Ramp | 360.0,315.0
End Color
Ramp Shape | Linear Ramp
Ramp Scatter | 0.0
Blend With Original | 0.0%

图10-17

图10-18

03 继续选择“最新动态”图层，然后执行“Effect（特效）>Perspective（透视）>Drop Shadow（投影）”菜单命令，为其添加Drop Shadow（投影）滤镜，接着设置Opacity（不透明度）值为100%、Direction（方向）值为0×+245°、Distance（距离）值为2，如图10-19所示。

04 继续选择“最新动态”图层，然后执行“Effect（特效）>Perspective（透视）>Bevel Alpha（倒角Alpha）”菜单命令，为其添加Bevel Alpha（倒角Alpha）滤镜，接着设置Edge Thickness（边缘厚度）值为1、Light Angle（灯光角度）为0×-120°、Light Intensity（灯光强度）值为0.5，如图10-20所示。

05 继续选择“最新动态”图层，然后执行“Effect（特效）>Color Correction（色彩校正）>Curves（曲线）”菜单命令，为其添加Curves（曲线）滤镜，分别调整RGB（三原色）通道的曲线，如图10-21和图10-22所示。

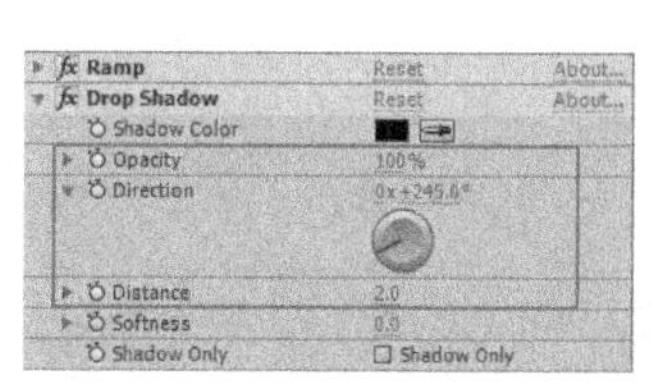

图10-19

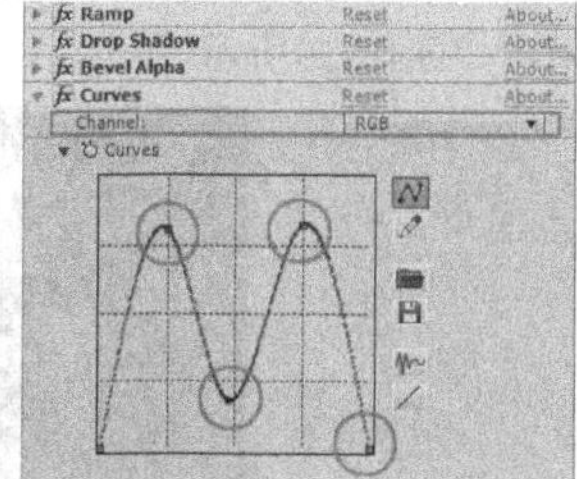

图10-20

图10-21

图10-22

06 继续选择“最新动态”图层，然后执行“Effect（特效）>Color Correction（色彩校正）>Hue/Saturation（色相/饱和度）”菜单命令，为其添加Hue/Saturation（色相/饱和度）滤镜。勾选Colorize（彩色化）选项，设置Colorize Hue

（彩色化色调）为（0×+55°）、Colorize Saturation（色彩化饱和度）为100、Colorize Lightness（彩色化亮度）为10，如图10-23所示，效果如图10-24所示。

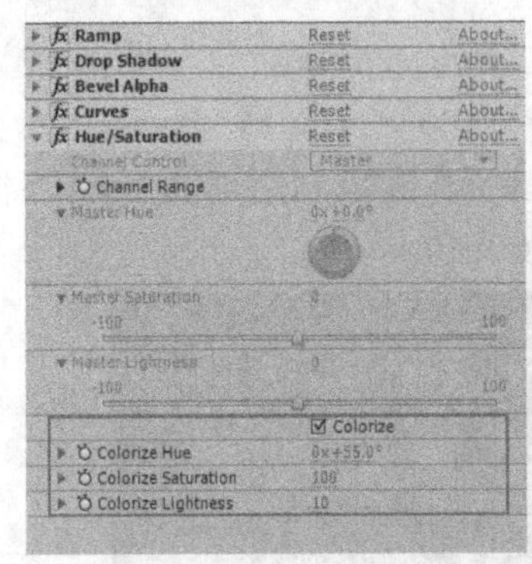

图10-23

图10-24

07 选择“最新动态”图层，按Ctrl+D组合键复制图层，然后修改复制生成的新图层的叠加模式为Screen（屏幕），如图10-25所示，效果如10-26所示。

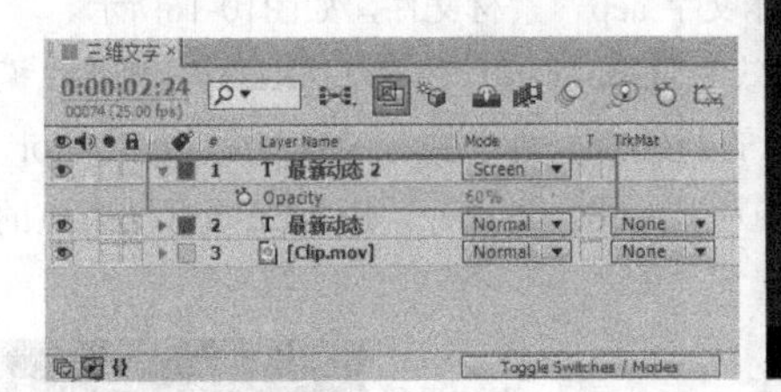

图10-25

图10-26

08 选择两个文字图层，按Ctrl+Shift+C组合键合并图层，将合并后的图层命名为Text，如图10-27所示。

09 如果想得到灰色金属质感的文字，选择Text图层，然后执行“Effect（特效）>Color Correction（色彩校正）>CC Toner（CC调色剂）”菜单命令，为其添加CC Toner（CC调色剂）滤镜，接着设置Tones（色调）选项为Duotone（双色调），如图10-28所示。

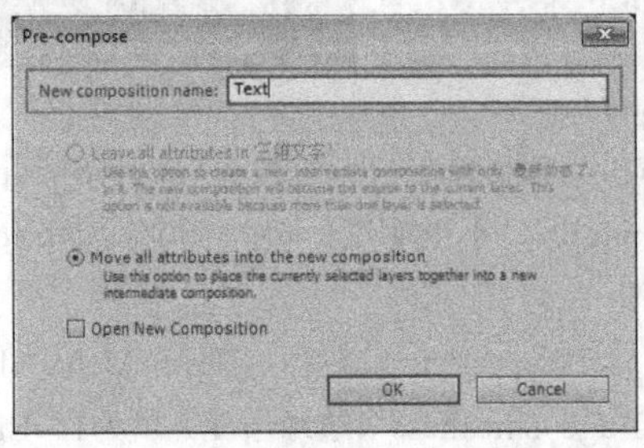

图10-27

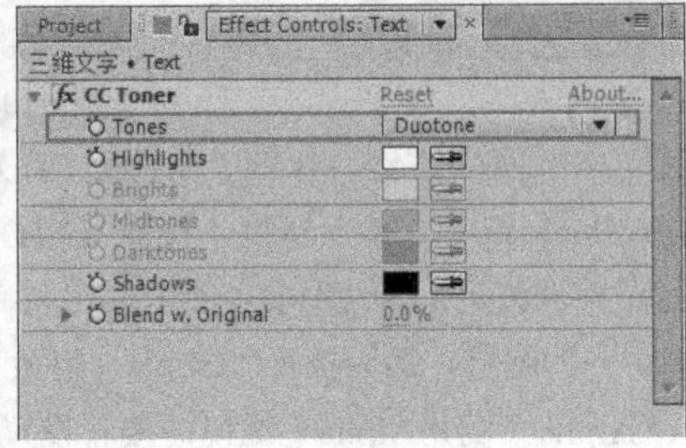

图10-28

技巧与提示

CC Toner（CC调色剂）滤镜可以对画面的暗部、中间调和高光色调进行重新自定义。

10 预览完成后的画面效果，如图10-29所示。

图10-29

10.2.2 Curves（曲线）滤镜

使用Curves（曲线）滤镜可以在一次操作中就精确地完成图像整体或局部的对比度、色调范围及色彩的调节。

使用Curves（曲线）滤镜进行色彩校正的处理，可以获得更多的自由度，甚至可以让那些很糟糕的镜头重新焕发光彩。

如果想让整个画面明朗一些，细节表现得更加丰富，暗调反差也拉开，Curves（曲线）滤镜是不二的选择。

执行“Effect（特效）>Color Correction（色彩修正）>Curves（曲线）”菜单命令，在Effect Controls（滤镜控制）面板中展开Curves（曲线）滤镜的参数，如图10-30所示。

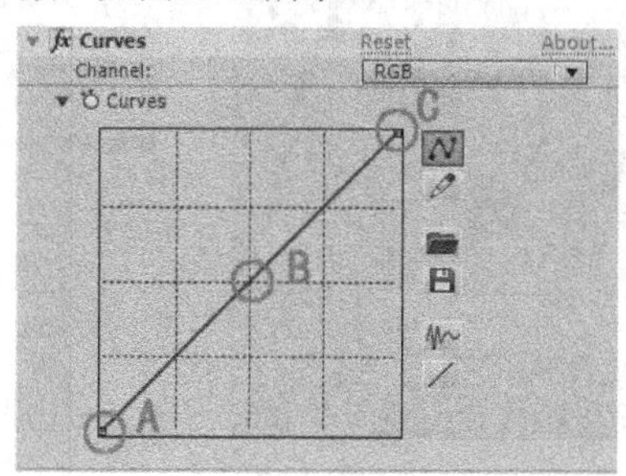

图10-30

曲线左下角的端点A代表暗调（黑场），中间的过渡B代表中间调（灰场），右上角的端点C代表高光（白场）。图形的水平轴表示输入色阶，垂直轴表示输出色阶。曲线初始状态的色调范围显示为45°的对角基线，因为输入色阶和输出色阶是完全相同的。

曲线往上移动就是加亮，往下移动就是减暗，加亮的极限是255，减暗的极限是0。Curves（曲线）滤镜与Photoshop中的曲线命令功能极其相似。

参数详解

Channel（**通道**）：选择需要调整的色彩通道，包括RGB通道、Red（红色）通道、Green（绿色）通道、Blue（蓝色）通道和Alpha通道。

Curves（**曲线**）：通过调整曲线的坐标或绘制曲线来调整图像的色调。

（**曲线工具**）：使用该工具可以在曲线上添加节点，并且可以移动添加的节点。如果要删除节点，只需要将选择的节点拖曳出曲线图之外即可。

（**铅笔工具**）：使用该工具可以在坐标图上任意绘制曲线。

（**保存曲线**）：将当前色调曲线存储起来，以便于以后重复利用。保存好的曲线文件可以应用在Photoshop中。

（**打开曲线**）：打开保存好的曲线，也可以打开Photoshop中的曲线文件。

（**平滑曲线**）：使用该工具可以将曲折的曲线变得更加平滑。

（**重置曲线**）：将曲线恢复到默认的直线状态。

10.2.3 Levels（色阶）滤镜

1.关于直方图

直方图就是用图像的方式来展示视频的影调构成。一张8bit通道的灰度图像可以显示256个灰度级，因此灰度级可以用来表示画面的亮度层次。

对于彩色图像，可以将彩色图像的R、G、B通道分别用8bit的黑白影调层次来表示，而这3个颜色通道共同构成了亮度通道；对于带有Alpha通道的图像，可以用4个通道来表示图像的信息，也就是通常所说的RGB+Alpha通道。

在图10-31中，直方图表示了在黑与白的256个灰度级别中，每个灰度级别在视频中有多少个像素。从图中可以直观地发现整个画面比较偏暗，所以在直方图中可以观察到直方图的绝大部分像素都集中在0~128个级别中，其中0表示纯黑，255表示纯白。

通过直方图可以很容易地观察出视频画面的影调分布，如果一张照片中具有大面积的偏暗色，那么它的直方图的左边肯定分布了很多峰状的波形，如图10-32所示。

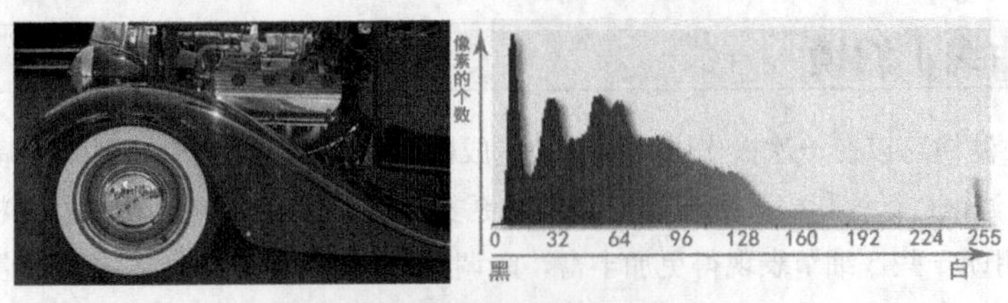

图10-31

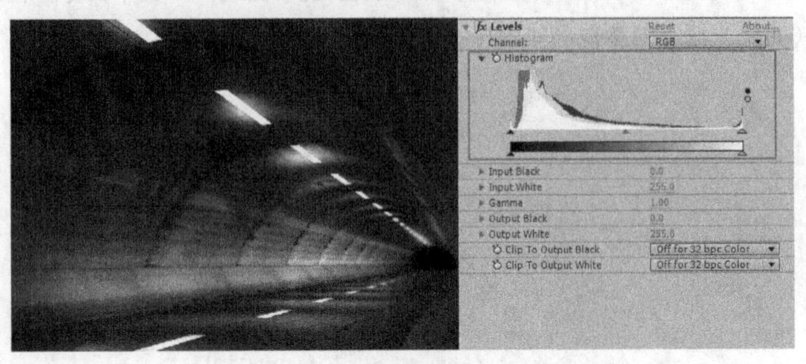

图10-32

如果一张照片中具有大面积的偏亮色，那么它的直方图的右边肯定分布了很多峰状波形，如图10-33所示。

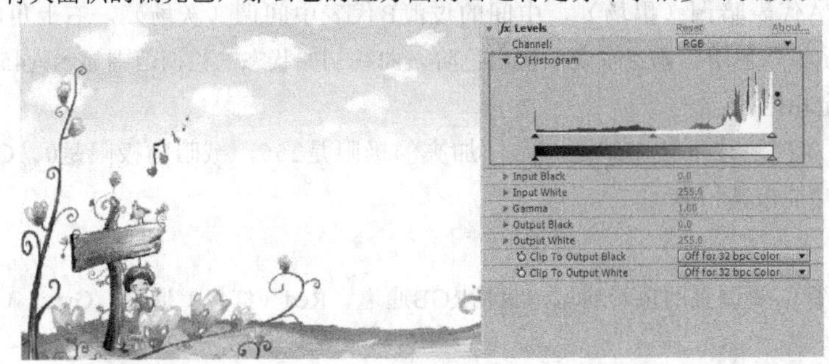

图10-33

直方图除了可以显示图片的影调分布外，最为重要的一点是直方图还显示了画面上阴影和高光的位置。当使用Levels（色阶）滤镜调整画面影调时，直方图可以寻找高光和阴影来提供视觉上的线索。

除此之外，通过直方图还可以很方便地辨别出视频的画质。如果在直方图上发现直方图的顶部被平切了，这就表示视频的一部分高光或阴影由于某种原因已经发生了损失现象。如果在直方图上发现中间出现了缺口，那么就表示对这张图片进行了多次操作，并且画质受到了严重损失。

2.Levels（色阶）滤镜

Levels（色阶）滤镜，用直方图描述出的整张图片的明暗信息。通过调整图像的阴影、中间调和高光的关系来调整图像的色调范围或色彩平衡等。

此外，使用Levels（色阶）滤镜可以扩大图像的动态范围（动态范围是指相机能记录的图像的亮度范围），查看和修正曝光，提高对比度等。

执行“Effect（特效）>Color Correction（色彩修正）>Levels（色阶）”菜单命令，在Effect Controls（滤镜控制）面板中展开Levels（色阶）滤镜的参数，如图10-34所示。

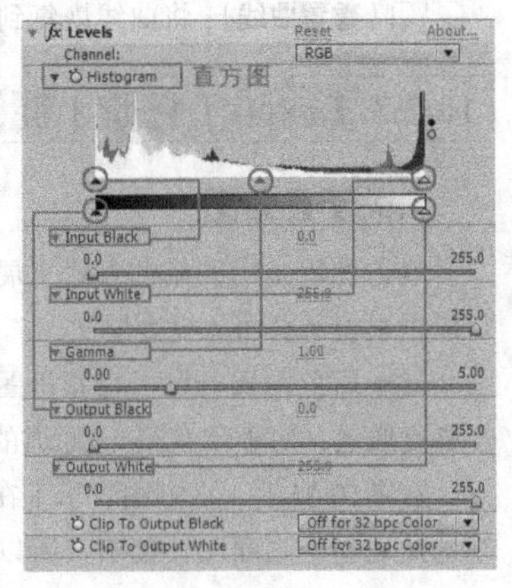

图10-34

参数详解

Channel（通道）：设置滤镜要应用的通道。可以选择RGB、Red（红色）通道、Green（绿色）通道、Blue（蓝色）通道和Alpha通道进行单独色阶调整。

Histogram（直方图）：通过直方图可以观察到各个影调的像素在图像中的分布情况。

Input Black（黑色输入）：控制输入图像中的黑色阈值。

Input White（**白色输入**）：控制输入图像中的白色阈值。

Gamma（**伽马**）：调节图像影调的阴影和高光的相对值。

Output Black（**黑色输出**）：控制输出图像中的黑色阈值。

Output White（**白色输出**）：控制输出图像中的白色阈值。

技巧与提示

如果不对Input Black（黑色输出）和Input White（白色输出）进行调整，只单独调整Gamma（伽马）数值，当Gamma（伽马）滑块向右移动时，图像的暗调区域将逐渐增大，而高亮区域将逐渐减小，如图10-35所示。

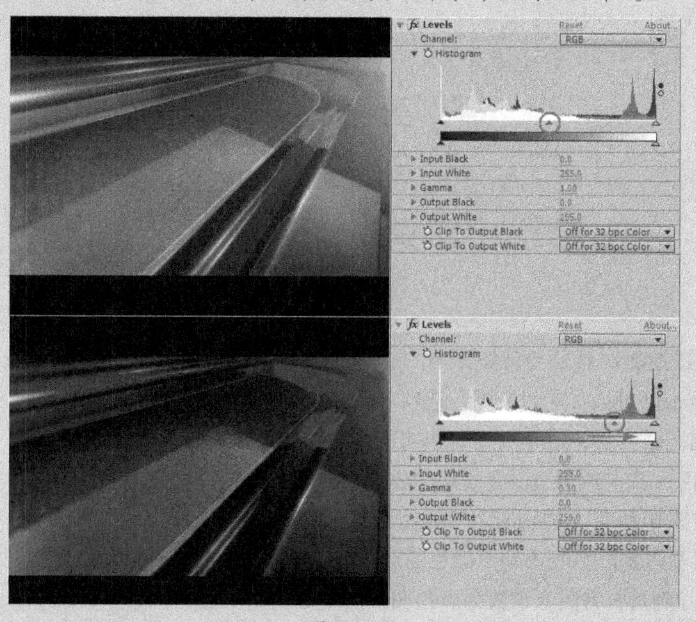

图10-35

当Gamma（伽马）滑块向左移动时，图像的高亮区域将逐渐增大，而暗调区域将逐渐减小，如图10-36所示。

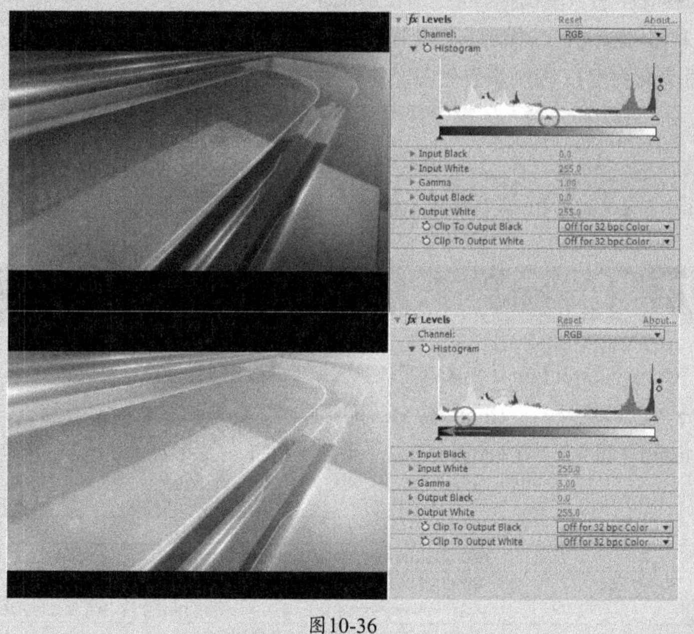

图10-36

10.2.4 Hue/Saturation（色相/饱和度）滤镜

Hue/Saturation（色相/饱和度）滤镜基于HSB颜色模式，因此使用Hue/Saturation（色相/饱和度）滤镜可以调整图像的色调、亮度和饱和度。具体来说，使用色相/饱和度滤镜可以调整图像中单个颜色成分的色相、饱和度和亮度，是一个功能非常强大的图像颜色调整工具。它改变的不仅是色相和饱和度，还可以改变图像的亮度。

执行“Effect（特效）>Color Correction（色彩修正）>Hue/Saturation（色相/饱和度）”菜单命令，在Effect Controls（滤镜控制）面板中展开Hue/Saturation（色相/饱和度）滤镜的参数，如图10-37所示。

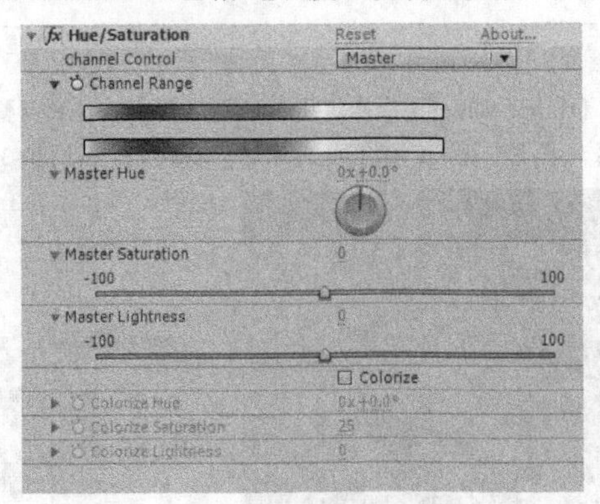

图10-37

参数详解

Channel Control（**通道控制**）：控制受滤镜影响的通道，默认设置为Master（主要），表示影响所有的通道；如果选择其他通道，通过Channel Range（通道范围）选项可以查看通道受滤镜影响的范围。

Channel Range（**通道范围**）：显示通道受滤镜影响的范围。

Master Hue（**主要色相**）：控制所调节颜色通道的色调。

Master Saturation（**主要饱和度**）：控制所调节颜色通道的饱和度。

Master Lightness（**主要亮度**）：控制所调节颜色通道的亮度。

Colorize（**彩色化**）：控制是否将图像设置为彩色图像。勾选该选项之后，将激活Colorize Hue、Colorize Saturation和Colorize Lightness属性。

Colorize Hue（**彩色化色相**）：将灰度图像转换为彩色图像。

Colorize Saturation（**彩色化饱和度**）：控制彩色化图像的饱和度。

Colorize Lightness（**彩色化亮度**）：控制彩色化图像的亮度。

技巧与提示

在Master Saturation（主要饱和度）属性中，数值越大，饱和度越高，反之饱和度越低，其数值的范围在-100~100。

在Master Lightness（主要亮度）属性中，数值越大，亮度越高，反之越低，数值的范围在-100~100。

10.3 其他常用滤镜

在本节，我们挑选了Color Correction（色彩校正）滤镜包中最常见的滤镜来进行讲解，主要包括Color Balance（色彩平衡）、Colorama（色彩映射）、Channel Mixer（通道混合器）、Tint（染色）、Tritone（三色）、Photo Filter（照片过滤）、Exposure（曝光）、Change Color（换色）和Change to Color（将颜色换为）等滤镜。

本节知识点

名称	作用	重要程度
Color Balance（色彩平衡）滤镜	精细调整图像的高光、暗部和中间色调	高
Color Balance（HLS）（色彩平衡（HLS））滤镜	调整图像的色彩平衡效果	中
Colorama（色彩映射）滤镜	将选择的颜色映射到素材上，还可以选择素材进行置换，甚至通过黑白映射来抠像	中
Channel Mixer（通道混合器）滤镜	通过混合当前通道来改变画面的颜色通道	高
Tint（染色）滤镜	将画面中的暗部及亮部替换成自定义的颜色	中
Tritone（三色）滤镜	将画面中的阴影、中间调和高光进行颜色映射，从而更换画面的色调	中
Exposure（曝光）滤镜	修复画面的曝光度	中
Photo Filter（照片过滤）滤镜	校正颜色或补偿光线	中
Change Color（换色）/ Change to Color（将颜色换为）滤镜	改变某个色彩范围内的色调，以达到置换颜色的目的	中

10.3.1 课堂案例——电影风格的校色

素材位置	实例文件>CH10>课堂案例——电影风格的校色
实例位置	实例文件>CH10>课堂案例——电影风格的校色_Final.aep
视频位置	实例文件>CH10>课堂案例——电影风格的校色.flv
难易指数	★★★☆☆
学习目标	掌握色彩修正技术综合运用

在本案例，我们综合应用了Tint（染色）、Cuvres（曲线）和Color Balance（色彩平衡）等多个滤镜，通过学习，读者可以掌握电影风格的校色方法，案例效果如图10-38所示。

图10-38

01 使用After Effects CS6打开“课堂案例——电影风格的校色.aep”素材文件，如图10-39所示。

02 选择jt01.mov图层，然后执行“Effect（特效）>Color Correction（色彩校正）>Tint（染色）”菜单命令，为其添加Tint（染色）滤镜，接着设置Amount to Tint（染色强度）值为45%，如图10-40所示。

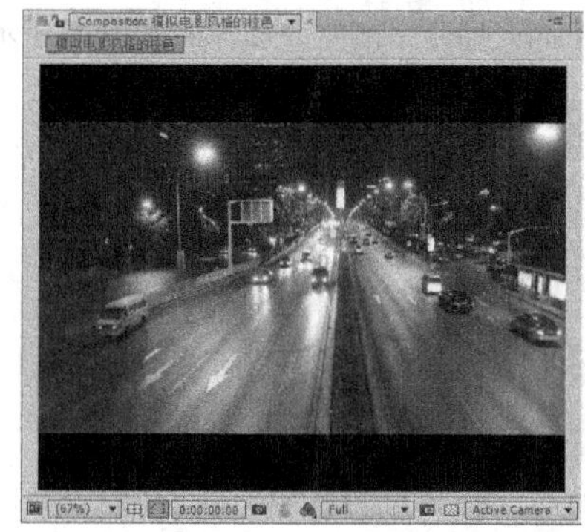

图10-39

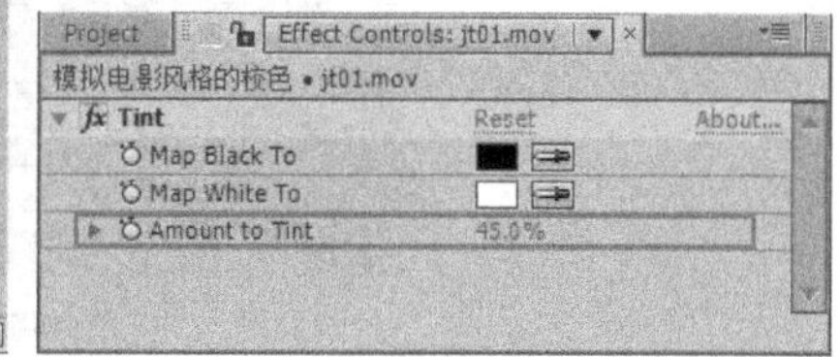

图10-40

技巧与提示

这里先添加Tint（染色）滤镜，可以把更多的画面颜色信息控制在中间调部分（灰度信息部分），方便后续的色调调整。

03 继续选择jt01.mov图层，然后执行“Effect（特效）>Color Correction（色彩校正）>Curves（曲线）”菜单命令，为其添加Curves（曲线）滤镜，分别调整RGB、Red（红色）、Green（绿色）和Blue（蓝色）通道的曲线，如图10-41、图10-42、图10-43和图10-44所示。

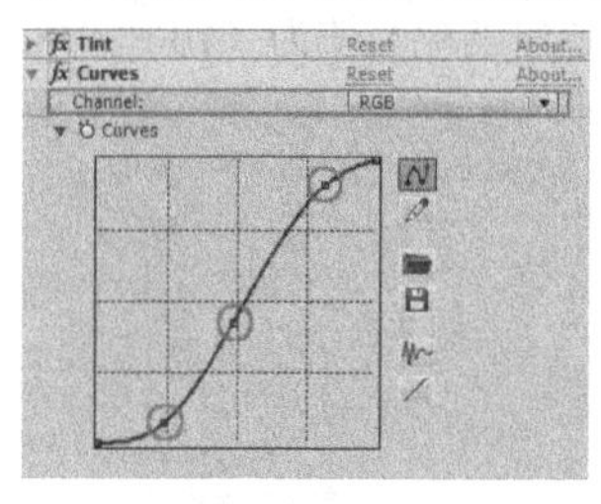

图10-41

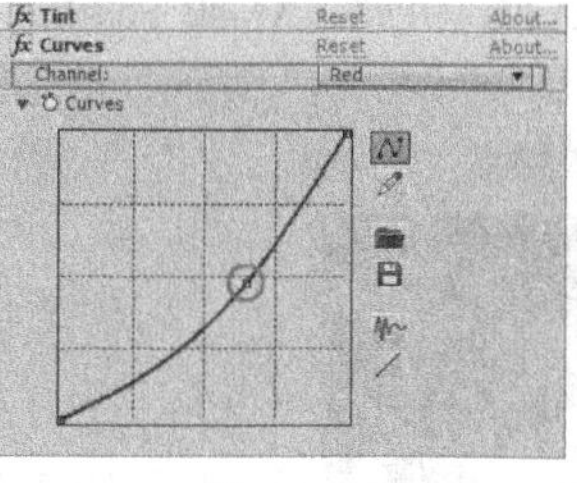

图10-42

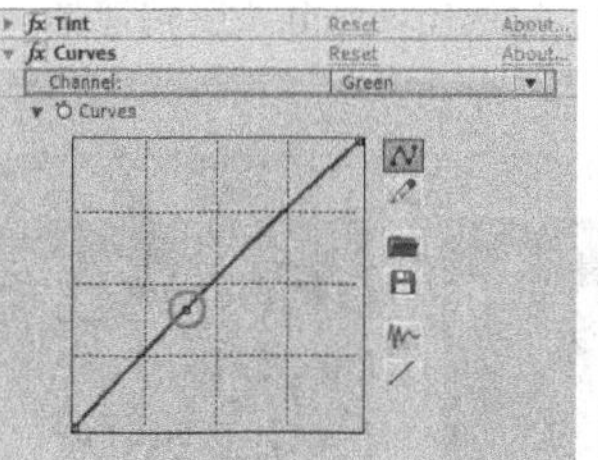

图10-43

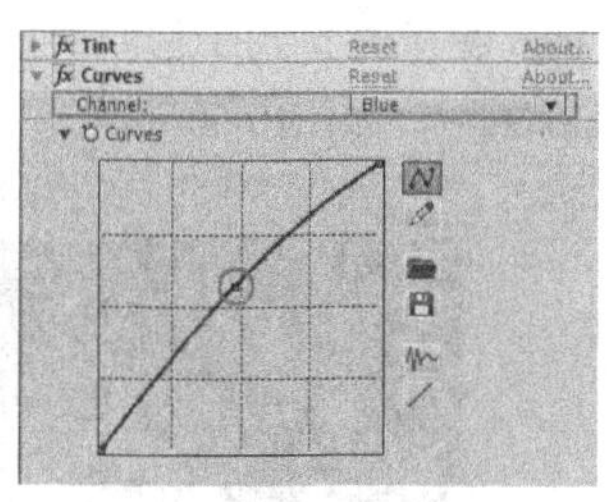

图10-44

技巧与提示

这里添加Curves（曲线）滤镜并调整各个颜色通道的曲线的目的是将画面的暖色调尽可能地往冷色调上靠。

04 预览画面效果，如图10-45所示。

05 继续选择jt01.mov图层，然后执行“Effect（特效）>Color Correction（色彩校正）>Tint（染色）”菜单命令，为其添加Tint（染色）滤镜，设置Amount to Tint（染色强度）值为50%，如图10-46所示。

图10-45

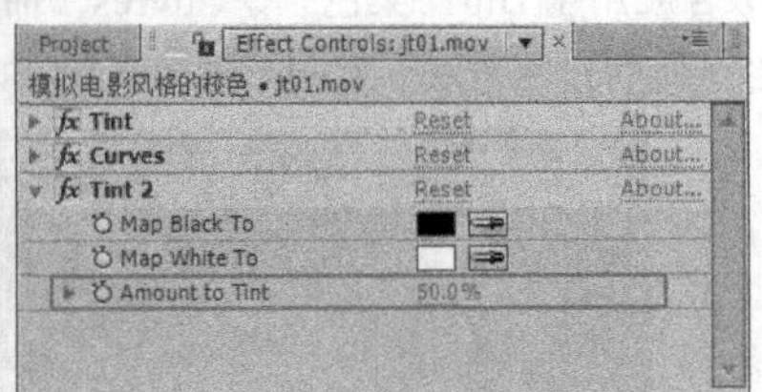

图10-46

技巧与提示

这里还要再添加Tint（染色）滤镜，是为了尽可能地把画面中的一些杂色调整成灰白色，方便后续的最终冷色调的调整。

06 继续选择jt01.mov图层，然后执行“Effect（特效）>Color Correction（色彩校正）>Color Balance（色彩平衡）”菜单命令，为其添加Color Balance（色彩平衡）滤镜，接着设置 Shadow Red Balance（红色暗部平衡）为15、Shadow Green Balance（绿色暗部平衡）为7、Shadow Bule Balance（蓝色暗部平衡）为25、Midtone Red Balance（红色中间调平衡）为2、Midtone Green Balance（绿色中间调平衡）为25、Midtone Blue Balance（蓝色中间调平衡）为-3、Hilight Green Balance（绿色高光部分平衡）为5、Hilight Blue Balance（蓝色高光部分平衡）为15，如图10-47所示。

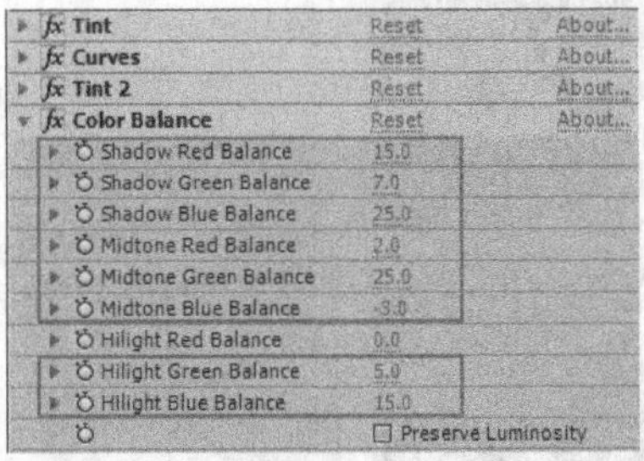

图10-47

技巧与提示

这里添加Color Balance（色彩平衡）滤镜的目的是使用Color Balance（色彩平衡）滤镜来调整画面在中间色、阴影和高光之间的比重，以便更好表现画面的调子。

07 预览画面效果，如图10-48所示。

08 执行“Layer（图层）>New（新建）>Adjustment Layer（调节层）”菜单命令，创建一个调节层，然后将其命名为“视觉中心”，接着使用“钢笔工具”绘制出一个Mask（遮罩），如图10-49所示。

09 展开调节层的遮罩属性，勾选Inverted（反转遮罩）选项，并修改Mask Feather（遮罩羽化）值为（100，100 pixels），如图10-50所示。

图10-48

图10-49

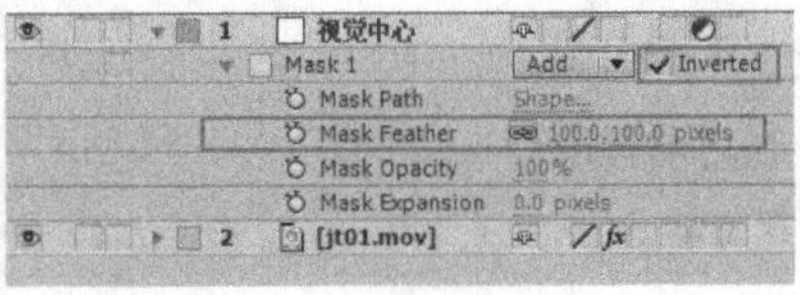

图10-50

10 选择调节层，然后执行“Effect（特效）>Blur & Sharpen（模糊与锐化）>Lens Blur（镜头模糊）”菜单命令，为其添加Lens Blur（镜头模糊）滤镜，接着设置Blur Focal Distance（模糊焦距）为50、Iris Blade Curvature（光圈曲率）为10，最后勾选Repeat Edge Pixels（重复边缘像素）选项，如图10-51所示。

11 设置完Lens Blur（镜头模糊）滤镜后，源图像的黑色遮幅与画面的部分内容都受到了影响，如图10-52所示。

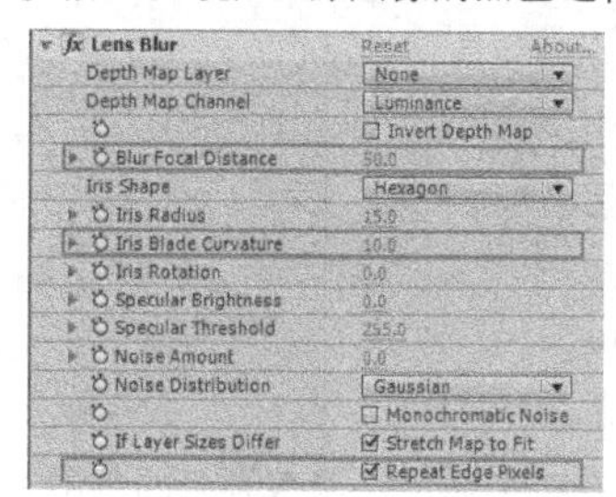

图10-51

图10-52

12 按Ctrl+Y组合键创建一个黑色固态层，并设置其Width（宽）为720 px、Height（高）为576 px、Color（颜色）为黑色，将其命名为“遮幅”，如图10-53所示。

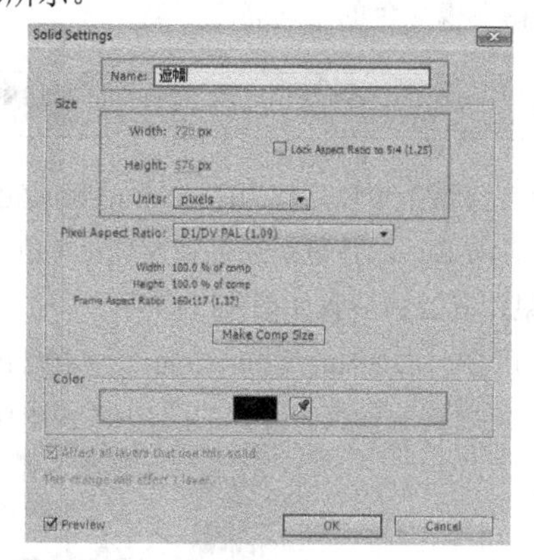

图10-53

13 选择“遮幅”图层，在Tools（工具）面板中双击Rectangle Tool（矩形工具），系统会根据该图层的大小自动匹配创建一个遮罩。调节遮罩的大小后，在Timeline（时间线）面板中勾选遮罩的Inverted（反选）属性，如图10-54和图10-55所示。

14 按小键盘上的数字键0键，预览最终效果，如图10-56所示。至此，整个案例制作完毕。

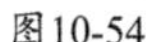

图10-54

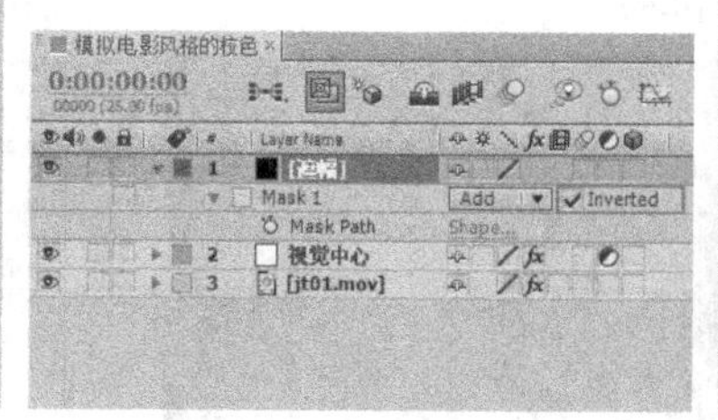

图10-55

图10-56

10.3.2 Color Balance（色彩平衡）滤镜

Color Balance（色彩平衡）滤镜主要依靠控制红、绿、蓝在中间色、阴影和高光之间的比重来控制图像的色彩，非常适合于精细调整图像的高光、暗部和中间色调，如图10-57所示。

图10-57

执行“Effect（特效）>Color Correction（色彩修正）>Color Balance（色彩平衡）”菜单命令，在Effect Controls（滤镜控制）面板中展开Color Balance（色彩平衡）滤镜的参数，如图10-58所示。

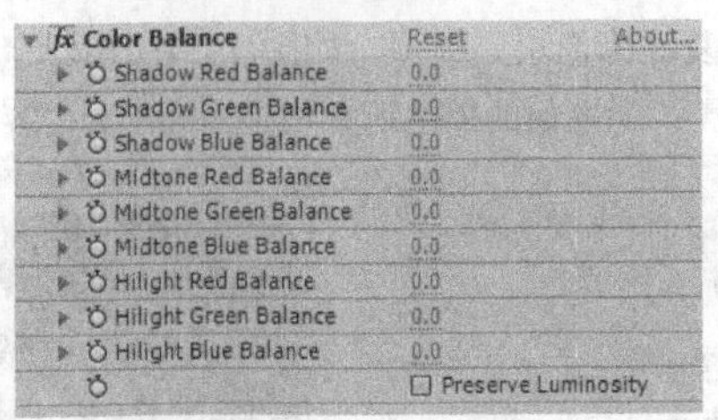

图10-58

参数详解

Shadow Red/Green/Blue Balance（**阴影红/绿/蓝平衡**）：在暗部通道中调整颜色的范围。

Midtone Red/Green/Blue Balance（**中间调红/绿/蓝平衡**）：在中间调通道中调整颜色的范围。

Highlight Red/Green/Blue Balance（**高光红/绿/蓝平衡**）：在高光通道中调整颜色的范围。

Preserve Luminosity（**保持亮度**）：保留图像颜色的平均亮度。

10.3.3 Color Balance（HLS）（色彩平衡（HLS））滤镜

Color Balance（HLS）（色彩平衡（HLS））滤镜可以理解为Hue/Saturation（色相/饱和度）滤镜的一个简化版本。

Color Balance（HLS）（色彩平衡（HLS））滤镜是通过调整Hue（色相）、Saturation（饱和度）和Lightness（亮度）参数来调整图像的色彩平衡效果，其滤镜参数如图10-59所示。

图10-60所示为某景区的一个镜头，在分别添加Hue/Saturation（色相/饱和度）滤镜和Color Balance（HLS）滤镜后，Hue（色相）和Saturation（饱和度）使用统一参数，得到的图10-61和图10-62所示效果是完全一致的。

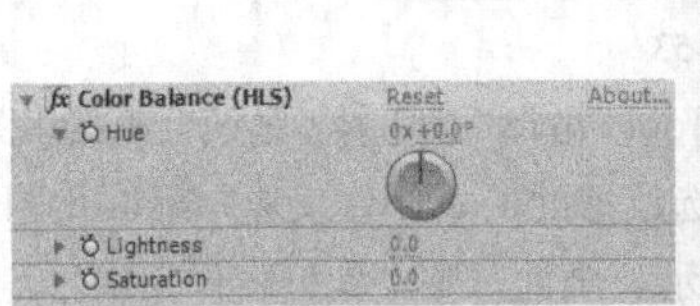

图10-59

图10-60

图10-61

图10-62

10.3.4 Colorama（色彩映射）滤镜

Colorama（色彩映射）滤镜与Photoshop软件里的渐变映射原理基本一样，可以根据画面不同的灰度将选择的颜色映射到素材上，还可以选择素材进行置换，甚至通过黑白映射来抠像，如图10-63所示。

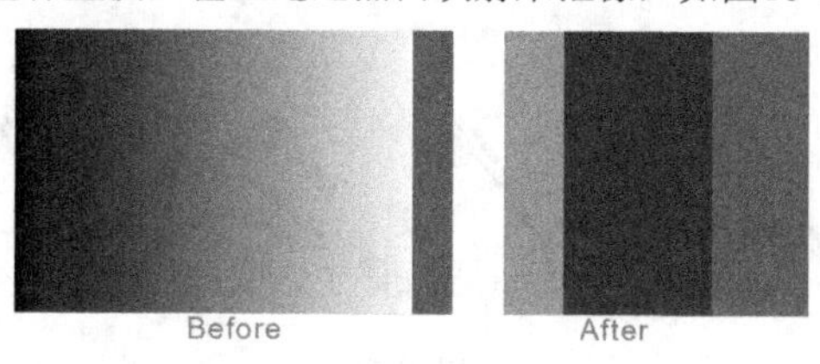

图10-63

执行“Effect（特效）>Color Correction（色彩修正）>Colorama（色彩映射）”菜单命令，在Effect Controls（滤镜控制）面板中展开Colorama（色彩映射）滤镜的参数，如图10-64所示。

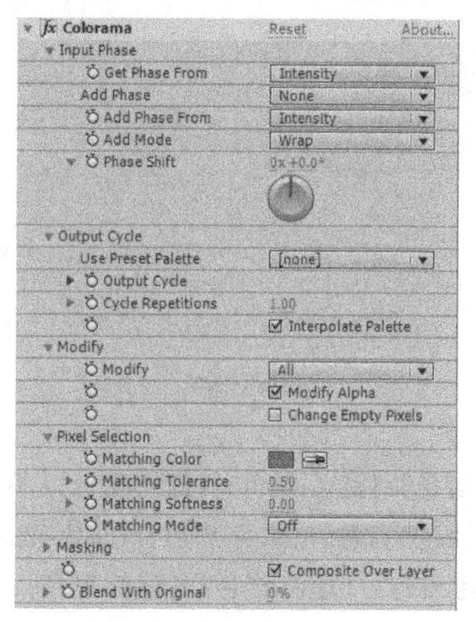

图10-64

参数详解

Input Phase（输入相位）：设置彩光的特性和产生彩光的图层。

Get Phase From（**获取相位**）：指定采用图像的哪一种元素来产生彩光。

Add Phase（**添加相位**）：指定在合成图像中产生彩光的图层。

Add Phase From（**添加相位从**）：指定用哪一个通道来添加色彩。

Add Mode（**添加模式**）：指定彩光的添加模式。

Phase Shift（**相位切换**）：切换彩光的相位。

Output Cycle（输出循环）：设置彩光的样式。通过Output Cycle（输出循环）色轮可以调节色彩区域的颜色变化。

Use Preset Palette（**使用预设调板**）：从系统自带的30多种彩光效果中选择一种样式。

Cycle Repetitions（**循环重复**）：控制彩光颜色的循环次数。数值越大，杂点越多，如果将其设置为0将不起作用。

Interpolate Palette（**插值调板**）：如果关闭该选项，系统将以256色在色轮上产生彩色光。

Modify（修改）：在其下拉列表中可以指定一种影响当前图层色彩的通道。

Pixel Selection（像素选择）：指定彩光在当前图层上影响像素的范围。

Matching Color（**匹配颜色**）：指定匹配彩光的颜色。

Matching Tolerance（**匹配容差**）：指定匹配像素的容差度。

Matching Softness（**匹配柔和度**）：指定选择像素的柔化区域，使受影响的区域与未受影响的像素产生柔化的过渡效果。

Matching Mode（**匹配模式**）：设置颜色匹配的模式。如果选择Off（关闭）模式，系统将忽略像素匹配而影响整个图像。

Masking（遮罩）：指定一个遮罩层，并且可以为其指定遮罩模式。

Blend with Original（混合源图像）：设置当前效果层与原始图像的融合程度。

10.3.5 Channel Mixer（通道混合器）滤镜

Channel Mixer（通道混合器）滤镜可以通过混合当前通道来改变画面的颜色通道，使用该滤镜可以制作出普通色彩修正滤镜不容易达到的效果，如图10-65所示。

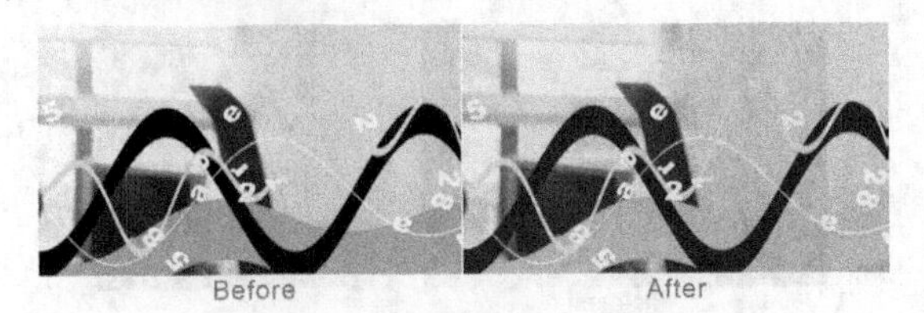

图10-65

执行“Effect（特效）>Color Correction（色彩修正）>Channel Mixer（通道混合器）”菜单命令，在Effect Controls（滤镜控制）面板中展开Channel Mixer（通道混合器）滤镜的参数，如图10-66所示。

fx Channel Mixer	Reset	About...
Red-Red	100	
Red-Green	0	
Red-Blue	0	
Red-Const	0	
Green-Red	0	
Green-Green	100	
Green-Blue	0	
Green-Const	0	
Blue-Red	0	
Blue-Green	0	
Blue-Blue	100	
Blue-Const	0	
Monochrome	☐	

图10-66

参数详解

Red-Red/Red-Green/Red-Blue（**红色-红色**）/（**红色-绿色**）/（**红色-蓝色**）：设置红色通道颜色的混合比例。

Green-Red/Green-Green/Green-Blue（**绿色-红色**）/（**绿色-绿色**）/（**绿色-蓝色**）：设置绿色通道颜色的混合比例。

Blue-Red/Blue-Green/Blue-Blue（**蓝色-红色**）/（**蓝色-绿色**）/（**蓝色-蓝色**）：设置蓝色通道颜色的混合比例。

Red- Const /Green- Const /Blue Const（**红/绿/蓝对比度**）：调整红、绿和蓝通道的对比度。

Monochrome（**单色**）：勾选该选项后，彩色图像将转换为灰度图。

10.3.6 Tint（染色）滤镜

Tint（染色）滤镜可以将画面中的暗部及亮部替换成自定义的颜色，如图10-67所示。

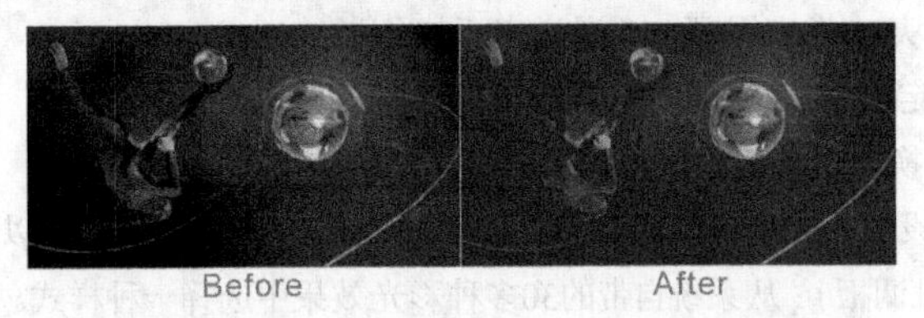

图10-67

执行“Effect（特效）>Color Correction（色彩修正）>Tint（染色）”菜单命令，在Effect Controls（滤镜控制）面板中展开Tint（染色）滤镜的参数，如图10-68所示。

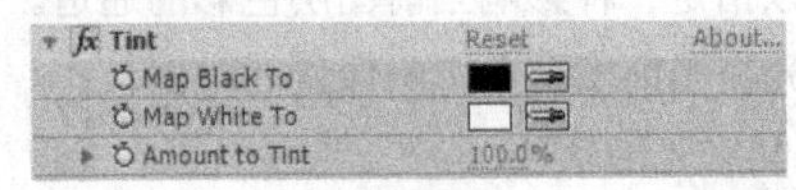

图10-68

参数详解

Map Black To（**替换黑色**）：将图像中的黑色替换成指定的颜色。

Map White To（**替换白色**）：将图像中的白色替换成指定的颜色。

Amount to Tint（**染色量**）：设置染色的作用程度，0%表示完全不起作用，100%表示完全作用于画面。

10.3.7 Tritone（三色）滤镜

Tritone（三色）滤镜可以理解为Tint（染色）滤镜的一个强化版本。Tritone（三色）滤镜可以将画面中的阴影、中间调和高光进行颜色映射，从而更换画面的色调，其滤镜参数如图10-69所示。

其中，Highlights（高光）用来设置替换高光的颜色，Midtones（中间调）用来设置替换中间调的颜色，Shadows（阴影）用来设置替换阴影的颜色，Blend With Original（混合源图像）用来设置效果层与来源层的融合程度。

以图10-70所示的原始画面为例，分别添加Tritone（三色）滤镜和Tint（染色）滤镜后，可以很明显地观察到图10-71比图10-72的效果细腻很多。

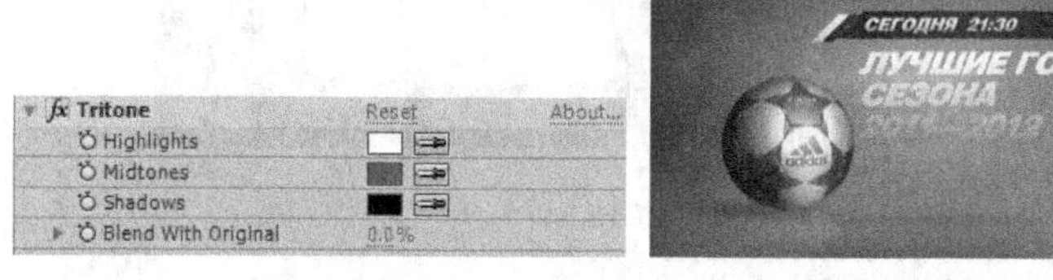

图10-69　　图10-70

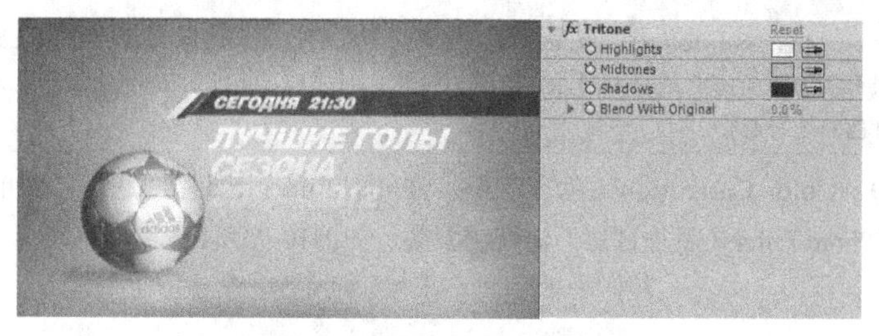

图10-71

图10-72

10.3.8 Exposure（曝光）滤镜

对于那些曝光不足和较暗的镜头，可以使用Exposure（曝光）滤镜来修正颜色。Exposure（曝光）滤镜主要用来修复画面的曝光度，其滤镜参数如图10-73所示。

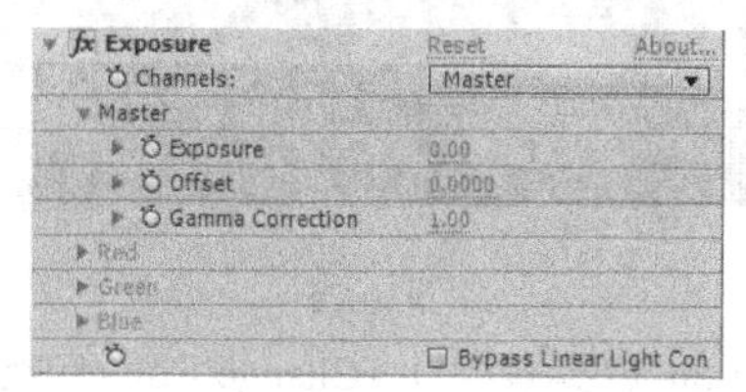

图10-73

参数详解

Channels（通道）：用来指定通道的类型，包括Master（主要）和Individual Channels（单独通道）两种类型。

Master（主要）：用来一次性调整整体通道，Individual Channels（单独通道）选项主要用来对RGB的各个通道进行单独调整。

Exposure（曝光）：用来控制图像的整体曝光度。

Offset（偏移）：用来设置图像整体色彩的偏移程度。

Gamma Correction（伽马校正）：用来设置图像整体的灰度值。

Red/Green/Blue（红/绿/蓝）：分别用来调整RGB通道的Exposure（曝光）、Offset（偏移）和Gamma Correction（伽马校正）数值，只有设置Channels（通道）为Individual Channels（单独通道）时，这些属性才会被激活。

10.3.9 Photo Filter（照片过滤）滤镜

Photo Filter（照片过滤）滤镜相当于为素材加入一个滤色镜，以达到颜色校正或光线补偿的作用，如图10-74所示。

图10-74

技巧与提示

滤色镜也称“滤光镜”，是根据不同波段对光线进行选择性吸收（或通过）的光学器件。它由镜圈和滤光片组成，常装在照相机或摄像机镜头前面。黑白摄影用的滤色镜主要用于校正黑白片感色性，以及调整反差、消除干扰光等；彩色摄影用的滤色镜主要用于校正光源色温，对色彩进行补偿。

执行“Effect（特效）>Color Correction（色彩修正）>Photo Filter（照片过滤）”菜单命令，在Effect Controls（滤镜控制）面板中展开Photo Filter（照片过滤）滤镜的参数，如图10-75所示。

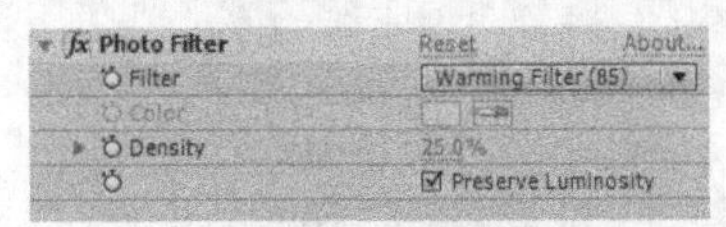

图10-75

参数详解

Filter（过滤）：设置需要过滤的颜色，可以从其下拉列表中选择系统自带的18种过滤色。

Color（颜色）：用户自己设置需要过滤的颜色。只有设置Filter（过滤）为Custom（自定义）选项时，该选项才可用。

Density（密度）：设置重新着色的强度，值越大，效果越明显。

Preserve Luminosity（保持亮度）：勾选该选项时，可以在过滤颜色的同时保持原始图像的明暗分布层次。

10.3.10 Change Color（换色）/ Change to Color（将颜色换为）滤镜

Change Color（换色）滤镜可以改变某个色彩范围内的色调，以达到置换颜色的目的，如图10-76所示。

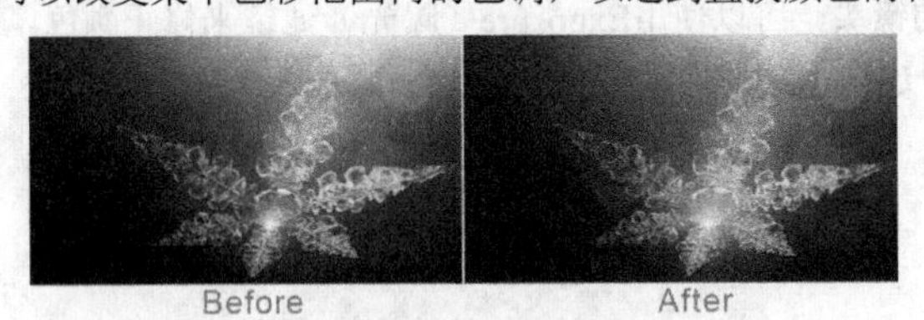

图10-76

执行“Effect（特效）>Color Correction（色彩修正）>Change Color（换色）”菜单命令，在Effect Controls（滤镜控制）面板中展开Change Color（换色）滤镜的参数，如图10-77所示。

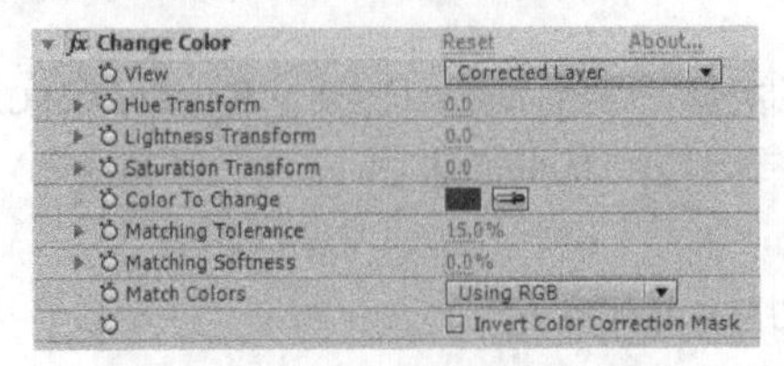

图10-77

参数详解

View（查看）：设置在Composition（合成）面板中查看图像的方式。Corrected Layer（颜色校正图层）显示的是颜色校正后的画面效果，也就是最终效果；Color Correction Mask（颜色校正遮罩）显示的是颜色校正后遮罩部分的效果，也就是图像中被改变的部分。

Hue Transform（色相变换）：调整所选颜色的色相。

Lightness Transform（亮度变换）：调节所选颜色的亮度。

Saturation Transform（饱和度变换）：调节所选颜色的色彩饱和度。

Color To Change（颜色转换）：指定将要被修正的区域的颜色。

Matching Tolerance（匹配容差）：指定颜色匹配的相似程度，即颜色的容差度。值越大，被修正的颜色区域越大。

Matching Softness（匹配柔和度）：设置颜色的柔和度。

Match Color（匹配颜色）：指定匹配的颜色空间，共有Using RGB（使用RGB）、Using Hue（使用色相）和Using Chroma（使用浓度）3个选项。

Invert Color Correction Mask（反转颜色校正遮罩）：反转颜色校正的遮罩，可以使用Eyedropper（吸管工具）拾取图像中相同的颜色区域来进行反转操作。

Change to Color（将颜色换为）滤镜类似于Change Color（换色）滤镜，也可以将画面中某个特定颜色置换成另外一种颜色，只不过它的可控参数更多，得到的效果也更加精确，其参数如图10-78所示。

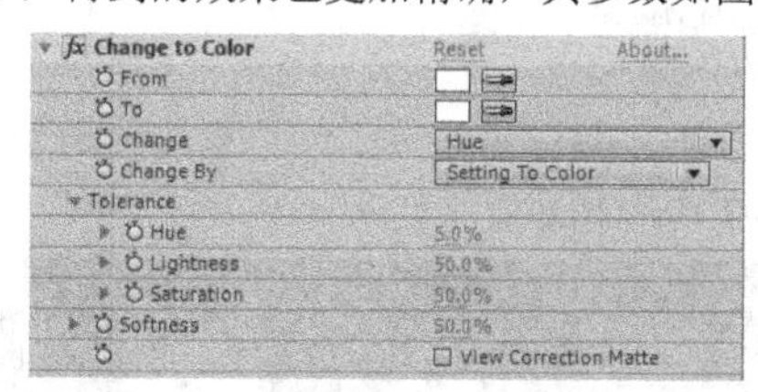

图10-78

下面简单介绍一下Change to Color（将颜色换为）滤镜的参数。

参数详解

From（从）：用来指定要转换的颜色。

To（到）：用来指定转换成何种颜色。

Change（转换）：用来指定影响HLS色彩模式中的哪一个通道。

Change By（转换按）：用来指定颜色的转换方式，共有Setting to Color（设置到颜色）和Transforming to Color（变换到颜色）两个选项。

Tolerance（容差）：用来指定色相、明度和饱和度的数值。

Softness（柔和度）：用来控制转换后的颜色的柔和度。

View Correction Matte（查看校正蒙版）：勾选该选项时，可以查看哪些区域的颜色被修改过。

课堂练习1——季节更换

素材位置	实例文件>CH10>课堂练习——季节更换
实例位置	实例文件>CH10>课堂练习——季节更换_Final.aep
视频位置	实例文件>CH10>课堂练习——季节更换.flv
难易指数	★★★☆☆
练习目标	练习Hue/Saturation（色相/饱和度）滤镜的用法

本练习调色之后的前后对比效果如图10-79所示。

图10-79

课堂练习2——色彩平衡滤镜的应用

素材位置	实例文件>CH10>课堂练习——色彩平衡滤镜的应用
实例位置	实例文件>CH10>课堂练习——色彩平衡滤镜的应用_Final.aep
视频位置	实例文件>CH10>课堂练习——色彩平衡滤镜的应用.flv
难易指数	★★☆☆☆
练习目标	练习Color Balance（色彩平衡）滤镜的用法

本练习调色的前后对比效果如图10-80所示。

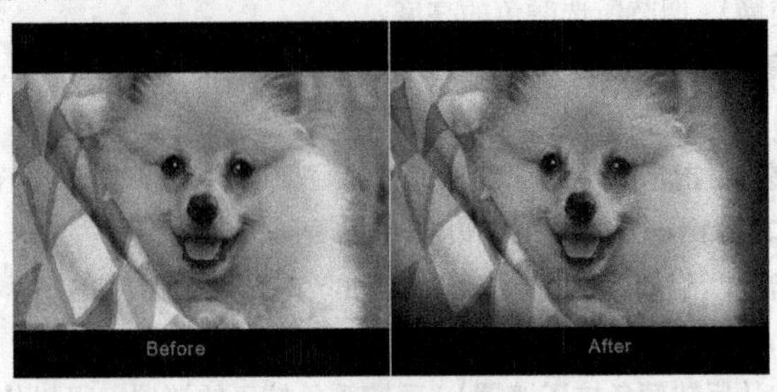

图10-80

课后习题1——通道混合器滤镜的应用

素材位置	实例文件>CH10>课后习题——通道混合器滤镜的应用
实例位置	实例文件>CH10>课后习题——通道混合器滤镜的应用_Final.aep
视频位置	实例文件>CH10>课后习题——通道混合器滤镜的应用.flv
难易指数	★★☆☆☆
练习目标	练习Channel Mixer（通道混合器）滤镜的用法

本习题调色之后的前后对比效果如图10-81所示。

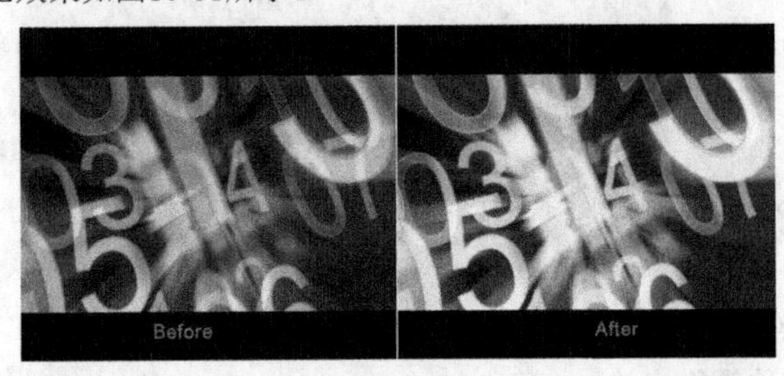

图10-81

课后习题2——三维素材后期处理

素材位置	实例文件>CH10>课后习题——三维素材后期处理
实例位置	实例文件>CH10>课后习题——三维素材后期处理.aep
视频位置	实例文件>CH10>课后习题——三维素材后期处理.flv
难易指数	★★★☆☆
练习目标	练习色彩修正技术综合运用

本习题主要介绍了三维素材的后期处理技术，通过学习，读者可以掌握三维软件渲染的素材在After Effects中如何优化处理，案例效果如图10-82所示。

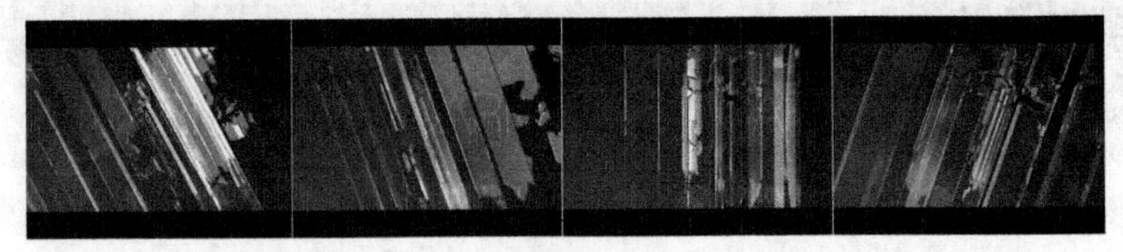

图10-82

第11章

抠像技术

课堂学习目标

- 了解抠像技术的基本原理
- 掌握Keying（抠像）滤镜组
- 掌握Matte（边缘控制）滤镜组
- 掌握Keylight（键控）滤镜的基本抠像
- 掌握Keylight（键控）滤镜的高级抠像

本章导读

抠像是影视拍摄制作中的常用技术。在很多著名的影视大片中，那些气势恢宏的场景和令人瞠目结舌的特效，都使用了大量的抠像处理。抠像的好坏，一方面取决于前期对人物、背景屏幕、灯光的精心准备和拍摄而成的源素材；另一方面还要依靠后期合成制作中的抠像技术。本章将详细介绍Keying（抠像）滤镜组、Matte（蒙版）滤镜组、Keylight（键控）滤镜滤镜的用法及常规技巧。

11.1 特技抠像技术简介

抠像一词是从早期电视制作中得来的，英文名称为Key，意思是吸取画面中的某一种颜色作为透明色，将它从画面中抠去，从而使背景透出来，形成两层画面的叠加合成。例如把一个人物抠出来之后和一段爆炸的素材合成到一起，那将是非常火爆的镜头，而这些特技镜头效果常常在荧屏中能见到。

一般情况下，在拍摄需要抠像的画面时，都使用蓝色或绿色的幕布作为载体。这是因为人体中含有的蓝色和绿色是最少的，另外蓝色和绿色也是三原色（RGB）中的两个主要色，颜色纯正，方便后期处理。

镜头抠像是影视特效制作中最常用的技术之一，在电影电视里面的应用极为普遍，国内很多电视节目、电视广告也都一直在使用这类技术，如图11-1所示。

图11-1

在After Effects 中，其抠像功能也日益完善和强大。一般情况下，用户可以从Keying（抠像）和Matte （边缘控制）滤镜组着手，有些镜头的抠像也需要Mask（遮罩）、Layer Mode（图层叠加模式）、Track Matte（轨道蒙版）和Paint（笔刷）等工具来辅助配合。

总体来说， 抠像的好坏取决于两个方面，一方面是前期拍摄的源素材；另一方面是后期合成制作中的抠像技术。针对不同的镜头，其抠像的方法和结果也不尽相同。

11.2 Keying（抠像）滤镜组

在After Effects CS6中，Keying（抠像）通过定义图像中特定范围内的颜色值或亮度值来获取透明通道，当这些特定的值被Key Out（抠出）时，那么所有具有这个相同颜色或亮度的像素都将变成透明状态。将图像抠出来后，就可以将其运用到特定的背景中，以获得镜头所需的视觉效果，如图11-2所示。

在After Effects CS6中，所有的Keying（抠像）滤镜都集中在“Effect（特效）>Keying（抠像）”的子菜单中，如图11-3所示。

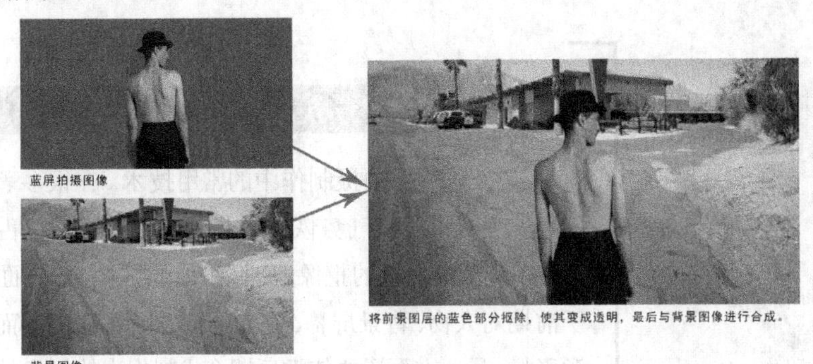

图11-2

CC Simple Wire Removal
Color Difference Key
Color Key
Color Range
Difference Matte
Extract
Inner/Outer Key
Keylight (1.2)
Linear Color Key
Luma Key
Spill Suppressor

图11-3

本节知识点

名 称	作 用	重要程度
Color Difference Key（色彩差异抠像）滤镜	将图像分成A、B两个不同起点的蒙版来创建透明度信息	高
Color Key（颜色抠像）滤镜	通过指定一种颜色，将图像中处于这个颜色范围内的图像抠出，使其变为透明	高
Color Range（色彩范围）滤镜	在Lab、YUV或RGB任意一个颜色空间中通过指定的颜色范围来设置抠出的颜色	高
Difference Matte（差异蒙版）滤镜	创建前景的Alpha通道	高
Extract（提取）滤镜	将指定的亮度范围内的像素抠出，使其变成透明像素	中
Inner/Outer Key（内/外轮廓抠像）滤镜	根据两个遮罩间的像素差异来定义抠出边缘并进行抠像，适用于抠取毛发	中

（续）

Linear Color Key（线性颜色抠像）滤镜	将画面上每个像素的颜色和指定的抠出色进行比较	中
Luma Key（亮度抠像）滤镜	抠出画面中指定的亮度区域	中
Spill Suppressor（抑色）滤镜	消除抠像后图像中残留的颜色痕迹或图像边缘溢出的抠出颜色	中

11.2.1 课堂案例——使用色彩差异抠像滤镜

素材位置	实例文件>CH11>课堂案例——使用色彩差异抠像滤镜
实例位置	实例文件>CH11>课堂案例——使用色彩差异抠像滤镜_Final.aep
视频位置	多媒体教学>CH11>课堂案例——使用色彩差异抠像滤镜.flv
难易指数	★★☆☆☆
学习目标	掌握Color Difference Key（色彩差异抠像）滤镜的用法

本例的前后对比效果如图11-4所示。

图11-4

01 使用After Effects CS6打开“课堂案例——使用色彩差异抠像滤镜.aep”素材文件，如图11-5所示。

02 选择Clip.jpg图层，然后执行“Effect（特效）>Keying（抠像）>Color Difference Key（色彩差异抠像）”菜单命令，为其添加Color Difference Key（色彩差异抠像）滤镜。关闭滤镜按钮后，使用Key Color（抠出颜色）选项后面的“吸管工具”吸取画面中的蓝色，如图11-6所示。

图11-5

图11-6

03 开启滤镜按钮后，将视图模式切换为Matte Corrected（蒙版修正），修改Matte In Black（蒙版输入黑色）值为69、Matte In White（蒙版输入白色）值为189、Matte Gamma（蒙版伽马值）值为0.8，如图11-7所示，此时画面效果如图11-8所示。

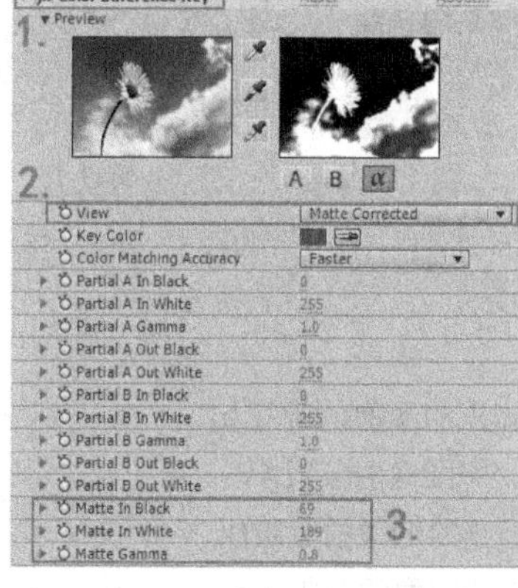

图11-7

图11-8

04 将View（视图）模式切换为Final Output（输出）后，在Timeline（时间线）面板上开启BG图层的显示开关，如图11-9和图11-10所示，此时画面的预览效果如图11-11所示。

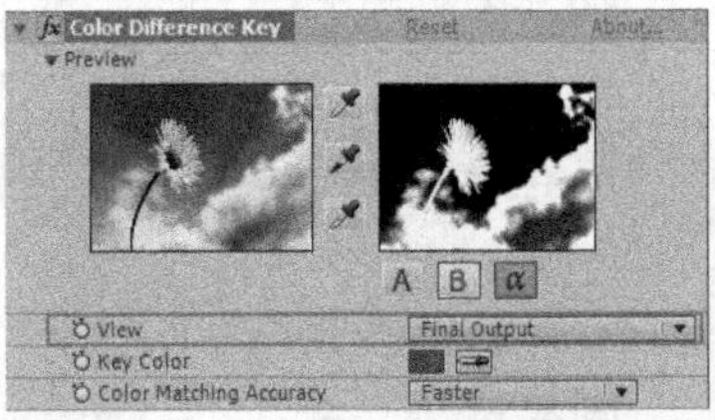

图11-9

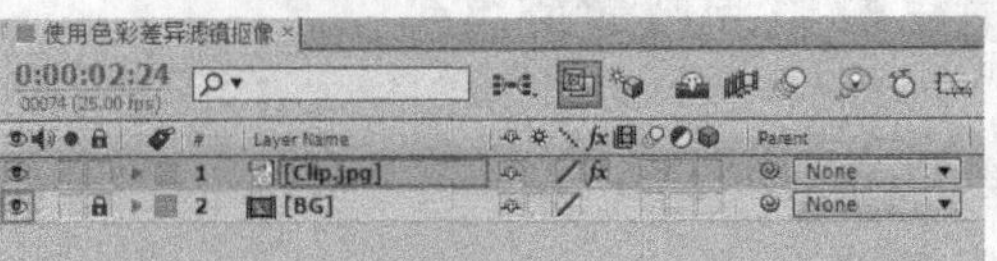

图11-10

图11-11

05 为了更好地匹配画面整体效果，选择Clip.jpg图层，执行“Effect（特效）>Color Correction（色彩修正）> Tritone（三色）”菜单命令，为其添加Tritone（三色）滤镜，然后修改Midtones（中间调）的颜色为（R:255，G:151，B:59），如图11-12所示。画面的最终预览效果如图11-13所示。

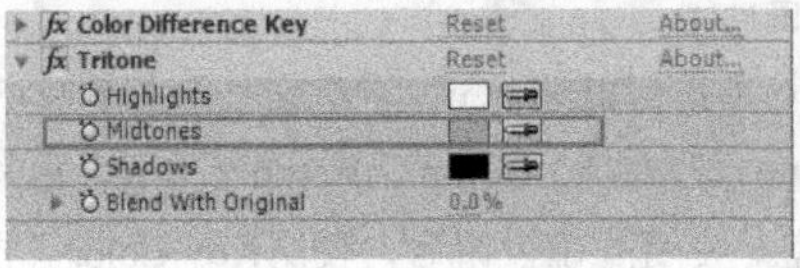

图11-12

图11-13

11.2.2 Color Difference Key（色彩差异抠像）滤镜

Color Difference Key（色彩差异抠像）滤镜可以将图像分成A、B两个不同起点的蒙版来创建透明度信息。蒙版B基于指定抠出颜色来创建透明度信息，蒙版A则基于图像区域中不包含有第2种不同颜色来创建透明度信息，结合蒙版A、蒙版B就创建出了α蒙版。通过这种方法，Color Difference Key（色彩差异抠像）可以创建出很精确的透明度信息，尤其适合抠取具有透明和半透明区域的图像，如烟、雾、阴影等，如图111-4所示。

执行“Effect（特效）>Keying（抠像）> Color Difference Key（色彩差异抠像）”菜单命令，在Effect Controls（滤镜控制）面板中展开Color Difference Key（色彩差异抠像）滤镜的参数，如图11-15所示。

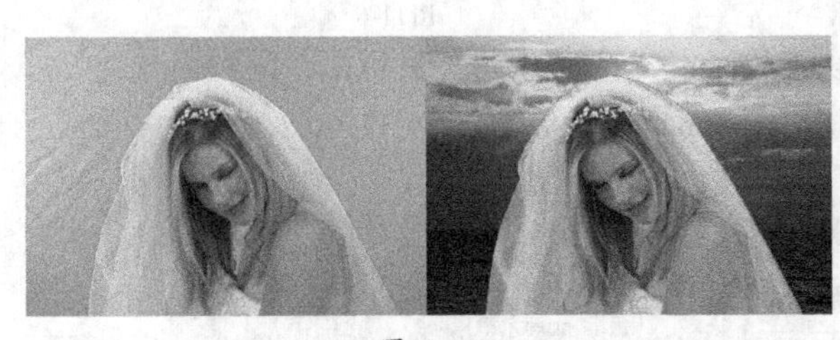

图11-14

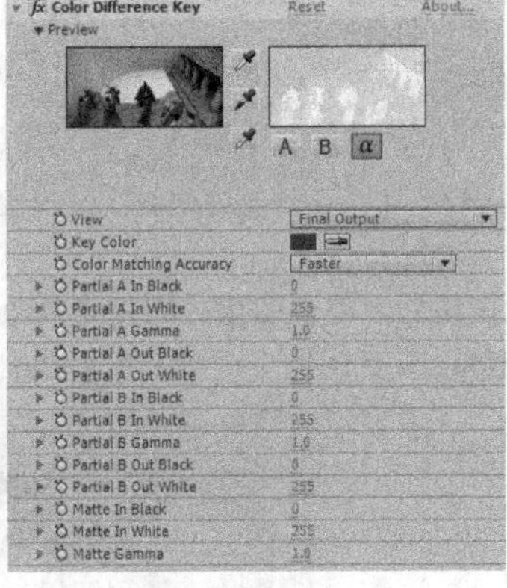

图11-15

参数详解

View（视图）：共有以下9种视图查看模式，如图11-16所示。

Source（源）：显示原始的素材。

Matte Partial A Uncorrected（未修正蒙版A）：显示没有修正的图像的蒙版A。

Matte Partial A Corrected（修正的蒙版A）：显示已经修正的图像的蒙版A。

Matte Partial B Uncorrected（未修正蒙版B）：显示没有修正的图像的蒙版B。

Matte Partial B Corrected（修正的蒙版B）：显示已经修正的图像的蒙版B。

Matte Uncorrected（未修正的蒙版）：显示没有修正的图像的蒙版。

Matte Corrected（蒙版修正）：显示修正的图像的蒙版。

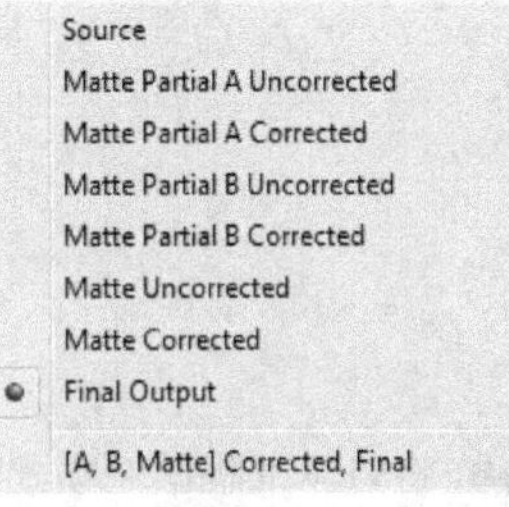

图11-16

Final Output（输出）：最终的画面显示。

[A,B,Matte] Corrected,Final（（A，B，蒙版）修正，最终）：同时显示蒙版A、蒙版B、修正的蒙版和最终输出的结果。

Key Color（**抠出颜色**）：用来采样拍摄的动态素材幕布的颜色。

Color Matching Accuracy（**颜色匹配精度**）：设置颜色匹配的精度，包含Fast（快速）和More Accurate（更精确）两个选项。

Partial A In Black（**蒙版A输入黑色**）：控制A通道的透明区域。

Partial A In White（**蒙版A输入白色**）：控制A通道的不透明区域。

Partial A Gamma（**蒙版A伽马值**）：用来影响图像的灰度范围。

Partial A Out Black（**蒙版A输出黑色**）：控制A通道的透明区域的不透明度。

Partial A Out White（**蒙版A输出白色**）：控制A通道的不透明区域的不透明度。

Partial B In Black（**蒙版B输入黑色**）：控制B通道的透明区域。

Partial B In White（**蒙版B输入白色**）：控制B通道的不透明区域。

Partial B Gamma（**蒙版A伽马值**）：用来影响图像的灰度范围。

Partial B Out Black（**蒙版B输出黑色**）：控制B通道的透明区域的不透明度。

Partial B Out White（**蒙版B输出白色**）：控制B通道的不透明区域的不透明度。

Matte In Black（**蒙版输入黑色**）：控制Alpha通道的透明区域。

Matte In White（**蒙版输入白色**）：控制Alpha通道的不透明区域。

Matte Gamma（**蒙版伽马值**）：用来影响图像Alpha通道的灰度范围。

技巧与提示

该滤镜在实际操作中非常简单，在指定完抠出颜色后，将View（视图）模式切换为Matte Corrected（蒙版修正）后，修改Matte In Black（蒙版输入黑色）、Matte In White（蒙版输入白色）和Matte Gamma（蒙版伽马值）参数，最后将View（视图）模式切换为Final Output（输出）即可。

11.2.3 Color Key（颜色抠像）滤镜

Color Key（颜色抠像）滤镜可以通过指定一种颜色，将图像中处于这个颜色范围内的图像抠出，使其变为透明，如图11-17所示。

执行“Effect（特效）>Keying（抠像）> Color Key（颜色抠像）”菜单命令，在Effect Controls（滤镜控制）面板中展开Color Key（颜色抠像）滤镜的参数，如图11-18所示。

图11-17

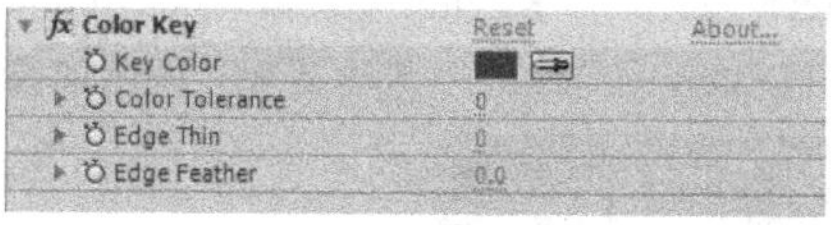

fx Color Key　Reset　About...
Key Color
Color Tolerance　0
Edge Thin　0
Edge Feather　0.0

图11-18

参数详解

Key Color（**抠出颜色**）：指定需要被抠掉的颜色。

Color Tolerance（**颜色容差**）：设置颜色的容差值。容差值越高，与指定颜色越相近的颜色会变为透明。

Edge Thin（**边缘修剪**）：用于调整抠出区域的边缘。正值为扩大遮罩范围，负值为缩小遮罩范围。

Edge Feather（**边缘羽化**）：用于羽化抠出的图像的边缘。

技巧与提示

使用Color Key（颜色抠像）滤镜进行抠像只能产生透明和不透明两种效果，所以它只适合抠出背景颜色变化不大、前景完全不透明及边缘比较精确的素材。

对于前景为半透明，背景比较复杂的素材，Color Key（颜色抠像）滤镜就无能为力了。

11.2.4 Color Range（色彩范围）滤镜

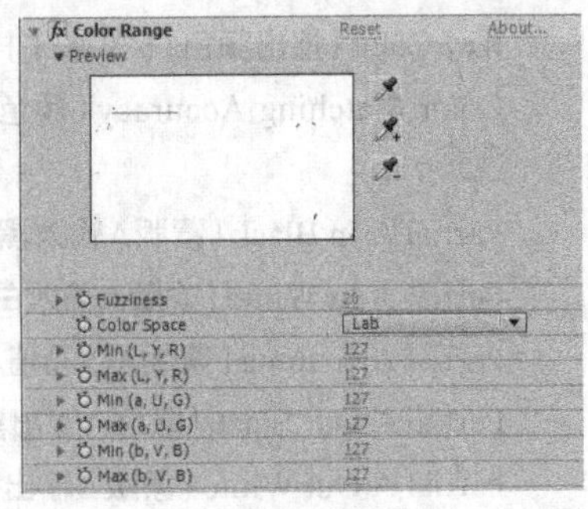

图11-19

Color Range（色彩范围）滤镜可以在Lab、YUV或RGB任意一个颜色空间中通过指定的颜色范围来设置抠出的颜色。

执行“Effect（特效）>Keying（抠像）>Color Range（色彩范围）”菜单命令，在Effect Controls（滤镜控制）面板中展开Color Range（色彩范围）滤镜的参数，如图11-19所示。

参数详解

Fuzziness（**模糊度**）：用于调整边缘的柔化度。

Color Space（**颜色空间**）：指定抠出颜色的模式，包括Lab、YUV和RGB这3种颜色模式。

Min（L,Y,R）（**最小（L, Y, R）**）：如果Color Space（颜色空间）模式为Lab，则控制该色彩的第1个值L；如果是YUV模式，则控制该色彩的第1个值Y；如果是RGB模式，则控制该色彩的第1个值R。

Max（L,Y,R）（**最大（L, Y, R）**）：控制第1组数据的最大值。

Min（a,U,G）（**最小（a, U, G）**）：如果Color Space（颜色空间）模式为Lab，则控制该色彩的第2个值a；如果是YUV模式，则控制该色彩的第2个值U；如果是RGB模式，则控制该色彩的第2个值G。

Max（a,U,G）（**最大（a, U, G）**）：控制第2组数据的最大值。

Min（b,V,B）（**最小（b, V, B）**）：控制第3组数据的最小值。

Max（b,V,B）（**最大（b, V, B）**）：控制第3组数据的最大值。

技巧与提示

如果镜头画面由多种颜色构成，或者是灯光不均匀的蓝屏或绿屏背景，那么Color Range（色彩范围）滤镜将会很容易帮你解决抠像问题。

11.2.5 Difference Matte（差异蒙版）滤镜

Difference Matte（差异蒙版）滤镜的基本思想是先把前景物体和背景一起拍摄下来，然后保持机位不变，去掉前景物体，单独拍摄背景。这样拍摄下来的两个画面相比较，在理想状态下，背景部分是完全相同的，而前景出现的部分则是不同的，这些不同的部分就是需要的Alpha通道，如图11-20所示。

执行“Effect（特效）>Keying（抠像）>Difference Matte（差异蒙版）”菜单命令，在Effect Controls（滤镜控制）面板中展开Difference Matte（差异蒙版）滤镜的参数，如图11-21所示。

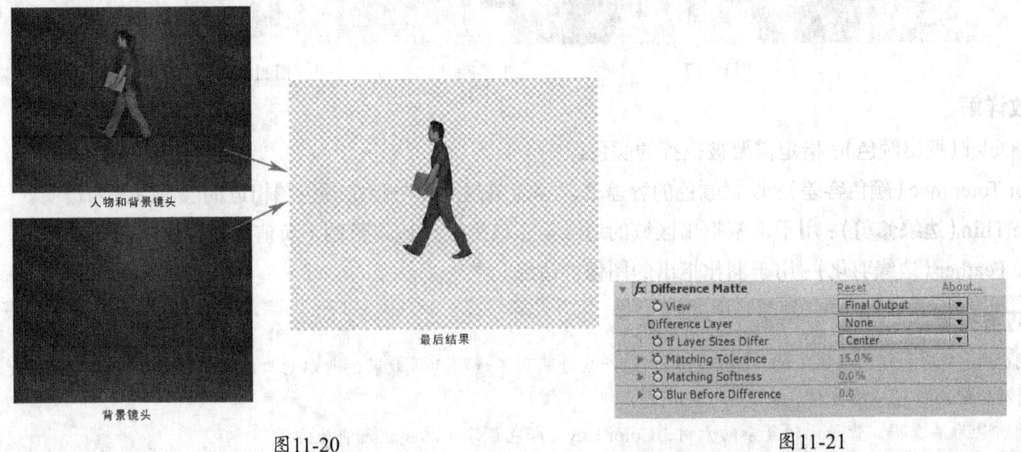

图11-20　　图11-21

参数详解

Difference Layer（**差异图层**）：选择用于对比的差异图层，可以用于抠出运动幅度不大的背景。

If Layer Sizes Differ（**如果图层尺寸不同**）：当对比图层的尺寸不同时，该选项用于对图层进行相应处理，包括Center（中心）和Stretch to Fit（拉伸适配）两个选项。

Matching Tolerance（**匹配容差**）：用于指定匹配容差的范围。

Matching Softness（**匹配柔和度**）：用于指定匹配容差的柔和程度。

Blur Before Difference（**在差异前模糊**）：用于模糊比较的像素，从而清除合成图像中的杂点（这里的模糊只是计算机在进行比较运算的时候进行模糊，而最终输出的结果并不会产生模糊效果）。

> **技巧与提示**
>
> 有时候没有条件进行蓝屏幕抠像时，就可以采用这种手段。但是即使机位完全固定，两次实际拍摄效果也不会是完全相同的，光线的微妙变化、胶片的颗粒、视频的噪波等都会使再次拍摄到的背景有所不同，所以这样得到的通道通常都很不干净。

11.2.6 Extract（提取）滤镜

Extract（提取）滤镜可以将指定的亮度范围内的像素抠出，使其变成透明像素。该滤镜适用于白色或黑色背景的素材，或前景和背景亮度反差比较大的镜头，如图11-22所示。

执行“Effect（特效）>Keying（抠像）>Extract（提取）”菜单命令，在Effect Controls（滤镜控制）面板中展开Extract（提取）滤镜的参数，如图11-23所示。

图11-22

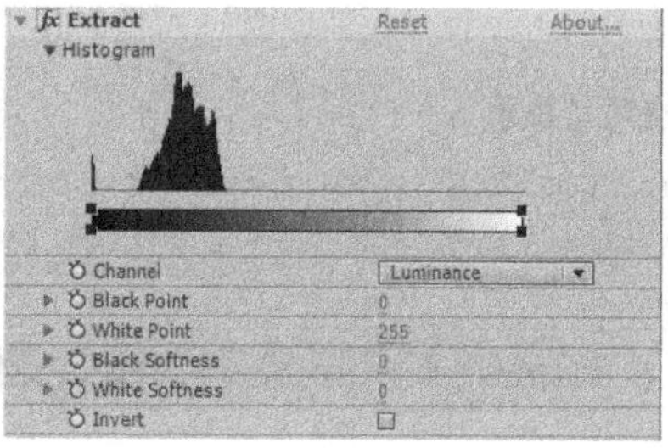

图11-23

参数详解

Channel（**通道**）：用于选择抠取颜色的通道，包括Luminance（亮度）、Red（红色）、Green（绿色）、Blue（蓝色）和Alpha这5个通道。

Black Point（**黑点**）：用于设置黑色点的透明范围，小于黑色点的颜色将变为透明。

White Point（**白点**）：用于设置白色点的透明范围，大于白色点的颜色将变为透明。

Black Softness（**黑色柔化**）：用于调节暗色区域的柔和度。

White Softness（**白色柔化**）：用于调节亮色区域的柔和度。

Invert（**反转**）：反转透明区域。

> **技巧与提示**
>
> Extract（提取）滤镜还可以用来消除人物的阴影。

11.2.7 Inner/Outer Key（内/外轮廓抠像）滤镜

Inner/Outer Key（内/外轮廓抠像）滤镜特别适用于抠取毛发。使用该滤镜时需要绘制两个遮罩，一个用来定义抠出范围内的边缘，另外一个用来定义抠出范围之外的边缘，系统会根据这两个遮罩间的像素差异来定义抠出边缘并进行抠像，如图11-24所示。

执行“Effect（特效）>Keying（抠像）>Inner/Outer Key（内/外轮廓抠像）”菜单命令，在Effect Controls（滤镜控制）面板中展开Inner/Outer Key（内/外轮廓抠像）滤镜的参数，如图11-25所示。

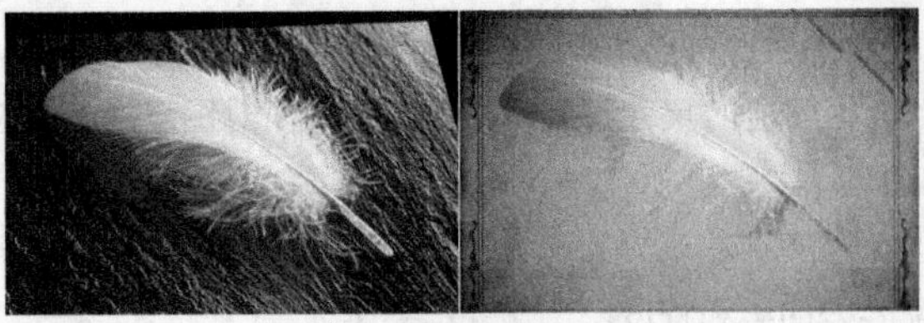

图11-24

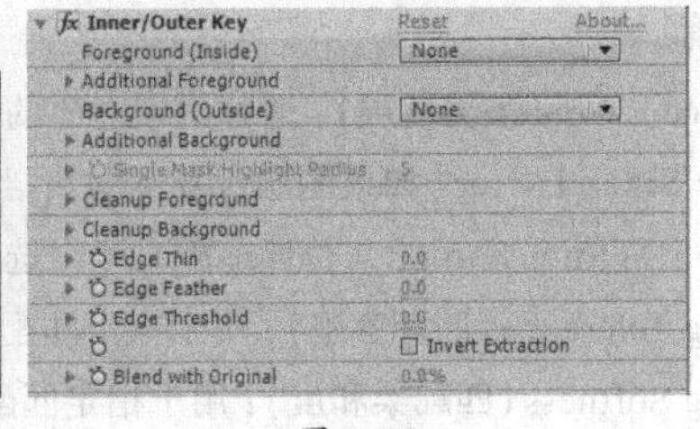

图11-25

参数详解

Foreground（Inside）（**前景遮罩（内）**）：用来指定绘制的前景MASK。

Additional Foreground（**附加前景**）：用来指定更多的前景MASK。

Background（Outside）（**背景遮罩（外）**）：用来指定绘制的背景MASK。

Additional Background（**附加背景**）：用来指定更多的背景MASK。

Single Mask Highlight Radius（**单一遮罩显示**）：当只有一个遮罩时，该选项才被激活，只保留遮罩范围里的内容。

Cleanup Foreground（**清除前景**）：清除图像的前景色。

Cleanup Background（**清除背景**）：清除图像的背景色。

Edge Thin（**边缘修剪**）：用来设置图像边缘的扩展或收缩。

Edge Feather（**边缘羽化**）：用来设置图像边缘的羽化值。

Edge Threshold（**边缘容差**）：用来设置图像边缘的容差值。

Invert Extraction（**反转提取**）：反转抠像的效果。

> **技巧与提示**
>
> Inner/Outer Key（内/外轮廓抠像）滤镜还会修改边界的颜色，将背景的残留颜色提取出来，然后自动净化边界的残留颜色，因此把经过抠像后的目标图像叠加在其他背景上时，会显示出边界的模糊效果。

11.2.8 Linear Color Key（线性颜色抠像）滤镜

Linear Color Key（线性颜色抠像）滤镜可以将画面上每个像素的颜色和指定的抠出色进行比较，如果像素颜色和指定的颜色完全匹配，那么这个像素的颜色就会完全被抠出；如果像素颜色和指定的颜色不匹配，那么这些像素就会被设置为半透明；如果像素颜色和指定的颜色完全不匹配，那么这些像素就完全不透明。

执行“Effect（特效）>Keying（抠像）>Linear Color Key（线性颜色抠像）”菜单命令，在Effect Controls（滤镜控制）面板中展开Linear Color Key（线性颜色抠像）滤镜的参数，如图11-26所示。

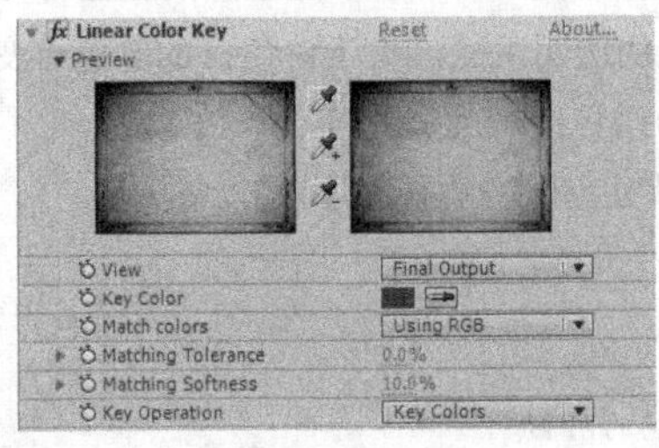

图11-26

在Preview（预览）窗口中可以观察到两个缩略视图，左侧的视图窗口用于显示素材图像的缩略图，右侧的视图窗口用于显示抠像的效果。

参数详解

View（**视图**）：指定在Composition（合成）面板中显示图像的方式，包括Final Output（最终输出）、Source Only（仅显示源素材）和Matte Only（仅显示蒙版）3个选项。

Key Color（**抠出颜色**）：指定将被抠出的颜色。

Match colors（**匹配颜色**）：指定抠像色的颜色空间，包括Using RGB（使用RGB）、Using Hue（使用色相）和

Using Chorma（使用饱和度）3种类型。

Matching Tolerance（**匹配容差**）：用于调整抠出颜色的范围值。容差匹配值为0时，画面全部不透明；容差匹配值为100时，整个图像将完全透明。

Matching Softness（**匹配柔和度**）：柔化Matching Tolerance（容差匹配）的值。

Key Operation（**抠出操作**）：用于指定抠出色是Key Colors（抠出颜色），还是Keep Colors（保留颜色）。

11.2.9 Luma Key（亮度抠像）滤镜

Luma Key（亮度抠像）滤镜主要用来抠出画面中指定的亮度区域。使用Luma Key（亮度抠像）滤镜对于创建前景和背景的明亮度差别比较大的镜头非常有用，如图11-27所示。

执行“Effect（特效）>Keying（抠像）>Luma Key（亮度抠像）”菜单命令，在Effect Controls（滤镜控制）面板中展开Luma Key（亮度抠像）滤镜的参数，如图11-28所示。

图11-27

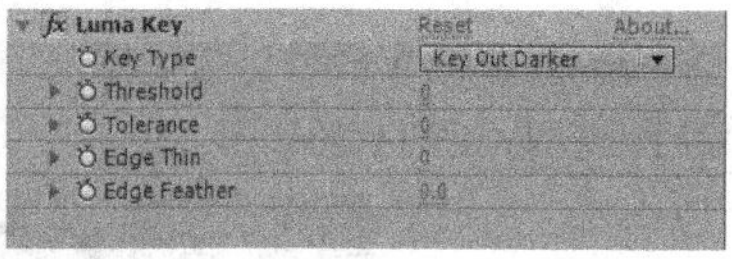

图11-28

参数详解

Key Type（**抠出类型**）：指定亮度抠出的类型，共有以下4种。

Key Out Brighter（抠出亮部）：使比指定亮度更亮的部分变为透明。

Key Out Darker（抠出暗部）：使比指定亮度更暗的部分变为透明。

Key Out Similar（抠出相似）：抠出Threshold（阈值）附近的亮度。

Key Out Dissimilar（抠出不相似）：抠出Threshold（阈值）范围之外的亮度。

Threshold（**阈值**）：设置阈值的亮度值。

Tolerance（**容差**）：设定被抠出的亮度范围。值越低，被抠出的亮度越接近Threshold（阈值）设定的亮度范围；值越高，被抠出的亮度范围越大。

Edge Thin（**边缘修剪**）：调节抠出区域边缘的宽度。

Edge Feather（**边缘羽化**）：设置抠出边缘的柔和度。值越大，边缘越柔和，但是需要更多的渲染时间。

11.2.10 Spill Suppressor（抑色）滤镜

通常情况下，抠像之后的图像都会有残留的抠出颜色的痕迹，而Spill Suppressor（抑色）滤镜就可以用来消除这些残留的颜色痕迹，另外还可以消除图像边缘溢出的抠出颜色。

执行“Effect（特效）>Keying（抠像）>Spill Suppressor（抑色）”菜单命令，在Effect Controls（滤镜控制）面板中展开Spill Suppressor（抑色）滤镜的参数，如图11-29所示。

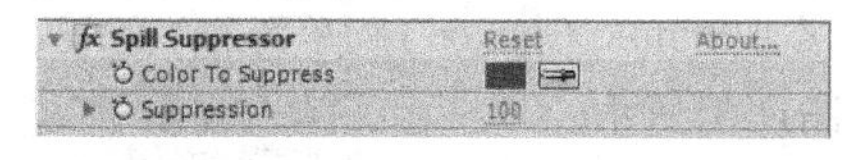

图11-29

参数详解

Color To Suppressor（**抑色**）：用来清除图像残留的颜色。

Suppression（**抑制**）：用来设置抑制颜色强度。

技巧与提示

这些溢出的抠出色常常是由于背景的反射造成的，如果使用Spill Suppressor（抑色）滤镜还不能得到满意的结果，可以使用Hue/Saturation（色相/饱和度）降低饱和度，从而弱化抠出的颜色。

11.3 Matte（蒙版）滤镜组

抠像是一门综合技术，除了抠像滤镜本身的使用方法外，还包括抠像后图像边缘的处理技术、与背景合成时的色彩匹配技术等。在本节，我们将介绍图像边缘的处理技术。在After Effects CS6中，用来控制图像边缘的滤镜在Effect（特效）菜单的Matte（边缘控制）子菜单中。

本节知识点

名称	作用	重要程度
Matte Choker（蒙版清除）滤镜	处理图像的边缘	高
Refine Matte（改善蒙版）滤镜	处理图像的边缘或控制抠出图像的Alpha噪波干净纯度	高
Simple Choker（简单清除）滤镜	处理较为简单或精度要求比较低的边缘	高

11.3.1 课堂案例——使用差异蒙版抠像滤镜

素材位置　实例文件>CH11>课堂案例——使用差异蒙版抠像滤镜
实例位置　实例文件>CH11>课堂案例——使用差异蒙版抠像滤镜_Final.aep
视频位置　多媒体教学>CH11>课堂案例——使用差异蒙版抠像滤镜.flv
难易指数　★★☆☆☆
学习目标　掌握Difference Matte（差异蒙版）滤镜的用法

本例的前后对比效果如图11-30所示。

图11-30

01 使用After Effects CS6打开“课堂案例——使用差异蒙版抠像滤镜.aep”素材文件，如图11-31所示。

02 选择Clip.tga图层，然后执行“Effect（特效）>Keying（抠像）>Difference Matte（差异蒙版）”菜单命令，为其添加Difference Matte（差异蒙版）滤镜，接着设置Difference Layer（差异图层）为3.Clip_BG.tga、Matching Tolerance（匹配容差）值为5%、Matching Softness（匹配柔和度）值为2%，如图11-32所示，画面预览效果如图11-33所示。

图11-31

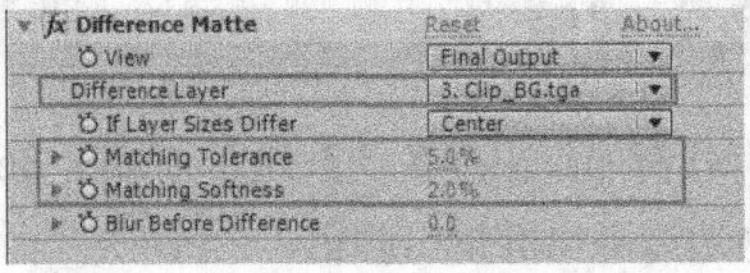

图11-32

图11-33

03 下面来处理图像边缘的细节。继续选择Clip.tga图层，然后执行“Effect（特效）>Matte（边缘控制）> Simple Choker（简单清除）”菜单命令，为其添加Simple Choker（简单清除）滤镜，接着设置Choke Matte（清除强度）值为2，如图11-34所示，画面预览效果如图11-35所示。

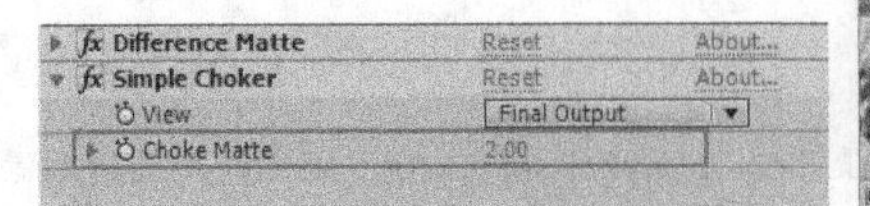

图11-34

图11-35

04 镜头中人物衣服与背景有接近和相似的颜色，在执行完Difference Matte（差异蒙版）操作后，人物身上出现了很多“漏洞”，如图11-36所示。

05 选择Clip.tga图层，按Ctrl+D组合键复制图层，然后将复制生成的新图层上的所有滤镜全部删除，使用Tools（工具）面板上的Pen Tool（钢笔工具）沿人物边缘绘制遮罩，如图11-37所示。画面的最终预览效果如图11-38所示。

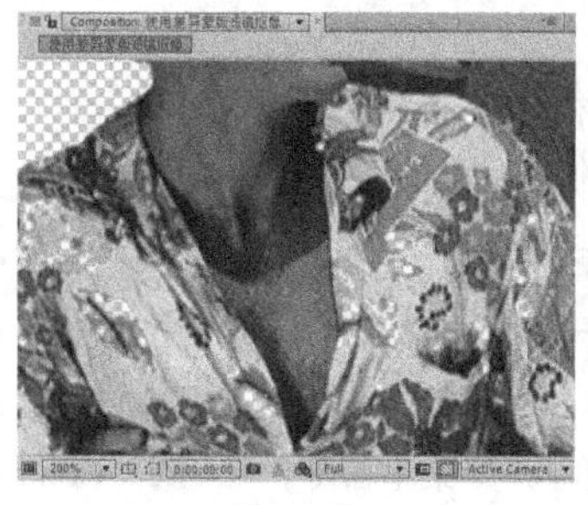

图11-36

图11-37

图11-38

11.3.2 Matte Choker（蒙版清除）滤镜

Matte Choker（蒙版清除）滤镜是功能非常强大的图像边缘处理工具，如图11-39所示。

执行“Effect（特效）>Matte（边缘控制）>Matte Choker（蒙版清除）”菜单命令，在Effect Controls（滤镜控制）面板中展开Matte Choker（蒙版清除）滤镜的参数，如图11-40所示。

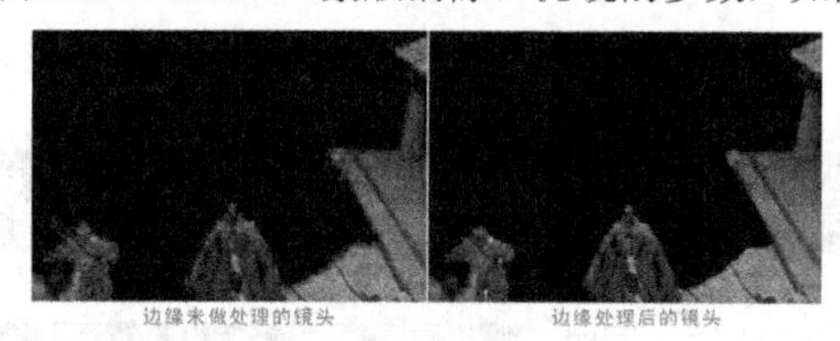

图11-39

fx Matte Choker	Reset	About...
Geometric Softness 1	4.0	
Choke 1	75	
Gray Level Softness 1	10%	
Geometric Softness 2	0.00	
Choke 2	0	
Gray Level Softness 2	100.0%	
Iterations	1	

图11-40

参数详解

Geometric Softness 1（**边缘羽化1**）：用来调整图像边缘的一级光滑度。

Choke 1（**清除1**）：用来设置图像边缘的一级“扩充”或“收缩”。

Gray Level Softness 1（**边缘羽化级别1**）：用来调整图像边缘的一级光滑度程度。

Geometric Softness 2（**边缘羽化2**）：用来调整图像边缘的二级光滑度。

Choke 2（**清除2**）：用来设置图像边缘的二级“扩充”或“收缩”。

Gray Level Softness 2（**边缘羽化级别2**）：用来调整图像边缘的二级光滑度程度。

Iterations（**重复度**）：用来控制图像边缘“收缩”的强度。

11.3.3 Refine Matte（改善蒙版）滤镜

在After Effects CS6中，Refine Matte（改善蒙版）滤镜不仅仅可以用来处理图像的边缘，还可以用来控制抠出图像的Alpha噪波干净纯度，如图11-41所示。

执行“Effect（特效）>Matte（边缘控制）>Refine Matte（改善蒙版）”菜单命令，在Effect Controls（滤镜控制）面板中展开Refine Matte（改善蒙版）滤镜的参数，如图11-42所示。

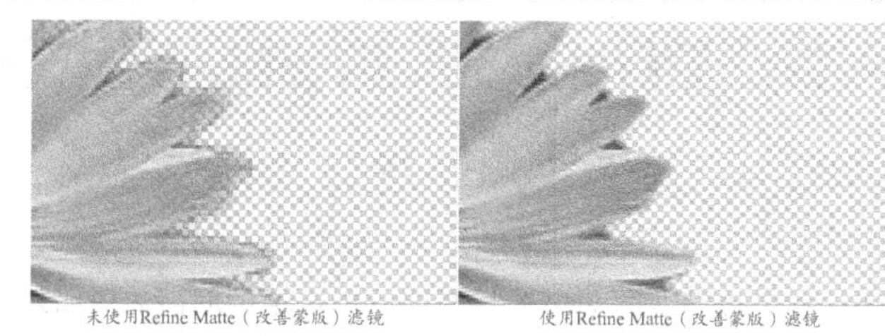

图11-41

fx Refine Matte	Reset	About...
Smooth	2.0	
Feather	20.0%	
Choke	0.0%	
Reduce Chatter	50%	
Use Motion Blur	☑	
Motion Blur		
Decontaminate Edge Colors	☑	
Decontamination		

图11-42

参数详解

Smooth（光滑）：用来设置图像边缘的光滑程度。

Feather（羽化）：用来调整图像边缘的羽化过渡。

Choke （清除）：用来设置图像边缘的“扩充”或“收缩”。

Reduce Chatter（减少噪波）：用来设置运动图像上的噪波。

Use Motion Blur（使用运动模糊）：对于带有运动模糊的图像来说，该选项很有用处。

Decontaminate Edge Colors（去除图像边的颜色）：可以用来处理图像边缘的颜色。

11.3.4 Simple Choker（简单清除）滤镜

Simple Choker（简单清除）滤镜属于边缘控制组中最为简单的一款滤镜，不太适合处理较为复杂或精度要求比较高的边缘。执行“Effect（特效）>Matte（边缘控制）>Simple Choker（简单清除）”菜单命令，在Effect Controls（滤镜控制）面板中展开Simple Choker（简单清除）滤镜的参数，如图11-43所示。

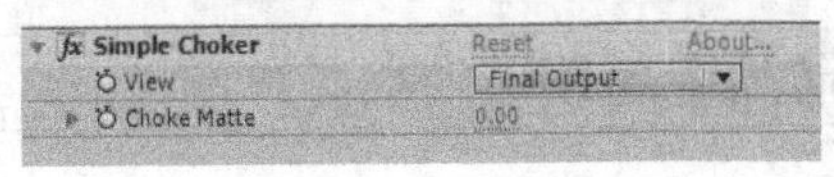

图11-43

参数详解

View（视图）：用来设置图像的查看方式。

Choke Matte（清除蒙版的强度）：用来设置图像边缘的“扩充”或“收缩”。

11.4 Keylight（键控）滤镜

Keylight是一个屡获殊荣并经过产品验证的蓝绿屏幕抠像插件，同时Keylight是曾经获得学院奖的抠像工具之一。多年以来，Keylight不断进行改进和升级，目的就是为了使抠像能够更快捷、简单。

使用Keylight可以轻松地抠取带有阴影、半透明或毛发的素材，并且还有Spill Suppression（溢出抑制）功能，可以清除抠像蒙版边缘的溢出颜色，这样可以使前景和背景更加自然地融合在一起。

Keylight能够无缝集成到一些世界领先的合成和编辑系统中，包括Autodesk媒体和娱乐系统、Avid DS、Digital Fusion、Nuke、Shake和Final Cut Pro，当然也可以无缝集成到After Effects中，如图11-44所示。

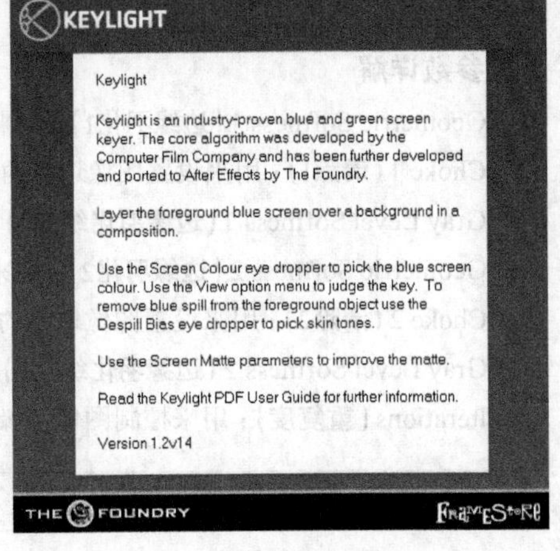

图11-44

本节知识点

名称	作用	重要程度
基本抠像	了解如何进行基本抠图	高
高级抠像	了解如何进行高级抠图	高

11.4.1 课堂案例——虚拟演播室

素材位置	实例文件>CH11>课堂案例——虚拟演播室
实例位置	实例文件>CH11>课堂案例——虚拟演播室_Final.aep
视频位置	实例文件>CH11>课堂案例——虚拟演播室.flv
难易指数	★★★☆☆
学习目标	掌握特技抠像技术的综合运用

本例主要讲解镜头的蓝屏抠像、图像边缘处理和场景色调匹配等抠像技术的应用，案例的前后对比效果如图11-45所示。

图11-45

01 使用After Effects CS6打开“课堂案例——虚拟演播室.aep”素材文件，如图11-46所示。

02 选择Video.mov图层，然后执行“Effect（特效）>Keying（抠像）>Keylight（1.2）（键控）”菜单命令，为其添加Keylight（键控）滤镜。在Source Crops（源裁剪）参数组中，修改X Method（x轴方式）和Y Method（y轴方式）为Repeat（重复），修改Left（左边）的值为45，如图11-47所示，画面效果如图11-48所示。

图11-46

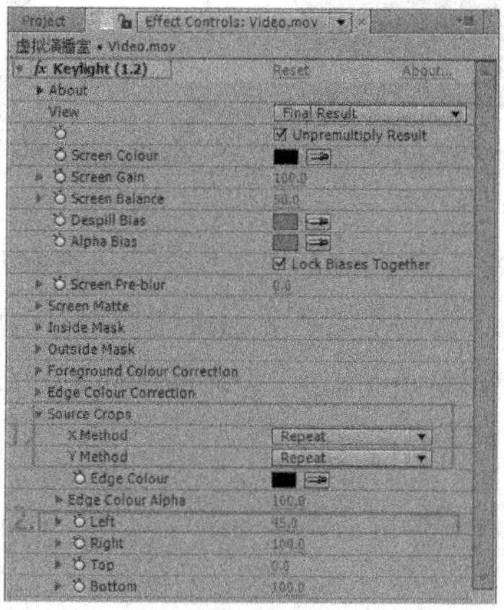

图11-47

图11-48

技巧与提示

步骤02的操作也可以是：选择Video.mov图层，在Tools（工具）面板中选择Pen Tool（钢笔工具），绘制图11-49所示的Mask（遮罩）。

图11-49

03 使用Screen Colour（屏幕色）选项后面的“吸管工具”在Composition（合成）面板中吸取颜色，如图11-50所示，抠出后的画面效果如图11-51所示。

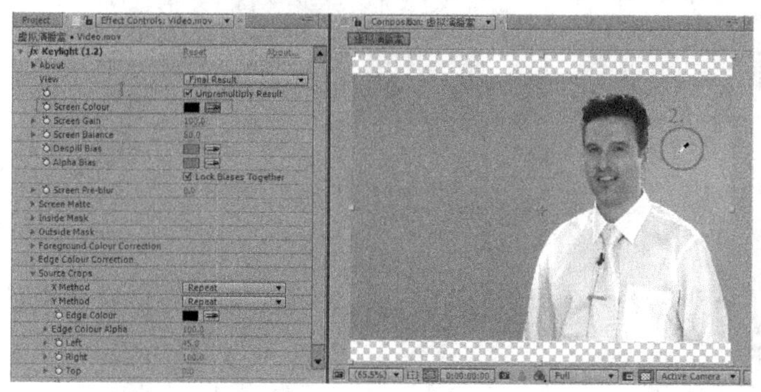

图11-50

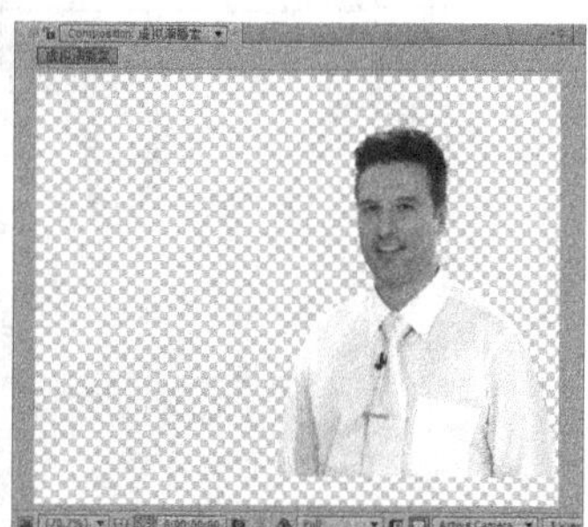

图11-51

04 设置View（视图）方式为Screen Matte（屏幕蒙版）模式，效果如图11-52所示。从图中可以观察到主持人衣服的局部和背景上有灰色像素，而主持人衣服区域本来应该全部是白色不透明的像素，背景区域应该是黑色透明的像素。

05 修改Screen Gain（屏幕增益）值为110、Screen Balance（屏幕平衡）值为0；在Screen Matte（屏幕蒙版）参数组下设置Clip White（剪切白色）值为80、Screen Shrink/Grow（屏幕收缩/扩张）值为-1.5、Screen Softness（屏幕柔化）值为0.5，如图11-53所示。

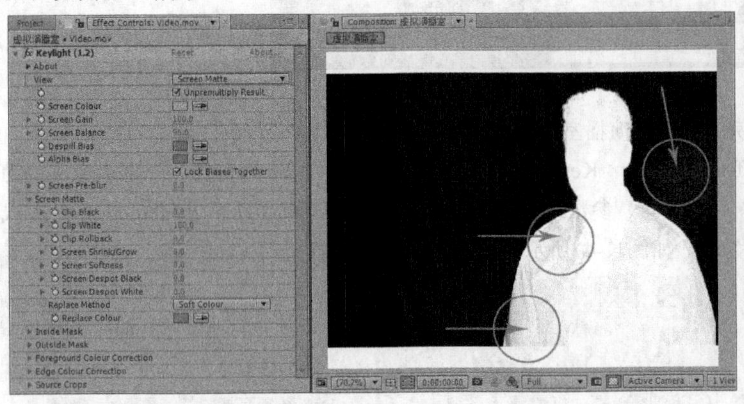

图11-52

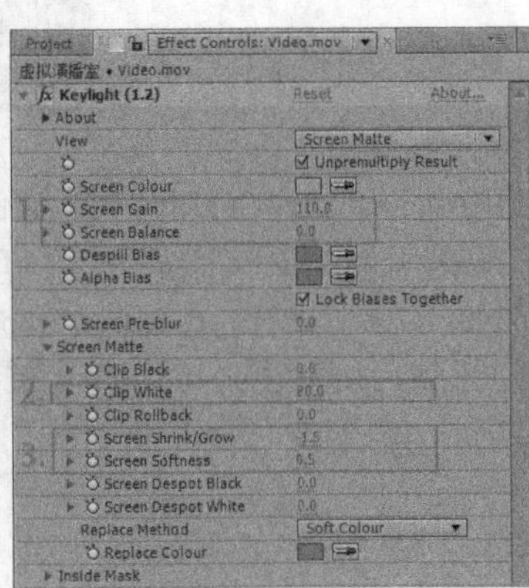

图11-53

06 最后修改View（视图）方式为Final Result（最终结果），此时画面的预览效果如图11-54所示。

07 执行“File（文件）>Import（导入）>File（文件）”菜单命令，导入“演播室背景.tga”素材文件，在Interpret Footage（素材属性解释）对话框中选择Premultiplied-Matted With Color（预乘-蒙版的颜色）选项，如图11-55所示。

图11-54

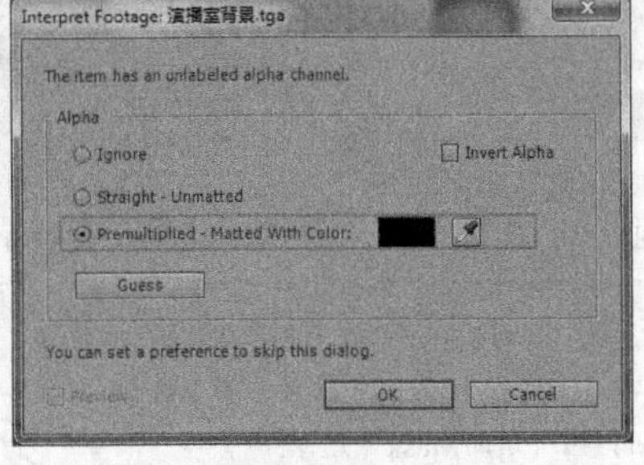

图11-55

08 在Project（项目）面板中选择该素材，并按Ctrl+/组合键将其添加到Timeline（时间线）面板中，最后将其移动到Video.mov图层的下面，画面效果如图11-56所示。

09 执行“File（文件）>Import（导入）>File（文件）”菜单命令，导入IM.jpg素材文件。在Project（项目）面板中选择该素材，并按Ctrl+/组合键将其添加到Timeline（时间线）面板中，最后将其移动到Video.mov图层的下面，画面效果如图11-57所示。

图11-56

图11-57

10 选择IM.jpg图层，执行“Effects（特效）>Distort（扭曲）>Corner Pin（四角定位）”菜单命令，为其添加Corner Pin（四角定位）滤镜。修改Upper Left（左上角）的值为（-37，162）、Upper Right（右上角）的值为（190，167）、Lower Left（左下角）的值为（-36，344）、Lower Right（右下角）的值为（193，332），如图11-58所示，画面效果如图11-59所示。

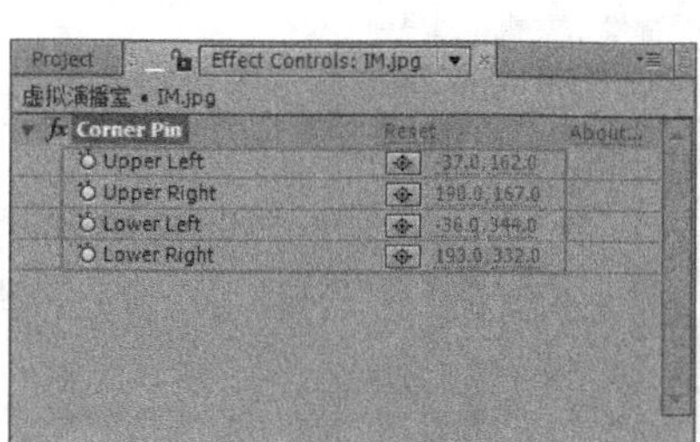

图11-58

图11-59

11 选择Video.mov图层，执行“Effect（特效）>Color Correction（色彩修正）>Hue/Saturation（色相/饱和度）”菜单命令，为其添加Hue/Saturation（色相/饱和度）滤镜。设置Channel Control（通道控制）为Reds（红色）通道，修改Channel Range（通道范围）中的颜色范围，接着设置Red Hue（红色色相）为0×-5°，最后设置Red Saturation（红色饱和度）为5，如图11-60所示，画面预览效果如图11-61所示。

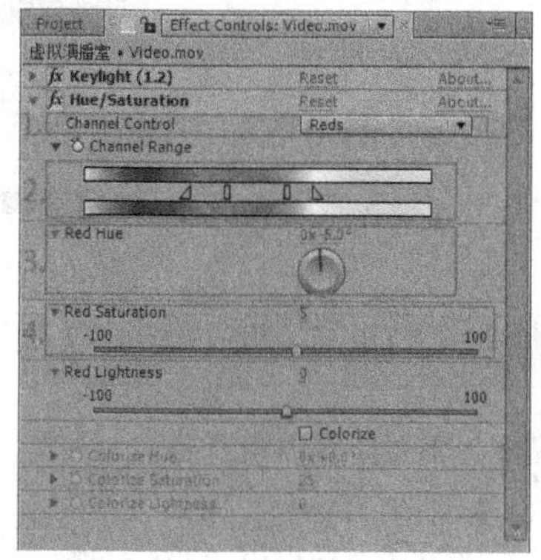

图11-60

图11-61

12 选择IM.jpg和“演播室背景.tga”图层，按Ctrl+Shift+C组合键合并图层，将新的合成命名为“背景合成”，如图11-62所示。

13 修改Video.mov图层的Position（位置）值为（360，320）、Scale（缩放）值为（90，90%），最后修改“背景合成”图层的Position（位置）值为（360，248），如图11-63所示。

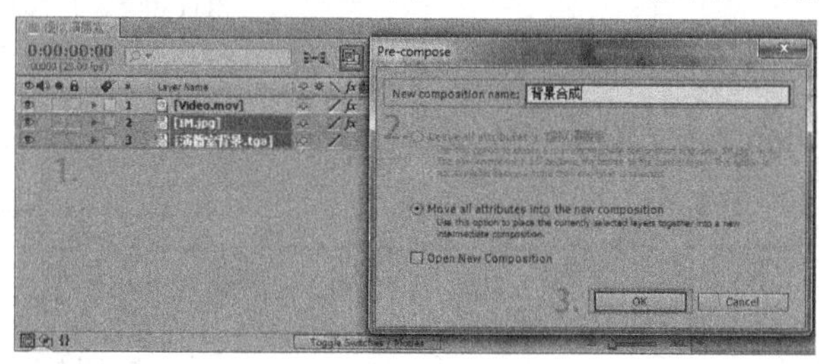

图11-62

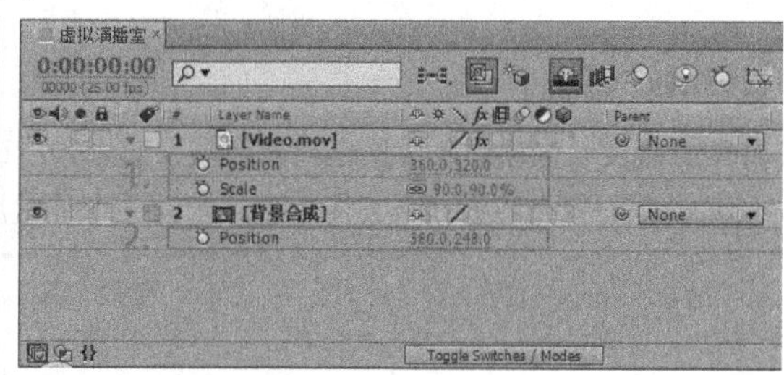

图11-63

技巧与提示

这里修改Video.mov图层的Position（位置）和Scale（缩放）属性及“背景合成”图层的Position（位置）属性主要是为了调整人物与虚拟演播室背景图之间的比例关系。

14 按Ctrl+Y组合键创建一个黑色固态层，设置其Width（宽）为720 px、Height（高）为576 px、Name（名称）为“遮幅”，如图11-64所示。

15 选择“遮幅”图层，然后在Tools（工具）面板中用鼠标左键双击Rectangle Tool（矩形工具），系统会根据该图层的大小自动匹配创建一个遮罩，然后调节遮罩的大小，如图11-65所示；展开遮罩属性，勾选Inverted（反选）选项，如图11-66示。

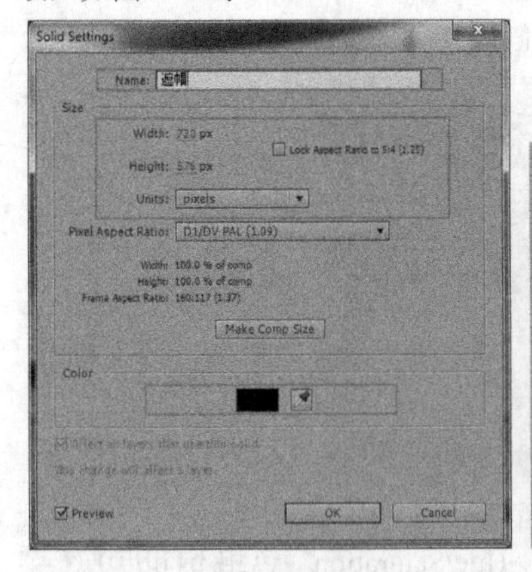

图11-64

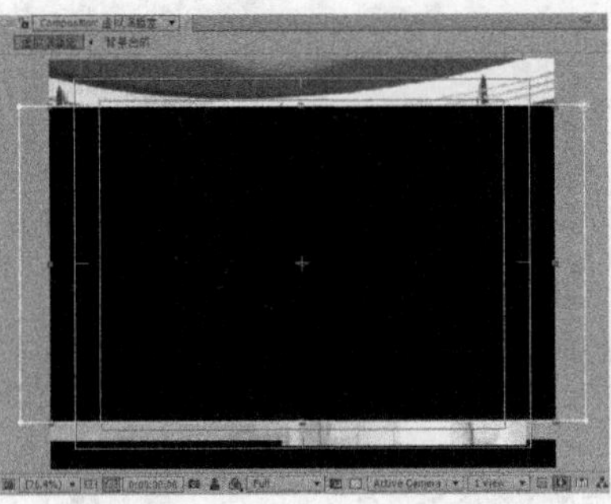

图11-65

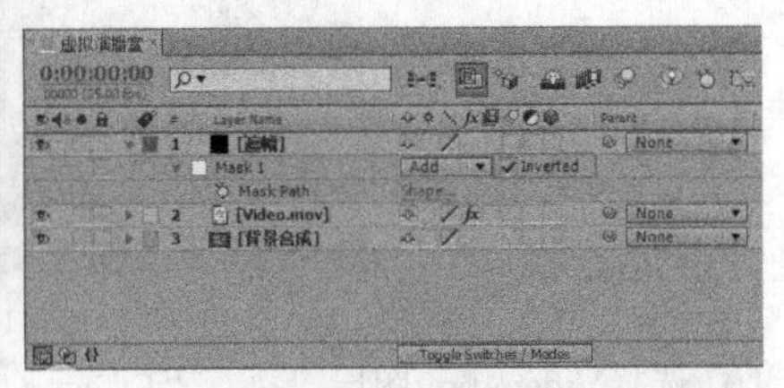

图11-66

16 至此，整个案例制作完毕，画面的预览效果如图11-67所示。按Ctrl+M组合键进行视频输出后，执行项目的打包设置即可。

图11-67

11.4.2 基本抠像

基本抠像的工作流程一般是先设置Screen Colour（屏幕色）参数，然后设置要抠出的颜色。如果在蒙版的边缘有抠出颜色的溢出，此时就需要调节Despill Bias（反溢出偏差）参数，为前景选择一个合适的表面颜色；如果前景颜色被抠出或背景颜色没有被完全抠出，这时就需要适当调节Screen Matte（屏幕蒙版）选项组下面的Clip Black（剪切黑色）和Clip White（剪切白色）参数。

执行"Effect（特效）>Keying（抠像）>Keylight（1.2）（键控）"菜单命令，在Effect Controls（滤镜控制）面板中展开Keylight（1.2）（键控）滤镜的参数，如图11-68所示。

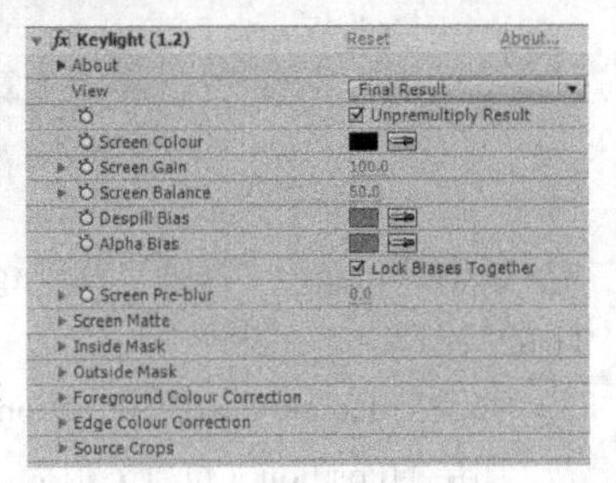

图11-68

1.View（视图）

View（视图）选项用来设置查看最终效果的方式，在其下拉列表中提供了11种查看方式，如图11-69所示。下面将介绍View（视图）方式中的几个最常用的选项。

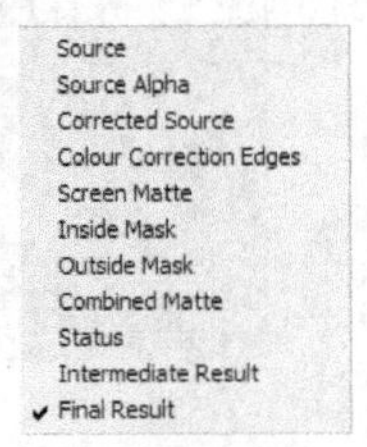

图11-69

技巧与提示

设置Screen Colour（屏幕色）时，不能将View（视图）选项设置为Final Result（最终结果），因为在进行第1次取色时，被选择抠出的颜色大部分都被消除了。

参数详解

Screen Matte（屏幕蒙版）：在设置Clip Black（剪切黑色）和Clip White（裁切白色）时，可以将View（视图）方

式设置为Screen Matte（屏幕蒙版），这样可以将屏幕中本来应该是完全透明的地方调整为黑色，将完全不透明的地方调整为白色，将半透明的地方调整为合适的灰色，如图11-70所示。

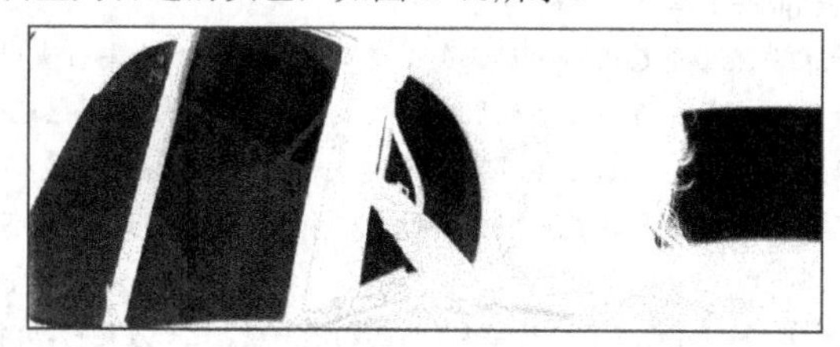

图11-70

技巧与提示

在设置Clip Black（剪切黑色）和Clip White（剪切白色）参数时，最好将View（视图）方式设置为Screen Matte（屏幕蒙版）模式，这样可以更方便地查看蒙版效果。

Status（**状态**）：将蒙版效果进行夸张、放大渲染，这样即便是很小的问题在屏幕上也将被放大显示出来，如图11-71所示。

图11-71

技巧与提示

Status（状态）视图中显示了黑、白、灰3种颜色，黑色区域在最终效果中处于完全透明状态，也就是颜色被完全抠出的区域，这个地方就可以使用其他背景来代替；白色区域在最终效果中显示为前景画面，这个地方的颜色将完全保留下来；灰色区域表示颜色没有被完全抠出，显示的是前景和背景叠加的效果，在画面前景的边缘需要保留灰色像素来达到一种完美的前景边缘过渡与处理效果。

Final Result（**最终结果**）：显示当前抠像的最终效果。

Despill Bias（**反溢出偏差**）：在设置Screen Colour（屏幕色）时，虽然Keylight滤镜会自动抑制前景的边缘溢出色，但在前景的边缘处往往还是会残留一些抠出色，该选项就是用来控制残留抠出色的。

技巧与提示

一般情况下，Despill Bias（反溢出偏差）参数和Alpha Bias（Alpha偏差）参数是关联在一起的，调节其中的任何一个参数，另一个参数也会跟着发生相应的改变。

2.Screen Colour（屏幕色）

Screen Colour（屏幕色）用来设置需要被抠出的屏幕色，可以使用该选项后面的“吸管工具”在Composition（合成）面板中吸取相应的屏幕色，这样就会自动创建一个Screen Matte（屏幕蒙版），并且这个蒙版会自动抑制蒙版边缘溢出的抠出颜色。

11.4.3 高级抠像

1.Screen Colour（屏幕色）

无论是基本抠像还是高级抠像，Screen Colour（屏幕色）都是必须设置的一个选项。使用Keylight（键控）滤镜进行抠像的第1步就是使用Screen Colour（屏幕色）后面的“吸管工具”在屏幕上对抠出的颜色进行取样，取样的范围包括主要色调（如蓝色和绿色）与颜色饱和度。

一旦指定了Screen Colour（屏幕色）后，Keylight（键控）滤镜就会在整个画面中分析所有的像素，并且比较这些像素的颜色和取样的颜色在色调和饱和度上的差异，然后根据比较的结果来设定画面的透明区域，并相应地对前景画面的边缘颜色进行修改。

技巧与提示

这里介绍一下图像像素与Screen Colour（屏幕色）的关系。

背景像素：如果图像中像素的色相与Screen Colour（屏幕色）类似，并且饱和度与设置的抠出颜色的饱和度一致或更高，那么这些像素就会被认为是图像的背景像素，因此将会被全部抠出，变成完全透明的效果，如图11-72所示。

边界像素：如果图像中像素的色相与Screen Colour（屏幕色）的色相类似，但是它的饱和度要低于屏幕色的饱和度，那么这些像素就会被认为是前景的边界像素，这样像素颜色就会减去屏幕色的加权值，从而使这些像素变成半透明效果，并且会对它的溢出颜色进行适当的抑制，如图11-73所示。

前景像素：如果图像中像素的色相与Screen Colour（屏幕色）的色相不一致，比如在图11-74中，像素的色相为绿色，Screen Colour（屏幕色）的色相为蓝色，这样Keylight（键控）滤镜经过比较后就会将绿色像素当作为前景颜色，因此绿色将完全被保留下来。

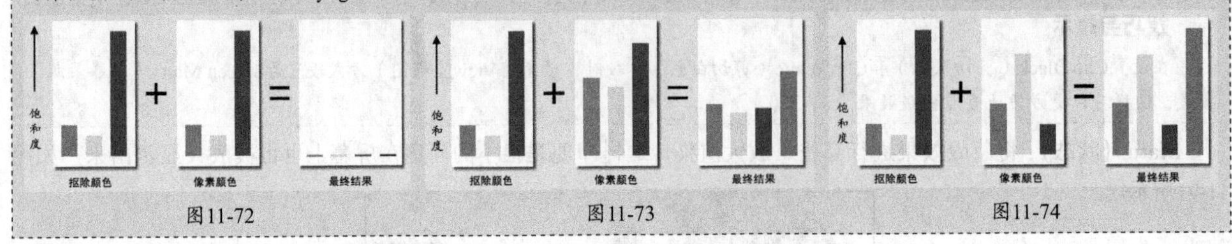

图11-72　　图11-73　　图11-74

2.Despill Bias（反溢出偏差）

Despill Bias（反溢出偏差）参数可以用来设置Screen Colour（屏幕色）的反溢出效果，如在图11-75（左）中直接对素材应用Screen Colour（屏幕色），然后设置抠出颜色为蓝色后的抠像效果并不理想，如图11-75（右）所示。此时Despill Bias（反溢出偏差）参数为默认值。

从图11-75（右）中不难看出，头发边缘还有蓝色像素没有被完全抠出，这时就需要设置Despill Bias（反溢出偏差）颜色为前景边缘的像素颜色，也就是毛发的颜色，这样抠取出来的图像效果就会得到很大改善，如图11-76所示。

图11-75　　图11-76

3.Alpha Bias（Alpha偏差）

在一般情况下都不需要单独调节Alpha Bias（Alpha偏差）属性，但是在绿屏中的红色信息多于绿色信息时，并且前景的红色通道信息也比较多的情况下，就需要单独调节Alpha Bias（Alpha偏差）参数，否则很难抠出图像，如图11-77所示。

图11-77

技巧与提示

在选取Alpha Bias（Alpha偏差）颜色时，一般都要选择与图像中的背景颜色具有相同色相的颜色，并且这些颜色的亮度要比较高才行。

4.Screen Gain（屏幕增益）

Screen Gain（屏幕增益）参数主要用来设置Screen Colour（屏幕色）被抠出的程度，其值越大，被抠出的颜色就越多，如图11-78所示。

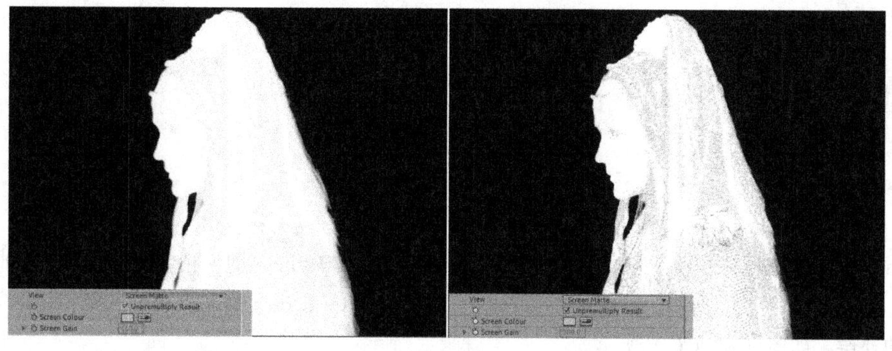

图11-78

技巧与提示

调节Screen Gain（屏幕增益）参数时，其数值不能太小，也不能太大。在一般情况下，使用Clip Black（剪切黑色）和Clip White（剪切白色）两个参数来优化Screen Matte（屏幕蒙版）的效果比使用Screen Gain（屏幕增益）的效果要好。

5.Screen Balance（屏幕平衡）

Screen Balance（屏幕平衡）参数是通过在RGB颜色值中对主要颜色的饱和度与其他两个颜色通道的饱和度的平均加权值进行比较，所得出的结果就是Screen Balance（屏幕平衡）的属性值。例如，Screen Balance（屏幕平衡）为100%时，Screen Colour（屏幕色）的饱和度占绝对优势，而其他两种颜色的饱和度几乎为0。

技巧与提示

根据素材的不同，需要设置的Screen Balance（屏幕平衡）值也有所差异。在一般情况下，蓝屏素材设置为95%左右即可，而绿屏素材设置为50%左右就可以了。

6.Screen Pre-blur（屏幕预模糊）

Screen Pre-blur（屏幕预模糊）参数可以在对素材进行蒙版操作前，首先对画面进行轻微的模糊处理，这种预模糊的处理方式可以降低画面的噪点效果。

7.Screen Matte（屏幕蒙版）

Screen Matte（屏幕蒙版）参数组主要用来微调蒙版效果，这样可以更加精确地控制前景和背景的界线。展开Screen Matte（屏幕蒙版）参数组的相关参数，如图11-79所示。

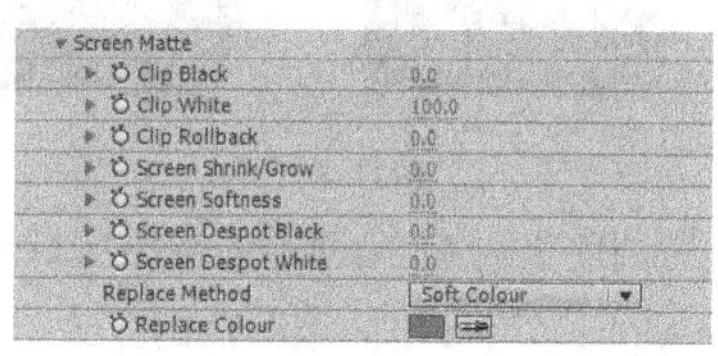

图11-79

参数详解

Clip Black（**剪切黑色**）：设置蒙版中黑色像素的起点值。如果在背景像素的地方出现了前景像素，那么这时就可以适当增大Clip Black（剪切黑色）的数值，以抠出所有的背景像素，如图11-80所示。

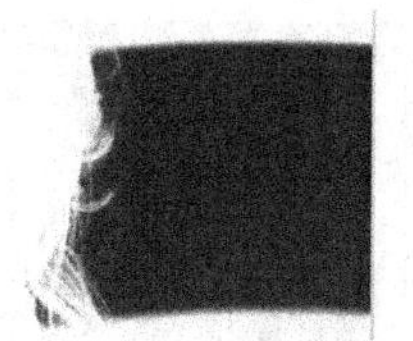

图11-80

Clip White（**剪切白色**）：设置蒙版中白色像素的起点值。如果在前景像素的地方出现了背景像素，那么这时就可以适当降低Clip White（剪切白色）数值，以达到满意的效果，如图11-81所示。

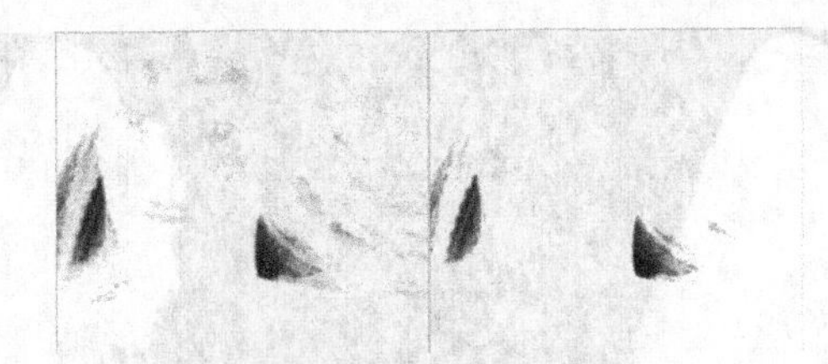

图11-81

Clip Rollback（剪切削减）：在调节Clip Black（剪切黑色）和Clip White（剪切白色）参数时，有时会对前景边缘像素产生破坏，如图11-82（左）所示，这时候就可以适当调整Clip Rollback（剪切削减）的数值，对前景的边缘像素进行一定程度的补偿，如图11-82（右）所示。

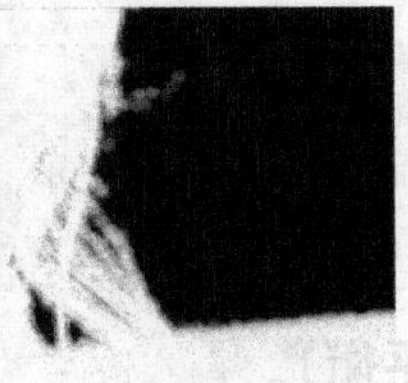

图11-82

Screen Shrink/Grow（屏幕收缩/扩张）：用来收缩或扩大蒙版的范围。

Screen Softness（屏幕柔化）：对整个蒙版进行模糊处理。注意，该选项只影响蒙版的模糊程度，不会影响到前景和背景。

Screen Despot Black（屏幕独占黑色）：让黑点与周围像素进行加权运算。增大其值可以消除白色区域内的黑点，如图11-83所示。

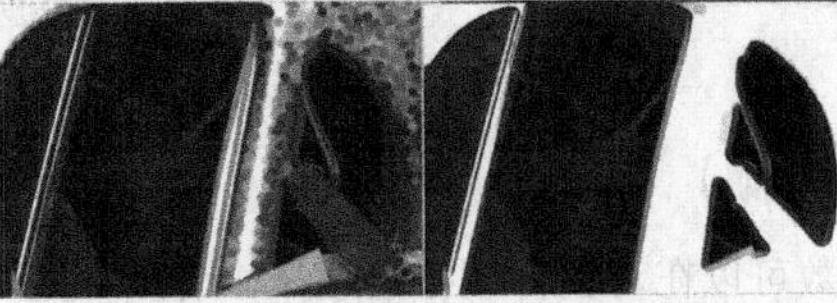

图11-83

Screen Despot White（屏幕独占白色）：让白点与周围像素进行加权运算。增大其值可以消除黑色区域内的白点，如图11-84所示。

图11-84

Replace Colour（替换颜色）：根据设置的颜色来对Alpha通道的溢出区域进行补救。

Replace Method（替换方式）：设置替换Alpha通道溢出区域颜色的方式，共有以下4种。

None（无）：不进行任何处理。

Source（源）：使用原始素材像素进行相应的补救。

Hard Colour（硬度色）：对任何增加的Alpha通道区域直接使用Replace Colour（替换颜色）进行补救，如图11-85所示（为了便于观察，这里故意将替换颜色设置为红色）。

图11-85

Soft Colour（柔和色）：对增加的Alpha通道区域进行Replace Colour（替换颜色）补救时，根据原始素材像素的亮度来进行相应的柔化处理，如图11-86所示。

图11-86

8.Inside Mask /Outside Mask（内/外侧遮罩）

使用Inside Mask（内侧遮罩）可以将前景内容隔离出来，使其不参与抠像处理，如前景中的主角身上穿有淡蓝色的衣服，但是这位主角又是站在蓝色的背景下进行拍摄的，那么就可以使用Inside Mask（内侧遮罩）来隔离前景颜色。使用Outside Mask（外侧遮罩）可以指定背景像素，不管遮罩内是何种内容，一律视为背景像素来进行抠出，这对于处理背景颜色不均匀的素材非常有用。

展开Inside Mask /Outside Mask（内/外侧遮罩）参数组的参数，如图11-87所示。

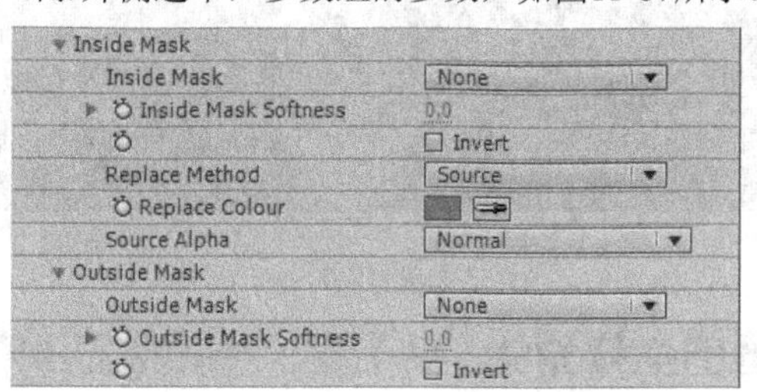

图11-87

参数详解

Inside Mask /Outside Mask（**内/外侧遮罩**）：选择内侧或外侧的遮罩。

Inside Mask Softness /Outside Mask Softness（**内/外侧遮罩柔化**）：设置内/外侧遮罩的柔化程度。

Invert（**反转**）：反转遮罩的方向。

Replace Method（**替换方式**）：与Screen Matte（屏幕蒙版）参数组中的Replace Method（替换方式）属性相同。

Replace Colour（**替换颜色**）：与Screen Matte（屏幕蒙版）参数组中的Replace Colour（替换颜色）属性相同。

Source Alpha（**源Alpha**）：该参数决定了Keylight（键控）滤镜如何处理源图像中本来就具有的Alpha通道信息。

9.Foreground Colour Correction（前景颜色校正）

Foreground Colour Correction（前景颜色校正）参数用来校正前景颜色，可以调整的参数包括Saturation（饱和度）、Contrast（对比度）、Brightness（亮度）、Colour Suppression（颜色抑制）和Colour Balancing（色彩平衡）。

10.Edge Colour Correction（边缘颜色校正）

Edge Colour Correction（边缘颜色校正）参数与Foreground Colour Correction（前景颜色校正）参数相似，主要用来校正蒙版边缘的颜色，可以在View（视图）列表中选择Colour Correction Edge（边缘颜色校正）来查看边缘像素的范围。

11.Source Crops（源裁剪）

Source Crops（源裁剪）参数组中的参数可以使用水平或垂直的方式来裁切源素材的画面，这样可以将图像边缘的非前景区域直接设置为透明效果。

课堂练习1——使用颜色抠像滤镜

素材位置	实例文件>CH11>课堂练习——使用颜色抠像滤镜
实例位置	实例文件>CH11>课堂练习——使用颜色抠像滤镜_Final.aep
视频位置	多媒体教学>CH11>课堂练习——使用颜色抠像滤镜.flv
难易指数	★★☆☆☆
练习目标	练习Color Key（颜色抠像）滤镜的用法

本练习的前后对比效果如图11-88所示。

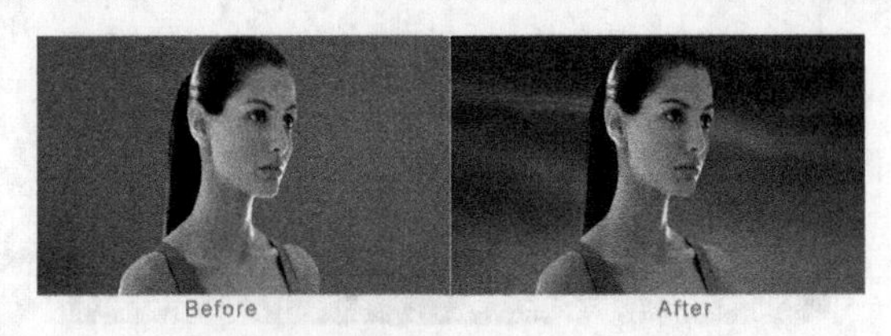

图11-88

课堂练习2——抠取颜色接近的镜头

素材位置	实例文件>CH11>课堂练习——抠取颜色接近的镜头
实例位置	实例文件>CH11>课堂练习——抠取颜色接近的镜头_Final.aep
视频位置	多媒体教学>CH11>课堂练习——抠取颜色接近的镜头.flv
难易指数	★★★☆☆
练习目标	练习Keylight（键控）滤镜的高级用法

本练习的前后对比效果如图11-89所示。

图11-89

课后习题1——使用色彩范围抠像滤镜

素材位置	实例文件>CH11>课后习题——使用色彩范围抠像滤镜
实例位置	实例文件>CH11>课后习题——使用色彩范围抠像滤镜_Final.aep
视频位置	多媒体教学>CH11>课后习题——使用色彩范围抠像滤镜.flv
难易指数	★★☆☆☆
练习目标	练习Color Range（色彩范围）抠像滤镜的用法

本习题的前后对比效果如图11-90所示。

图11-90

课后习题2——使用Keylight（键控）滤镜快速抠像

素材位置	实例文件>CH11>课后习题——使用Keylight（键控）滤镜快速抠像
实例位置	实例文件>CH11>课后习题——使用Keylight（键控）滤镜快速抠像_Final.aep
视频位置	多媒体教学>CH11>课后习题——使用Keylight（键控）滤镜快速抠像.flv
难易指数	★★★☆☆
练习目标	练习Keylight（键控）滤镜的常规用法

本习题的前后对比效果如图11-91所示。

图11-91

第12章

常用内置滤镜

课堂学习目标

- 掌握Generate（生成）滤镜组
- 掌握Stylize（风格化）滤镜组
- 掌握Blur & Shapern（模糊和锐化）滤镜组
- 掌握Perspective（透视）滤镜组
- 掌握Transition（转场）滤镜组
- 掌握Simulation（仿真）滤镜

本章导读

本章主要介绍After Effects CS6中的一些常用内置滤镜，内容主要包括Generate（生成）滤镜组、Stylize（风格化）滤镜组、Blur & Shapern（模糊和锐化）滤镜组、Perspective（透视）滤镜组、Transition（转场）滤镜组和Simulation（仿真）滤镜。

12.1 Generate（生成）滤镜组

本节主要学习Generate（生成）滤镜组下的Ramp（渐变）滤镜和4-Color Gradient（四色渐变）滤镜。

本节知识点

名称	作用	重要程度
Ramp（渐变）滤镜	创建色彩过渡的效果	高
4-Color Gradient（四色渐变）滤镜	模拟霓虹灯、流光溢彩等迷幻效果	高

12.1.1 课堂案例——视频背景的制作

素材位置　无
实例位置　实例文件>CH12>课堂案例——实战：视频背景的制作.aep
视频位置　多媒体教学>CH12>课堂案例——视频背景的制作.flv
难易指数　★★☆☆☆
学习目标　掌握4-Color Gradient（四色渐变）滤镜的用法

01 执行“Composition（合成）>New Composition（新建合成）”菜单命令，创建一个预置为PAL D1/DV的合成，然后设置Duration（持续时间）为3秒，并将其命名为“视频背景的制作”，如图12-1所示。

02 执行“Layer（图层）>New（新建）>Solid（固态图层）”菜单命令，新建一个名为BG的图层，如图12-2所示。

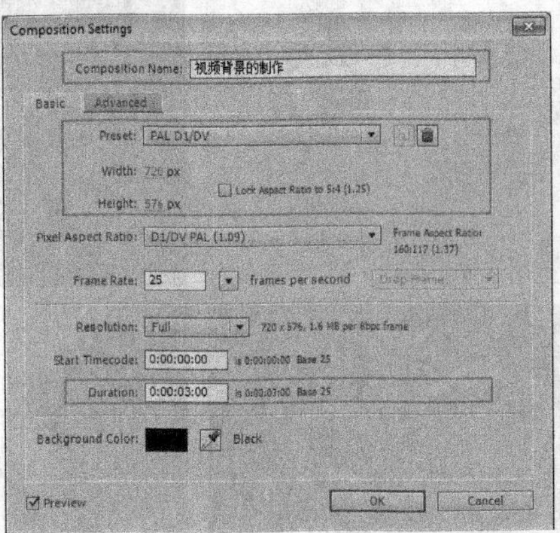

图12-1

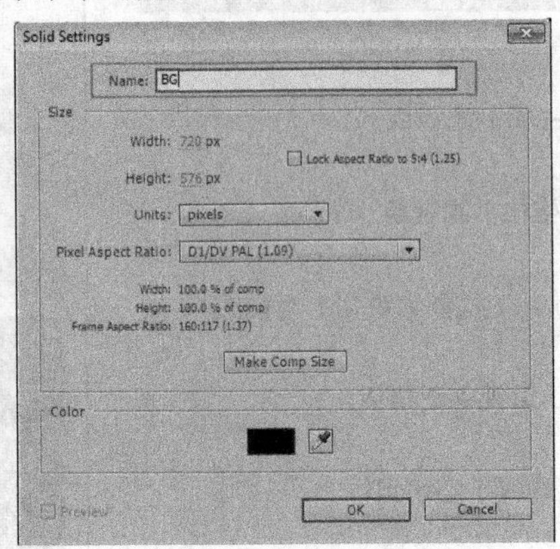

图12-2

03 选择BG图层，然后执行“Effect（滤镜)>Generate（生成）>4-Color Gradient（四色渐变）”菜单命令，为其添加4-Color Gradient（四色渐变）滤镜。接着设置Point 1（位置1）的值为（0，288），Color 1（颜色1）为（R:189，G:1，B:165），设置Point 2（位置2）的值为（360，288），Color 2（颜色2）为（R:212，G:72，B:194），设置Point 3（位置3）的值为（720，0），Color 3（颜色3）为（R:27，G:62，B:141），设置Point 4（位置4）的值为（720，570），Color 4（颜色4）为（R:0，G:10，B:32），最后修改Blend（融合）值为10，如图12-3所示。

04 通过上述操作后，完成了四种颜色融合过渡的背景制作，最终效果如图12-4所示。

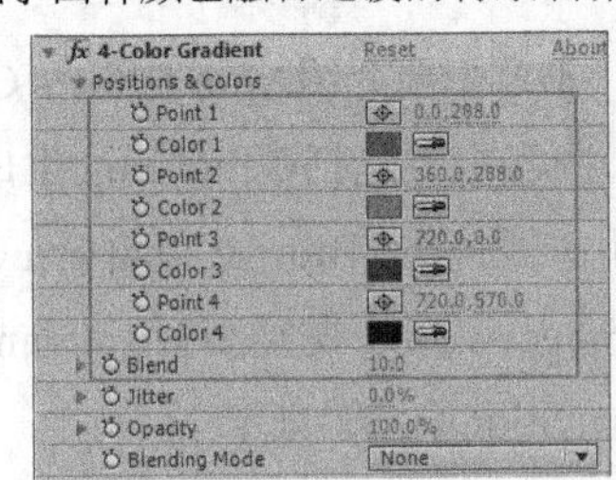

图12-3

图12-4

12.1.2 Ramp（渐变）滤镜

Ramp（渐变）滤镜可以用来创建色彩过渡的效果，其应用频率非常高。执行“Effect（特效）>Generate（生成）>Ramp（渐变）”菜单命令，然后在Effect Controls（滤镜控制）面板中展开Ramp（渐变）滤镜的参数，如图12-5所示。

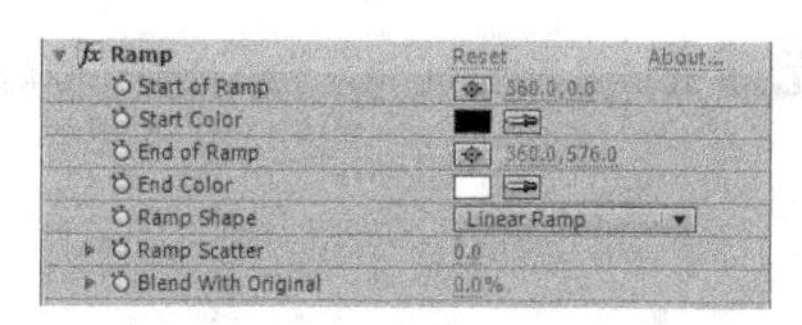

图12-5

参数详解

Start of Ramp（**渐变开始点**）：用来设置渐变的起点位置。

Start Color（**开始点颜色**）：用来设置渐变开始位置的颜色。

End of Ramp（**渐变结束点**）：用来设置渐变的终点位置。

End Color（**结束点颜色**）：用来设置渐变终点位置的颜色。

Ramp Shape（**渐变类型**）：用来设置渐变的类型。有以下两种类型，如图12-6所示。

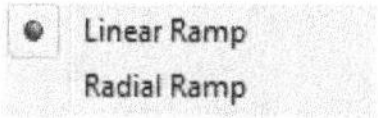

Linear Ramp
Radial Ramp

图12-6

Linear Ramp（线性渐变）：沿着一条轴线（水平或垂直）改变颜色，从起点到终点颜色进行顺序渐变。

Radial Ramp（径向渐变）：从起点到终点颜色从内到外进行圆形渐变。

Ramp Scatter（**渐变扩散**）：用来设置渐变颜色的颗粒效果（或扩展效果）。

Blend With original（**混合源图像**）：用来设置与源图像融合的百分比。

12.1.3 4-Color Gradient（四色渐变）滤镜

4-Color Gradient（四色渐变）滤镜在一定程度上弥补了Ramp（渐变）滤镜在颜色控制方面的不足。使用该滤镜还可以模拟霓虹灯、流光溢彩等迷幻效果。

执行“Effect（特效）>Generate（生成）>4-Color Gradient（四色渐变）”菜单命令，然后在Effect Controls（滤镜控制）面板中展开4-Color Gradient（四色渐变）滤镜的参数，如图12-7所示。

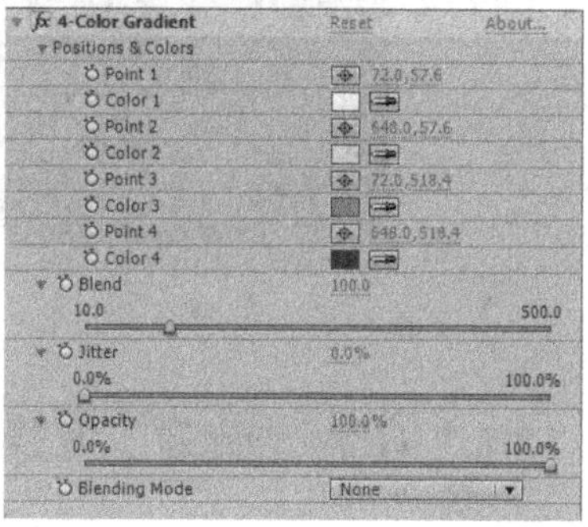

图12-7

参数详解

Blend With original（**混合源图像**）：用来设置与源图像融合的百分比。

Point 1（位置1）：设置颜色1的位置。

Color 1（颜色1）：设置位置1处的颜色。

Point 2（位置2）：设置颜色2的位置。

Color 2（颜色2）：设置位置2处的颜色。

Point 3（位置3）：设置颜色3的位置。

Color 3（颜色3）：设置位置3处的颜色。

Point 4（位置4）：设置颜色4的位置。

Color 4（颜色4）：设置位置4处的颜色。

Blend（**融合**）：设置4种颜色之间的融合度。

Jitter（**抖动**）：设置颜色的颗粒效果（或扩展效果）。

Opacity（**不透明度**）：设置四色渐变的不透明度。

Blending Mode（**叠加模式**）：设置四色渐变与源图层的图层叠加模式。

12.2 Stylize（风格化）滤镜组

本节主要学习Stylize（风格化）滤镜组下的Glow（光晕）滤镜。

本节知识点

名称	作用	重要程度
Glow（光晕）滤镜	使图像中的文字、Logo和带有Alpha通道的图像产生发光的效果	高

12.2.1 课堂案例——光线辉光效果

素材位置	实例文件>CH12>课堂案例——光线辉光效果
实例位置	实例文件>CH12>课堂案例——光线辉光效果_Final.aep
视频位置	多媒体教学>CH12>课堂案例——光线辉光效果.flv
难易指数	★★☆☆☆
学习目标	掌握Glow（光晕）滤镜的用法

制作光线辉光效果后的对比效果如图12-8所示。

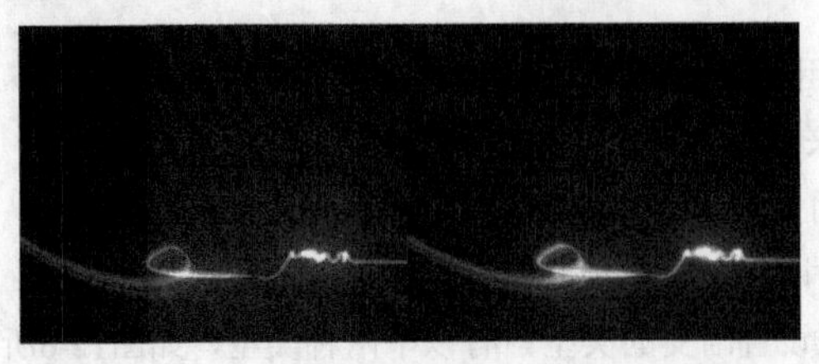

图12-8

01 使用After Effects CS6打开“课堂案例——光线辉光效果.aep”文件，如图12-9所示。

02 选择Light.tga图层，然后执行“Effect（特效）>Stylize（风格化）>Glow（光晕）”菜单命令，为其添加Glow（光晕）滤镜，接着设置Glow Threshold（光晕容差值）为30%，Glow Radius（光晕半径）为15，Glow Colors（颜色控制方式）为A & B Colors（A和B的颜色），Color A（颜色A）为（R:255，G:122，B:122），Color B（颜色B）为（R:255，G:0，B:0），如图12-10所示。

03 经过优化操作之后，光带产生了光晕效果，如图12-11所示。

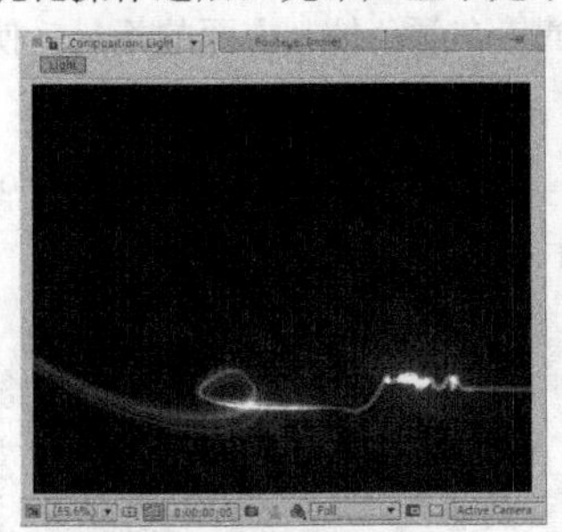

图12-9

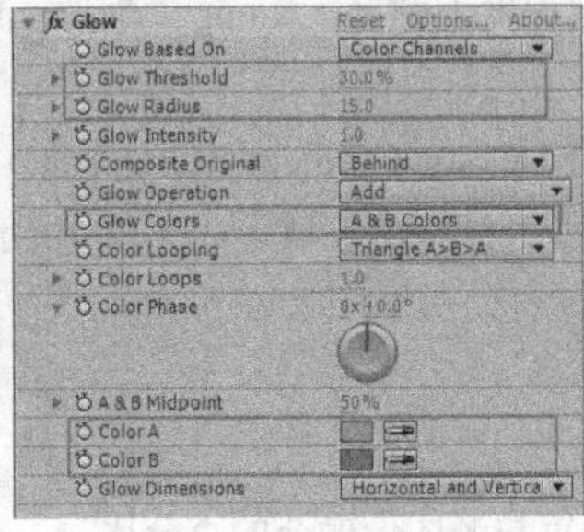

图12-10

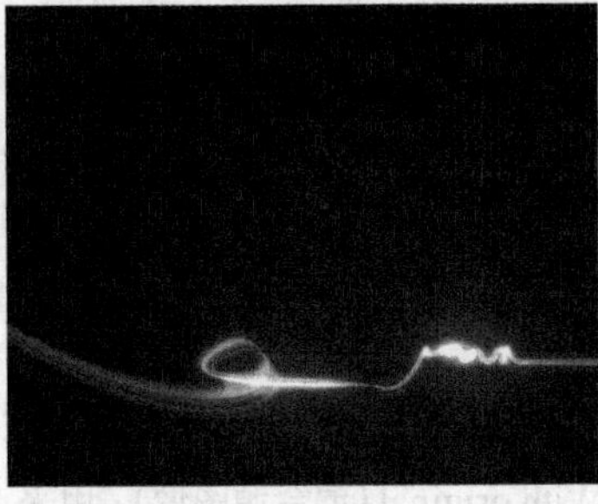

图12-11

12.2.2 Glow（光晕）滤镜

Glow（光晕）滤镜在经常用于图像中的文字、Logo和带有Alpha通道的图像，产生发光的效果。执行“Effect（特效）>Stylize（风格化）>Glow（光晕）”菜单命令，然后在Effect Controls（滤镜控制）面板中展开Glow（光晕）滤镜的参数，如图12-12所示。

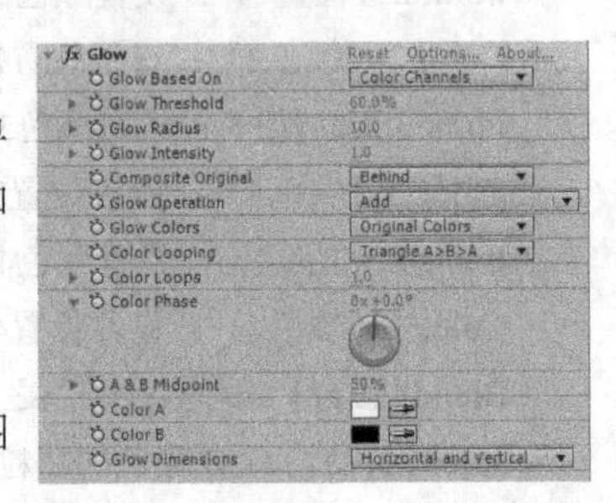

图12-12

参数详解

Glow Based On（**光晕基于**）：设置光晕基于的通道，有以下两种类型，如图12-13所示。

Alpha Channel（Alpha通道）：基于Alpha通道的信息产生光晕。

Color Channels（颜色通道）：基于颜色通道的信息产生光晕。

Glow Threshold（**光晕容差值**）：用来设置光晕的容差值。

Glow Radius（**光晕半径**）：设置光晕的半径大小。

Glow Intensity（**光晕强度**）：设置光晕发光的强度值。

Composite Original（**源图层的合成位置**）：用来设置源图层与光晕合成的位置顺序，有以下3种类型，如图12-14所示。

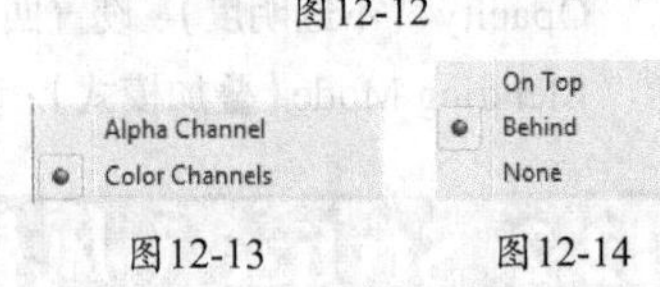

图12-13　图12-14

On Top（在上面）：源图层颜色信息在光晕的上面。

Behind（在后面）：源图层颜色信息在光晕的后面。

None（无）：无。

Glow Operation（**发光模式**）：用来设置发光的模式，类似层模式的选择。

Glow Colors（**颜色控制方式**）：用来设置光晕颜色的控制方式，有以下3种类型，如图12-15所示。

Original Colors
A & B Colors
Arbitrary Map

图12-15

Original Colors（原来的颜色）：光晕的颜色信息来源于图像的自身颜色。

A & B Colors（A和B的颜色）：光晕的颜色信息来源于自定义的A和B的颜色。

Arbitrary Map（任意图像）：光晕的颜色信息来源于任意图像。

Color Looping（**颜色循环的方式**）：设置光晕颜色循环的控制方式。

Color Loops（**颜色循环**）：设置光晕的颜色循环。

Color Phase（**颜色相位**）：设置光晕的颜色相位。

A & B Midpoint（**颜色A和B的中点**）：设置颜色A和B的中点百分比。

Color A（**颜色A**）：颜色A的颜色设置。

Color B（**颜色B**）：颜色B的颜色设置。

Glow Dimensions（**光晕作用方向**）：设置光晕作用方向。

12.3 Blur & Sharpen（模糊和锐化）滤镜组

“模糊”是滤镜合成工作中最常用的效果之一，模拟画面的视觉中心、虚实结合等，这样即使是平面素材的后期合成处理，也能给人以对比和空间感，获得更好的视觉感受。

另外，可以适当使用“模糊”来提升画面的质量（在三维建筑动画的后期合成中，“模糊”可谓是必杀技），很多相对比较粗糙的画面，经过“模糊”处理后都可以变得赏心悦目。

本节主要学习Blur & Sharpen（模糊和锐化）滤镜组下的Fast Blur（快速模糊）、Gaussian Blur（高斯模糊）、Camera Lens Blur（镜头模糊）、Compound Blur（复合模糊）和Radial Blur（径向模糊）滤镜。

本节知识点

名称	作用	重要程度
Fast Blur（快速模糊）/Gaussian Blur（高斯模糊）滤镜	模糊和柔化图像，去除画面中的杂点	高
Camera Lens Blur（镜头模糊）滤镜	模拟画面的景深效果	高
Compound Blur（复合模糊）滤镜	根据参考层画面的亮度值对效果层的像素进行模糊处理	高
Radial Blur（径向模糊）滤镜	围绕自定义的一个点产生模糊效果，常用于模拟镜头的推拉和旋转效果	高

12.3.1 课堂案例——镜头视觉中心

素材位置	实例文件>CH12>课堂案例——镜头视觉中心
实例位置	实例文件>CH12>课堂案例——镜头视觉中心_Final.aep
视频位置	实例文件>CH12>课堂案例——镜头视觉中心.flv
难易指数	★★★☆☆
学习目标	掌握Camera Lens Blur（镜头模糊）滤镜的用法

完成镜头视觉中心处理后的前后对比效果如图12-16所示。

图12-16

01 使用After Effects CS6打开“课堂案例——镜头视觉中心”素材文件，如图12-17所示。

02 执行“Layer（图层）>New（新建）>Solid（固态图层）”菜单命令，新建一个名为Blur Map的图层，如图12-18所示。

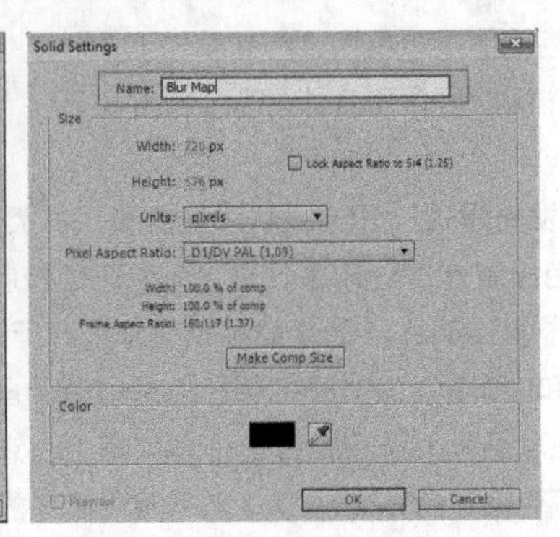

图12-17　　图12-18

03 选择Blur Map（模糊贴图）图层，然后执行“Effect（特效）>Generate（生成）>Ramp（渐变）”菜单命令，为其添加Ramp（渐变）滤镜，接着设置Start of Ramp（渐变的开始点）值为（540，182），End of Ramp（渐变的结束点）值为（254，392），Ramp Shape（渐变类型）为Radial Ramp（径向渐变），如图12-19和图12-20所示。

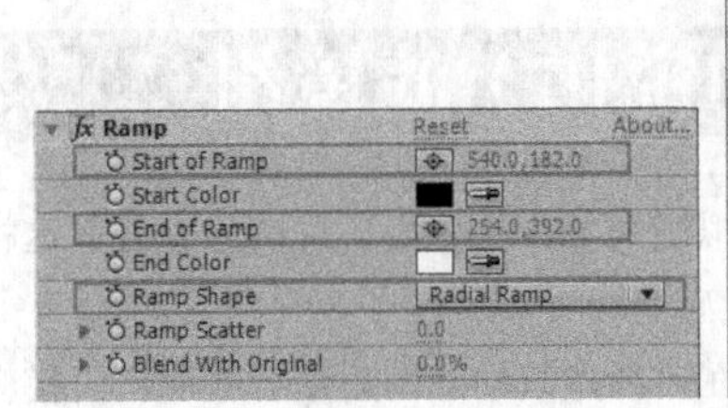

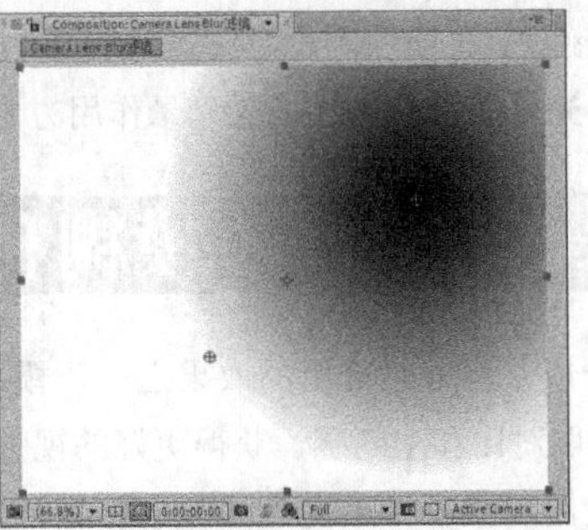

图12-19　　图12-20

技巧与提示

在Camera Lens Blur（镜头模糊）滤镜的Blur Map（模糊图像）参数栏中，系统读取参考图像的黑色部分不产生模糊，因此黑色区域用来表示画面的视觉中心。而白色部分则产生模糊，因此用白色区域表示画面的模糊区域。

04 选择Blur Map（模糊贴图）图层，按Ctrl+Shift+C组合键合并图层，如图12-21所示。

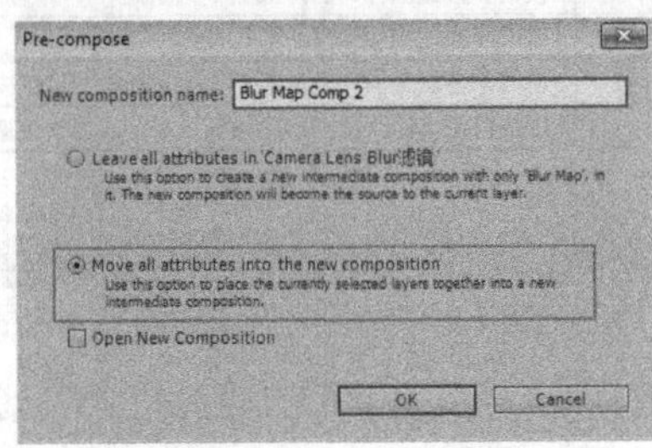

图12-21

技巧与提示

将图层进行合并操作在After Effects中有着非常重要的意义，在Camera Lens Blur（镜头模糊）滤镜的Blur Map（模糊图像）属性中，Layer（模糊参考图层）属性只能识别参考图层的通道信息。在上面的操作设置中，模糊参考图层原本只是一个固态图层，其通道上并没有黑白灰的过渡信息，虽然添加了Ramp（渐变）滤镜，但通过合并图层的设置后，Layer（模糊参考图层）就可以完全识别新图层上的通道信息了，这一点非常关键。

05 关闭Blur Map Comp 2图层的显示，选择Clip.jpg图层，执行“Effect（特效）>Blur & Sharpen（模糊和锐化）>Camera Lens Blur（镜头模糊）”菜单命令，为其添加Camera Lens Blur（镜头模糊）滤镜。在Blur Map（模糊图像）属性栏中设置Layer（模糊参考图层）为Blur Map Comp 2，Channel（通道）为Luminance（亮度），最后勾选Repeat Edge Pixels（边缘像素重复）选项，如图12-22所示。

06 通过上述的设置与操作后，画面中右侧的杯子和盘子成了表现的主体，画面的空间和深度感更加舒服了，最终效果如图12-23所示。

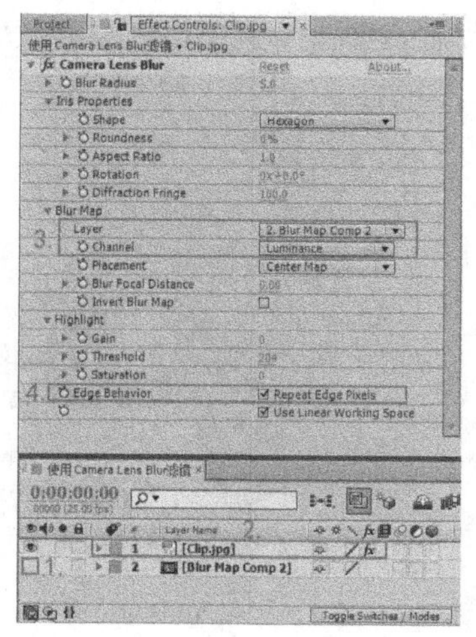

图12-22

图12-23

12.3.2 Fast Blur（快速模糊）/Gaussian Blur（高斯模糊）滤镜

Fast Blur（快速模糊）和Gaussian Blur（高斯模糊）这两个滤镜的参数都差不多，都可以用来模糊和柔化图像，去除画面中的杂点，其参数设置如图12-24所示。

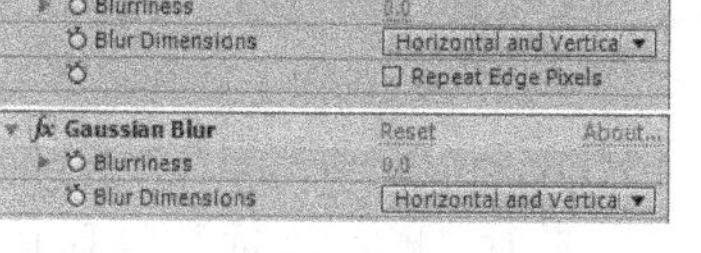

图12-24

参数详解

Blurriness（模糊强度）：用来设置画面的模糊强度。

Blur Dimensions（模糊方向）：用来设置图像模糊的方向，有以下3个选项，如图12-25所示。

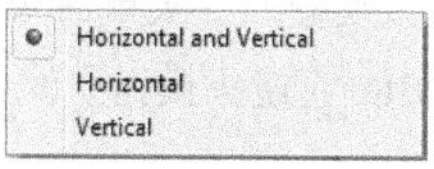

Horizontal and Vertical
Horizontal
Vertical

图12-25

Horizontal and Vertical（水平和垂直）：图像在水平和垂直方向都产生模糊。

Horizontal（水平）：图像在水平方向上产生模糊。

Vertical（垂直）：图像在垂直方向上产生模糊。

Repeat Edge Pixels（边缘像素重复）：主要用来设置图像边缘的模糊。

通过上述参数对比，两个滤镜之间的区别在于Fast Blur（快速模糊）比Gaussian Blur（高斯模糊）多了Repeat Edge Pixels（边缘像素重复）选项。

当图像设置为高质量时，Fast Blur（快速模糊）滤镜与Gaussian Blur（高斯模糊）滤镜的效果极其相似，只不过Fast Blur（快速模糊）滤镜对于大面积的模糊速度更快，且可以控制图像边缘的模糊重复值。

技巧与提示

这里介绍一下Fast Blur（快速模糊）与Gaussian Blur（高斯模糊）滤镜的区别。

前面说过，Fast Blur（快速模糊）滤镜比Gaussian Blur（高斯模糊）滤镜多出了Repeat Edge Pixels（边缘像素重复）选项，现在来了解一下该选项的具体含义和应用。

观察图12-26和图12-27，这两张图使用的是同一图像和相同的Blurriness（模糊强度）值，其中图12-26没有勾选Repeat Edge Pixels（边缘像素重复）选项，此时图像的边缘出现了透明的效果；而图12-27勾选了Repeat Edge Pixels（边缘像素重复）选项，此时图像的边缘与整体画面同步执行模糊的效果。

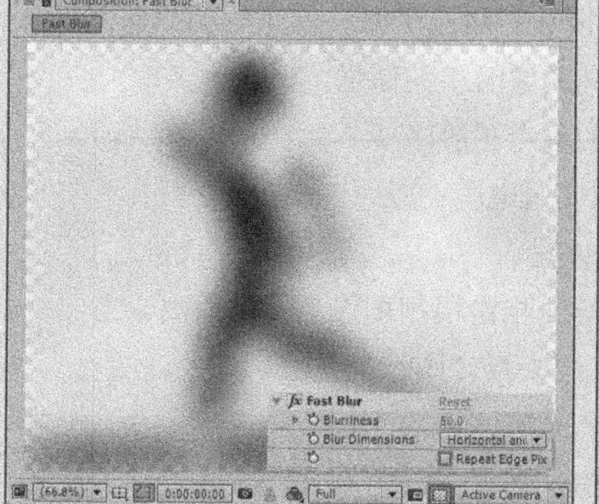

图12-26

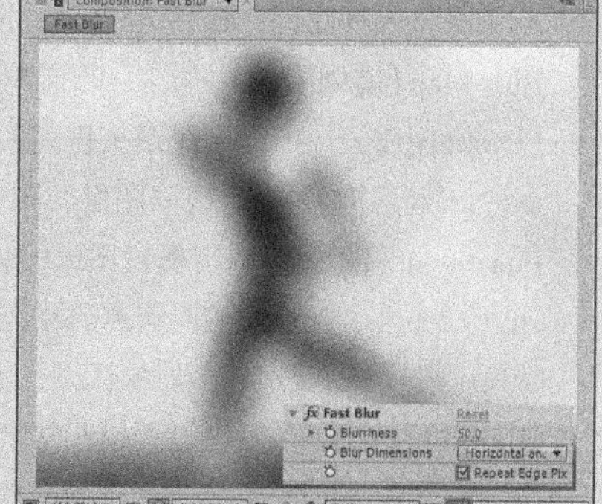

图12-27

再来观察图12-28和图12-29。在图12-28中，添加了Gaussian Blur（高斯模糊）滤镜，此时图像的边缘也出现了透明的效果；而在图12-29中，添加了Fast Blur（快速模糊）滤镜，同时不勾选Repeat Edge Pixels（边缘像素重复）选项，此时图像的边缘出现透明效果。

图12-28

图12-29

综上所述，在一定的情况下，Gaussian Blur（高斯模糊）滤镜产生的效果就是Fast Blur（快速模糊）滤镜未勾选Repeat Edge Pixels（边缘像素重复）选项时所产生的效果。

12.3.3 Camera Lens Blur（镜头模糊）滤镜

Camera Lens Blur（镜头模糊）滤镜可以用来模拟不在摄像机聚焦平面内物体的模糊效果（说白了就是常常用来模拟画面的景深效果），其模糊的效果取决于Iris Properties（镜头属性）和Blur Map（模糊贴图）的设置。

执行“Effect（特效）>Blur & Sharpen（模糊和锐化）>Camera Lens Blur（镜头模糊）”菜单命令，然后在Effect Controls（滤镜控制）面板中展开Camera Lens Blur（镜头模糊）滤镜的参数，如图12-30所示。

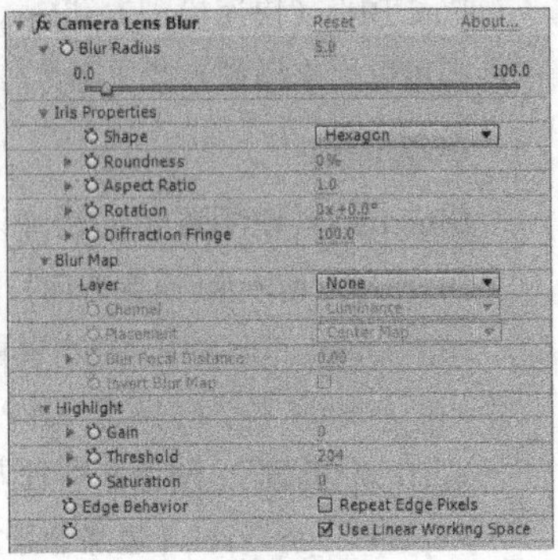

图12-30

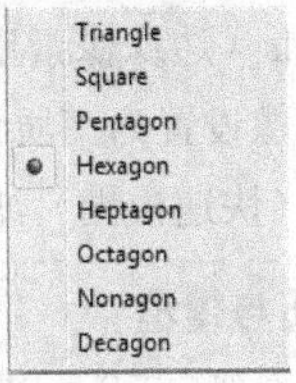

图12-31

参数详解

Blur Radius（模糊半径）：设置镜头模糊的半径大小。

Iris Properties（镜头属性）：设置摄像机镜头的属性。

Shape（形状）：用来控制摄像机镜头的形状，一共有Triangle（三角形）、Square（正方形）、Pentagon（五边形）、Hexagon（六边形）、Heptagon（七角形）、Octagon（八边形）、Nonagon（九边形）和Decagon（十边形）8种，如图12-31所示。

Roundness（圆度）：用来设置镜头的圆滑度。

Aspect Ratio（画面比率）：用来设置镜头的画面比率。

Blur Map（模糊图像）：用来读取模糊图像的相关信息。

Layer（图层）：指定设置镜头模糊的参考图层。

Channel（通道）：指定模糊图像的图层通道。

Placement（位置）：指定模糊图像的位置。

Blur Focal Distance（模糊焦点的距离）：指定模糊图像焦点的距离。

Invert Blur Map（反转图像的模糊）：用来反转图像的焦点。

Highlight（高光）：用来设置镜头的高光属性。

Gain（增益）：用来设置图像的增益值。

Threshold（容差）：用来设置图像的容差值。

Saturation（饱和度）：用来设置图像的饱和度。

Edge Behavior（边缘方式）：用来设置图像边缘模糊的重复值。

12.3.4 Compound Blur（复合模糊）滤镜

Compound Blur（复合模糊）滤镜可以理解为Camera Lens Blur（镜头模糊）滤镜的简化版本。Compound Blur（复合模糊）滤镜根据参考层画面的亮度值对效果层的像素进行模糊处理。

在Compound Blur（复合模糊）滤镜中，Blur Layer（模糊层）参数用来指定模糊的参考图层，Maximum Blur（最大模糊）用来设置图层的模糊强度，If Layer Sizes Differ（如果图的大小不同）用来设置图层的大小匹配方式，Invert Blur（反转模糊）用来反转图层的焦点，如图12-32所示。

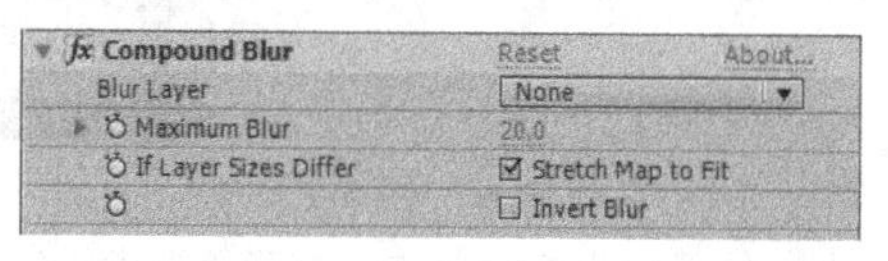

图12-32

Compound Blur（复合模糊）滤镜在一般会配合Displacement Map（置换贴图）滤镜来组合使用，常说的“烟雾字”效果就是其典型的案例。在本章后面的实战中，会有具体的讲解。

12.3.5 Radial Blur（径向模糊）滤镜

Radial Blur（径向模糊）滤镜围绕自定义的一个点产生模糊效果，常用来模拟镜头的推拉和旋转效果。在图层高质量开关打开的情况下，可以指定抗锯齿的程度，在草图质量下没有抗锯齿作用。

执行“Effect（特效）>Blur & Sharpen（模糊和锐化）>Radial Blur（径向模糊）”菜单命令，然后在Effect Controls（滤镜控制）面板中展开Radial Blur（径向模糊）滤镜的参数，如图12-33所示。

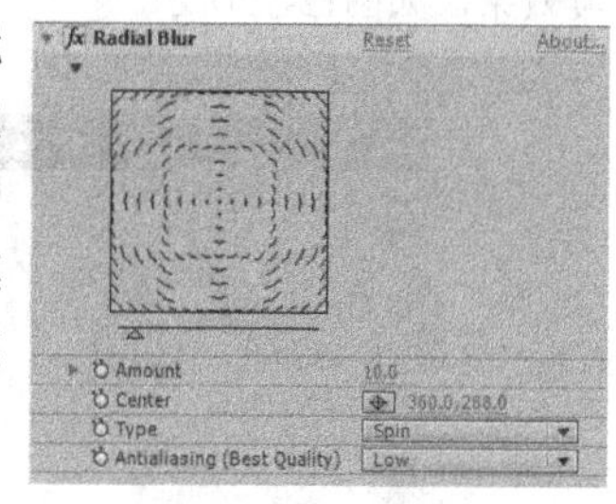

图12-33

参数详解

Amount（**强度**）：设置径向模糊的强度。

Center（**中心**）：设置径向模糊的中心位置。

Type（**样式**）：设置径向模糊的样式，共有两种样式，如图12-34所示。

Spin（旋转）：围绕自定义的位置点，模拟镜头旋转的效果。

Zoom（缩放）：围绕自定义的位置点，模拟镜头推拉的效果。

Antialiasing（Best Quality）（**抗锯齿**）：设置图像的质量，共有两种质量选择，如图12-35所示。

Low（草图质量）：设置图像的质量为草图级别（低级别）。

High（高质量）：设置图像的质量为高质量。

Spin
Zoom

图12-34

Low
High

图12-35

12.4 Perspective（透视）滤镜组

在透视组中，主要学习Perspective（透视）滤镜组中的Bevel Alpha（倒角Alpha）、Drop Shadow（投影）和Radial Shadow（径向投影）滤镜。

本节知识点

名称	作用	重要程度
Bevel Alpha（倒角Alpha）滤镜	通过二维的Alpha（通道）使图像出现分界，形成假三维的倒角效果	高
Drop Shadow（投影）/Radial Shadow（径向投影）滤镜	Drop Shadow（投影）滤镜是由图像的Alpha（通道）所产生的图像阴影形状所决定的； Radial Shadow（径向投影）滤镜则通过自定义光源点所在的位置并照射图像产生阴影效果	高

12.4.1 课堂案例——画面阴影效果的制作

素材位置	实例文件>CH12>课堂案例——画面阴影效果的制作
实例位置	实例文件>CH12>课堂案例——画面阴影效果的制作_Final.aep
视频位置	多媒体教学>CH12>课堂案例——画面阴影效果的制作.flv
难易指数	★★☆☆☆
学习目标	掌握Radial Shadow（径向投影）滤镜的用法

本例画面阴影效果的前后对比如图12-36所示。

图12-36

01 使用After Effects CS6打开“课堂案例——画面阴影效果.aep”文件，如图12-37所示。

02 选择Image图层，然后执行“Effect（特效）>Perspective（透视）>Radial Shadow（径向投影）”菜单命令，为其添加Radial Shadow（径向投影）滤镜，接着设置Opacity（不透明度）值为25%，Light Source（灯光位置）值为（360，288），Projection Distance（距离）值为20，Softness（柔化）值为30，如图12-38所示。

03 通过上述的操作，画面中的元素产生了较为真实且自然的投影效果，尤其是灯光照射后阴影的角度和边缘的过渡效果，如图12-39所示。

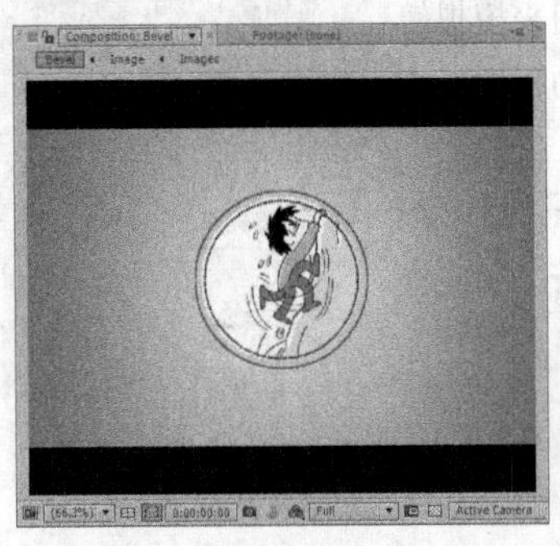

图12-37

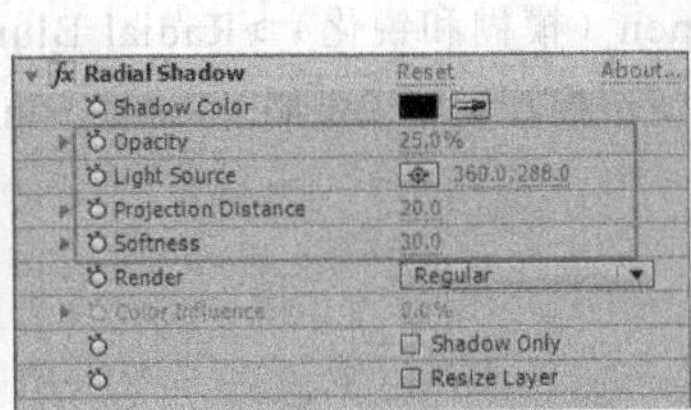

图12-38

图12-39

技巧与提示

Drop Shadow（投影）滤镜在模拟阴影效果上完全可以胜任日常的合成工作，但如果对模拟的阴影要求相对比较高且要求阴影的可控性更方便，则可以使用Radial Shadow（径向投影）滤镜。

12.4.2 Bevel Alpha（倒角Alpha）滤镜

Bevel Alpha（倒角Alpha）滤镜可以通过二维的Alpha（通道）使图像出现分界，形成假三维的倒角效果。执行“Effect（特效）>Perspective（透视）>Bevel Alpha（倒角Alpha）”菜单命令，然后在Effect Controls（滤镜控制）面板中展开Bevel Alpha（倒角Alpha）滤镜的参数，如图12-40所示。

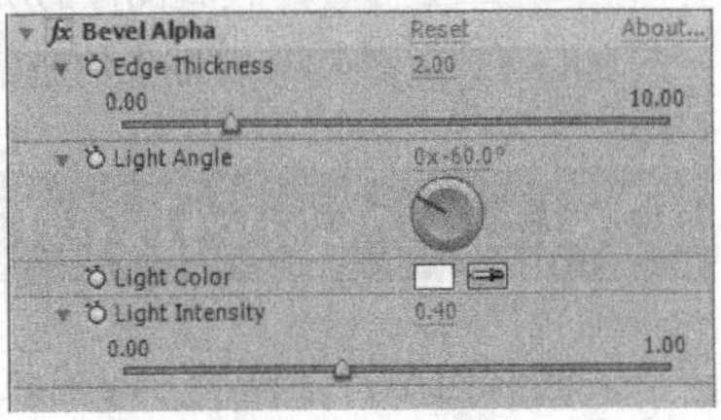

图12-40

参数详解

Edge Thickness（**边缘厚度**）：用来设置图像边缘的厚度效果。

Light Angle（**灯光角度**）：用来设置灯光照射的角度。

Light Color（**灯光颜色**）：用来设置灯光照射的颜色。

Light Intensity（**灯光强度**）：用来设置灯光照射的强度。

技巧与提示

在日常合成工作中，Bevel Alpha（倒角Alpha）滤镜的使用频率非常高，相关参数调节也是实时预览可见的。适当有效地使用该滤镜，能让画面中的视觉主体元素更加突出。

12.4.3 Drop Shadow（投影）/Radial Shadow（径向投影）滤镜

Drop Shadow（投影）滤镜与Radial Shadow（径向投影）滤镜的区别在于Drop Shadow（投影）滤镜所产生的图

像阴影形状是由图像的Alpha（通道）所决定的，而Radial Shadow（径向投影）滤镜则通过自定义光源点所在的位置并照射图像产生阴影效果。

两个滤镜的参数如图12-41所示。

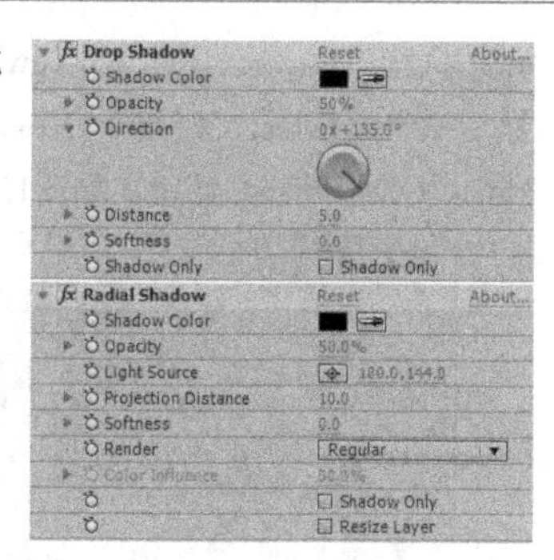

图12-41

参数详解

两者共有参数如下。

Shadow Color（**阴影颜色**）：用来设置图像投影的颜色效果。

Opacity（**不透明度**）：用来设置图像投影的透明度效果。

Direction（**方向**）：用来设置图像的投影方向。

Distance（**距离**）：用来设置图像投影到图像的距离。

Softness（**柔化**）：用来设置图像投影的柔化效果。

Shadow Only（**单独阴影**）：用来设置单独显示图像的投影效果。

两者不同的参数如下。

Light Source（**灯光位置**）：用来设置自定义灯光的位置。

Projection Distance（**投影距离**）：用来设置图像投影到图像的距离。

Render（**渲染**）：用来设置图像阴影的渲染方式。

Color Influence（**色彩影响**）：可以调节有色投影的范围影响。

Resize Layer（**调整图层的大小**）：用来设置阴影是否适用于当前图层而忽略当前层的尺寸。

12.5 Transition（转场）滤镜组

在转场组中，主要学习Transition（转场）滤镜组中的Block Dissolve（块状融合）、Card Wipe（卡片擦除）、Linear Wipe（线性擦除）和Venetian Blinds（百叶窗）滤镜，使用这些滤镜可以完成图层或图层间的一些常见的转场效果。

本节知识点

名称	作用	重要程度
Block Dissolve（块状融合）滤镜	通过随机产生的板块（或条纹状）来溶解图像	高
Card Wipe（卡片擦除）滤镜	模拟卡片的翻转并通过擦除切换到另一个画面	高
Linear Wipe（线性擦除）滤镜	以线性的方式从某个方向形成擦除效果	高
Venetian Blinds（百叶窗）滤镜	通过分割的方式对图像进行擦拭，如同生活中的百叶窗闭合一样	高

12.5.1 课堂案例——烟雾字特技

素材位置	实例文件>CH12>课堂案例——烟雾字特技
实例位置	实例文件>CH12>课堂案例——烟雾字特技.aep
视频位置	多媒体教学>CH12>课堂案例——烟雾字特技.flv
难易指数	★★★☆☆
学习目标	掌握本章节中多个滤镜的综合应用

在本案例中，我们综合应用了Compound Blur（复合模糊）、Displacement Map（置换贴图）、Glow（光晕）和Linear Wipe（线性擦除）等多个滤镜，通过制作可以对本章所学技术进行巩固并直接指导应用时间，动画效果如图12-42所示。

图12-42

1.制作烟雾

01 执行“Composition（合成）>New Composition（新建合成）”菜单命令，创建一个预置为PAL D1/DV的合成，然后设置Duration（持续时间）为5秒，并将其命名为“烟雾制作”，如图12-43所示。

02 执行“Layer（图层）>New（新建）>Solid（固态图层）”菜单命令，新建一个名为BG的图层。选择该图层，然后执行“Effect（特效）>Noise & Grain（噪波和颗粒）>Fractal Noise（分形噪波）”菜单命令，为其添加Fractal Noise（分形噪波）滤镜，如图12-44所示。

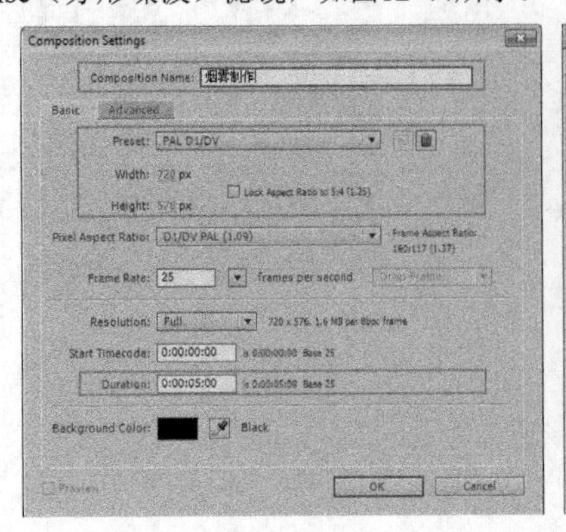

图12-43

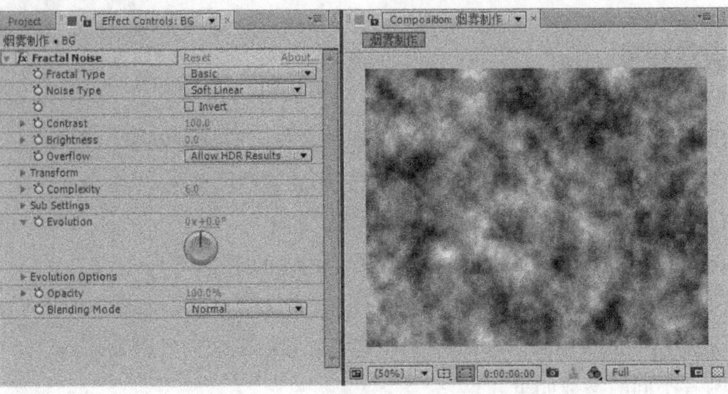

图12-44

03 在Effect Controls（特效控制）面板中，修改Contrast（对比度）的值为200，取消选择Uniform Scaling（等比例缩放），设置Scale Width（缩放宽度）值为200，Scale Height（缩放高度）值为150，设置Sub Influence（%）（子项影响%）的值为50，Sub Scaling（子项缩放）的值为70，Evolution（演化）值为2×+0°，如图12-45所示。修改Fractal Noise（分形噪波）的属性设置之后，画面效果如图12-46所示。

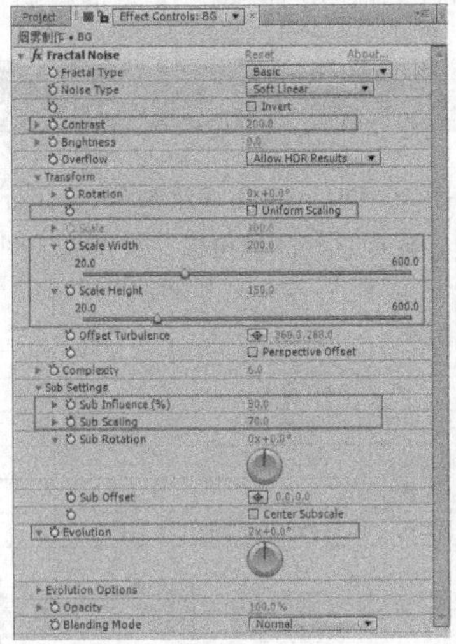

图12-45

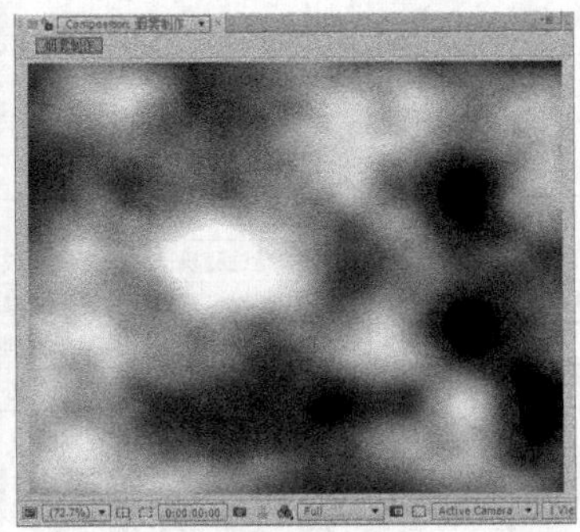

图12-46

04 为了让烟雾能够动起来，需要设置Evolution（演化）和Sub Offset（子项偏移）属性的动画关键帧。在第0帧，设置Evolution（演化）的值为2×+0º，Sub Offset（子项偏移）值为（0，288）；在第5秒，设置Evolution（演化）为0×+0°，Sub Offset（子项偏移）值为（720，288），如图12-47所示。

05 下面来优化烟雾的细节。选择BG图层，执行“Effect（特效）>Color Correction（色彩校正）>Levels（色阶）”菜单命令，为其添加Levels（色阶）滤镜。在Effect Controls（特效控制）面板中，修改Gamma（伽马）为1.4，Output Black（输出黑色）为127，如图12-48所示。

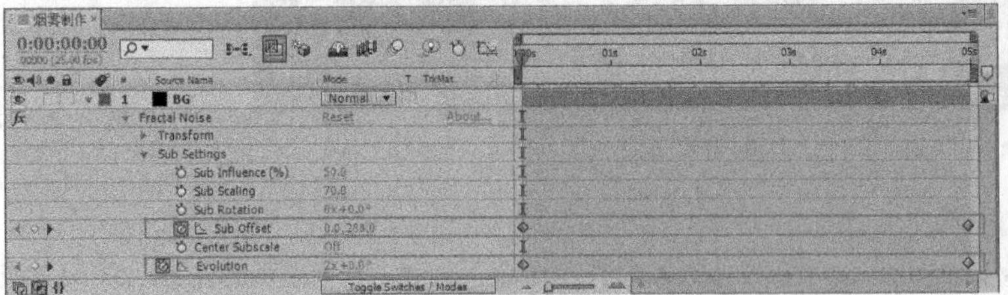

图12-47

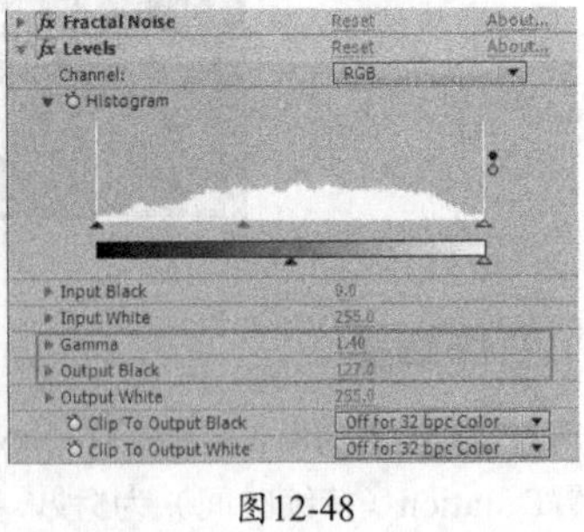

图12-48

06 继续选择BG图层，执行“Effect（特效）>Color Correction（色彩校正）> Curves（曲线）”菜单命令，为其添加Curves（曲线）滤镜。在Effect Controls（特效控制）面板中，修改RGB通道中的曲线，如图12-49所示。优化之后的烟雾画面效果如图12-50所示。

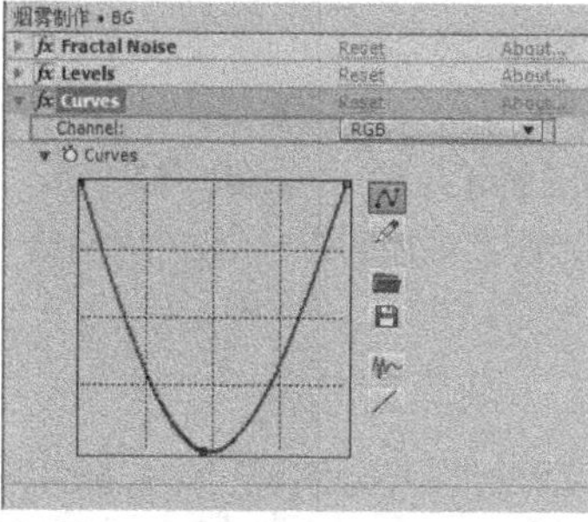

图12-49

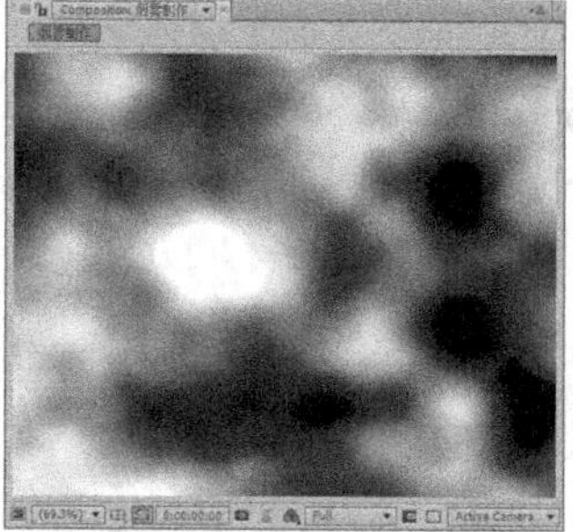

图12-50

07 选择BG图层，使用Rectangle Tool（矩形工具）创建一个Rectangular Mask（矩形遮罩），如图12-51所示，然后修改Mask Feather（羽化遮罩）的值为（100，100 pixels），如图12-52所示。

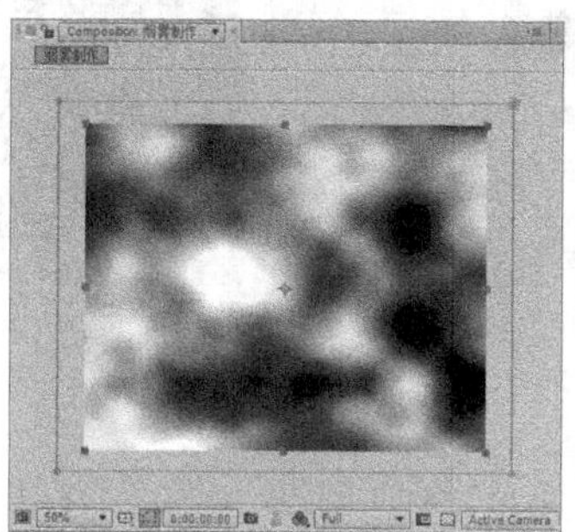

图12-51

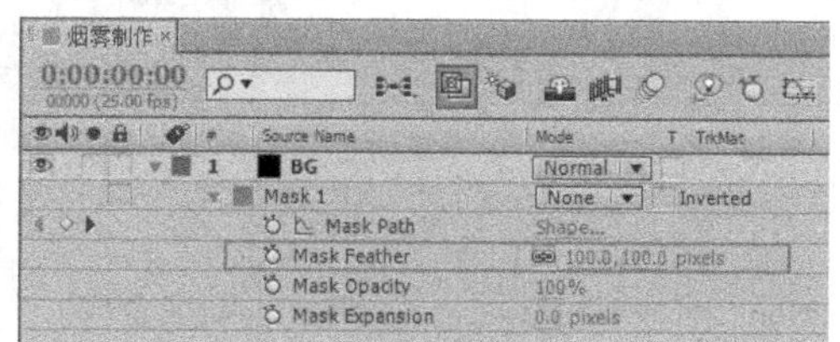

图12-52

08 设置Mask Path（遮罩形状）的动画。在第0秒位置，保持原来的Mask（遮罩）形状，并设置关键帧；然后在第5秒位置选择Mask（遮罩）左边的两个控制点，将Mask（遮罩）向右拖动到图12-53所示的位置，关键帧的创建位置如图12-54所示。

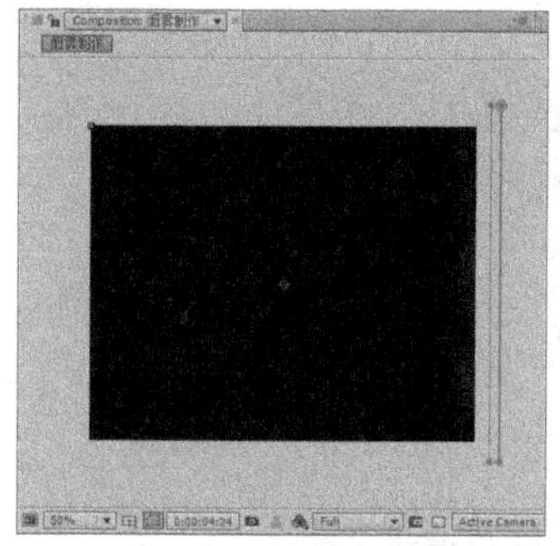

图12-53

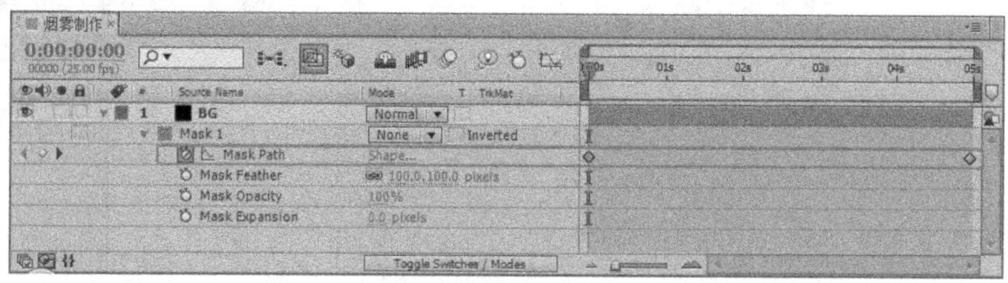

图12-54

09 播放动画，可以观察到一个Mask（遮罩）的简单动画已经完成，它将噪波由全部显示改变为全部遮住的状态，图12-55所示的是动画的中间状态。

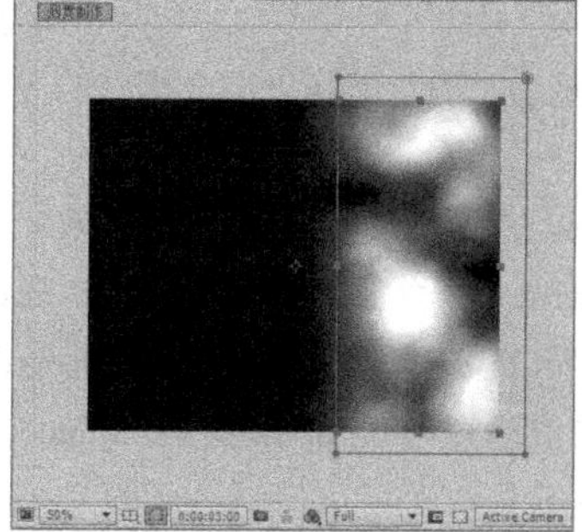

图12-55

2.创建定版

01 执行“Composition（合成）>New Composition（新建合成）”菜单命令，创建一个预置为PAL D1/DV的合成，然后设置Duration（持续时间）为5秒，并将其命名为Text，如图12-56所示。

02 执行“File（文件）>Import（导入）>File（文件）”菜单命令，导入Text.tga素材文件，在Interpret Footage（素材属性解释）对话框中选择Premultiplied-Matted With Color（预乘-蒙版的颜色）选项，如图12-57所示。

03 在Project（项目）面板中，选择该素材并按Ctrl+/组合键将其添加到Timeline（时间线）面板中，最后的图像效果如图12-58所示。

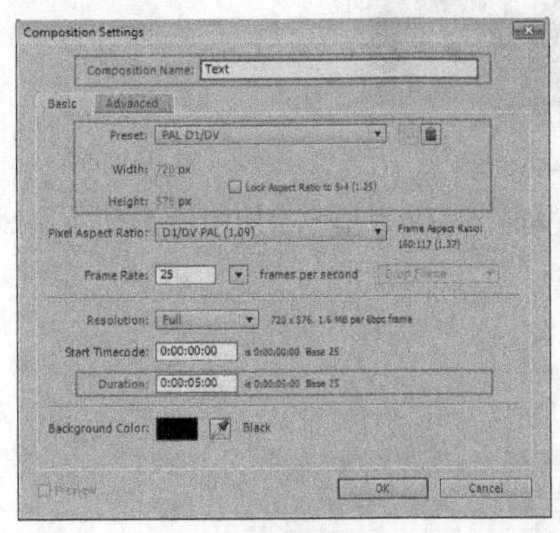

图12-56

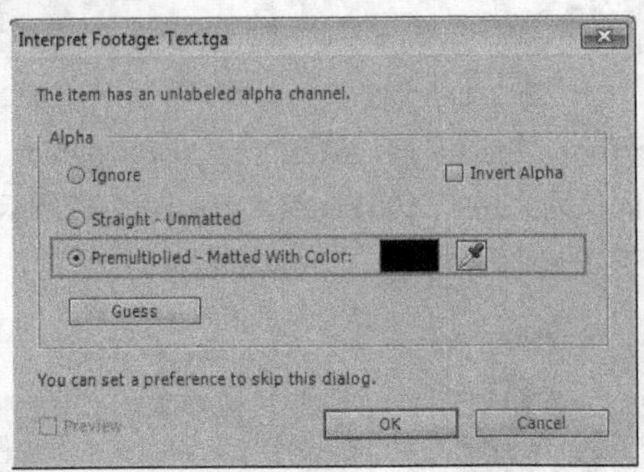

图12-57

图12-58

3.烟雾置换

01 执行“Composition（合成）>New Composition（新建合成）”菜单命令，创建一个预置为PAL D1/DV的合成，然后设置Duration（持续时间）为5秒，并将其命名为Final，如图12-59所示。

02 将项目窗口中的Text和“烟雾制作”合成添加到该合成中，最后关闭“烟雾制作”图层的显示，如图12-60所示。

03 选择Text图层，然后执行“Effect（特效）>Blur&Sharpen（模糊与锐化）>Compound Blur（复合模糊）”菜单命令，为其添加Compound Blur（复合模糊）滤镜。在Effect Controls（特效控制）面板中，设置Blur Layer（模糊图层）为“2.烟雾制作”，修改Maximum Blur（最大模糊）值为100，如图12-61所示。

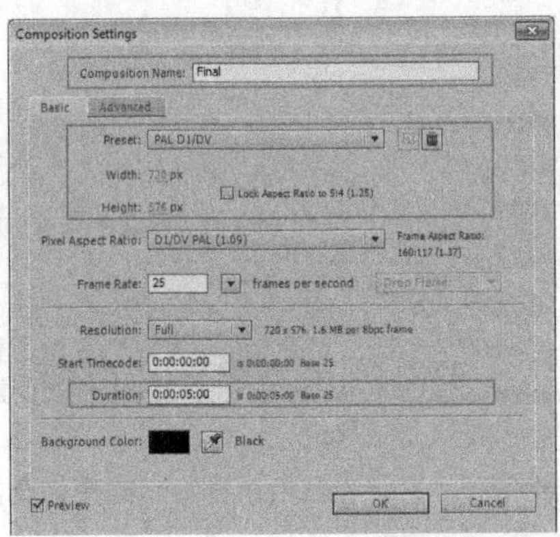

图12-59

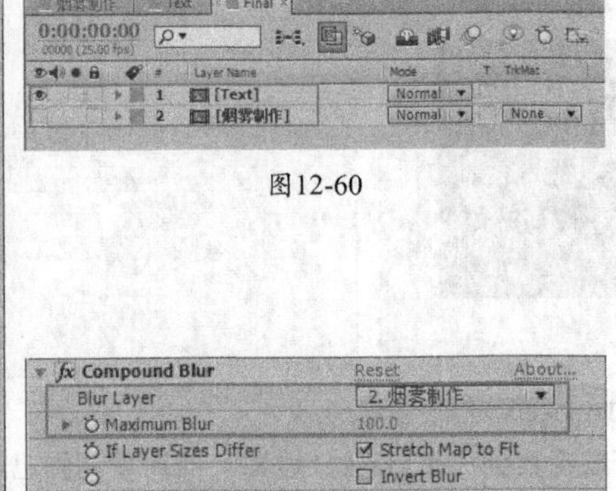

图12-60

图12-61

04 通过预览动画可以看出定版文字不再是静止的，而是以混合模糊的方式将文字从左到右逐渐呈现出来。图12-62所示的是动画状态下的中间状态效果。

05 烟雾的飘动弧度还不够，继续选择Text图层，执行“Effect（特效）>Distort（扭曲）>Displacement Map（置换贴图）”菜单命令，为其添加Displacement Map（置换贴图）滤镜。在Effect Controls（特效控制）面板中，设置Displacement Map Layer（置换图层）为“2.烟雾制作”，修改Max Horizontal Displacement（最大水平位移）和Ma Vertical Displacement（最大垂直位移）的值都为100。最后修改Displacement Map Behavior（置换图像的方式）为Stretch Map to Fit（拉伸适配），如图12-63所示。

06 修改设置后，预览动画效果，如图12-64所示。

图12-62

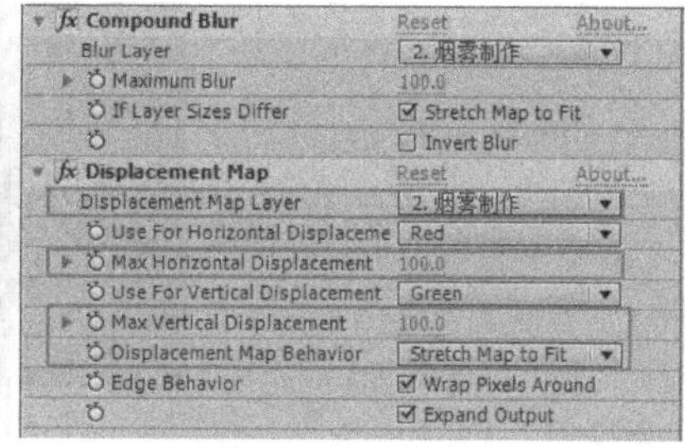

图12-63

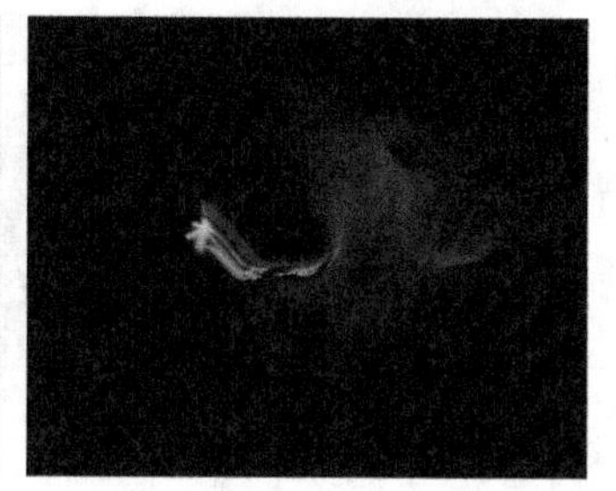

图12-64

4.画面优化

01 选择Text图层，执行“Effect（特效）> Stylize（风格化）> Glow（光晕）”菜单命令，为其添加Glow（光晕）滤镜。设置Glow Threshold（光晕容差值）为6%、Glow Radius（光晕半径）为100、Glow Intensity（光晕强度）为2，调整Glow Colors（颜色控制方式）为A & B Colors（A和B的颜色），设置Color A（颜色A）为（R:35，G:91，B:170），如图12-65所示。

02 继续选择Text图层，执行“Effect（特效）>Transition（转场）>Linear Wipe（线性擦除）”菜单命令，为其添加Linear Wipe（线性擦除）滤镜。在Effect Controls（滤镜控制）面板中，设置Transition Completion（完成过渡）值为100%，Wipe Angle（擦除角度）值为（0× -90°），Feather（羽化）值为100，如图12-66所示。

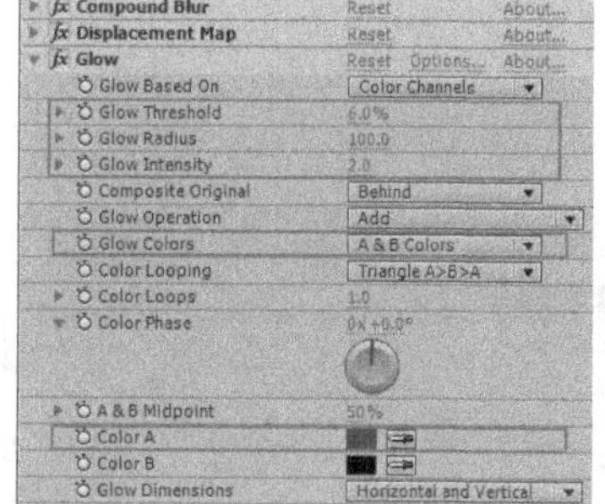

图12-65

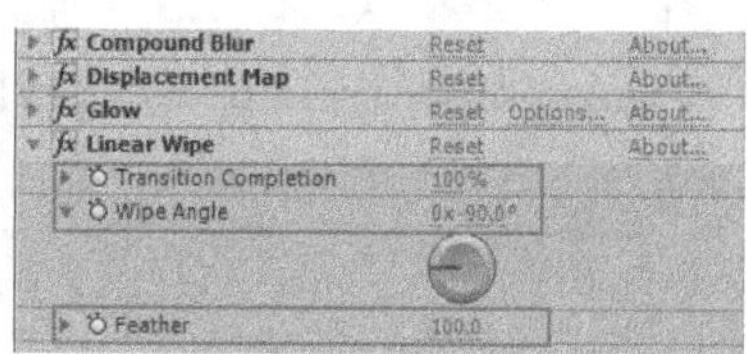

图12-66

03 设置Transition Completion（完成过渡）属性的动画关键帧。在第0帧，设置Transition Completion（完成过渡）的值为100%；在第3秒，设置Transition Completion（完成过渡）的值为0%，如图12-67所示。

04 执行“File（文件）>Import（导入）>File（文件）”菜单命令，导入BG.mov素材，然后选中该素材并按Ctrl+/组合键将其导入Timeline（时间线）面板中，最后将其移动到所有图层的最下面，如图12-68所示。

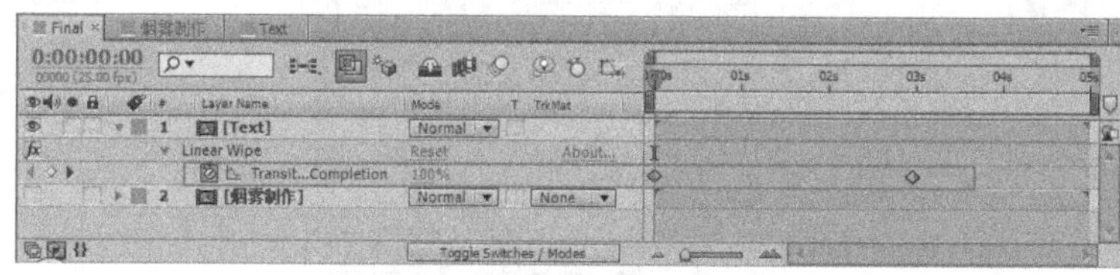

图12-67

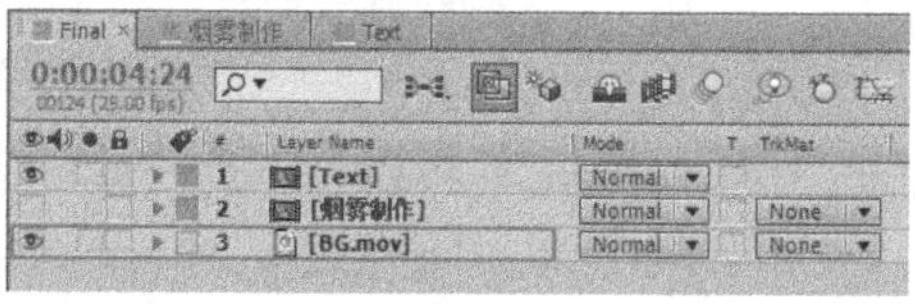

图12-68

05 按Ctrl+Y组合键，创建一个Solid黑色固态层，设置其Width（宽）为720 px，Height（高）为576 px，Color（颜色）为黑色，最后设置Name（名称）为“遮幅”，如图12-69所示。

06 选择“遮幅”图层，使用Rectangle Tool（矩形工具），系统根据该图层的大小自动匹配创建一个遮罩，调节遮罩的大小，如图12-70所示。

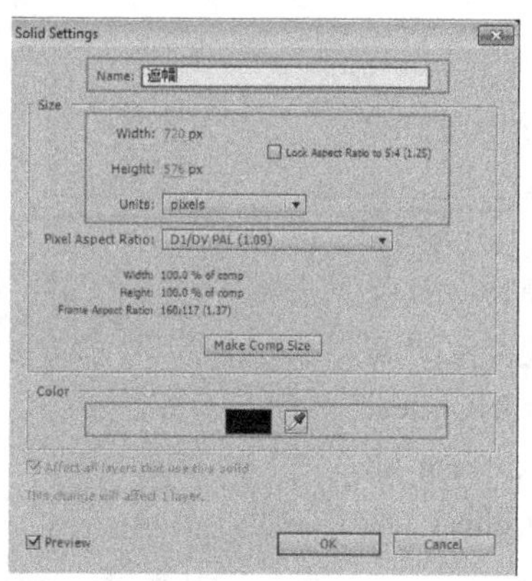

图12-69

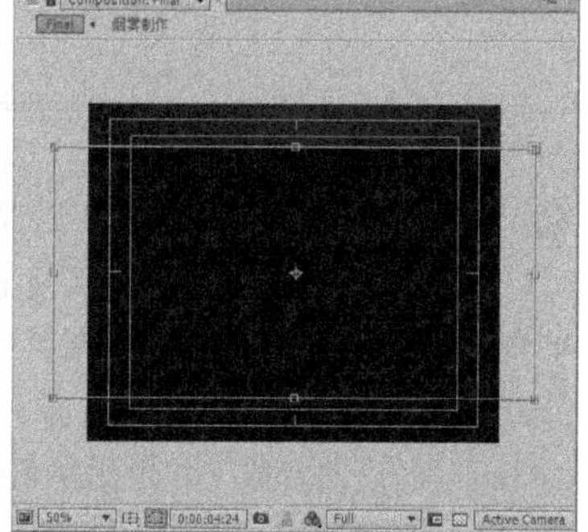

图12-70

07 在Timeline（时间线）面板中修改遮罩的属性，勾选Inverted（反选）选项，如图12-71所示。画面的最终效果如图12-72所示。

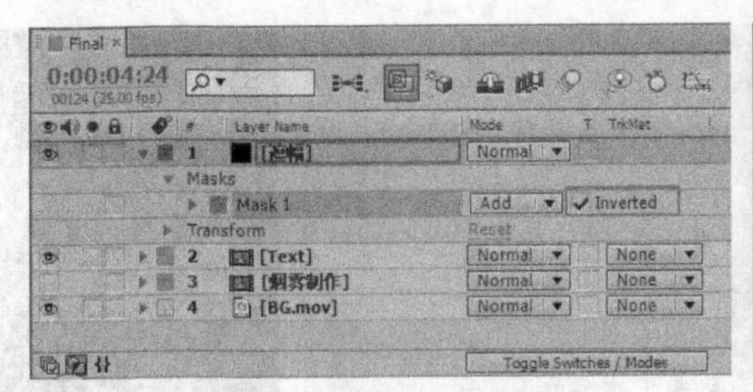

图12-71

极地探索

图12-72

5.项目输出

01 至此整个案例制作完毕，按Ctrl+M组合键进行视频输出，如图12-73所示。

02 在Output Module Settings（输出设置）中，设置Format（格式）为QuickTime，Format Options（视频压缩方式）为MPEG-4 Video，最后单击OK按钮确定，如图12-74所示。

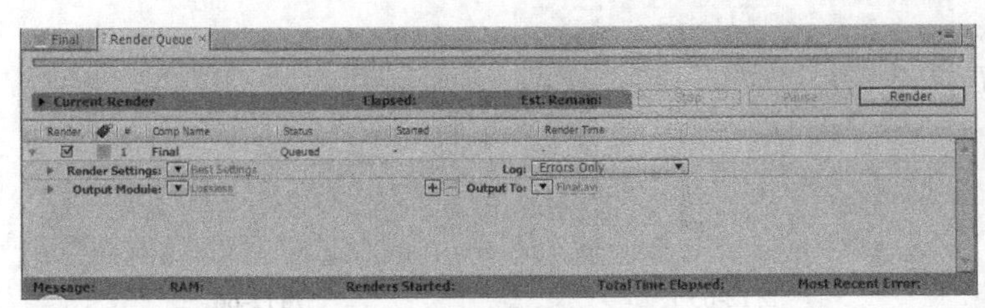

图12-73

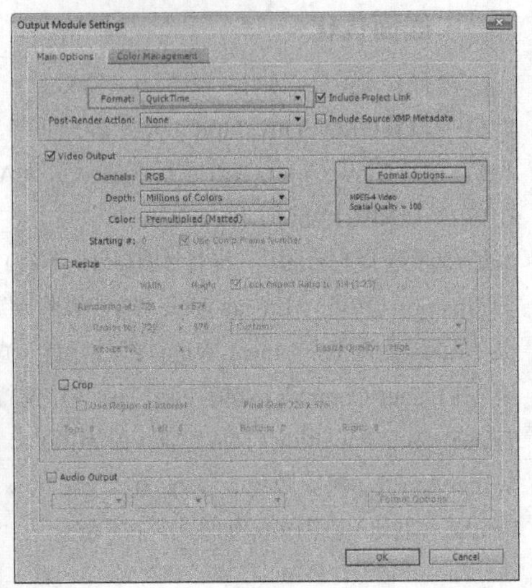

图12-74

03 在Output to（输出至）属性中，设置视频输出的路径，如图12-75所示，最后单击Render（渲染）按钮即可。

04 在Project（项目）面板中，新建一个文件夹，将其命名为Comp。将所有的合成（除Final合成外）都拖曳到该文件夹中，如图12-76所示。

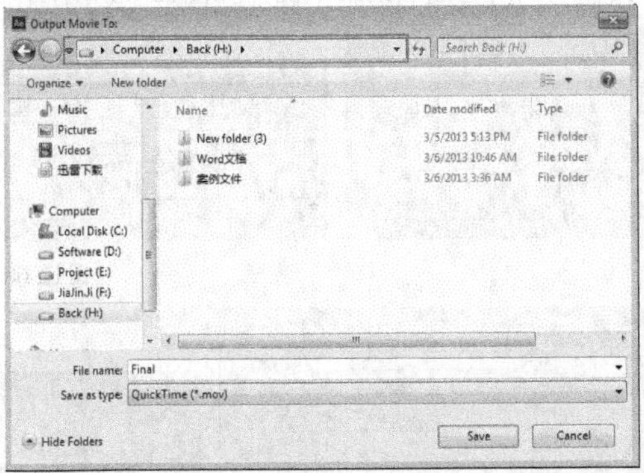

图12-75

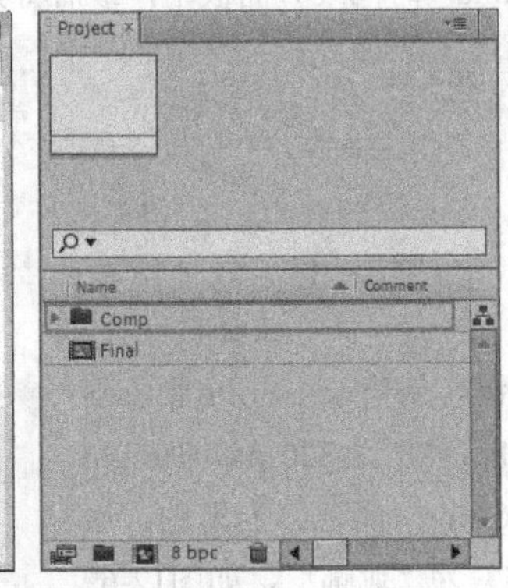

图12-76

05 最后执行工程文件的打包操作。执行“File（文件）>Collect Files（搜集文件）”菜单命令，打开一个参数面板，在其中的Collect Source Files（搜集源文件）选项中选择For All Comps（所有的合成），最后单击Collect（搜集）按钮，如图12-77和图12-78所示。

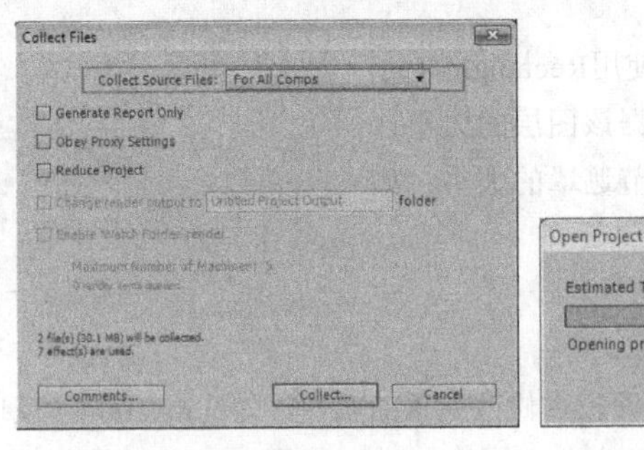

图12-77

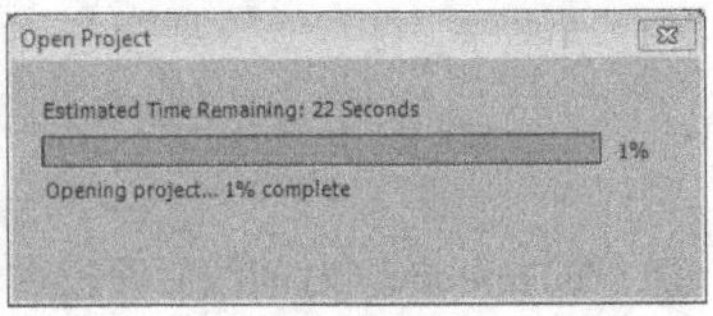

Open Project

Estimated Time Remaining: 22 Seconds

1%

Opening project... 1% complete

图12-78

12.5.2 Block Dissolve（块状融合）滤镜

Block Dissolve（块状融合）滤镜可以通过随机产生的板块（或条纹状）来溶解图像，在两个图层的重叠部分进行切换转场。

执行“Effect（特效）>Transition（转场）>Block Dissolve（块状融合）”菜单命令，然后在Effect Controls（滤镜控制）面板中展开Block Dissolve（块状融合）滤镜的参数，如图12-79所示。

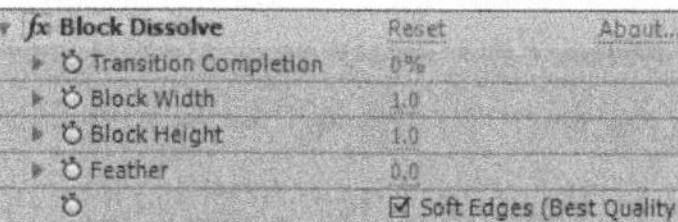

图12-79

参数详解

Transition Completion（**完成过渡**）：控制转场完成的百分比。值为0时，完全显示当前层画面，值为100%时完全显示切换层画面。

Block Width（**块状宽度**）：控制融合块状的宽度。

Block Height（**块状高度**）：控制融合块状的高度。

Feather（**羽化**）：控制融合块状的羽化程度。

Soft Edges（**柔化边缘**）：设置图像融合边缘的柔和控制（仅当质量为最佳时有效）。

12.5.3 Card Wipe（卡片擦除）滤镜

Card Wipe（卡片擦除）滤镜可以模拟卡片的翻转并通过擦除切换到另一个画面。执行“Effect（特效）>Transition（转场）>Card Wipe（卡片擦除）”菜单命令，然后在Effect Controls（滤镜控制）面板中展开Card Wipe（卡片擦除）滤镜的参数，如图12-80所示。

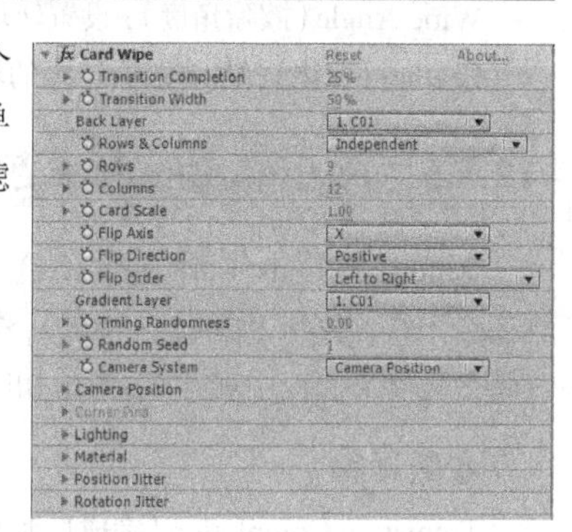

图12-80

参数详解

Transition Completion（**完成过渡**）：控制转场完成的百分比。值为0时，完全显示当前层画面；值为100%时，完全显示切换层画面。

Transition Width（**转换宽度**）：控制卡片擦拭宽度。

Back Layer（**背面图层**）：在下拉列表中设置一个与当前层进行切换的背景。

Rows & Columns（**行和列**）：在Independent（单独）方式下，Rows（行）和Columns（列）参数是相互独立的；在Columns Follow Rows（行控制列）方式下，Columns（列）参数由Rows（行）控制。

Rows（**行**）：设置卡片行的值。

Columns（**列**）：设置卡片列的值。当在Columns Follow Rows（行控制列）方式下无效。

Card Scale（**卡片比例**）：控制卡片的尺寸大小。

Flip Axis（**反转轴**）：在下拉列表中设置卡片翻转的坐标轴向。X/Y分别控制卡片在x轴或者y轴翻转，Random（随机）设置在x轴和y轴上无序翻转。

Flip Direction（**反方向**）：在下拉列表中设置卡片翻转的方向。Positive（正面）设置卡片正向翻转，Negative（反面）设置卡片反向翻转，Random设置随机翻转。

Flip Order（**翻转顺序**）：设置卡片翻转的顺序。

Gradient Layer（**渐变层**）：设置一个渐变层影响卡片切换效果。

Timing Randomness（**随机时间**）：可以对卡片进行随机定时设置，使所有的卡片翻转时间产生一定偏差，而不是同时翻转。

Random Seed（随机种子）：设置卡片以随机度切换，不同的随机值将产生不同的效果。

Camera System（摄像机系统）：控制用于滤镜的摄像机系统。选择不同的摄像机系统，其效果也不同。选择Camera Position（摄像机位置）后可以通过下方的Camera Position（摄像机位置）参数控制摄像机观察效果；选择Corner Pins（定位点）后将由 Corner Pins （定位点）参数控制摄像机效果；选择Comp Camera（合成摄像机）则通过合成图像中的摄像机控制其效果，比较适用于当滤镜层为3D层时。

Position Jitter（位置抖动）：可以对卡片的位置进行抖动设置，使卡片产生颤动的效果。在其属性中可以设置卡片在*x*、*y*、*z*轴的偏移颤动，以及颤动强度（Amount），还可以控制抖动速度（Speed）。

Rotation Jitter（旋转抖动）：可以对卡片的旋转进行抖动设置，属性控制与Position Jitter（位置抖动）类似。

12.5.4 Linear Wipe（线性擦除）滤镜

Linear Wipe（线性擦除）滤镜以线性的方式从某个方向形成擦除效果，以达到切换转场的目的。执行“Effect（特效）>Transition（转场）>Linear Wipe（线性擦除）”菜单命令，然后在Effect Controls（滤镜控制）面板中展开Linear Wipe（线性擦除）滤镜的参数，如图12-81所示。

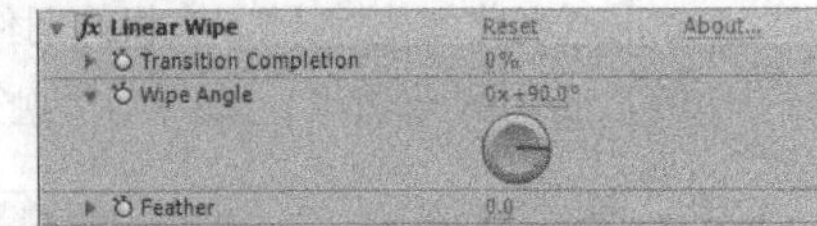

图12-81

参数详解

Transition Completion（完成过渡）：控制转场完成的百分比。

Wipe Angle（擦除角度）：设置转场擦除的角度。

Feather（羽化）：控制擦除边缘的羽化。

12.5.5 Venetian Blinds（百叶窗）滤镜

Venetian Blinds（百叶窗）滤镜通过分割的方式对图像进行擦拭，以达到切换转场的目的，就如同生活中的百叶窗闭合一样。执行“Effect（特效）>Transition（转场）>Venetian Blinds（百叶窗）”菜单命令，然后在Effect Controls（特效控制）面板中展开Venetian Blinds（百叶窗）滤镜的参数，如图12-82所示。

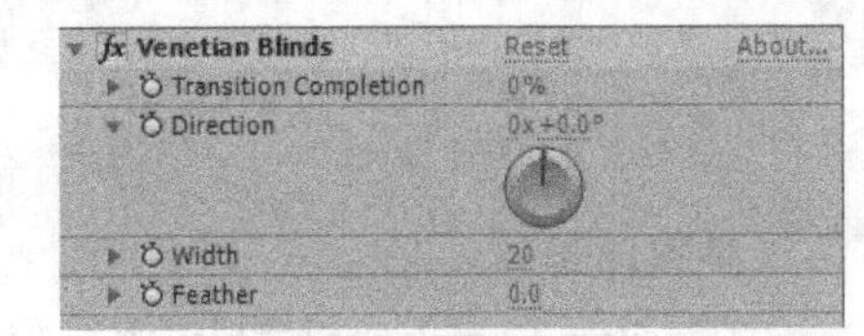

图12-82

参数详解

Transition Completion（完成过渡）：控制转场完成的百分比。

Direction（方向）：控制擦拭的方向。

Width（宽度）：设置分割的宽度。

Feather（羽化）：控制分割边缘的羽化。

12.6 Simulation（仿真）滤镜

仿真粒子系统在影视后期制作中的应用越来越广泛，也越来越重要，同时也标志着后期软件功能越来越强大。由于粒子系统的参数设置项较多，操作相对复杂，往往都被认为是比较难学的内容。其实，只要理清基本的操作思路和具备一定的物理学力学基础，粒子系统还是很容易掌握的。图12-83所示的就是使用After Effects CS6的粒子滤镜制作的粒子特效，效果非常漂亮。

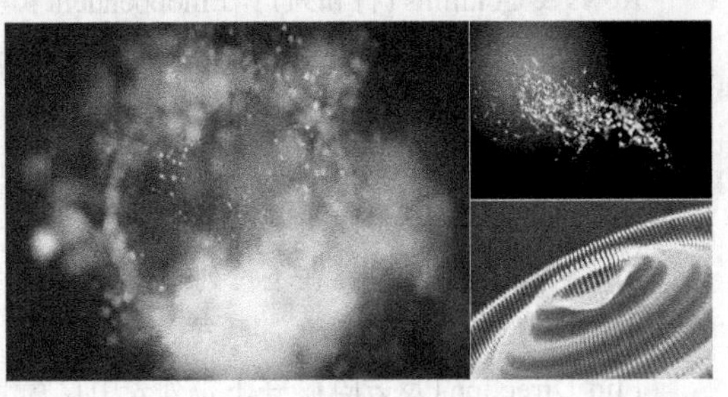

图12-83

本节知识点

名称	作用	重要程度
Shatter（破碎）滤镜	对图像进行粉碎和爆炸处理	高
Particle Playground（粒子动力场）	模拟各种符合自然规律的粒子运动效果	高
Particular（粒子）	模拟出真实世界中的烟雾、爆炸等效果	高
Form（形状）	制作如流水、烟雾、火焰等复杂的3D几何图形	高

12.6.1 课堂案例——舞动的光线

素材位置	实例文件>CH12>课堂案例——舞动的光线
实例位置	实例文件>CH12>课堂案例——舞动的光线_Final.aep
视频位置	多媒体教学>CH12>课堂案例——舞动的光线.flv
难易指数	★★★☆☆
学习目标	掌握仿真粒子特效技术的综合运用

本例主要讲解了舞动光线特效的制作，虚拟体与人物动作的匹配、虚拟体与灯光的匹配和自定义光带类型是本案的技术重点，案例效果如图12-84所示。

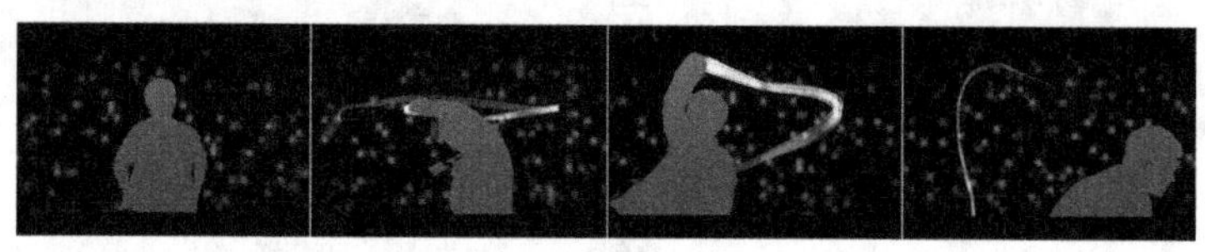

图12-84

1.虚拟体与灯光

01 使用After Effects CS6打开“课堂案例——舞动的光线.aep”文件，如图12-85所示。

图12-85

02 执行“Layer（图层）>New（新建）>Null Object（虚拟体）”菜单命令，然后将新建的虚拟体图层转化为3D图层。根据画面的动画，将虚拟体的入点移动到第15帧处，最后调整虚拟体Position（位置）的动画关键帧来匹配画面舞动的动作，如图12-86所示，虚拟体匹配后的画面效果如图12-87所示。

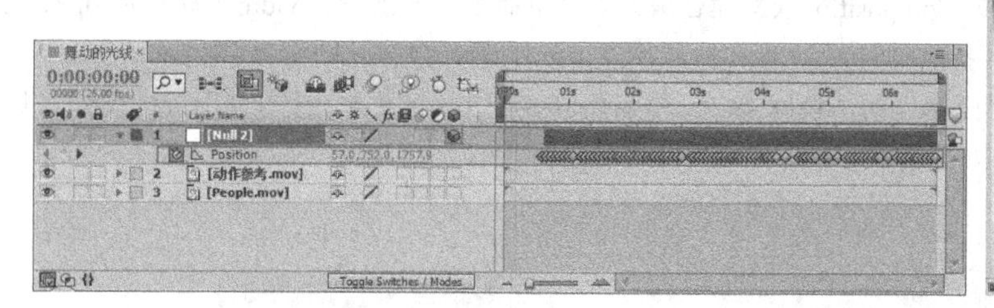

图12-86

图12-87

03 将“动作参考”移动到所有图层的最下面，关闭其显示后，锁定该图层，如图12-88所示。

04 执行“Laye（图层）>New（新建）>Light（灯光）”菜单命令，新建一个灯光，设置Light Type（灯光类型）为Point（点光源），Color（颜色）为白色，Intensity（强度）为100%，如图12-89所示。

图12-88

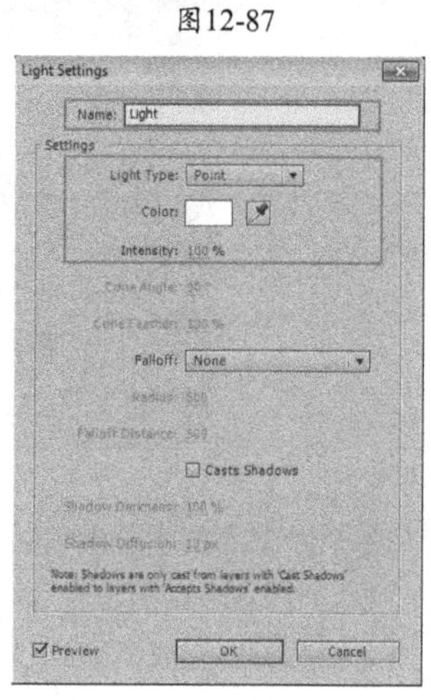

图12-89

05 设置灯光与虚拟体初始位置的同步，将时间指针移动到第15帧处。展开虚拟体的Position（位置）属性并单击该属性，然后按Ctrl+C组合键进行复制；展开Light的Position（位置）属性并单击该属性，然后按Ctrl+V组合键进行粘贴，如图12-90所示。

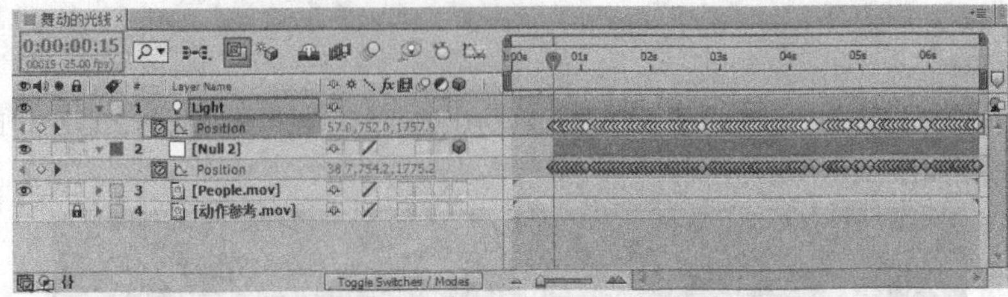

图12-90

> **技巧与提示**
>
> 上述操作的目的是让Light的位置与匹配虚拟体图层的位置运动属性同步，简单地说就是灯光在虚拟体上执行路径动画的效果。

06 回到第0帧处，删除Light图层的Position（位置）的动画关键帧，将Light图层作为虚拟体图层的子物体，如图12-91所示。

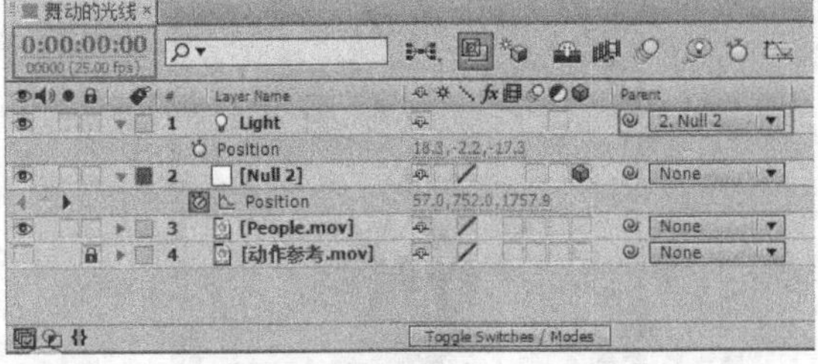

图12-91

> **技巧与提示**
>
> 这样做的目的是将来涉及修改虚拟体位置时，Light能够与虚拟体同步变化，而不需要再去设置Light的位置属性。

2.制作光带

01 执行“Composition（合成）>New Composition（新建合成）”菜单命令，创建一个Width（宽）为50px，Height（高）为50px的合成，设置Duration（持续时间）为6秒18帧，并将其命名为“光线贴图”，如图12-92所示。

02 按Ctrl+Y组合键创建一个名为“圆形”的白色固态层，然后将其复制出5个图层，接着使用Pen Tool（钢笔工具）分别为每个固态层绘制一个Mask（遮罩），形状如图12-93所示。

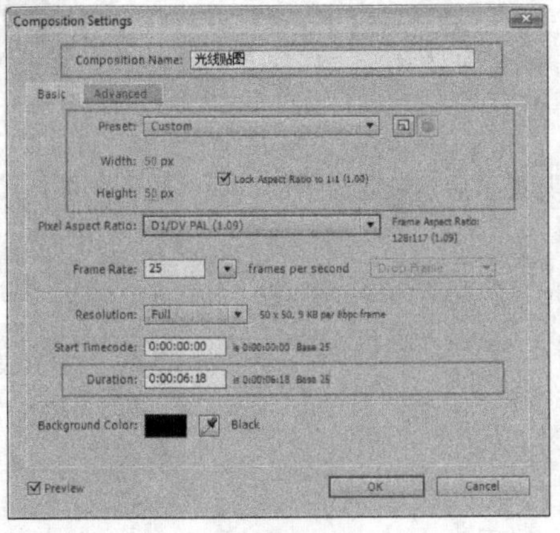

图12-92

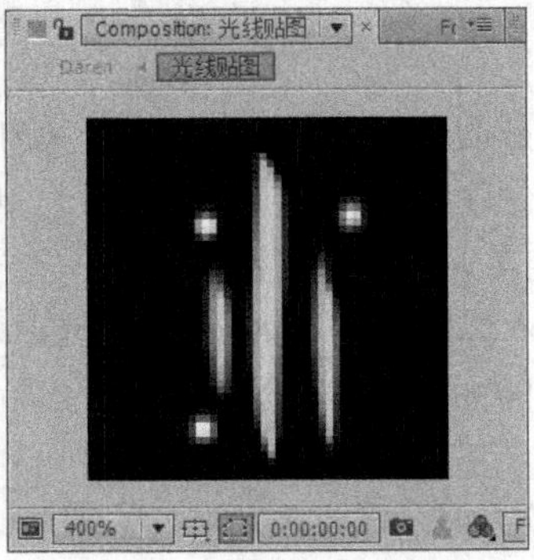

图12-93

03 调节各个固态层的不透明度，然后设置圆形形状的Opacity（不透明度）为25%，长条形状的Opacity（不透明度）为10%，如图12-94所示。

04 将“光线贴图”合成添加到“舞动的光线”合成中，并将其移动到所有图层的最下面。关闭其显示后，锁定该图层，如图12-95所示。

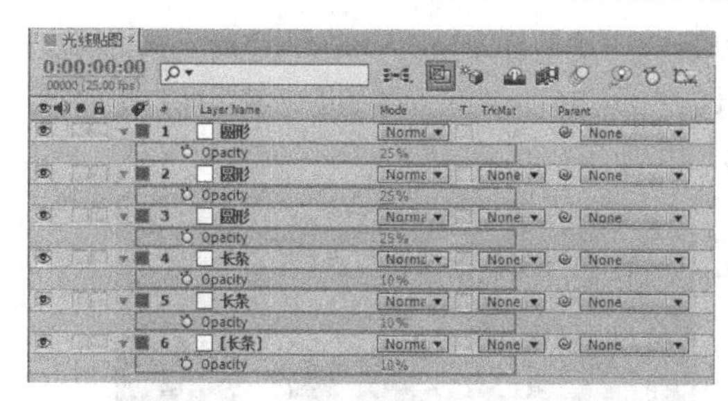

图12-94

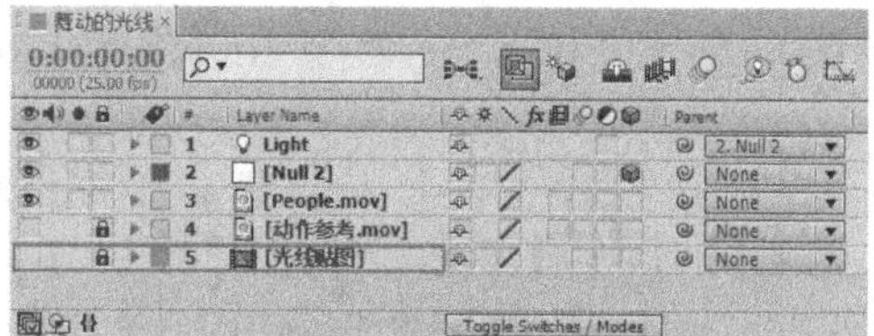

图12-95

技巧与提示

在后面的制作中，“光线贴图”合成用来自定义舞动光带中的光的形状。

05 按Ctrl+Y组合键创建一个黑色固态层，设置Width（宽）为640 px，Height（高）为480 px，Color（颜色）为黑色，Name（名称）为Guangxian，如图12-96所示。

06 选择Guangxian图层，然后执行“Effect（特效）>Trapcode>Particle（粒子）”菜单命令，为其添加Particle（粒子）滤镜，接着在Emitter（发射器）参数组中设置Particles/Sec（每秒发射粒子数）为3000，Emitter Type（发射类型）为Light（S）（灯光），Position Subframe（位置）为10× Linear（10倍线性）。将Velocity（初始速度），Velocity Random[%]（随机速度），Velocity Distribution（速度分布），Velocity From Motion [%]（运动速度），Emitter Size X（发射大小*x*），Emitter Size Y（发射大小*y*）和Emitter Size Z（发射大小*z*）都设置为0，如图12-97所示。

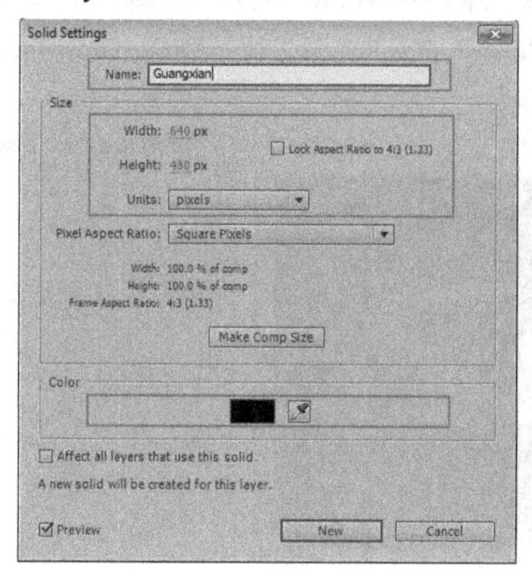

图12-96

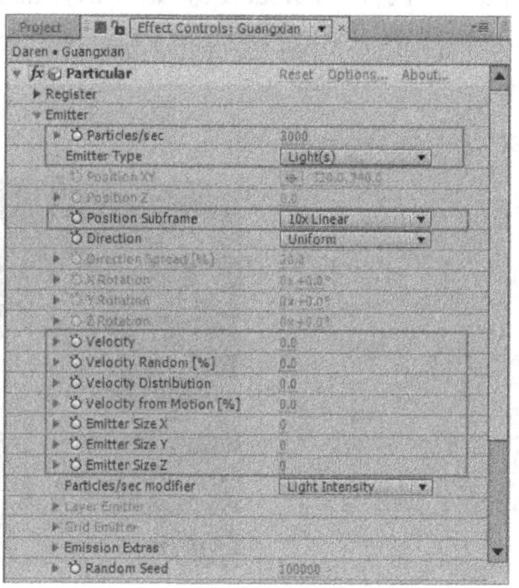

图12-97

07 为了让粒子能够读取灯光上的信息，需要在Particle（粒子）的Options（选项）属性中，将Light Emitters（灯光发射器）的Light name starts with（灯光的名称）修改为合成中创建的灯光名字Light，最后单击OK按钮，如图12-98所示，画面的预览效果如图12-99所示。

08 在Particle（粒子）属性栏中，设置Life[sec]（生命周期）为1，选择Particle Type（粒子类型）为Textured Polygon（纹理多边形）。展开Texture（纹理）参数项，设置Layer（图层）为“6.光线贴图”，选择Time Sampling（时间采样）为Start at Birth-Loop（开始出生-循环）选项，如图12-100所示。

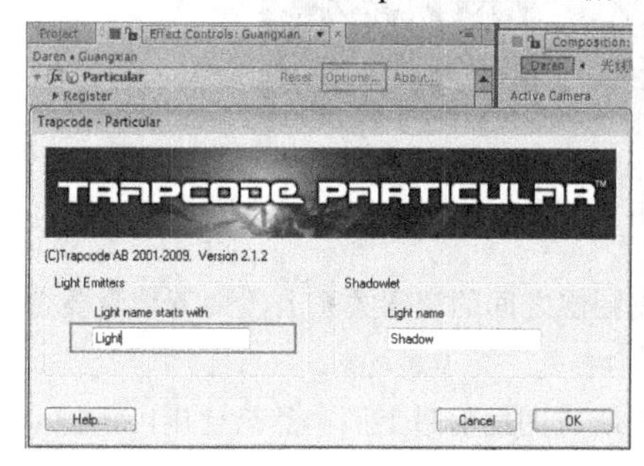

图12-98

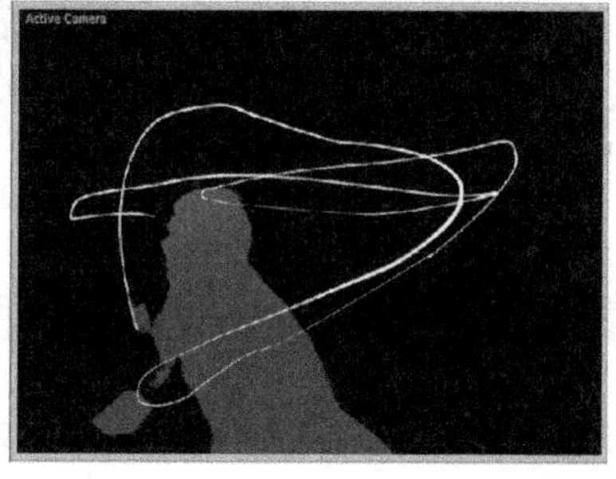

图12-99

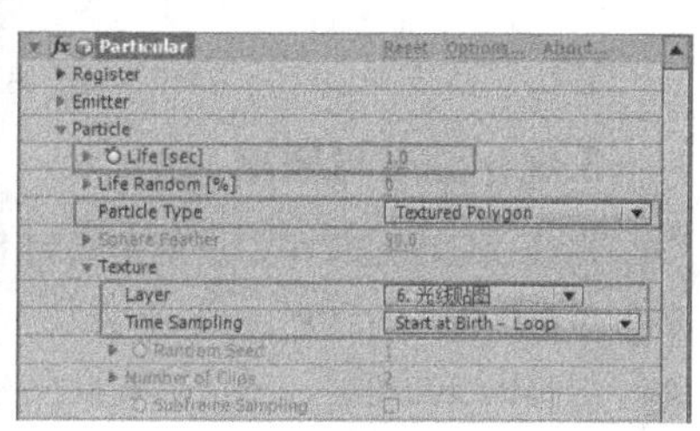

图12-100

09 继续在Particle（粒子）属性栏中设置相关参数。设置Size（大小）值为70，Size over Life（粒子死亡后的大小）的属性为衰减过渡，Opacity Random[%]（不透明度的随机值）为10，Opacity over Life（粒子死亡后的不透明度）的属性为衰减过渡，如图12-101所示。光线的预览效果如图12-102所示。

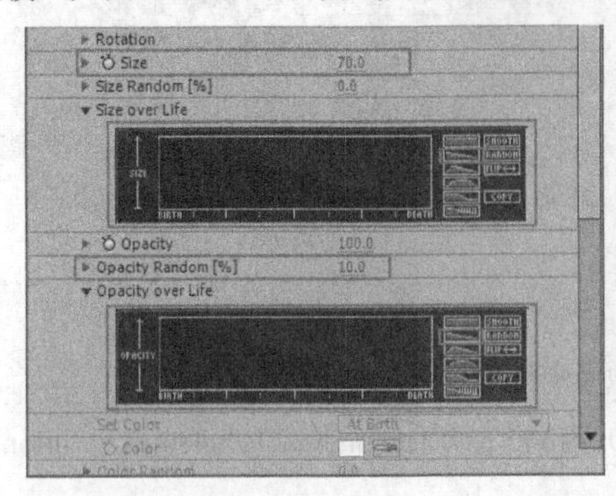

图12-101

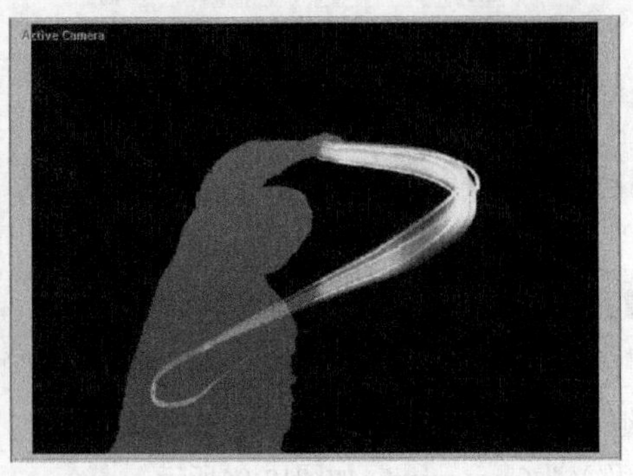

图12-102

10 完善光线的细节。选择Guangxian图层，执行“Effect（特效）>Color Correction（色彩修正）>Hue/Saturation（色相/饱和度）”菜单命令，为其添加Hue/Saturation（色相/饱和度）滤镜。修改Colorize Hue（色相）值为0×+45°，Colorize Saturation（饱和度）值为100，Colorize Lightness（亮度）值为-40，如图12-103所示。此时的光线颜色如图12-104所示。

11 选择Guangxian图层，执行“Effect（特效）>Stylize（风格化）>Glow（光晕）”菜单命令，为其添加Glow（光晕）滤镜。设置Glow Threshold（光晕容差值）为53%，Glow Radius（光晕半径）为60，Glow Intensity（光晕强度）为1.5，如图12-105所示。

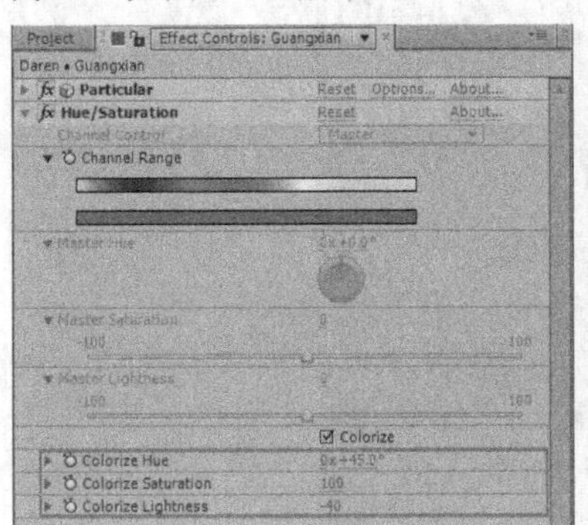

图12-103

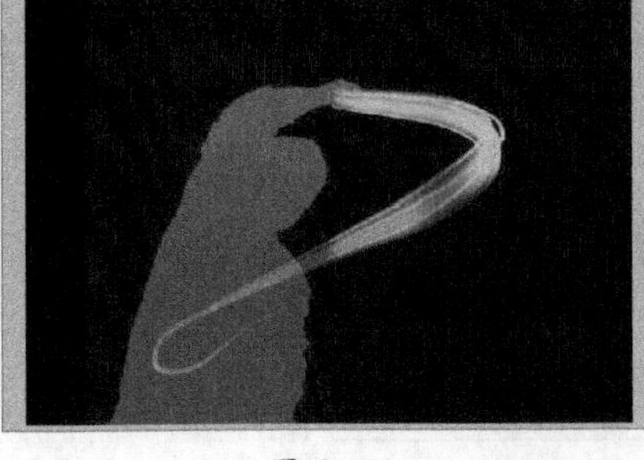

图12-104

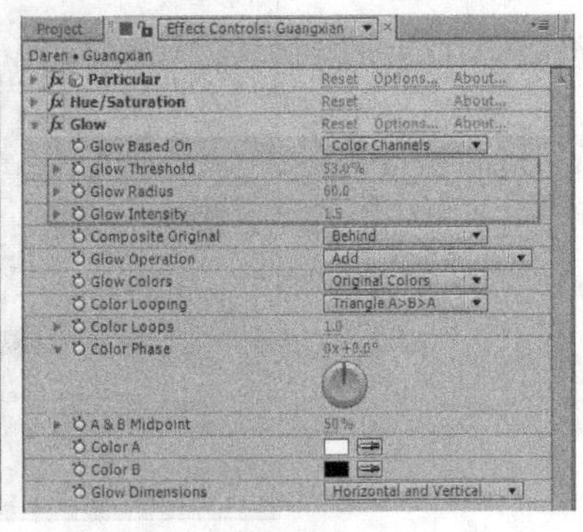

图12-105

12 修改Guangxian的图层叠加模式，如图12-106所示，最终的画面效果如图12-107所示。

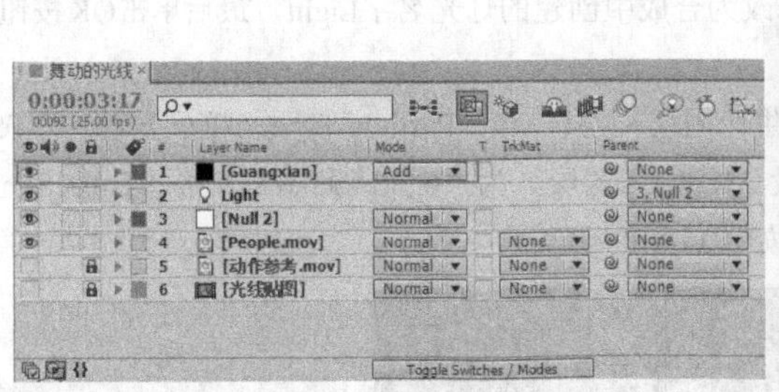

图12-106

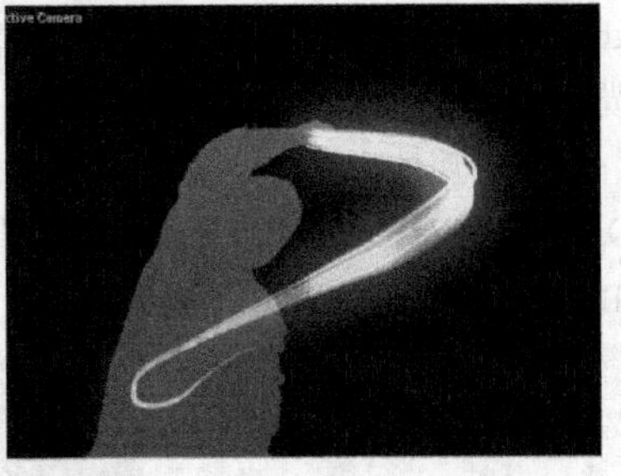

图12-107

3.优化细节与输出

光线在运动过程中，出现了空间上的“穿帮”现象，主要表现在与人物图层之间的空间关系上，接下来需要完成“穿帮”镜头的修复。

01 选择People图层，按Ctrl+D组合键复制图层，把复制得到的图层拖曳到所有图层的最上面；然后使用Pen Tool（钢笔工具）绘制Mask（遮罩），用来处理光线与人物图层之间的空间关系，如图12-108和图12-109所示。

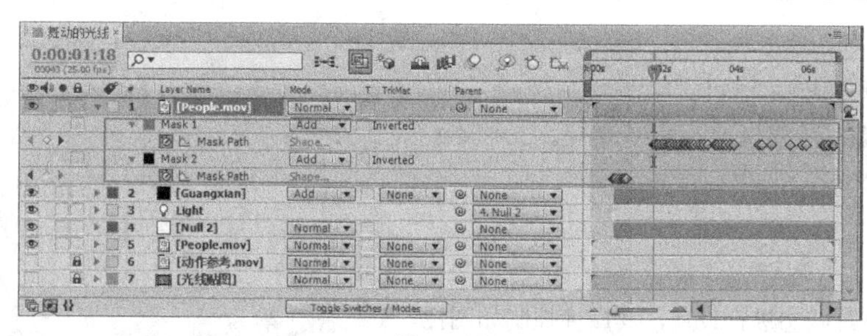

图12-108

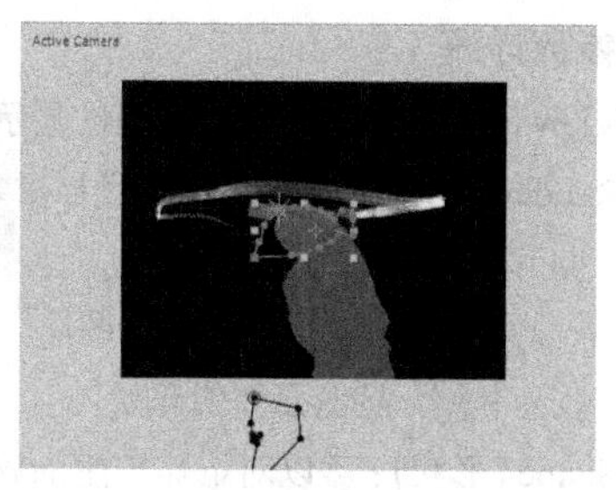

图12-109

02 执行“File（文件）>Import（导入）>File（文件）”菜单命令，打开BG.mov文件，将其拖曳到Timeline（时间线）面板上，然后把它移动到“动作参考”图层的上面一层，如图12-110所示。

03 按Ctrl+Y组合键创建一个黑色固态层，设置其Width（宽）为640 px，Height（高）为480 px，Name（名称）为“遮幅”，如图12-111所示。

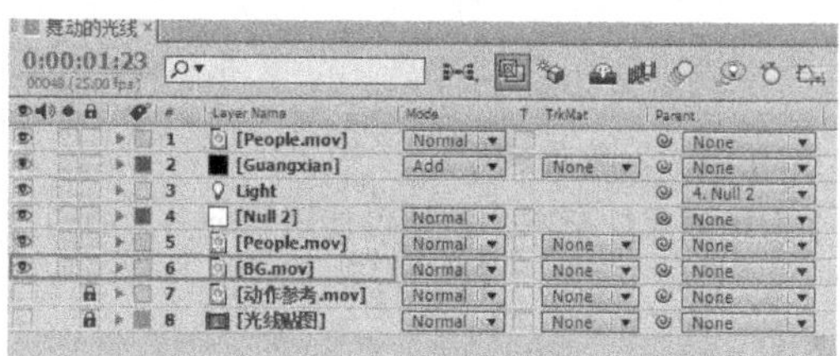

图12-110

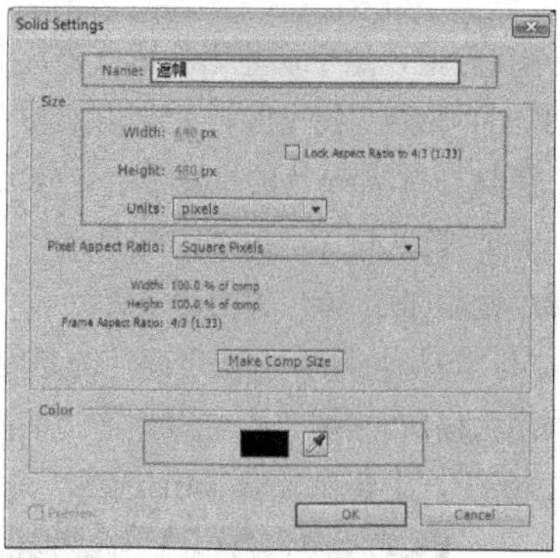

图12-111

04 选择“遮幅”图层，然后在Tools（工具）面板中用鼠标左键双击Rectangle Tool（矩形工具），系统会根据该图层的大小自动匹配创建一个遮罩。调节遮罩的大小，如图12-112所示。展开遮罩属性，勾选Inverted（反选）选项，如图12-113示。

05 至此，整个案例制作完毕，画面预览效果如图12-114所示。按Ctrl+M组合键进行视频输出后，执行项目的打包设置即可。

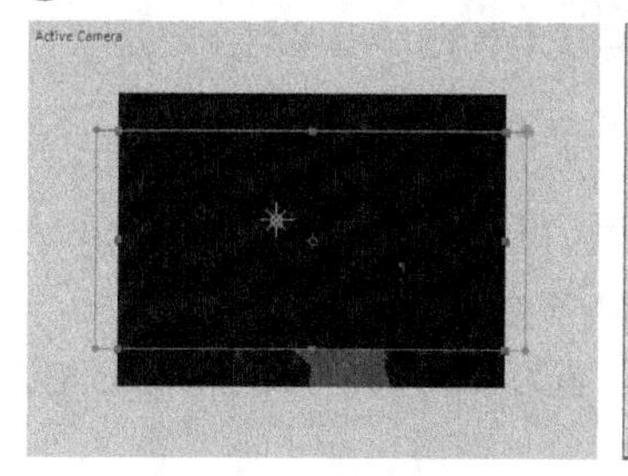

图12-112

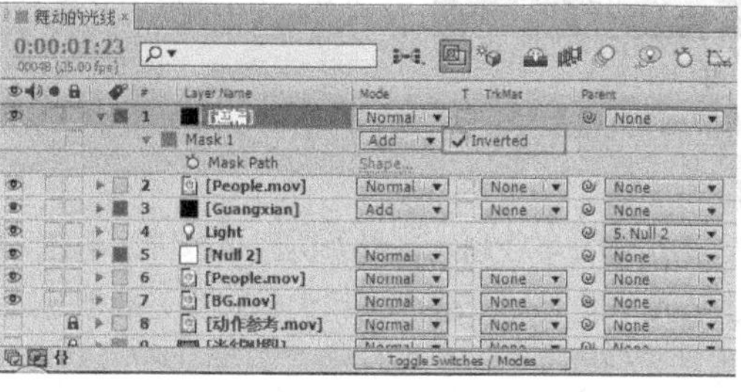

图12-113

图12-114

12.6.2 Shatter（破碎）滤镜

Shatter（破碎）滤镜可以对图像进行粉碎和爆炸处理，并可以对爆炸的位置、力量和半径等进行控制。另外，还可以自定义爆炸时产生碎片的形状，如图12-115所示。

执行“Effect（特效）>Simulation（仿真）>Shatter（破碎）”菜单命令，在Effect Controls（滤镜控制）面板中展开Shatter（破碎）滤镜的参数，如图12-116所示。

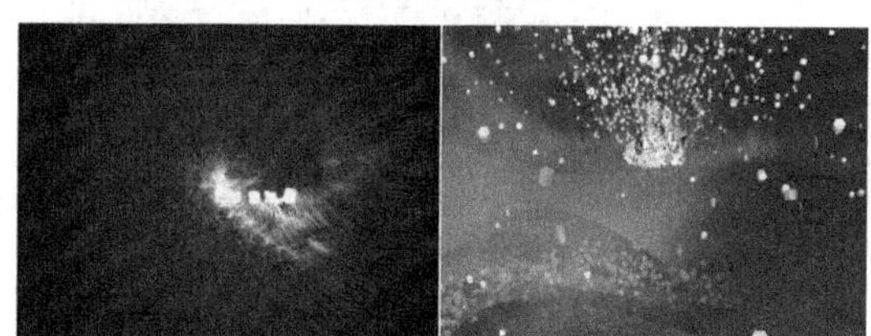

图12-115

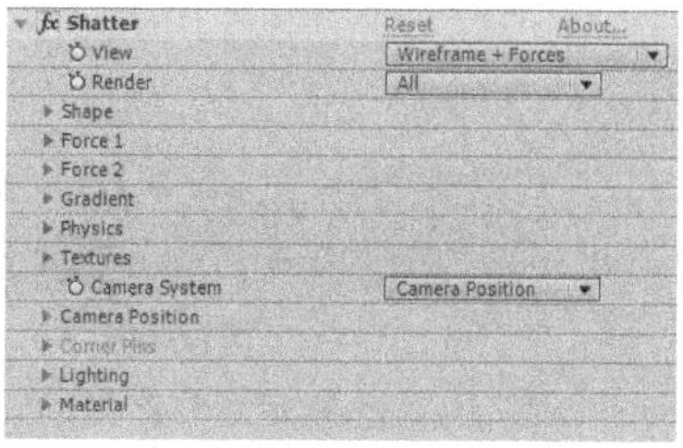

图12-116

参数详解

View（显示）：指定爆炸效果的显示方式。

Render（渲染）：指定显示的目标对象，主要包含以下3个选项。

All（所有）：显示所有对象。

Layer（图层）：显示未爆炸的图层。

Pieces（块）：显示已炸的碎块。

Shape（形状）：可以对爆炸产生的碎片状态进行设置，其属性控制如图12-117所示，主要包含以下7个选项。

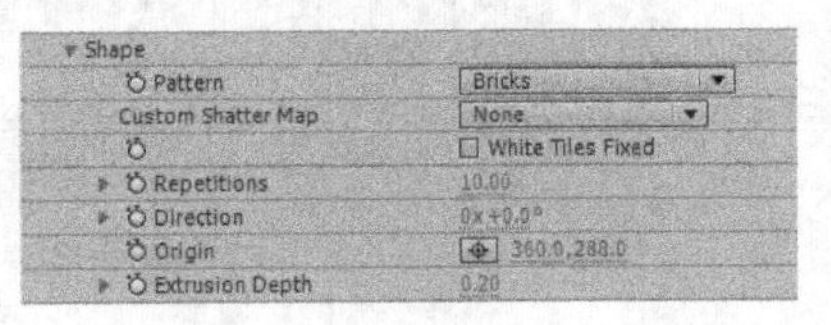

图12-117

Pattern（样式）：下拉列表中提供了众多系统预制的碎片外形。

Custom Shatter Map（自定义爆炸图像）：当在Pattern（式样）中选择了Custom（自定义）后，可以在该选项的下拉列表中选择一个目标层，这个层将影响爆炸碎片的形状。

White Tiles Fixed（白色平铺适配）：可以开启白色平铺的适配功能。

Repetitions（重复）：指定碎片的重复数目，较大的数值可以分解出更多的碎片。

Direction（方向）：设置碎片产生时的方向。

Origin（初始位置）：指定碎片的初始位置。

Extrusion Depth（碎片的厚度）：指定碎片的厚度，数值越大，碎片越厚。

Force 1/2（作用力场1/2）：用于指定爆炸产生的两个力场的爆炸范围，默认仅使用一个力，如图12-118所示。其属性控制如图12-119所示，主要包含以下4个选项。

图12-118

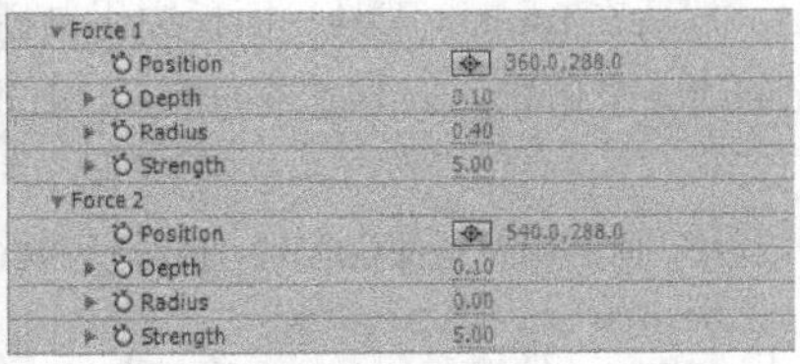

Force 1
Position 360.0,288.0
Depth 0.10
Radius 0.40
Strength 5.00
Force 2
Position 540.0,288.0
Depth 0.10
Radius 0.00
Strength 5.00

图12-119

Position（位置）：指定力产生的位置。

Depth（深度）：控制力的深度。

Radius（半径）：指定力的半径。数值越高半径越大，受力范围也越广。半径为0时不会产生变化。

Strength（强度）：指定产生力的强度。值越高，强度也越大，碎片飞散也越远。值为负值时，飞散方向与正值方向相反。

Gradient（渐变）：在该属性中可以指定一个层，然后利用指定层来影响爆炸效果，其属性控制如图12-120所示，主要包含以下3个选项。

Shatter Threshold（容差值）：指定碎片的容差值。

Gradient Layer（渐变图层）：指定合成图像中的一个层作为爆炸渐变层。

Invert Gradient（反转图层）：反转渐变层。

Physics（物理）：该属性控制爆炸的物理属性，其属性控制如图12-121所示，主要包含以下8个选项。

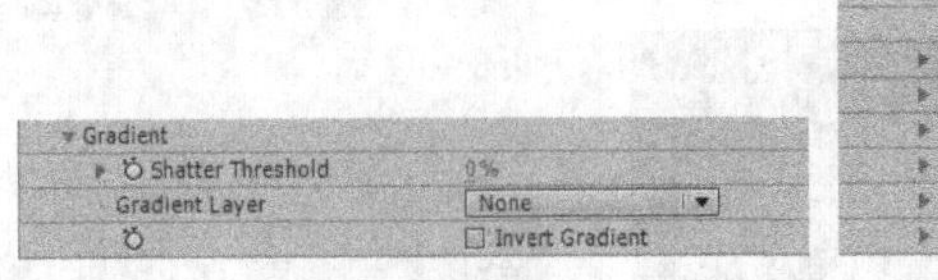

图12-120

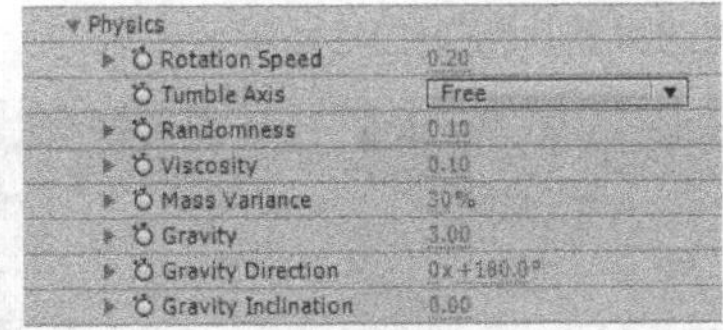

图12-121

Rotation Speed（旋转速度）：指定爆炸产生的碎片的旋转速度。值为0时不会产生旋转。

Tumble Axis（轴向）：指定爆炸产生的碎片如何翻转。可以将翻转锁定在某个坐标轴上，也可以选择自由翻转。

Randomness（随机值）：用于控制碎片飞散的随机值。

Viscosity（粘度）：控制碎片的粘度。

Mass Variance（百分比）：控制爆炸碎片集中的百分比。

Gravity（重力）：为爆炸施加一个重力。如同自然界中的重力一样，爆炸产生的碎片会受到重力影响而坠落或上升。

Gravity Direction（方向）：指定重力的方向。

Gravity Inclination（倾斜度）：给重力设置一个倾斜度。

Textures（纹理）：该属性可以对碎片进行颜色纹理的设置，其属性控制如图12-122所示，主要包含以下8个选项。

Color（颜色）：指定碎片的颜色，默认情况下使用当前层作为碎片颜色。

Opacity（不透明度）：用来设置碎片的不透明度。

Front Mode（正面图层的方式）：设置碎片正面材质贴图的方式。

Front Layer（正面材质层）：在下拉列表中指定一个图层作为碎片正面材质的贴图。

Side Mode（侧面图层的方式）：设置碎片侧面材质贴图的方式。

Side Layer（侧面材质层）：在下拉列表中指定一个图层作为碎片侧面材质的贴图。

Back Mode（背面图层的方式）：设置碎片背面材质贴图的方式。

Back Layer（背面材质层）：在下拉列表中指定一个图层作为碎片背面材质的贴图。

Camera System（摄像机系统）：控制用于爆炸特效的摄像机系统，在其下拉列表中选择不同的摄像机系统，产生的效果也不同，如图12-123所示，主要包含以下3个选项。

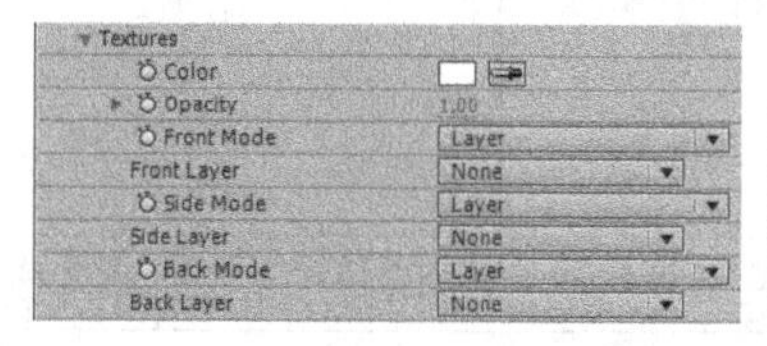

图12-122

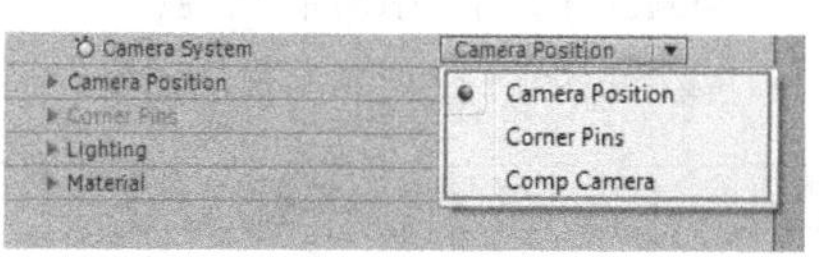

图12-123

Camera Position（摄像机位置）：选择Camera Position（摄像机位置）后，可通过下方的Camera Position（摄像机位置）参数控制摄像机。

Corner Pins （定位点）：选择Corner Pins（定位点）后将由 Corner Pins （定位点）参数控制摄像机。

Camera Position（摄像机位置）：选择Comp Camera（合成摄像机）则通过合成图像中的摄像机控制其效果，当特效层为3D层时比较适用。

Camera Position（摄像机位置）：当选择Camera Position（摄像机位置）作为摄像机系统时，可以激活其相关属性，如图12-124所示，主要包含以下4个选项。

X Rotation /Y Rotation /Z Rotation（*x*/*y*/*z*旋转）：控制摄像机在*x*、*y*、*z*轴上的旋转角度。

X,Y Position（*x*，*y*位置）：控制摄像机在三维空间的位置属性。可以通过参数控制摄像机位置，也可以通过在合成图像移动控制点来确定其位置。

Focal Length（焦距）：控制摄像机焦距。

Transform Order（顺序）：指定摄像机的变换顺序。

Corner Pins（定位点）：当选择Corner Pins（定位点）作为摄像机系统时，可以激活其相关属性，如图12-125所示，主要包含以下3个选项。

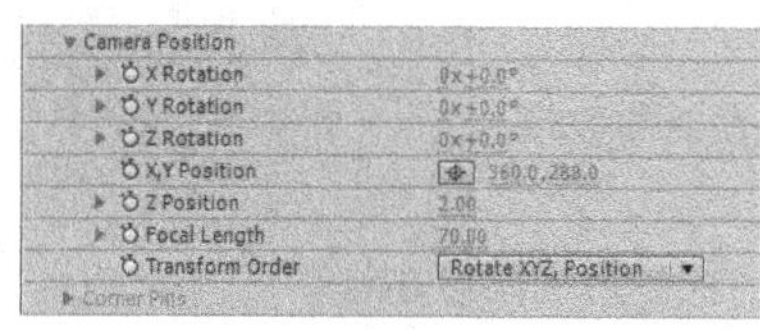

图12-124

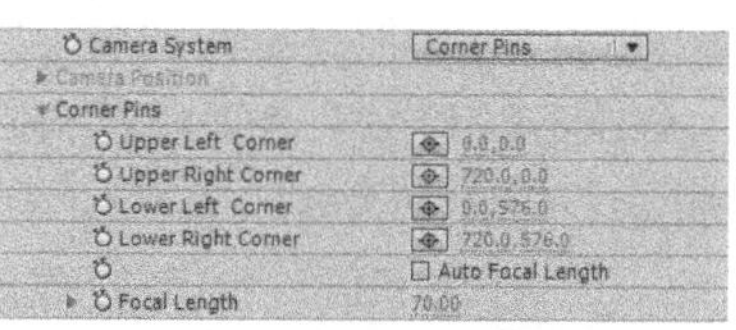

图12-125

Upper Left Corner（左上角）/Upper Right Corner（右上角）/Lower Left Corner（左下角）/Lower Right Corner（右下角）：通过4个定位点来调整摄像机的位置，也可以直接在合成窗口中拖动控制点改变位置。

Auto Focal Length（自动焦距）：勾选该选项后，将会指定设置摄像机的自动焦距。

Focal Length（焦距）：通过参数控制焦距。

Lighting（灯光）：对特效中的灯光属性进行控制，其属性控制如图12-126所示，主要包含以下6个选项。

Light Type（灯光类型）：指定特效使用灯光的方式。Point Source（点光源）表示使用点光源照明方式，Distant Source（远照明）表示使用远光照明方式，First Comp Light（合成中的第一个灯光）表示使用合成图像中的第一盏灯作为照明方式。使用First Comp Light（合成中的第一个灯光）时，必须确认合成图像中已经建立了灯光。

Light Intensity（灯光强度）：控制灯光照明强度。

Light Color（灯光颜色）：指定灯光的颜色。

Light Position（灯光位置）：指定灯光光源在空间中x、y轴的位置，默认在层中心位置。通过改变其参数或拖动控制点改变它的位置。

Light Depth（灯光深度）：控制灯光在z轴上的深度位置。

Ambient Light（环境光）：指定灯光在层中的环境光强度。

Material（材质）：指定特效中的材质属性，其属性控制如图12-127所示，主要包含以下3个选项。

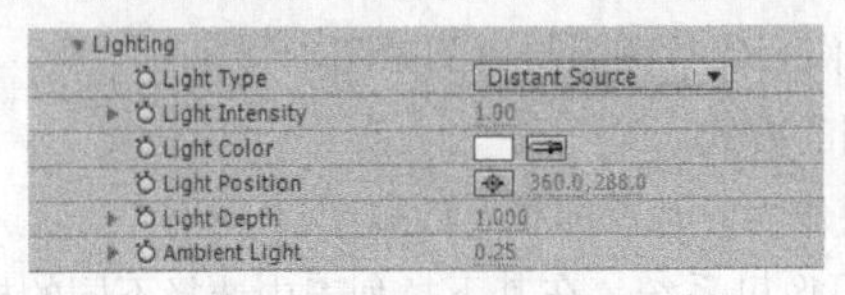

图12-126

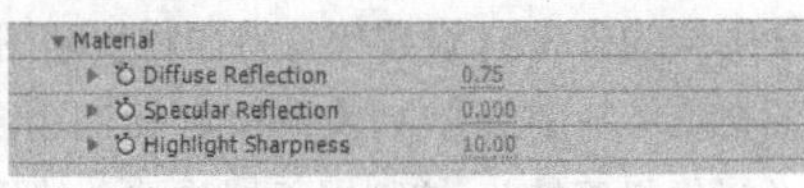

图12-127

Diffuse Reflection（漫反射）：控制漫反射强度。

Specular Reflection（镜面反射）：控制镜面反射强度。

Highlight Sharpness（高光锐化）：控制高光锐化强度。

12.6.3 Particle Playground（粒子动力场）

Particle Playground（粒子动力场）滤镜可以从物理学和数学上对各类自然效果进行描述，从而模拟各种符合自然规律的粒子运动效果，如图12-128所示。

执行“Effect（特效）>Simulation（仿真）>Particle Playground（粒子动力场）”菜单命令，在Effect Controls（滤镜控制）面板中展开Particle Playground（粒子动力场）滤镜的参数，如图12-129所示。

图12-128

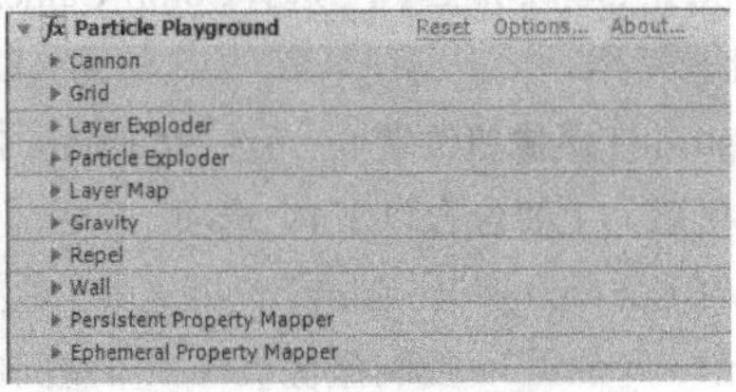

图12-129

参数详解

Cannon（加农炮）：根据指定的方向和速度发射粒子。在缺省状态下，它以每秒100粒的速度朝框架的顶部发射红色的粒子，其属性控制如图12-130所示。

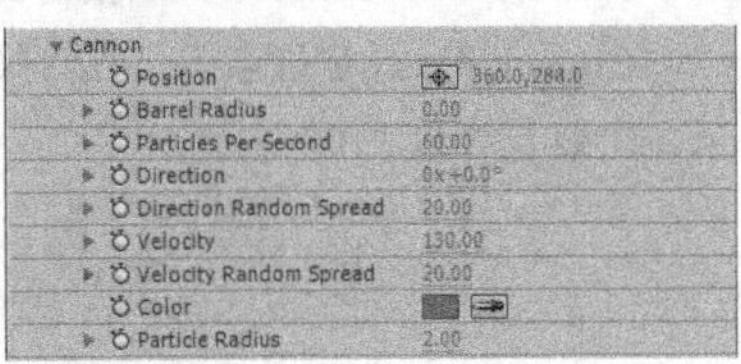

图12-130

Position（位置）：指定粒子发射点的位置。

Barrel Radius（发射半径）：控制粒子活动的半径。

Particle Per Second（每秒发射粒子数）：指定粒子每秒钟发射的数量。

Direction（方向）：指定粒子发射的方向。

Direction Random Spread（方向随机值）：指定粒子发射方向的随机偏移方向。

Velocity（初始速度）：控制粒子发射的初始速度。

Velocity Random Spread（速度随机值）：指定粒子发射速度随机变化。

Color（颜色）：指定粒子的颜色。

Particle Radius（粒子半径）：指定粒子的大小半径。

Grid（网格）：可以从一组网格交叉点产生一个连续的粒子面，可以设置在一组网格的交叉点处生成一个连续的粒子面，其中的粒子运动只受重力、排斥力、墙和映像的影响，其属性控制如图12-131所示。

Position（位置）：指定网格中心的x、y坐标。

Width/Height（宽度和高度）：以像素为单位确定网格的边框尺寸。

Particle Across/Down（水平/垂直粒子数）：分别指定网格区域中水平和垂直方向上分布的粒子数，仅当该值大于1时才产生粒子。

Color（颜色）：指定圆点或文本字符的颜色。当用一个已存在的层作为粒子源时该特效无效。

Particle Radius（粒子半径）：用来控制粒子的大小。

Layer Exploder（图层分裂）：可以分裂一个层作为粒子，用来模拟爆炸效果，其属性控制如图12-132所示。

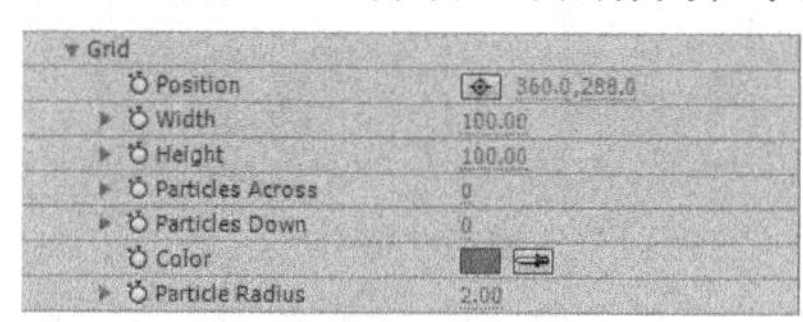

图12-131

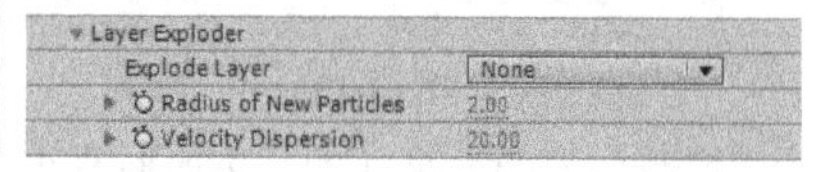

图12-132

Exploder Layer（图层）：指定要爆炸的层。

Radius of New Particles（新粒子半径）：指定爆炸所产生的新粒子的半径，该值必须小于原始层和原始粒子的半径值。

Velocity Dispersion（最大值）：以像素为单位，决定了所产生粒子速度变化范围的最大值。较高的值产生更为分散的爆炸效果，较低的值则使粒子聚集在一起。

Particle Exploder（粒子分裂层）：可以把一个粒子分裂成为很多新的粒子，以迅速增加粒子数量，方便模拟爆炸、烟火等特效，其属性控制如图12-133所示。

Radius of New Particles（新粒子半径）：指定新粒子半径，该值必须小于原始层和原始粒子的半径值。

Velocity Dispersion（最大值）：以像素为单位，决定了所产生粒子速度变化范围的最大值，较高的值产生更为分散的爆炸，较低的值则使粒子聚集在一起。

Affects（影响）：指定哪些粒子受选项影响。

Particles From（粒子发射器）：可以在下拉列表中选择粒子发生器，或选择其粒子受当时选项影响的粒子发射器组合。

Selection Map（映射图层）：在下拉列表中指定一个映像层，来决定在当前选项下影响哪些粒子。选择是根据层中的每个像素的亮度决定的，当粒子穿过不同亮度的映像层时，粒子所受的影响不同。

Characters（字符）：在下拉列表中可以指定受当前选项影响的字符的文本区域。只有在将文本字符作为粒子使用时才有效。

Older/Younger than（旧/新）：指定粒子的年龄阈值。正值影响较老的粒子，而负值影响年轻的粒子。

Age Feather（粒子年龄羽化）：以秒为单位指定一个时间范围，该范围内所有老的和年轻的粒子都被羽化或柔和，产生一个逐渐而非突然的变化效果。

Layer Map（贴图层）：在该属性中可以指定合成图像中任意层作为粒子的贴图来替换圆点粒子。例如，可以将一只飞舞的蝴蝶素材作为粒子的贴图，那么系统将会用这只蝴蝶替换所有圆点粒子，产生出蝴蝶群飞舞的效果。并且可以将贴图指定为动态的视频，产生更为生动和复杂的变化，其属性控制如图12-134所示。

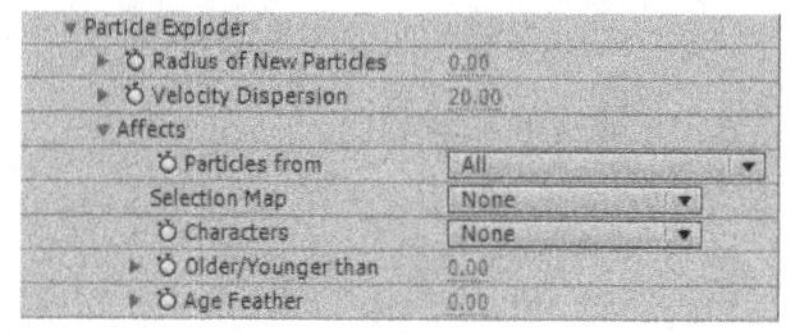

图12-133

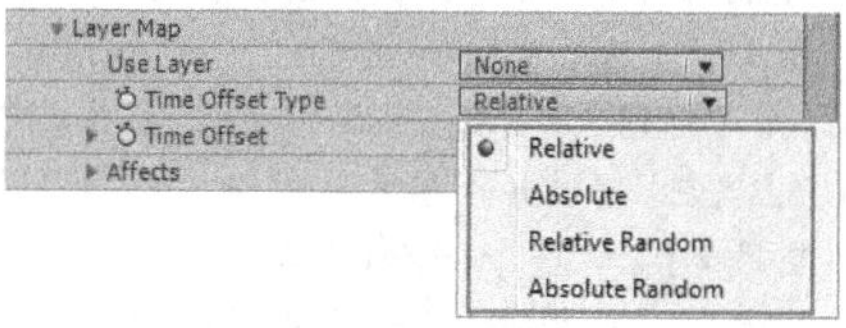

图12-134

Use Layer（替换图层）：用于指定作为映像的层。

Time Offset Type（时间偏移类型）：指定时间位移类型。主要包含3种方式，分别是Relative（相对方式），由设定的时间位移决定从哪里开始播放动画，即粒子的贴图与动画中粒子当前帧的时间保持一致；Absolute（绝对方式），根据设定的时间位移显示贴图层中的一帧而忽略当前的时间；Relative Random（随机相对方式），每一个粒子都从贴图层中一个随机的帧开始，其随机范围从粒子动力场的当前时间值到所设定的Random Time Max（随机时间最大值）；Absolute Random（随机绝对方式），每一个粒子都从贴图层中0到所设置的Random Time Max（随机时间最大值）之前任一随机的帧开始。

Time Offset（时间偏移）：控制时间位移效果参数。

Gravity（重力）：该属性用于设置重力场，可以模拟现实世界中的重力现象，其属性控制如图12-135所示。

Force（重力大小）：较大的值增加重力影响。正值使重力沿重力方向影响粒子，负值沿重力反方向影响粒子。

Force Random spread（重力的随机性）：值为0时所有的粒子都以相同的速率下落，当值较大时，粒子以不同的速率下落。

Direction（重力方向）：默认180°，重力向下。

Repel（斥力）：该属性可以设置粒子间的斥力，控制粒子相互排斥或相互吸引，其属性控制如图12-136所示。

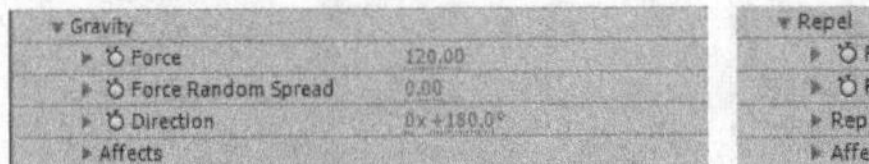

图12-135

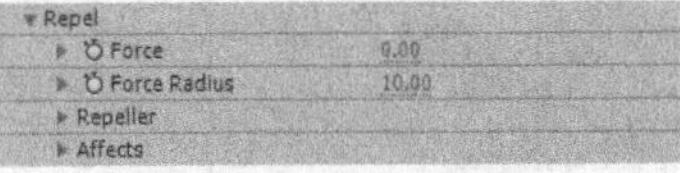

图12-136

Force（斥力大小）：控制斥力的大小（即斥力影响程度），值越大斥力越大。正值排斥，负值吸引。

图12-137

Force Radius（斥力半径）：指定粒子受到排斥或者吸引的范围。

Repeller（斥力控制器）：指定哪些粒子作为一个粒子子集的排斥源或者吸引源。

Wall（墙）：该属性可以为粒子设置墙属性。所谓墙属性就是用屏蔽工具建立起一个封闭的区域，约束粒子在这个指定的区域活动，其属性控制如图12-137所示。

Boundary（边界）：从下拉列表中指定一个封闭区域作为边界墙。

Persistent Property Mappers（持续性的映射）：该属性用于指定持久性的属性映像器。在另一种影响力或运算出现之前，持续改变粒子的属性，其属性控制如图12-138所示。

Use Layer As Map（指定映射贴图）：指定一个层作为影响粒子的层映像。

Affects（影响）：指定哪些粒子受选项影响。在Map Red to（红色贴图通道）/ Map Green to（绿色贴图通道）/ Map Blue to（蓝色贴图通道）中，可以通过选择下拉列表中指定层映像的RGB通道来控制粒子的属性。当设置其中一个选项作为指定属性时，粒子运动场将从层映像中复制该值并将它应用到粒子。

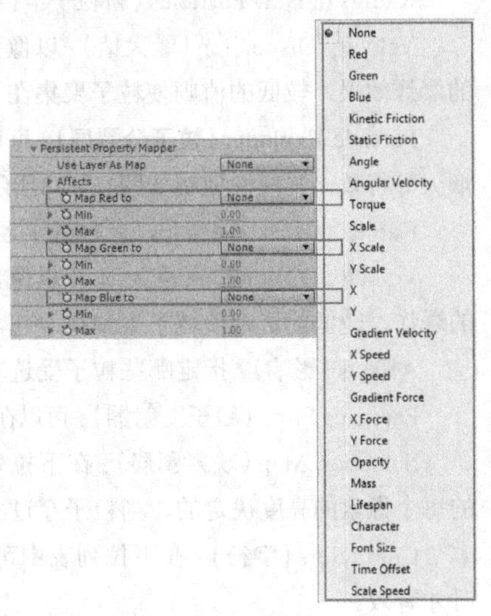

图12-138

技巧与提示

图12-138中右边的菜单栏中各命令含义如下。

None（无）：不改变粒子。

Red（红色）/Green（绿色）/Blue（蓝色）：复制粒子的R、G、B通道的值。

Kinetic Friction（动态摩擦力）：复制运动物体的阻力值，增大该值可以减慢或停止运动的粒子。

Static Friction（静态摩擦力）：复制粒子不动的惯性值。

Angle（角度）：复制粒子移动方向的一个值。

Angular Velocity（角速度）：复制粒子旋转的速度，该值决定了粒子绕自身旋转多快。

Torque（扭转力）：复制粒子旋转的力度。

Scale（缩放）：复制粒子沿着x、y轴缩放的值。

X Scale/Y Scale（x/y缩放）：复制粒子沿x轴或y轴缩放的值。

X/Y（x/y轴）：复制粒子沿着x轴或y轴的位置。

Gradient Velocity（区域速度调节）：复制基于层映像在x轴或者y轴运动面上的区域的速度调节。

X speed/Y speed（x/y速度）：复制粒子在x轴向或y轴向的速度，即水平方向速度或垂直方向的速度。

Gradient Force（区域作用力）：复制基于层映像在x轴或者y轴运动区域的力度调节。

X Force /Y Force（x/y作用力）：复制沿x轴或者y轴运动的强制力。

Opacity（不透明度）：复制粒子的不透明度。值为0时全透明，值为1时不透明，可以通过调节该值使粒子产生淡入或淡出效果。

Mass（质量）：复制粒子聚集，通过所有粒子相互作用调节张力。

Lifespan（生命）：复制粒子的生存期，默认的生存期是无限的。

Character（字符）：复制对应于ASCII文本字符的值，通过在层映像上涂抹或画灰色阴影指定哪些文本字符显现。值为0叫不产生字符，对于U.S English字符，使用值从32~127。仅当用文本字符作为粒子时可以这样用。

Font size（字体大小）：复制字符的点大小，当用文本字符作为粒子时才可以使用。

Time Offset（时间偏移）：复制层映像属性用的时间位移值。

Scale speed（速度缩放）：复制粒子沿着x、y轴缩放的速度。正值扩张粒子，负值收缩粒子。

Min/Max（最小/最大）：当层映像的亮度值范围太宽或着太窄时，来拉伸、压缩或移动层映像产生的范围。

Ephemeral Property Mappers（**短暂性映射**）：该选项用于指定短暂性的属性映像器。可以指定一种算术运算来扩大、减弱或限制结果值，其属性控制如图12-139所示。该属性与Persistent Property Mapper（持续性的映射）调节参数基本相同，相同的参数请参考Persistent Property Mapper（持续性的映射）的参数解释。

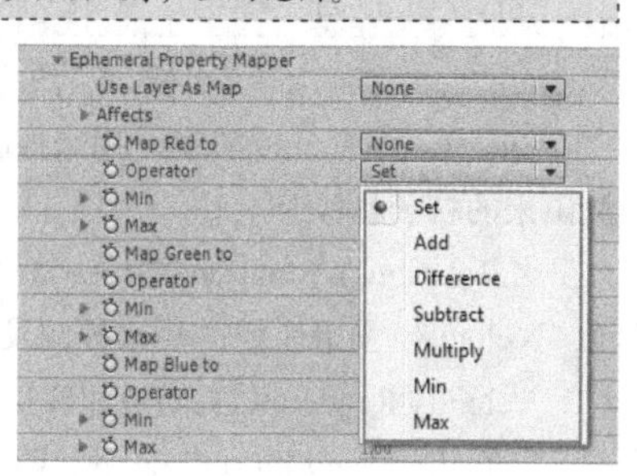

图12-139

Add（**相加**）：使用粒子属性与相对应的层映像像素值的合计值。

Difference（**差异**）：使用粒子属性与相对应的层映像像素亮度值的差的绝对值。

Subtract（**相减**）：以粒子属性的值减去对应的层映像像素的亮度值。

Multiply（**相乘**）：使用粒子属性值和相对应的层映像像素值相乘的值。

Min（**较小**）：取粒子属性值与相对应的层映像像素亮度值中较小的值。

Max（**较大**）：取粒子属性值与相对应的层映像像素亮度值中较大的值。

12.6.4 Particular（粒子）

Particular（粒子）属于Red Giant Trapcode系列滤镜包中一款功能非常强大的三维粒子滤镜。通过该滤镜可以模拟出真实世界中的烟雾、爆炸等效果，如图12-140所示。

执行“Effect（特效）>Trapcode>Particular（粒子）”菜单命令，在Effect Controls（滤镜控制）面板中展开Particular（粒子）滤镜的参数，如图12-141所示。

图12-140

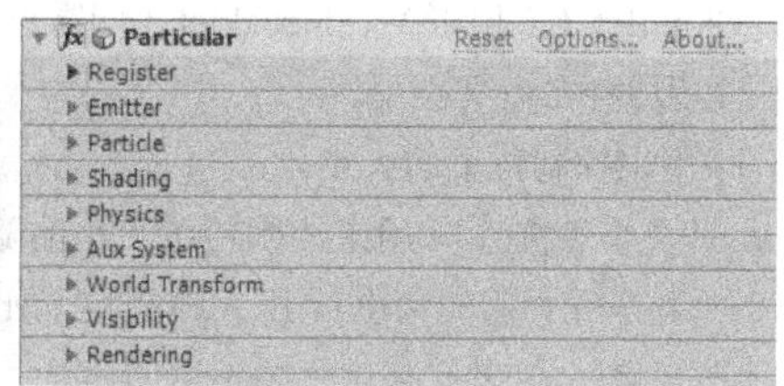

图12-141

参数详解

Register（**注册**）：用来注册Particular（粒子）插件。

Emitter（**发射器**）：设置粒子产生的位置、粒子的初始速度和粒子的初始发射方向等，它包含以下参数，如图12-142所示。

Particles/Sec（**每秒发射粒子数**）：通过数值调整来控制每秒发射的粒子数。

Emitter Type（**发射类型**）：粒子发射的类型，主要包含以下7种类型，如图12-143所示。

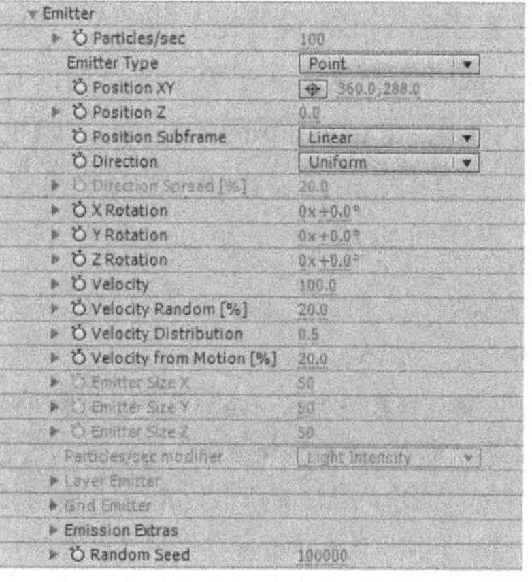

图12-142

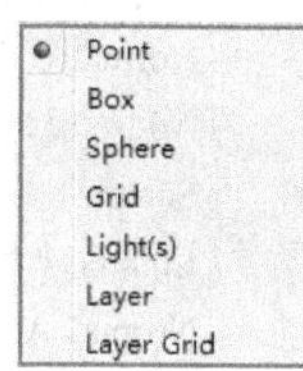

图12-143

技巧与提示

以上7种发射类型的含义如下。

Point（点）：所有粒子都从一个点中发射出来。

Box（立方体）：所有粒子都从一个立方体中发射出来。

Sphere（球体）：所有粒子都从一个球体内发射出来。

Grid（栅格）：所有粒子都从一个二维或三维栅格中发射出来。

Light（灯光）：所有粒子都从合成中的灯光发射出来。

Layer（图层）：所有粒子都从合成中的一个图层中发射出来。

Layer Grid（图层栅格）：所有粒子都从一个图层中以栅格的方式向外发射出来。

Position XY/Position Z（**粒子的位置**）：如果为该选项设置关键帧，可以创建拖尾效果。

Direction Spread（**扩散**）：用来控制粒子的扩散，该值越大，向四周扩散出来的粒子就越多；该值越小，向四周扩散出来的粒子就越少。

X Rotation/Y Rotation/Z Rotation（***x/y/z*轴向旋转**）：通过调整它们的数值，来控制发射器方向的旋转。

Velocity（**初始速度**）：用来控制发射的速度。

Velocity Random[%]（**随机速度**）：控制速度的随机值。

Velocity from Motion[%]（**运动速度**）：粒子运动的速度。

Emitter Size X/Emitter Size Y/Emitter Size Z（**发射器在*x/y/z*轴的大小**）：只有当Emitter Type（发射类型）设置为Box（盒子）、Sphere（球体）、Grid（网格）或Light（灯光）时，才能设置发射器在*x*轴、*y*轴、*z*轴的大小；而对于Layer（图层）和Layer Grid（图层栅格）发射器，只能调节*z*轴方向发射器的大小。

Particle（粒子）：该选项组中的参数主要用来设置粒子的外观，比如粒子的大小、不透明度及颜色属性等，如图12-144所示。

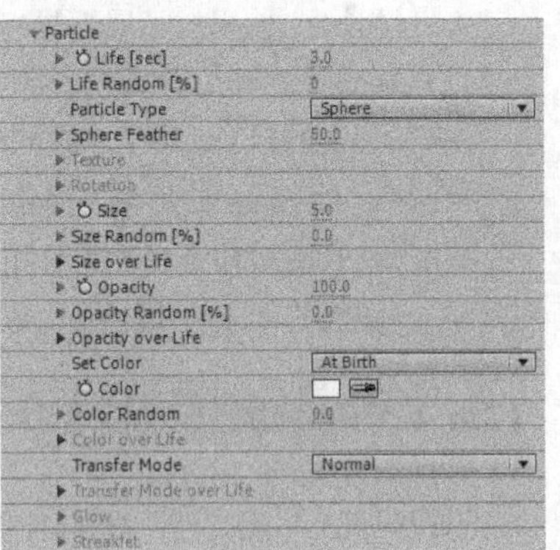

图12-144

Life[sec]（**生命周期**）：通过数值调整可以控制粒子的生命周期，以秒来计算。

Life Random[%]（**生命周期的随机性**）：用来控制粒子生命周期的随机性。

Particle Type（**粒子类型**）：在它的下拉列表中有11种类型，分别为Sphere（球形）、Glow sphere（发光球形）、Star（星形）、Cloudlet（云层形）、Streaklet（烟雾形）、Sprite（雪花）、Sprite Colorize（颜色雪花）、Sprite Fill（雪花填充），以及3种自定义类型。

Size（**大小**）：用来控制粒子的大小。

Size Random（**大小随机值**）：用来控制粒子大小的随机属性。

Size over life（**粒子死亡后的大小**）：用来控制粒子死亡后的大小。

Opacity（**不透明度**）：用来控制粒子的不透明度。

Opacity Random（**随机不透明度**）：用来控制粒子随机的不透明度。

Opacity over life（**粒子死亡后的不透明度**）：用来控制粒子死亡后的不透明度。

Set Color（**设置颜色**）：用来设置粒子的颜色，设置粒子的颜色有3种方法，AtBirth（出生）用于设置粒子刚生成时的颜色，并在整个生命期内有效；OverLife（生命周期）用于设置粒子的颜色在生命期内变化；Random from Gradient（随机）用于选择随机颜色。

Transfer Mode（**合成模式**）：设置粒子的叠加模式，它有以下选项，如图12-145所示。

Normal
Add
Screen
Lighten
Normal Add over Life
Normal Screen over Life

图12-145

技巧与提示

粒子的几种叠加模式如下。

Normal（正常）：正常模式。

Add（增加）：粒子效果添加在一起，用于光效和火焰效果。

Screen（屏幕）：用于光效和火焰效果。

Lighten（加亮）：先比较通道颜色中的数值，然后把亮的部分调整得比原来更亮。

Normal Add Over Life（在生命周期内的正常或增加）：在Normal（正常）模式和Add（增加）模式之间切换。

Normal Screen Over Life（在生命周期内的正常或屏幕）：在Normal（正常）模式和Screen（屏幕）模式之间切换。

Size Random（大小随机值）：用来控制粒子大小的随机属性。

Transfer Mode over Life（粒子死亡之后的合成模式）：用来控制粒子死亡后的合成模式。

Glow（辉光）：用来控制粒子产生的光晕属性效果。

Streaklet（条纹）：用来设置条纹状粒子的属性。

Shading（着色）：该选项组中的参数主要用来设置粒子与合成灯光的相互作用，类似于三维图层的材质属性。

Physics（物理性）：该选项组中的参数主要用来设置粒子在发射以后的运动情况，包括粒子的重力、紊乱程度，以及设置粒子与同一合成中的其他图层产生的碰撞效果，如图12-146所示。

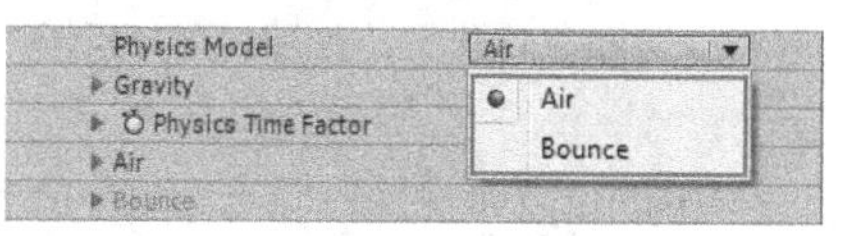

图12-146

Physics Model（物理模式）：它有以下两个选项，分别是Air（空气），该模式用于创建粒子穿过空气时的运动效果，主要设置空气的阻力、扰动等参数；Bounce（弹跳）：该模式实现粒子的弹跳。

Gravity（重力）：用来设置粒子受重力影响的状态。

Physics Time Factor（物理时间因数）：调节粒子运动的速度。默认值是1（表示时间和现实相同），0（表示冻结时间），2（表示正常速度的两倍），-1（表示时间倒流）。

Aux System（辅助系统）：该选项组中的参数主要用来设置辅助粒子系统（也就是子粒子系统）的相关参数，这个子粒子系统可以从主粒子系统的粒子中产生新的粒子，Aux System（辅助系统）非常适合于制作烟花和拖尾特效，如图12-147和图12-148所示。

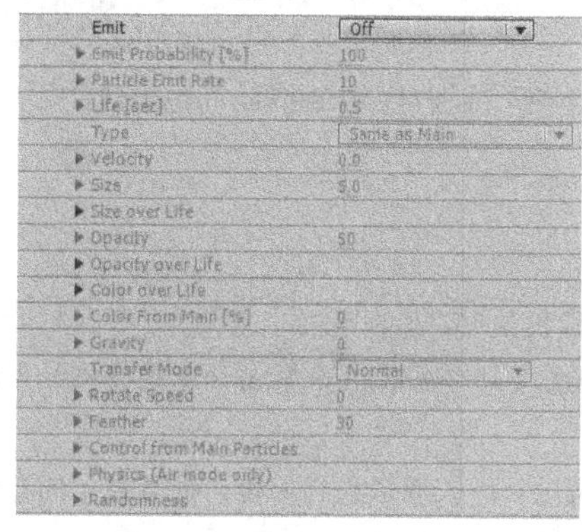

图12-147

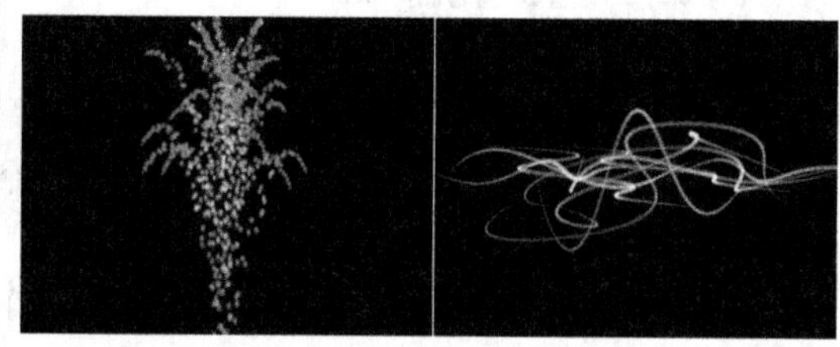

图12-148

Emit（发射）：当Emit（发射）选择为off（关闭）时，Aux System（辅助系统）中的参数无效。

技巧与提示

只有选择At Bounce Event（反弹事件）或Continously（连续）时，Aux System（辅助系统）中的参数才有效，也就是才能发射Aux粒子，如图12-149所示。

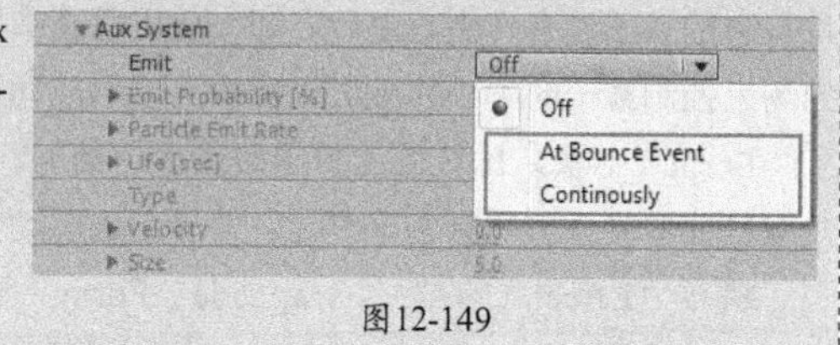

图12-149

Emit Probability[%]（发射的概率）：用来控制主粒子实际产生了多少Aux粒子。

Particle Emit Rate（粒子发射速率）：用来设置粒子发射的速率。

Life[sec]（粒子生命周期）：用来控制粒子的生命周期。

Type（类型）：用来控制Aux粒子的类型。

Velocity（初始速度）：初始化Aux粒子的速度。

Size（大小）：用来设置粒子的大小。

Size over life（粒子死亡后的大小）：用来设置粒子死亡后的大小。

Opacity（不透明度）：用来控制粒子的不透明度。

Opacity over life（粒子死亡后的不透明度）：用来控制粒子死亡后的不透明度。

Color over life（颜色衰减）：控制粒子颜色的变化。

Color From Main[%]（颜色主要来源）：用来设置AUX粒子的颜色。

Gravity（重力）：用来设置粒子受重力影响的状态。

Transfer Mode（叠加模式）：设置叠加模式。

World Transform（坐标空间变换）：该选项组中的参数主要用来设置视角的旋转和位移状态，如图12-150所示。

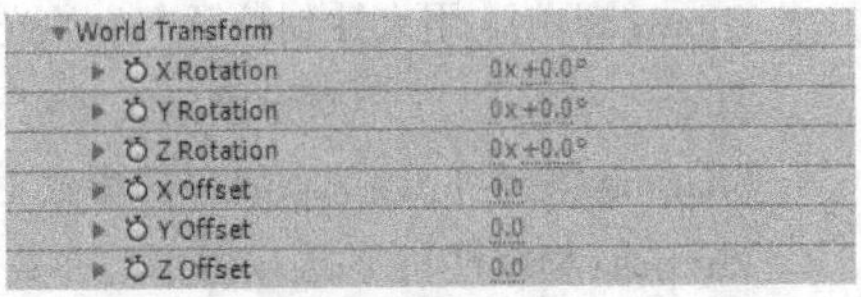

图12-150

Visibility（可视性）：该选项组中的参数主要用来设置粒子的可视性，如图12-151所示。例如，在远处的粒子可以被设置为淡出或消失效果，图12-152所示的是Visibility（可视性）选项组中各属性之间的关系。

Rendering（渲染）：该选项组中的参数主要用来设置渲染方式、摄像机景深，以及运动模糊等效果，如图12-153所示。

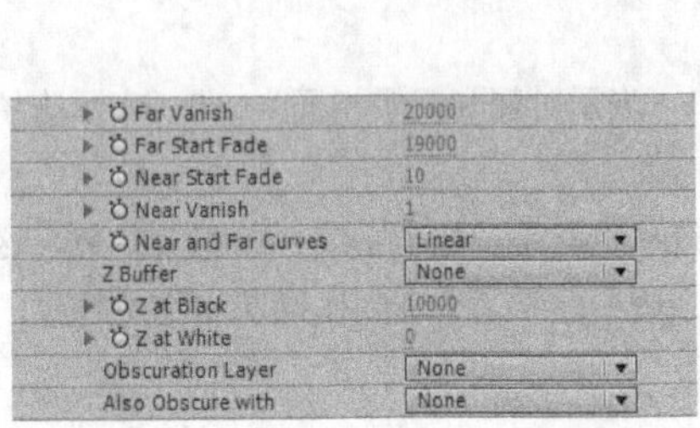

图12-151

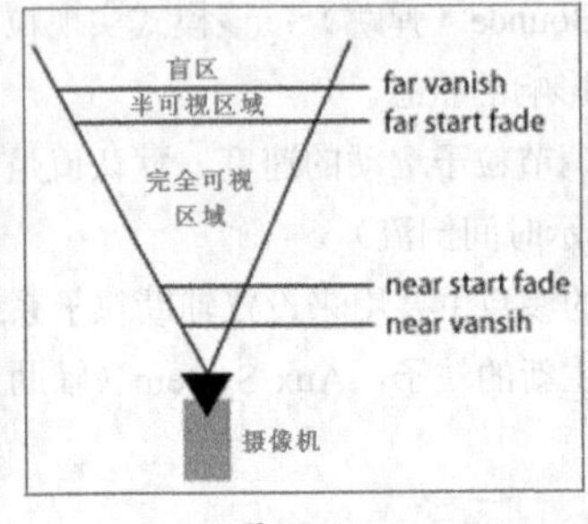

图12-152

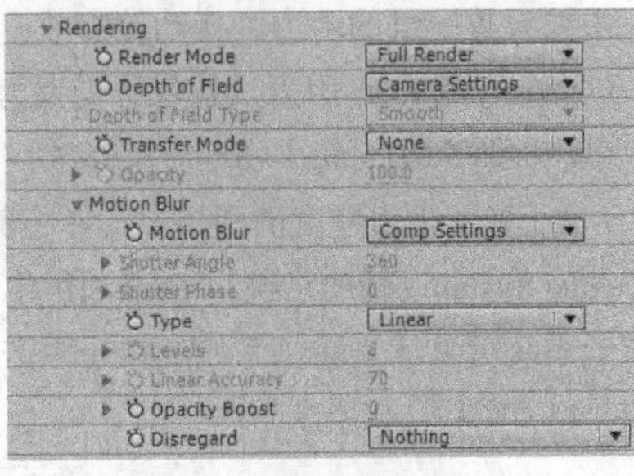

图12-153

Render Mode（渲染模式）：用来设置渲染的方式，它有两个选项，分别是Full Render（完全渲染），这是默认模式；Motion Preview（运动预览），快速预览粒子运动。

Depth of Field（景深）：设置摄像机景深。

Transfer Mode（叠加模式）：设置叠加模式。

Motion Blur（运动模糊）：使粒子的运动更平滑，模拟真实摄像机效果。

Shutter Angle（快门角度）/Shutter Phase（快门相位）：这两个选项只有在Motion Blur（运动模糊）为On（打开）时，才有效。

Opacity Boost（不透明度补偿设置）：当粒子透明度降低时，可以利用该选项进行补偿，提高粒子的亮度。

12.6.5 Form（形状）

Form（形状）属于Red Giant Trapcode系列滤镜包中一款基于网格的三维粒子滤镜，与其他的粒子软件不同的是，它的粒子没有产生、生命周期、死亡等基本属性，它的粒子从开始就存在。同时可以通过不同的图层贴图及不同的场来控制粒子的大小和形状等参数，以形成动画。

Form（形状）比较适合制作如流水、烟雾、火焰等复杂的3D几何图形。另外它内置有音频分析器，能够帮助用户轻松提取音乐节奏频率等参数，并且用来驱动粒子的相关参数，如图12-154所示。

执行“Effect（特效）>Trapcode >Form（形状）”菜单命令，在Effect Controls（滤镜控制）面板中展开Form（形状）滤镜的参数，如图12-155所示。

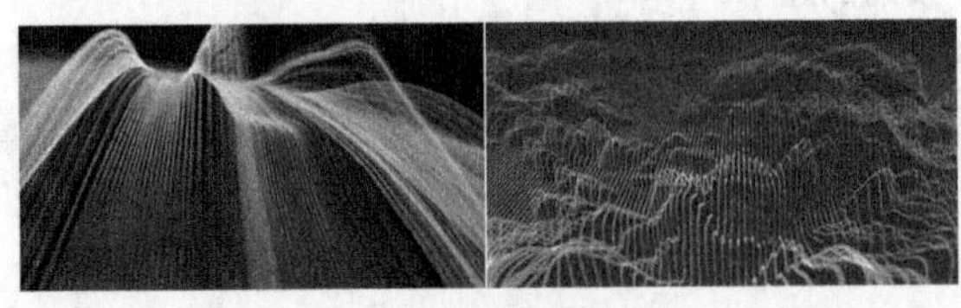

图12-154

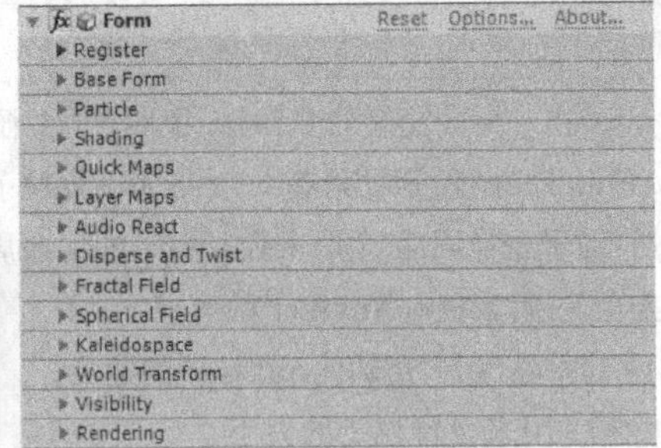

图12-155

参数详解

Register（注册）：用来注册Form（形状）插件。

Base Form（**基础网格**）：用来设置网格的类型、大小、位置、旋转、粒子的密度，以及OBJ设置等参数，其参数控制面板如图12-156所示。

Base Form（**基础网格**）：在它的下拉列表中有4种类型，分别为Box-Grid（盒子-网格）、Box-Strings（串状立方体）、Sphere-Layered（球型）和OBJ Model（OBJ模型）。

Size X/Size Y/Size Z（*x*/*y*/*z*轴**的大小**）：这3个选项用来设置网格大小，其中Size Z和下面的Particles in Z（*z*轴的粒子）两个参数将一起控制整个网格粒子的密度。

Particles in X/Particles in Y/Particles in Z（*x*/*y*/*z*轴**上的粒子**）：指在大小设定好的范围内，*x*、*y*、*z*轴方向上拥有的粒子数量。Particles in X、Particles in Y、Particles in Z对Form（形状）的最终渲染有很大影响，特别是Particles in Z的数值。

Center XY（*xy*轴**中心位置**）/Center Z（*z*轴**的位置**）/X Rotation（*x*轴**的旋转**）/Y Rotation（*y*轴**的旋转**）/Z Rotation（*z*轴**的旋转**）：用来设置Form（形状）的位置和旋转。

String Settings（**串状设置**）：当选择Base Form（基础网格）的类型为Box-Strings（串状立方体）时，该选项才处于可用状态，如图12-157所示。

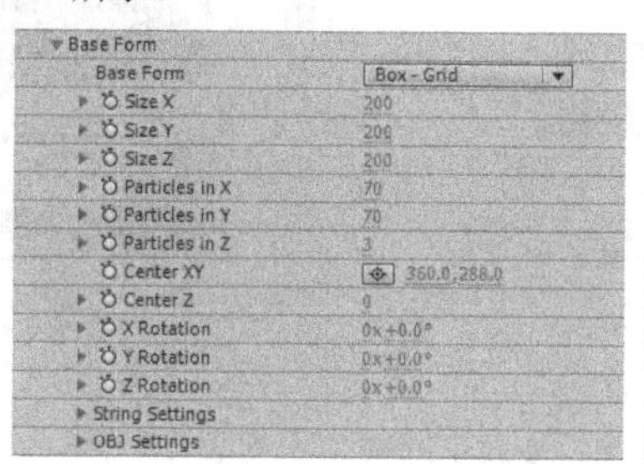

图12-156

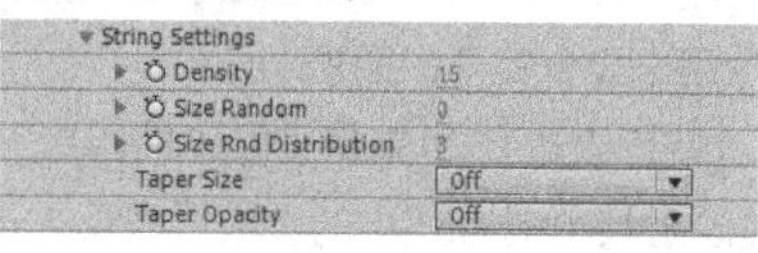

图12-157

技巧与提示

String Settings（串状设置）选项下各参数含义如下。

Density（密度）：Form（形状）的String（串状）也是由一个个粒子所组成的，所以如果把Density设置低于10，String就会变成一个点。一般来说，Density默认值15效果就很好了，太大了会增加渲染时间。

Size Random（大小随机值）：该选项可以让线条变得粗细不均匀。

Size Rnd Distribution（随机分布值）：该选项可以让线条粗细效果更为明显。

Taper Size（锥化大小）：该选项用来修改锥化的数值大小。

Taper Opacity（锥化不透明度）：用来控制线条从中间向两边逐渐变细变透明。

Particle（**粒子**）：该选项组中的参数主要用来设置构成粒子形态的属性（如粒子的类型、大小、不透明度和颜色等），其参数控制面板如图12-158所示。

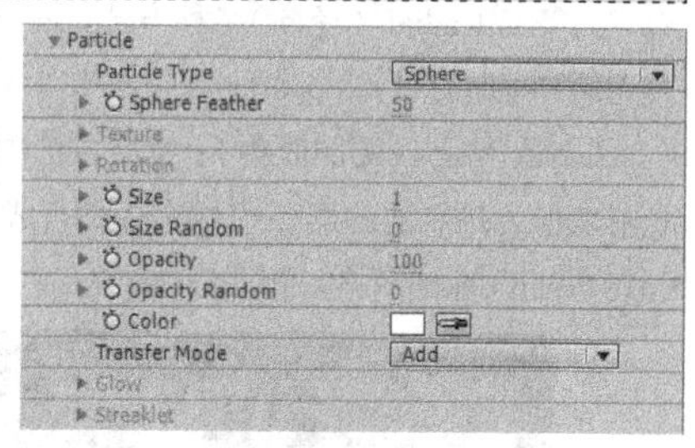

图12-158

Particle Type（**粒子类型**）：在它的下拉列表中有11种类型，分别为Sphere（球形）、Glow sphere（发光球形）、Star（星形）、Cloudlet（云层形）、Streaklet（烟雾形）、Sprite（雪花）、Sprite Colorize（颜色雪花）、Sprite Fill（雪花填充），以及3种自定义类型。

Sphere Feather（**球体羽化**）：设置粒子边缘的羽化效果。

Texture（**纹理**）：用来设置自定义粒子的纹理属性。

Rotation（**旋转**）：用来设置粒子的旋转属性。

Size（**大小**）：用来设置粒子的大小。

Size Random（**大小的随机值**）：用来设置粒子的大小的随机值。

Opacity（**不透明度**）：用来设置粒子的不透明度。

Opacity Random（不透明度的随机值）：用来设置粒子的不透明度的随机值。

Color（颜色）：用来设置粒子的颜色。

Transfer Mode（叠加模式）：用来设置粒子与源素材的画面叠加方式。

Glow（光晕）：用来设置光晕的属性。

Streaklet（烟雾形）：用来设置烟雾形的属性。

Shading（着色）：该选项组中的参数主要用来设置粒子与合成灯光的相互作用，类似于三维图层的材质属性，其参数面板如图12-159所示。

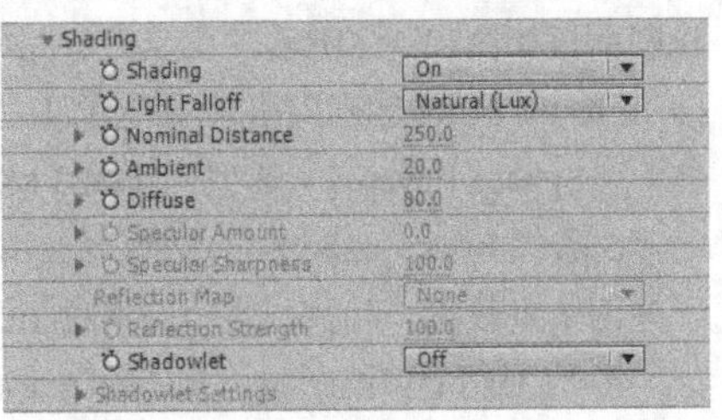

图12-159

Shading（着色）：用来开启着色功能。

Light Fall Off（灯光衰减）：用来设置灯光的衰减。

Nominal Distance（距离）：用来设置距离值。

Ambient（环境色）：用来设置粒子的环境色。

Diffuse（漫反射）：用来设置粒子的漫反射。

Specular Amount（高光的强度）：用来设置粒子的高光强度。

Specular Sharpness（高光的锐化）：用来设置粒子的高光锐化。

Reflection Map（反射贴图）：用来设置粒子的反射贴图。

Reflection Strength（反射强度）：用来设置粒子的反射强度。

Shadowlet（阴影）：用来设置粒子的阴影。

Shadowlet Settings（阴影设置）：用来调整粒子的阴影设置。

Quick Maps（快速映射）：该选项组中的参数主要用来快速改变粒子网格的状态。比如可以使用一个颜色渐变贴图来分别控制粒子的x、y或z轴，同时也可以通过贴图来改变轴向上粒子的大小或改变粒子网格的聚散度。这种改变只是在应用了Form（形状）滤镜的图层中进行，而不需要应用多个图层。图12-160所示的是Quick Maps（快速映射）的相关参数。

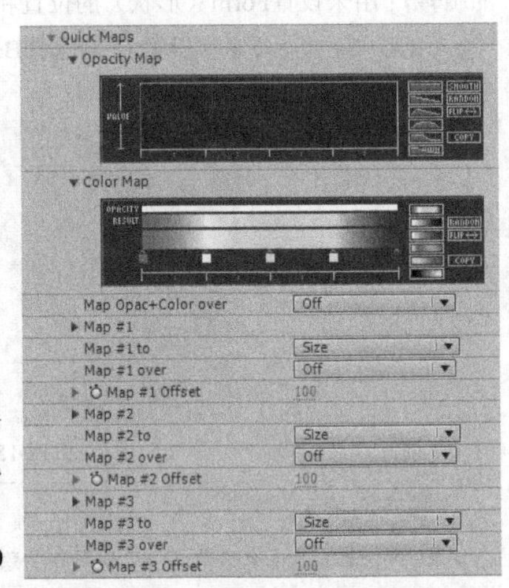

图12-160

Opacity Map（不透明度映射）：该属性定义了透明区域和颜色贴图的Alpha通道。其中图表中的y轴用来控制透明通道的最大值，x轴用来控制透明通道和颜色贴图在已指定粒子网格轴向（x、y、z或径向）的位置。

Color Map（颜色映射）：该属性主要用来控制透明通道和颜色贴图在已指定粒子网格轴向上的RGB颜色值。

Map Opacity+Color over（映射不透明和颜色在）：用来定义贴图的方向，可以在其下拉列表中选择Off（关闭）、X、Y、Z或Radial（径向）5种方式，如图12-161所示。

Map #1/ Map #2/ Map #3（映射#1/2/3）：这些属性主要用来设置贴图可以控制的参数数量。

Layer Maps（图层映射）：使用该选项组中的参数设置，可以通过其他图层的像素信息来控制粒子网格的变化。注意，被用来作为控制的图层必须是进行预合成或是经过预渲染的文件。如果想要得到更好的渲染效果，控制图层的尺寸应该与Base Form（基础网格）选项组中定义的粒子网格尺寸保存一致。图12-162所示的是Layer Maps（图层映射）的相关参数。

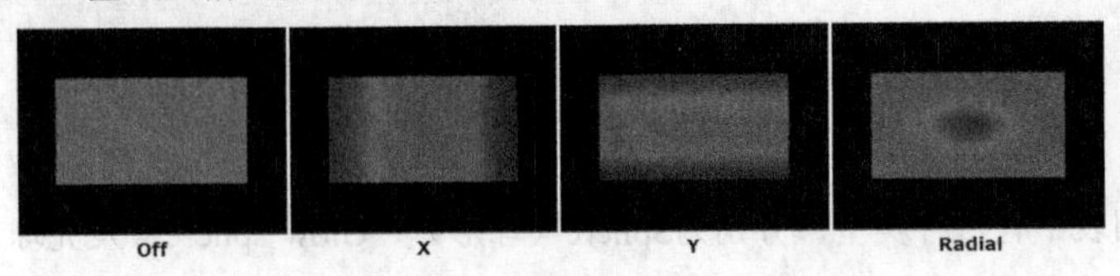

图12-161

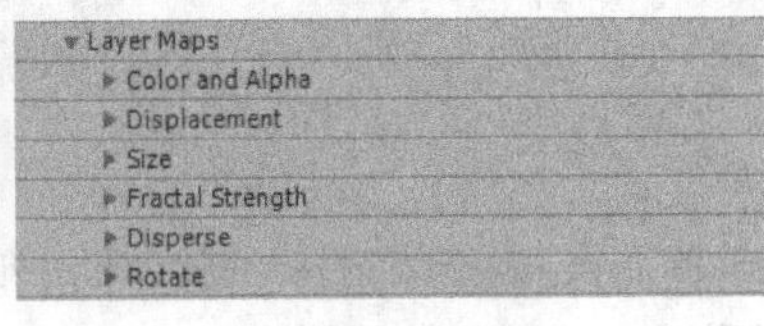

图12-162

Color and Alpha（颜色和通道）：该属性主要通过贴图图层来控制粒子网格的颜色和Alpha通道。

技巧与提示

当选择映射方式为RGB to RGB（RGB到RGB）模式时，这样就可以将贴图图层的颜色映射成粒子的颜色；当选择映射方式为RGBA to RGBA（RGBA到RGBA）模式时，可以将贴图图层的粒子颜色及Alpha通道映射成粒子的颜色和Alpha通道；当选择映射方式为A to A（A到A）模式时，可以将贴图图层的Alpha通道转换成粒子网格的Alpha通道；当选择映射方式为lightness to A（亮度到A）模式时，可以将贴图图层的亮度信息映射成粒子网格的透明信息。图12-163所示的是将带Alpha信息的文字图层通过RGBA to RGBA（RGBA到RGBA）模式映射到粒子网格后的状态。

图12-163

Displacement（置换）：该选项组中的参数可以使用控制图层的亮度信息来移动粒子的位置，如图12-164所示。

Size（大小）：该选项组中的参数可以根据图层的亮度信息来改变粒子的大小。

Fractal Strength（分形强度）：该选项组中的参数允许通过指定图层的亮度值来定义粒子躁动的范围，如图12-165所示。

Disperse（分散）：该选项组的作用与Fractal Strength（分形强度）选项组的作用类似，只不过它控制的是Disperse and Twist（分散和扭曲）选项组的效果。

Rotate（旋转）：该选项组中的参数可以控制粒子的旋转参考。

Audio React（音频反应）：该选项组允许使用一条声音轨道来控制粒子网格，从而产生各种各样的声音变化效果，其参数面板如图12-166所示。

图12-164

图12-165

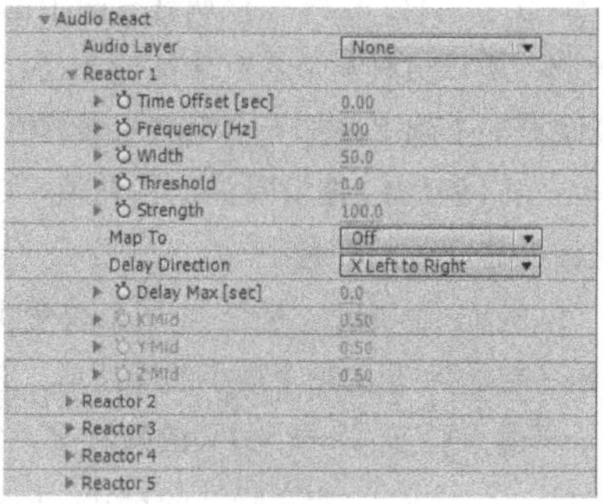

图12-166

Audio Layer（音频图层）：选择一个声音图层作为声音取样的源文件。

Reactor 1/ Reactor 2/ Reactor 3/ Reactor 4/ Reactor 5（反应器1/2/3/4/5）：这5个反应器的控制参数都一样，每个反应器都是在前一个的基础上产生倍乘效果。

Time Offset（时间偏移）：在当前时间上设置音源在时间上的偏移量。

Frequency（频率）：设置反应器的有效频率。在一般情况下，50~500Hz是低音区，500~5000Hz是中音区，高于5000Hz的音频是高音区。

Width（宽度）：以Frequency（频率）属性值为中心来定义Form（形状）滤镜发生作用的音频范围。

Threshold（阈值）：该参数的主要作用是为了消除或减少声音，这个功能对抑制音频中的噪音非常有效。

Strength（强度）：设置音频影响Form（形状）滤镜效果的程度，相当于放大器增益的效果。

Map To（映射到）：设置声音文件影响Form（形状）滤镜粒子网格的变形效果。

Delay Direction（延迟方向）：设置Form（形状）滤镜根据声音的延迟波产生的缓冲的移动方向。

Delay Max（最大延迟）：设置延迟缓冲的长度，也就是一个音节效果在视觉上的持续长度。

X Mid /Y Mid /Z Mid（x/y/z中间）：当设置Delay Direction（延迟方向）为Outwards（向外）和Inwards（向内）时才有效，主要用来定义三维空间中的粒子网格中的粒子效果从可见到不可见的位置。

Disperse and Twist（分散和扭曲）：主要用来在三维空间中控制粒子网格的离散及扭曲效果，如图12-167和图12-168所示。

图12-167

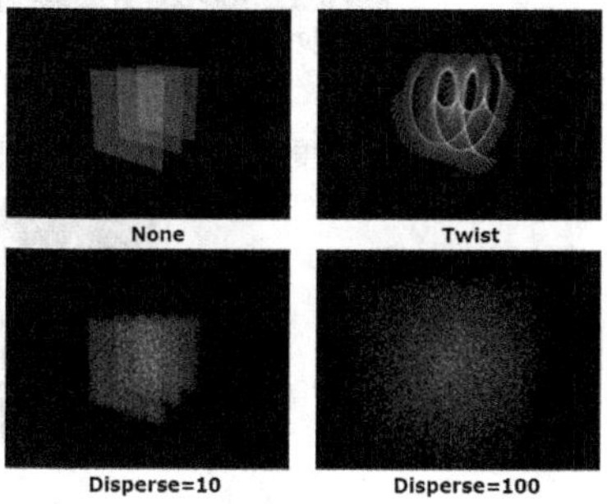

图12-168

Disperse（分散）：为每个粒子的位置增加随机值。

Twist（扭曲）：围绕x轴对粒子网格进行扭曲。

Fractal Field（分形场）：该选项组基于x、y、z轴方向，并且会根据时间的变化而产生类似于分形噪波的变化，如图12-169所示。

Fractal Field	
Affect Size	0
Affect Opacity	0
Displacement Mode	XYZ Linked
Displace	0
Y Displace	0
Z Displace	0
Flow X	0
Flow Y	0
Flow Z	0
Flow Evolution	50
Offset Evolution	0
Flow Loop	☐
Loop Time (sec)	5.0
Fractal Sum	noise
Gamma	1.0
Add/Subtract	0.0
Min	-1.0
Max	1.0
F Scale	10.0
Complexity	3
Octave Multiplier	0.5
Octave Scale	1.5

图12-169

Affect Size（影响大小）：定义噪波影响粒子大小的程度。

Affect Opacity（影响不透明度）：定义噪波影响粒子不透明度的程度。

Displacement Mode（置换模式）：设置噪波的置换方式。

Displace（置换）：设置置换的强度。

Y Displace /Z Displace（y/z置换）：设置y和z轴上粒子的偏移量。

Flow X/Flow Y/Flow Z（流动x/y/z）：分别定义每个轴向的粒子的偏移速度。

Flow Evolution（流动演变）：控制噪波场随机运动的速度。

Offset Evolution（偏移演变）：设置随机噪波的随机值。

Flow Loop（循环流动）：设定Fractal Field（分形场）在一定时间内可以循环的次数。

Loop Time（循环时间）：定义噪波重复的时间量。

Fractal Sum（分形和）：该属性有两个选项，Noise（噪波）选项是在原噪波的基础上叠加一个有规律的Perlin（波浪）噪波，所以这种噪波看起来比较平滑；abs（noise）[abs（噪波）]选项是absolute noise（绝对噪波）的缩写，表示在原噪波的基础上叠加一个绝对的噪波值，产生的噪波边缘比较锐利。

Gamma（伽马）：调节噪波的伽马值，Gamma（伽马）值越小，噪波的亮度对比度越大；Gamma（伽马）值越大，噪波的亮度对比度越小。

Add、Subtract（加法、减法）：用来改变噪波的大小值。

Min（最小）：定义一个最小的噪波值，任何低于该值的噪波将被消除。

Max（最大）：定义一个最大的噪波值，任何大于该值的噪波将被强制降低为最大值。

F-Scale（F缩放）：定义噪波的尺寸。F-Scale（F-缩放）值越小，产生的噪波越平滑；F-Scale（F-缩放）值越大，噪波的细节越多，如图12-170所示。

Complexity（复杂度）：设置组成Perlin（波浪）噪波函数的噪波层的数量。值越大，噪波的细节越多。

Octave Multiplier（8倍增加）：定义噪波图层的凹凸强度。值越大，噪波的凹凸感越强。

Octave Scale（8倍缩放）：定义噪波图层的噪波尺寸。值越大，产生的噪波尺寸就越大。

Spherical Field（球形场）：设置噪波受球形力场的影响，Form（形状）滤镜提供了两个球形力场，如图12-171所示的参数面板。

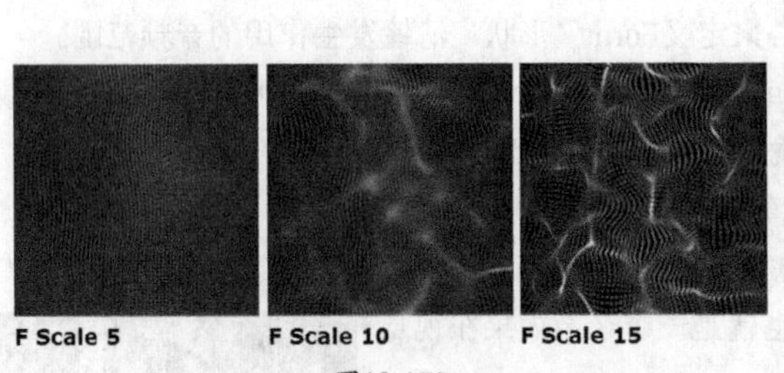

图12-170

Spherical Field	
Sphere 1	
Strength	0.0
Position XY	360.0,288.0
Position Z	0.0
Radius	100.0
Scale X	100.0
Scale Y	100.0
Scale Z	100.0
X Rotation	0x+0.0°
Y Rotation	0x+0.0°
Z Rotation	0x+0.0°
Feather	50.0
Visualize Field	☐
Sphere 2	

图12-171

Strength（强度）：设置球形力场的力强度，有正负值之分，如图12-172所示。

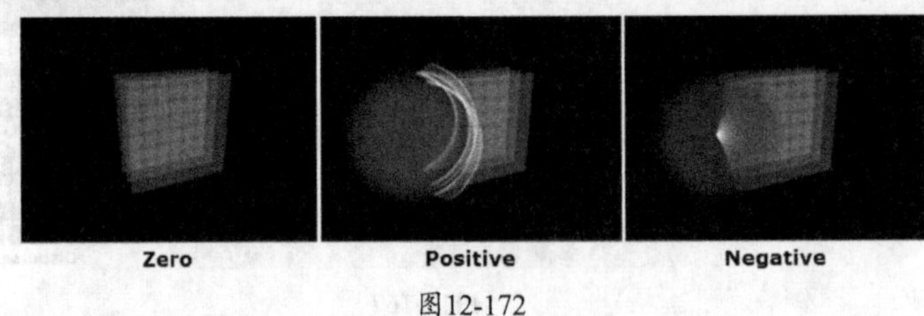

图12-172

Position XY/Position Z（xy、z位置）：设置球形力场的中心位置。

Radius（半径）：设置球形力场的力的作用半径。

Scale X/Scale Y/Scale Z（x/y/z的大小）：用来设置力场形状的大小。

Feather（羽化）：设置球形力场的力的衰减程度。

Visualize Field（可见场）：将球形力场的作用力用颜色显示出来，以便于观察。

Kaleidospace（Kaleido空间）：设置粒子网格在三维空间中的对称性，具体参数如图12-173所示。

Mirror Mode（镜像模式）：定义镜像的对称轴，可以选择Off（关闭）、Horizontal（水平）、Vertical（垂直）或H+V（水平+垂直）4种模式，如图12-174所示。

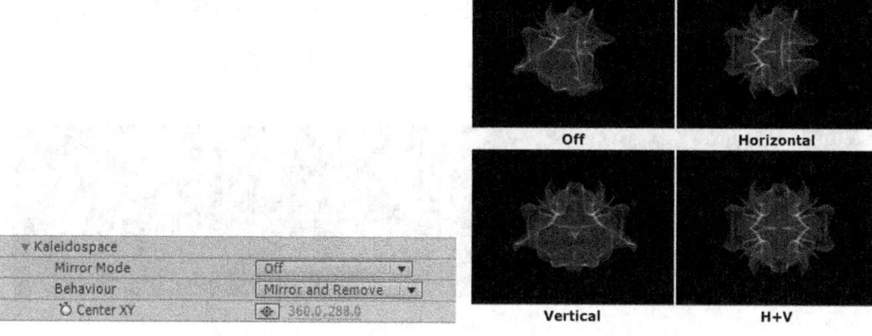

图12-173　　图12-174

Behaviour（行为）：定义对称的方式，当选择Mirror and Remove（镜像和移除）选项时，只有一半被镜像，另外一半将不可见；当选择Mirror Everything（镜像一切）选项时，所有的图层都将被镜像，如图12-175所示。

Center XY（xy中心）：设置对称的中心。

World Transform（坐标空间变换）：重新定义已有粒子场的位置、尺寸和偏移方向，其参数如图12-176所示。

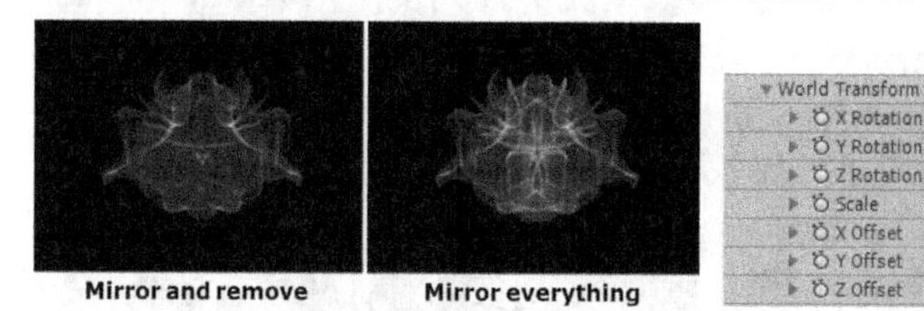

图12-175

World Transform

X Rotation	0x+0.0°
Y Rotation	0x+0.0°
Z Rotation	0x+0.0°
Scale	100
X Offset	0.0
Y Offset	0.0
Z Offset	0.0

图12-176

X Rotation/Y Rotation/Z Rotation（x/y/z轴的旋转）：用来设置粒子场的旋转。

Scale（缩放）：用来设置粒子场的缩放。

X Offset/Y Offset/Z Offset（x/y/z轴的偏移）：用来设置粒子场的偏移。

Visibility（可视性）：主要用来设置粒子的可视性，如图12-177所示。

Rendering（渲染）：主要用来设置渲染方式、摄像机景深，以及运动模糊等效果，如图12-178所示。

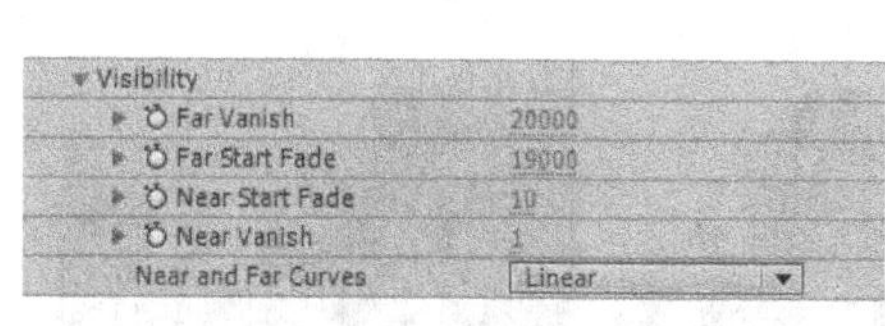

图12-177

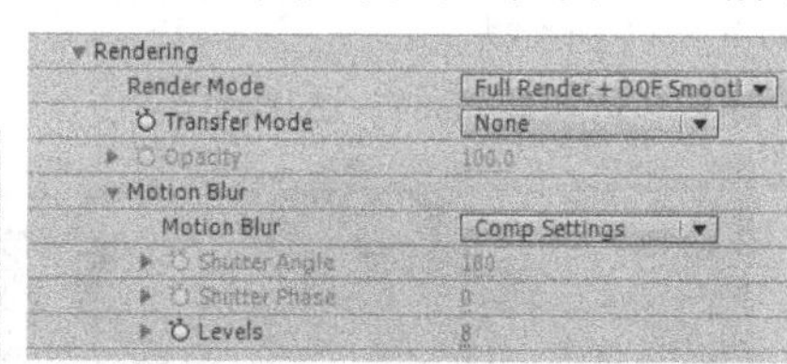

图12-178

课堂练习1——镜头转场特技

素材位置	实例文件>CH12>课堂练习——镜头转场特技
实例位置	实例文件>CH12>课堂练习——镜头转场特技.aep
视频位置	多媒体教学>CH12>课堂练习——镜头转场特技.flv
难易指数	★★☆☆☆
练习目标	练习Block Dissolve（块状融合）滤镜的用法

本练习的镜头转场特技如图12-179所示。

图12-179

课堂练习2——数字粒子流

素材位置	无
实例位置	实例文件>CH12>课堂练习——数字粒子流.aep
视频位置	实例文件>CH12>课堂练习——数字粒子流.flv
难易指数	★★☆☆☆
练习目标	练习Particle Playground（粒子动力场）的应用方法

本练习的数字粒子流效果如图12-180所示。

图12-180

课后习题1——镜头模糊开场

素材位置	实例文件>CH12>课后习题——镜头模糊开场
实例位置	实例文件>CH12>课后习题——镜头模糊开场_Final.aep
视频位置	多媒体教学>CH12>课后习题——镜头模糊开场.flv
难易指数	★☆☆☆☆
练习目标	练习Fast Blur（快速模糊）滤镜的用法

本习题的镜头模糊开场效果如图12-181所示。

图12-181

课后习题2——卡片翻转转场特技

素材位置	实例文件>CH12>课后习题——卡片翻转转场特技
实例位置	实例文件>CH12>课后习题——卡片翻转转场特技.aep
视频位置	多媒体教学>CH12>课后习题——卡片翻转转场特技.flv
难易指数	★★☆☆☆
练习目标	练习Card Wipe（卡片擦除）滤镜的用法

本习题的卡片翻转转场特技如图12-182所示。

图12-182

第13章

外挂光效滤镜

课堂学习目标

- 了解光效的作用
- 掌握Light Factory（灯光工厂）滤镜
- 掌握Optical Flare（光学耀斑）滤镜
- 掌握Trapcode Shine（扫光）滤镜
- 掌握Trapcode Starglow（星光闪耀）滤镜
- 掌握Trapcode 3D Stroke（3D描边）滤镜

本章导读

本书第2章内容中曾讲到了安装外部插件的方法，本章便来具体介绍外挂滤镜中的视觉光效系列，主要内容包括光效的作用、灯光工程、光学耀斑及Trapcode系列。

13.1 光效的作用

在很多影视特效及电视包装作品中都能看到光效的应用，尤其是一些炫彩的光线特效，不少设计师把光效看做是画面的一种点缀、一种能吸引观众眼球的表现手段，这种观念体现出这些设计师对光效的认识深度是相对肤浅的。

在笔者看来，光其实是有生命的，是具有灵性的。从创意层面来讲，光常用来表示传递、连接、激情、速度、时间（光）、空间、科技等概念。因此，在不同风格的片子中，其光也代表着不同的表达概念。同时，光效的制作和表现也是影视后期合成中永恒的主题，光效在烘托镜头的气氛、丰富画面细节等方面起着非常重要的作用。

13.2 灯光工厂

Light Factory（灯光工厂）滤镜是一款非常强大的灯光特效制作滤镜，各种常见的镜头耀斑、眩光、晕光、日光、舞台光、线条光等都可以使用Knoll Light Factory（灯光工厂）滤镜来制作，其商业应用效果如图13-1所示。

图13-1

Knoll Light Factory（灯光工厂）滤镜是一款非常经典的灯光插件，曾一度作为After Effects内置插件Lens Flare（镜头光晕）滤镜的加强版，从大家都熟悉的2.5版本（界面如图13-2所示）到2.7版本（界面如图13-3所示），再到目前最新的3.0版本（界面如图13-4所示）。

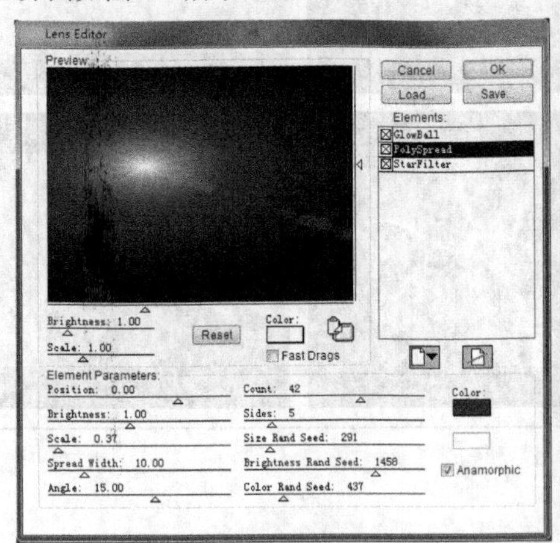

图13-2

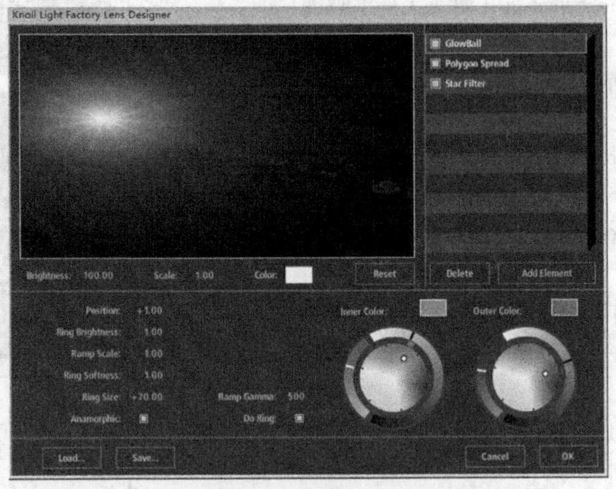

图13-3

图13-4

本节知识点

名称	作用	重要程度
Light Factory（灯光工厂）滤镜详解	了解Light Factory（灯光工厂）滤镜的详细参数及界面	高

13.2.1 课堂案例——产品表现

素材位置	实例文件>CH13>课堂案例——产品表现
实例位置	实例文件>CH13>课堂案例——产品表现_Final.aep
视频位置	多媒体教学>CH13>课堂案例——产品表现.flv
难易指数	★★☆☆☆
学习目标	掌握Light Factory（灯光工厂）滤镜的使用方法

本例的前后对比效果如图13-5所示。

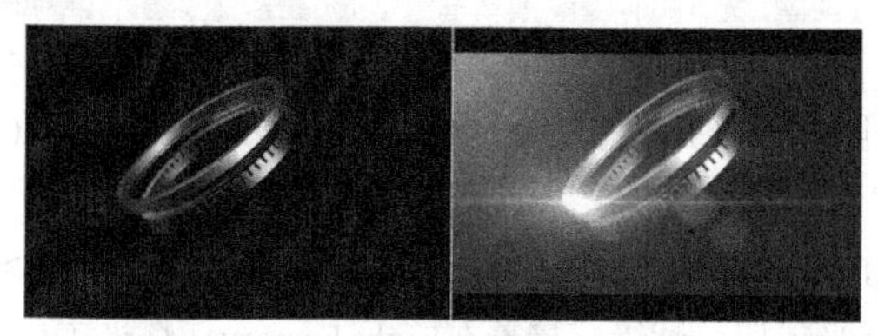

图13-5

01 使用After Effects CS6打开“课堂案例——产品表现.aep”素材文件，如图13-6所示。

02 按Ctrl+Y组合键创建一个黑色固态层，并设置其Width（宽）为720px、Height（高）为576px、Name（名称）为Light01，如图13-7所示。

图13-6

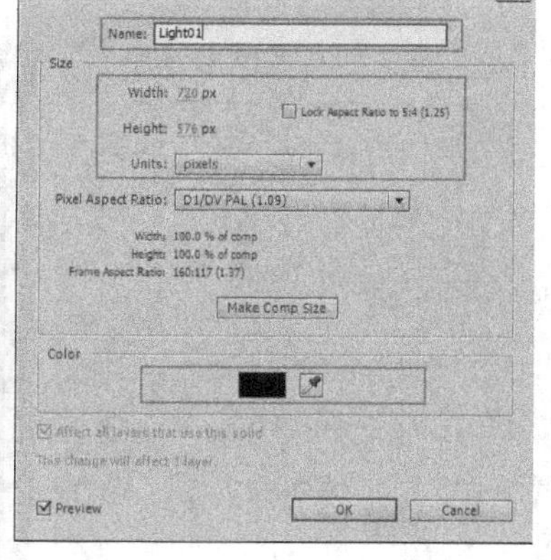

图13-7

03 选择Light01图层，然后执行“Effect（特效）>Knoll Light Factory（灯光工厂）>Light Factory（灯光工厂）”菜单命令，并为其添加Light Factory（灯光工厂）滤镜，接着在Light Factory（灯光工厂）滤镜特效控制面板中单击Options（选项）参数，进入Knoll Light Factory Lens Designer（镜头光效元素设计）窗口，最后在Lens Flare Presets（镜头光晕预设）区域中选择Digital Preset（数码预设），如图13-8所示。

04 在Lens Flare Editor（镜头光晕编辑）区域中，选择镜头光晕元素为Glow Ball（光晕球体），然后在Control（控制）面板中修改Ramp Scale（渐变缩放）值为0.55、Total Scale（整体）值为1.25，最后单击OK按钮，如图13-9所示。

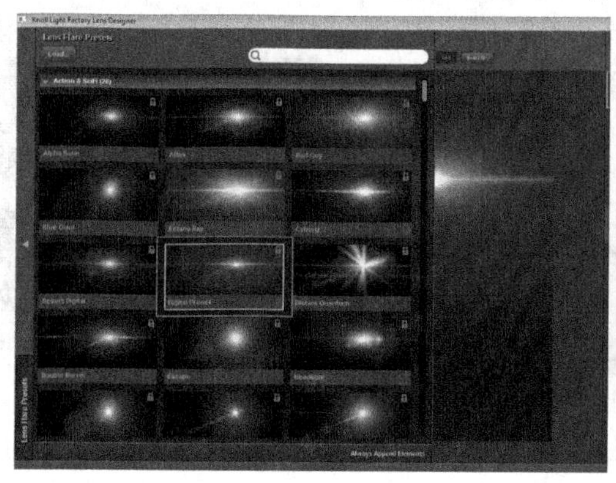

图13-8

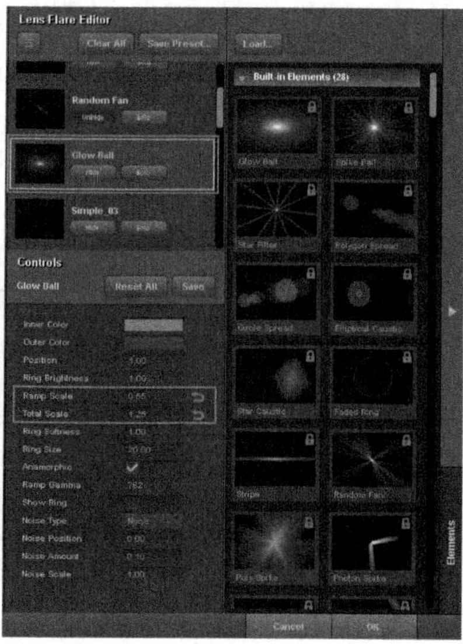

图13-9

05 将Light01图层的叠加模式修改为Add（相加），然后设置Light Source Location（光源的位置）的动画关键帧。在第0帧，设置Light Source Location（光源的位置）为（260，236）；在第5秒，设置Light Source Location（光源的位置）为（221，335），如图13-10所示，此时画面预览效果如图13-11所示。

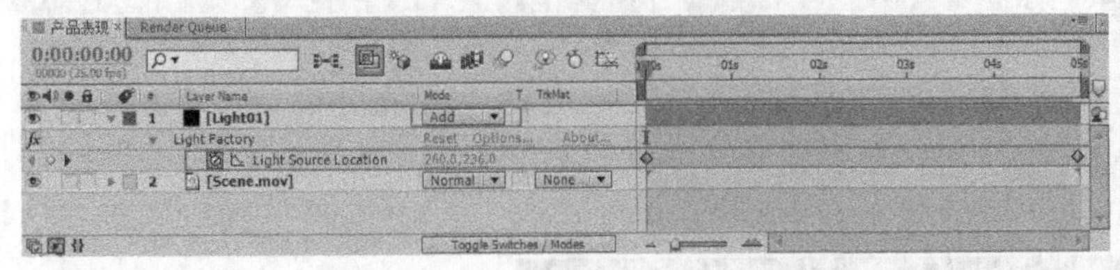

图13-10

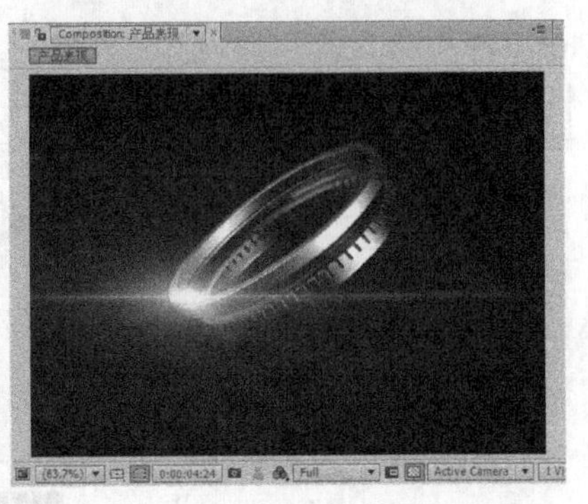

图13-11

06 按Ctrl+Y组合键创建一个黑色固态层，并设置其Width（宽）为720px、Height（高）为576px、Name（名称）为Glow，如图13-12所示。

07 选择Glow图层，然后执行“Effect（特效）>Knoll Light Factory（灯光工厂）>Light Factory（灯光工厂）”菜单命令，并为其添加Light Factory（灯光工厂）滤镜，接着在Light Factory（灯光工厂）滤镜特效控制面板中单击Options（选项）参数，进入Knoll Light Factory Lens Designer（镜头光效元素设计）窗口，再在Lens Flare Presets（镜头光晕预设）区域中选择Sunset（日光），最后单击OK按钮，如图13-13所示。

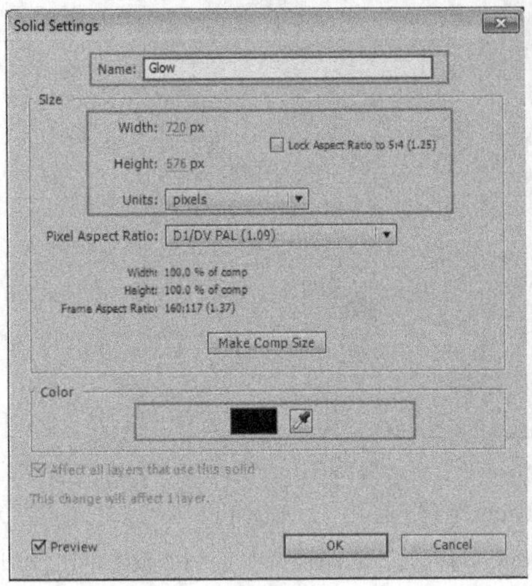

图13-12

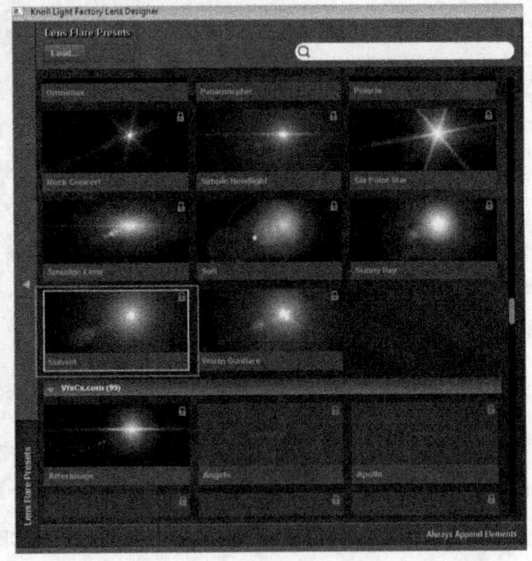

图13-13

08 将Glow图层的叠加模式修改为Add（相加），然后设置Light Source Location（光源的位置）的动画关键帧。在第0帧，设置Light Source Location（光源的位置）为（65，-50）；在第5秒，设置Light Source Location（光源的位置）为（-63，-50），如图13-14所示。

09 按Ctrl+Y组合键创建一个黑色固态层，并设置其Width（宽）为720 px、Height（高）为576 px、Name（名称）为“遮幅”。选择“遮幅”图层，然后选择Rectangle Tool（矩形遮罩工具），系统根据该图层的大小自动匹配创建一个遮罩，调节遮罩的大小，如图13-15所示。

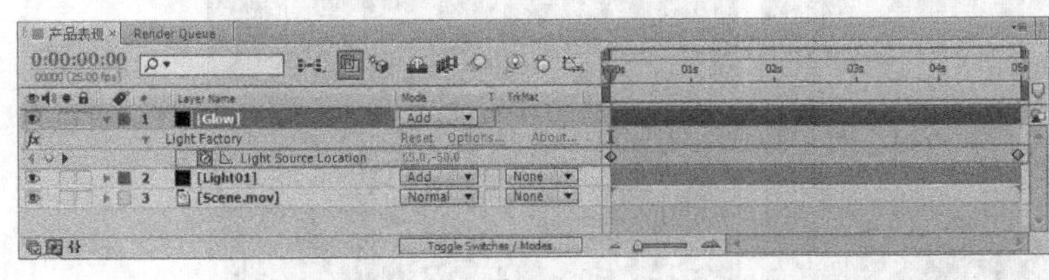

图13-14

图13-15

10 展开“遮幅”图层的遮罩属性后，勾选Inverted（反选）选项，如图13-16示，这样就完成了特效的制作，最终预览效果如图13-17所示。

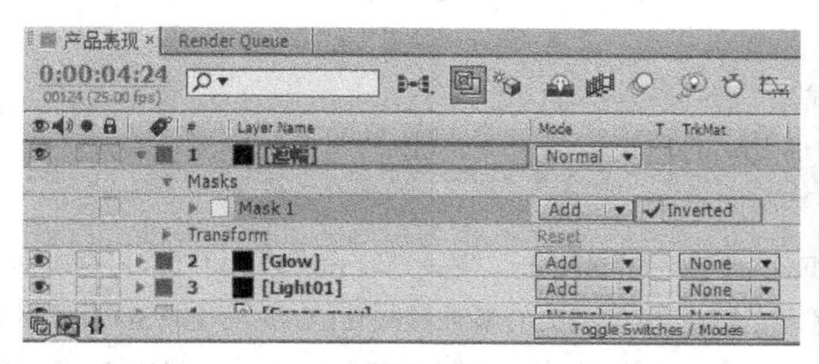

图13-16

图13-17

技巧与提示

V3.0版本与低版本不太兼容，使用低版本的Light Factory（灯光工厂）滤镜打开3.0版本制作的项目时会提示插件丢失。

13.2.2 Light Factory（灯光工厂）滤镜详解

执行“Effect（特效）>Knoll Light Factory（灯光工厂）>Light Factory（灯光工厂）”菜单命令，在Effect Controls（滤镜控制）面板中展开Light Factory（灯光工厂）滤镜的参数，如图13-18所示。

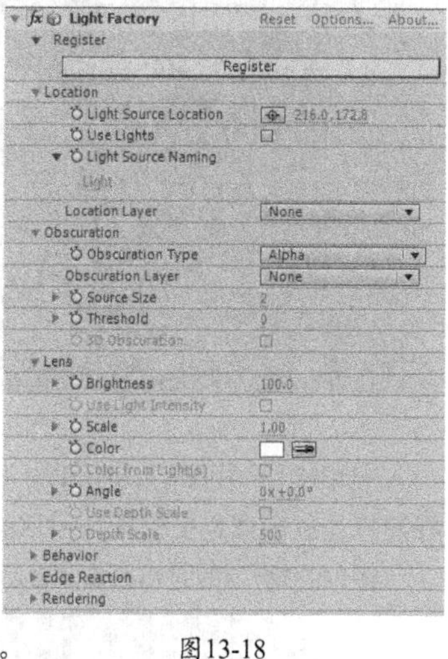

图13-18

参数详解

Register（注册）：用来注册插件。

Location（位置）：用来设置灯光的位置。

Light Source Location（光源的位置）：用来设置灯光的位置。

Use Lights（使用灯光）：勾选该选项后，将会启用合成中的灯光进行照射或发光。

Light Source Naming（灯光的名称）：用来指定合成中参与照射的灯光，如图13-19所示。

图13-19

Location Layer（发光层）：用来指定某一个图层发光。

Obscuration（屏蔽设置）：如果光源是从某个物体后面发射出来的，该选项很有用。

Obscuration Type（屏蔽类型）：在下拉列表中可以选择不同的屏蔽类型。

Obscuration Layer（屏蔽层）：用来指定屏蔽的图层。

Source Size（光源大小）：可以设置光源的大小变化。

Threshold（容差）：用来设置光源的容差值。值越小，光的颜色接近于屏蔽层的颜色；值越大，光的颜色接近于光自身初始的颜色。

Lens（镜头）：设置镜头的相关属性。

Brightness（亮度）：用来设置灯光的亮度值。

Use Light Intensity（灯光强度）：使用合成中灯光的强度来控制灯光的亮度。

Scale（大小）：可以设置光源的大小变化。

Color（颜色）：用来设置光源的颜色。

Angle（角度）：设置灯光照射的角度。

Behavior（行为）：用来设置灯光的行为方式。

Edge Reaction（边缘控制）：用来设置灯光边缘的属性。

Rendering（渲染）：用来设置是否将合成背景中的黑色透明化。

单击Options（选项）参数进入Knoll Light Factory Lens Designer（镜头光效元素设计）窗口，如图13-20所示。

简洁可视化的工作界面，分工明确的预设区、元素区，以及强大的参数控制功能，完美支持3D摄像机和灯光控制，并提供了超过100个精美的预设，这些都是Light Factory（灯光工厂）3.0版本最大的亮点。图13-21所示的是Lens Flare Presets（镜头光晕预设）区域（也就是图13-20中标示的A部分），在这里可以选择各式各样的系统预设的镜头光晕。

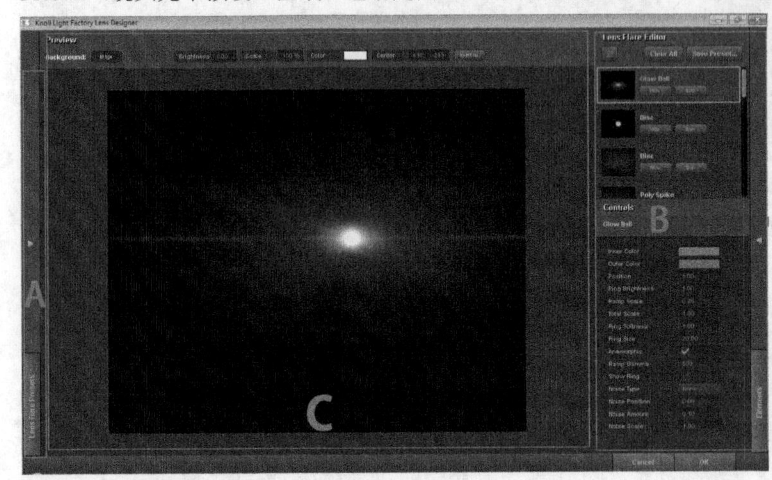

图13-20

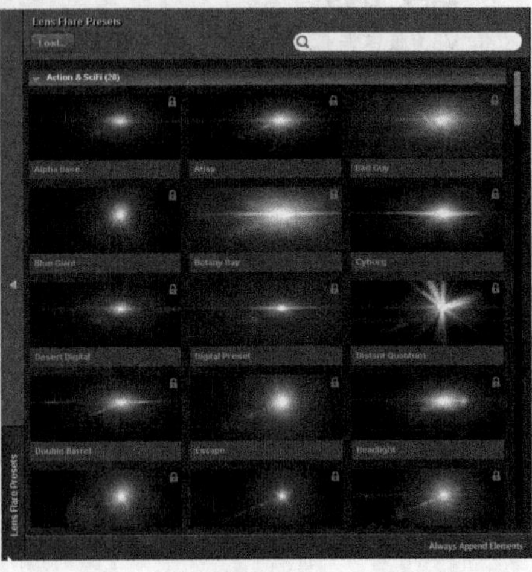

图13-21

图13-22所示的是Lens Flare Editor（镜头光晕编辑）区域（也就是图13-20中标示的B部分），在这里可以对选择好的灯光进行自定义设置，包括添加、删除、隐藏、大小、颜色、角度、长度等。

图13-23所示的是Preview（预览）区域（也就是图13-20中标示的C部分），在这里可以观看自定义后的灯光效果。

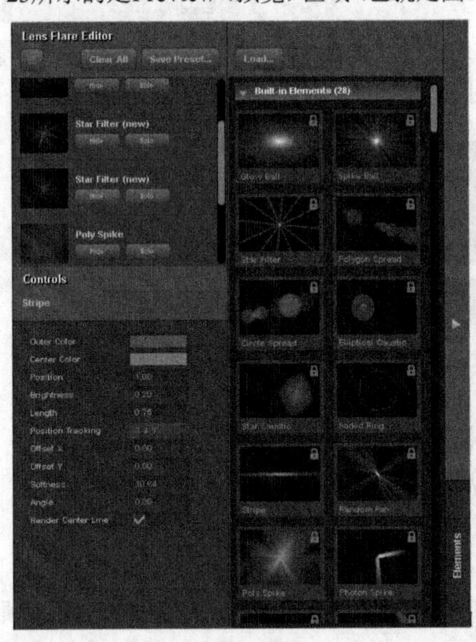

图13-22

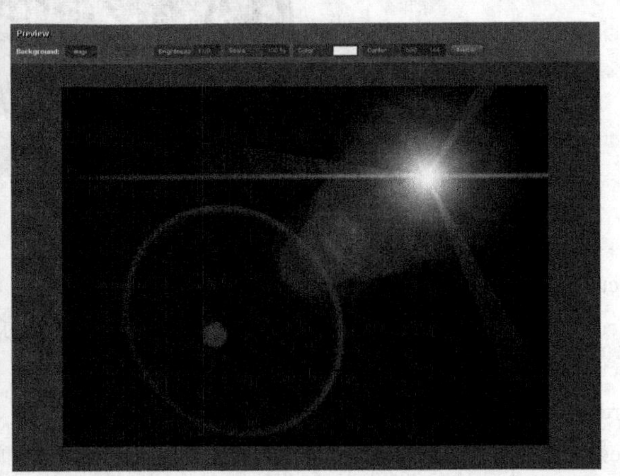

图13-23

13.3 光学耀斑

Optical Flares（光学耀斑）是Video Copilot开发的一款镜头光晕插件，Optical Flares（光学耀斑）滤镜在控制性能、界面友好度及效果等方面都非常出彩，其应用案例效果如图13-24所示。

图13-24

本节知识点

名称	作用	重要程度
Optical Flares（光学耀斑）滤镜详解	了解Optical Flares（光学耀斑）滤镜的详细参数及界面	高

13.3.1 课堂案例——光闪特效

素材位置　实例文件>CH13>课堂案例——光闪特效

实例位置　实例文件>CH13>课堂案例——光闪特效_Final.aep

视频位置　多媒体教学>CH13>课堂案例——光闪特效.flv

难易指数　★★★★☆

学习目标　掌握各种光效滤镜的综合运用

本例主要讲解如何通过Linear Wipe（线性擦除）、Form（形状）和Optical Flares（光学耀斑）滤镜的配合完成光闪特技的制作。Form（形状）滤镜中Fractal Strength（分形强度）、Disperse &Twist（分散与扭曲）和Fractal Field（分形场）等属性的设置是本案的重点，案例效果如图13-25所示。

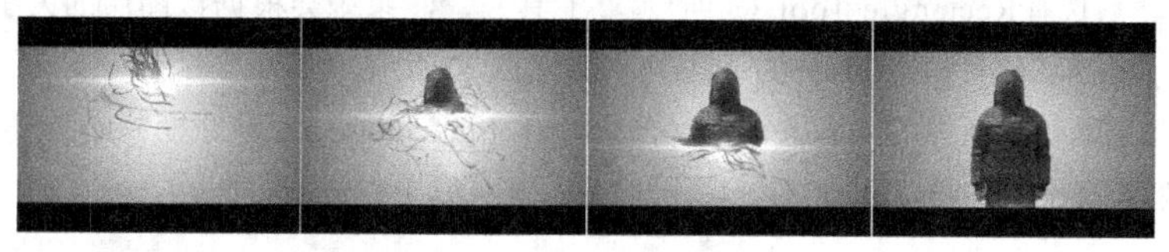

图13-25

1.显动画

01 使用After Effects CS6打开“课堂案例——光闪特效.aep”素材文件，如图13-26所示。

02 选择People_Video图层，然后执行“Effects（特效）>Transition（转场）>Linear Wipe（线性擦除）”菜单命令，为其添加Linear Wipe（线性擦除）滤镜，接着设置Wipe Angle（擦除角度）值为0×+0°、Feather（羽化）值为50，如图13-27所示。

图13-26

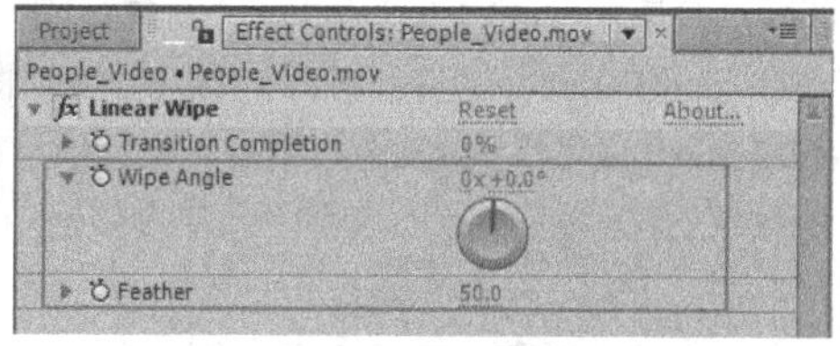

图13-27

03 设置Transition Completion（擦除百分比）的动画关键帧。第0帧时，设置Transition Completion（擦除百分比）的值为85%；第2秒15帧时，设置Transition Completion（擦除百分比）的值为5%，如图13-28所示，此时的画面预览效果如图13-29所示。

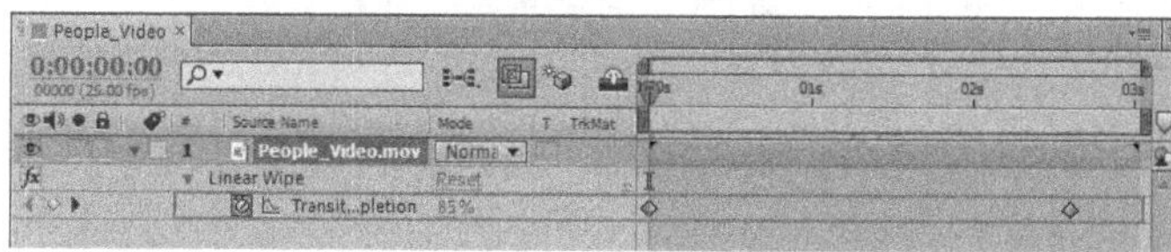

图13-28

图13-29

04 执行“Composition（合成）>New Composition（新建合成）”菜单命令，创建一个Width（宽）为640 px、Height（高）为480 px的合成，设置Duration（持续时间）为3秒1帧，将其命名为Ramp，如图13-30所示。

05 按Ctrl+Y组合键创建一个白色固态层，并设置其Width（宽）为640 px、Height（高）为480 px、Name（名称）为Ramp，如图13-31所示。

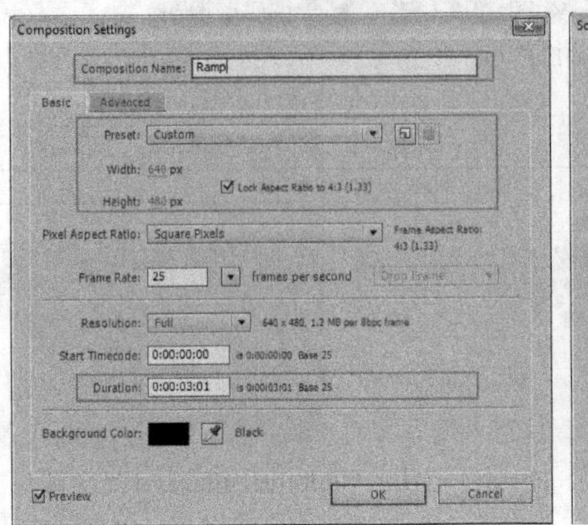

图13-30

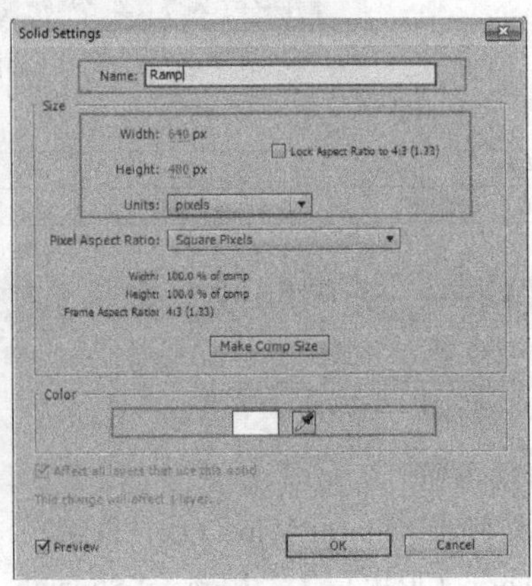

图13-31

06 选中Ramp图层，然后选择Rectangle Tool（矩形遮罩工具），系统会根据该图层的大小自动匹配创建一个遮罩，设置Mask Feather（遮罩羽化）值（50，50 pixels），如图13-32所示。

07 设置Mask Path（遮罩路径）属性的动画关键帧。在第0帧，Mask Path（遮罩路径）如图13-33（左）所示；在第2秒11帧，Mask Path（遮罩路径）如图13-33（右）所示。

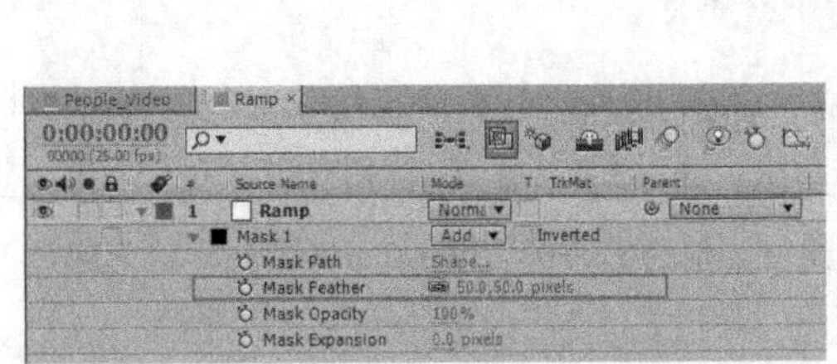

图13-32

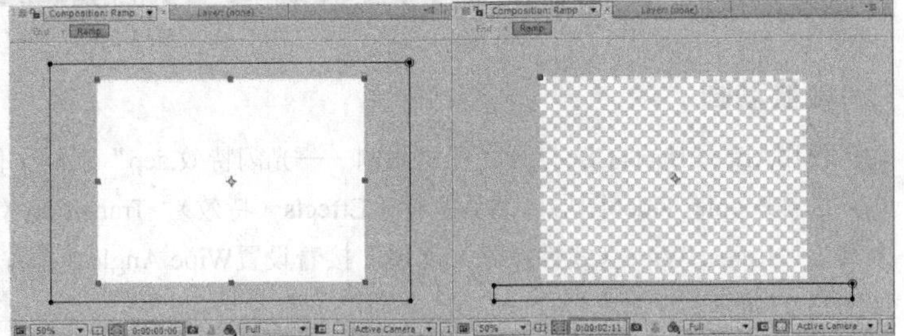

图13-33

2.制作闪光

01 执行“Composition（合成）>New Composition（新建合成）”菜单命令，创建一个Width（宽）为640 px、Height（高）为480 px的合成，设置Duration（持续时间）为3秒1帧，将其命名为End，如图13-34所示。

02 将People_Video和Ramp合成添加到End合成中后，执行锁定并隐藏的操作，如图13-35所示。

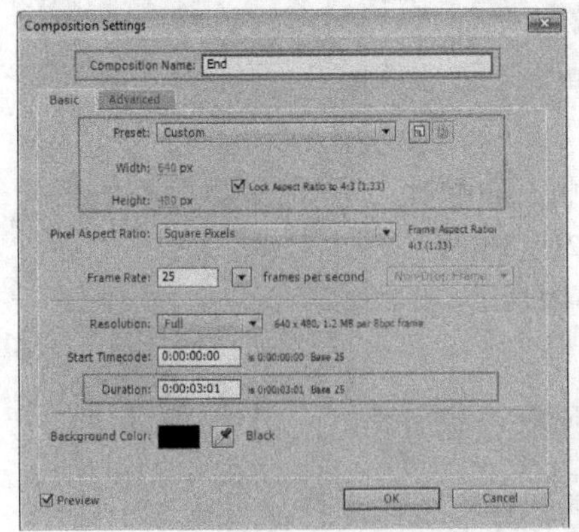

图13-34

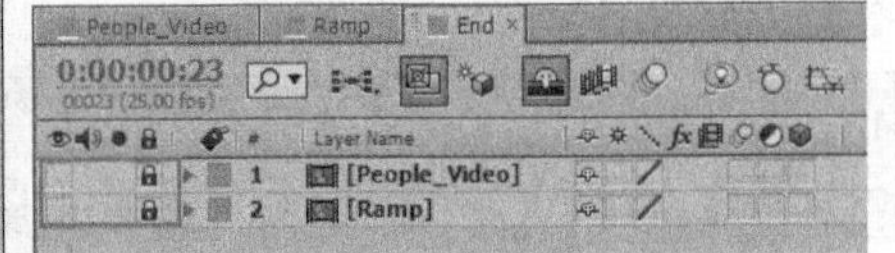

图13-35

03 按Ctrl+Y组合键创建一个黑色固态层，并设置其Width（宽）为640 px、Height（高）为480 px、Name（名称）为

Form，如图13-36所示。

04 选择Form图层，执行“Effect（特效）>Trapcode>Form（形状）”菜单命令，为其添加Form（形状）滤镜。展开Form（形状）参数组，在Base Form（基础形态）参数右边选择Box-Strings（串状立方体）选项，设置Size X（*x*大小）为640、Size Y（*y*大小）为480、Size Z（*z*大小）为20，设置Strings in Y（*y*轴上的线条数）为480、Strings in Z（*z*轴上的线条数）为1，最后设置Density（密度）为25，如图13-37所示。

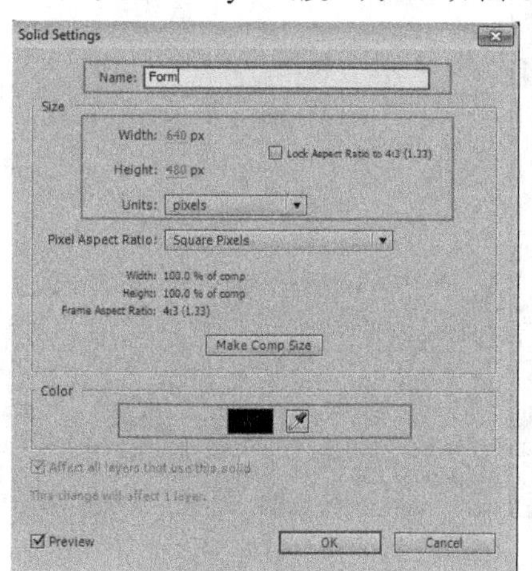

图13-36

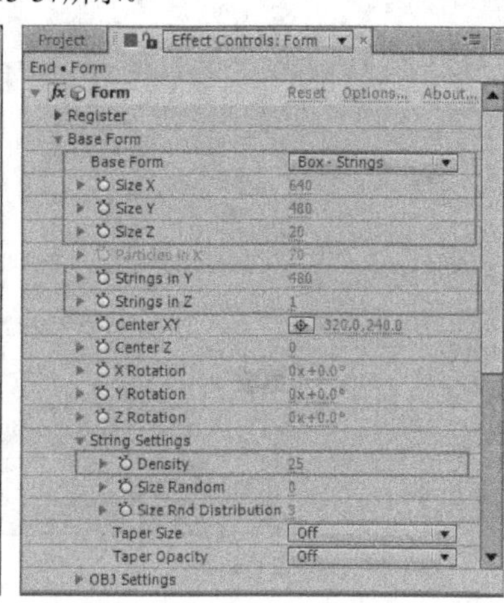

图13-37

05 展开Layer Maps（图层贴图）参数栏，然后在Color and Alpha（颜色和通道）参数项下设置Layer（图层）为2.People_Video选项，设置Functionality（功能）为RGBA to RGBA（颜色和通道到颜色和通道）选项，设置Map Over（贴图覆盖）为XY选项，如图13-38所示。

06 在Fractal Strength（分形强度）参数组中设置Layer（图层）为3.Ramp选项、Map Over（贴图覆盖）为XY，在Disperse（分散）参数组中设置Layer（图层）为3.Ramp选项、Map Over（贴图覆盖）为XY，如图13-39所示。

07 展开Disperse &Twist（分散与扭曲）参数组，设置Disperse（分散）为100、Twist（扭曲）为1；展开Fractal Field（分形场）参数组，设置Affect Size（影响大小）为5、Displace（置换强度）为500、Flow X（*x*流量）为-200、Flow Y（*y*流量）为-50、Flow Z（*z*流量）为100，如图13-40所示。

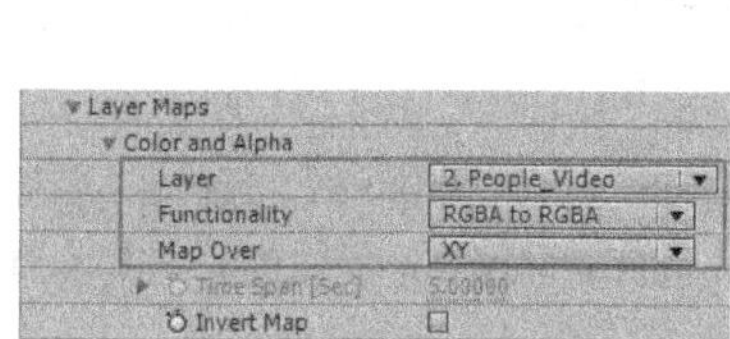

图13-38

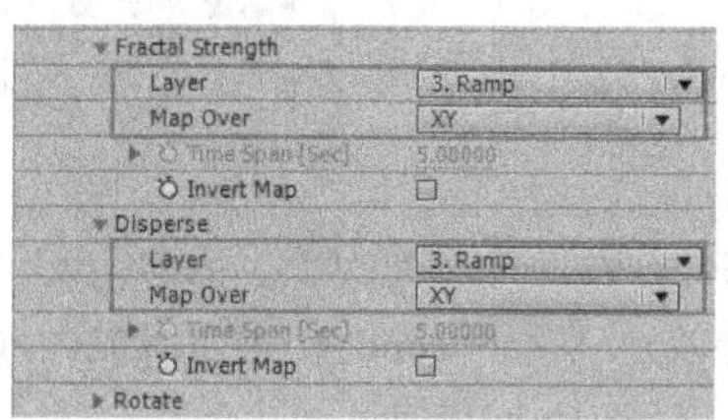

图13-39

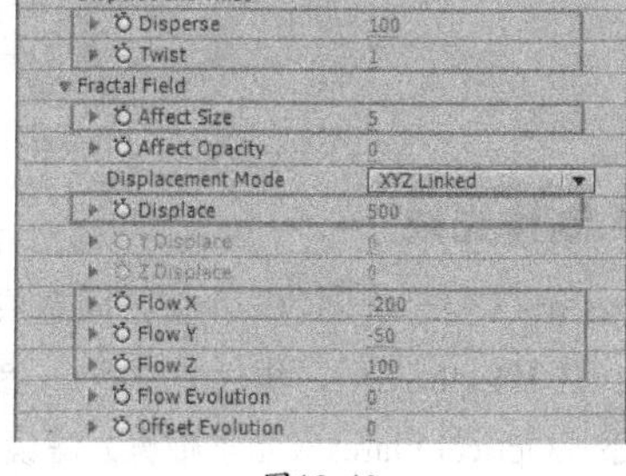

图13-40

08 展开Particle（粒子）参数组，设置Sphere Feather（粒子羽化）为0、Size（大小）为2、Transfer Mode（传输模式）为Normal（正常），如图13-41所示，此时的预览画面效果如图13-42所示。

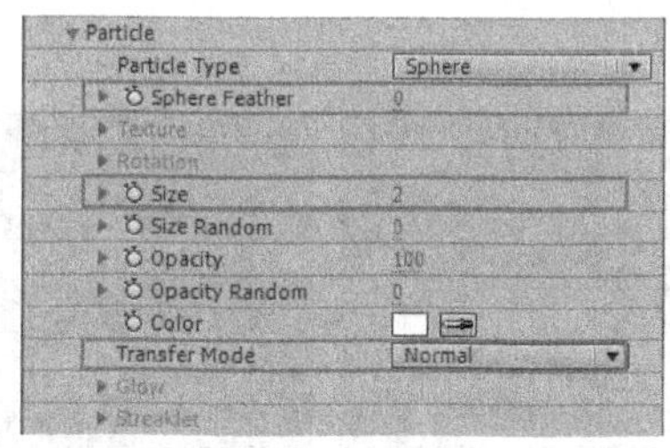

图13-41

图13-42

3.制作背景

01 按Ctrl+Y组合键创建一个黑色固态层，并设置其Width（宽）为640 px、Height（高）为480 px、Name（名称）为

BG，如图13-43所示。

02 选择BG图层，然后执行“Effect（特效）>Generate（生成）>Ramp（渐变）”菜单命令，添加Ramp（渐变）滤镜，接着设置Start of Ramp（渐变开始点）为（320，238）、Start Color（开始颜色）为（R:233，G:233，B:233）、End of Ramp（渐变结束点）为（650，482）、End Color（结束颜色）为（R:71，G:71，B:71），如图13-44所示。

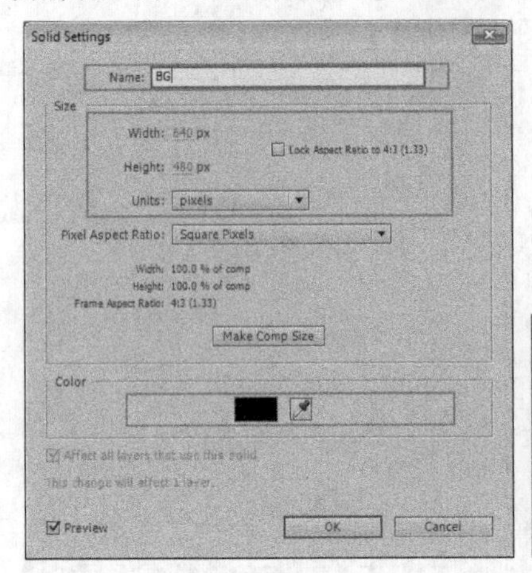
图13-43

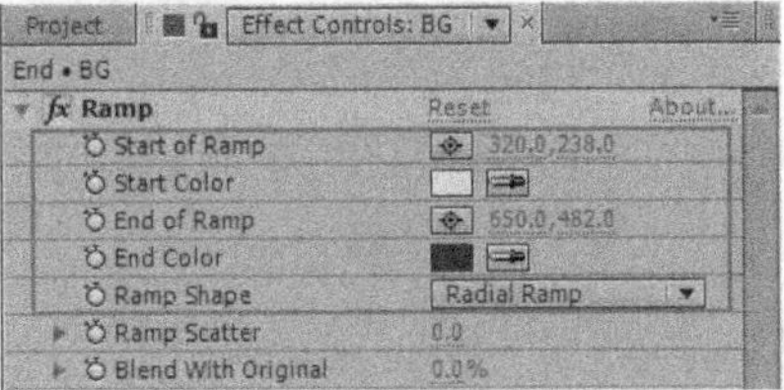
图13-44

03 继续选择BG图层，执行“Effect（特效）>Color Correction（色彩修正）>Hue/Saturation（色相/饱和度）”菜单命令，为其添加Hue/Saturation（色相/饱和度）滤镜。设置滤镜的Colorize Hue（色相）值为0×+180°、Colorize Saturation（饱和度）值为20，如图13-45所示，效果如图13-46所示。

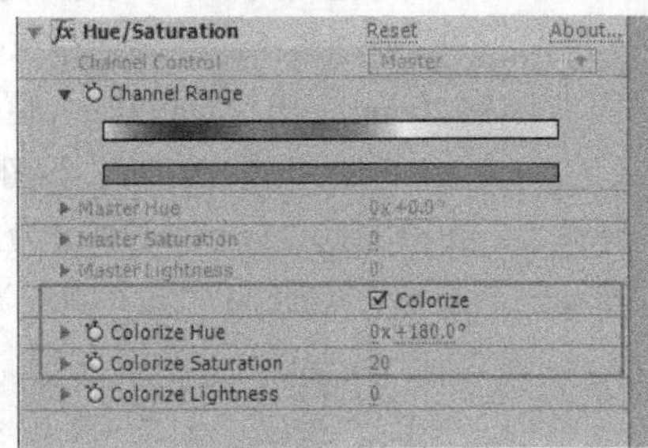
图13-45

图13-46

4.制作光线

01 按Ctrl+Y组合键创建一个黑色固态层，并设置其Width（宽）为640 px、Height（高）为480 px、Name（名称）为Light。选择Light图层，执行“Effect（特效）>Video Copilot（视频控制）>Optical Flares（光学耀斑）”菜单命令，为其添加Optical Flares（光学耀斑）滤镜，如图13-47所示。

02 单击Optical Flares（光学耀斑）特效中的Options（选项）参数，打开该滤镜的属性控制面板，在其中选择Preset Browser（浏览光效预设），然后用鼠标左键双击选择Network Presets（52）文件夹，选择deep_galaxy光效，如图13-48和图13-49所示。

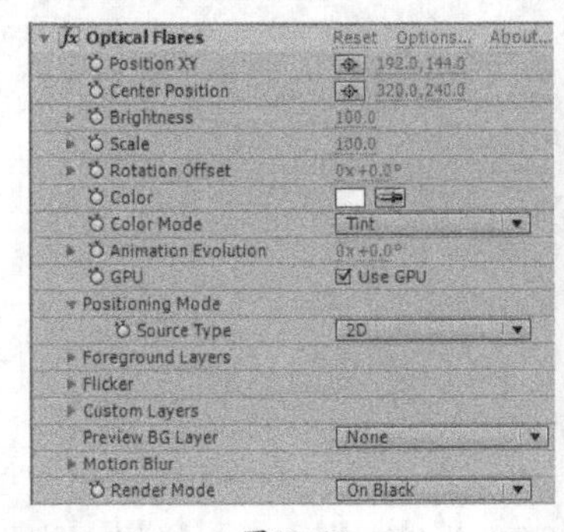
图13-47

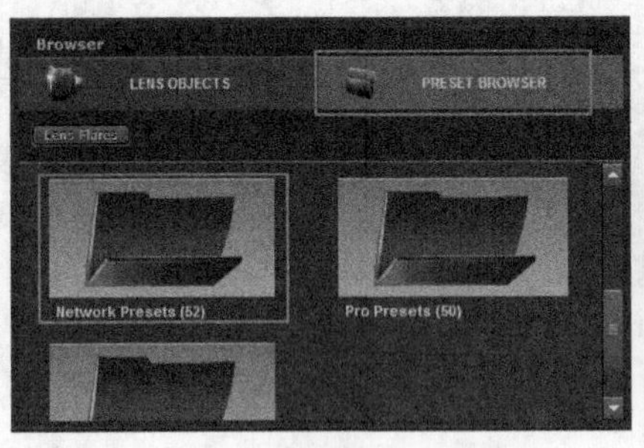
图13-48

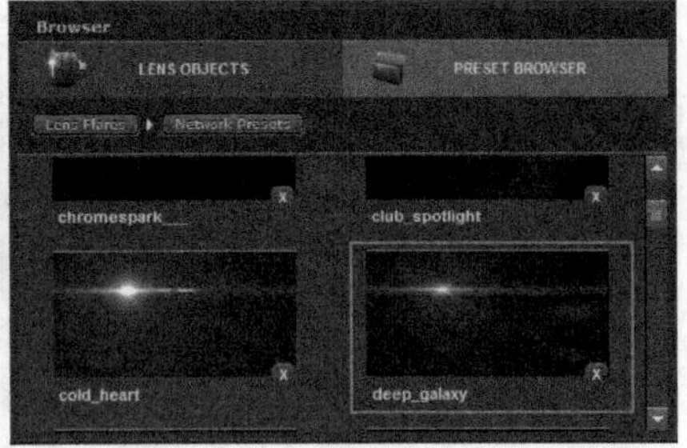
图13-49

03 在Stack（元素库）窗口中，设置Glow（光晕）元素的缩放值为10%（如图13-50所示），此时光效的预览效果如图13-51所示，最后单击OK按钮确认，完成光效的自定义调节工作。

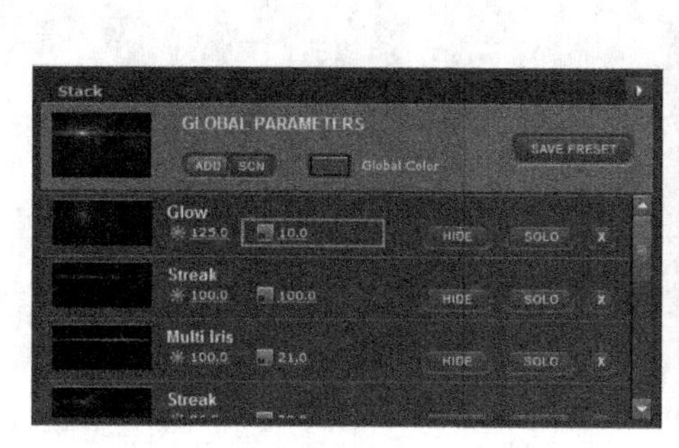

图13-50

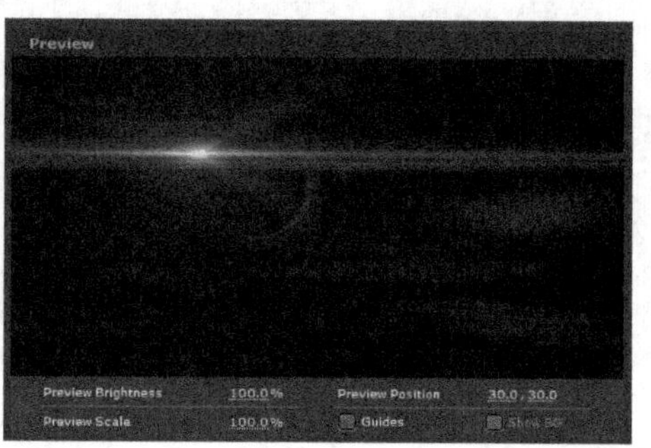

图13-51

04 在Optical Flares（光学耀斑）滤镜中，设置Brightness（亮度）、Scale（缩放）和Position XY（*xy*位置）属性的动画关键帧。在第2帧，设置Brightness（亮度）值为0、Scale（缩放）值为0；在第6帧，设置Brightness（亮度）值为120、Scale（缩放）值为60；在第10帧，设置Brightness（亮度）值为100、Scale（缩放）值为30；在第2秒6帧，设置Brightness（亮度）值为100、Scale（缩放）值为30；在第2秒9帧，设置Brightness（亮度）值为120、Scale（缩放）值为100；在第2秒11帧，设置Brightness（亮度）值为0、Scale（缩放）值为0。在第6帧，设置Position XY（*xy*位置）值（310，100）；在第10帧，设置Position XY（*xy*位置）值（310，131）；在第16帧，设置Position XY（*xy*位置）值（310，142）；在第1秒，设置Position XY（*xy*位置）值（310，214）；在第2秒，设置Position XY（*xy*位置）值（310，384）；在第2秒6帧，设置Position XY（*xy*位置）值（310，427），如图13-52所示。

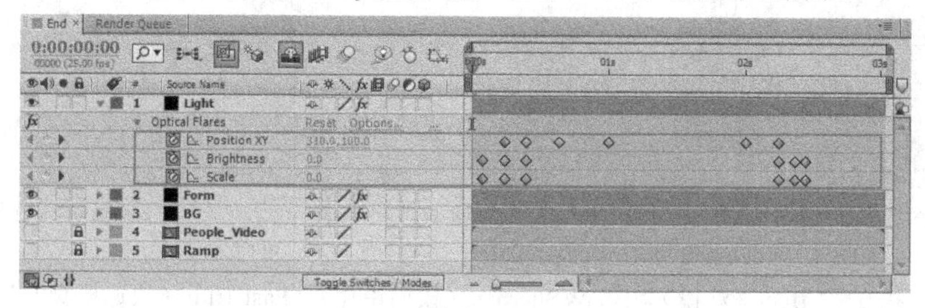

图13-52

05 修改Light图层的叠加模式为Add（相加），如图13-53所示；修改Optical Flares（光学耀斑）滤镜中的Render Mode（渲染方式）为On Transparent（透明），如图13-54所示。

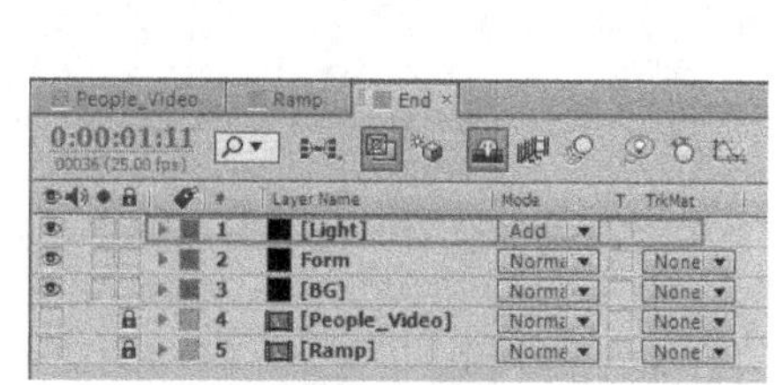

图13-53

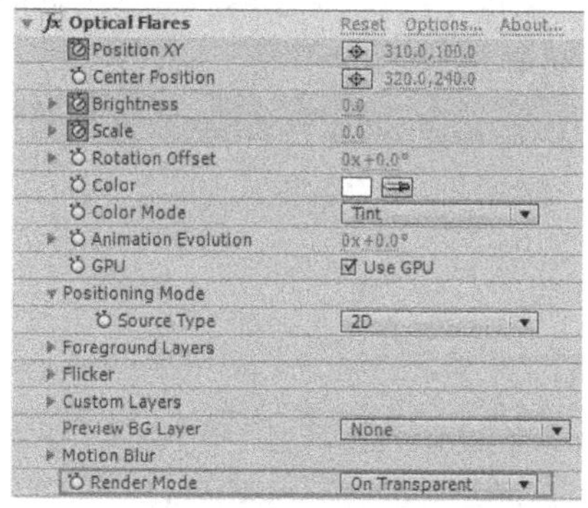

图13-54

06 选择Light图层，然后执行“Effect（特效）>Color Correction（色彩修正）>Hue/Saturation（色相/饱和度）”菜单命令，并为其添加Hue/Saturation（色相/饱和度）滤镜，接着修改Master Hue（主要色相）值为0× -200°，如图13-55所示。

07 继续选择Light图层，然后执行“Effect（特效）>Stylize（风格化）>Glow（光晕）”菜单命令，并为其添加Glow（光晕）滤镜，接着设置Glow Threshold（光晕容差值）为30%、Glow Radius（光晕半径）为30、Glow Intensity（光晕强度）为10，如图13-56所示，此时的画面预览效果如图13-57所示。

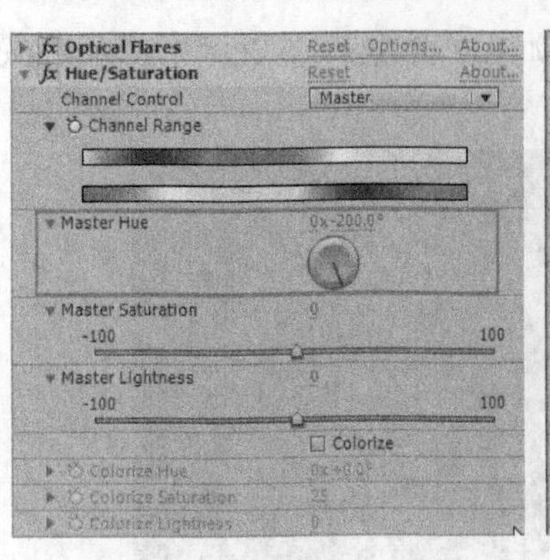
图13-55

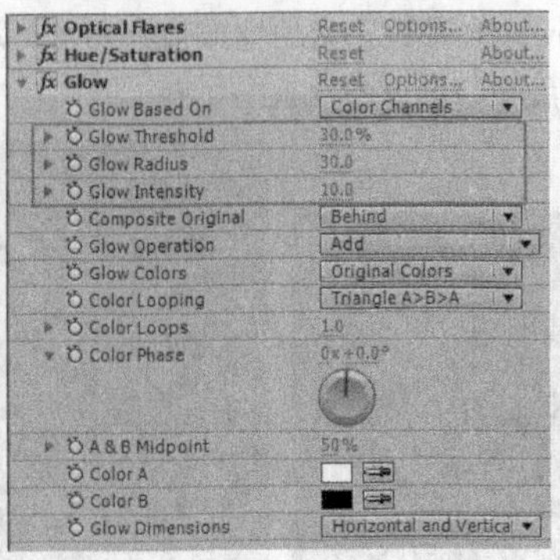
图13-56

图13-57

5.优化输出

01 按Ctrl+Alt+Y组合键创建一个调节图层，然后使用Ellipse Tool（椭圆遮罩工具）创建一个遮罩，如图13-58所示。

02 展开调节图层的遮罩属性后，勾选Inverted（反选）选项，修改Mask Feather（遮罩羽化）值（50，50 pixels），如图13-59示。

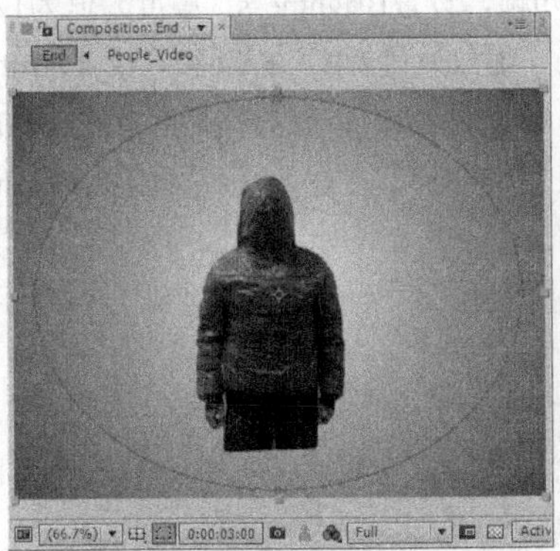
图13-58

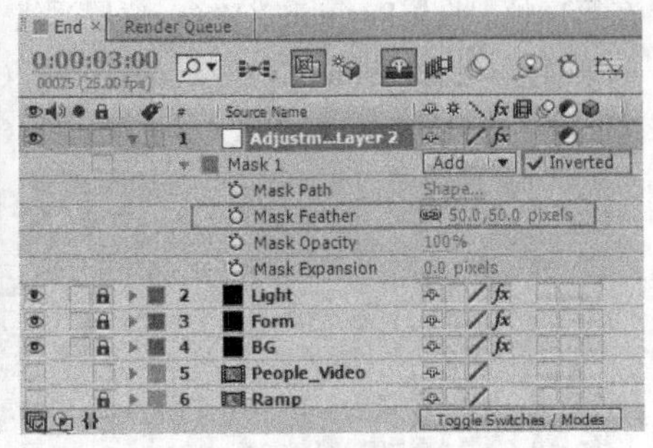
图13-59

03 选择调节图层，执行“Effect（滤镜）>Blur&Sharpen（模糊锐化）>Fast Blur（快速模糊）”菜单命令，为其添加Fast Blur（快速模糊）滤镜。设置Blurriness（模糊强度）数值为5，同时勾选Repeat Edge Pixels（重复边缘像素），如图13-60所示。

04 按Ctrl+Y组合键创建一个黑色固态层，设置其Width（宽）为640 px、Height（高）为480 px、Name（名称）为“遮幅”，如图13-61所示。

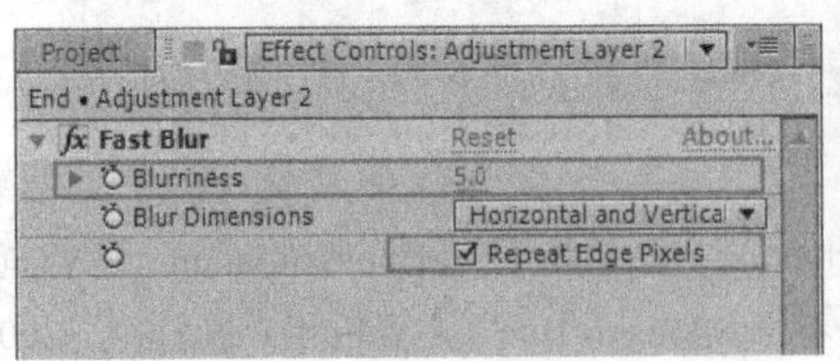
图13-60

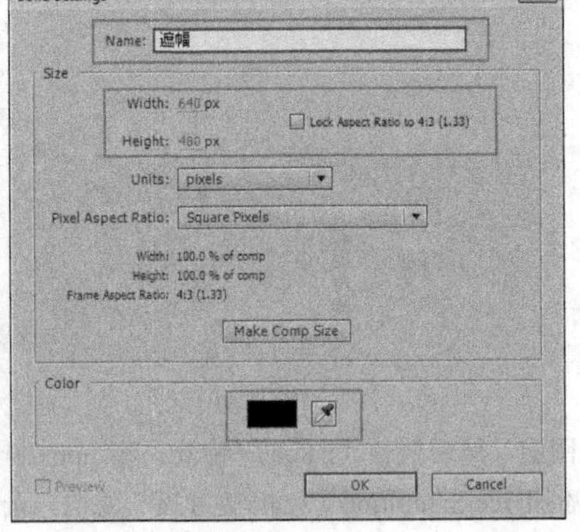
图13-61

05 选择“遮幅”图层，然后选择Rectangle Tool（矩形遮罩工具），系统会根据该图层的大小自动匹配创建一个遮罩，接着调节遮罩的大小，如图13-62所示；最后展开“遮幅”图层的遮罩属性后，勾选Inverted（反选）选项，如图13-63所示。

06 到此，本案例的闪光特效就制作完毕，最终预览效果如图13-64所示。

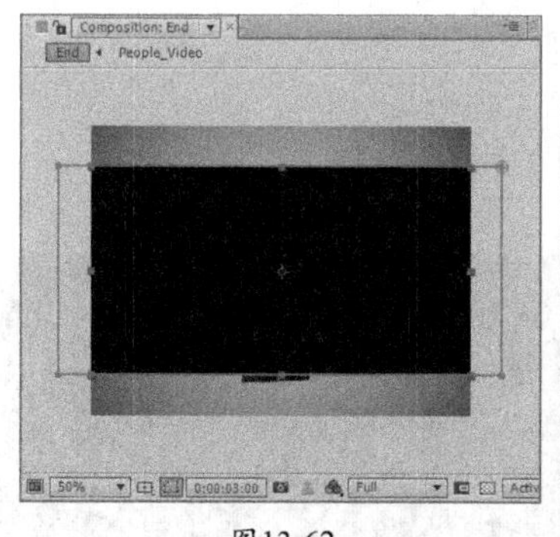

图13-62

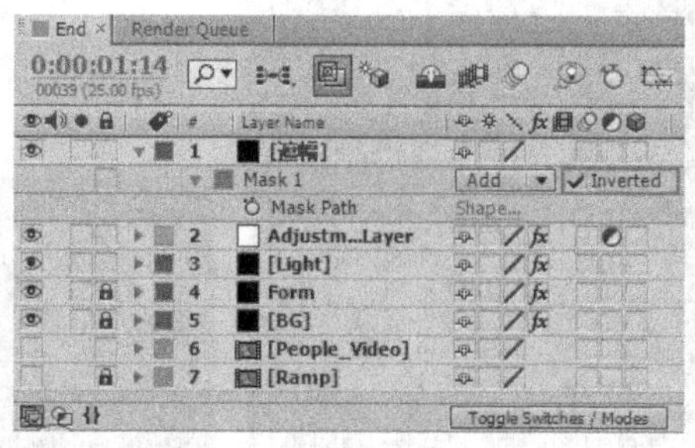

图13-63

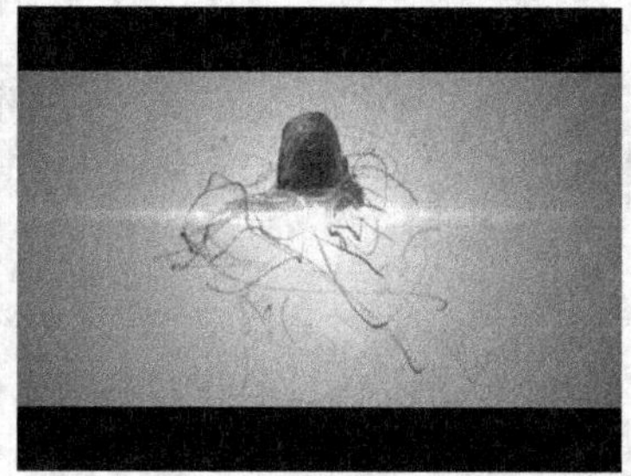

图13-64

13.3.2 Optical Flares（光学耀斑）滤镜详解

执行“Effects（特效）>Video Copilot（视频控制）>Optical Flares（光学耀斑）”菜单命令，在启动滤镜过程中会先加载版本信息，如图13-65所示。

在Effect Controls（滤镜控制）面板中展开Optical Flares（光学耀斑）滤镜的参数，如图13-66所示。

图13-65

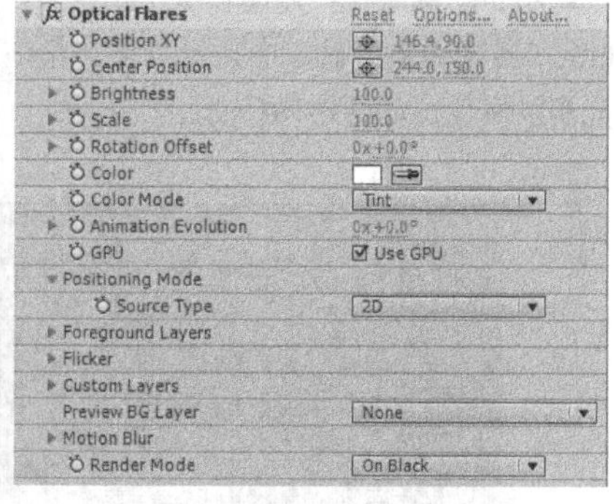

图13-66

> **技巧与提示**
>
> 本小节使用的Optical Flares（光学耀斑）滤镜的版本号为1.2（64位）。

参数详解

Position XY（*xy*位置）：设置灯光在*x*、*y*轴的位置。

Center Position（中心位置）：设置光的中心位置。

Brightness（亮度）：设置光效的亮度。

Scale（缩放）：设置光效的大小缩放。

Rotation Offset（旋转偏移）：设置光效的自身旋转偏移。

Color（颜色）：对光进行染色控制。

Color Mode（颜色模式）：设置染色的颜色模式。

Animation Evolution（动画演变）：设置光效自身的动画演变。

Positioning Mode（位移模式）：设置光效的位置状态。

Foreground Layers（前景层）：设置前景图层。

Flicker（过滤）：设置光效过滤效果。

Motion Blur（运动模糊）：设置运动模糊效果。

Render Mode（渲染模式）：设置光效的渲染叠加模式。

单击Options（选项）参数，用户可以选择和自定义光效，如图13-67所示。Optical Flares（光学耀斑）滤镜的属性控制面板主要包含4大板块，分别是Preview（预览）、Stack（元素库）、Editor（属性编辑）和Browser（光效数据库）。

在Preview（预览）窗口中可以预览光效的最终效果，如图13-68所示。

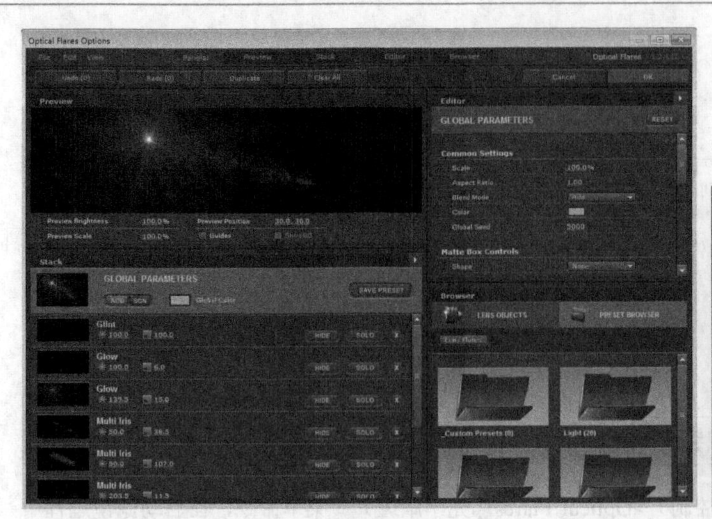

图13-67

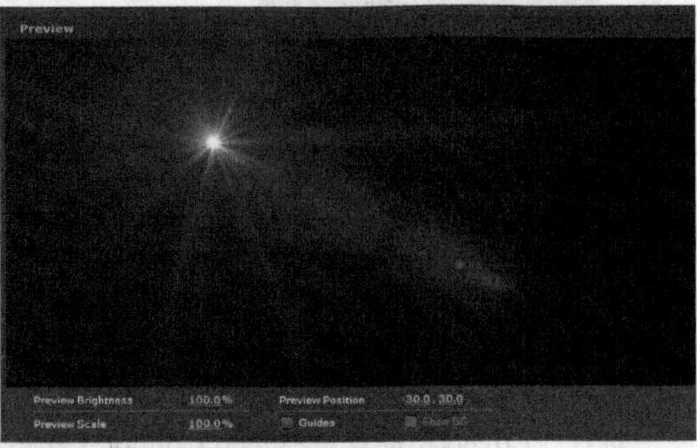

图13-68

在Stack（元素库）窗口中，可以设置每个光效元素的亮度、缩放、显示和隐藏属性，如图13-69所示。

在Editor（属性编辑）窗口中，可以更加精细地调整和控制每个光效元素的属性，如图13-70所示。

图13-69　　图13-70

Browser（光效数据库）窗口分为Lens Objects（镜头对象）和Preset Browser（预设）两部分。在Lens Objects（镜头对象）窗口中，可以添加单一光效元素，如图13-71所示；在Preset Browser（浏览光效预设）窗口中，可以选择系统中预设好的Lens Flares（镜头光晕），如图13-72所示。

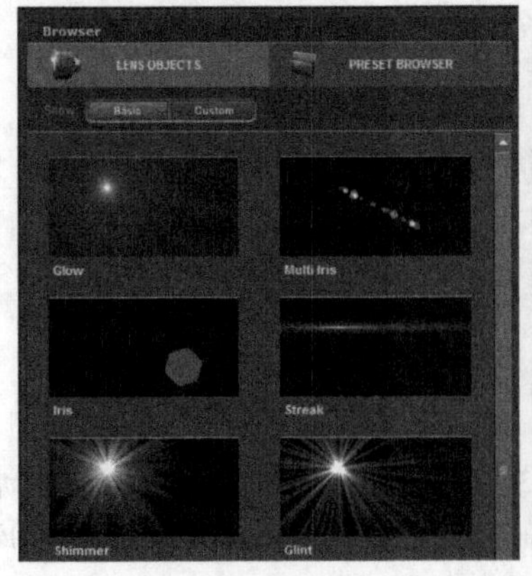

图13-71

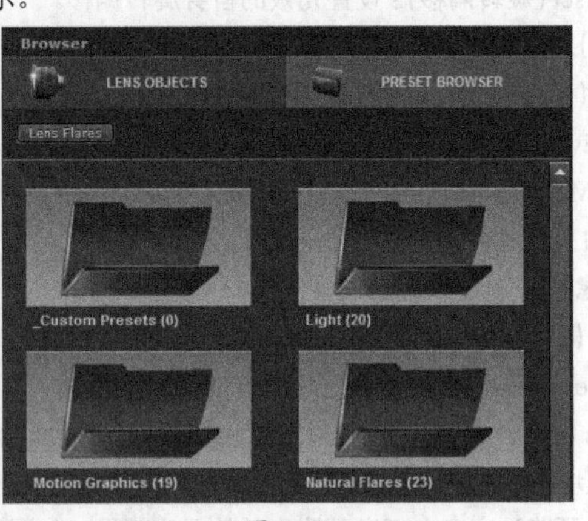

图13-72

13.4 Trapcode系列

本节知识点

名称	作用	重要程度
Shine（扫光）滤镜	快速扫光插件，便于制作片头和特效	高
Starglow（星光闪耀）滤镜	星光特效插件，根据源图像的高光部分建立星光闪耀效果	高
3D Stroke（3D描边）滤镜	将图层中的一个或多个遮罩转换为线条或光线，并制作动画效果	高

13.4.1 课堂案例——飞舞光线

素材位置	实例文件>CH13>课堂案例——飞舞光线
实例位置	实例文件>CH13>课堂案例——飞舞光线_Final.aep
视频位置	多媒体教学>CH13>课堂案例——飞舞光线.flv
难易指数	★★★☆☆
学习目标	掌握3D Stroke（3D描边）滤镜的使用方法

本例的动画效果如图13-73所示。

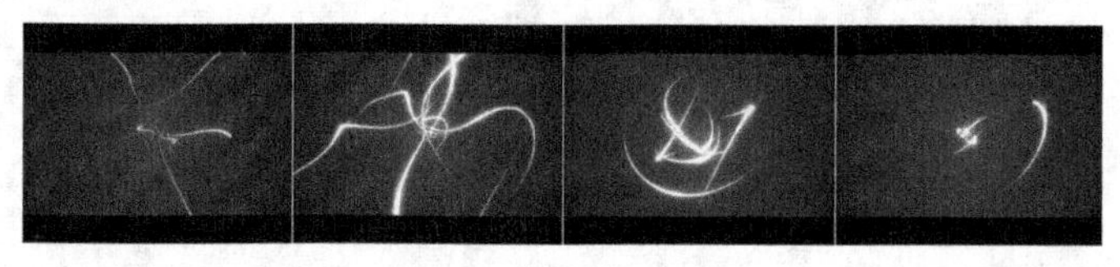

图13-73

01 使用After Effects CS6打开“课堂案例——飞舞光线.aep”素材文件，如图13-74所示。

02 按Ctrl+Y组合键创建一个黑色固态层，并设置其Width（宽）为720 px、Height（高）为576 px、Name（名称）为“光线”，如图13-75所示。

03 使用Pen Tool（钢笔工具）绘制一个图13-76所示的遮罩。

图13-74

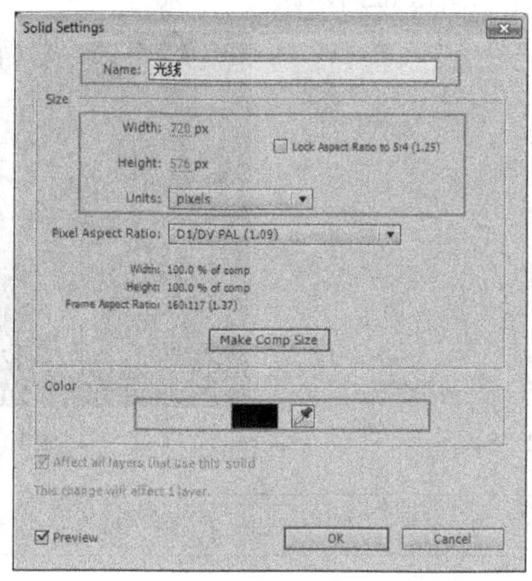

图13-75

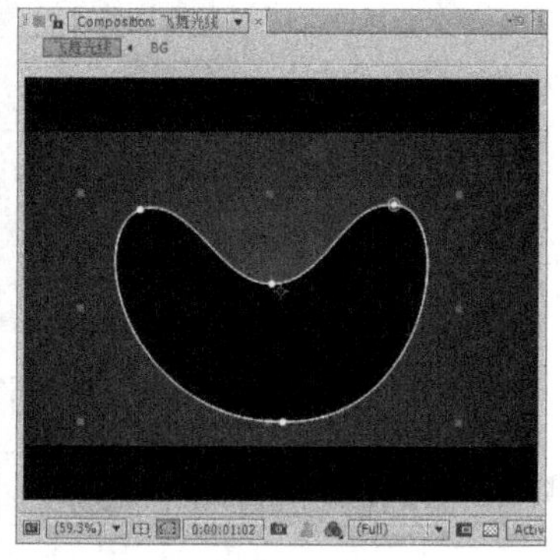

图13-76

04 选择“光线”图层，然后执行“Effect（特效）>Trapcode>3D Stroke（3D描边）”菜单命令，为其添加3D Stroke（3D描边）滤镜。设置Thickness（厚度）值为5、Offset（偏移）值为-80；展开Taper（锥化）参数组，勾选Enable（启用）选项，设置Start Shape（起始大小）和End Shape（结束大小）的值都为5，如图13-77所示。

05 展开Transform（变换）参数组，设置Bend（弯曲）值为2、Bend Axis（弯曲角度）值为0× +45°、Z Rotation（z轴旋转）值为0× +45°，如图13-78所示。

06 展开Repeater（重复）参数组，然后勾选Enable（激活）选项和Symmetric Double（对称复制）选项，接着设置Scale（缩放）值为180、X Rotation（x旋转）为0× +60°、Y Rotation（y轴旋转）为0× -60°、Z Rotation（z轴旋转）为0× +90°，如图13-79所示。

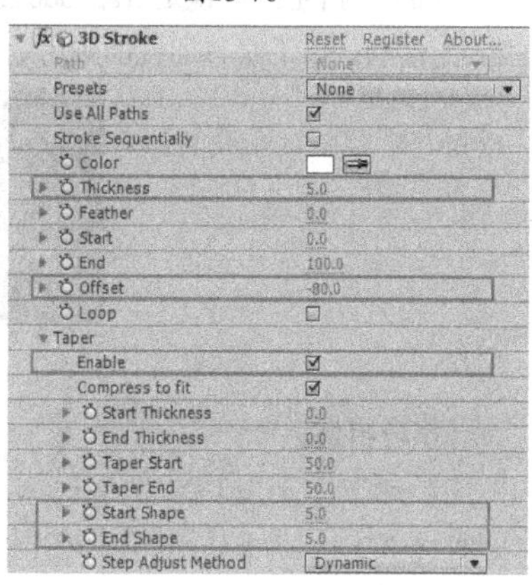

图13-77

图13-78　　图13-79

07 将“光线”图层移动到“遮罩”图层下面，设置光线的动画关键帧。第0秒，设置3D Stroke（3D描边）中的Offset（偏移）值为-80、Bend（弯曲）值为2、Z Rotation（*z*旋转）值为0× +45º、Scale（缩放）值为180；第3秒，设置3D Stroke（3D描边）中的Offset（偏移）值为80、Bend（弯曲）值为0、Z Rotation（z轴旋转）值为0× +0º、Scale（缩放）值为1，如图13-80所示。

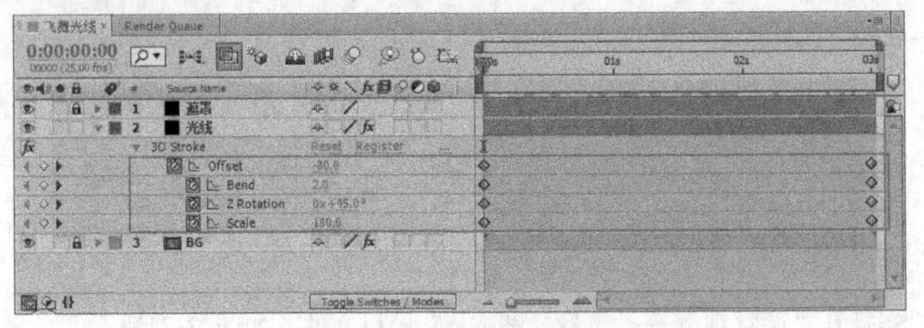

图13-80

08 选择“光线”图层，然后执行“Effect（特效）>Trapcode>Starglow（星光闪耀）”菜单命令，为其添加Starglow（星光闪耀）滤镜，接着设置Preset（预设）选项为Red（红色）、Streak Length（光线长度）为10，如图13-81所示。这样就完成了特效的制作，最终预览效果如图13-82所示。

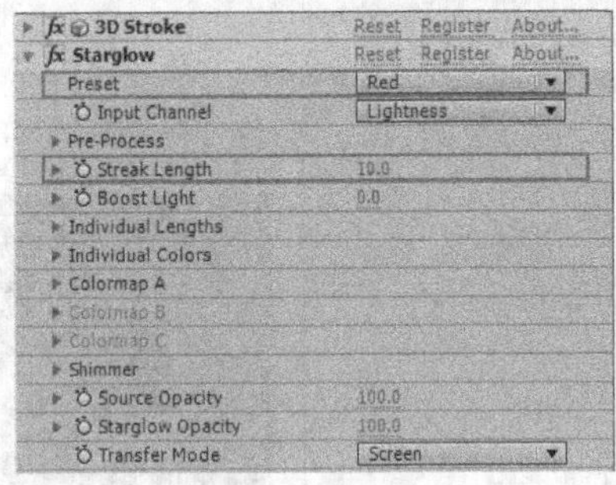

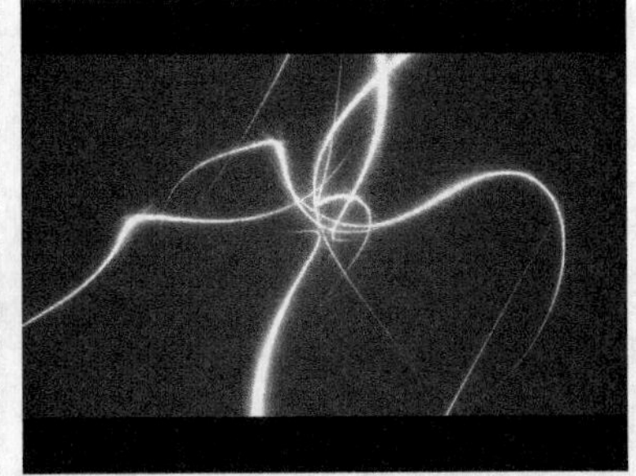

图13-81　　图13-82

13.4.2 Shine（扫光）滤镜

Shine（扫光）滤镜是Trapcode公司为After Effects开发的快速扫光插件，它的问世为用户制作片头和特效带来了极大的便利，以下是该滤镜的应用效果，如图13-83所示。

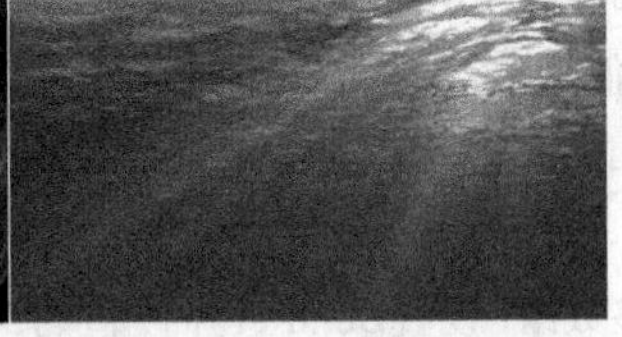

图13-83

技巧与提示

关于Shine（扫光）滤镜、Starglow（星光闪耀）滤镜和3D Stroke（3D描边）滤镜的安装方法，请参阅本书第2章中关于Knoll Light Factory（灯光工厂）插件安装方法。

执行“Effects（特效）>Trapcode>Shine（扫光）”菜单命令，在Effect Controls（滤镜控制）面板中展开Shine

（扫光）滤镜的参数，如图13-84所示。

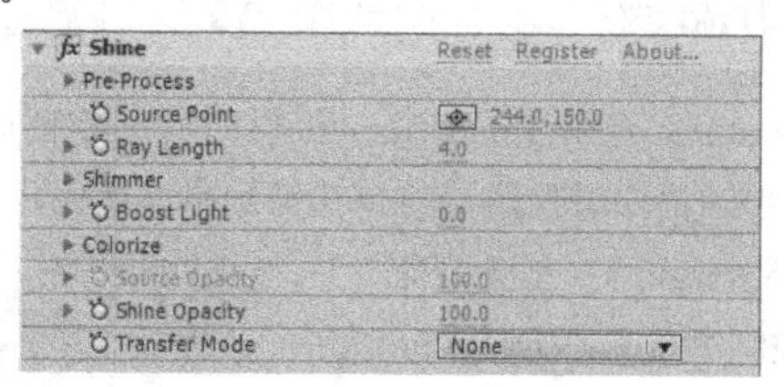

图13-84

> **技巧与提示**
>
> 本小节使用的Shine（扫光）滤镜的版本号为V1.6（64位）。

参数详解

Pre-Process（**预处理**）：应用Shine（扫光）滤镜之前需要设置的功能参数，如图13-85所示。

Threshold（**阈值**）：分离Shine（扫光）所能发生作用的区域，不同的Threshold（阈值）可以产生不同的光束效果。

Use Mask（**使用遮罩**）：设置是否使用遮罩效果，勾选Use Mask（使用遮罩）以后，它下面的Mask Radius（遮罩半径）和Mask Feather（遮罩羽化）参数才会被激活。

Source Point（**发光点**）：发光的基点，产生的光线以此为中心向四周发射。可以通过更改它的坐标数值来改变中心点的位置，也可以在Composition（合成）面板的预览窗口中用鼠标指针移动中心点的位置。

Ray Length（**光线发射长度**）：用来设置光线的长短。数值越大，光线长度越长；数值越小，光线长度越短。

Shimmer（**微光**）：该选项组中的参数主要用来设置光效的细节，具体参数如图13-86所示。

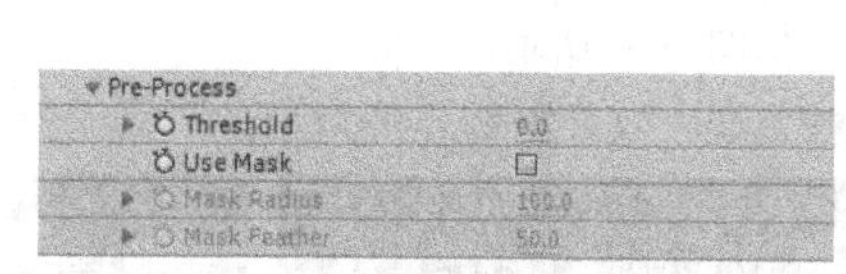

图13-85

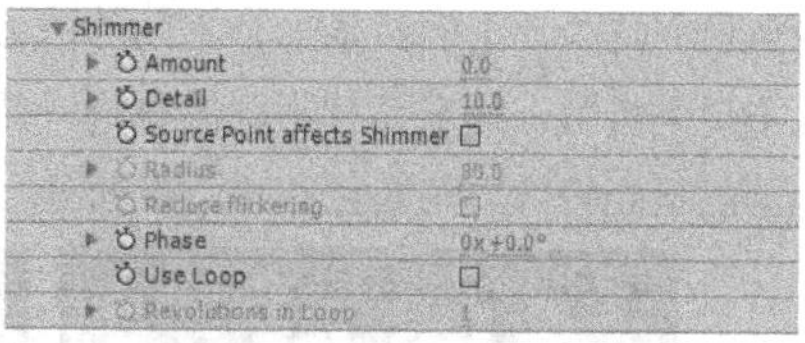

图13-86

Amount（**数量**）：微光的影响程度。

Detail（**细节**）：微光的细节。

Source Point affect（**光束影响**）：光束中心对微光是否发生作用。

Radius（**半径**）：微光受中心影响的半径。

Reduce flickering（**减少闪烁**）：减少闪烁。

Phase（**相位**）：可以在这里调节微光的相位。

Use Loop（**循环**）：控制是否循环。

Revolutions in Loop（**循环中旋转**）：控制在循环中的旋转圈数。

Boost Light（**光线亮度**）：设置光线的高亮程度。

Colorize（**颜色**）：用来调节光线的颜色，选择预置的各种不同Colorize（颜色），可以对不同的颜色进行组合，如图13-87所示。

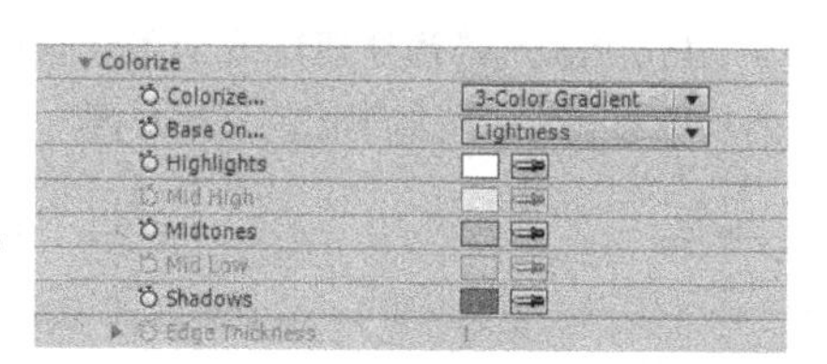

图13-87

Base On：决定输入通道，共有7种模式，分别是：Lightness（明度），使用明度值；Luminance（亮度），使用亮度值；Alpha（通道），使用Alpha通道；Alpha Edges（Alpha通道边缘），使用Alpha通道的边缘；Red（红色），使用红色通道；Green（绿色），使用绿色通道；Blue（蓝色），使用蓝色通道等模式。

Highlights（**高光**）/Mid High（**中间高光**）/Midtones（**中间色**）/Mid Low（**中间阴影**）/Shadows（**阴影**）：分别用来自定义高光、中间高光、中间调、中间阴影和阴影的颜色。

Edge Thickness（**边缘厚度**）：用来控制光线边缘的厚度。

Source Opacity（**源素材不透明度**）：用来调节源素材的不透明度。

Transfer Mode（**叠加模式**）：使用方法和层的叠加方式类似。

13.4.3 Starglow（星光闪耀）滤镜

Starglow（星光闪耀）插件是Trapcode公司为After Effects提供的星光特效插件，它是一个根据源图像的高光部分建立星光闪耀效果的特效滤镜，类似于在实际拍摄时使用漫射镜头得到星光耀斑，其应用案例效果如图13-88所示。

执行“Effects（特效）>Trapcode>Starglow（星光闪耀）”菜单命令，在Effect Controls（滤镜控制）面板中展开Starglow（星光闪耀）滤镜的参数，如图13-89所示。

图13-88

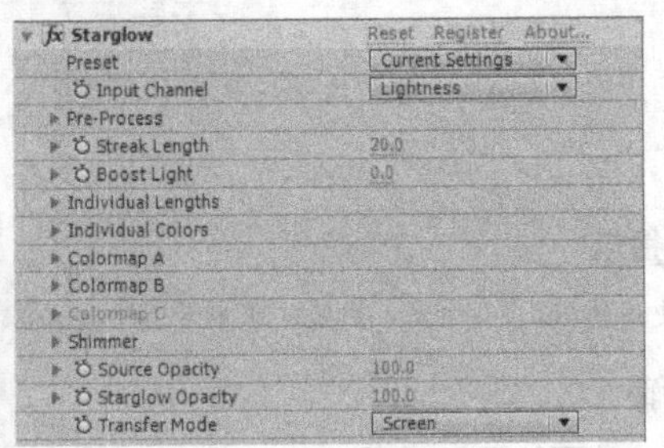

图13-89

> **技巧与提示**
>
> 本小节使用的Starglow（星光闪耀）滤镜的版本号为V1.6（64位）。

参数详解

Preset（预设）：该滤镜预设了29种不同的星光闪耀特效，将其按照不同类型可以划分为4组。

第1组是Red（红色）、Green（绿色）、Blue（蓝色），这组效果是最简单的星光特效，并且仅使用一种颜色贴图，效果如图13-90所示。

第2组是一组白色星光特效，它们的星形是不同的，如图13-91所示。

第3组是一组五彩星光特效，每个具有不同的星形，效果如图13-92所示。

第4组是不同色调的星光特效，有暖色和冷色及其他一些色调，效果如图13-93所示。

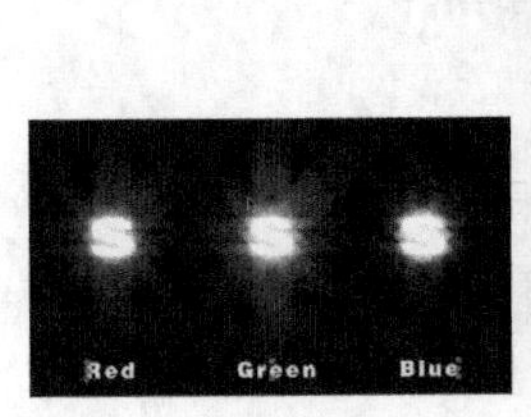

图13-90

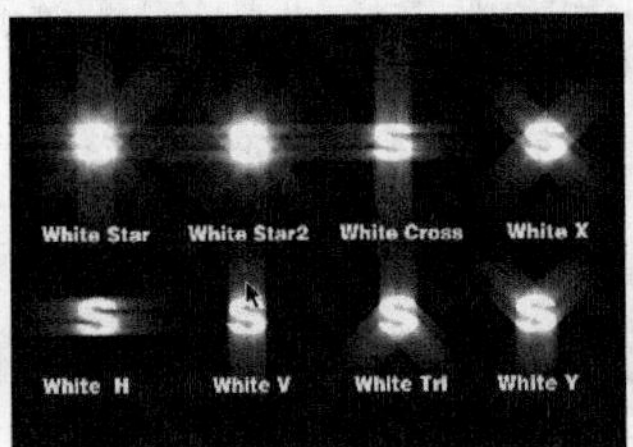

图13-91

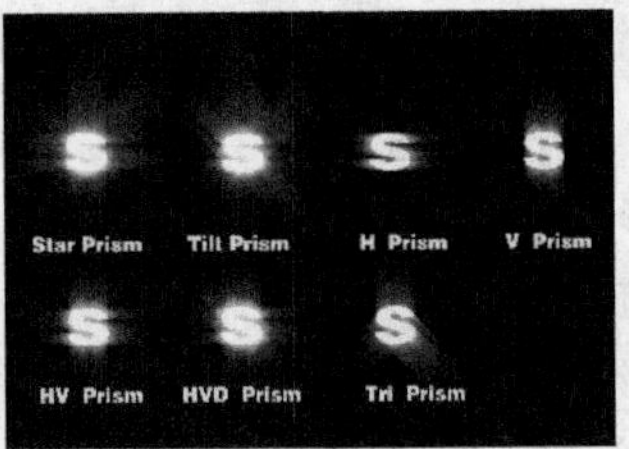

图13-92

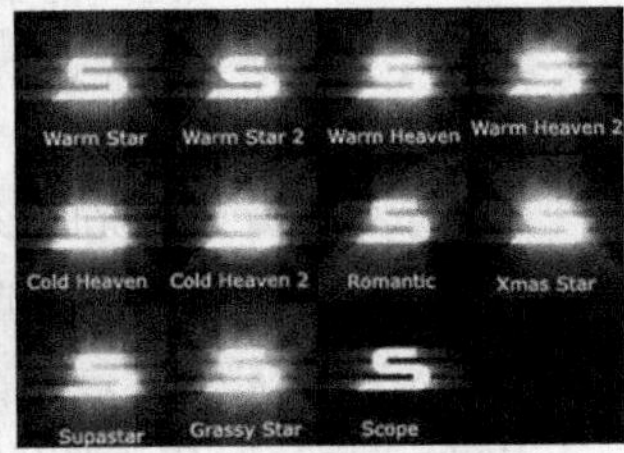

图13-93

Input Channel（输入通道）：选择特效基于的通道，它包括Lightness（明度）、Luminance（亮度）、Red（红色）、Green（绿色）、Blue（蓝色）、Alpha等通道类型。

Pre-Process（预处理）：在应用Starglow（星光闪耀）效果之前需要设置的功能参数，它包括下面的一些参数，如图13-94所示。

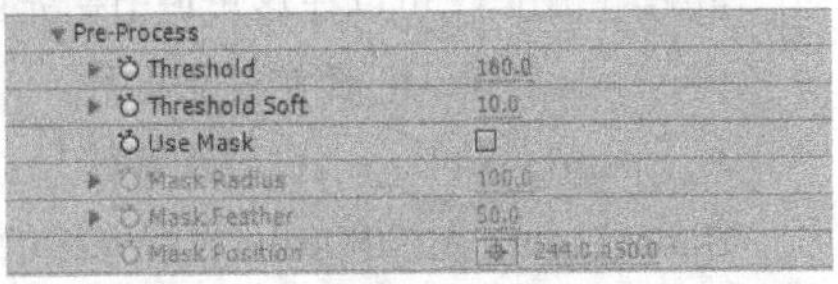

图13-94

Threshold（阈值）：用来定义产生星光特效的最小亮度值。值越小，画面上产生的星光闪耀特效就越多；值越大，产生星光闪耀的区域亮度要求就越高。

Threshold Soft（区域柔化）：用来柔和高亮和低亮区域之间的边缘。

Use Mask（使用遮罩）：选择这个选项可以使用一个内置的圆形遮罩。

Mask Radius（遮罩半径）：可以设置遮罩的半径。

Mask Feather（遮罩羽化）：用来设置遮罩的边缘羽化。

Mask Position（遮罩位置）：用来设置遮罩的具体位置。

Streak Length（光线长度）：用来调整整个星光的散射长度。

Boost Light（星光亮度）：调整星光的强度（亮度）。

Individual Lengths（单独光线长度）：调整每个方向的Glow（光晕）大小，如图13-95和图13-96所示。

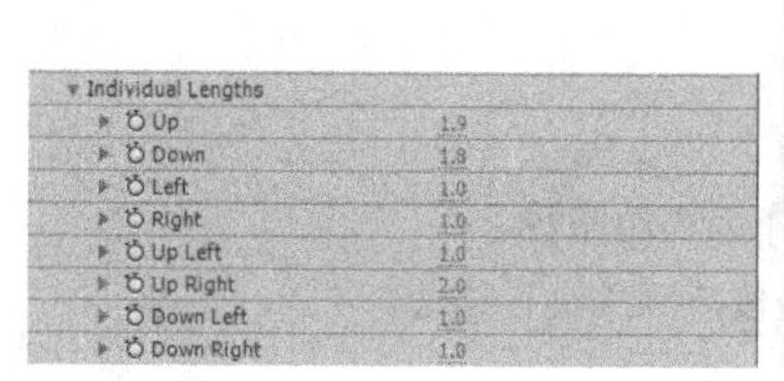

图13-95

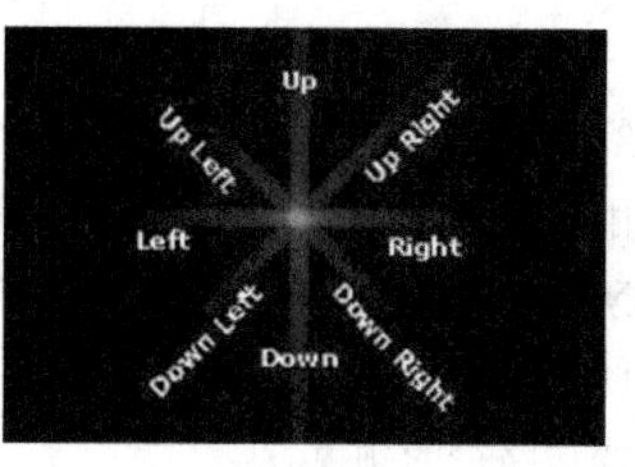

图13-96

Individual Colors（**单独光线颜色**）：用来设置每个方向的颜色贴图，最多有A、B、C 3种颜色贴图选择，如图13-97所示。

Shimmer（**微光**）：用来控制星光效果的细节部分，它包括图13-98所示的参数。

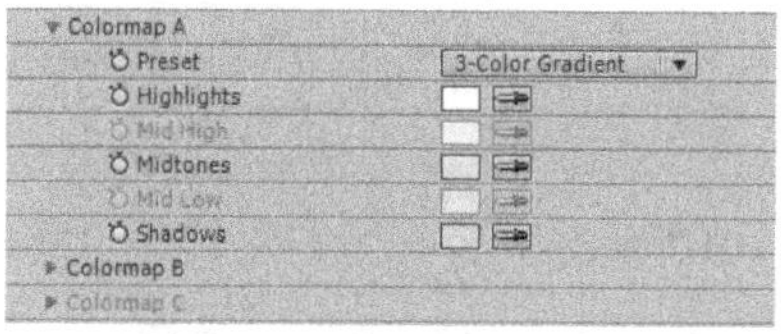

图13-97

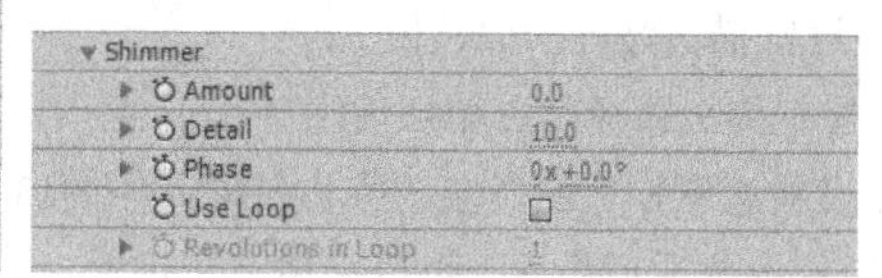

图13-98

Amount（数量）：设置微光的数量。

Detail（细节）：设置微光的细节。

Phase（位置）：设置微光的当前相位，给这个参数加上关键帧，就可以得到一个动画的微光。

Use Loop（使用循环）：选择这个选项可以强迫微光产生一个无缝的循环。

Revolutions in Loop（循环旋转）：在循环情况下，相位旋转的总体数目。

Source Opacity（**源素材不透明度**）：设置源素材的不透明度。

Starglow Opacity（**星光特效不透明度**）：设置星光特效的不透明度。

Transfer Mode（**叠加模式**）：设置星光闪耀特效和源素材的画面叠加方式。

技巧与提示

Starglow（星光闪耀）的基本功能就是依据图像的高光部分建立一个星光闪耀特效，它的星光包含8个方向（上、下、左、右，以及4个对角线），每个方向都可以单独调整强度和颜色贴图，可以一次最多使用3种不同的颜色贴图。

13.4.4 3D Stroke（3D描边）滤镜

使用3D Stroke（3D描边）滤镜可以将图层中的一个或多个遮罩转换为线条或光线，在三维空间中可以自由地移动或旋转这些光线，并且还可以为这些光线作各种动画效果，如图13-99所示。

执行“Effect（特效）>Trapcode>3D Stroke（3D描边）”菜单命令，在Effect Controls（滤镜控制）面板中展开3D Stroke（3D描边）滤镜的参数，如图13-100所示。

图13-99

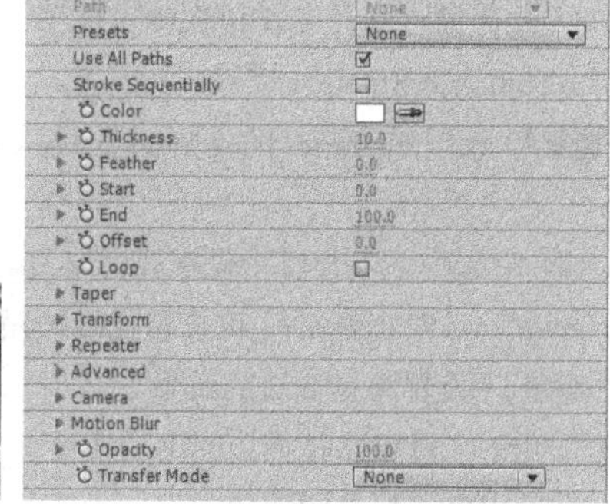

图13-100

技巧与提示

本小节使用的3D Stroke（3D描边）滤镜版本号为V2.6（64位）。

参数详解

Path（路径）：指定绘制的遮罩作为描边路径。

Presets（预设）：使用滤镜内置的描边效果。

Use All Paths（使用所有路径）：将所有绘制的遮罩作为描边路径。

Stroke Sequentially（描边顺序）：让所有的遮罩路径按照顺序进行描边。

Color（颜色）：设置描边路径的颜色。

Thickness（厚度）：设置描边路径的厚度。

Feather（羽化）：设置描边路径边缘的羽化程度。

Start（开始）：设置描边路径的起始点。

End（结束）：设置描边路径的结束点。

Offset（偏移）：设置描边路径的偏移值。

Loop（循环）：控制描边路径是否循环连续。

Taper（锥化）：设置遮罩描边的两端的锥化效果，如图13-101所示。

Enable（开启）：勾选该选项后后，可以启用锥化设置。

Start Thickness（开始的厚度）：设置描边开始部分的厚度。

End Thickness（结束的厚度）：设置描边结束部分的厚度。

Taper Start（锥化开始）：设置描边锥化开始的位置。

Taper End（锥化结束）：设置描边锥化结束的位置。

Step Adjust Method（调整方式）：设置锥化效果的调整方式，有两种方式可供选择：一是None（无），不做调整；二是Dynamic（动态），做动态的调整。

Transform（变换）：设置描边路径的位置、旋转和弯曲等属性，如图13-102所示。

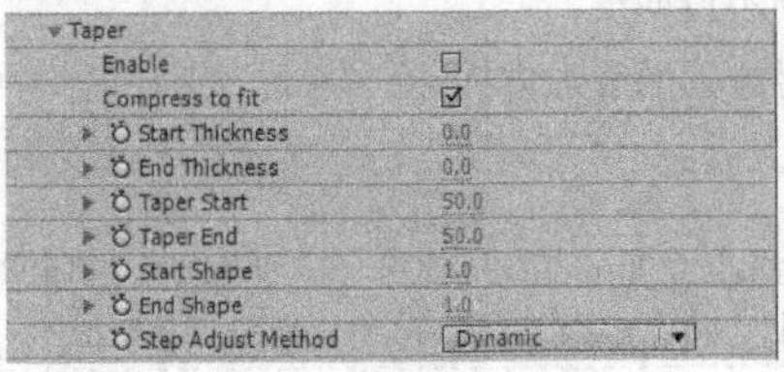

图13-101

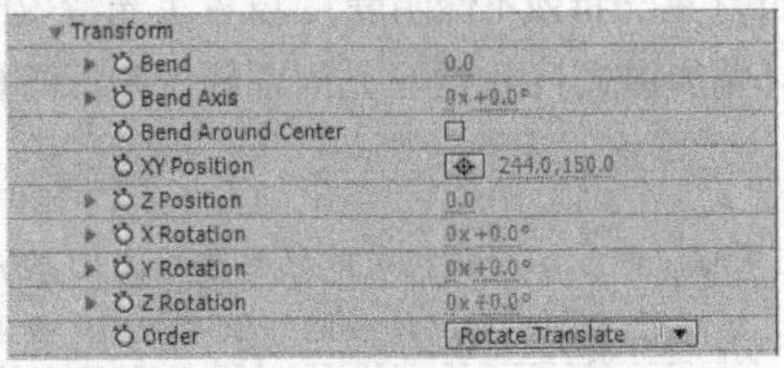

图13-102

Bend（弯曲）：控制描边路径弯曲的程度。

Bend Axis（弯曲角度）：控制描边路径弯曲的角度。

Bend Around Center（围绕中心弯曲）：控制是否弯曲到环绕的中心位置。

XY Position/Z Position（*xy*、*z*的位置）：设置描边路径的位置。

X Rotation/Y Rotation/Z Rotation（*x*、*y*、*z*轴旋转）：设置描边路径的旋转。

Order（顺序）：设置描边路径位置和旋转的顺序。有两种方式可供选择：一是Rotate Translate（旋转，位移），先旋转后位移；二是Translate Rotate（位移，旋转），先位移后旋转。

Repeater（重复）：设置描边路径的重复偏移量，通过该参数组中的参数可以将一条路径有规律地偏移复制出来，如图13-103所示。

Enable（开启）：勾选后可以开启路径描边的重复。

Symmetric Doubler（对称复制）：设置路径描边是否要对称复制。

Instances（重复）：设置路径描边的数量。

Opacity（不透明度）：设置路径描边的不透明度。

Scale（缩放）：设置路径描边的缩放效果。

Factor（因数）：设置路径描边的伸展因数。

X Displace（*x*偏移）/Y Displace（*y*偏移）/Z Displace（*z*偏移）：分别用来设置在*x*、*y*和*z*轴的偏移效果。

X Rotate（*x*旋转）/Y Rotate（*y*旋转）/Z Rotate（*z*旋转）：分别用来设置在*x*、*y*和*z*轴的旋转效果。

Advanced（高级）：用来设置描边路径的高级属性，如图13-104所示。

Repeater	
Enable	☑
Symmetric Doubler	☑
Instances	2
Opacity	100.0
Scale	100.0
Factor	1.0
X Displace	0.0
Y Displace	0.0
Z Displace	30.0
X Rotation	0x+0.0°
Y Rotation	0x+0.0°
Z Rotation	0x+0.0°

图13-103

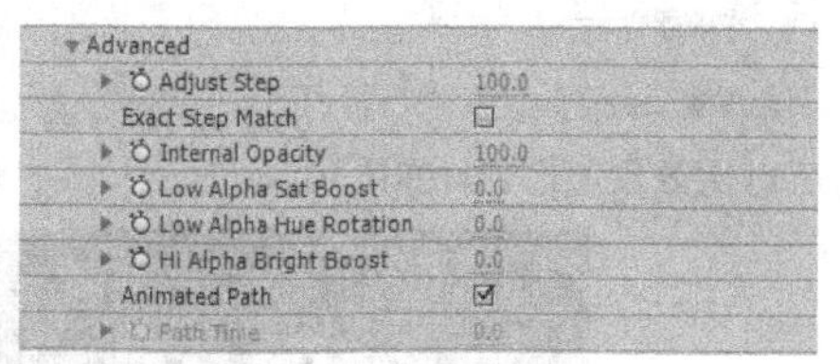

图13-104

Adjust Step（调节步幅）：用来调节步幅。数值越大，路径描边上的线条显示为圆点且间距越大，如图13-105所示。

Exact Step Match（精确匹配）：设置是否选择精确步幅匹配。

Internal Opacity（内部的不透明度）：设置路径描边的线条内部的不透明度。

Low Alpha Sat Boot（Alpha饱和度）：设置路径描边的线条的Alpha饱和度。

Low Alpha Hue Rotation（Alpha色调旋转）：设置路径描边的线条的Alpha色调旋转。

Hi Alpha Bright Boost（Alpha亮度）：设置路径描边的线条的Alpha亮度。

Animated Path（全局时间）：设置是否使用全局时间。

Path Time（路径时间）：设置路径的时间。

Camera（摄像机）：设置摄像机的观察视角或使用合成中的摄像机，如图13-106所示。

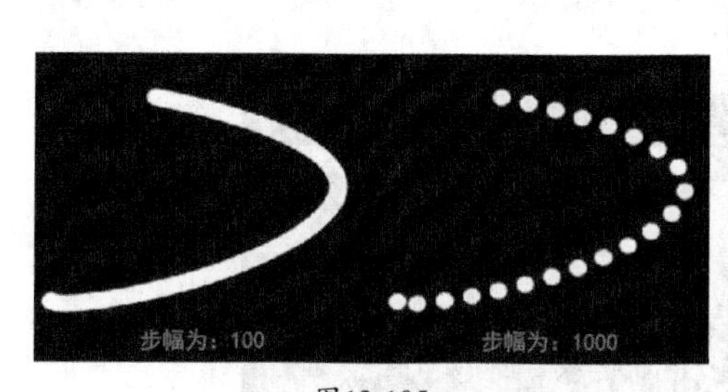

图13-105

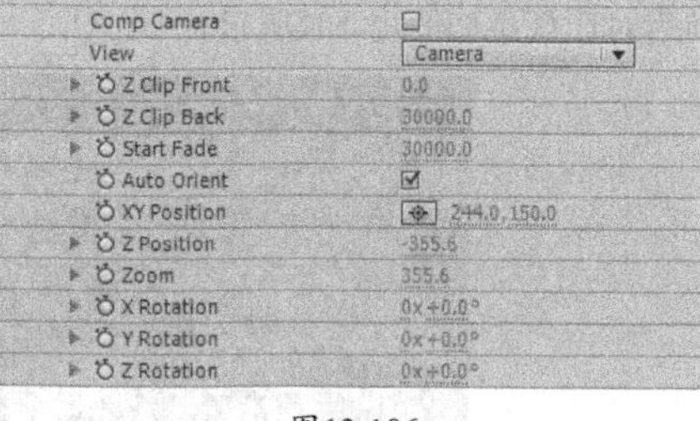

图13-106

Comp Camera（合成中的摄像机）：用来设置是否使用合成中的摄像机。

View（视图）：选择视图的显示状态。

Z Clip Front（前面的剪切平面）/Z Clip Back（后面的剪切平面）：用来设置摄像机在*z*轴深度的剪切平面。

Start Fade（淡出）：用来设置剪辑平面的淡出。

Auto Orient（自动定位）：控制是否开启摄像机的自动定位。

XY Position（*x*、*y*轴的位置）：用来设置摄像机的*x*、*y*轴的位置。

Zoom（缩放）：用来设置摄像机的推拉。

X Rotation（*x*轴的旋转）/Y Rotation（*y*轴的旋转）/Z Rotation（*z*轴的旋转）：分别用来设置摄像机在*x*、*y*和*z*轴的旋转。

Motion Blur（运动模糊）：设置运动模糊效果，可以单独进行设置，也可以继承当前合成的运动模糊参数，如图13-107所示。

Motion Blur	
Motion Blur	Comp Settings
Shutter Angle	360.0
Shutter Phase	0.0
Levels	8.0

图13-107

Motion Blur（运动模糊）：设置运动模糊是否开启或使用合成中的运动模糊设置。

Shutter Angle（快门的角度）：设置快门的角度。

Shutter Phase（快门的相位）：设置快门的相位。

Levels（平衡）：设置快门的平衡。

Opacity（不透明度）：设置描边路径的不透明度。

Transfer Mode（叠加模式）：设置描边路径与当前图层的混合模式。

课堂练习——炫彩星光

素材位置	实例文件>CH13>课堂练习——炫彩星光
实例位置	实例文件>CH13>课堂练习——炫彩星光_Final.aep
视频位置	多媒体教学>CH13>课堂练习——炫彩星光.flv
难易指数	★★☆☆☆
练习目标	练习Starglow（星光闪耀）滤镜的使用方法

本练习的前后对比效果如图13-108所示。

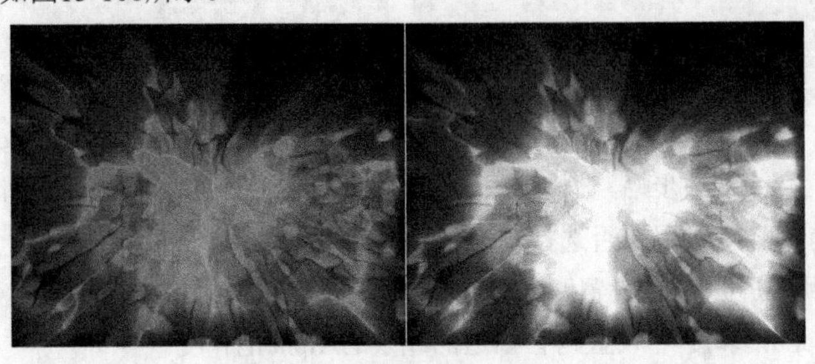

图13-108

课后习题——模拟日照

素材位置	实例文件>CH13>课后习题——模拟日照
实例位置	实例文件>CH13>课后习题——模拟日照_Final.aep
视频位置	多媒体教学>CH13>课后习题——模拟日照.flv
难易指数	★★☆☆☆
练习目标	练习Optical Flare（光学耀斑）滤镜的使用方法

本习题的前后对比效果如图13-109所示。

图13-109

第14章 商业案例制作实训

课堂学习目标

- 掌握导视系统的后期制作方法
- 掌握频道ID演绎动画的制作方法

本章导读

使用After Effects CS6可以制作出很多漂亮的特效，结合其他一些3D软件还可以制作出更高级的影视特效。在前面的章节中，读者系统学习了After Effects CS6的各项功能，我们将继续深入应用这些技术，并通过商业级的案例制作，让读者学习并掌握如何在电视栏目包装中制作动画和特效。

14.1 导视系统后期制作

素材位置	实例文件>CH14>导视系统后期制作
实例位置	实例文件>CH14>导视系统后期制作.aep
视频位置	多媒体教学>CH14>导视系统后期制作.flv
难易指数	★★★★☆
学习目标	掌握图层叠加模式、Light Factory（灯光工厂）滤镜的高级应用

本例的电视导视系统的合成效果如图14-1所示。

图14-1

01 执行“Composition（合成）>New Composition（新建合成）”菜单命令，创建一个预置为Custom（自定义）的合成，设置其Width（宽）为960 px，Height（高）为486 px，Pixel Aspect Ratio（像素比）为Square Pixels（方形像素），Duration（持续时间）为4秒，最后将其命名为“导视系统后期制作”，如图14-2所示。

02 执行“File（文件）>Import（导入）>File（文件）”菜单命令，导入Logo.mov素材，然后将其添加到Timeline（时间线）面板中，如图14-3所示。

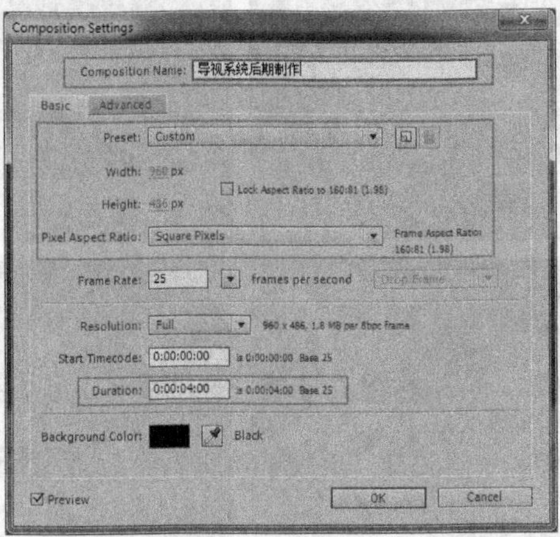

图14-2

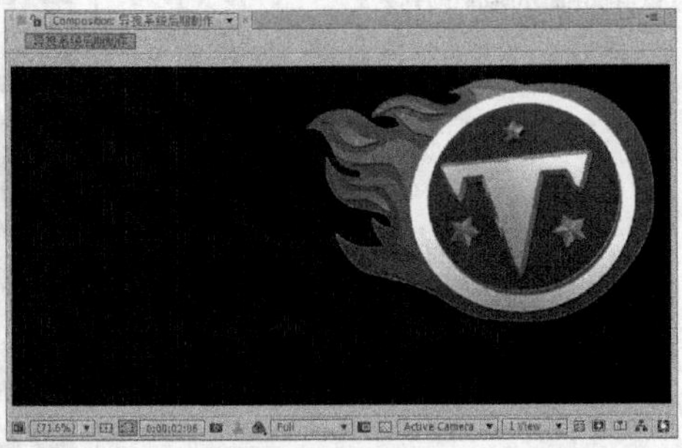

图14-3

03 选择Logo.mov图层，按Ctrl+D组合键复制图层，将复制生成的新图层的叠加模式修改为Screen（屏幕），调整新图层的Opacity（不透明度）值为30%，如图14-4所示。

04 按Ctrl+Alt+Y组合键创建一个调节图层，然后执行“Effects（特效）>Other（其他）>FEC Light Sweep（扫光）”菜单命令，为其添加FEC Light Sweep（扫光）滤镜。修改Cone Width（灯光的宽度）值为60，Sweep Intensity（扫光强度）值为100，Edge Intensity（边缘强度）值为200，Light Color（灯光颜色）为橙黄色，如图14-5所示。

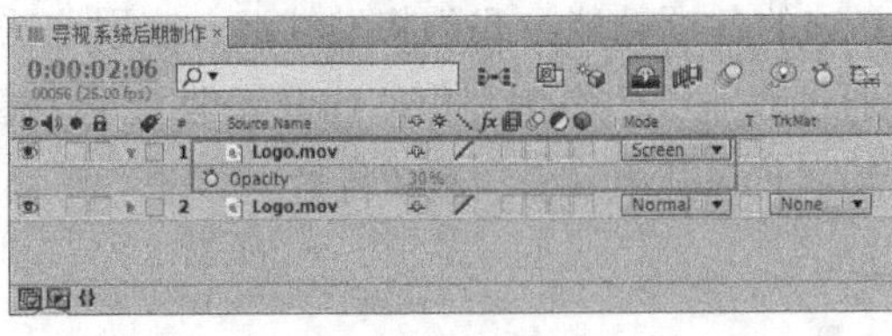

图14-4

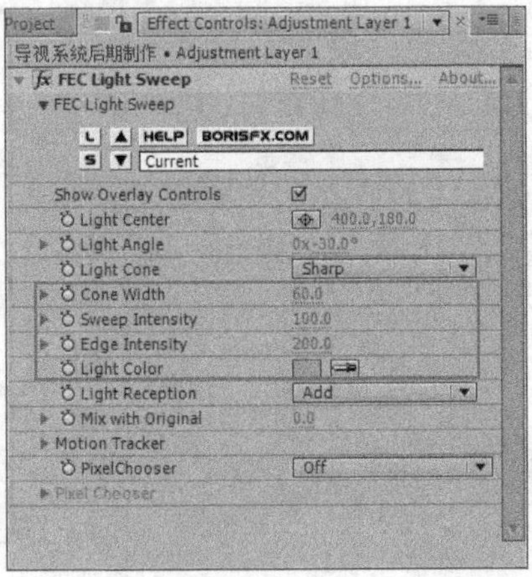

图14-5

05 将调节图层的入点时间设置在第2秒10帧处。设置FEC Light Sweep（扫光）滤镜中Light Center（灯光中心点）属性的动画关键帧。在第12帧，设置Light Center（灯光中心点）值为400、180；在第3秒15帧，设置Light Center（灯光中心点）值为1080、180，如图14-6所示，画面效果如图14-7所示。

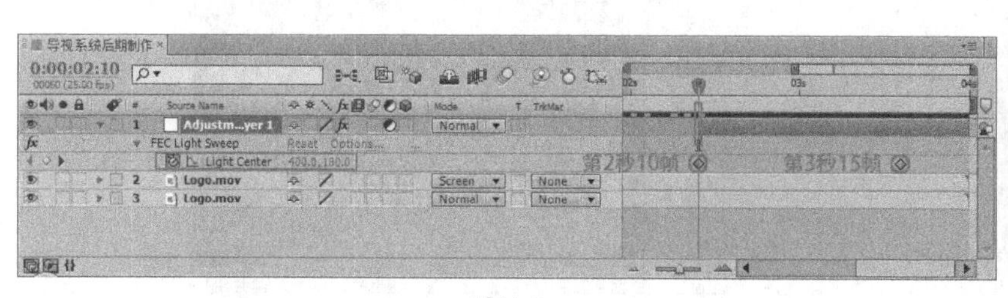

图14-6

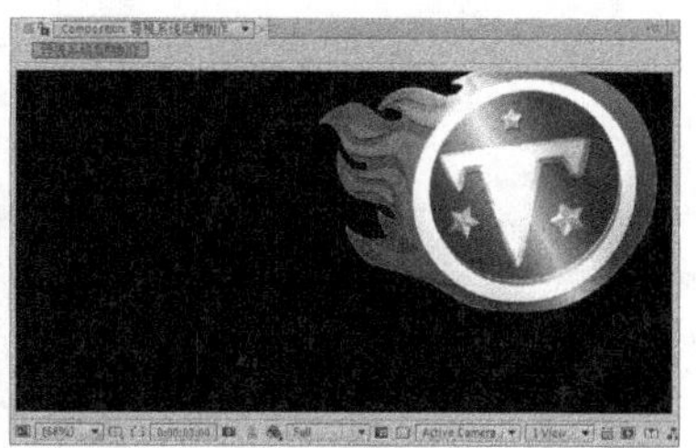

图14-7

06 执行“File（文件）>Import（导入）>File（文件）”菜单命令，导入Line.mov素材，然后将其添加到Timeline（时间线）面板中，如图14-8所示。

07 选择Line.mov图层，执行“Effect（特效）>Color Correction（色彩修正）>Gamma/Pedestal/Gain（伽马/基础/增益）”菜单命令，为其添加Gamma/Pedestal/Gain（伽马/基础/增益）滤镜。修改Red Gamma（红色伽马）为1.3，Green Gamma（绿色伽马）为1.2，Blue Gamma（蓝色伽马）为1.3，Blue Gain（蓝色增益）为0.8，如图14-9所示，画面的效果如图14-10所示。

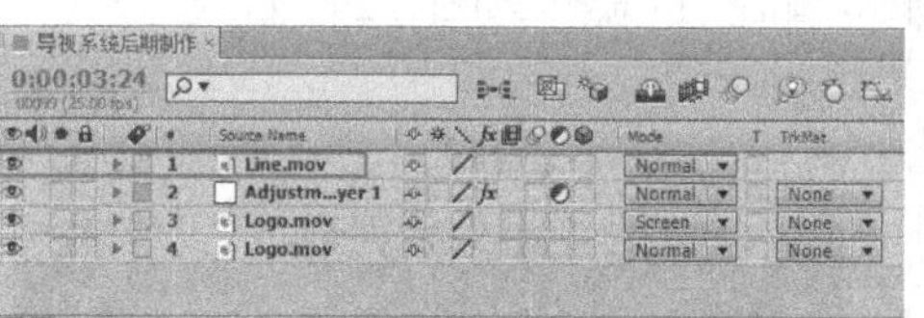

图14-8

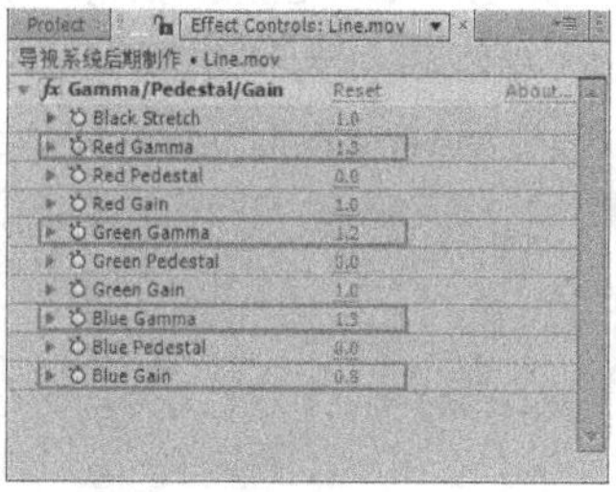

图14-9

图14-10

08 执行“File（文件）>Import（导入）>File（文件）”菜单命令，导入Plate.mov素材，然后将其添加到Timeline（时间线）面板中，如图14-11所示。

09 选择Plate.mov图层，按Ctrl+D组合键复制图层，将复制生成的新图层的叠加模式修改为Screen（屏幕），如图14-12所示，画面预览效果如图14-13所示。

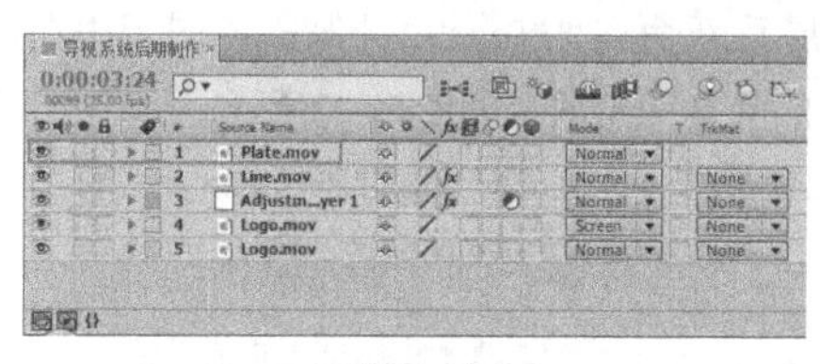

图14-11

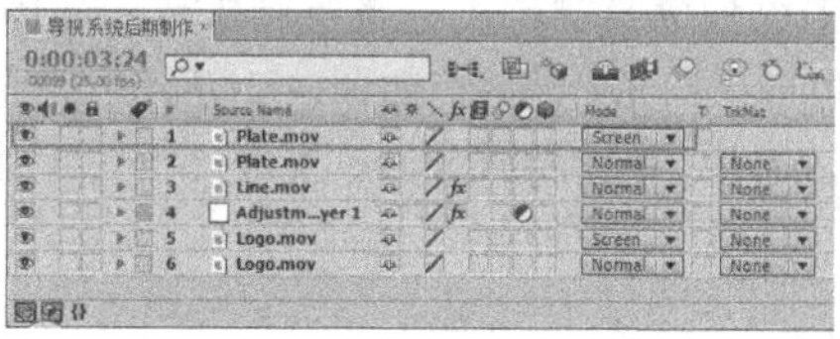

图14-12

图14-13

10 执行“File（文件）>Import（导入）>File（文件）”菜单命令，导入Lifter.mov素材，然后将其添加到Timeline（时间线）面板中。选择Lifter图层，执行“Effect（特效）>Blur&Sharpen（模糊与锐化）>Fast Blur（快速模糊）”菜单命令，为其添加Fast Blur（快速模糊）滤镜，设置Blurriness（模糊强度）为10，如图14-14所示，画面预览效果如图14-15所示。

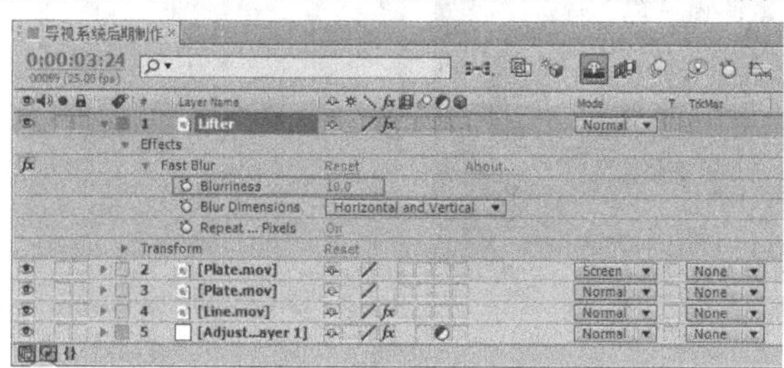

图14-14

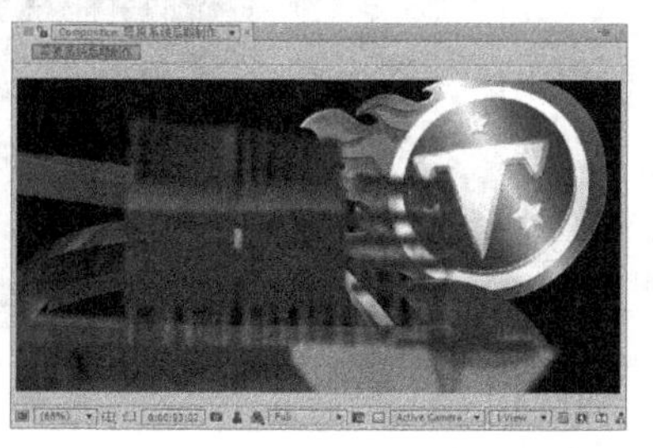

图14-15

11 选择Lifter图层，按Ctrl+D组合键复制图层，将复制生成的新图层重新命名为Lifter02，然后删除该图层中的Fast Blur（快速模糊）滤镜。选择Lifter02图层，按Ctrl+D组合键复制图层，将复制生成的新图层重新命名为Lifter03，最后修改Lifter03图层的叠加模式为Screen（屏幕），Opacity（不透明度）值为50%，如图14-16所示，画面预览效果如图14-17所示。

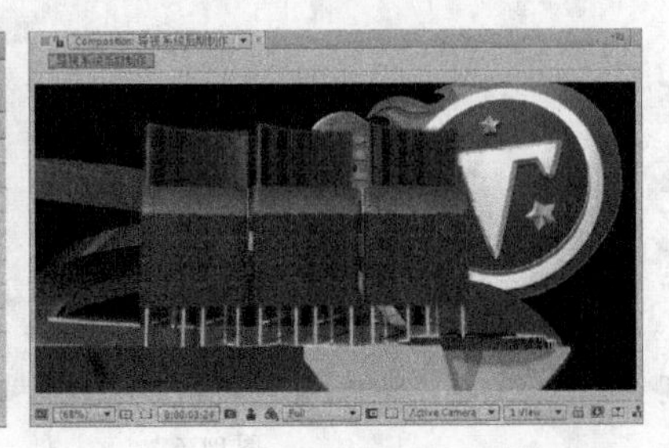

图14-16　　图14-17

12 执行“File（文件）>Import（导入）>File（文件）”菜单命令，导入Text.mov素材，然后将其添加到Timeline（时间线）面板中。选择Text.mov图层，执行“Effect（特效）>Trapcode>Starglow（星光闪耀）”菜单命令，为其添加Starglow（星光闪耀）滤镜。在Preset（预设）中选择Blue（蓝色）选项，修改Streak Length（光线长度）值为1，最后修改Transfer Mode（叠加模式）为Color（颜色），如图14-18所示。

13 选择Text.mov图层，执行“Effect（特效）>Trapcode>Shine（扫光）”菜单命令，为其添加Shine（扫光）滤镜。设置Source Point（发光点）为（416，380），Ray Length（发光长度）为1；展开Colorize（颜色模式）参数组，设置Colorize（颜色模式）为None（无），将Transfer Mode（叠加模式）设置为Add（叠加），如图14-19所示，画面的预览效果如图14-20所示。

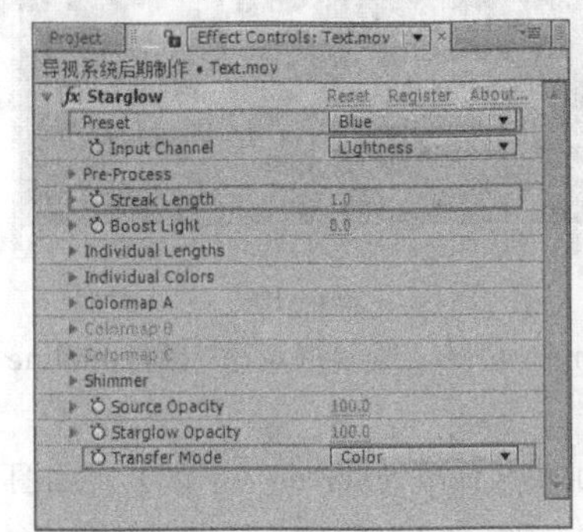

图14-18

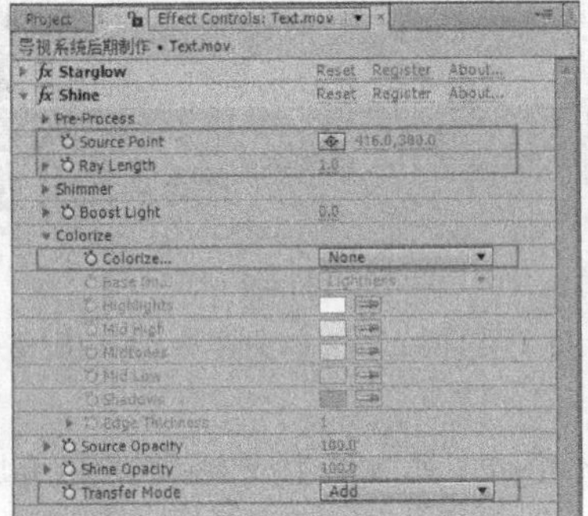

图14-19

图14-20

14 选择Text.mov图层，按Ctrl+D组合键复制图层。将复制生成的新图层重新命名为Text02，保留该图层中的Starglow（星光闪耀）滤镜，删除Shine（扫光）滤镜，如图14-21所示，画面的最终预览效果如图14-22所示。

15 按Ctrl+Y组合键创建一个黑色固态层，然后单击Make Comp Size（适配合成大小）按钮，接着将Name（名称）设置为G01，如图14-23所示。

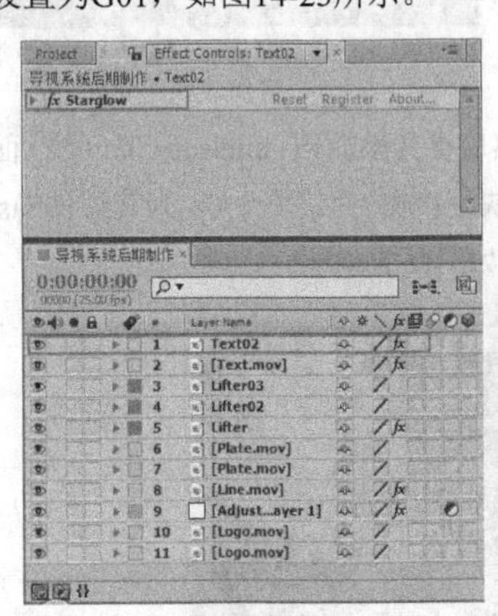

图14-21

图14-22

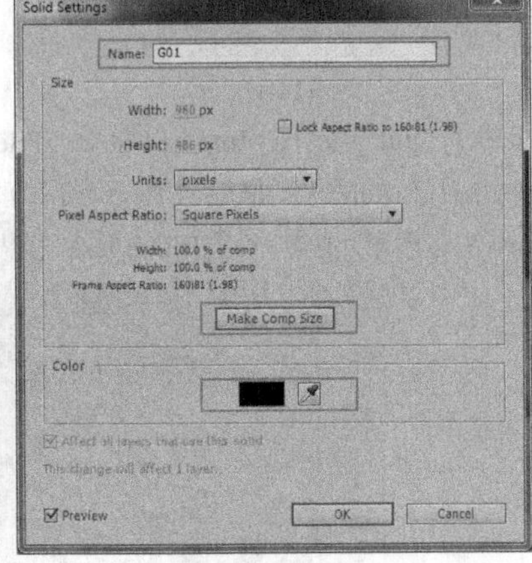

图14-23

16 选择G01图层，执行“Effect（特效）>Knoll Light Factory（灯光工厂）>Light Factory（灯光工厂）”菜单命令，为其添加Light Factory（灯光工厂）滤镜。在Light Factory（灯光工厂）滤镜的特效控制面板中，单击Options（选项）参数进入Knoll Light Factory Lens Designer（镜头光效元素设计）窗口。在Lens Flare Presets（镜头光晕预设）区域中选择Digital Preset（数码预设），如图14-24所示。

17 在Lens Flare Editor（镜头光晕编辑）区域中，隐藏Random Fan、Disc、Star Caustic、PolygonSpread和两个

Rectangular Spread镜头元素，如图14-25所示。

18 选择Glow Ball（光晕球体）镜头光晕元素，在Control（控制）面板中修改Ramp Scale（渐变缩放）值为0.4，如图14-26所示。选择Stripe（条纹）镜头光晕元素，在Control（控制）面板中修改Length（长度）值为0.4，如图14-27所示，最后单击OK按钮。

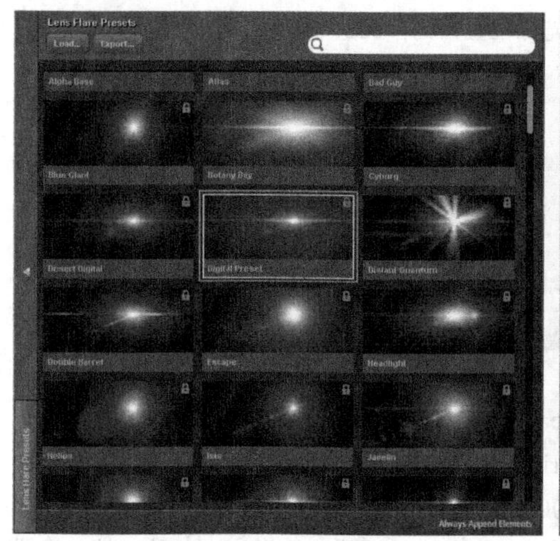

图14-24

图14-25

图14-26

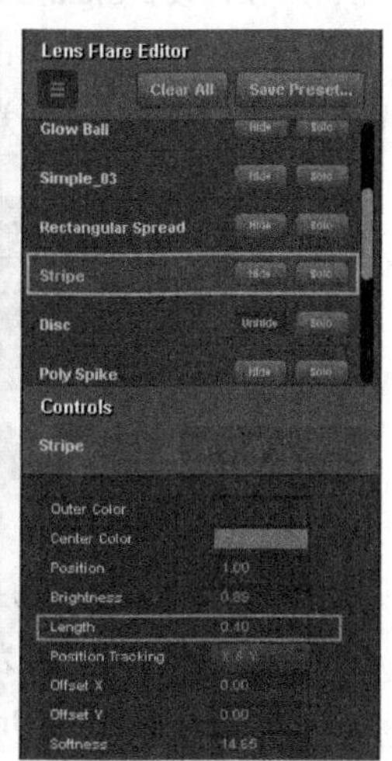

图14-27

19 将G01图层的叠加模式修改为Add（相加），根据画面中Line元素（如图14-28所示）的运动路径，设置Light Source Location（光源位置）的动画关键帧。在第3帧，设置Light Source Location（光源位置）为（19，150）；在第15帧，设置Light Source Location（光源位置）为（282，182）；在第21帧，设置Light Source Location（光源位置）为（408，230）；在第24帧，设置Light Source Location（光源位置）为（468，268）；在第1秒3帧，设置Light Source Location（光源位置）为（550，338）；在第1秒5帧，设置Light Source Location（光源位置）为（582，380）；在第1秒6帧，设置Light Source Location（光源位置）为（587，386），如图14-29所示。

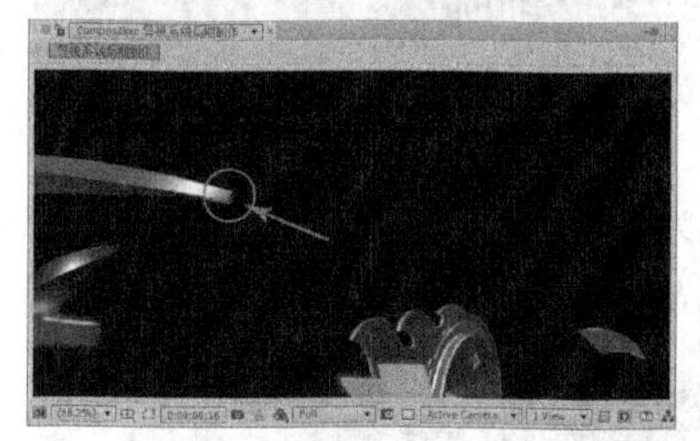

图14-28

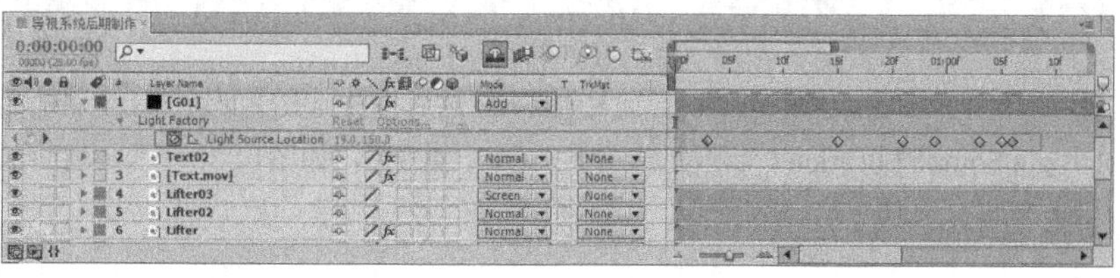

图14-29

20 为了更好地表现光线效果和视觉冲击力，接下来设置Light Factory（灯光工厂）滤镜中Brightness（亮度）和Scale（缩放）属性的动画关键帧。在2帧，设置Brightness（亮度）值为0，Scale（缩放）值为0；在5帧，设置Brightness（亮度）值为100，Scale（缩放）值为1；在1秒6帧，设置Brightness（亮度）值为100，Scale（缩放）值为1；在1秒7帧，设置Brightness（亮度）值为150，Scale（缩放）值为1.1；在1秒8帧，设置Brightness（亮度）值为0，Scale（缩放）值为0，如图14-30所示，画面的预览效果如图14-31所示。

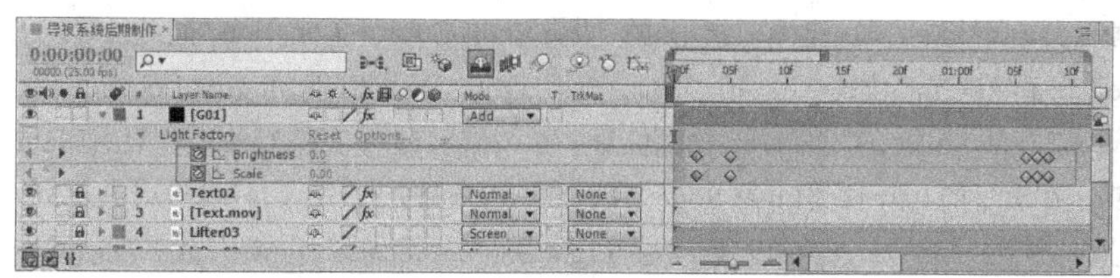

图14-30

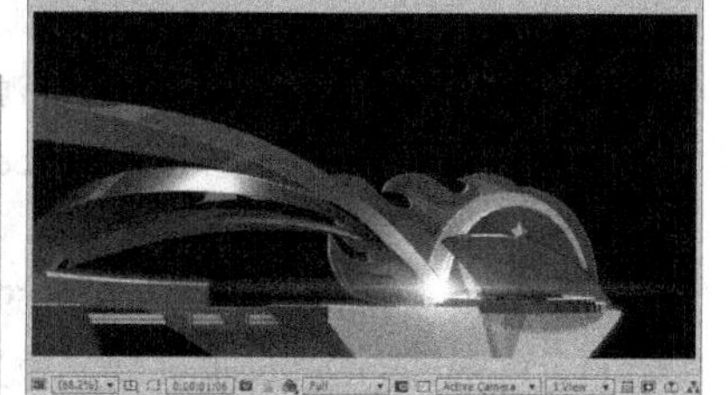

图14-31

21 选择G01图层，按Ctrl+D组合键复制图层，然后将复制生成的新图层重新命名为G02，并删除G02图层中的动画关键帧。根据画面中Line元素（见图14-32）的运动路径，重新设置Light Source Location（光源位置）的动画关键帧。在第7帧，设置Light Source Location（光源位置）为（-6，348）；在第12帧，设置Light Source Location（光源位置）为（54，296）；在第17帧，设置Light Source Location（光源位置）为（153，253）；在第1秒，设置Light Source Location（光源位置）为（391，258）；在第1秒5帧，设置Light Source Location（光源位置）为（496，317）；在第1秒9帧，设置Light Source Location（光源位置）为（516，370）；在第1秒10帧，设置Light Source Location（光源位置）为（523，383）；在第1秒12帧，设置Light Source Location（光源位置）为（523，403）；在第3秒9帧，设置Light Source Location（光源位置）为（-42，403），如图14-33所示。

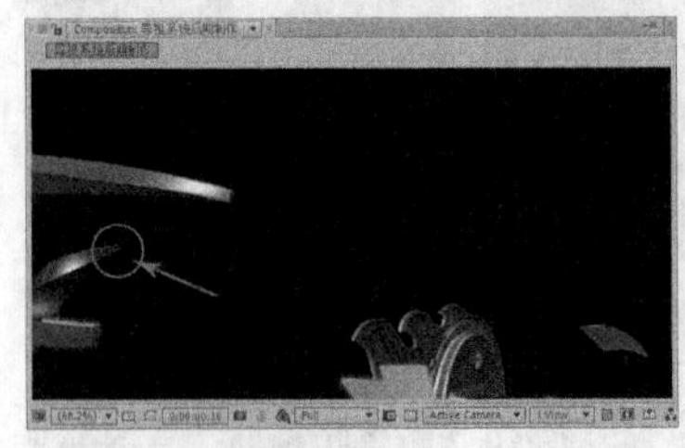

图14-32

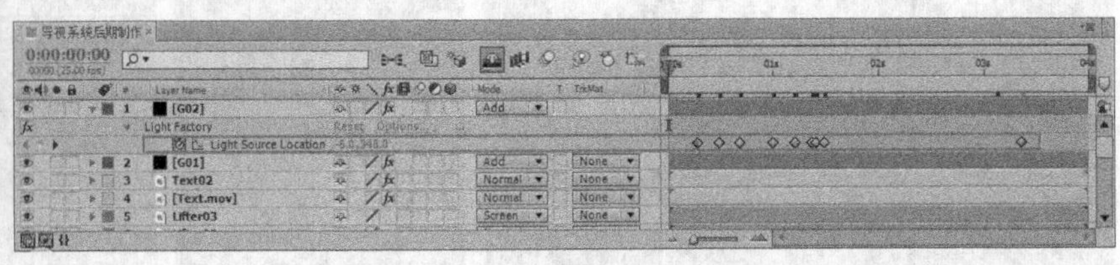

图14-33

22 设置Light Factory（灯光工厂）滤镜中Brightness（亮度）和Scale（缩放）属性的动画关键帧。在0帧，设置Brightness（亮度）值为0，Scale（缩放）值为0；在第7帧，设置Brightness（亮度）值为80，Scale（缩放）值为0.9；在1秒9帧，设置Brightness（亮度）值为80，Scale（缩放）值为0.9；在1秒10帧，设置Brightness（亮度）值为120，Scale（缩放）值为1；在1秒12帧，设置Brightness（亮度）值为100，Scale（缩放）值为1；在2秒24帧，设置Brightness（亮度）值为100，Scale（缩放）值为1；在3秒9帧，设置Brightness（亮度）值为0，Scale（缩放）值为0，如图14-34所示，画面的预览效果如图14-35所示。

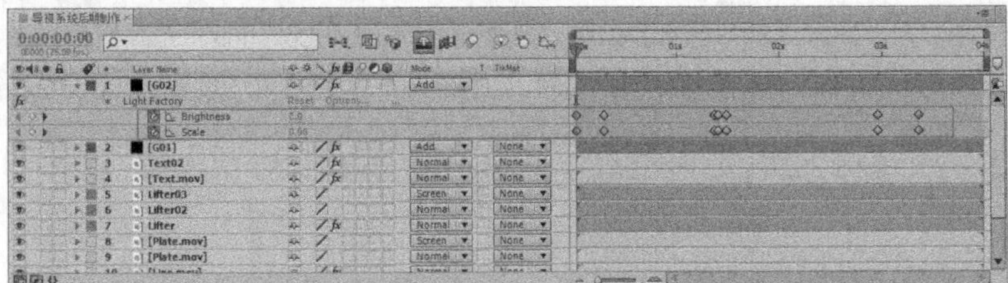

图14-34

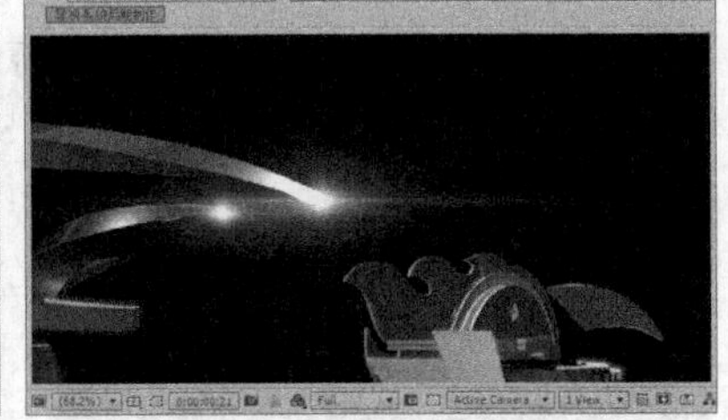

图14-35

23 选择G02图层，按Ctrl+D组合键复制图层，然后将复制生成的新图层重新命名为G03。选中G03图层，修改第3秒9帧处的Light Source Location（光源位置）为（1086，403），如图14-36所示，画面预览效果如图14-37所示。

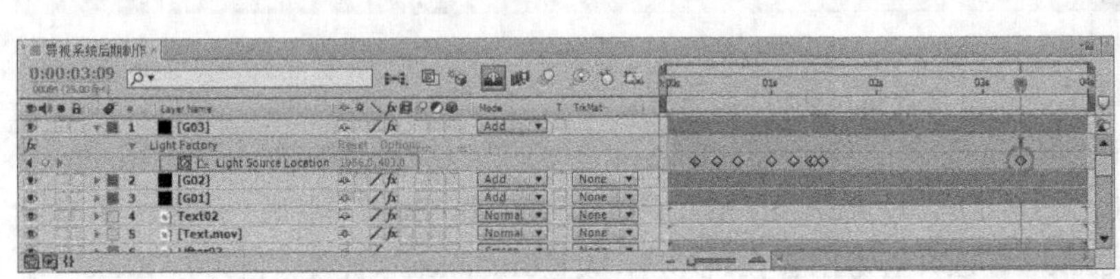

图14-36

图14-37

24 选择G03图层，按Ctrl+D组合键复制图层，然后将复制生成的新图层重新命名为G04，删除G04图层中的动画关键帧，接着来设置Light Source Location（光源位置）属性的动画关键帧。在第5帧，设置Light Source Location（光源位置）为（-10，386）；在第11帧，设置Light Source Location（光源位置）为（40，388）；在第1秒5帧，设置Light Source Location（光源位置）为（240，400）；在第2秒19帧，设置Light Source Location（光源位置）为（261，159）；在第2秒21帧，设置Light Source Location（光源位置）为（287，159）；在第2秒24帧，设置Light Source Location（光源位置）为（347，159）；在第3秒3帧，设置Light Source Location（光源位置）为（427，159）；在第3秒7帧，设置Light Source Location（光源位置）为（509，159）；在第3秒12帧，设置Light Source Location（光源位置）为（611，159），如图14-38所示。

25 设置Light Factory（灯光工厂）滤镜中Brightness（亮度）和Scale（缩放）属性的动画关键帧。在第5帧，设置Brightness（亮度）值为0，Scale（缩放）值为0；在第8帧，设置Brightness（亮度）值为100，Scale（缩放）值为

0.6；在1秒2帧，设置Brightness（亮度）值为120，Scale（缩放）值为1；在1秒5帧，设置Brightness（亮度）值为130，Scale（缩放）值为1.2；在1秒7帧，设置Brightness（亮度）值为0，Scale（缩放）值为0；在2秒18帧，设置Brightness（亮度）值为0，Scale（缩放）值为0；在2秒19帧，设置Brightness（亮度）值为110，Scale（缩放）值为1.2；在3秒12帧，设置Brightness（亮度）值为100，Scale（缩放）值为1；在3秒17帧，设置Brightness（亮度）值为0，Scale（缩放）值为0，如图14-39所示，画面预览效果如图14-40和图14-41所示。

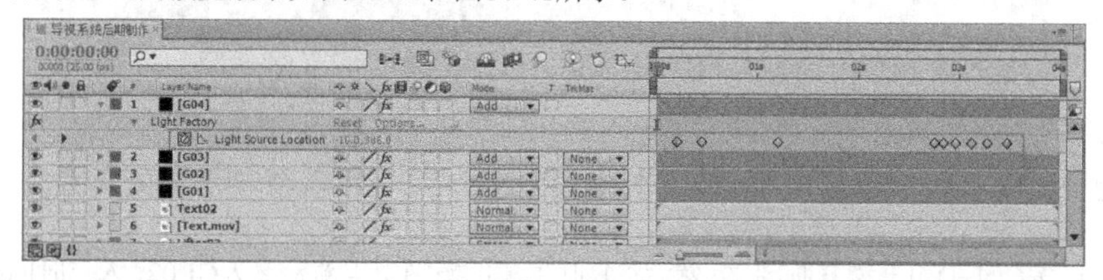

图14-38

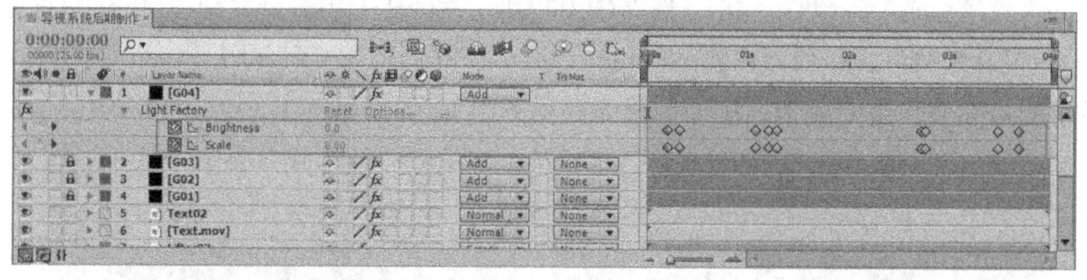

图14-39

图14-40　　图14-41

26 按Ctrl+Y组合键创建一个黑色固态层，然后单击Make Comp Size（适配合成大小）按钮，接着将Name（名称）设置为GL01，如图14-42所示。

27 选择GL01图层，执行“Effect（特效）>Knoll Light Factory（灯光工厂）>Light Factory（灯光工厂）”菜单命令，为其添加Light Factory（灯光工厂）滤镜。在Light Factory（灯光工厂）滤镜特效控制面板中，单击Options（选项）参数进入Knoll Light Factory Lens Designer（镜头光效元素设计）窗口。单击Lens Flare Editor（镜头光晕编辑）中的Clear All（清除所有）按钮，然后单击Elements（元素）栏，选择Disc（圆状）镜头元素，修改Middle Ramp Width（内过渡的宽度）值为135，Outside Ramp Width（外圈过渡的宽度）值为445，如图14-43所示。

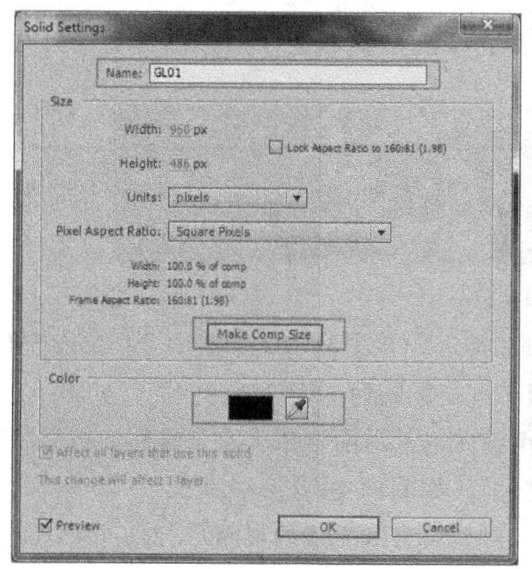

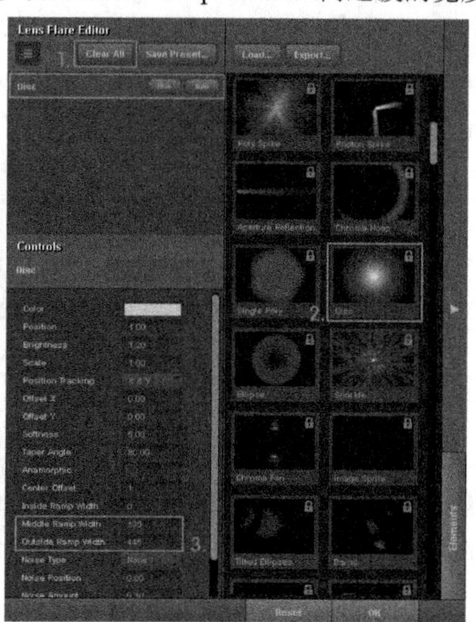

图14-42　　图14-43

28 修改GL01图层的叠加模式为Add（相加），入点时间在第2秒18帧，修改Light Source Location（光源位置）为（260，140）。在第2秒18帧，设置Brightness（亮度）值为0，Scale（缩放）值为0；在第2秒19帧，设置Brightness（亮度）值为100，Scale（缩放）值为0.2；在第3秒13帧，设置Brightness（亮度）值为129，Scale（缩放）值为0.2，如图14-44所示。

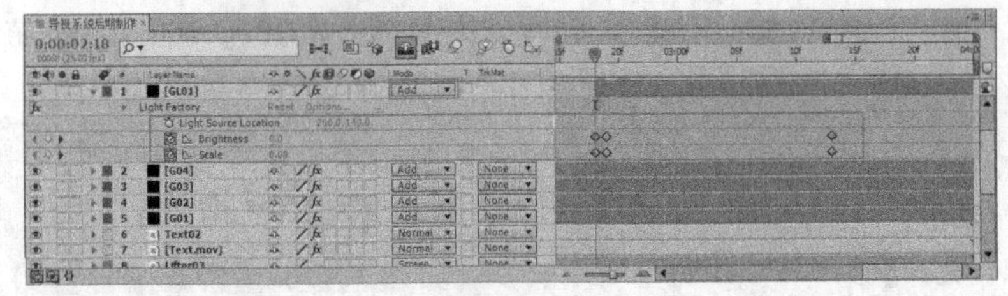

图14-44

29 选择GL01图层，按Ctrl+D组合键复制图层，然后将复制生成的新图层重新命名为GL02，入点时间在第3秒2帧，修改Light Source Location（光源位置）为（433，138）。选择GL02图层，按Ctrl+D组合键复制图层，然后将复制生成的新图层重新命名为GL03，入点时间在第3秒12帧，修改Light Source Location（光源位置）为（607，140），如图14-45所示。

至此，导视系统的后期制作就完成了，画面的最终预览效果如图14-46所示。

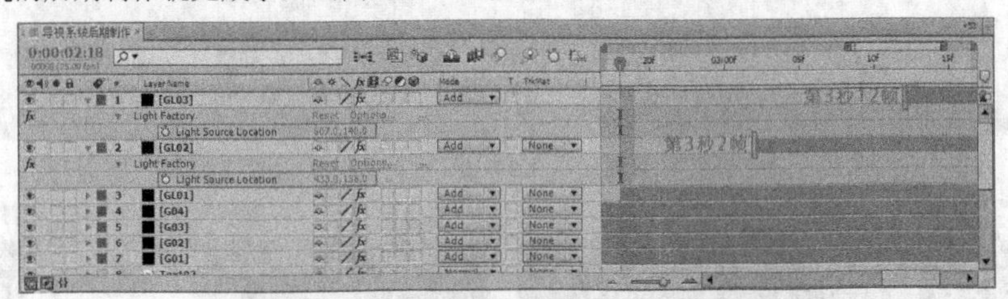

图14-45

图14-46

14.2 电视频道ID演绎

素材位置	实例文件>CH14>频道ID演绎
实例位置	实例文件>CH14>频道ID演绎.aep
视频位置	多媒体教学>CH14>频道ID演绎.flv
难易指数	★★★★☆
学习目标	掌握画面的色彩优化、画面视觉中心处理，以及文字翻页动画等技术

本例的频道ID演绎的后期合成效果如图14-47所示。

图14-47

01 执行“Composition（合成）>New Composition（新建合成）”菜单命令，创建一个预置为PAL D1/DV的合成，然后设置Duration（持续时间）为6秒10帧，并将其命名为HGTV，如图14-48所示。

02 按Ctrl+Y组合键创建一个固态层，然后单击Make Comp Size（适配合成大小）按钮，接着将Name（名称）设置为“背景01”，最后修改其颜色为（R:100，G:225，B:250），如图14-49所示。

03 选择“背景01”图层，然后按Ctrl+D组合键复制图层。继续选择复制生成的新图层，然后按Ctrl+Shift+Y组合键，打开固态图层的修改对话框，将Name（名称）修改为“压角01”，Color（颜色）修改为（R:0，G:90，B:110），如图14-50所示。

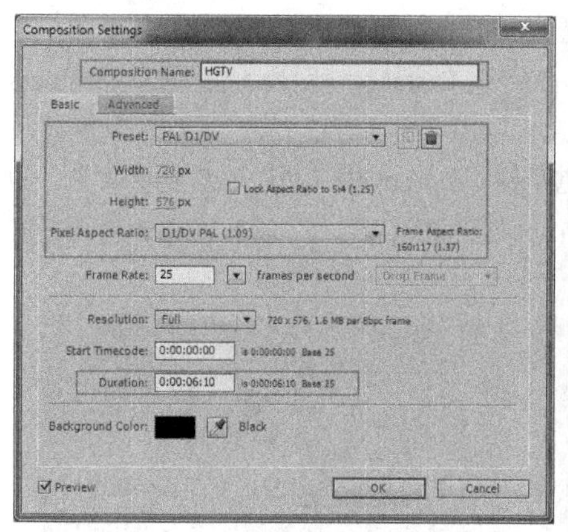

图14-48

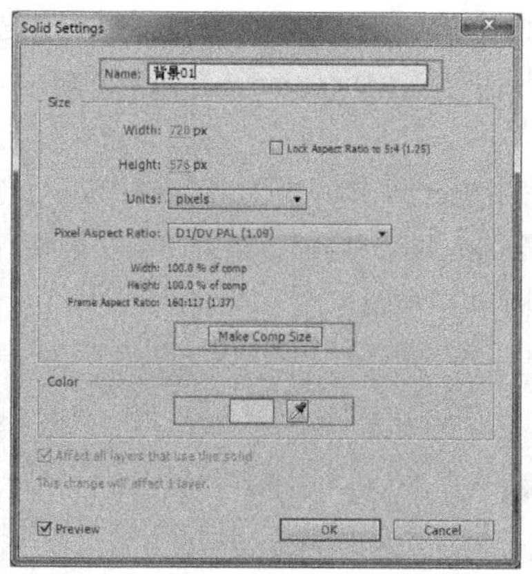

图14-49

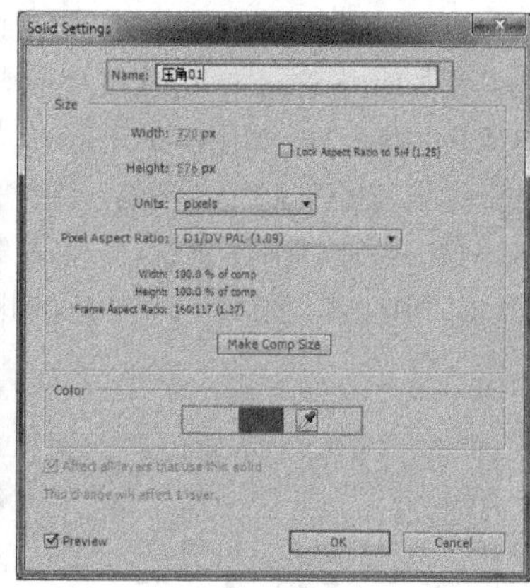

图14-50

04 选择“压角01”图层，使用Tools（工具）面板中的Ellipse Tool（椭圆遮罩工具）创建一个椭圆遮罩，修改其基本形状和大小，最后展开遮罩的属性，修改遮罩的叠加模式为Subtract（减去），Mask Feather（遮罩羽化）值为（300，300）pixels，如图14-51和图14-52所示。

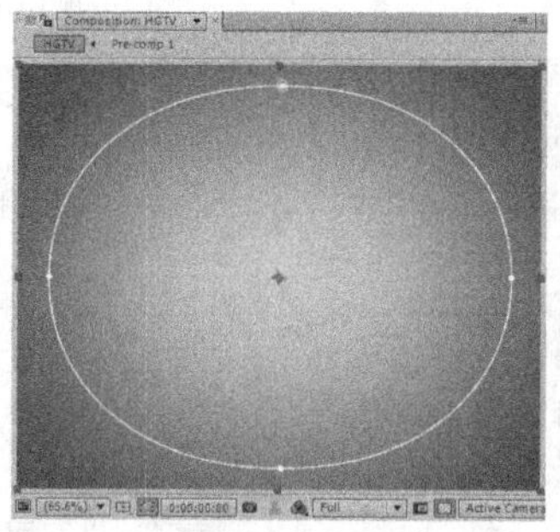

图14-51

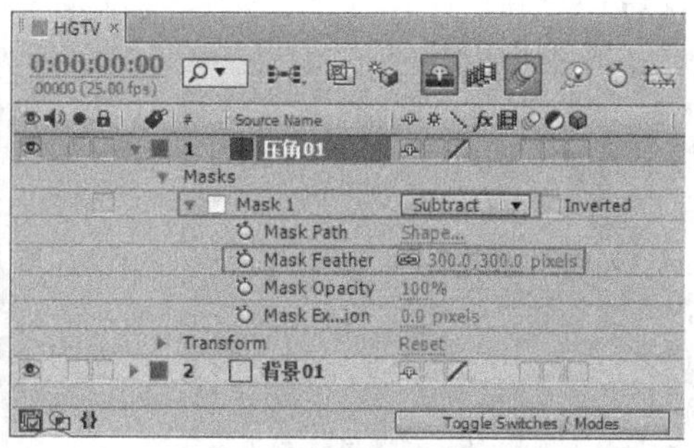

图14-52

05 执行“File（文件）>Import（导入）>File（文件）”菜单命令，导入Clip01.mov素材，然后将其添加到Timeline（时间线）面板中，最后修改“背景01”“压角01”和Clip01图层的出点时间在第4秒15帧处，如图14-53所示。

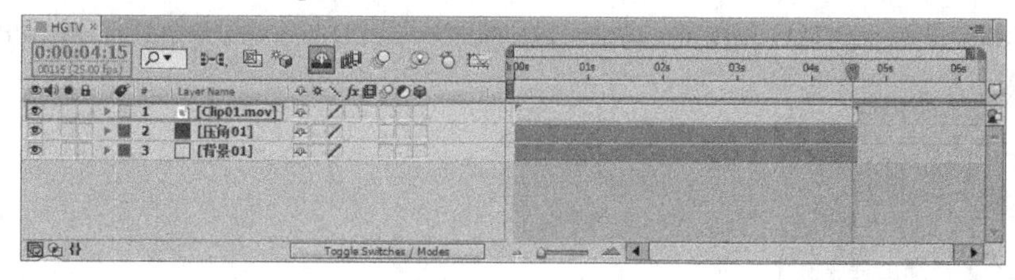

图14-53

06 选择Clip01.mov图层，然后执行“Effect（特效）>Color Correction（色彩修正）>Curves（曲线）”菜单命令，为其添加Curves（曲线）滤镜。分别在第0帧、第2秒23帧和第4秒15帧处设置Curves（曲线）滤镜的动画关键帧，如图14-54、图14-55和图14-56所示。

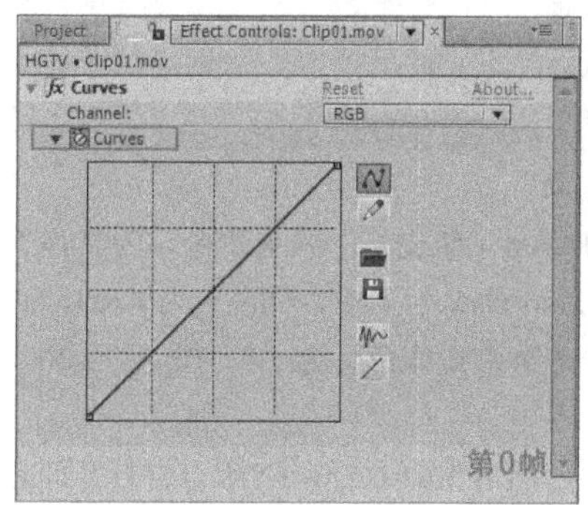

图14-54

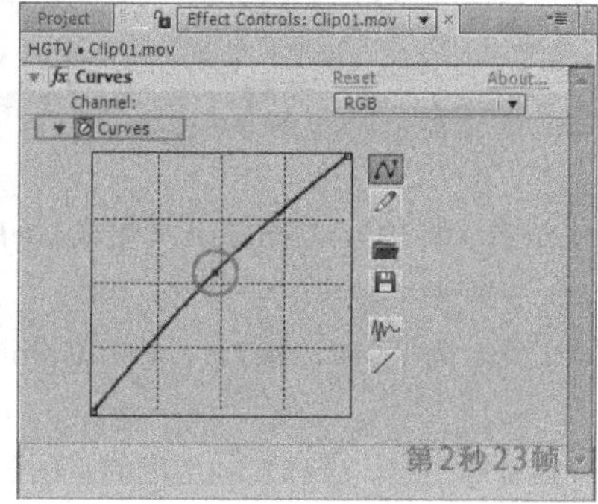

图14-55

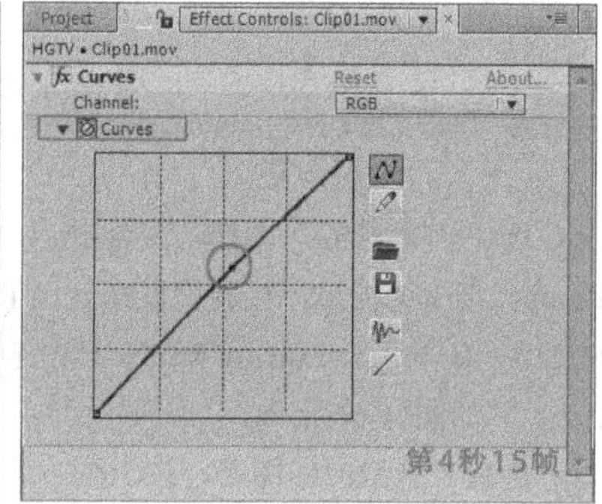

图14-56

07 继续选择Clip01.mov图层，然后执行“Effect（特效）>Perspective（透视）>Drop Shadow（投影）”菜单命令，为其添加Drop Shadow（投影）滤镜，接着修改Direction（方向）值为1×+84°，Distance（距离）值为13，Softness（柔化）值为30，如图14-57所示。

08 继续选择Clip01.mov图层，执行“Effect（特效）>Color correction（色彩校正）>Levels（色阶）”菜单命令，为其添加Levels（色阶）滤镜。分别在第0帧、第2秒4帧、第3秒8帧和第4秒15帧处设置Levels（色阶）滤镜的动画关键帧，如图14-58、图14-59、图14-60和图14-61所示。

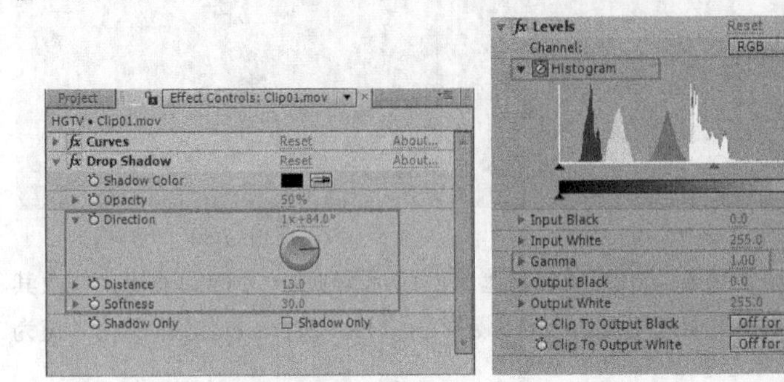

图14-57　图14-58

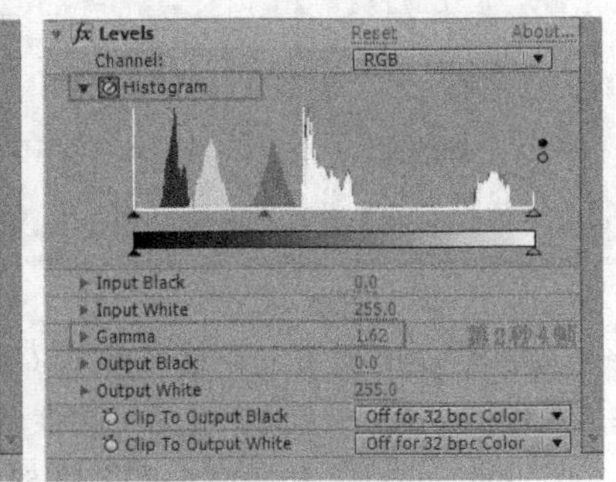

图14-59

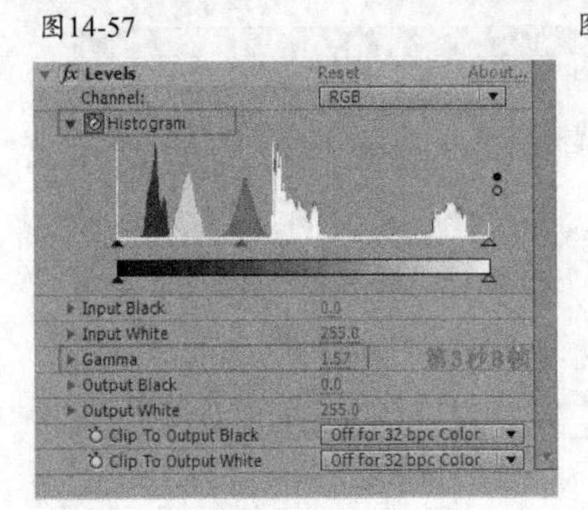

图14-60

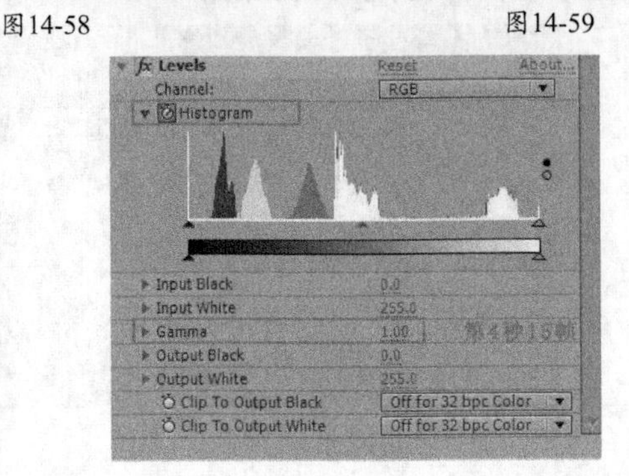

图14-61

09 按Ctrl+Y组合键创建一个固态层，然后单击Make Comp Size（适配合成大小）按钮，将Name（名称）设置为“背景02”，修改颜色为（R:195，G:225，B:25），如图14-62所示，最后修改该图层的入点时间在第4秒15帧，如图14-63所示。

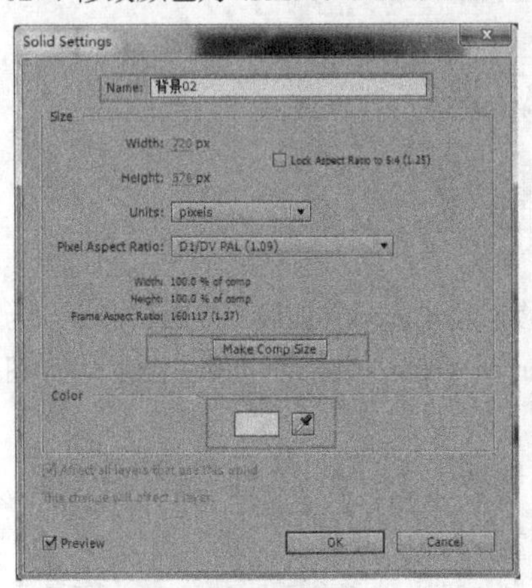

图14-62

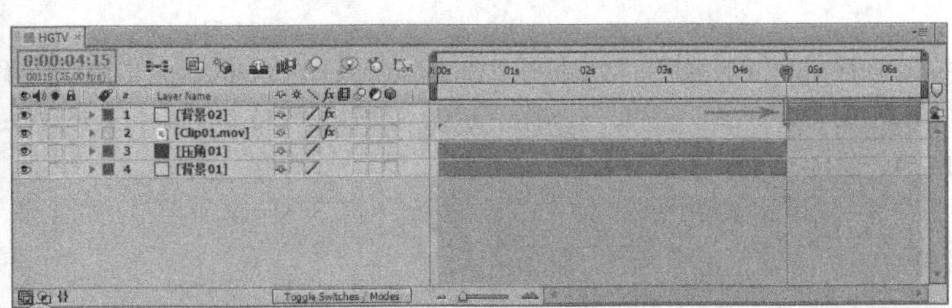

图14-63

10 选中“背景02”图层，然后执行“Effect（特效）>Generate（生成）>Ramp（渐变）”菜单命令，为其添加Ramp（渐变）滤镜，接着设置Start of Ramp（渐变开始点）为（130，285），Start Color（开始点颜色）为（R:187，G:214，B:47），End of Ramp（渐变结束点）为（917，297），End Color（结束点颜色）为（R:102，G:120，B:8），如图14-64所示。

11 选择“背景02”图层，按Ctrl+D组合键复制图层。选择复制生成的新图层，然后按Ctrl+Shift+Y组合键打开固态图层的修改对话框，将Name（名称）修改为“压角02”，Color（颜色）修改为（R:65，G:80，B:8），如图14-65所示，最后删除该图层上的Ramp（渐变）滤镜。

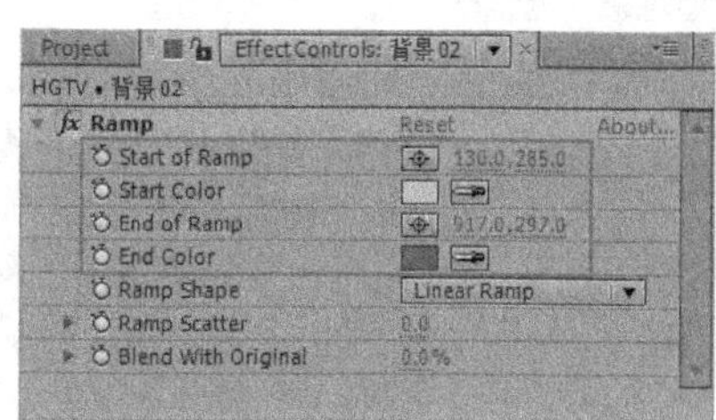

图14-64

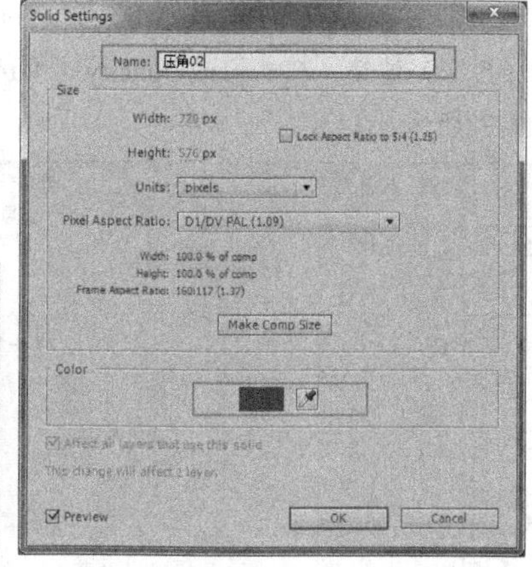

图14-65

12 选择“压角02”图层，使用Tools（工具）面板中的Ellipse Tool（椭圆遮罩工具）创建一个椭圆遮罩，然后修改其基本形状和大小，接着展开遮罩的属性，勾选Inverted（反选）选项，修改Mask Feather（遮罩羽化）值为（250，250 pixels），Mask Opacity（遮罩不透明度）为90%，如图14-66和图14-67所示。

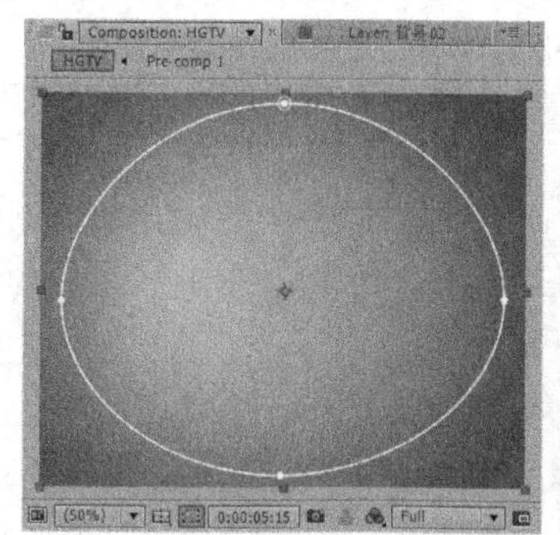

图14-66

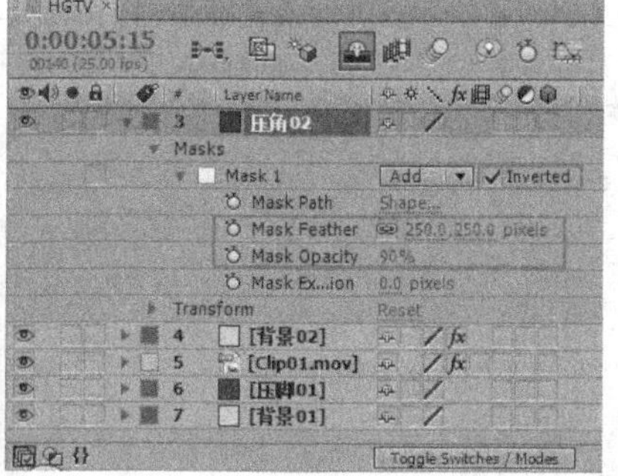

图14-67

13 执行“File（文件）>Import（导入）>File（文件）”菜单命令，导入Im.jpg素材，将其添加到Timeline（时间线）面板中，修改其图层的叠加模式为Overlay（叠加），Opacity（不透明度）的值为20%，最后将“背景02”，“压角02”和Im图层的入点时间设置在第4秒15帧处，如图14-68所示。

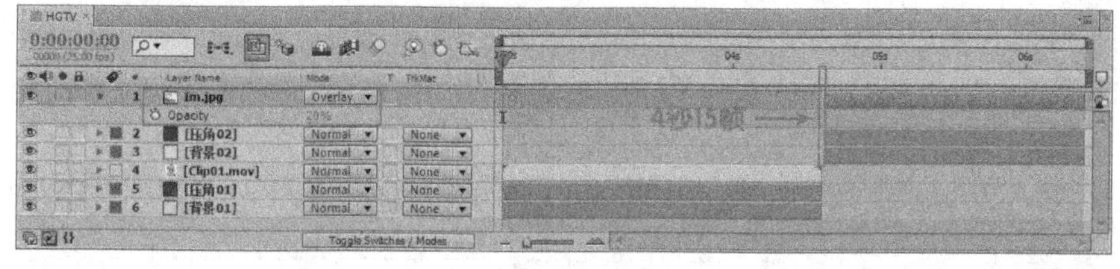

图14-68

14 执行“File（文件）>Import（导入）>File（文件）”菜单命令，导入Clip02.mov文件，然后将其添加到Timeline（时间线）面板中，将Clip02.mov图层的入点放置在第4秒15帧处，如图14-69所示。

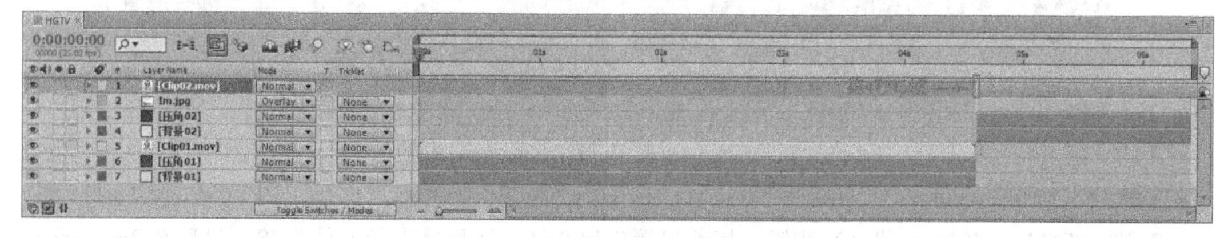

图14-69

15 选择Clip02.mov图层，然后执行“Effect（特效）>Color Correction（色彩修正）>Curves（曲线）”菜单命令，为其添加Curves（曲线）滤镜，接着分别在第4秒15帧和第6秒5帧处设置Curves（曲线）滤镜的动画关键帧，如图14-70和图14-71所示。

16 选择Clip02.mov图层，然后执行“Effect（特效）>Perspective（透视）>Drop Shadow（投影）”菜单命令，为其添加Drop Shadow（投影）滤镜，接着修改Opacity（不透明度）为20%，Direction（方向）为0×+180°，Distance（距离）为3，如图14-72所示。

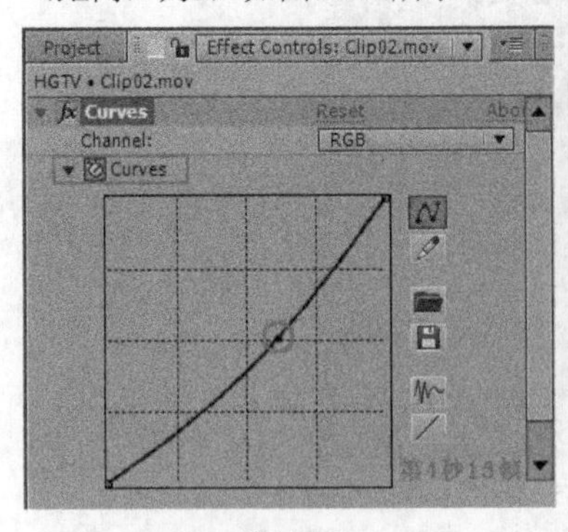

图14-70

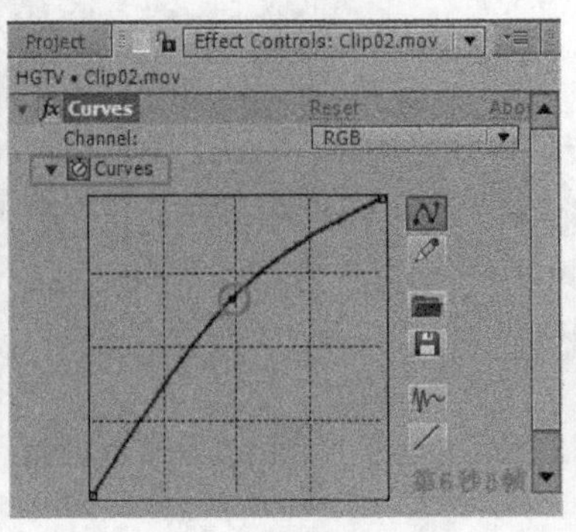

图14-71

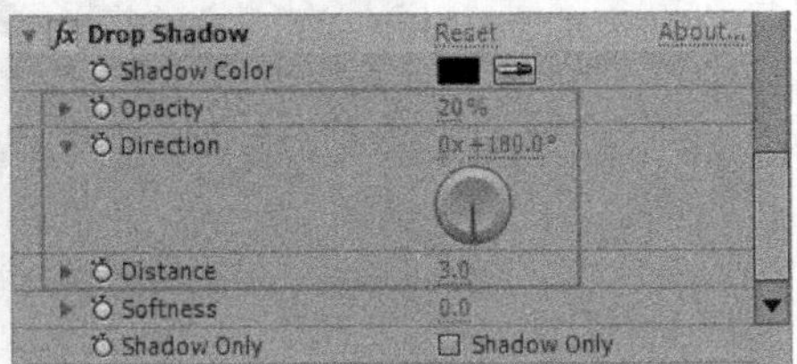

图14-72

17 使用Tools（工具）面板中的Horizontal Type Tool（横排文字工具）T，在Composition（合成）面板中输入文字START AT HOME，然后在Character（字符）面板中设置字体为Arial，文字的大小为23px，字体颜色为灰白色，如图14-73所示，最后将该文字图层的入点时间设置在第5秒16帧处，如图14-74所示。

图14-73

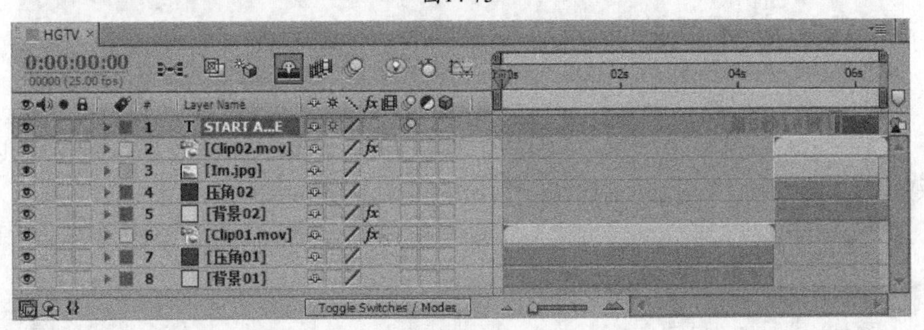

图14-74

18 设置文字的翻页动画。选择文字图层，然后执行“Effects（特效）>Other（其他）>FEC Page Turn（翻页）”菜单命令，为其添加FEC Page Turn（翻页）滤镜，接着设置Fold Radius（折叠半径）值为48，最后在Back Face（背面）下拉选项中选择1.START AT HOME，如图14-75所示。

19 设置Fold Edge Position（折叠边缘位置）属性的动画关键帧。在第5秒16帧，设置Fold Edge Position（折叠边缘位置）为（240，282）；在第6秒5帧，设置Fold Edge Position（折叠边缘位置）值为（497，324），如图14-76所示。

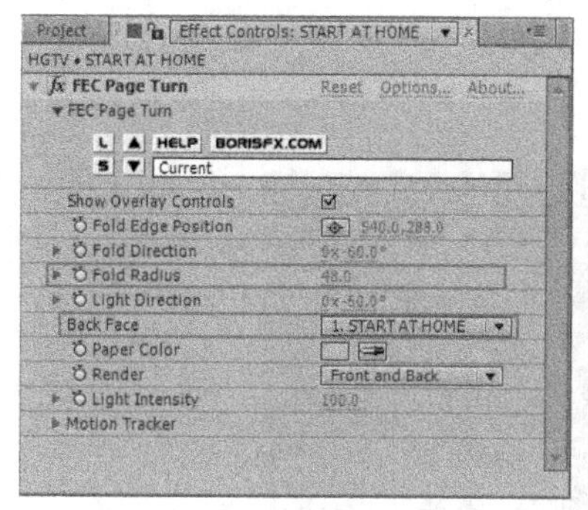

图14-75

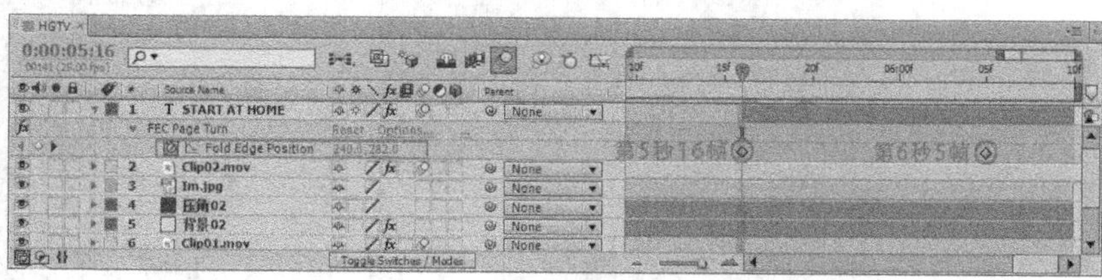

图14-76

20 选择文字图层，然后执行“Effects（特效）>Perspective（透视）>Bevel Alpha（倒角Alpha）”菜单命令，为其添加Bevel Alpha（倒角Alpha）滤镜，接着设置Edge Thickness（边缘厚度）为0.8，Light Intensity（灯光强度）值为0.61，如图14-77所示。

21 设置文字的投影。选择文字图层，然后执行“Effect（特效）>Perspective（透视）>Drop Shadow（投影）”菜单命令，为其添加Drop Shadow（投影）滤镜，接着修改Opacity（不透明度）为20%，Distance（距离）为2，如图14-78所示，画面效果如图14-79所示。

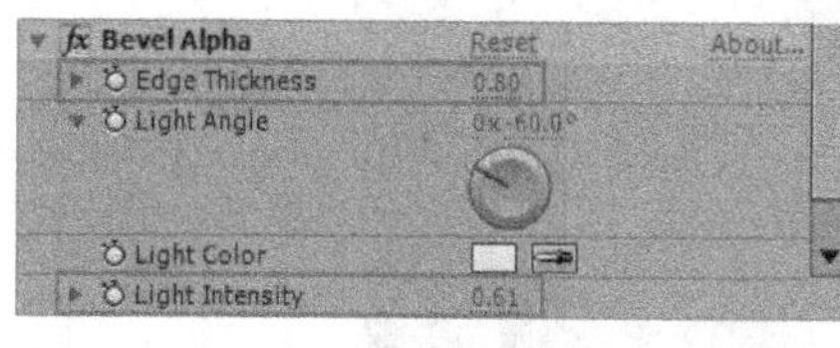

图14-77

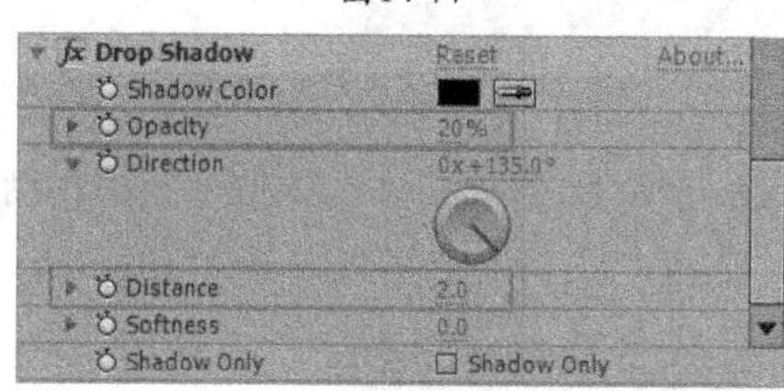

图14-78

图14-79

22 按Ctrl+Y组合键创建一个黑色固态层，然后单击Make Comp Size（适配合成大小）按钮，并将Name（名称）设置为“压角”，如图14-80所示。

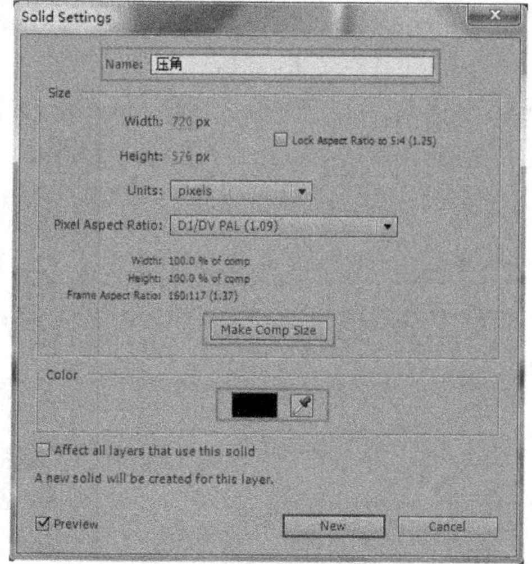

图14-80

23 选择“压角”图层，选择Tools（工具）面板中的Ellipse Tool（椭圆遮罩工具），创建一个椭圆遮罩，然后修改遮罩的基本形状和大小，接着展开遮罩的属性，勾选Inverted（反选）选项，设置Mask Feather（遮罩羽化）值为

（200，200 pixels），Mask Opacity（遮罩不透明度）为35%，Mask Expansion（遮罩扩展）为60 pixels，如图14-81和图14-82所示。

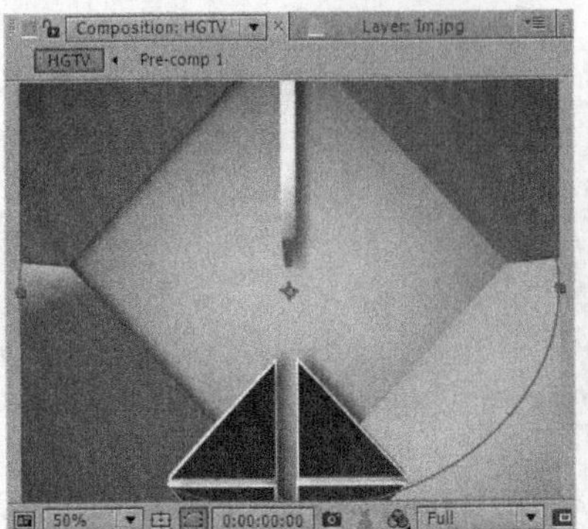

图14-81

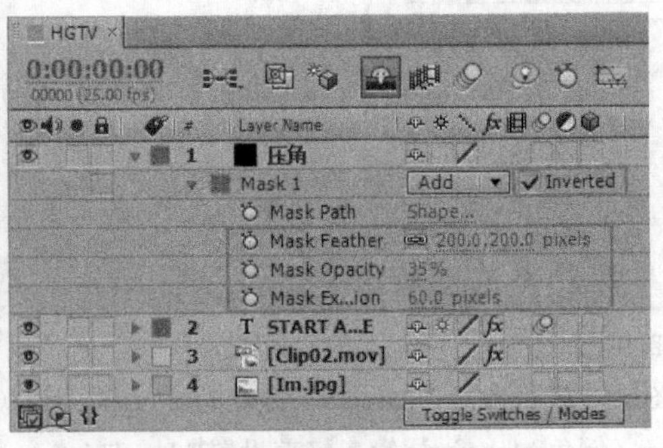

图14-82

24 按Ctrl+Alt+Y组合键创建一个调节图层，选择Tools（工具）面板中的Ellipse Tool（椭圆遮罩工具），创建一个椭圆遮罩，接着展开遮罩的属性，勾选Inverted（反选）选项，设置Mask Feather（遮罩羽化）为（100，100 pixels），如图14-83所示。

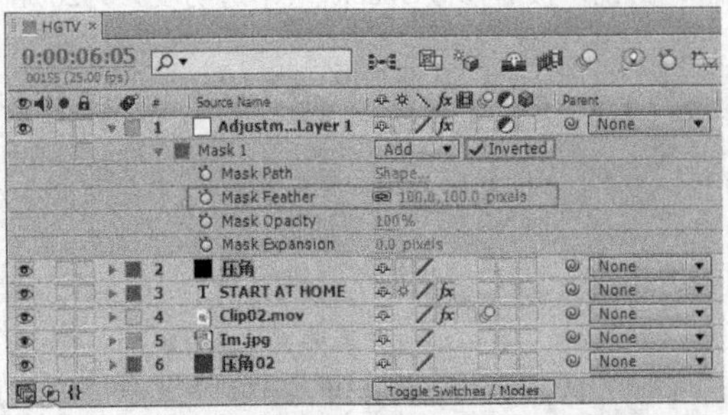

图14-83

25 选择调节图层，然后执行"Effect（特效）>Blur&Sharpen（模糊&锐化）>Fast Blur（快速模糊）"菜单命令，为其添加Fast Blur（快速模糊）滤镜，接着设置Blurriness（模糊）为10，同时勾选Repeat Edge Pixels（重复边缘像素），如图14-84所示。

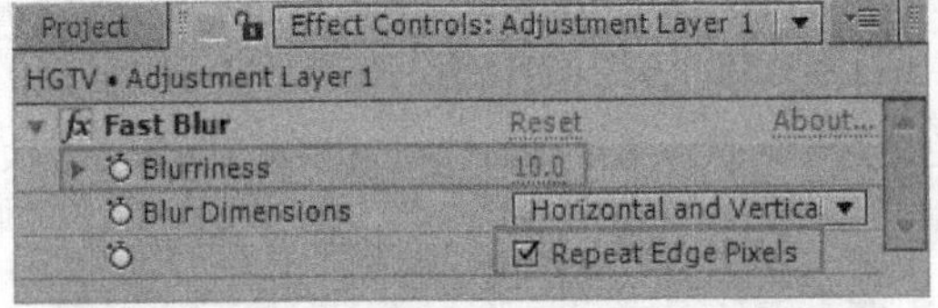

图14-84

26 执行"File（文件）>Import（导入）>File（文件）"菜单命令，导入Music.wav素材，将这段素材添加到Timeline（时间线）面板中，如图14-85所示。至此，整个案例制作完毕，画面最终预览效果如图14-86所示。

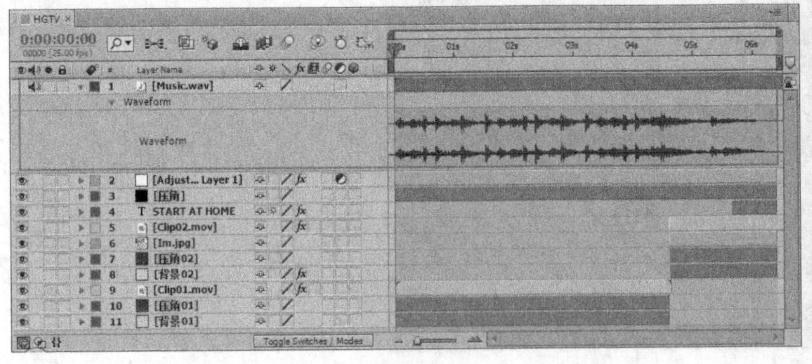

图14-85

图14-86